U0094574

THiNKr

新思

新 一 代 人 的 思 想

The Restless CLOCK

A History of the Centuries-Long
Argument over What
Makes Living Things Tick

Jessica Riskin

永不停歇的时钟

机器、生命、能动性与
现代科学的形成

〔美〕杰西卡·里斯金 著

吕天择 译

中信出版集团 | 北京

图书在版编目（CIP）数据

永不停歇的时钟 /（美）杰西卡·里斯金著；吕天
择译 . -- 北京：中信出版社，2023.10
书名原文：The Restless Clock
ISBN 978-7-5217-5825-2

I. ①永… Ⅱ. ①杰… ③吕… Ⅲ. ①科学史－研究
－世界 Ⅳ. ① G3

中国国家版本馆 CIP 数据核字（2023）第 135437 号

永不停歇的时钟——机器、生命、能动性与现代科学的形成
著者： 　[美]杰西卡·里斯金
译者： 　吕天择
出版发行：中信出版集团股份有限公司
　　　　　（北京市朝阳区东三环北路 27 号嘉铭中心　邮编　100020）
承印者： 　嘉业印刷（天津）有限公司

开本：880mm×1230mm　1/32　　印张：22.25
插页：4　　　　　　　　　　　　字数：516 千字
版次：2023 年 10 月第 1 版　　　印次：2023 年 10 月第 1 次印刷
京权图字：01-2023-4306　　　　书号：ISBN 978-7-5217-5825-2
　　　　　　　　　　　　定价：108.00 元

献给马德琳和奥利弗，
我的活力，我的生命力

在德语里钟摆被称作"Unruhe"——意思是"不安"。有人可能会说我们的身体也是这样的，它永远不会完全安适。因为即便如此，对物体的新印象以及在器官、血管和内脏中发生的微小变化都会改变这种平衡，并且使身体的相应部分做出某种微小的努力以求重新回到尽可能最好的状态；这就产生了一种永久性的斗争，可以说是我们这座"钟"的不安，所以这个称呼很合我意。

——G. W. 莱布尼茨，《人类理智新论》（*Nouveaux essais*，1704 年）

现在，为了使钟表比喻更加适用于生物体，使之更加完善，我们必须将激发有机体运动的原因与钟表的发条进行比较，并将有机体内的柔软器官以及其中包含的基本体液比作钟表的运行部件。因此，我们可以看到，首先，发条（激发原因）是必需的原动力，事实上如果没有它，一切都将无法运动，它的张力变化必定导致运动的能量和速度的变化。

——J.-B. 拉马克，《动物哲学》（*Philosophie zoologique*，1809 年）

让我们来精确地分析一台真实的时钟的运动。它绝非一种单纯的机械现象。一台单纯的机械时钟不需要发条，也不需要上发条。一旦开始运动，它就会永远持续下去。而一台没有发条的真实的钟，它的钟摆在摆动几下以后就会停止，其机械能转化为热能。这是一种无限复杂的原子过程。物理学家提出了这种运动的一般图景，并且被迫承认它的逆过程并非完全不可能：通过消耗自身齿轮的热能和环境的热能，一台没有发条的钟可能会突然开始走动。物理学家只好说：这台钟经历了一次异常激烈的布朗运动大爆发。

——E. 薛定谔，《生命是什么》（*What Is Life?*，1944 年）

目 录

目 录

导言
赫胥黎的玩笑，
或自然和科学中的能动性难题

在 1868 年 11 月的一个周日晚上，英国博物学家托马斯·亨利·赫胥黎——皇家矿业学院博物学教授、伦敦皇家外科学院解剖学和生理学教授、查尔斯·达尔文的朋友和捍卫者——开了一个玩笑，近一个半世纪之后人们依然津津乐道于此，他的玩笑话完美地抓住了本书的主旨。

詹姆斯·克兰布鲁克是一位改变了信仰的牧师，他邀请赫胥黎前往爱丁堡，为新系列的"非神学主题讲座"揭幕。赫胥黎选择了**原生质**作为他的非神学主题，为了便于外行人理解，他把原生质定义为"生命的物质基础"。他的主要观点很简单，他说，仅仅根据原生质的组成部分，我们就应该能够理解其性质，包括生命这种非常特别的性质，而不需要借助于任何特殊的**东西**，任何所谓"活力"（vitality）的力量。[1]

玩笑出现在这里：赫胥黎指出，毕竟水也有特别的性质，但是我们知道水是由氢和氧在一定温度范围内以特定比例结合形成的，并且我们不会"假设有某种'水性'进入并占有了氢的氧化物……然后引导水粒子各就其位"。赫胥黎接着说，诚然，我们目前还不理解水的性质是如何由它的成分产生的，就像我们也不理解原生质如何能具有生命，然而"我们满怀希望和信心地认为……

我们不久之后就能从水的成分出发清楚地理解水的性质，正如我们现在能够从手表各个部件的形状及其组合方式中推断出手表的运作那样"[2]。赫胥黎的演讲获得了巨大的成功。演讲内容在次年2月份作为《双周评论》（*Fortnightly Review*）的头版文章发表，该期杂志很快售罄。《双周评论》的编辑约翰·莫利认为，对于一代人来说，从没有其他文章"激起过如此深远的轰动"。[3]关于水性的俏皮话在近一个半世纪里持续不断地出现在生物学教科书和大众科学著作之中。[4]一个成功的玩笑能将层层隐含的论点和假设浓缩成寥寥数语。本书对赫胥黎的笑话进行了扩展解释，尽管这违反了不该解释笑话的原则（也证实了一种普遍感受：笑话越简单，解释就越长）。本书重点讨论了它的三个方面。

首先，这个玩笑假定了现代科学的一个基础原则，即科学的解释不能赋予自然现象以意志或能动性：没有诸如"水性"那样的主动力量"占有"事物并"引导"它们发展。这个原则也不允许，诸如，用重物想要靠近地球中心来解释落锤驱动时钟，或者用水蒸气想要向上运动接近天空来解释蒸汽机内水蒸气的膨胀。

其次，能否将禁用能动性的原则扩展至对生命现象的解释？人们对此不太确定，有所犹豫，赫胥黎的玩笑恰好利用了这一点：他断言"活力"并不比"水性"概念更加有用或更加科学。

最后，赫胥黎建议采用机械论的科学解释，以手表等人造机器的运行作为自然的模型，来取代那些诉诸"水性"等神秘力量的解释。

本书将考察科学中禁用能动性这一原则的起源和历史，以及与这个原则相伴随的自然的钟表模型，尤其是它们在生命科学中的应用。本书还讲述了反对者的故事，他们拒斥赫胥黎的妙语，因为他们拥抱相反的原则：能动性是自然必不可少、根深蒂固的一部分。

你可能已经注意到，"能动性"是本书的关键词。因此，先来谈谈我在什么意义上使用该词。能动性有点类似于意识，但能动性更根本、更基础，是一种原始的、先决的性质。一个事物如果没有能动性就不可能具有意识，但可以没有意识却具有能动性。例如，人们可能会把植物追寻阳光的向光能力看作一种能动性，而这并不意味着认为植物具有意识。人们可能会把某些电现象视为能动性的彰显，例如电子运动以维持电荷守恒。

因此，我所说的"能动性"仅仅是指一种在世界中行动的内在能力，能够以既非预先确定也非随机的方式行事。能动性的反面是被动性。读者将在本书中遇到许多科学上的说法，它们将自然事物的原因归结为各种形式的能动性：生命力、感觉能力、活力之流，以及自组织倾向。相应地，也有许多反对的说法。有一个共同特征把这些正反双方的说法统一起来：在每一种情况下，表面的力量、趋势或能力都源自其自然形式**之内**。具有能动性的事物，其活动源于自身内部而非外部。当一个台球撞向另一个台球时，后者开始滚动，台球看起来是被动的：它的运动似乎源于自身之外。而指南针会指向北方，文竹生长之快以至于一夜之间便可穿向屋外，对于这些现象又该如何理解呢？人们可能会认为，自然中的许多事物（如果不是大多数的话）都展现了能动性：一种似乎源于自身之内的活性。

然而，禁止将能动性赋予自然事物的科学原则假设了一个本质上被动的物质世界。这个原则大约在17世纪中期开始占据统治地位，历史学家们普遍认定现代科学——或者如其发明者所称的"新科学"——正起源于这一时期。该原则是机械论科学方法的指导性公理。机械论是 17 世纪中期以来现代科学的核心范式，它把世界描述为一台机器——在十七八世纪的想象中是一座巨大的时钟，其部件由惰性物质制成，只有在外力驱动时才会运动，就像钟表匠拧紧发条那样。根据这个源自 17 世纪的模型，机械装置缺乏能动性，由外部力量制造并移动；自然，作为一台巨大的机械装置，同样是被动的。假设生物是自然的一部分，根据该模型，生物也必须在不借助意图或欲望、能动性或意志的前提下得到理性的解释。

在自然科学中，这是标准的解释典范，甚至人文学科和社会科学也经常努力寻求自然科学的这种缺乏能动性的解释。禁用能动性似乎是科学之所以为科学的核心，也是任何科学规律或原理的核心，违背它似乎就等同于脱离科学而进入神秘主义。

然而，历史研究表明，这种科学模型本身有一个神学起源。缺乏能动性的物质世界假设，并且在实际上需要一个超自然的神。在 17 世纪，自然和自然科学中的能动性、感知、意识和意志被放逐了出去，所有这些属性被完全归于一个外在的神。经典的机械论科学方法以及与之相伴的自然机械模型和生物机械模型，自 17 世纪中期开始发展之时，就在根本上依赖于一种同时出现的神学，即设计论。设计论者挖掘自然（上帝的造物）中机械设计的证据，试图在其中找到上帝存在的证明。例如，生理学家仔细观察眼睛，他们所描绘的眼睛结构与显微镜或望远镜之类的透镜仪器是极为相似的。他们论证道，没有仪器制造者，就没有透镜仪器——显微镜不能从各个部件中组装出它自己。所以同样地，如果没有神圣的透镜仪器制造者，就不可能有眼睛。

缺乏能动性的纯粹被动的造物世界，就其本身而言，从未成为对生物本性的合理解释，而且它本身也不会赢得皈依者。这种科学模型，即所谓神学机械论，依赖于一个神圣的设计师，并把感知、意志和有目的的行动都交在他手里。换而言之，自然和自然科学中禁用能动性的原则不仅是现代科学的一条指导性原则，同时也是现代神学的一条指导性原则。

宗教改革是一场神学巨变，将上帝与他的作品截然区分开来，这场神学巨变先于将自然视为被动机器的现代模型。宗教改革不仅改变了新教徒的世界，也改变了所有其他人的世界，这个故事的主角有天主教徒、新教徒、自然神论者，也有其他人：犹太人、上帝一位论者、穆斯林和无主见派。尽管他们在文化和神学上存在差异，但自 17 世纪以来，这些人都会参照一个流行的自然模型来定位他们的职责。这个模型描绘了由内在惰性机制构成的自然，它的被动性表明有一个超自然的行动来源。

简而言之，现代科学的源头存在着一个矛盾。界定科学解释并把它与宗教解释或神秘解释区分开来的核心原则是，禁止诉诸能动性和意志。这一原则本身的确立依赖于一个神学概念，即神圣的工程师，以及一个神学方案——设计论。换句话说，现代科学的发明者把神秘的能动性从自然中放逐出去，放逐至超验的上帝之领域；当这么做的时候，他们就把严格的自然主义方法建立在了超自然的力量之上。他们遗留给后继者一个两难问题，这个问题在三个多世纪后仍然活跃着。

目前在生命现象的科学描述中充斥着对能动性的呼吁，而在正式的说法上却不允许。我和一位生物学家朋友谈到过这个问题，她同意，在生物学中将能动性赋予细胞或分子之类的自然实体是绝对违反规则的。但她也同意，生物学家们经常这样做，仅仅是作为一种说话方式：在他们的话语和文字中，**好像**自然实体表达了各种目的和意图，但他们的意思并不是字面意义上的。"当然，在教学中，在讲座中，甚至在发表的文章中，我们一直这样做。但这只是临时指代一种我们还不了解的东西。我们知道得越多，这些现象就越不像是有目的的。在此期间，我们说自然实体好像有意图和欲望，只是为了更方便地谈论它们。"（在我听来，这就像赫胥黎的那个预测——我们未来可以从水的成分出发完全理解水的性质。）

　　我的朋友进一步指出，一些动词比其他动词更糟糕：那些看起来"拟人化"的动词，如"想要"（want），只允许在非正式场合使用。生物学家可以在谈话中说，并允许他们的博士生在谈话中说，"细胞想要向伤口移动"，但在书刊中绝不能如此。相比之下，其他主动动词（active verb）似乎并不拟人化。她选择的例子是"调节"：蛋白质"调节"细胞的分裂。她认为这种动词没有以任何不好的、拟人化的方式赋予能动性，例如，它没有把人的愿望赋予细胞，而是简略地表达了一个复杂过程，在任何情况下说清楚这个过程都是很烦琐的，而且无论如何其中经常会包含超出生物学家目前理解范围的要素。[5] 这种主动动词是被允许的，甚至在期刊文章和教科书中被广泛使用。蛋白质"控制"化学反应，肌肉细胞"获取"能量，基因"支配"酶的生产。[6]

　　尽管如此，虽然"调节"、"控制"、"获取"和"支配"并不意味着基因或蛋白质具有人的情感，但它们确实暗示了有目的的行动。此外，我问我的朋友，这种信念——如果你了解了你所研究的系统的所有方面，那么那些看起来有目的的事情最终会变成完全机械的——难道不是一种信仰吗？她在毫不介怀地沉思这个问题时，陷入了短暂的沉默。然后，她笑着说："是的，好吧，你是对的，这是一种信仰。而且，就像任何信仰一样，我绝对不愿意去考虑这种可能性——它或许是错误的。我**明白**，如果我了解我所研究的过程的一切，我就没有理由诉诸任何种类的能动性，甚至作为一种说话方式都不行，更不用说作为一种解释手段了。"

我认为，生物学家的言语模式反映了 17 世纪将能动性从自然中放逐出去所造成的一个深藏的而又持续存在的窘境：自然界的秩序和行动是源于内部还是外部呢？无论哪种回答都会导致巨大的困难。回答"内部"就违反了禁止将能动性赋予自然现象（如细胞或分子）的原则，因此冒有一定的风险，即听上去具有神秘色彩和魔法色彩。回答"外部"则假定了自然的秩序有超自然的来源，因此违反了另一个科学原则，即自然主义原则。

在我之前已有许多人发现了这一窘境。从 17 世纪开始，一些人试图通过拒绝设计论，以及与设计论相伴的自然科学的被动机械论模型，来避免这一问题。本书的书名来自一部作品，该作品展现了与之相竞争的观点，是主动机械论的代表作，其主动机械论观点不仅适用于自然这部机器，甚至也适用于钟表等人造机器。它的作者是德国哲学家、数学家、发明家戈特弗里德·威廉·莱布尼茨，他不赞成同时代人所持有的被动机械论，努力为自然和科学寻找另一种模型，他关于钟表机构的段落为本书提供了书名。莱布尼茨描述了钟表机构，并通过类比的方式描述了人，他写道（他是用法语写的）："在德语里钟摆被称作'Unruhe'——意思是'不安'。有人可能会说我们的身体也是这样的，它永远不会完全安适。"[7] 在莱布尼茨看来，钟摆一直处于不安的运动状态，而人的身体也是如此。

对莱布尼茨来说，所谓像钟表一样就是积极反应、躁动不安以及永不停歇。这与人们通常理解的钟表隐喻（clockwork metaphor）有多么大的不同啊！人们熟悉的钟表宇宙（clockwork universe，也译作机械宇宙）及其钟表生物（clockwork creature）都意味着规律性和约束性，而不是躁动不安和反应能力。然而，在莱布尼茨关于机器和机械论科学的另一套概念中，像机器一样意味着有力量、不停歇、有目的、有感觉、可感知。机械的就意味着栩栩如生的，反之亦然：生物是宇宙中最机械的东西。

大体而言，经典机械论者是撰写历史的胜利者，因此，他们的对手在历史和哲学著作中声名狼藉，被视为神秘主义者甚至迷信的反动分子。应该指出，我所说的"经典机械论者"是指笛卡儿主义者、牛顿主义者、罗伯特·玻意耳及其追随者：这些派别在17世纪发挥了主导作用，界定了现代科学的原则和实践。尽管他们在许多问题——包括自然机器的行动来源——上存在分歧，但他们一致认为物质世界需要由外部力量来推动。而他们的批评者认为，机器是自主运动的。

尽管似乎名声不佳，但经典机械论和设计论的批评者中包括一个独特的群体，他们之所以反对，不是因为对传统的、宗教的自然描述的忠诚，而是因为严格的自然主义：他们决心将科学确立为完全自主的。正如莱布尼茨所指出的，如果我们试图禁止诉诸超自然的神，那么被动的钟表就不能作为生物本性的模型。我们需要一个不同的模型：主动的、永不停歇的时钟。对于将设计论外包给神圣造物主的那些现象——感知、意志、目的、能动性，这种模型将把它们自然化。所有这些都必须是自然界及其生物的必要组成部分。

基于这种将能动性自然化而不是外包出去的思想动机，出现了一种不同的机械论科学：不是那种粗笨的（brute）*、被动的经典

---

* "brute"是本书的一个关键词，大意为缺乏能动性、理性及生命。——译者注

机械论，而是主动的机械论。这种替代性的科学仍然是机械论的，因为它从组成部分及其功能出发为自然现象提供了理性的、系统的解释。它没有援引任何魔法的或超自然的性质，只有自然的性质。而莱布尼茨等主动机械论者认为，自然机器内部包含了它自己的行动来源：作为自我构造和自我转化的机器。

现代科学对生命的解释是由这两种相互竞争的机械论之间、两种科学原则之间的斗争形成的。被动机械论是明显的胜利者，因此更加引人注目，它把能动性从自然中抽离出去（最初是放到超自然的神的领域），还影响了例如将眼睛视为透镜仪器（如显微镜或望远镜）的生理学。而相反的原则，即主动机械论，虽然黯然失色，但仍在阴影中发挥影响，通过将能动性视为像力或物质那样的自然界的原始特征，把能动性看作自然机器尤其是生命机器的一个典型的基本特征，主动机械论避免了第一种方法的超自然主义。例如，这一竞争性的原则影响了 19 世纪德国生理学家兼物理学家赫尔曼·冯·亥姆霍兹对眼睛的生理学研究，他驳斥了望远镜类比，主张眼睛是一种感知机制，其功能依赖于它的感知能力。[8]

本书从源头出发关注现代科学的这场斗争。故事从栩栩如生的机器或"自动机"（automata）开始（第 1 章），这些机器遍布中世纪晚期和文艺复兴时期的欧洲，从教堂到宫殿花园再到城镇广场随处可见。通过勒内·笛卡儿和 G. W. 莱布尼茨等激进的思想家的工作，这些机器在 17 世纪激发了机械论的生命科学。从一开始，这些科学就在自然机器的主动模型和被动模型之间摇摆不定（第 2 章和第 3 章）。新的机械论的生命科学反过来又催生了一种新的栩栩如生的机器（第 4 章）——哲学的、实验的、模拟的机器，它们实际上执行了动物和人类的活动，如吹长笛、写信、呼吸、流血、说话、绘画。伴随着这些生物的实验模型的是一个假想的人物，即启蒙运动中的"人机"（man-machine）或"人型机器"（android）（第 5 章）；它们的设想者通过援引人机，提出人类可能是彻头彻尾的物质实体。这个思想实验的设想者们所得出的结论既是生理上的，也是社会的、道德的、经济的和政治上的。

18 世纪中后期的实验和思想实验取得了一项重大发展，在法国博物学家让 - 巴蒂斯特·拉马克的工作中开花结果。这项发展是一个极为重要的思想，即生物可能不仅仅是主动的机器，而且是**自我构造**和**自我转化**的机器，其结构随着时间的推移而改变（第 6 章）。查尔斯·达尔文在采纳这一拉马克主义的思想时，继承了它所假定的主动机械论的生物模型。然而，达尔文也继承了被动机械论的生物模型，因为这个模型隐含在他的理论所必需的另一个思想中，这个思想是在被动机械论的设计论传统中发展起来的：生物完美地"适合"和"适应"其环境的观念。因此，达尔文的进化论在主动机械论和被动机械论的生物模型之间摇摆不定（第 7 章）。

在 19 世纪和 20 世纪之交，在适应新兴的研究型大学中的学术政治、宗教政治和制度政治的过程中，德语世界的达尔文主义者对达尔文的理论进行了重新解释，旨在消除主动机械论的所有痕迹，得到了一种被动机械论的新达尔文主义（第 8 章）。这种新达尔文主义方法在 20 世纪上半叶产生影响，在二战后的几十年里达到顶峰，它的正式形式是埋藏了主动机械论张力的被动机械论，它影响了叫作"控制论"的哲学、科学和工程学运动（第 9 章），并且通过控制论影响了新的科学方法和学科的建立，包括人工智能、认知科学和数学生物学。

因此，埋藏在历史中的古老矛盾在当前的科学中保持着地下活动的状态。例如，它是生物学家与其批评者之间关于下列问题不断争吵的根源：自然中明显的设计迹象和设计意味，以及目的论在科学解释中的作用。这些争论产生了一些有影响力的科学方法和科学原则，比如理查德·道金斯的"自私的基因"概念[9]，以及丹尼尔·丹尼特在进化生物学中消除"天钩"（skyhook）的运动，"天钩"是一种有目的的"力量、能力或过程"[10]。在这两个案例中，17 世纪关于自然能动性的矛盾方法持续地从地表之下施加强大的地震压力。在机器人学家罗德尼·布鲁克斯等人关于人工智能的"具身"、"进化"和"行为"方法中，同样的有几个世纪之久的矛盾也在产生影响。[11]根据它们的隐藏历史，本书最后一章（第 10 章）考察了上述发生在近期和当下的科学争论和计划中的一些实例。

科学哲学家和科学史家托马斯·库恩在其 1962 年出版的《科学革命的结构》（*The Structure of Scientific Revolutions*）一书中，将科学描述为在每个阶段由一个主导"范式"（一种模型或方法）塑造。这种范式会影响所有的科学研究，直到它的局限性开始破坏它，然后会出现一个新的范式来推翻它，例如在 16 世纪至 17 世纪，日心（以太阳为中心）宇宙模型推翻了地心（以地球为中心）模型。

而与此相反，这里讲述的不是塑造科学研究的单一范式，而是相互竞争的原则和方法之间的互动。卷入这场竞争的人在承诺上是矛盾的，失败的原则并没有从科学中消失。相反，它仍然存在，虽然被获胜的原则所遮盖，但仍然活跃。这两个相互竞争的原则之间的冲突由此塑造了现代科学关于生命解释的发展。本书追溯了被掩盖的科学原则——能动性的自然化——的发展，以及它与掩盖它的原则——把能动性从自然中放逐出去——的冲突。查明这场斗争就是识别出被历史进程所遮蔽的智识可能性。不过，智识上的可能性并不是也不可能是此次调查的唯一成果，因为各种思想与它们所基于的世界是不可分割的。关于生物和人类有不同的科学模型，这些模型之间的竞争自始至终且无法避免地受到社会、政治、知识和文化冲突的影响。正如我们将看到的，生命科学的机械论方法的发展，无论是经典的粗笨机械论还是主动机械论，都与机械和工业的安排（如自动织布机以及随之而来的生产局面的转变），包括各种劳动分工在内的经济政策，按性别、种族、阶级、地理起源和气质划分的人类分类学和人类等级秩序，以及帝国征服和统治的计划密切相关。在下文中，对科学中这一持续几个世纪之久的辩证法的调研将意味着揭开这些既是知识的又是政治的、既是科学的又是社会的力量的隐秘行动。

本书的一个主要目的是证明历史理解对于当前的生命科学和心灵科学思考的重要性。通过揭示那些现已隐藏起来的力量（它们塑造了当前科学的问题和原则），历史分析可以重新开启之前被排除在外的思考方式。调查当前科学原则的起源和发展意味着重新发现其他的可能性，了解它曾经意味着什么以及可能意味着什么，以提供另一种关于生物的科学模型。

沿着穿越瑞士汝拉山脉的钟表之路，有两三百年历史的机械生物仍然保留在高山村落中，这里就是它们最初的诞生地；现在，它们由博物馆馆长和制表师照管，这些人往往就是最初制造者的直系后代。我在写这本书的过程中去了那里。在我见到的这些机械发条生物中，有一个是农民正在教他的猪搜寻松露。这位农民一只手拿着松露，把他的猪放在另一边的膝盖上，显然正在向猪解释要通过气味寻找松露。他把松露举到自己的鼻子前，吸气（胸口隆起），左右摇头，同时闭上眼睛，这是对感知觉现象无可辩驳的展示。这台机器具有惊人的说服力。它似乎在暗示，感知觉现象和生命的能动性可能不过是由被动的机械部件的运动组合而成的。或者说，它暗示了机械部件根本就不是被动的。事实上，我认为它同时暗示了这两个方面。故事就在这些可能性之间穿梭。如果水性不是一个令人信服的可能性，这个玩笑就没那么有趣了。

第1章

花园里的机器

很久以前，兰斯洛特爵士的城堡"欢乐卫城"曾经是一个被诅咒的悲惨之地，被称为"悲痛卫城"。在打败了三个铜人骑士，从邪恶的群岛领主布兰登手中夺取它之后，兰斯洛特将它改为这个名字。第一个骑士站在城堡大门的上方，"高大魁梧，全副盔甲，手里拿着一把大斧头"。不过，这个骑士很容易就被解决掉了：根据把他放在大门上方的魔法，当注定要征服城堡的人第一次瞥见他时，他就会坠落到地上。在兰斯洛特注视着这个"又大又怪"的铜人骑士时，他便遵守誓约，坠落了下去。[1]

　　然而，再往前走，在城堡的墓地里，兰斯洛特遇到了另外两个铜人骑士，他们更加投入战斗。他们守着一扇门，兰斯洛特必须通过这扇门才能找到城堡魔法的钥匙。他们手持沉重的钢剑，等待着将任何试图通过的人击倒。兰斯洛特毫不畏惧，举起盾牌，跳到两个骑士中间。一个骑士打中他的右肩，打破他的盾牌，并刺穿他的盔甲，"如此残酷，鲜血顺着他的身体流下来"，但兰斯洛特坚持了下来。然后，他遇到了"一个铸造得非常精美的铜人少女"拿着他要找的钥匙。兰斯洛特用这把钥匙打开一个铜箱，30根铜管从里面伸了出来，释放出一股魔鬼的旋风。铜人少女和骑士们便倒塌在地上：魔法被破解了。[2]

亚瑟王传奇中不仅有自动机骑士和少女，还有用金、银和铜制造的小孩、半兽人、弓箭手、乐师、祭司和巨人。[3]这些虚构的人造生物有很多真实的对应物。现实中的机械人偶和机械动物在中世纪晚期和现代早期的欧洲到处可见，与虚构的生物一样，真实的自动机反应积极，引人入胜，并经常攻击人类闯入者（在大多数情况下只是为了好玩）。

自动机是日常生活中的常见特征，它们源于教堂和主教座堂，并从这些地方传播开来。耶稣会传教士将它们作为贡品带到中国，用来生动地展示基督教欧洲的力量。富裕的庄园主在他们的宫殿和花园里安装了自动机，它们成为吸引欧洲各地旅行者的主要旅游景点。

我们的故事从这些栩栩如生的机器开始。它们为新的把生物作为机器的科学和哲学模型提供了物质背景，这种模型将在约17世纪中叶出现。如果说"机械的"后来意味着被动的和死板的，那么在这些更早的机器的时代，它的含义并非如此。相反，我们将要研究的自动机表现出一种充满活力的甚至神圣的能动性。

上帝作为机器

一座十字架上的机械耶稣，被称为"恩典十字架"，在15世纪吸引了大量朝圣者来到肯特郡的博克斯利修道院（见图1.1）。这尊耶稣"通过一串毛发使眼睛和嘴唇移动"，在复活节和耶稣升天仪式时运行。[4] 此外，这座恩典十字架还能够：

> 自己俯身和起身，摇晃和颤抖手脚，点头，翻眼，扭曲脸颊，皱眉，最后用眼睛致意，它既能让身体各部分做出固有的动作，也能生动、明确并意味深长地显示出高兴或不高兴的心态：当它假装受到冒犯的时候，它就会咬着嘴唇，给出一副皱眉头、向前看且不屑一顾的表情；而当它看起来很高兴的时候，它就会表现出最为亲切、和蔼、满脸笑容的神态。[5]

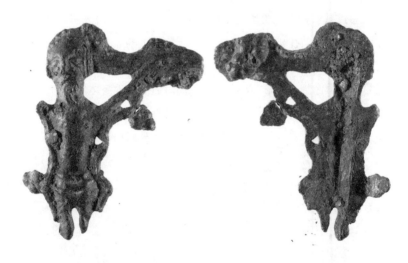

图 1.1　恩典十字架朝圣者的徽章碎片，其历史可追溯至 15 世纪

在接近恩典十字架获得赐福之前，人们必须接受纯洁测试，这由一位远距离操控的圣人来实施：

圣鲁姆瓦尔德的石像是一个可爱的圣人男婴……它本身很小，看起来并不重，但因为它是由一块巨大而沉重的石头加工而成的，最强壮的人也难以举起它。然而，在安装于它后面的机器（一个传送装置）的帮助下，看守能够用脚很容易地将它撬起来，因此，对于那些知道它的机制的人来说，移动它毫不费力；相反，通过将一根销钉插入柱子之中，……对于那些不知道其机制的人来说，它是如此牢固，无法移动，以至于任何人的力量都不能移动它。[6]

通过被遥控的圣鲁姆瓦尔德证明自己"一生清白无辜"之后，你就可以继续前往机械耶稣那里。在十字架上喃喃自语、眨眼、做出痛苦表情的自动机基督特别受欢迎。[7]在布列塔尼，有一座 16 世纪的耶稣雕像翻着眼睛，动着嘴唇，同时血液从他身体侧面的伤口流出来。在其脚下，圣母和三位女侍者打着手势，而在十字架的顶端，有一个象征着三位一体的头颅在机警地来回扫视。[8]

机械魔鬼广为流行，它们被安放在圣器收藏室里，摆出可怕的面孔，发出嚎叫，伸出舌头，在罪人的心中灌输恐惧。这些撒旦机器翻着白眼，挥舞着手臂和翅膀，有些甚至还有活动的角和冠。一个 16 世纪的真人大小的木制魔鬼从笼子中冲出来，"可怕的、扭曲的，头顶长着角，翻着愤怒的眼睛，伸出血红的舌头，似乎要扑向观众，朝观众脸上吐口水，并发出巨大的嚎叫"，同时用左手做出猥亵的动作。这个魔鬼是由一个重物驱动的，这个重物还为一组风箱提供动力，让空气和水通过其脖子和嘴里的铜管，使这个怪物能够嚎叫和吐痰。[9]一个耳朵尖锐、眼睛怪异、肌肉发达、用曲柄操纵的魔鬼仍然藏于米兰的斯福尔扎城堡之中。[10]

此外还有自动机天使。在佛罗伦萨的一个节日里，一群天使将圣塞西莉亚的灵魂送上天堂。[11]在圣费利切的天使报喜节上，15世纪的佛罗伦萨建筑师菲利波·布鲁内莱斯基用一个机械"光环"将天使长加百列送入反方向。这种光环是一个杏仁形的符号，左右两个相融合的圆圈代表天堂和大地、物质和精神。作为神圣机械的大师，布鲁内莱斯基也将天堂机械化了。他的机械天堂"确实令人惊叹……因为在高处可以看到天堂中充满了栩栩如生的、正在移动的人偶，还可以看到无数的光芒像闪电一样闪耀着"。[12]

在15世纪下半叶，布鲁内莱斯基被切卡（弗朗切斯科·丹杰洛）超越了，切卡在加尔默罗圣母大殿的教堂中设计了耶稣升天的机械。在这里，耶稣被高高举起，放在"一座制作精美的木制山峰上"，"这个天堂比圣费利切广场上的那个天堂还要再大一些"。节日的策划者们在首席护民官上方增加了另一个天堂，有"一些大轮子""以最美妙的秩序运转，十个圆环代表十层天球"。这些圆环上遍布星星：小铜灯悬挂在枢轴上，以便在天球转动时保持垂直。两个天使站在一个由滑轮悬挂的平台上。这两个天使被操纵下来，向耶稣宣布他将升入天堂。[13]

与这些天堂机器相媲美的还有精心设计的地狱。1547年在瓦朗谢讷上演的耶稣受难剧的地狱就非常有特色，它有一张骇人的大嘴，张开又闭上，展现魔鬼和受折磨的罪人。[14]机械地狱有可开合的大门，伴随着隆隆的雷声和耀眼的闪电，还有扭动的自动机恶魔和恶龙。[15]

机械野兽展览在宗教戏剧中扮演了多种角色。一头机械熊威胁着大卫的羊[16]，但以理的狮子咬牙切齿[17]，更多的狮子跪在圣丹尼斯面前。[18] 巴兰的驴子在主的天使面前逡巡不前，掉转方向。[19] 蛇盘绕在智慧树的树干上，要把树上的苹果递给夏娃。[20] 一头被猎人追踪的野猪，一只嗅着圣安德烈的豹子，一只摇头晃脑、嚅动嘴唇、伸出舌头的单峰驼，一群从地狱里涌出的狗形和狼形的魔鬼，以及从口、鼻、眼、耳中喷出火焰的蛇和恶龙，这些都是 1537 年在布尔日举行的历时 40 天的《使徒行传神秘剧》(*Mystère des actes des apôtres*) 演出中的机械野兽，让忠实的观众大饱眼福。[21] 这些机器是委托当地的工匠制作的，他们通常是钟表匠。[22]

在 15 世纪末和 16 世纪初，展现《圣经》事件的机械表演席卷欧洲各地。[23] 神圣机器不仅出现在城市里，1501 年 5 月，图卢兹附近的拉巴斯唐村的一名工程师受雇建造一个可以推动圣母升天的无极螺杆。第二年 8 月，伴随着旋转的天使，圣母向天空上升并消失在天堂里，天堂的入口隐藏在云层中。同时，一个金色的、燃烧的太阳也在旋转，在它的光芒上搭载着更多的天使。[24] 另一个机械圣母升天仪式每年都在图卢兹举行，交替在多拉德圣母教堂和圣艾蒂安教堂进行。[25] 在图卢兹周边地区，为了圣母升天仪式，孩子们在家中建造圣母升降机的小型仿制品，就像他们在圣诞节时布置圣诞马槽一样。[26]

圣父也出现在机械的再现中。在迪耶普，圣父在圣雅克教堂的顶部赫然耸现，一位"可敬的老人"在蔚蓝的、洒满星星的天幕上乘云而行。机械天使在他身边飞来飞去，拍打着翅膀，摇动着香炉。在每次祷告结束时，一些人用手铃和号角配合管风琴演奏《圣母颂》。仪式结束后，天使们吹灭祭坛上的蜡烛。[27] 在圣灵降临周，圣灵以白鸽的形象从伦敦圣保罗大教堂的主穹顶上飞下来，向会众喷洒"最令人愉悦的香水"。[28]

最早的现代机械人偶大多出现在教堂和主教座堂中，展示宗教主题。许多人偶与钟表有关，钟表是教会为了改革历法和更好地预测节日而改进计时的副产物，[29] 还有许多人偶与管风琴有关。在14世纪中叶，一个紧握木槌敲钟报时的机械小人成为欧洲各地钟楼上的常见景象。他在英格兰叫"杰克"，在佛兰德斯叫"让"，在法国叫"雅克马尔"，在德国叫"汉斯"。[30] 在接下来的一个世纪里，敲钟人有了同伴。从1499年开始，威尼斯圣马可广场的时钟由两个巨大的牧羊人来敲响钟声，同时出现一个吹着号角的天使，接下来是东方三博士（见图1.2）。三位博士在圣母和圣婴面前鞠躬，用一只手摘下头上的冠冕，另一只手送出他们的礼物。然后他们站起来，重新戴上冠冕，从一扇自动门出去。[31] 东方三博士的场景是教堂钟的常见主题之一，教堂钟通常还包括显示节日的日历，星星的位置、冲与合*，黄道十二宫，月相，以及像圣马可钟那样的托勒密宇宙的天文模型。[32]

还有公鸡。大约从14世纪中叶开始，欧洲各地的钟上都有机械公鸡在啼叫和拍打翅膀。[33] 也许最早的在整点振翅打鸣的公鸡是1340年左右在马孔附近的克吕尼修道院建造的。同时，一位天使打开一扇门，在圣母面前鞠躬；一只代表圣灵的白鸽飞了下来，并得到圣父的祝福；还出来了一些奇异的生物，它们伸出舌头，翻着眼睛，然后退回到钟里面。[34] 另一只公鸡从大约1570年起在尼奥尔的市政钟上振翅打鸣。这只公鸡引领了三个独立的场景，涉及约40个人偶。凯尔出现在一个窗口，劝说塞尔维特德出来报时。自动机加百列与机械的圣母马利亚、圣灵和圣父一起表演了天使报

---

* 冲是在地球上看到两个天体的黄经相差180°的现象，合是在地球上看到两个天体的黄经相等的现象。——译者注

图1.2 圣马可广场钟上的自动机东方三博士，图由福斯托·马罗德尔（Fausto Maroder）无偿提供

喜。一个由机械天使组成的唱诗班齐声歌唱，同时他们的指挥拿着乐谱并打着节拍；当唱诗班的每组成员敲响他们相应的钟琴时，指挥便依次靠近每一组。圣彼得从一扇门后出现，环顾四周，打开另一扇门，在两个孩子的告诫下消失在他的房间里，为十二个使徒让路。他们手持锤子出场，当孩子们点头致意时，他们便及时地用锤子敲响钟声。钟上有一扇门，两边是两个自动机赫拉克勒斯，准备对任何试图进入的人投掷棍子；在他们上面，火神伏尔甘拿着锤子也在站岗。[35]

斯特拉斯堡大教堂的著名公鸡超越了克吕尼、尼奥尔以及其他地方的公鸡。近五个世纪以来，斯特拉斯堡的公鸡每到整点都会昂起头颅，振翅打鸣；这只公鸡坐落在"三王钟"的顶部，三王钟最初建于 1352 年至 1354 年间，在 1540 年至 1574 年间由钟表匠伊萨克和若西亚斯·哈布雷希特兄弟翻新（见图 1.3）。在公鸡的下方，星盘在旋转，东方三博士的场景以人们熟悉的次序上演。在哈布雷希特的版本中，除公鸡、东方三博士、圣母和圣婴外，还有其他一系列自动机：罗马诸神轮流指示星期几；一位天使在播报整点时举起她的权杖，另一位天使则每过一刻钟转动一次沙漏；婴儿、青年、中年军人和老人代表生命的四个阶段，他们分别播报一小时的四个刻钟；在他们的上方，一个机械耶稣在老人敲响最后一刻钟后出现，但随后退到一边，让死神用骨头敲击播报整点。[36]

　　除了教堂的钟，教堂的管风琴是机械人偶的另一处主要场所。[37]管风琴驱动的机械天使组成了一整支热闹的合唱团，有时还有唱歌的鸟儿相伴随。自动机天使们把号角举到嘴边，并演奏鼓和钟琴。[38]在博韦的主教座堂，圣彼得耸立在一架管风琴（建于 14 世纪末或 15 世纪初）的顶部，在纪念他的节日里，通过点头和转动眼睛为会众祈福。[39]斯特拉斯堡大教堂的机械活动非常繁忙，它的管风琴和时钟都与自动机相连。15 世纪末，管风琴的琴弦上安装了三个活动的人偶，被称为"咆哮的蠢蛋"（Rohraffen，它们现在仍保留在那里），分别是张开并合上狮子下颌的参孙（Samson），将小号举到嘴边的村庄里的传令官（Herald），以及身穿红黑斗篷的卷饼商贩（Bretzelmann）。

　　这个卷饼商贩仍在斯特拉斯堡大教堂，他有长长的头发、蓬松的胡须、鹰钩鼻子以及邪恶的表情。刚启动的时候，他的讲话似乎很有重点，嘴巴一开一合，同时摇晃着脑袋，并用右臂做着手势。[40]在圣灵降临节的整个礼拜仪式中，卷饼商贩会嘲笑祭司，大笑着，大声辱骂并讲粗俗的笑话，唱着下流的歌曲：

图 1.3 斯特拉斯堡天文钟，由伊萨克·布鲁恩绘制，《大教堂的天文钟》(*Horloge astronomique de la Cathédrale*)，斯特拉斯堡版画陈列馆。© 斯特拉斯堡博物馆，马蒂厄·贝尔托拉（Mathieu Bertola）

他用聒噪的声音吼叫着亵渎的、下流的歌曲，做出淫荡的姿势，［他的］声音压过了里面人们歌唱赞美诗的声音，并用嘲笑的手势嘲弄他们，结果他不仅把人们的虔诚变成了不和谐，把他们的悲叹变成了哄笑，甚至还妨碍了神职人员唱诗进行神圣的礼拜；不但如此，他还扰乱了群众的神圣仪式……［这种扰乱］对教会崇拜——更不用说神圣崇拜——的热衷者而言，长期以来都是令人厌恶和可憎的。[41]

其他管风琴会表演脱离身体的头颅随着音乐响起而皱眉，扭曲脸部，翻着眼睛，伸出舌头，开合嘴巴。[42] 在巴伐利亚哈特附近诺伊施塔特的一座教堂中，一个巨大的自动机头颅仿佛使管风琴具有了生命；15 世纪以来，在德国和低地国家都可以见到这种装置。[43] 在巴塞罗那的主教座堂，一个机械摩尔人的头由头巾悬挂在管风琴走廊上。当音乐轻柔地响起时，它做出温和的面部表情；而当音乐声越来越大时，它便翻着白眼，龇牙咧嘴，似乎很痛苦。[44] 在卢瓦尔河谷蒙图瓦尔的奥古斯丁修道院，管风琴走廊上的一个机械头颅咬牙切齿，发出嘈杂的声响。[45]

总而言之，中世纪晚期和文艺复兴时期的欧洲充满了机械生物，天主教会是它们的主要赞助者。在 15 世纪末期至 16 世纪末期之间，教会也是翻译和印刷古代文献的主要赞助者之一，其中有大量文献涉及机械和水力自动机，这些文献随后为新装置的制造提供了参考。例如，维特鲁威《建筑十书》（De Architectura）的第一版印刷本包含了对克特西乌斯（公元前 3 世纪的工程师）的水风琴及其他自动机的描述，这个版本于1486年问世，是文艺复兴时期教宗建造一座基督教罗马城的计划的关键部分。[46]教宗自动机也出现在世俗场合中：市政厅、市政钟楼[47]以及贵族庄园的庭院。现代早期的工程师们将政治和宗教的圣像机械化了。自中世纪末期开始，自动机成为活跃的市民文化和城市文化的一部分。[48]一个例子是查理四世为纽伦堡的圣母教堂委托制作的钟，以纪念他的金玺诏书，这份诏书确立了神圣罗马帝国的宪法结构，并将选帝侯的数量定为七人。在1361年落成的这座钟上，七个人偶被统称为"小人游行"，他们于正午时分出现，在皇帝面前鞠躬。[49]另一个传奇的自动机是列奥纳多·达·芬奇在1515年为佛罗伦萨商人在里昂举办的宴会所制作的狮子，以纪念弗兰西斯一世："因此，达·芬奇被要求设计一些奇怪的东西，他制作了一个狮子，狮子走几步，就会打开它的胸部，展示里面装满的百合花。"[50]狮子代表里昂，百合花代表法国王位。

从15世纪末开始，钟表自动机成为贵族们的玩物，神圣罗马帝国的皇帝们尤其热衷于此。纽伦堡的汉斯·布尔曼制造了机器乐手，为此，斐迪南一世把他召到维也纳。[51]根据一份1542年的清单，亨利八世在威斯敏斯特有一台自动机时钟。[52]奥格斯堡的钟表匠汉斯·施洛特海姆设计了多个放在宴会餐桌上的装饰性自动器皿架。它们都是用金、银或黄铜锻造的，通常呈现为船形。其中一个是施洛特海姆在1580年左右为鲁道夫二世制作的，现存于大英博物馆，它上面的人偶围绕着日晷旋转，并在一个宝座前经过。施洛特海姆还设计了两只自动机小龙虾，一只向前爬，另一只向后爬，它们在1587年被萨克森选帝侯买下。[53]

贵族住宅中的钟表自动机嗡嗡作响，运转不停，它们是教堂自动机的微缩版本，也出自同一批人之手。哈布雷希特兄弟不仅在 16 世纪中叶翻新了斯特拉斯堡大教堂的大钟，也在家用钟表自动机方面生意兴隆。[54] 在世俗戏剧中，自动机也占有一席之地。[55] 1547 年，年仅 19 岁的约翰·迪伊——后来成为魔法师和伊丽莎白一世女王的宫廷哲学家，当时尚在剑桥大学三一学院研习希腊语——似乎制造了一个会飞的机械蜣螂，服务于本科生表演的戏剧，即阿里斯托芬的《和平》。在剧中，一位雅典的调停人特律盖奥斯决心到达宙斯在奥林匹斯山的宫殿，他跳上他那匹难看的飞马珀伽索斯，并命令它飞起来，正当此时，迪伊的人造昆虫腾空而去，引起了"极大的惊奇，关于这是通过什么办法实现的，有许多荒诞的报道广为流传"[56]。

自动机是最先且最广泛地在教堂和主教座堂中出现的。事实上，甚至在钟表和管风琴自动机的时代之前，早在 13 世纪中叶，奥纳古的维拉尔的草图集中就有由绳索和滑轮控制的机械装置。其中一个是机械天使，用手指指向太阳并随太阳转动。另一个是老鹰，其说明文字写道："如何在宣读福音时让老鹰面向助祭？"[57] 后来，自动机基督、天使、魔鬼和圣母为各种机械动物以及宇宙本身的钟表模型奠定了基础。

最后的例子是一尊由铁和椴木制造的机械方济各会修士，建于 1560 年左右，据说出自一个叫华内洛·图里亚诺的人之手。[58] 图里亚诺的一生本身就是个故事。他是神圣罗马帝国皇帝查理五世及其儿子、继承人西班牙国王腓力二世的钟表匠、建筑师和工程师，在查理五世于 1556 年退位后，图里亚诺与查理五世一起隐居在普拉森西亚附近的尤斯特修道院。[59] 在那里，这位钟表匠制作了一些自动机来安慰这位身患痛风的前任皇帝：一个会跳舞和打手鼓的自动机女士；一群木制的麻雀拍打着翅膀"在房间里飞来飞去，仿佛是活的一样"；一支由奔跑的马匹和吹着小号的士兵组成的微型军队。[60] 据传说，腓力的儿子唐·卡洛斯的头部受伤后奇迹般地康复了，在危急时刻，15 世纪的方济各会修士迭戈·德阿尔卡拉的遗物被送到王子的床上，治愈了他的伤势。为了表达不尽的感激之情，国王要求图里亚诺制造这尊机械修士。

这尊机械修士身穿无袖外衣、斗篷和凉鞋，其机制隐藏在修道服之下，是一个完全自成一体的装置。他转动头颅，移动眼睛，向前走，举起左手攥着的十字架和念珠，进行一系列的祈祷，用右手轻击胸部，然后亲吻十字架。这尊修士雕像高约 40 厘米，重约 2.3 千克，在某种程度上是令人敬畏的。也许比起同时代的喃喃自语的基督、吹号角的天使、翻白眼的魔鬼和咬牙切齿的头颅，这尊修士雕像更能体现出形象的力量，可以活动的形象的特殊力量，活动而虔诚的形象的非凡存在。[61] 天主教会是钟表宇宙及其机械居民的摇篮。

机械化已经与现代化如此紧密地联系在一起，以至于人们很难回过头去思考自动机在中世纪晚期可能意味着什么。现在来看，阻碍人们理解中世纪晚期的主要障碍是宗教改革。宗教改革标志着人们对物质与精神、自然与神性的关系的理解发生了巨大变化。[62] 这些变化的关系产生了若干影响，其中一个不太引人注目却非常重要的影响是，机器和一般意义上的机械论开始意味着一些新的东西：由物质部件组成的人造机械装置变得彻底缺乏精神。

为了理解为什么会这样，我们必须考虑到，宗教改革者在他们的每一条主要教义中都将上帝与自然、精神与物质区分开来。这场运动在教义上的核心思想是否认圣餐奇迹，即否认圣餐变体论：尽管他们彼此之间对圣餐礼期间发生了什么有所分歧，但他们都认为圣餐的面饼和葡萄酒仍然是面饼和葡萄酒。也就是说，圣餐的面饼和葡萄酒**代表**了耶稣的肉和血，而不是像天主教教义所说的那样**变成**了耶稣的肉和血。事实上，宗教改革者们普遍否认奇迹的发生。基督教实践中的圣事和仪式，如圣餐礼，仅仅变为灵性恩典的象征性的代表，它们不再是奇迹事件。宗教改革者们还拒绝圣像和其他代表神性的东西，将它们视为偶像崇拜。通过这些方式，他们坚持要在尘世生命的物质世界和精神的神圣领域之间进行一系列新的区分。[63]

而在这些发展之前，在中世纪的天主教世界里，自动机圣像——基督、圣母、圣父、天使和魔鬼——与观众面面相对，让教堂和主教座堂生机勃勃；这个世界在物质和精神、世俗和神圣之间没有明确的区别。翻眼睛，动嘴唇，打手势，扮苦脸，这些自动机戏剧化地呈现了神性与具象表现之间、圣徒与圣像之间亲密的、有形的关系。神圣机器存在于一个形象化的传统中，进一步扩展了基督教学说和教义的可感的、可见的、尘世的表现形式。[64]这些圣像是机械的，但既不是被动的，也不是死板的。相反，它们是动态的具象表现，是充满精神的雕像：它们是机械的，**也是神圣的**。

随着宗教改革的开展，同样的机器开始变得完全不同。从奥格斯堡到斯特拉斯堡再到日内瓦，宗教改革运动和钟表制造并肩发展。大量机械化的宗教形象在时间和空间上都与一种相反的冲动相重叠：宗教改革者的观点的传播，他们认为具象化的宗教形象亵渎了神明，因为它们模糊了象征与神性、物质与精神之间应有的明确界限。机械圣像从神圣的、充满精神的雕像变成了虚伪的、欺骗性的：物质装置伪装成了它们的对立面——精神存在。

对于嗡嗡作响的、呻吟的、鸣叫的、吹哨的、喋喋不休的教会机器，宗教改革让其中一部分安静了下来。斯特拉斯堡大教堂里的那个粗俗的卷饼商贩和他的许多管风琴自动机伙伴一道被沉默了，事实上，许多教堂管风琴本身也被沉默了，它们曾经是天主教仪式的象征。[65] 亨利八世在创立英国圣公会时，要求英国的教堂不得有机械雕像。[66] 博克斯利修道院的那个扮苦脸的恩典十字架在 1538 年进行了最后一次表演，而在此之前，它就被杰弗里·钱伯从博克斯利修道院抢走了，这是他受命对修道院进行破坏的一部分。钱伯在给托马斯·克伦威尔的信中说，他在恩典十字架中发现了"一些机器和老旧的金属丝，后面还有一些旧的腐烂的杆，正是这些东西使眼睛在脑袋里移动、颤动，'就像一个活的东西'，而且'下嘴唇也会移动，好像会说话一样'，这对他和在场的其他人来说一点儿也不陌生"[67]。但是，恩典十字架是用木头和金属丝做的，这会让人感到惊讶吗？它和它的许多"远房亲戚"都是由当地的工匠——钟表匠和木匠——建造和维护的，当地的观众对它非常熟悉；根据当时编年史家的记述，它们激起的笑声至少和敬畏一样多。斯特拉斯堡大教堂的卷饼商贩，当然也很有趣。同样，至于由杠杆和滑轮操纵的圣鲁姆瓦尔德，"许多时候，当看到一个傻大个费尽力气却举不起来，而一个小男孩（或年轻女子）当着他的面轻松举起来时，它引发的笑声多于虔诚"[68]。

机械圣像是机械的，这不可能成为大新闻。但钱伯和他的破坏圣像的同伴们提出了这样的观点：由于这种圣像是机械的，所以是欺骗性的。也就是说，除非是欺骗性地，否则机械不可能表现神性。人们再也不能既知道一个东西是机械的，同时还相信它是神圣的，因为神与物质的关系已经改变。这些领域在以前是作为一个连续体（continuum）而存在的，然而在宗教改革者的神学中，它们变成了截然分离的、不同的领域。对机械圣像的破坏仅仅是 16 世纪中叶遍布欧洲的更大的圣像破坏浪潮中的一朵小浪花。[69] 但是，对恩典十字架及其同类装置的破坏揭示了圣像破坏运动的一个核心逻辑，即严格区分神圣的精神领域和粗笨的物质世界，由此从根本上改变了对机器的看法。在圣像破坏主义者的斧头下，这些机器从精神和活力的表现变成一堆欺诈性的惰性部件。

在钱伯询问他们时，修道院的院长和修士们否认知道任何关于机械的恩典十字架的事情。[70] 然而，它曾经激发了肯特郡民众以及来自各地的朝圣者的极大热忱[71]，因此，钱伯认为它是一个迫切的危险，并迅速将它移至梅德斯通。在那里，他将恩典十字架展示在公共市场上，并向城镇居民灌输一种"对恩典十字架的极度厌恶和憎恨，以致如果不得不再次破坏修道院，他们会把它拆下来或烧掉"[72]。尽管恩典十字架的物质机制不会让任何人感到惊讶，但钱伯教导他的观众将这些机制视为欺骗的证据。编年史家查尔斯·赖奥思利对这些事件的描述如下：

> 因此，这个十字架首先被安放在梅德斯通的市场上，并在那里向人们公开展示移动眼睛和嘴唇的技艺，使那里的所有人都能看到，在数不清的漫长岁月里，这一地区的修士们在该雕像上使用幻术，他们以此获得了巨大的财富，欺骗人们认为它是靠上帝的力量移动的，而现在却清楚地展示了相反的情况。[73]

随后，恩典十字架被运到伦敦；在一次布道中，罗切斯特主教约翰·希尔西在圣保罗大教堂的十字架上展示了它；在此之后，当着一群得到适当告诫的围观者的面，它被拆碎并烧毁了。[74] 赖奥思利再次记录了这一事件：

> 这一年的 2 月 24 日是四旬节前的第二个星期日和圣马提亚节，是日，这个曾经位于肯特郡博克斯利修道院的十字架雕像，叫作恩典十字架，被放到了圣保罗的十字架上；罗切斯特主教在布道中宣称……机器在旧时代被滥用在这尊雕像上，它的腿部上方是用纸和布做的，腿部和手臂是用木材做的。因此，人们被这尊雕像欺骗并引发了巨大的崇拜。[75]

30 年后，律师、历史学家威廉·兰巴德刻薄地描绘了恩典十字架和那些"热衷于制造形象的修士"。关于恩典十字架，兰巴德讽刺地写道："它不需要普罗米修斯的火来成为一个活生生的人，而仅仅需要贪婪的'钟神父'的帮助，或者一些精通技艺的修士的帮助。"至于恩典十字架的"同僚"——圣鲁姆瓦尔德，兰巴德透露它是由"一个站在视线之外的宗教骗子"操作的。他回忆起克伦威尔对这些修士以及他们的机器取得的胜利："但是什么？我不需要报道为了他们自己的财富和赚取上帝子民的献金，这些修士如何无耻地滥用这个木制的上帝……因为世上还有好人，他们见证了这个骗局在圣保罗的十字架上被公开戳穿。"[76]

与其他宗教改革的倡议一样，信仰上分歧的双方都参与了对机械宗教形象的拒斥。到 17 世纪中叶，某些天主教统治者已经对自动机天使和机械的升天仪式产生了厌恶。1647 年，路易十四和王太后来到迪耶普观看自动机天使，发现并不对他们的胃口，这就是这些天使的结局。[77] 1666 年的一项禁令终止了图卢兹的圣母年度机械升天仪式，理由是它分散了会众的注意力，引起了"不敬的反应"。[78]

然而，机械化的虔诚之物并没有消失；相反，它们幸存下来并蓬勃发展。被这些机器所戏剧化的重大神学和哲学问题，即身体和灵魂、物质和精神、机械论和能动性之间的关系问题，也是如此。在 16 世纪末和整个 17 世纪期间，机器在不断地增加和复杂化，神学和哲学对机器的怀疑也在不断增加并得到了越发详尽的阐述，两者是共存的。换句话说，一方是较早的、最初是天主教的机械具象表现的传统，另一方是较新的、最初是新教的强调神圣领域和物质领域完全不同的主张，双方之间持续存在着激烈的冲突。这个冲突本身同样地塑造了天主教徒和新教徒的思维。

圣像问题是特兰托会议的一个核心问题，该会议是天主教会的一次大公会议，于 1545 年至 1563 年期间在意大利特兰托举行，旨在从神学上回应宗教改革者，其中部分内容是对会议所认定的新教异端邪说进行谴责。1563 年，该会议发布了一项关于使用圣像的法令，禁止使用"不寻常的"形象，除非经过主教批准。[79] 这项禁令有助于推动机械圣像的主题的转变。例如，在大公会议的法令颁布后，三维的耶稣诞生的场景（presepio）在天主教环境中逐渐流行，成为神性的一种可接受的具象表现，这也是对路德宗的圣诞树的一种回应。

耶稣会被特兰托会议委以战胜新教神学的重任；耶稣会接受了圣诞场景，并使之成为自己的东西，耶稣会还通过使之机械化来提升该场景的戏剧化力量。在贵族和富裕资产阶级的家中以及在教堂中，对机械的、会说话的圣诞场景的喜爱在数十年间达到高潮。

16世纪的建筑师贝尔纳多·布翁塔伦蒂为他的学生——科西莫一世·德·美第奇的儿子弗朗切斯科——建造了一个钟表圣诞场景，这个机器有能开合的天堂、飞行的天使和走向马槽的人偶。施洛特海姆在1589年左右为萨克森宫廷建造了一个精致的机械圣诞马槽。这个圣诞马槽现在陈列在德累斯顿的萨克森民间艺术博物馆中，它的场景包括牧羊人和国王前往马槽、天使从天堂飞下来、约瑟轻摇着摇篮，以及一头牛和一头驴起身站在圣婴面前。[80]

耶稣会对机械虔诚形象的热爱突出地体现在多才多艺的阿塔纳修斯·基歇尔身上，他是17世纪中期哲学对话和活动的纽带。与许多其他装置一道，基歇尔设计了一台水力机器来表现救世主的复活，另一台水力机器则"展示耶稣在水上行走，并通过磁力装置对逐渐下沉的彼得施以援手"。在这个巧妙的装置中，起作用的是放置在彼得胸口的一块强磁铁，以及耶稣伸出的双手或"他的长袍的任何转向彼得的部分"中的铁。把这两个人偶安装在木塞上，放进水盆里，他们就会不可避免地吸到一起："耶稣的铁手立刻感受到从彼得胸前散发出的磁力……如果耶稣人偶的中间部位是柔软的，那么这种假象就会更加显著，因为这样他就会自己弯曲，让观众产生强烈的钦佩和虔敬之情。"[81]

更普遍来说，耶稣会士把钟表自动机作为他们宣传基督教的主要工具之一。他们带着自动机作为礼物来到中国皇帝面前。1618年，耶稣会中国传教团的金尼阁送来了这样一份礼物，一个精致的机械化的圣诞场景。它的机械部件完全位于内部并由发条驱动。正如金尼阁所描述的那样，其场景包括东方三博士鞠躬致敬，圣母以亲切的姿态回应，约瑟轻轻摇动摇篮，圣婴躺在其中，一头驴和一头牛将头伸向摇篮，圣父在赐福，两个天使不断上升和下降，甚至还有移动的牧羊人。[82]

　　耶稣会士的自动机礼物既包括宗教主题，也包括世俗主题。1640 年耶稣会神父安文思到达中国，数年后向康熙皇帝赠送了一个发条驱动的机器骑士，该骑士拔剑行进，能持续一刻钟。[83] 耶稣会在世界各地毫不隐晦地传播基督教主题的自动机以及世俗主题的自动机。许多为教堂设计宗教自动机的钟表匠和工程师也为私人赞助者或公共场合建造世俗自动机。在 16 世纪末和 17 世纪初德国南部的钟表制造地区，像施洛特海姆的机械小龙虾这样的机械动物开始流行起来：自动机蜘蛛；骑在爬行的青铜龟上的海神尼普顿；一头真实大小的熊，套上真的毛皮，敲打着鼓。[84] 在 17 世纪八九十年代，钟表匠开始制作描绘狩猎聚会和其他乡村场景的动态画作（tableaux mécaniques）。[85]

　　宫殿和庄园的喷泉是最复杂的非宗教自动机之一。有钱有势的人们在栩栩如生的机器中发现了无尽的滑稽源泉，而且是最令人捧腹大笑、拍案叫绝的那种。这里再次说明，这些栩栩如生的机器既不是被动的，也不是死板的，而是充满了能动性和精神，尽管在这种情况下，它们不见得是神圣的，而明显是世俗的。从崇高，转向了荒诞。

嬉戏的机器

　　与教会自动机一样，中世纪晚期和文艺复兴早期的宫殿和花园自动机也是活生生的、反应积极的、引人入胜的，甚至还是更加有趣的。在几个世纪的时间里，它们自动地向毫无防备的客人喷水，并用机械做其他坏事来招待客人，这是意大利、法国和德国的贵族最喜欢的消遣方式。[86] "嬉戏机器"[87] 早在 13 世纪末就出现在埃丹城堡（位于今天的加来海峡省）中，这里是阿图瓦伯爵的所在地。早在 1299 年，阿图瓦伯爵罗贝尔二世（"高贵的罗贝尔"）的账簿中就提到了这些机器。第二年，该家族任命了一位城堡的"机器大师"。此后，各种**机器**便经常出现在账簿中，一直持续到罗贝尔二世的继任者阿图瓦女伯爵玛蒂尔德（被称为"马奥"）的统治时期。

从这些账目中，我们可以了解到，这些机器包括套着真皮的机械猴子（真皮要定期更换）[88]，在 1312 年之后，它们还玩耍号角[89]；"一头大象和一只公山羊"[90]；还有一种被称为"野猪头"的机器[91]。好人菲利普——马奥女伯爵的后代，1419 年至 1467 年（他去世的年份）间的勃艮第公爵——对他的祖先留下的库存进行了彻底的修缮，并大大地扩展了它们。他自己的账簿上有一份细致的目录，记录了他对游客实施的许多机械恶作剧。其中包括：

> 画有 3 个人物的画作可以随意喷水，淋湿人……有一个机器，当女士们踩在上面时，会把她们打湿……有一个"机器"，当它的旋钮被触动时，它会打它下方的人的脸，并把他们全身弄成黑色或白色……另一个机器，所有穿过它的人都会被结实的袖带抽打头部和肩膀……一个木制的隐士人偶，对来到那个房间的人说话……比以前多了 6 个人偶，以各种方式弄湿人们……八根管子由下往上淋湿女士们，还有三根管子，当人们停在它们面前时，他们就会被面粉覆盖，全身变白……一扇窗户，当人们想打开它时，窗户前面的人偶就会把人们弄湿，

然后不顾他们的反对再把窗户关上……一个讲台，上面有一本民谣书，当人们试图阅读它，全身便会被涂满黑色，而且他们一向里看，就会全部被水打湿……当人们被弄脏时，便会出现［一面］镜子让他们照照自己，而当他们看向镜子时，他们便又一次被面粉覆盖，全部变白……一个木头人偶出现在长廊中间的长椅上面，愚弄［人们］，通过某种技巧讲话，并以公爵先生的名义喊叫，让每个人都离开长廊，那些因听从这个号召而离开的人将被打扮得像"男丑角"和"女丑角"的高个子人偶用上面提到的棍子打，或者他们将不得不掉进桥入口处的水中，那些不想离开的人将被打湿，而且他们不知道去哪里能躲开水……一个窗户，里面有一个悬浮在空中的盒子，盒子上有一只猫头鹰，它会做各种各样的鬼脸看着人们，对人们想问它的一切问题都给予回答，它的声音在那个盒子里也能听到。[92]

埃丹的嬉戏机器，以其极致的恶作剧的辉煌成就，变得众所周知，并在 16 世纪激发出许多仿制品。[93]

到 1580 年和 1581 年，当法国散文家、政治活动家米歇尔·德·蒙田周游欧洲时，水力自动机在贵族的宫殿中和资产阶级的庄园庭院中已经变得如此寻常，以至于他对它们感到厌倦。在富有的银行世家富格尔家族位于奥格斯堡郊外的夏日行宫中，蒙田看到了水从隐藏的黄铜喷口中喷出来，该装置由弹簧启动。"当女士们饶有兴致地看着鱼群游来游去时，一个人只需释放某个弹簧：突然，所有这些喷口喷出细而强劲的水流，其高度可达到人的头部，打湿女士们的裙子和大腿，带来阵阵凉意。"在其他地方，有可触发的隐藏喷口，直接将水喷到驻足欣赏喷泉的游客的脸上。[94] 根据一个消息来源，富格尔行宫还有一只自动机狮子，当门开启时，它就会向前跳跃。[95]

在托斯卡纳大公弗朗切斯科一世·德·美第奇的一座宫殿即普拉托利诺中，蒙田对布翁塔伦蒂精心设计的装置感到惊叹。在一个"神奇的"洞穴中，他目睹了雕像随着和谐的音乐起舞，机械动物低头喝水，这些都是由水流驱动的。他放松警惕，陶醉于这迷人的景象，却成了一场突袭的受害者。

> 只要一动，所有洞穴都充满了水，所有座位都朝你的臀部喷水；逃离洞穴，重新爬上城堡的楼梯，从楼梯上出现了……无数的喷水口，在你爬到房屋顶部的过程中，足以让你冲个澡。[96]

普拉托利诺的洞穴里还有会唱歌的鸟儿和一个从门后走出来给水桶装水的自动机女孩。她把水桶顶在头上，然后走开，同时轻佻地瞥了一眼旁边的牧羊人。[97] 大公的另一住所拥有一个热闹的洞穴，里面有水力驱动的"水磨和风车、小教堂钟、卫兵、动物、猎手，以及无数这样的东西"[98]。

蒙田对位于蒂沃利当时已颇具盛名的埃斯特别墅印象不深。蒂沃利的宫殿和花园是由红衣主教伊波利托二世·埃斯特（Ippolito II d'Este）——当时的蒂沃利总督——在 16 世纪五六十年代期间建造的，作为竞选教宗失败后的安慰。当于 1572 年竣工时，这些洞穴已经不足为奇了；蒙田于 1580 年到达此地，拒绝对它们进行详尽的描述，因为已经有"很多关于这个主题的书籍和图画出版了"。此外，这种"一个人在远处就能操纵的，由单独一根弹簧控制开关的，无数水柱喷涌而出的景象，我在旅行中的其他地方就曾看到过"[99]。

如果说这算是厌倦的话，他还是对水风琴进行了细致入微的描述，详细介绍了水如何落入一个腔室，从而迫使空气从风琴管道流出。第二股水流转动一个齿轮，使键盘"按照一定的顺序被敲击"。这个机制触发了小号的声音，而在其他地方，人们可以听到"小铜笛"发出的鸟鸣声。整个过程包括由一只自动机猫头鹰和一群鸟儿表演的小场景：猫头鹰出现在岩石的顶部，似乎把鸟儿吓得不敢出声，但当猫头鹰从视野中消失后，它们又继续歌唱。"所有这些发明或类似的发明，都是由同样的自然规则产生的，"蒙田带着隐约的厌倦之感评论道，"我在其他地方看到过。"[100]

在蒙田旅行的近20年后，1598年，当亨利四世决定装饰他的宫殿时，他挖来了托马索·弗兰奇尼和亚历山德罗·弗兰奇尼以建造必要的水力装置，他们是当时的托斯卡纳大公费迪南多一世·德·美第奇的工程师。弗兰奇尼兄弟从圣日耳曼昂莱开始，就在那里机械化了一小批古典神灵和英雄以及其他活动的青铜人偶。[101]

这里有专门供奉尼普顿、墨丘利、俄耳甫斯、赫拉克勒斯、巴克斯、珀尔修斯和安德洛美达的洞穴。园艺家、日记作者约翰·伊夫林于1644年参观了位于圣日耳曼昂莱的宫殿，并在日记中记录了他在那里的所见所闻。[102]他和其他游客描述了长着一绺蓝胡须的自动机尼普顿挥舞着三叉戟，赤身裸体地骑在一辆由海马拉动的战车上，旁边还有三个圆腹的、吹号角的法螺。蹄铁匠们在铁砧上敲打着铁器，"他们的脸被污秽和汗水染成黑色"，而蹄铁匠们

"最令人愉快的、似乎是为了引发笑声"的行为则是用意想不到的水花淋湿热切的观众。墨丘利在窗边摆出姿势，一只脚漫不经心地撑着，"大声地吹着小号"。在其他地方，俄耳甫斯为一群由动物和树木组成的听众演奏竖琴，这些动物和树木都向他伸长了脖子。[103] 高高在上的珀尔修斯降临在一条从海浪下出现的巨龙身上。珀尔修斯挥剑砍下这只可怕猛兽的头颅，把它的尸体送回深渊之中；在洞穴的更远处，安德洛美达立刻就摆脱了锁链。与此同时，忙碌的工匠人偶——铁匠、织工、碾磨工、木匠、磨刀匠、渔民——在从事着他们的各种工作。[104]

另一条龙出现在龙穴里，摇晃着可怕的头和翅膀，同时喷出水蒸气。尽管它很凶猛，但这条龙的周围有"各种各样的小鸟，人们会说这些小鸟不是画出来的，也不是假的，而是活的，它们扇动着翅膀，让空气中回响起无数种歌声；尤其是，几个唱诗班的夜莺在那里竞相唱起乐曲"。也有杜鹃，还有一位仙女在另一个洞穴里弹奏管风琴。[105] 火炬洞穴是一个只用火焰照明的地下室，"借助水的力量"展示了一连串令人激动的场景。首先是一片田园牧歌般的海域，海岛星罗棋布，鱼儿和海怪在初升的太阳下快乐地玩耍。然后是一场猛烈的风暴，雷电交加，残破的船只被推到岸上。接下来是一片平静而富饶的景象，花圃里鲜花盛开，树上结满果实。在远处，国王和他的家人在散步，王子则乘坐一辆由两个天使驾着的战车从天上降落下来。天使们用闪耀的冠冕为王子加冕。之后，出现了一片荒凉的景象，一片到处是废墟的沙漠，爬行动物、昆虫和其他野生动物在那里爬行。最后，一位仙女吹着长笛出现了，动物们都围过来倾听。[106]

如果生活在这群机器中，熟悉它们，让它们塑造一个人对机器的最早直觉：它是如何工作的，它做什么，它如何与生物相比较；那么，这会是什么样子呢？得益于一份详细的记录，我们可以对此形成合理的印象，这份记录记载了一个孩子的每日生活，他在花园中与圣日耳曼昂莱的水力洞穴一同长大。这份记录囊括了每一个心血来潮的奇思妙想，每一个含混不清的声明，详细到吃掉梅子或葡萄个数的每一餐的菜单，以及对所有排便情况的仔细描述。可以肯定的是，这不是一种普通的经历：这个孩子就是未来的路易十三——亨利四世和玛丽·德·美第奇的儿子，他就在弗兰奇尼兄弟为建造他父亲的喷泉而工作时出生。王子的医生和看护人让·埃鲁阿尔记录了他的出生，那是 1601 年 9 月 27 日，具体时间为"10 点 30 分再过半刻钟——根据普朗塔尔在阿布维尔为我制作的手表"[107]。王子的童年主要是在圣日耳曼昂莱度过的，在那里他对机械事物产生了极大的热情。

王子在蹒跚学步时，就透过窗户观察工人们的工作[108]，从 3 岁起，也就是 1605 年春天，他开始以每周数次的频率参观洞穴[109]。埃鲁阿尔的日记描述了一天早上王子躺在床上对一个女仆说："假装我是 Ofus（俄耳甫斯），你是 fountainee（喷泉管理员），你来唱金丝雀。"[110] 不久之后，他就开始操作洞穴的水龙头，向自己和其他人喷水。[111] 王子到托马索·弗兰奇尼的车间参观，要求说出每种器械的名称，并解释它们的工作原理，这让弗兰奇尼很是烦恼。[112] 在家里，他不断地谈论弗兰奇尼，并假装是弗兰奇尼，制作蜡像，操纵喷泉，收取报酬。他在床上、在镀金洗脸盆里、在餐桌下玩喷泉——"呲""滋"——假装在用水喷人。有一次，他因为爬到桌子下面玩喷泉而忽略了来访的贵宾，遭到奶妈的斥责。[113] 弗兰奇尼为王子制造了一个小型的木制喷泉，在他 4 岁生日时安装在他的房间附近。[114] 在这个喷泉施工期间，王子不断地去车间看它，恳求说"让我们去看看我在弗兰奇尼那里的喷泉"。[115]

起初，王子拒绝进入俄耳甫斯洞穴。最后，他的家庭教师蒙格拉夫人用一把加糖的豌豆引诱他进去，并事先用一块布把俄耳甫斯人偶遮住。此后，王子吹嘘说，他已经走到了洞穴的最里面，甚至亲手触摸俄耳甫斯也不害怕。[116] 除了偶尔流露出的恐惧，他的热情中还包含着一丝幼稚的情欲。埃鲁阿尔有一次忠实地记录道："他说，他的屁股里有一个水龙头，小鸡鸡里也有一个：'呲呲'。"这位未来的专制主义者喜欢在仆人面前暴露自己，他的"小鸡鸡"是包括国王和王后在内的所有家庭成员取笑的焦点，他特别喜欢这个小鸡鸡喷泉的笑话，反复讲这个笑话。[117]

在王子的监管人德苏维先生（吉勒·德苏维，库尔唐沃侯爵）到达圣日耳曼昂莱的当天，路易——马上要过他的 7 岁生日——坚持要带这位疲惫的旅行者立即去参观洞穴，在那里他亲自操作水龙头。[118] 在他父亲被刺杀后，路易十三在 9 岁时就登上了王位；作为一个少年国王，他继续拜访弗兰奇尼，一到王宫就直奔弗兰奇尼的车间，通过锻造、焊接和锉磨喷泉管道来自娱自乐，每次都能玩几个小时。[119]

路易十三喜欢钟表自动机，也喜欢水力自动机。埃鲁阿尔的日记描述了 4 岁的王子用勺子敲打盘子，并向他的家庭教师宣布："妈妈嘎（蒙格拉夫人），我正在打铃报时，当、当，它的声音就像敲打铁砧的雅克马尔。"[120] 他 6 岁时在巴黎的圣奥诺雷街购物，选中了一辆售价 15 埃居（古代法国钱币名）的发条驱动的玩具马车。[121] 同年晚些时候，王子得到了一个在纽伦堡制作的柜子，里面有"许多人偶利用沙子的流动做各种动作"。这些人偶表演了耶稣受难和攻占耶路撒冷的场景。王子热衷于玩弄这个装置，很快就掌握了如何让它停止和前进，他向王宫里的每一个人演示，并用错误的发音谈论这些作品，这让他的监管人很着迷："contrepès，为了平衡。"[122]

这种对机械游戏的嗜好在几代法国王子中传承。路易十四出生在圣日耳曼昂莱，直到老年还在获得机械玩具——各种自动机时钟，一驾马车和一连队的士兵，以及一座可以上演五幕歌剧的机械剧院。[123] 他的儿子，也就是路易十三的孙子，拥有一个自动机玩具军火库，包括另一支由 100 名士兵组成的机械军队。[124]

你不需要是国王或王子：教宗们也在水力机械恶作剧的游戏中竞争。1592 年，伊波利托·阿尔多布兰迪尼成为教宗克雷芒八世，他指派他的侄子红衣主教彼得罗·阿尔多布兰迪尼负责建造一座空前宏伟的别墅。阿尔多布兰迪尼聘请水力工程师奥拉齐奥·奥利维耶里和乔瓦尼·古列尔米设计了一座"不可逃避的水剧场"，这个称呼来自伊迪丝·华顿，她在参观意大利别墅时有感而发。[125] 阿尔多布兰迪尼别墅的水力装置包括一个藏有水力和气动奇观的房间——"风之室"，它在整个 17 世纪和 18 世纪期间一直吸引着游客前来（见图 1.4）。无须多说，水从由弹簧触发的隐藏喷口中涌出，喷向倒霉的游客。其他喷水口和水力喷气口则吹奏着管风琴和横笛，并发出可怕的声音，雷声、风声、雨声、呼啸声、尖叫声，同时木球凭借一种神奇的机械机制在地板上跳动。[126]

教宗们、他们的侄子们和侄孙们、所有的小红衣主教和大主教们都想拥有自己的水力机械玩具。马库斯·西蒂库斯·冯·霍恩埃姆斯从 1612 年到 1619 年间任萨尔茨堡的君主和大主教，在他的海尔布伦宫安装了水力装置，近四个世纪之后，它们仍在运行。[127]

STANZA DE VENTI NEL TEATRO DI BELVEDERE DI FRASCATI CON LA FAMOSA FONTANA DEL MONTE PARNASO CON APOLLINE ET LE MVSE CHE SVONANO CON INSTRVMENTI HIDRAVLICI À FORZA D'ACQVA ARCHITETTVRA DI GIACOMO DELLA PORTA.

Gio Batta Falda del et sculp.

Gio Iac Rossi le stampa in Roma alla Pace con Priu del S.P. 7

图 1.4　阿尔多布兰迪尼别墅"风之室"的蚀刻版画，乔瓦尼·巴蒂斯塔·法尔达印制，画的前景中出现了令人惊奇的"风"。由大都会艺术博物馆无偿提供，www.metmuseum.org

当他被选为大主教时，西蒂库斯已经是自动机的行家里手。他曾在阿尔多布兰迪尼别墅短暂地居住过；此外，他的叔叔红衣主教马尔科·西蒂科·阿尔腾普斯——教宗庇护四世的侄子——曾建造了蒙德拉戈内别墅，那里有一个由工程师乔瓦尼·丰塔纳设计的著名的"水剧场"。[128] 在西蒂库斯的花园里，游客仍被邀请围坐在一张石桌旁，坐在带有隐藏喷水口的石凳上，水会根据指令喷出，从下面淋湿这些顺从的人。

游客们浑身湿漉漉地、吵吵闹闹地前往尼普顿洞穴，目瞪口呆地看着一座魔鬼石像"格毛尔"，它气势汹汹地翻着白眼，伸出舌头。在逃离格毛尔的过程中，游客们又被由弹簧触发的隐藏在墙壁中的喷水口从下面淋湿了。再次湿漉漉地到达鸟鸣洞穴后，他们置身于水力机制产生的叽叽喳喳的鸟鸣声之中。之后，他们沿着皇家大道经过五个小洞穴，每个洞穴里都有一个由自动机表演的场景：磨坊工在磨麦子；陶工用陶轮工作；磨剪刀的人和他的妻子在磨刀轮上磨刀刃，他们的孩子则在脚边玩耍；珀尔修斯把安德洛美达从恶龙那里解救出来；阿波罗把玛息阿剥了皮。接下来，今日的游客会看到一个精心设计的水力机械剧场，它展示了一座由 100 多个活动人偶组成的城镇广场：木匠、旅馆老板、乐手和其他街头艺人、为顾客刮胡子的理发师、宰牛的屠夫、用手推车推着老妇人的农夫、行进中的卫兵、跳舞的熊。这个机械剧场完工于 1752 年，是大主教迪特里希施泰因伯爵安德烈亚斯·雅各布捐赠的；它取代了更早的水力机械场景——一个锻造车间。

在西蒂库斯的水力装置正安装的时候，各地王侯都在引进水力工程师，在他们的宫殿庭院中安装自动机，这是他们作为君主的第一批举措之一。1613 年，年轻的帕拉丁选帝侯腓特烈带着他的水力工程师和他 17 岁的新娘——国王詹姆士一世的女儿伊丽莎白前往海德堡举行婚礼，与伊丽莎白随行的还有萨洛蒙·德科，一位来自法国北部的工程师，也是她父亲宫廷里的胡格诺派难民。[129] 德科将作为腓特烈的工程师留在海德堡，直到 1620 年，这位选帝侯兼波西米亚国王被神圣罗马帝国皇帝斐迪南二世夺走了王位，不得不与家人一同逃往海牙。腓特烈统治波西米亚的时间很短，只持续了一个冬天，这为他带来了"冬季国王"这个绰号。不过，德科有时间将宫殿花园改造成另一个水力奇境。

这位水力装置的创造者描述了一些洞穴，神奇的造物在其中进行着神奇的机械表演。[130] 在一个洞穴的中间有一个女人，她的旁边坐着一个男人，男人手中握有一条鱼，水从女人的乳房和鱼嘴中流出。一个半兽人吹着长笛为这对男女演奏小夜曲，而男人对面的仙女埃肖则轻声重复着每一句话。在俄耳甫斯的洞穴中，吟游诗人拉着大提琴，吸引其周围的野兽——豹子、公羊、狮子、野猪、雄鹿、绵羊、兔子和蛇——随着音乐的节奏起舞。海神尼普顿的洞穴里有海神本尊以及一些服务海神的生物，尼普顿用缰绳牵着一对游泳的马，一对涉水仙女吹奏着号角，还有一个小天使骑着两只海豚，它们都围绕着一块巨大的哥特式岩石优雅地旋转，岩石上的女妖则拿着一个在喷水的壶（见图 1.5）。[131]

关于自动机器的文献迅速增多，受此影响并与此相伴随的是诸如帕拉丁花园水力装置这样的设施。正如我们所看到的，这种文献始于一系列关于机械和水力自动机的古代文本。除维特鲁威的《建筑十书》之外，它们还主要包括古希腊工程师亚历山大里亚的希罗的论文，这些论文在 16 世纪期间被反复翻译和印刷。[132] 它们又启发了现代作品，后者从古典作品中借鉴良多。一个有影响力的

图 1.5　伊萨克·德科，尼普顿的洞穴，出自《原动力之因以及诸般实用且有趣的机器》（*Les raisons des forces mouvantes*，1615 年），转载于《提水装置新发明》（*Nouvelle invention de lever l'eau*，1644 年），由斯坦福大学图书馆特藏部无偿提供

例子是阿戈斯蒂诺·拉梅利（Agostino Ramelli）的《诸般人造机器》（*Le diverse e artificiose machine*，1588 年）。拉梅利是一名意大利工程师，他来到法国，在安茹公爵即后来的国王亨利三世麾下，参加了反对胡格诺派的战争；拉梅利将他论述机器的著作献给了国王。这部著作包含了一个"巧妙且令人愉悦的"鸟鸣喷泉的方案，该方案与希罗的《气动力学》（*Pneumatica*）中的设计有密切的联系。在这个喷泉内，一组隔间由虹吸管网连接起来。这些虹吸管通过管道连接到上面的小鸟玩偶上，小鸟体内装有长笛。当水位因喷泉而下降时，虹吸管开始虹吸，排空某些隔间并填充其他隔间，迫使空气依次通过各种管道上升。当空气从管道的顶部进入装有长笛的小鸟体内时，小鸟就会振翅和鸣叫。[133]

德科撰写了另一部相关作品——《原动力之因以及诸般实用且有趣的机器》，描绘了挂满自动机小鸟的树，其中有一个直接模仿希罗的设计，就像蒙田在埃斯特别墅注意到的那样：鸟儿们扑腾着，鸣叫着，同时一只猫头鹰慢慢转向它们。当这只令人生畏的猫头鹰面向这些鸟儿时，它们就会安静下来，而当猫头鹰转身离开时，它们又恢复了喧闹（见图 1.6）。[134] 德科的著作还包含对水力洞穴机制的细致描述，比如帕拉丁花园的水力洞穴。在其中一个洞穴中，伽拉忒亚骑在一个由两只海豚牵引的大贝壳上（见图 1.7）。在她身后，一个独眼巨人把他的棒槌放在一边，吹奏起六孔竖笛，而绵羊在旁边嬉戏。这个装置完全由木头制成，由两个水轮驱动。这两个水轮被两根水管喷出的水流推动，两根水管来自一个共用的蓄水池。在一个平衡系统的控制下，两根水管上的阀门交替打开和关闭，因此，水轮及其驱动的传动装置先正向转，再反向转，交替进行；这样，伽拉忒亚和她的海豚便在场景中来回移动。第三个水

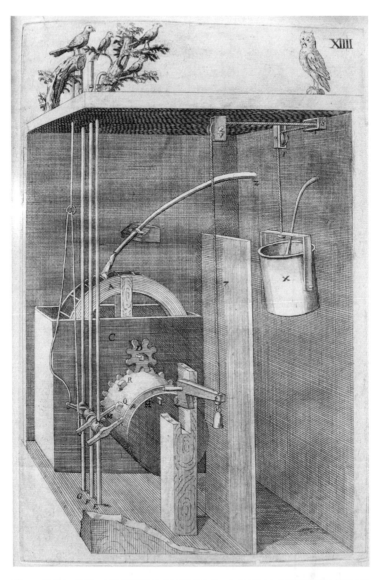

图 1.6　伊萨克·德科，来势汹汹的猫头鹰和受惊的鸟儿，出自《原动力之因以及诸般实用且有趣的机器》，转载于《提水装置新发明》，由斯坦福大学图书馆特藏部无偿提供。摄影：安德鲁·舒帕尼茨（Andrew Schupanitz）

图 1.7　伊萨克·德科，伽拉忒亚洞穴，出自《原动力之因以及诸般实用且有趣的机器》，转载于《提水装置新发明》，由斯坦福大学图书馆特藏部无偿提供。摄影：安德鲁·舒帕尼茨

轮通过一系列齿轮驱动一个销钉筒，销钉筒继而与六孔竖笛的按键相连。[135]

到 17 世纪 60 年代，当约翰·伊夫林编写他的园艺手册时，他理所当然地认为该手册的一个重要部分就是指导"我们聪明的园艺师，他如何自己制作和设计这些奇妙的自动机……它们目前在最伟大的王侯们的花园中……在世界上最杰出的人物的许多其他著名的花园中都非常受欢迎"。伊夫林建议说，"……在这些发明中，赋予生物一些运动……以便它们能（更好地）模仿自然"，这不仅仅是一种附加的装饰，而且在实际上是"必要的"。这方面的可能性是非常多的：

我们可以……在我们的岩石上安放飞禽、兔子、摩羯、山羊和掠食猛兽，还有隐士、半兽人、马瑟拉斯牧羊人、乡下工作的河神安提克等，还有各种机器或磨坊，通过巧妙放置的轮子来移动，利用一些隐蔽的水管来涂抹和转动；上面提到的人偶可以用陶土制作，但要经过恰当的塑造和烘烤。但如果是更大的雕像，就要用石材或金属制作：历史故事、希腊神话中的安德洛美达和戏剧场景可以通过这些运动表现。[136]

除了由杠杆、轮子、齿轮、流体和落锤组成的复杂关联结构外，可编程的滚筒管风琴的出现也有助于打造栩栩如生的复合运动系统。基歇尔设计并描述了许多自动机，包括一台"能发出飞禽走兽声音的自动管风琴"，他在 1650 年发表了关于凸轮轴的系统论述（见图 1.8）。[137] 然而，凸轮轴或销钉筒到那时已经应用了几个世纪。[138] 13 世纪初，两河流域的工程师、数学家、天文学家阿勒贾扎里将凸轮轴应用于他的自动机中，包括一支由自动机乐手组成的船上乐队。[139] 1599 年，伊丽莎白女王向土耳其苏丹赠送了一个由凸轮轴驱动的管风琴钟。[140]

在 17 世纪的头几十年里，凸轮轴得到了广泛的应用。在复制希罗的振翅鸣叫的鸟时，德科使用了凸轮轴来组织运动。[141] 奥格斯堡的钟表匠阿希莱斯·朗根布赫尔将这项新技术应用于机械的音乐合奏中，合奏乐队则由许多无须演奏者的乐器组成。[142] 伊夫林在《至乐之境不列颠》（*Elysium Britannicum*）中对凸轮轴 ["音位结构学圆筒"（Phonotactic Cylinder）] 进行了大量描述。[143] 他的讨论包括制作这种装置的清晰说明，他认为凸轮轴与常见的自动机一

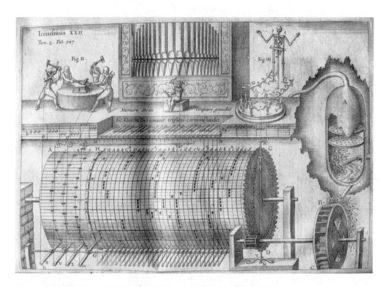

图1.8 阿塔纳修斯·基歇尔描绘的凸轮轴,出自《通用音乐技艺》(*Musurgia Universalis*,1650年),由斯坦福大学图书馆特藏部无偿提供。摄影:安德鲁·舒帕尼茨

样对园艺这门技艺来说至关重要:

> 圆筒可以这样设计,它的齿可以任意移动、取出和更换,或在它们的位置上安装其他东西,因此随时都可以上演新的曲目……这方面的例子有:把一个圆柱体分成24节,每一节再进行8等分,我们称之为"八分音符";你要在这些划分的每个位点上打孔;装上大量的齿以演奏各种旋律,你可以把它们放在管风琴的分格抽屉里,这些抽屉的位置经过了精心设计;这样,你便可以在圆筒中任意插入新的曲目或曲调,圆筒越大,位点越充裕,对我们的目的就越有利。[144]

借助凸轮轴，一股水流就可以产生无数的效果。伊夫林指出，那些水力装置"仅靠水的（下落）就能产生足以满足我们所有运动的气流"，这种装置是最为"迅捷的"和"巧妙的"。通过在腔室里充满水而逼出空气，创造出一个单独的"人造通气管道"，它"足以在夏天让一个房间清凉，或使任何……鸟儿活跃起来，吹动火焰，抑或转动任何塑像或轮子"。类似地，通过加热让空气变"稀薄"，人们可以创造出一股气流；这股气流可以使齿轮转动，从而拨动金属丝线弹奏曲子或者发出其他有意思的声音，就像"著名的门农雕像那样，据说只要太阳升起，光线射向它，它就会像人一样发出声音"。伊夫林指出，同样的气流也可以"使人工的眼睛和手动起来；如果鸟儿配置有适当的鸣叫声，我们就能听到它们歌唱，看到它们转动尾巴和头，并拍打翅膀"。[145]

水力和机械人偶已经成为常见的事物。对于教宗和王侯阶级之下的人们来说，德科和伊夫林等人的著作有助于让他们熟悉水力嬉戏装置。马丁·勒纳是一位水力工程师，也是纽伦堡的"喷泉大师"，他在自己简陋的房子里制造了大量备受关注的自动机：火神伏尔甘在锻造车间工作；赫拉克勒斯在棒打恶龙；黛安娜和她的仙女们在洗澡，阿克特翁则让她们大惊失色，黛安娜向阿克特翁泼水，后者转身离开，头上长出鹿角，还被自己的狗攻击；地狱犬刻耳柏洛斯向赫拉克勒斯吐火；狮子从洞穴里出来，喝盆里的水，然后退了下去；九位缪斯女神，每位都在从事她所对应的那门艺术。[146] 水力装置不仅是教宗、红衣主教、大主教和国王们在社交礼节上的必备之物，也是阁僚大臣们的社交礼节必备之物。黎塞留在勒伊的住所就有自己的水力装置。伊夫林在 1644 年访问这座花园时说道，"非常壮观，对于意大利是否有花园能超过它，我持怀疑态度"。他记录了他在走出黎塞留的一个洞穴时被水流射中，水流从"两个奢华的（自动机）火枪手"的火枪中射出。[147]

人们可能认为这种恶作剧会逐渐过时，那就错了。这项活动一直持续到 17 世纪。大约在 1660 年，伊夫林带有恶趣味地描述了"设计安放隐蔽水管的方法，如此便可以根据喷泉主人的意愿转动和控制这些秘密的、好玩的喷头，从四面八方打湿那些（全神贯注的）观众"。例如，伊夫林提到了一个设计，制造"一把椅子，它可以把坐在上面的人弄湿，尽管看起来没有水"。它的功能特点是这样的：把一个装满水的垫子与一根水管连接，水管向上穿过椅子的靠背，水管上方有一个开口，隐藏在"一头狮子或其他野兽的头部的雕刻纹路中"。因此，当受害者坐在垫子上时，他不知不觉地将水挤到管子里，"水立即喷到他的脖子上"。伊夫林说，这个"滑稽的发明"是他在教宗的十字杖捧持者的花园里发现的。[148]

带着无尽的惊讶和兴奋，这些上当的人继续遭受"打击"。蒙庞西耶女公爵安妮－路易丝·德·奥尔良是路易十四任性的堂姐，也是路易十四的回忆录作者。她愉快地记录了访问王室财务主管的埃松河庄园的经历，1656 年夏天，她和她的朋友利克桑夫人一起去了那里：

> 当我经过一个洞穴时，他们释放了喷泉，喷泉从人行道上喷出来。所有人都试图逃走；利克桑夫人摔倒了，接着众人倒在她身上……我们看到她被两个人领了出来，她的面具上沾满了泥土，脸上也是如此；她的手帕、衣服、套袖都被撕破了，总之，以世界上最有趣的方式仓皇失措，我回想起来不禁大笑。我当着她的面大笑，她

也开始笑，发现她自己正处于一种让人发笑的状态。她把这次事故当作个人的一次幽默经历。她没有吃饭，直接去睡觉了……回来后，我去看她：我们，她和我，又笑得很开心。[149]

历史学家罗伯特·达恩顿建议关注过去的那些令人困惑的笑话，因为这些笑话表明，"要想解开一个陌生的意义系统，就必须抓住它"。[150] 这些滑稽的机器在其无尽的乐趣中与什么奇异的背景相关联？哲学家亨利·柏格森将典型的滑稽情境描述为"粘在活人身上的某种机制"：人类就像自动机一样演出。柏格森声称，我们的笑是一种"纠正"：重新确认机器与生命之间的距离。[151] 但是，正如达恩顿的建议所假设的那样，幽默是有历史的[152]；此外，在1500 年或 1600 年，确认人类不是机器的需要并不迫切，而在 1900年，这种需要则非常迫切。起作用的是拉伯雷的幽默感，而不是卓别林的幽默感。

本章列出的嬉戏机器所代表的是柏格森设想的对立面：并不是人作为死板的自动机，而是机器作为反应积极的生物。机器的人类受众因机器的怪异的活力而发笑，在我看来，这些人并不是在重申他们自己对于机器的超越。他们所做的事情更像是在为一种基本的物质性而感到高兴，他们认为这种物质性甚至将人类生命的至高意义锚定在一个主动的物质世界之中。

那么，到了 17 世纪中叶，当动物机器和人类机器的思想开始在哲学和科学讨论中蓬勃发展时，我们发现，生物的机械形象已经无处不在。它们不仅为贵族和富有的资产阶级所熟悉，也为他们的仆人以及制造机器的工程师和工匠所熟悉，同时也为蜂拥而至目睹它们的观众和阅读它们的学者所熟悉。这些栩栩如生的机器正是置于这种文化之中，这种文化最初并没有假设机器与能动性之间的对立，无论是活力的能动性还是神圣的能动性。一个完全物质的实体不可能具有能动性，而必须是纯粹被动的，这种思想是随着宗教改革而出现的，当时宗教改革者宣称要截然区分物质和精神，把他们的钟表匠上帝与其钟表造物严格区分开，并赋予上帝对能动性的垄断。而中世纪天主教的上帝并不享有这种垄断，他掌管着一个弥漫着精神的宇宙。

这种新思想的支持者认为，物质世界在本质上是惰性和被动的，这与持续存在的旧传统产生了激烈的、翻天覆地的冲突。在旧传统中，物质和机械仍然是主动的和充满活力的，自动机代表着藏在每一种物质外表之下的精神，代表着最为生机勃勃的生命。

第 2 章

机器中的笛卡儿

正在沐浴的自动机黛安娜逃到芦苇丛中藏了起来，而当观众试图追赶她时，一尊机械尼普顿走上前来用三叉戟威胁他们。观众撤退后，又会被一个海怪追赶，海怪出现并向他们的脸上喷水。这段参观水力洞穴的描述出自哲学革命者、新科学的主要创始人之一勒内·笛卡儿（见图2.1）。笛卡儿可能曾在圣日耳曼昂莱住过一段时间，并且几乎可以肯定的是，他参观过那些让年轻的路易十三非常开心的水力装置。[1] 精神饱满、生机勃勃的机器遍布教堂和富人的游乐场，正是在这样的机器中，笛卡儿引入了现代科学的"动物机器"（animal-machine）的概念：这种思想认为动物和人体在本质上都是机器。[2]

笛卡儿提出动物是机器，从17世纪至今，这个说法在大多数人听来就像是说动物本质上是没有生命的。我们将看到大量例子表明许多人都这么认为。[3] 但这是对笛卡儿思想的误读：他的动物机器的要点在于它是**有生命的**，它是**活的**机器。如果考虑到他身边那些反应积极、引人入胜、栩栩如生的机器，我们就会更容易想象他是如何得出这个想法的。有生命是笛卡儿的动物机器学说的全部目的。不是好像有生命，不是表面上有生命，而是实际上有生命。笛卡儿把动物描述为自动机，并不是要把它们还原为无生命的东西。相反，他的意思是宣称人们可以用机械来解释生命的每一个方面，因此可以像钟表匠理解钟表一样彻底地理解生物的运作。他的意思不是将生命还原为机械，而是将机械提升为生命：要解释生命，而不是通过某种解释把生命消解掉。

大量热闹的、栩栩如生的机械装置使笛卡儿生活的世界充满生气，我将从这些实际的机器出发，然后再处理他激进的哲学和

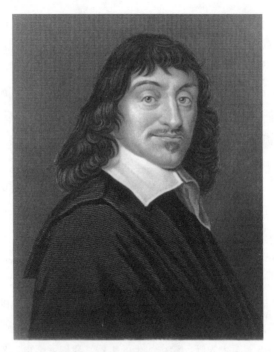

图 2.1　勒内·笛卡儿的肖像画，W. 霍尔根据弗朗斯·哈尔斯的画作制成版画，美国国会图书馆印刷品和照片部

科学观点，因为思考这些机器会改变我们对笛卡儿关于动物机器的哲学论述的理解，正如这些机器本身确实影响了笛卡儿在 17 世纪三四十年代对动物机器的构思。他在写作时心中所想的是这些机器，而这些机器告诉他，也应该告诉我们的是，机器似乎并不是被动的和死板的。相反，机器似乎充满了能动性：它们行动、参与和回应。

动物机器曾经是有生命的

为了辩护他的激进观点，即身体只不过是"一尊雕像，或者是一台由泥土制成的机器"，笛卡儿援引了无处不在的机器，这些机器已经成为人们熟悉的景观特征。他劝说他的读者，看看所有的钟表、喷泉和磨坊。如果人类能够制造这样的机器，那么上帝必定无疑可以做得更好。[4] 考虑到王室的水力洞穴，笛卡儿注意到了约翰·伊夫林强调过的同样的事情：单一的力量可以进行多种操作。一股水流可以推动多台机器，演奏各种乐器，甚至可以说出话语。[5] 一方是造成这些不同效果的水流，另一方是他假设的驱动生物体的"动物精神"，笛卡儿在双方之间进行了类比。传导动物精神的神经就像喷泉的管道，肌肉和肌腱就像"引擎和弹簧"。动物机器恒常的、无意识的运动，如呼吸或心脏跳动，就像时钟稳定的嘀嗒声或磨坊的转动，是其他间歇性功能的基础。[6]

笛卡儿认为，心脏的运动不需要任何灵魂，而只需要"不发光的火"——人们从干草腐烂和酒的发酵等现象中早已熟悉这种"不发光的火"，因为他把心脏看作身体的热源。笛卡儿建议读者在他面前解剖一只大型动物，以便理解为什么心脏的运动不需要灵魂。从血管和腔室的形状和排布可以明显看出，心脏的惯常运动完全是因为其各部分的组成方式。当心脏自身的腔室没有血液时，它必然会被重新注满，"从腔静脉进入右心房，从肺动脉进入左心房"，因为这些血管总是充满血液并向心脏开放。因此，心脏的运动源于器官的排布，"就像时钟的运动源于其配重和齿轮的力量、位置及形状"。[7]

关于心脏的特定机制，笛卡儿部分地反对同时代的英国医生威廉·哈维的看法，哈维认为心脏有泵的功能，暗示它像一个水泵。[8]笛卡儿赞同哈维关于血液在体内循环的说法，但他拒绝认为心脏是一个泵，而是保留了传统的、广泛认可的观点，即心脏是一种加热血液的火炉。[9]他用传统的亚里士多德的观点解释血液的流动是由于加热而不是泵的作用（他相当不厚道地坚持认为亚里士多德只是"偶然地"找到了正确的答案）。[10]不过，尽管笛卡儿和哈维对心脏的功能有不同的看法，但他们都提出了心脏与人工水力系统的类比。

然而对笛卡儿来说，人工水力装置的关键意义在于它们证明了机械是可以积极反应的，这一点甚至比单一水流即可产生多种效果的可能性更加重要。这些机器不只是像时钟一样执行预先确定的运动次序。如果人类走到它们中间，它们便会运动以响应人类的到来。积极反应的机器意味着感觉——生物对世界的反应方式——可以用机械的方式来理解。笛卡儿认为，感觉器官对外部事物的反应，就像游客抵达水力洞穴时发生的事情一样。黛安娜躲起来，尼普顿威胁着，海怪追过来。水力自动机逃跑、威胁、互动、攻击。在笛卡儿看来，水力自动机与观众的互动暗示了动物的感官反应也可能是一个机械问题。[11]

例如，神经像绳索一样从脚部延伸到大脑，当神经在脚部施加拉力时，人们可能会感受到脚的疼痛（见图2.2）。[12] 根据这种对感觉的牵线木偶式的解释，神经是非常细的线，从大脑延伸到身体的所有其他部分；神经被如此排布，以至于触碰身体的任何部分都将使神经末梢运动起来，运动将沿着神经传递到大脑。由此产生的感觉取决于运动的特定神经、神经接收到的运动种类以及让神经产生运动的微粒的形状。接触皮肤的物体可以在神经中引起几种不同的运动，这取决于它们的硬度、重量、温度和湿度。在舌头的神经

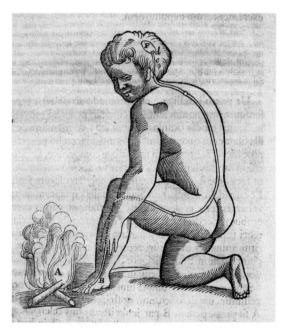

图2.2　笛卡儿《论人》中关于感觉机制的插图：火的热量使神经运动起来，这种运动从脚传到大脑，使人感觉到热。由斯坦福大学图书馆特藏部无偿提供。摄影：安德鲁·舒帕尼茨

中，不同形状的食物微粒会引起不同的味觉感受。

嗅觉是由空气中足够精细和活跃的微粒进入鼻子的神经而产生的。声音产生于空气本身对耳神经的冲击。视觉是最精妙的感觉，在光微粒使眼睛的神经处于运动状态时就产生了。胃和喉咙的神经传递"食欲"，即饥饿和口渴等内感觉。同时，心脏和横膈的"小神经"传递其他内感觉，如快乐、悲伤、爱和愤怒等情感。[13]

后来，笛卡儿把这个清单扩大到包括所有的激情（passion）：钦佩、尊敬、蔑视、慷慨、宽大、怨恨、胆怯、虚荣、谦卑、崇敬、鄙视、爱、恨、欲求、希望、恐惧、嫉妒、自信、绝望、怯懦、勇气、悲伤、大胆、恶意、悔恨、喜悦、悲伤、感激、羡慕、怜悯、愤慨、无情、愤怒、骄傲、羞耻、厌恶、遗憾等。每一种激情都始于外部事物对感觉器官的冲击，使动物精神通过神经运动起来，继而在"大脑中心的小腺体"（松果腺，笛卡儿将其命名为"H腺"）中引起"扰动"。[14]不同激情所对应的运动取决于动物精神微粒的大小、形状和活性，它们在身体机器的管道和孔道中奔流。[15]

笛卡儿将所有这些生命特征描绘为机械的，他的主要目的是改变人们对自然界的理解，并且改变为自然现象提供解释这一事业本身的含义。笛卡儿主张，从今以后，对自然现象的解释应该是对物质各组成部分的运动的合理说明。特别是，他想摒弃亚里士多德哲学中的"形式"和"官能"，笛卡儿认为这些指称本质和力量的术语是无用的、神秘的，并试图从哲学解释中清除它们。

如果生命、运动、感觉和所有激情都可以用运动的物质部件来解释，那么亚里士多德三个灵魂中的两个就没有必要了：存在于植物、动物和人类中负责生命和生长的营养灵魂，存在于动物和人类中负责感觉和运动的感知灵魂。笛卡儿摒弃了这两个亚里士多德的灵魂，认为它们是多余的。亚里士多德还描述了第三个灵魂，即只存在于人类之中的理性灵魂，赋予人类以理性思考的能力。笛卡儿保留了这个独特的人类理性灵魂，但他完全清除了营养灵魂和感知灵魂，甚至在解释生殖时也不使用灵魂、形式或官能等概念，而纯粹通过交配时混合在一起的"两种液体"的加热、膨胀、挤压和碰撞来解释生殖。[16]

总之，除了理性思维之外，笛卡儿把生命和感知觉的全部功能完全归于动物机器：消化，血液循环，营养，生长，呼吸，醒来和睡觉，感觉器官对光、声、嗅、味、热以及其他性质的接收，这些性质的观念在大脑中的印象，这些观念在记忆中的留存，"食欲和激情的内运动"，以及响应这些内部食欲和激情的外部运动、响应外部事物的外部运动。[17]

在人类旧有的三个灵魂中，只有理性灵魂还在；理性灵魂居住在大脑中，就像"喷泉管理员"驻扎在喷泉管道交汇处的贮水池那里，能够随意改变水力装置的走向。[18]除理性思维之外，其他每一种功能都源于身体机器的运行，就像"钟表或其他自动机的运动源于其配重和齿轮的运动"一样。[19]

动物没有灵魂，完全是机器，在这个意义上动物可以与钟表相提并论。[20]但请注意，这并不意味着它们就是钟表。[21]在完全由物质组分构成的意义上，可以说动物或人的身体像钟表，但这并不是说身体就是钟表。钟表不呼吸、不吃饭、不走路，而笛卡儿将这些功能归于动物机器。钟表没有维持生命所必需的温度，而笛卡儿认为，这是另一个由动物机器负责而不是由灵魂负责的性质。

温暖的、可移动的、积极反应的机器在死亡时变得静止和冰冷，这不是因为灵魂离开了它，而是恰恰相反：就人类而言，理性灵魂之所以离开，是因为机器停止了工作，变得静止和冰冷。[22] 笛卡儿从未表示实际的钟表是活的或有感觉的，但他认为动物机器是活的，就感知觉而言，它拥有除推理能力外的一切能力。笛卡儿在给马兰·梅森（笛卡儿的主要知己和智识对话者，机械师、数学家和米尼姆会修士）的信中说，"我现在正在解剖不同动物的头，以说明想象力、记忆等是由什么组成的"。[23]

为了说明如何能用机械的方式解释诸如想象力和记忆这样的事情，笛卡儿进一步利用了与人工机械装置的比较，这里用的是教堂管风琴。管风琴演奏者在键盘上按下不同的键，将空气导入不同的管道，管风琴据此产生不同的声音。类似地，不同的孔道充满动物精神，大脑据此产生不同的感觉。心脏和动脉就像管风琴的风箱，将动物精神推入大脑的腔室。外部事物作用于感觉器官，让某些神经运动，使神经接收来自大脑的动物精神之流：这些事物就像管风琴演奏者的手指，有选择地按下琴键。[24] 管风琴旋律的本质和来源都毫无疑问是物理的，这就为笛卡儿动物机器学说中的感觉提供了一个恰当的比喻：尽管是机械地产生的，但可以共鸣响应。

管风琴，尤其是水力管风琴，为笛卡儿的动物机器学说提供了一个比钟表更为合适的比喻，他的动物机器本质上是水力机器。[25] 在这个意义上，他的动物机器与古代医学传统的体液理论是一致的，体液理论认为生命存在于生物的相互作用的液体之中。[26] 笛卡儿的思想中既有一个古老的、确立已久的身体机器模型，又有许多栩栩如生的机器——这些机器是主动的、积极反应的。除了空气和热量之外，笛卡儿的水力身体机器还依靠液体来运行，包括一种充满活力的神经液体，即"动物精神"。液体，即使是普通的液体，其行为也与固体不同。液体追求平衡，攀爬虹吸管，表现出一种目的性。克洛德·佩罗（卢浮宫东翼的建筑师、寓言作家夏尔·佩罗的哥哥、医生、倾向笛卡儿主义的自然哲学家）曾评论道，一条流动的河流"似乎在寻找山谷"。[27] 在笛卡儿的身体机器中，液体似乎为能动性、有目的的行动提供了物质基础。

没有必要用一个非物质的灵魂来解释营养、感觉或运动：笛卡儿认为，完全用液体运动中微粒的力量就可以解释这些。在营养方面，血液被心脏的热量稀释，然后血液如此有力地流出心脏，流向身体，以至于把一些微粒留在肢体中，同时排出其他微粒，这取决于身体孔道的形状。同时，血液中最活跃和最具渗透性的部分形成了负责感觉和运动的"动物精神"。它们"就像一股精妙的风，或者说像一团非常纯净和活泼的火焰"，不断地从心脏上升到大脑，然后通过神经传递给肌肉。分配动物精神的水力系统可以解释下列众多现象：清醒、睡眠、梦境、饥饿、口渴以及其他"内激情"，通过感觉将外部事物的观念印在大脑上，保存这些观念的记忆，创造新观念的想象力和反应性的运动。笛卡儿认为，那些熟悉自动机及其复杂机制和运动的人对这一切都不会感到惊讶。[28]

在这一切中，我们必须再次牢记，笛卡儿是从一个古老的、主动机械论的生物模型出发的，正如他也是从实际的栩栩如生的机器出发的，这些机器似乎是主动的、积极反应的。可以肯定的是，他摒弃了亚里士多德所述三个灵魂中的两个，即营养灵魂和感知灵魂，但除此之外，笛卡儿对动物和人类生命的看法并没有过多地偏离亚里士多德和盖伦（公元2世纪，古典时代的主要医学家、哲学家）建立的古代生理学传统。[29] 这个古代传统充满了生物体和人造机器之间的类比。

亚里士多德习惯性地在动物生理机制和人工装置之间进行比

较。例如，他把动物比作自动木偶，这些木偶通过栓钉相互撞击的方式在其部件之间传递运动。亚里士多德还比较了动物的运动与玩具马车的运动，当孩子推着玩具马车直行时，由于车轮的直径不相同，马车会绕一个圈。类似地，他认为，动物的运动也取决于其身体各部分的排布："骨头就像栓钉和铁，肌腱就像弦。"[30] 他发现，呼吸器官必然"像铁匠铺里的风箱，因为心脏和肺都相当符合这种形状"。当动物呼吸时，心脏的热量使胸部膨胀，"像锻炉风箱一样"鼓起来。随着冷空气的进入，冷空气使肺部"再次像风箱一样"收缩并排出呼气。[31] 这种将双肺部比作一对风箱的说法在古代医学和生理学著作中反复出现。

在亚里士多德看来，生命的创造似乎类似于将自动机器连接起来的操作。他认为，胚胎从其最初的潜能状态的发育，与通过自动机部件传递的运动相一致。他写道，在胚胎发育过程中，"A 移动 B，B 移动 C"这样的情况有可能与自动木偶中的相同，自动木偶的部件具有"某种运动的潜能"，随时可以运动并使彼此运动起来。因此，一个单独的力量可以移动从未与它直接接触过的部件。同样，"制造精液的力量"可以仅通过一次短暂而有限的接触便让胚胎的所有部分进入发育运动。[32] 这种比较是双向的：虽然亚里士多德把发育中的胚胎比作运动中的自动机，但他也认为机器就像胚胎一样，其各个部分都具有充满活力的潜能。

身体和各种机器之间的类比既出现在《希波克拉底文集》——由希波克拉底及其追随者编著的古代医学著作集中，也出现在盖伦的著作中。例如，根据一位希波克拉底派作者的观察，心脏就像炼炉，配有"风箱"，即双肺。关于心脏的膜，该作者写道："在我看来，这些膜充当心脏及其血管的牵索和支撑物。"[33]

对盖伦来说，喉部类似于长笛。他对这一类比进行了详细的阐释，他认为，就像笛管的声音要归因于其形状和类似簧片的"舌"的组合一样，喉部为了发出声音需要缩小包含发声"软骨"的部分。[34] 盖伦还用风箱这个常见的类比来描述肺的功能。他把血管比作花园里的水管网[35]，把动脉比作导水渠[36]。在古代生理学中，灌溉结构是循环系统的标准比喻。[37] 柏拉图在《蒂迈欧篇》（*Timaeus*）中进行了这种比较。他说，在设计人体时，"更高的力量"在人体中开辟了管道——就像人在花园中开辟管道一样，以便用流水浇灌它。两条主要的"管道或静脉"沿着脊柱向下延伸，"以便从上面流下来的溪水可以自由地流向其他部位，并使灌溉均衡"。[38] 亚里士多德在《论动物的部分》（*De partibus animalium*）中使用了同样的类比。他写道，建造"花园中的水道"是为了将水从一个源头分配到许多管道中，这些管道在整个花园中分岔再分岔。"现在，自然也以同样的方式铺设管道，为了将血液输送至全身。"亚里士多德认为，血液产生了身体的肉，就像灌溉渠的水会堆积淤泥一样。在灌溉渠中，最大的管道保持清澈，而最小的"很快就被淤泥填满并消失"；类似地，最大的血管保持通畅，而最小的则"实际上转化为肉"。[39]

笛卡儿不仅借鉴了古代的身体－机器类比传统，还借鉴了从古代传统中发展出来的中世纪传统。[40] 与在古典哲学中一样，中世纪哲学传统中的生命机器渗透着活力和能动性。在 11 世纪末至 13 世纪期间，从博洛尼亚、牛津和巴黎开始，若干新大学纷纷建立；在这些大学中，经院哲学家们致力于调和古代哲学家（特别是亚里士多德）的学说与基督教神学。托马斯·阿奎那是经院传统中的关键人物，他于 13 世纪中期在巴黎大学学习和教书。他认为动物可以被视为机器，这比笛卡儿的主张出现的时间早了约四个世纪，而且措辞惊人地相似。阿奎那认为，尽管动物本身缺乏理性，但它们被理性驱动，就像箭被弓箭手的运动驱动，时钟或其他机器被其制造者驱动一样。类似地，动物行为中的理性、审慎或智慧的表象源于制造它们的神圣技艺。然而，动物确实是依照它们自己的感官、食欲、想象和欲望等官能来运动的。[41]它们是缺乏理性的装置，但不缺乏生命或感知觉能力。

这类论证对笛卡儿来说是非常熟悉的。经院哲学是他所受的教育的基础，实际上也是其他人所受教育的基础，是天主教会的官方哲学。在 10 岁那年，笛卡儿进入了一所著名的耶稣会学校，即位于拉弗莱什的亨利大帝皇家学院。他在那里学习了"科英布拉评注"，这是一套关于亚里士多德的十一本书，由科英布拉大学的耶稣会士的讲义汇总而成，在 16 世纪 90 年代作为耶稣会的最终教义出版。[42]让·费内尔是 16 世纪的法国医生，"生理学"（physiology）一词的创造者，生理学权威，科英布拉的评注者们的生理学讲义就主要以他的学说为基础；他回顾了盖伦将气管比作长笛，将会厌比作"排箫的舌或簧片"的说法。费内尔写道，人类的骨骼结构就像"支撑房屋的地基和支柱"，"古人将（脊柱）比作龙骨，是船的最先铺设的部分"。同时，费内尔在观察喉返神经时再次借鉴了盖伦的比喻，"模仿了建筑机械中使用滑轮所进行的运动"[43]。

在笛卡儿之前，用机器来表现动物生理机制的最后一个特别相关的例子出现在圣保罗的厄斯塔丘斯的著作中，他是西多会费洋派的成员，巴黎索邦大学的哲学教授。笛卡儿评价厄斯塔丘斯的《四部哲学大全》（*Summa philosophiae quadripartita*，1609 年）是经院哲学所能提供的最好的作品。笛卡儿非常欣赏厄斯塔丘斯，以至于他考虑将厄斯塔丘斯指定为代表经院哲学的对话者，在同一卷著作中把《四部哲学大全》和他自己的哲学体系一起刊印出来。[44] 正如笛卡儿后来所做的，厄斯塔丘斯把动物的一般感觉官能比作涌出动物精神的"喷泉"。[45]

笛卡儿的动物机器与上述古代作家和经院作家的说法非常相似：风箱、炼炉、灌溉系统、喷泉。[46] 我们要认识到他的工作利用了一个已经建立的模型，他的工作的出发点是真实机器样式的大量实例，这对理解他的动物机器或身体机器的含义而言至关重要。[47]他假定了它有活力和能动性，就像在古代和中世纪传统中那样。在与梅森的通信中，笛卡儿坚持认为："我在解剖学中没有假设什么新的东西，也没有任何可能引起半点争议的东西。"[48]

他坚持认为他在解剖学上没有提出任何新东西，这听上去似乎很奇怪：既然如此，为什么还要写一篇解剖学论文？对此的解释是，笛卡儿的主要革命目标涉及方法，而不一定涉及内容。他对解剖系统的描述与古代和中世纪的解剖学很相似，这是可以接受的，甚至是有利的。关键是他运用了一种不同的方法来理解它们：在这种方法中，除了运动中的物质组分——诸如此类东西正是钟表匠在制作钟表时需要知道的——以外，他没有提到任何其他东西。正如我所暗示的那样，笛卡儿在方法上的革命意味着改变人们理解和解释自然现象的方式。

这场方法论或**认识论**革命（我指的是人们认为他们应该如何去理解世界的革命），带来了一场深刻的**本体论**革命（我指的是人们认为世界本质上**是**什么的革命）：在笛卡儿的追随者的眼中，全部世界（除了人类的理性思维）都变成了同质物质的运动碎片。但是，笛卡儿的主要目的并不是确立世界是由同质物质的运动碎片组成的，而是致力于用机械论的方式来**理解**世界。在笛卡儿的用法中，机器意味着可理解性。[49]

笛卡儿经常说他把物理世界的所有事物都看作机器，以此来描述他的方法：哲学家对物理世界的看法正是工匠对机器的看法。[50]生物体是机器主要意味着完全可以用唯物主义的方式来理解它，而不需要诉诸经院哲学家的灵魂、形式或官能。例如，正如我们所看到的，笛卡儿用血液和营养微粒的运动来解释生长，以此取代营养灵魂；他还摒弃了营养灵魂和感知灵魂，转而用生殖液的混合来解释生殖。笛卡儿的生理学著作经常提到钟表机构，钟表机构代表了一种可理解性的模式，而不是特殊的生物机器。

在 17 世纪中叶，这种用钟表机构来代表完全可理解性的做法变得很普遍。例如，英国哲学家、医师约翰·洛克将对自然的全面且神圣的理解比作某个人"了解斯特拉斯堡那座著名大钟的所有发条、齿轮及其他内部装置"；而人类对自然的看法就像是"一个注视着钟表的乡下人……他几乎看不到指针的运动，也听不到钟声，只能观察到一些外观"。[51]

对笛卡儿来说，与钟表机构的类比并不意味着相关现象就类似于钟表——对洛克来说也是如此，而是意味着所要达到的理解程度类似于钟表匠对钟表的理解程度。正如笛卡儿用钟表机构来代表唯物主义的生理学的可理解性，而生理的机器并不像钟表；洛克则援引钟表机构作为化学过程的可理解性的典范。他写道，想象一下，如果我们能像钟表匠理解手表的工作原理那样，像他通过锉削齿轮来改变手表的运行那样理解大黄、毒芹、鸦片的微粒对人体的"机械影响"，那么在这种情况下，即使没有服用它们的经验，我们也会事先知道"大黄会通便，毒芹会杀人，鸦片会让人沉睡过去"，就像钟表匠知道在摆轮上放一张小纸片就会让钟表停止运转，直到移走它钟表才能恢复正常，或者锉掉一个零件就会让机器完全丧失功能。[52]

简而言之，钟表机构意味着物质组分方面的可理解性，而不是字面上的钟表机构。笛卡儿的动物机器与古代和中世纪的动物机器在许多方面是相似的：它是温暖的、流动的、积极反应的、可移动的、有感觉的，并且充满了能动性。突出的区别之处在于，笛卡儿的动物机器是完全物质的，因此在笛卡儿的新科学中是完全可理解的。

对笛卡儿来说，鉴于动物机器在文化和神学上的熟悉程度，动物机器似乎是推广他的新科学的一个安全载体。[53] 安全问题在1633 年变得至关重要，此时他得知伽利略·伽利莱因支持哥白尼（日心说）的天文学而受到审判和谴责。[54] 笛卡儿刚刚完成了他的《论人》，其中提出了上述将生物体视作机器的模型，以及一部关于光的论著《论光》（ Traité de la lumière ），其中提出了机械论的哥白尼主义宇宙论。[55] 这两篇论述原打算作为一部题为《世界》（ Le Monde ）的著作的两个部分，《世界》还包括第三部分，对理性灵魂的解释。伽利略受到谴责的消息使笛卡儿感到惊恐，并使他重新考虑这一哲学方案。1633 年 11 月底，他惊慌失措地写信给梅森：

> 我本打算在新年时把我写的《世界》寄给你……但我要告诉你，当时我在莱顿和阿姆斯特丹询问了伽利略的《关于托勒密和哥白尼两大世界体系的对话》是否已经出版，因为我以为我曾经得知它去年就要在意大利印刷，我得知它确实已经印刷了，但所有的印本都在罗马

被立即烧毁了，而且他被判处了一些罚款。这让我非常震惊，我差不多下定决心要烧掉我所有的文件，或者至少不要让任何人见到它们。我无法想象，他，一个意大利人，而且据我所知受到教宗的高度尊重，会出于任何其他原因被定罪，而他无疑是想确认地球的运动……而且我承认，如果这是错误的，那么我的哲学的所有基础也都是错误的，因为地球运动可以清晰地从这些基础推导出来。此外，我的论著的所有部分都与地球运动有联系，以至于我不知道如何在不使其他部分受损的情况下把它分离出来。但是，既然我不想为了任何事情而发表一篇可能会遭到教会反对的论述，哪怕只反对其中一个字，那么我宁愿压着它，也不愿意让它以残缺的形式出现。

笛卡儿在结尾处恳求梅森"把你所知道的伽利略事件的情况转达给我"[56]。在随后的几个月里，他在给梅森的信中充满了对伽利略所受谴责的担忧，并重复了他要谨慎行事的决定，宣布把"谁隐藏得好，谁就活得好"（bene vixit, bene qui latuit）作为他的人生格言。[57]

笛卡儿的恐惧可能是过于夸张了。在他已经居住了几个年头的荷兰，发表关于哥白尼主义的著作并不危险。[58]事实上，1636年，荷兰出版商路易斯·埃尔泽菲在伽利略位于阿尔切特里的别墅里拜访了被软禁的伽利略，并安排将他的《关于两门新科学的对话》（*Discourses on Two New Sciences*）偷运出意大利，在莱顿出版。[59]至少，这没有对谁的人身造成严重的威胁。不过，笛卡儿有充分的理由为他的学说的生存和成功而担忧。对于任何想要看到自己的哲学被广泛接纳的人来说，耶稣会掌握着 17 世纪欧洲的哲学王国的钥匙。耶稣会士是学者，也是教师，他们管理学校，培养了笛卡儿本人和几乎所有与他同时代的受教育者。要实现笛卡儿所追求的那种哲学革命，最好的办法就是说服耶稣会士采用他的体系。[60]

显然，笛卡儿很想这么做。后来，笛卡儿主要在《哲学原理》（*Principes de philosophie*，1644 年）一书中回归了宇宙学和物理学，这部著作不是为了推动哥白尼主义，而是相反，通过确保与正统教义的兼容性来辩护笛卡儿自己的世界体系。[61]与此形成对比的是，笛卡儿的作品则继续以构想身体机器或动物机器为特色。在他生命的最后阶段，笛卡儿回到了身体机器的概念，并继续尝试尽可能地扩展它。他似乎把身体机器思想看作展示他的革命性的哲学方法的同时又不会冒犯教会的一种方式。

克服针对他的哲学体系的神学反对意见，这件事的重要性显然让笛卡儿将全部精力贯注其中。当梅森代表他征求了对他的哲学著作《第一哲学沉思集》（*Méditations*）的反对意见后，笛卡儿把注意力集中在神学方面，特别是来自詹森主义者索邦大学神学家、逻辑学家安托万·阿尔诺和耶稣会士皮埃尔·布尔丹的反对意见，而对英国唯物主义者托马斯·霍布斯和数学家皮埃尔·伽桑狄提出的两组哲学反对意见的关注则明显不足。[62]（事实上，伽桑狄本人用特殊的原子来解释有机物，他将这些原子刻画为由神圣工程师制造的微小机器。）[63]此外，笛卡儿本人征求的唯一一组反对意见来自一位天主教神学家，名叫约翰内斯·卡特鲁斯（Johannes Caterus，也叫作 Johan de Kater）的荷兰神父。[64]梅森还从"神学家们和哲学家们"那里收集来两组反对意见。[65]

如果笛卡儿判断身体机器是展示其哲学方法的安全语境，那么他是对的。五组主要是神学方面的反对意见，以及他在《谈谈方法》(*Discours de la méthode*，1637 年) 出版后得到的回应均表明笛卡儿的身体机器最初并没有引起神学难题。[66] 耶稣会士弗罗蒙杜斯和普莱姆皮乌斯给《谈谈方法》提出了第一批反对意见，他们对笛卡儿描述的动物机器的多个方面都有争论，但并不涉及动物机器这个观点本身。关于弗罗蒙杜斯，笛卡儿向数学家、天文学家、物理学家克里斯蒂安·惠更斯宣称，"我们之间的争论就像一局国际象棋，我们仍然是好朋友"。普莱姆皮乌斯不同意笛卡儿对心脏运动的解释，也表达了他的不同意见——"但是作为朋友，为了更好地发现真理"。最后，一位拉弗莱什（笛卡儿曾是这里的学生）的耶稣会教师安托万·瓦捷给笛卡儿送来了"许多赞许，我希望从任何人那里都能得到这么多的赞许"[67]。

卡特鲁斯根本没有提到动物机器这个观点，梅森也没有。阿尔诺只是用温和的、不是特别神学化的方式顺便提到了它。他写道，"就畜生的灵魂而言"，笛卡儿已经因否认它们有任何灵魂而闻名。阿尔诺预料人们会很难相信这一点。似乎很难理解的是，一只羊会逃离狼，仅仅是因为光线从狼的身体反射进羊的眼睛，移动它的视神经的小丝，将动物精神从它的大脑通过神经向外发送。[68] 阿尔诺认为动物自动性的观点虽不大可能，但也并不令人惊讶：他没有把这一点列入他的反对意见中题为"可能会困扰神学家的事情"的那一节。在该节中，他特别指出（事实证明是正确的）圣餐奇迹是可能的隐患："我预计神学家们会发现，根据他的原则，最令人不快的是，教会关于圣餐的神圣奥秘所教导的种种说法似乎不可能完整地存在和保留。"[69]

正统的托马斯主义（与托马斯·阿奎那有关）圣餐变体论观

点已经由特兰托会议（1545—1563）确认；作为教会哲学的指定保护者和宣传者，耶稣会士们忠于这种观点。此观点认为，圣餐面饼在转变后之所以仍看上去像面饼，是因为其偶性——形状、颜色、味道、气味——在"圣化"后保持不变，而其实体则体变为基督的身体。问题是，根据笛卡儿的物质理论，偶性都可还原为基本微粒的广延（大小和形状），广延是物质的唯一基本属性。因此，既然基本的实体发生了转变，那么偶性的持续存在便是不可能的。正是笛卡儿的物质理论与圣餐奇迹的正统观点之间的这个冲突，招致了 1662 年在鲁汶签署的官方谴责文件，这又导致笛卡儿的著作在 1663 年被列入禁书目录。[70]

鲁汶谴责文件指出了笛卡儿哲学五个方面的问题，所有这些问题都与笛卡儿对物质、形式和广延的关系的解释有关，而且他拒绝了多个世界的可能性，这显然侵犯了上帝的全能（如果一个全能的上帝想创造多个世界，鲁汶当局认为，他就应该被允许这么做）。这些谴责都不涉及动物自动性或人类生命的机械模型。[71]

其他天主教徒也继续提出动物与机器的类比，其中机器保留了其传统的活力。例如，英国天主教笛卡儿主义者凯内尔姆·迪格比在西班牙旅行时看到两个机器，他仔细观察了生物与这两个机器之间的相似之处。他说，植物就像抽水机一样，有一座抽水机每天从塔古斯河（塔霍河的旧称）里抽出 1.7 万升水并提升到 90 米高的地方，以供给托莱多的阿尔卡萨宫。[72]国王腓力二世于 1565 年委托钟表匠、建筑师、工程师华内洛·图里亚诺（第 1 章提到的自动机修士的制造者）设计该系统。[73]迪格比详细地描述了这个装置，它由塔古斯河中的一个大水轮驱动。

该系统由两列摆动的"长柄勺"形状的水桶组成，水桶连接在木架上，由水轮交替提升和下放，"像两条腿交替踩水；就好像在酿酒时，人们脚踩葡萄那样"。最低处的水桶从河里舀水，然后被提起，倾斜着将水倒入对面一列相应的水桶中，在下一次交替时也是如此，因此，随着它们的上下"踩踏"，这两列水桶将水从一层提到了上面一层。迪格比观察到："所有种类的植物，无论大的还是小的，都可以比作我们在托莱多见到的第一台水力装置，因为在这些植物中，我们可以发现所有的运动都是一个部分从紧挨着它的上一个部分接收汁液，再把汁液传给紧挨着的下一个部分，所以它有一条恒定的路线，从根部（从土里吸水）一直到最高的枝芽的顶端。"[74]

据迪格比说，相比之下，动物则像塞哥维亚造币厂，该厂也是由腓力二世所建，也由一个巨大的水轮驱动，这个水轮位于埃雷斯马河中。塞哥维亚造币厂于 1585 年投入运营，使用的是由腓力的表亲、蒂罗尔的斐迪南大公捐赠的最新最先进的轧币机。[75]迪格比强调，塞哥维亚造币厂与托莱多的水力装置不同，造币厂的每个车间都在进行不同的专门化的运动。一个车间制作符合冲压所需尺寸和厚度的金银锭，然后将它们交给下个车间，由其进行冲压，再交给第三个设备，把它们切割成规定的形状和重量。最后，造好的硬币在另一个房间中进行储藏，在那里由一名官员接收。

从这名官员所在的地方来看，他不可能知道造币过程的中间步骤。如果他走进机器工作的房间，他就会看到每台机器"就其自身而言，似乎是一台独立的、完整的机器"。但它们都为一个目标——"制造金钱"——而共同工作，如果它们中的任何一个被移除，"整个系统就残废了、崩溃了"。类似地，在"有感觉的生物"中，许多不同的小机器共同合作，一些机器驱动或启动其他机器，一些机器将任务交给其他机器，从而形成一个大机器并产生共同的效果。在塞哥维亚造币厂，迪格比在各个车间的合作中看到了对动物生命的一种类比。当正在运动的和已经运动过的所有器官形成一个单一的整体时，迪格比总结说："我们把整个东西称为**自动机**或**自动者**（se movens），或者说是一种生物。"[76]

甚至对笛卡儿本人来说，他将身体看作机器的新模型本身也并没有立即显现出与古代模型截然有别。通过中世纪经院学者的工作，古代的生物机器模型一直存在并得到发展，所以到了 17 世纪中叶，它就像教堂和主教座堂里的钟表和管风琴上的自动机一样，为人们所熟悉，并具有本土的天主教色彩。就像那些迷人的机器一样，古代和中世纪的生物体的动物机器模型——以及笛卡儿的新模型在其最初的意义上——都是流动的、积极反应的，并充满了许多能动性。

是人的灵魂抽走了动物机器的生命

笛卡儿的危险想法不是动物机器，而是它的对应物：人的灵魂。他在《第一哲学沉思集》的第二个沉思中问道：我是什么？他给出的答案是"一个会思考的东西"，一个纯粹的思想实体，一个非具身的心灵，一个思考的灵魂。[77]这是他的存在的本质，因为这是一个他永远不会被误导或欺骗的问题。为了受到误导或欺骗，他仍然需要是一个思考着的存在。他可能在他的身体经验的任何方面出错，因为可能在做梦，或者笛卡儿想象，可能会被某种邪恶的魔鬼欺骗。但若假设他在这方面——他作为一个会思考的东西——出错，那就会出现矛盾，因为他首先必须是一个会思考的东西，才能在这方面出错。因此，作为一个"会思考的东西"不仅是他的存在的本质，对这一事实的了解也是他的所有其他知识赖以存在的基石。

笛卡儿把这两个绝对不同的实体——身体机器和思考的灵魂——之间的分界线放在他所谓的"H 腺"中，也就是现在的松果腺，他认为灵魂在那里与大脑相遇。[78] 这个分界线的两边——身体机器和非具身的思想——通过它们之间无限大的距离来界定彼此。笛卡儿经常被认为是第一个将现代意义上的主观自我（subjective selfhood，我是一个会思考的东西；这是我存在的本质，也是我所有知识的基石）[79] 用文字表达出来的人，他也是生物体是机器这一观点最早的有影响力的倡导者，这绝非巧合。在现代主观性的发明方面，蒙田通常被称为笛卡儿的先驱，正如我们所看到的，他也对机器进行了详尽的描述，包括栩栩如生的机器。

通过观察和倾听"我自己的内心"，发现自己的"独特形式"，蒙田给了笛卡儿一个起点。[80] 但蒙田也仔细观察自己的外部，记录了风室、弹簧、喷口、管道、齿轮、杠杆和键盘的工作情况。对笛卡儿来说，内部和外部的观点是相关的，对蒙田来说无疑也是如此。把世界看成一个纯粹的机器，把他的思考的灵魂从世界中提升出来，甚至把灵魂从灵魂自身与世界的交互中提升出来，如此一来，笛卡儿便完成了自我与世界的疏离，这种疏离界定了现代的主观性和现代的客观性，前者是指完全自主的、内在的自我感，后者是指从世界之外的中立位置看待世界的感觉。[81] 正是在笛卡儿的哲学中，现代自我和现代科学相互创造。

在笛卡儿阐述了机械的身体和非机械的自我之间的区别之后，这种区别一再出现。[82] 它甚至影响了那些在其他问题上与笛卡儿有根本分歧的哲学家的工作。约翰·洛克的哲学在某些方面与笛卡儿的哲学是对立的。洛克认为，在生命开始时，所有人的心灵都是白板（tabula rasa）。这些白板随后被人们的经验铭刻，因此，人们所知道的一切都源于经验。而上述笛卡儿的"我思"论证（"我思故我在"，拉丁语：cogito ergo sum）则相反：经验不能提供确定的知识，因为它可能是错误的。因此，我的全部知识的基础不是经验，而是逻辑，是这个绝对可靠的证明——我作为一个思考的存在者必须存在。鉴于洛克的白板说（所有知识都来自实际经验）和笛卡儿的"我思故我在"（所有知识都来自逻辑，这是理性灵魂的一种先天能力）之间的鲜明对比，令人惊讶的是，在一个关键方面——将人类的自我视为依附于钟表身体的纯粹思想实体——洛克同意笛卡儿的观点。

洛克写道，动物或人的身体就像一块表，是一个由运动部件组成的系统。17世纪70年代，洛克在法国旅行，其间他像蒙田一样对钟表、喷泉以及它们的自动机进行了细致的描述：里昂圣让主教座堂的机械天使报喜装置（有一个大公鸡），凡尔赛宫和枫丹白露宫的水力装置，巴黎佩莱蒂耶码头的一位钟表匠的技术。[83] 与笛卡儿一样，洛克将他对机械的关注与一个对等且相反的信念结合起来，他认为"人格同一性"，即保证"每个人对他自己而言都是他自称的**自己**"的性质，是某种不同的东西。自我存在于"与思维密不可分的意识之中"。洛克论述道，意识不可能是某种"物质"或物质部件的某种排列，因为它可以忽隐忽现，会被遗忘或沉睡打断，而永远不会消失。[84]

尽管人们的自我依附于他们的钟表身体，但自我并不是由物质构成的，也不可能用任何一种机器解释。这个模型在洛克的政治体系中发挥了作用。他的"自我"是出生在绝对自由和平等状态下的人，政治权利应归于这种自我。[85] 洛克的自我没有身体属性，在生命之初完全平等。任何身体部位的不平等都不能破坏自我在本质上的平等。[86] 同时，身体机器是自我的第一个所有物。通过身体的劳动，这部机器制造了自我的全部其他所有物，因此是财产的基础，而财产又是公民社会的基础。[87]

在笛卡儿的配对中，机械的身体充当了对照物，笛卡儿参照它的明确限度来衡量非具身的自我的超越性。例如，一台纯粹的机器可以说出话来，甚至可以做出如此的回应——在触碰它时问你想要什么，或者哭喊你正在伤害它。但笛卡儿主张，由物理机制产生的话语永远不可能对问题做出有意义的回答。只有精神实体才能实现交互语言的无限性，以无限多的方式将词语组合起来。任何物质机器都必须专门化：虽然机器可以很好地完成一些人做的事情，但它必然无法做其他事情。任何部件或器官都需要一种特定的配置来完成每项任务，并且一台机器不可能拥有足够多的带有必要配置的不同部件，"以使它在生活的所有可能事件中都能像我们的理性所指导的那样行动"。只有非具身的理性才能成为"一个通用的工具"。[88]

虽然把生物体当作机器的想法是古老且无威胁的，但笛卡儿关于非具身的人类自我的想法则更为激进。[89] 正如阿尔诺所强调的，以及后来的评论者们经常指出的，在神学方面，笛卡儿的二元论——物质和精神（或灵魂）是两种绝对不同的东西的观念——在表面上与一种更古老的基督教二元论传统是一致的，即奥古斯丁的虔诚（piety）传统。这种传统在天主教徒和新教徒中都正复苏，使人回想起圣奥古斯丁的劝告：要在自己心中寻求真理，而不是在物质世界中寻求真理。[90]但是，通过将灵魂从物质中提取出来，笛卡儿做了不同的事情：他给人类的理智提供了一个观察物理世界的上帝视野。拥有灵魂意味着拥有一个看待物理世界的理性视角，一个完全外在于物理世界的位置，从这里人可以理性地把握物理世界。[91]

笛卡儿把奥古斯丁的内向性（inwardness）转向外界，给了它一个看待上帝造物的奥林匹斯山巅的瞭望点，以及一个帝国式的计划。在内部寻求真理并不是要远离世界，相反，是要转向世界并把握它。[92]此外，笛卡儿向他的赞助人、瑞典女王克里斯蒂娜保证，这种能力使人类"在某种程度上与上帝平等，而且似乎使我们免于成为上帝的臣民"[93]。难怪非具身的人的灵魂似乎比机械的身体更加危险。严格意义上的非物质的灵魂，无论如何都与经院哲学的灵魂和物质的连续谱不一致，在这个连续谱中，植物的营养灵魂和动物的感知灵魂处于物质和精神之间的中间位置：它们比无生命的物质更接近精神，但比人类的不朽灵魂更接近物质。[94]

笛卡儿将灵魂与身体割裂开来的做法与基督教教义相抵触，因为它与对道成肉身的三位一体式（与圣三位一体有关）的理解相冲突，也与复活神学相冲突，两者都要求灵魂的具身化。在中世纪和文艺复兴时期的基督教实践中，灵魂与身体的不可分割性是一个迫切的问题，它引起了人们对如下问题的担忧：在一生中失去的头发和指甲会发生什么，以及被野兽吞噬的人的身体如何能够复活。[95]阿奎那认为，从死后到身体复活的这段时间内，分离的灵魂是不完整的：只有身体复活后，人的人格同一性才得以恢复。[96]亚里士多德的"形式质料学说"（hylomorphism）认为所有物质都是由质料和形式构成的，阿奎那及其追随者采用了亚里士多德的框架，这意味着灵魂若缺乏身体（被灵魂赋予形式的那具身体）则是不完整的：在复活时，灵魂必须恢复其肉身。[97]

灵魂与身体的关系在晚期经院哲学的讨论中是一个充满矛盾的问题。[98]一方面，人的灵魂必须是非物质的，这样才能不朽，第五次拉特兰会议（在罗马拉特兰宫召开的教会会议）在1513年重申了这一点。另一方面，诺斯替主义[99]认为人的灵魂是真正神性的一部分，被一个堕落的上帝困在腐坏的物质中，这激发了教会对如下观点的谴责——灵魂是与身体相分离的或可以与身体相分离的东西。因此，教会教义在指出灵魂和身体的区别之后，就转而致力于将灵魂与物质尽可能紧密地结合起来。其诀窍是达成一种既强调灵魂的非物质性，又强调灵魂与身体不可分割的学说。身体不能仅仅是灵魂的工具，而是两者必须构成一个单一的、完整的整体。[100]阿奎那指出，适合人类的那种知识必然需要感知和想象，他认为这些都是身体的机能。阿奎那、科英布拉的评注者，以及弗朗西斯库斯·苏亚雷斯和弗朗西斯库斯·托莱图斯等耶稣会的哲学家都同意"我不只是我的灵魂，也不只是我的身体，而是两者的结合"。[101]

将灵魂与身体捆绑起来的迫切需要意味着，与此相关的人的灵魂的不可分割性非常重要；根据经院哲学家们的说法，人的灵魂由营养、感知和理性三部分组成，并在物质和精神的连续谱中处于中间位置。人的灵魂虽然是非物质的，但比天使更接近于物质，因为它的运行需要一具身体。[102]人的灵魂的理性部分将自身与天使的不朽领域联系起来，而营养和感知部分则将自身与物质世界联系起来。[103]在经院哲学的连续谱中，动物的感知灵魂与物质密切相关，甚至可以具有广延和可分割性。[104]

笛卡儿向荷兰天主教神学家卡特鲁斯征求对《第一哲学沉思集》的意见，卡特鲁斯的批评意见指出笛卡儿对灵魂和身体的区别的证明是不可靠的：两者的区别可以清晰地被构想出来，但这一事实并不意味着它们在本质上是不同的。[105]甚至阿尔诺也在他的《第一哲学沉思集》的反对意见中抗议说，"在没有身体的情况下可以完全地、彻底地理解心灵"这一点仍然没有得到证明，尽管阿尔诺最终支持一种极端形式的二元论。[106]他警告说，对于那些认为人的心灵是一种身体活动的人，笛卡儿并没有给出很好的反驳。[107]耶稣会士皮埃尔·布尔丹也坚持认为，"有很多人，包括严肃的哲学家"相信思想"肯定不是唯独且必然地属于心灵或精神实体的性质"。[108]

在笛卡儿和梅森征求的对《第一哲学沉思集》的第六组反对意见中，若干作者声称，动物是自动机的观点是一个"不可能的、荒谬的断言"，但他们同意笛卡儿的这个说法——动物不包含任何"不同于其身体"的东西。动物诚然是纯粹的物质事物，但为什么一个纯粹的物质事物必须缺乏灵魂？这些作者援引了中世纪的基督教传统，将感觉和其他心理功能解释为本质上是物质的。他们指出，一些教父相信"天使是物质的"，甚至对理性灵魂也持同样的观点，"他们中的一些人认为理性灵魂由父亲传给儿子"，就像其他身体属性一样。尽管如此，这些教父依然相信，天使和灵魂是能够思考的。因此，他们一定相信思想可以"由物质的运动构成，或者说，天使本身只是物质的运动，他们根本不把物质的运动与思想区分开来"。[109]

笛卡儿提出的灵魂的分离性刺激耶稣会历史学家加布里埃

尔·丹尼尔写了一部恶作剧，题为《笛卡儿的世界之旅》（*Voyage du Monde de Descartes*，1690 年）。在丹尼尔的故事中，笛卡儿因为难以入睡，便要求他的灵魂去"进行一次小小的旅行"。不幸的是，他的医生随后赶到，发现笛卡儿的身体机器在没有灵魂的情况下，说话和行为都没有理性，并断定笛卡儿得了脑热病。医生对这台可怜的机器进行了猛烈的治疗，把它弄坏了。笛卡儿的灵魂就这样被留在无限的空间里游荡，寻找一个居所。它邀请丹尼尔的灵魂加入它，剩下的故事就是一本旅行日记。[110]

并不是只有天主教的回信人以神学为由反对笛卡儿的非具身的理性灵魂。矛盾的笛卡儿主义者、剑桥大学的柏拉图主义者亨利·莫尔就担心，一个完全精神性的灵魂永远不可能与物质的身体相联系；即使是上帝为了在物质世界中在场，也必须具有广延性。[111]

总之，在一开始，和与之伴随的人们相对熟悉的身体机器概念相比，灵魂与身体的分离激起了更多的惊愕；而笛卡儿的非具身的自我也将它的机械对应物改造得面目全非。正如笛卡儿最初描述的那样，动物机器是温暖的、可移动的、活的、积极反应的和有感觉的。但当与非具身的、超越的自我相比较时，同样的生命机器看起来就不一样了：变为受限的、死板的、被动的。

笛卡儿从世界机器中移除了灵魂，就像宗教改革者从自然中移除了上帝一样，留下的东西也变得截然不同了。回顾一下"恩典十字架"，它原来既是机械的又是充满精神的，是运动中的神性的具象表现，而它现在则是一个欺诈性的、惰性的部件组合体。当笛卡儿把灵魂从活的身体机器中剥离出来时，动物机器模型也发生了同样的情况。这两个发展都体现了宗教改革的影响：在宗教改革后，人们坚持主张物质和精神是完全不同的。[112]

对一个笛卡儿主义者来说，机器就像物理世界的所有其他部分一样，只不过是同质物质的形状各异的碎片。除了硬度、大小和形状之外，这些物质碎片没有任何性质：它们是没有性质的小块。与此相反，在古代哲学和中世纪经院哲学中，机器不仅具有制造者强加给它的人造形式（就像笛卡儿的形式一样，人造形式在本质上只有大小和形状），而且像物理世界的所有其他部分一样，也具有使自身各个部分是其所是的自然形式。每一种自然物质——铁、铜、水——都不仅仅是同质部分的排列：它有一种"实质性形式"，一种使它与所有其他自然实体不同的本质。[113] 是把动物（或实质上，机器）理解为由同质物质的运动碎片组成的系统，还是理解为由具体形式的物质的运动片段组成的系统，两者是非常不同的。

例如，阿奎那虽然把生物描述为一种机器，但拒绝了流行的人造机械雕像（能够表演说话等活人的行为）概念。阿奎那认为，这是因为生命的原则是一种实质性形式，无法通过锻造雕像的过程传递。他推论道，一个事物如果不放弃旧的实质性形式，就不能接受新的实质性形式，而金属在成为雕像的过程中并没有放弃其实质性形式，而只是在偶然的形式上发生了变化。[114] 笛卡儿把灵魂和形式从世界机器中剔除，导致机器的含义被永久地改变了。在古代和经院哲学的智识世界中，机器曾象征着美丽、复杂、精湛、智慧和能动性，现在却获得了一系列新的含义：被动、局限和约束。

换句话说，身体机器开始显得是无生命的、惰性的和粗笨的。对于它的感知觉，笛卡儿本人的说法是模棱两可的。虽然他把感觉归于动物机器的运动，特别是归于在感觉器官中运动起来的动物精神，然后通过神经细丝传递动物精神的运动，在大脑的中央腺体中引起扰动，但他也写道，"是灵魂在感觉，而不是身体"，因为当灵魂在幻想中迷失时，身体仍然没有感觉。[115] 在另一个场合，他把理解、意志、想象、记忆和感觉的能力归入"思考"，这就把包括感觉在内的所有这些能力都置于灵魂而不是身体的主导下。[116]

此外，居住在荷兰的法国新教徒避难者、笛卡儿的朋友阿方斯·波洛反对笛卡儿的动物机器思想，他写道，动物显露了"情感和激情"，这使它们与机器不同。[117] 笛卡儿对此没有回应，坚持认为情感和激情在机械生物的能力范围之内。不过，笛卡儿想象了一个假想的人，他从来没有见过真正的动物，但他一生都在制造自动机动物，自动机动物的行为与自然的动物一样，也能显示激情的迹象，例如被打后哭泣或远离巨大的噪声。笛卡儿认为，这个人在第一次看到自然的动物时，会认为它们是"由自然制造的"自动机，因此比他自己制造的要精妙得多，但他决不会认为这些生物"像我们一样"有"真正的情感和真正的激情"。[118]

笛卡儿断言"野兽根本不会思考"，[119] 并斥责那些相信动物会思考的人是幼稚的、弱智的。[120] 在他最后出版的作品《论灵魂的激情》（*Les passions de l'ame*，1649 年）中，他回到了感觉在哪里发生的问题，是在灵魂中还是在身体机器中。他指出，对于发生的事情，就它发生的主体而言一般被哲学家们称为"激情"，就使它发生的东西而言被哲学家们称为"活动"。因此，活动和激情是一回事，只是"根据与之相关的主体"而有两个名称。对灵魂来说是一种"激情"，对身体来说则是一种"活动"。动物只有身体，因此没有理性，"或许"也没有思想，但动物也有同样的动物精神的水力系统。在它们身上，这个系统并不产生"人类所拥有的激情"，而仅仅产生那些"通常伴随着激情的神经和肌肉运动"。[121] 在给法国神学家纪尧姆·吉比厄的信中，笛卡儿表达了同样的观点：尽管可以在动物身上观察到与人类的想象力和情感有关的运动，但这并不意味着动物有真正的想象力和情感。它们可能只是表现出相应的动作。[122]

另一方面，笛卡儿反对人们把他的动物机器解释为无生命的和惰性的。例如，《第一哲学沉思集》的第六组反对意见的作者们把笛卡儿的观点说成是动物"既没有感觉，也没有灵魂，也没有生命"。[123] 在回应中，笛卡儿抗议说，他并没有剥夺动物的感觉或生命，事实上，他甚至愿意把一种灵魂也赋予它们："我从来没有否定过它们具有通常被称为'生命'的东西——一种物质的灵魂和有机体的感觉。"[124] 由于第六组反对意见的作者们自己否认动物中存在非物质的灵魂，他们的立场在根本上其实与笛卡儿的相同，除了笛卡儿坚持认为真正的灵魂是非物质的。

在给荷兰医生雷吉乌斯（亨利·勒罗伊）的两封信中，笛卡儿努力澄清他对动物灵魂的看法，他同意动物具有人们一般理解的完全物质形式的"灵魂"。但是，他解释说，他更愿意称之为一种"营养和感知力量"，以便把"灵魂"这个词保留给人类理性的完全非物质的来源。[125]

在 1646 年写给纽卡斯尔侯爵的信中，笛卡儿再次认为喜鹊、狗、马和猴子具有一系列"激情"——希望、恐惧、快乐。这些激情不需要思考。笛卡儿写道，动物有感觉和情感，但没有思想，这一点从动物向我们表达激情的事实中得到了明确的证明：如果它们有思想，它们肯定也会表达这些思想。[126] 几年后，在给亨利·莫尔的信中，关于否认动物有灵魂，笛卡儿坚持说，"但我想指出，我说的是思想，而不是生命或感觉，因为没有人否认动物的生命"。说动物没有灵魂只意味着它们没有理性，而"并不需要否定它们有生命"。笛卡儿解释说，动物的生命在于体温、活动、反应：心脏的热量、器官响应感觉的能力以及器官的排布。[127]

一个纯粹的物质实体——一台机器——能不能在动物的意义上是**"活的"**，有感觉、情感、想象力和激情？笛卡儿的意思是将生物体纳入物质自然的领域，作为理性思维可以完全理解的对象。因此，他让心灵非具身化，考虑把心灵从生物体中分离出去。但结果似乎是将生命和心灵从自然界中抽离出去，只留下了无生命的机器。

笛卡儿的回信人几乎都认为他的意思是，动物在本质上是没有生命的。洛克是一个罕见的例外：他认为有证据表明某些动物事实上能够进行推理，正是基于此，他拒绝接受笛卡儿的"野兽机器"假说。[128] 他回应了笛卡儿最初的意思，即动物作为机器只是缺乏理性思维的能力。但几乎所有其他人，包括笛卡儿主义者和反笛卡儿主义者，都认为笛卡儿的意思是动物没有感觉和情感。笛卡儿努力引入的可能性，即物质包含生命但不包含灵魂的可能性，在这个哲学、神学、文化和政治的重要关头（正是他努力界定的），变得事实上令人难以置信。两个激烈争论的原则挤掉了笛卡儿最初提出的有生命但无灵魂的动物机器的可能性：一个是较早的、经院哲学的原则，即物质包含多种形式的灵魂；另一个是较新的、宗教改革后的坚定立场，即物质是被动的和惰性的，物质与精神完全不同。

尼古拉·马勒伯朗士是 17 世纪 70 年代的笛卡儿主义领袖，唯理论哲学家，在他所倡导的动物自动性的版本中，动物不具备所有的感觉和情感。[129] 作家、院士贝尔纳·勒博维耶·德·丰特内勒说他曾看到和善的马勒伯朗士踢一只怀孕的狗，并坚持认为它没有感觉。[130]（据大家所说，笛卡儿对他自己的狗"格拉先生"很好，很关爱它。）[131]

这个版本的笛卡儿主义的动物图景变得臭名昭著。莱布尼茨在 1684 年宣称："在荷兰，他们现在正在大声地、酣畅地争论野兽是不是机器，人们甚至从中得到乐趣，人们称笛卡儿主义者是荒谬的，因为他们设想挨打的狗的哭声与按响的风笛声差不多。"[132] 莱布尼茨本人反对动物没有灵魂的观点，他认为这意味着动物既没有感觉也没有情感。[133] 惠更斯也是如此，他坚决反对这个版本的动物图景，他写道，动物"和我们一样喜欢身体上的快乐，让那些新哲学家随便说去吧，他们除了时钟和肉体机器之外，什么都不想要"。通过"哭泣、逃避棍棒以及其他所有的行为"，动物如此清楚地、频繁地证明了它们的情感的强烈程度，"我想知道怎么有人会赞同如此荒谬且残忍的观点"。[134]

到 17 世纪末，几乎所有人都认为笛卡儿否定了动物的感觉和情感，而且还认为这种否定是他的唯物主义生命理论的突出特点。尽管笛卡儿在早期和后期都提出了抗议，但是说动物完全是物质的就意味着否定了它们所有的感觉和情感。思考的灵魂被移走后，身体机器的生命就被抽走了。

随着笛卡儿把人的灵魂从自然界中抽离出去，古老的物质和灵魂的连续体开始从视野中消失。但笛卡儿的出发点是对这个连续体的假设，在这个充满中间形式的连续体中，动物的灵魂低于人类灵魂，但高于植物灵魂。在这个古老的连续体中，狗既不是蒲公英，也不是人类：狗作为狗占据了一个中间位置。阿尔诺说得很清楚："那些主张我们的心灵是物质的人并不因此而认为每个身体都是一个心灵。"[135]

笛卡儿采用了旧的连续谱，并使之（除了被他完全移除的人的灵魂外）成为一个彻底的物质连续体。但他仍然假定，这个物质连续体中存在着差异。毕竟，他自己既不是笛卡儿之前的人，也不是笛卡儿之后的人，而是两者都是。笛卡儿以一种既保守又革命的方式，利用经院哲学的训练和直觉来工作。他想保留经院哲学家们所描述的世界，但也想让这个世界服从于他新的、机械论的哲学方法。首先，将生物理解为机器并没有使它们成为无生命的东西。笛卡儿打算将动物理解为有生命的，同时也理解为机器。他的意思并不是说一只狗就是一台钟：狗是有生命的，而钟不是。在他所处的不稳定的过渡时期，似乎可以短暂地将生物视为现代意义上的机器**和**古代意义上的生命。

许多笛卡儿主义者努力使动物机器重新获得生命。皮埃尔·西尔万·雷吉斯是 17 世纪下半叶笛卡儿主义的忠实传播者，他努力与这个问题做斗争；对于动物生命，他提出了既正统又合理的笛卡儿主义解释。雷吉斯忠实地复述了笛卡儿将动物机器比作宫殿花园中的水力洞穴的说法。但他接下来急忙补充说，他绝不会否认动物的生命或情感。前提是，人们把动物的生命和情感仅仅理解为"血液的热量"和"感觉器官的特殊运动"，这些定义似乎很狭窄，足以无法让人反驳，但也明显不能令人满意。雷吉斯随即承认自己很同情那些"想说动物有一个不同于身体的灵魂"的人。他承认他没有办法反驳这种观点，他自己甚至倾向于赞同这种观点，只要基督教信仰不排除动物有不朽灵魂的可能性。[136]

一些人试图通过严格限制其范围来拯救这个模型。笛卡儿最初的目的是雄心勃勃的：用机械来解释除推理能力以外的生命和心灵的所有功能，通过这种方式，使生物成为完全可理解的。而后来的机械论者规定了一个非物质的动物灵魂，让它来负责生命、感觉和情感，这样就大大缩减了机械论的研究计划。然后，在粗笨机械论的意义上，身体的各个器官就可以成为"真正的机器"了。意大利数学家、生理学家乔瓦尼·博雷利在其 1680 年关于动物运动的著作的开篇处宣称，"肌肉本身是死的、惰性的机器"。他断言，每个人现在都同意，动物的运动来源于一个非物质的灵魂。[137]

博雷利认为，这种灵魂就像时钟里的悬挂重物，在此意义上，它为动物机器提供了运动的初始来源。但是，如果没有调节器，下落的重物会使时钟像陀螺一样旋转；类似地，如果没有肺部的调节机制，灵魂也会让身体"疯狂地运动"，让血液和精神"疯狂地、愚蠢地"到处流淌。[138]粗笨机械论的劳动分工在这里完全确立：活力来自非物质的灵魂，约束则来自身体机器。

佩罗在他的《动物力学》(Mécanique des animaux，1680 年)一书的开头就声明动物有情感，并且有非物质的灵魂来确保这些情感；他认为对他来说这么做是非常重要的，为此，他在该书的正式内容之前专门加了一段"告读者"。鉴于有些人已经听厌了动物是纯粹的机器这种说法，所以，为了防止他的书名可能产生的"负面影响"，佩罗在开篇就声明，"我宣布，我所理解的动物是有情感的生物，并且动物能够通过我们称之为灵魂的原则来行使生命功能"。动物身体机器需要这个灵魂来运动和引导自身，就像管风琴没有管风琴师就不能做任何事情一样（佩罗避免提及任何自动管风琴）。[139]

佩罗所援引的非物质的动物灵魂是一种约定，允许他宣布动物有感觉和情感，然后将此事直截了当地置于自然科学的领域之外。[140] 他写道，"我满足于只解释动物的身体机器"，而不去探究运动和管理它的原则。这种有限的知识是"我们在自然界中唯一被允许了解的东西"，但其价值并不因此而降低。[141] 现在他可以自由地把对感觉的讨论限制在感官和神经系统的运行机制上，佩罗解释说，为了传递感觉，感觉器官必须非常精巧，以至于最轻微的接触和最细微的外部运动都会使它们运动起来。因此，神经是由一种柔软、精细、活动的物质构成的，它充满了"精神"，可以再现外界事物的运动。[142] 而这种对世界的机械镜像如何成为一种**感觉**，该问题则不在佩罗精心限定的范围之内。

动物是机器的观点遭到了普遍反对，但托马斯·霍布斯是个例外。他自己接受了这一观点，但与笛卡儿不同的是，他把这一观点也延伸到人类身上，在他的头脑中并没有充满活力和精神的生物机器的旧模型。相反，霍布斯有明确的紧缩式的意图。他用笛卡儿的机械论、唯理论哲学论证模式反驳笛卡儿的无限制的自我概念。霍布斯承认，虽然"我是一个会思考的东西"是完全正确的，但这并不意味着"我是心灵"，就像"我是一个行走的东西"并不意味着"我是行走"。进行思考的东西仍然可以是肉体的，事实上，霍布斯认为它必须是。他推断，所有的行动都需要主体来实施；像笛卡儿一样，霍布斯也认为物质实体及其运动是仅有的理性可以理解的原因。霍布斯说，人们无法将思想与思考的物质分开，就像无法将行走与行者的身体分开一样。[143]

因此，在这个粗笨机械论的意义上讲，人的一切都是机器，也没有心灵和身体的区别。思想起源于感觉，而感觉不过是"物质的运动"：外部事物通过物质媒介压迫感觉器官的运动，以及感觉器官和身体对此进行回应的运动。[144] 思想本身只是一种身体"运动"，仅此而已。霍布斯认为"机械论"意味着有限性和约束性："机器"是有界限的东西，是有限的剧目。从人类是机器这一前提出发，霍布斯得出了明确的紧缩式的结论，例如，人类的思想不可能包含无限："没有人能够想象无限大的形象，也没有人能够想象无限的速度、无限的时间、无限的力量或无限的权力。"一个有限的物体，即大脑，怎么可能容纳任何形式的无限大呢？因此，当我们说设想无限的东西时，我们的意思只是无法设想它的限度。[145]

霍布斯把机械论作为他的工具，致力于戳穿所有源于神性的权威主张，无论是国王的、教会的，还是理性的（如笛卡儿的非物质的自我）。作为机器，人类与动物的区别就像一个设备与另一个设备的区别。霍布斯同意笛卡儿的观点，即人类因其理性能力而有别于野兽，但他认为这只是程度上的差异，而不是种类上的差异。理性是人类的显著特点之一，"荒谬的特权"也是，只有人类，特别是哲学家才能享有这种特权。霍布斯认为，也只有人类才有好奇心，"这种心灵的欲望……超过了任何肉体快感的短暂刺激"。另一方面，野兽具有想象力和审慎等人类的能力，也有食欲、厌恶、希望、恐惧、思谋的能力，甚至还有意志。[146]

人类的非无限性、受限性和物质性支持了霍布斯的想法，即可以将人们构建成集体的人。政治代表制可以把许多人变成一个人。[147] 在他的伟大政治著作《利维坦》（Leviathan）中，具有重要意义的开篇便利用了人类的物质本性和机械本性来解释，为什么国家本身是一个制造出来的人，就像任何人类个体一样由物质部分组成，两者之间有程度上的差异，但没有种类上的差异：

由于生命只是肢体的一种运动，运动起源于体内的某些主要器官，那么我们为什么不能说所有的自动机（像手表一样用发条和齿轮驱动自身的机器）都具有人造的生命呢？是否可以说心脏无非就是发条，神经只是许多细线，而关节不过是许多齿轮，这些零件如造物主所意图的那样，使整个身体得以运动呢？技艺则更进一步，模仿自然的理性作品、最为精妙绝伦的作品——人。因为叫作"国民的整体"或"国家"（在拉丁语中为CIVITAS）的庞然大物"利维坦"就是用技艺创造的，它不过是一个人造的人。[148]

霍布斯将国家作为一个人造的人的想法，以及这个想法所支持的代表制理论，使他能够同时完成两个看似不相容的任务。他摒弃了君权神授的概念：国家及其君主是人们制造的，是"人造的"东西。但是，他也用一种同等的权力——实际上是一种超越其他所有权力的、绝对的、不可分割的最高权力——取代了原有的君权。[149]霍布斯认为，当众人通过代表制构成单一的人造的人时，其结果就"不仅仅是同意或协调一致了；这是他们所有人在同一个人之中的真正统一"。一个人对自己的君主提出申诉，并不比对自己提出申诉更为合法。[150]

这是一项巨大成就：在没有神圣的超越性的情况下，奠定了绝对权力的概念基础。霍布斯的国家巨人不仅是机械的，而且还特别排除了任何非物质的灵魂、精神和思想，因此与老式的、柏拉图的、中世纪的政治实体概念分道扬镳。柏拉图和他的追随者假定心灵渗透到自然界中，从而组织了个人的生活和国家的运作。[151] 相比之下，霍布斯所描述的那种机器是新的东西：机器由其局限性所定义，其作用本身就是受限制的、死板的、粗笨的。霍布斯与他同时代的大多数人不同，他不仅接受了将动物作为机器的观点，甚至还将其延伸到人类身上；尽管如此，霍布斯和大多数人都赞同这个以有限性和缺乏精神来定义的生物机器的新模型。

耶稣会第十五届全体代表大会于 1706 年制定了一份违禁命题清单，耶稣会士们最终将动物是纯粹的自动机的说法列入其中，他们所描述的是这个观点的新版本："动物是纯粹的自动机，不具备任何知识和感觉。"[152] 到那时，动物机器的观点已经退化成讽刺家和其他玩笑者的一个随意的靶子。丰特内勒打趣说，"把一个公狗机器和一个母狗机器放在一起"，你可以得到第三个小狗机器，而两块手表可以共度一生却绝无可能生产出第三块小表。"因此，B 女士和我根据我们的哲学发现，有些东西只要有两个，就有使自己变成三个的特质，所有这样的东西都比机器高贵得多。"[153]

在 18 世纪末，博物学家乔治·布丰错误地引用了笛卡儿的侄女卡特琳·笛卡儿寄给她的朋友马德莱娜·德·斯屈代里的一段诗句，这反映了笛卡儿原始思想的蜕变。在描绘每年都会回到斯屈代里小姐窗前的黑头莺时，卡特琳·笛卡儿写道："恕我直言，我的叔叔，她有判断力。"[154] 笛卡儿小姐说得很准确：她的叔叔，至少在一开始，所否认的正是鸟具有判断力。但布丰在引用卡特琳的话时，将她的"判断力"一词替换为"情感"。[155] 对布丰同时代的人来说，情感是笛卡儿主义的动物机器最为明显缺乏的东西。

哲学家、历史学家、作家、启蒙运动元老伏尔泰在 1764 年写道："多么可怜，多么不幸啊，说野兽是被剥夺了知识和情感的机器。"他斥责说，不是因为我说话，你才判断我有情感和想法。想象一下，如果你看到我忧心忡忡地走进家门，焦急地翻找一张纸，我记得就在那张书桌上，然后找到了它并高兴地阅读它。你就会判断我有担忧和喜悦的情感，有记忆和知识。所以，请对失去主人的狗给予同样的礼貌，它到处寻找主人，发出凄厉的叫声，最后找到了主人，并表现出喜悦的心情。伏尔泰继续说，"野蛮人"抓住温顺可爱的狗，把它钉在桌子上，活生生地解剖它，发现它有"和你一样的情感器官。回答我，机械论者：自然在这只动物身上布置了所有的情感发条，是为了让它没有感觉吗？它有神经是为了无动于衷吗？"[156] 在笛卡儿最初的表述中作为解释感觉机制的一种尝试，到了伏尔泰描述它的时代，就已经变成了对动物感觉的断然否定，这是一种哲学上的荒谬，也是一种道德上和身体上的暴力。

然而，请看上述伏尔泰的故事的结局。对动物感觉的唯物主义解释已经非常成熟，以至于即使伏尔泰将"机械论的"方法与被误导的残忍联系在一起，他自己也通过援引"情感的发条"——神经——来进行同样的理解。作为动物机器含义变化的结果，动物是机器的观点已经变得既是自明的，又是荒谬的。正如英国实验主义者、神学家、反国教的牧师约瑟夫·普里斯特利所指出的那样，动物有物质的灵魂的观念至少可以追溯到柏拉图。普里斯特利说，动物是完全的物质实体，"这个观点，我相信直到最近，所有的基督教世界都是这样认为的"。但在笛卡儿的体系中，同样的想法却有着根本不同的含义。普里斯特利写道："笛卡儿的观点要异乎寻常，因为他把野兽的灵魂看成单纯的自动机，而他的追随者们一般都否认它们有任何感知。马勒伯朗士说，它们吃东西没有快感，哭泣没有痛苦，它们什么都不怕，什么都不知道。"[157]

身体机器变得毫无生气，它的生命被人的灵魂抽走了；在现代科学的核心之处，这种身体机器才刚刚开始它漫长的生涯。

第 3 章

是被动的望远镜，
还是永不停歇的时钟

在 17 世纪中后期新的机械论生命科学中，望远镜（以及更广泛的透镜仪器）和时钟都是重要的生物结构模型。这些装置本身也在经历着巨大的变化。

先看透镜仪器。伽利略于 1609 年制造了第一台天文望远镜，其基础是荷兰眼镜制造商在那不久之前的发明——一种能使远处的物体看起来更近的小望远镜。通过试验透镜焦距的不同组合，伽利略大大改进了这一装置，并用望远镜革命性地改变了同时代人对天界的看法。[1] 他也是显微镜的先驱之一；伽利略在 1623 年或 1624 年制造了一个仪器，乔瓦尼·法贝尔——伽利略的朋友、教宗的医生、梵蒂冈植物园园长——创造了"显微镜"这一术语来称呼它。[2] 到了 17 世纪六七十年代，在荷兰显微镜专家扬·斯瓦默丹、安东尼·范·列文虎克（Antoni van Leeuwenhoek）以及英国多面手罗伯特·胡克的手中，显微镜变得足够强大，揭示了前所未知的微观世界。[3] 透镜仪器牢牢吸引了人们的注意力，自 17 世纪中叶以来，它改变了几代人的思维。

再来看看钟表：17 世纪中叶的另一项重要技术进展是在计时

装置上增加了游丝。它提升了机械钟表的精度，允许在手表上增加分针甚至秒针，使精度达到足够实用的程度。1658 年，胡克首次在摆轮上添加了发条；在 17 世纪 70 年代，惠更斯主要通过使用盘簧，研制出游丝（见图 3.1）。摆轮和游丝一道构成了物理学家所说的"谐振子"：以一定的共振频率振动的物理系统，并能抵抗如摩擦等扰动力。[4]

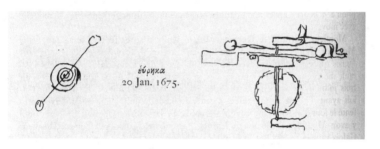

图 3.1　克里斯蒂安·惠更斯于 1675 年绘制的手表游丝，图由斯坦福大学图书馆特藏部无偿提供

　　从 17 世纪、18 世纪到 19 世纪，把眼睛比作透镜仪器一直是各种设计论最喜欢使用的例子。在每一种情况下，这个类比都确认了自然的机械完美性：一种纯粹被动的、由外部赋予的完美性。那么钟表呢？在大多数情况下，把生物比作钟表的做法也支持了设计论，即把生物界解释为被动的机器，其秩序和运动是由外部强加的。但并非总是如此。在一个例子中，时钟，特别是摆轮，是机械论本身内在的、永不停歇的、稳定的能动性的模型。

神圣的透镜仪器制造者

英国医生、辩论家威廉·科沃德在 1702 年写道:"人只不过是一个机械装置,一个奇异的钟表构架,只是一个推理机器。"对于任何可能批评这种观点的人,科沃德补充说:"我必须提醒我的对手,**人是如此奇异的机械装置,这表明只有全能的力量才能成为最初且唯一的制造者**,就是说,从**死的物质**、一块没有感觉的土之中制造出一个**推理机器**,使他活着,能够说话,能够窥探和求索天地的本质。"[5]

这是新的动物机器,它的生命被抽走了(死的物质,一块没有感觉的土),它带来了新的、现代的科学－神学(只有全能的力量才能成为最初且唯一的制造者)。我所写的"科学－神学"中间用了一个连字符,以强调它们之间的深刻联系,实际上,它们在本质上是一体的。人们习惯于将科学和神学视为不同的事业,而且历史学家传统上将它们的分离追溯到 17 世纪中叶新科学的创立,这恰好是本章所涵盖的时段。传统的说法是,在这之前,科学和神学本质上是一回事,人们用各种精神和本质、形式和灵魂来解释自然现象。依然根据传统的说法,正如 17 世纪的参与者们自己所写的那样,现代科学诞生了,笛卡儿、弗朗西斯·培根、伊萨克·牛顿等哲学家坚持认为,不能用这些神秘的性质来理解自然,而只能用物质的组分及其运动来理解它,就像理解粗笨的机器一样。然而,自然的粗笨机器模型本身就携带着强大的新神学,为什么说现代科学的起源神话只是所有故事的一个神话版本,这就是原因之一。

通过详细阐述上帝的造物——世界机器——的机械完美性,

新的、现代的科学－神学致力于证明上帝的存在。转变后的自然机器模型出现在现代科学－神学的核心之处，现在已经没有了精神和能动性，动物机器也有了新形象：粗笨的、惰性的、被动的。设计论是证明上帝存在和看待自然机器的一种截然不同的方式，与之前的任何论证都不同。诚然，自然神学——在自然中寻找上帝存在的证据——是一个古老的传统。[6] 从亚里士多德和盖伦开始，哲学家和生理学家就认为身体器官和其他自然现象展示了神的工艺。阿奎那也开创了一个经验主义传统，从自然表现出来的秩序和目的来证明上帝的存在。[7] 但是，上帝用惰性的物质组分构造世界，以及与此相关的自然作为被动的机器，这些想法都是全新的。

笛卡儿通过理性的必然性确立了上帝的存在，就像他用同样的方法确立了他自己的存在。自然神学的新传统利用了笛卡儿的世界机器，却以经验的方式来证明上帝的存在；不过笛卡儿本人在这个可能使他惊愕的新传统形成之前就去世了。让上帝的存在成为一个经验证明的问题，从笛卡儿的视角看，鉴于经验的不可靠，没有什么比这更糟糕了。笛卡儿的哲学成就非常强大，但也非常不稳定：他的生命科学沦为一门似乎把生命解释为不存在的科学，而他的超越的、逻辑上必要的上帝则坍塌为他自己的尘世装置的一个偶然特征。

亨利·莫尔是最早开创科学和神学新方法的人之一。他极为推崇眼睛。在他的《无神论解毒剂》（*An Antidote against Atheism*，1655 年）中，莫尔把眼睛作为第一个"无可否认的神意论证"。莫尔认为，对于眼睛的"**数量、位置和构造**"，"我们想不出有什么可以添加的"。把眼睛的美留给"诗人和多情的人"，莫尔转而详细地讨论了眼睛的解剖学和生理学。眼睑，"用小硬毛防御，就像**栅栏**

一样，防止苍蝇、蚊子以及同样大胆的**小动物**的攻击"[8]；"体液和被膜"[9]是透明的，这意味着光线和颜色可以进入，"不受任何内部颜色的污染和影响"；晶状体的凸面，用于聚焦进入的光线；虹膜的内表面是"黑色的，就像网球场的墙壁一样"，所以光线就会在那里被吸收，而不是向后反射到视网膜上；晶状体是悬挂着的，睫状肌可以把它向前推或向后拉；视网膜是白色的，就像一张白纸一样适合接收图像；还有六块眼肌，可以使眼睛向各个方向转动。[10]

总的来说，身体是如此巧妙地被构造而成，莫尔推断，如果我们有同样的物质可供利用，并能有同样的聪明才智，我们肯定会像上帝制造我们那样一模一样地制造自己："如果人的智慧被用来为自己设计这个器官［眼睛］，人还可能想出更精密的东西吗？"[11]罗伯特·玻意耳是莫尔的同事，虽然两人在其他问题上持对立立场，但玻意耳对这一点表示赞同。[12]玻意耳写道："就像望远镜一样，眼睛是为看东西而制造的一种仪器，这么说并不轻率。"[13]玻意耳对机械论的忠诚与他为基督教辩护的热情相匹配，他捍卫基督教免受"声名狼藉的异教徒，即无神论者、有神论者、犹太教徒和穆斯林"的攻击；[14]他经常把动物称为"活的机器"和"自动机"。[15]例如，他赞美"那些活的自动机——人的身体"，并将世界本身描述为上帝制造的"伟大自动机"。[16]

英国博物学家、神学家约翰·雷大量借用了莫尔和玻意耳的说法，在他的著作《造物中展现的神的智慧》(*The Wisdom of God Manifested in the Works of the Creation*，1692年)中提出了设计论，这部书被翻译和重印多次。他也广泛地讨论了"眼睛，一个如此人为地制造的、如此合适地安放的器官"。雷在莫尔和玻意耳的清单中补充了一些内容：晶状体的双凸面；视网膜腔，一个方便"收集瞳孔所接收的光线"的"房间";角膜的位置,它"像一座小山丘一样,耸立"在眼白之上,这是一件好事,因为否则"眼睛就不可能一眼看到整个半球"。[17]

自然神学家们特别地且越来越多地关注眼睛的调节能力:瞳孔应对光线变化的扩张和收缩能力,以及眼睛改变其折射能力以看清不同距离的物体的几种方式。耶稣会的天文学家克里斯托夫·沙伊纳在其 1619 年的论文《眼睛》中描述了视觉调节的一些方面。[18]雷描述了一个简单的实验来证明这些现象,该实验只需要一支蜡烛、一颗珠子和一个愿意配合的孩子:"在他面前摆上一支蜡烛,让他看着它,然后[你]……就会观察到他的瞳孔收缩得很厉害,以将光线阻挡在外,否则这个亮度会使他的眼睛眩晕和不舒服。"接下来,撤掉蜡烛并观察孩子的瞳孔重新扩张。当孩子看着靠近他眼睛的珠子时,他的瞳孔会发生同样的收缩,而当他从远处看珠子时,瞳孔也会发生同样的扩张。[19]

一种设计论传统在很大程度上依赖于视觉生理学,它一直延续到 18 世纪,包括苏格兰医生乔治·切恩 1705 年出版的《自然宗教的哲学原理》[20],以及英国牧师威廉·德勒姆于 1713 年出版的《自然神学》[21]。但这种论证的要点在 17 世纪末就已经存在了,后续文本包括许多从早期文本中转述或随意摘抄的内容。虽然这种粗笨机械论的、设计论的传统最初且主要是新教的,但它也有天主教的作者,特别是三个法国人,即笛卡儿主义者尼古拉·马勒伯朗士(下文将详细介绍他)、博物学家勒内·安托万·费尔绍·德·雷奥米尔,以及诺埃尔-安托万·普吕什神父——18 世纪中期流行的博物学和自然神学作品《自然奇观》(*Le spectacle de la nature*)的作者。[22]

在设计论传统中，眼睛的机制，以及它与望远镜、显微镜、暗箱（camera obscura，一种投射图像的光学装置）等透镜仪器的相似性，始终是最受欢迎的例子（见图3.2）。[23] 眼睛和透镜仪器的类比绝不是唯一的例子：每一种身体机制都提供了丰富的素材。然而，关于眼睛的讨论特别引人注目，原因是其提出者们坚持避免提及任何关于看（seeing）的感知，而仅仅局限于讨论眼睛的运动器官。

这一传统中的动物机器是没有能动性或意识的。设计论的作者们很少提到感知，即使提到了，他们也是用纯粹的粗笨机械论的术语来处理。例如，切恩惊叹道："物质的微粒被如此规定，从而可以被用来向我们展示遥远物体的**形状**、**位置**、**距离**、**运动**和**颜色**，还有什么能比这更令人惊奇的呢？"切恩赞同笛卡儿和其他许多人的观点，即光是一种"精细的流体"，光依照物理规律将世界中物体的形象传播到眼睛的表面。这是造物主的"智慧"和"技能"的证据，他如此设计事物，因为"眼睛的任何其他部位似乎都不可能同样适合"接收光的微粒。作为这种绝对适应性的例子，切恩判断视网膜的形状和位置恰到好处：他估计，如果有不同的曲率，或者到晶状体有不同的距离，那么物体便会看起来扭曲、放大或缩小。[24]

德国天文学家约翰内斯·开普勒在1604年证明了一个现象，即尽管视网膜上的图像倒置了，人们还是能感知到物体正面朝上；[25]不过这一事实似乎并没有令切恩感到困扰，他仍然假设感知与投影是相同的。雷确实研究了视网膜图像颠倒的问题，但对于这为什么没有在感知中引起颠倒，他归结为物质的原因：神经传达所接触物体的情况和位置的能力。雷通过引用一个常见的触觉幻觉证明了这种能力。交叉你的食指和中指，并接触一个圆形的物体（例如你的

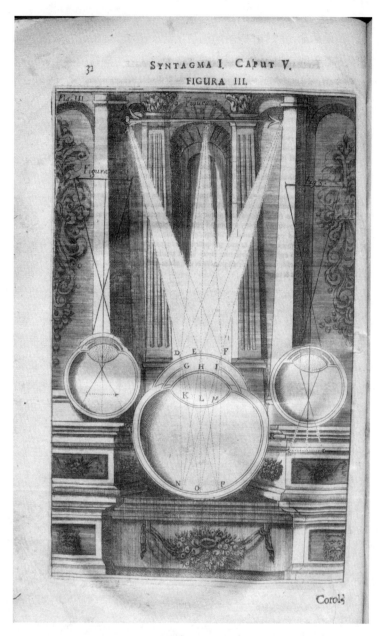

图 3.2　眼睛作为暗箱的示意图，出自约翰·察恩（Johann Zahn）的《眼睛造物》（*Oculus artificialis*，1685—1686 年），由斯坦福大学图书馆特藏部无偿提供。摄影：安德鲁·舒帕尼茨

鼻尖，如果你是独自一人或不在乎旁人的看法，请随意尝试）。根据你的手指的感觉，你会觉得你正在触摸两个不同的物体。

雷对这一错误的解释是，当手指交叉时，圆形物体与神经的**外缘**相接触，而这些神经外缘通常是相互远离的，所以"对灵魂来说，意味着物体也同样是分开的和远离的，两个手指则位于它们之间。尽管我们的理智在视觉的帮助下纠正了这一错误，但我们却不得不感觉它仍是如此"。[26] 在这里以及其他地方，雷认为感知就是神经液对大脑一般感觉官能所在位置的字面意义上的冲击。[27]

对感知的一贯漠视从一开始就纳入了设计论的传统之中。毕竟，如果考虑到望远镜并不能看见东西的话，那么眼睛和望远镜是完全不同的。人们可能会认为这有天壤之别。生物能看见是一个难以捉摸的神秘事实，但是，设计论的作者们小心翼翼地避免在这个事实中寻找上帝存在的证据。神秘的东西不是他们想要的证据，相反，他们寻求物质的证据。他们引用了自然的物理复杂性和各个部件的衔接。当然，莫尔认为，物质的如此安排不可能是偶然发生的，"因为甚至我们的全部肉体，竟被如此漂亮地设计成不同的部分，能够彼此独立地运动，这难道不是一个奇迹吗？"[28]

莫尔传统和玻意耳传统的自然神学家们正在寻找神学确定性的新来源，事实上，这是一**种**新的神学确定性。这种新的神学确定性意味着它要来自关于物质证据的经验论证。被动机械论的造物世界是这些新论点及其新确定性的领域。[29] 简而言之，新的机械论是新的神学计划的核心，而相互地，新神学计划也影响了新机械论的发展，并将新机械论推向最为还原的极端。世界成为一个完全被动的机器，它的工作是表明一个神圣设计师的存在，他的全能是由他对能动性的垄断所保证的。经典机械论首先是神学机械论。

机械论科学和神学的这种新结合使设计论的作者们得到了一个重要的思想成果，即生理适应性或适合度的概念。这个概念认为生物被如此构造是为了适合其特定的任务和环境，而且这个概念也是一种方法论原则，即人们必须依照这种适合来理解生物的结构。生理适合度概念在自然神学的设计论传统中得到了最为重要的发展。[30] 如果上帝是一位工程师，那么他的机器必须是完美设计的：手段完美地适应目的，结构完美地适合功能。

玻意耳写道，因此眼睛"（再次挑出该器官作为例子）几乎不适合身体中的任何其他用途，而是**如此**精巧地适用于观看，而且这种用途对动物的幸福是**如此**必要，**以至于**我们有充分的理由怀疑，是否有思虑周全的人会真的认为，眼睛不是注定用于这种用途的"[31]。雷也赞同："为了这个用途和目的，即在这个可见的世界中，告诉我们周围有什么，我们会发现眼睛的这种结构和机制以及它的每一个部分，都是如此**适合和适应**，以至于一点细节都不能增加。"[32]

玻意耳将这一论点推广到人体结构之外，并为适合度概念增加了一个新的维度：对特定环境的适合。他在生活于各种环境的不同动物的身体结构中，寻找适合和适应各种环境的例子。例如，青蛙在水中移动时，需要瞬膜来保护它们的眼睛不受莎草和其他植物的影响，而鸟类则需要瞬膜来保护眼睛不受树枝和树叶的影响。苍蝇不能转动眼睛，但补偿以"许多小的突起部分，它们细密地排列在苍蝇大而突出的眼睛的凸面上"，使苍蝇能够同时观察许多方向。食草动物除了与人类共有的六条眼肌外，还有第七条眼肌，这让它们能够长时间向下看而不感到疲倦。这些动物也有横向的瞳孔，这让它们具有宽广的视野以观察地面，它们正是从地面上采集食物的。相比之下，猫的竖瞳让猫具有垂直的视野，使之能够瞥见正在攀爬的猎物。鼹鼠的眼睛很小，因为它们生活在地下，不需要看太多东西。变色龙可以相互独立地转动两只眼睛，以便更好地捕捉从多个方向飞来的苍蝇。鱼的晶状体有较大的曲率，以适应光线在水中的不同折射。[33]

生理适合度似乎是衡量一个神圣工程师的恰当标准。然而，从物质世界的物理机制中证明独一的、全能的、完美的上帝的存在，这个方案有若干内在的困难。

第一个困难是，这些机制有很多，而且多种多样。然而，现代早期的自然神学家们假定人体是最完美的。那么，为什么全能的自然创造者会偏离这一计划呢？根据这种逻辑，玻意耳指出，"我们可以认为他一定不会制造动物，而是制造人"[34]。玻意耳的回答为适合度概念增加了另一个新的复杂层次。由于动物的结构需要使动物适应其特定的环境，玻意耳认为，就适合度而言，我们不能抽象地判断完美或不完美："眼睛不能被抽象地理解为视觉工具，而应理解为属于这种或那种动物的工具，并且动物们通常会在这样或那样的情况下使用它。"[35]

此外，不仅环境不同，任何特定的结构都有诸多方面。所以，对适合度的衡量不仅必须依据所在环境，而且必须同时参照数个标准。玻意耳观察到，"一个有机器官中的不同东西可能都是有用的"，例如，眼睑在视觉中没有作用，但它能保护眼睛。根据这一原则，玻意耳列举了在人体中发现的四种不同的效用：解剖学的、化学的、机械的和光学的（在眼睛中）。[36]换句话说，工程的完美，甚至神圣的完美，是一种多种多样的、与环境相关的特质。

读者会想到另一个问题：眼睛不仅是多种多样的，也是明显不完美的。除了上文提到的视网膜上图像的颠倒（自然神学家们似乎并没有把它当作一种不完美），还有色像差的问题：由于晶状体不能把所有的颜色都聚焦到同一个汇聚点而产生的失真。在整个17世纪，包括惠更斯和牛顿在内的人都在努力解决人造镜头的这个问题。困难在于，纠正这个问题会带来其他类型的像差。[37]

还有一个令人震惊的发现——视网膜盲点。埃德姆·马里奥特——第戎一座修道院的院长、自然哲学家、法兰西皇家科学院的早期成员——在 1660 年发现了视网膜盲点。有一个奇怪的解剖学事实，即视神经与视网膜的连接处并不在视网膜的中心，而是"在更高的位置，靠近鼻子的那一侧"，他试图检测这一事实的影响。为了研究这种丑的、不对称的安排的后果，马里奥特将两个纸环固定在墙上，相距约 61 厘米。他站在最左侧的那个纸环前，闭上左眼，用右眼盯着它，然后向后退远离墙。在距离墙 3 米远的地方，马里奥特有了一个惊人的发现："第二个纸环完全消失了。"而此时他仍然可以看到第二个纸环右边的物体，这排除了角度过于倾斜的可能性；此外，他通过最小限度地移动眼睛的方位，可以使纸环重新出现。他还用左眼重复了这个实验，并使用了不同的纸片排列。这样一来，马里奥特便得出了一个重要的结论：在视神经与视网膜的连接点上，眼睛是盲的。[38]

没有关系：自然神学家就像感知灵魂颠倒视网膜图像那样，灵活地把视网膜盲点颠倒了过来。他们发现，两个不完美组成了一个完美。眼睛的结构似乎很随意，明显缺乏对称性，视神经与视网膜的连接处偏离中心是一个令人不快的安排。但盲点为此提供了一个理由，马里奥特在发现盲点时就在研究这个问题。雷观察到，视神经"不在眼睛的正后方，而是偏向一侧"，这被证明是一件非常好的事情，不然盲点就会在我们视野的正中央。[39] 切恩补充说，视神经偏离中心的安排意味着一只眼睛看不到的东西，另一只眼睛却能看到。[40]

结构的完美具有了新的意义。设计论传统中的粗笨机械论只不过是一些运动部件的组合，其在结构上必须是完美的。粗笨机械论还可能有什么其他优点吗？否则如何能显示出一个完美的设计师呢？因此，这一传统的自然神学家启动了一项生理学计划，也是一项神学计划：识别并尽可能详细地描述结构对功能的适合。适合度取代了动物机器中的感知和能动性。如果动物的行为似乎显示出理解力，那是因为"上帝制造它们是为了保护它们，所以上帝以机械的方式制造了它们的身体，以避免任何可能伤害它们的东西"。[41]新科学的动物机器在其被动性中是完美的，在其完美中是被动的。

永不停歇的时钟

然而，有一些人反对这种被动性，他们努力将物质、感觉和意志结合在一起：继续保持让机器不仅是有生命的，而且还是主动的、栩栩如生的。因此，当这些持反对意见的人谈论"动物机器"时，他们的想法是截然不同的。我们已经看到威廉·哈维把心脏比作泵或其他类型的水力机器，他也引用自动机来描述动物的生成过程。在观察鸡胚的发育时，哈维注意到许多事情都是按照一定的顺序发生的，"就像我们在自动机中看到一个轮子带动另一个轮子，以及其他机械部件一样"。但是，哈维写道，采用亚里士多德的观点，这种机器的各个部件的运动并不是"位置变化"意义上的运动，即并不像钟表匠拧紧发条使时钟的齿轮运动起来那样互相推动。相反，这些部件保持在原位，但在性质上发生了变化，如"硬度、柔软度、颜色等"。[42] 这是一种由**变化的**部件所构成的机器。

这是哈维经常提到的想法。他推测，动物就像是其部件永远在变化的自动机：随着冷热、想象、感觉和想法的变化而膨胀、收缩。[43] 这些变化是一连串相互关联的发展，而且是以某种方式、同时发生的。同样，哈维在谈到心脏时写道，心耳和心室的连续动作就像是"在一台机器中，虽然一个轮子带动了另一个轮子，但所有的轮子似乎都在同时运动"。[44] 齿轮机制代表了运动的集群，这些运动看上去既是相继的又是同步的，是互为因果的聚合。[45]

正如哈维所描述的那样，生命本身的第一次出现，似乎既是一下子发生的，又是一连串的事件。哈维写道，他看到雏鸡先是像"一团小云"，然后，"在这团小云的中间"，心脏出现了，是一个很小的血点，就像针尖一样，小到在收缩过程中完全消失，然后又重新出现，"所以，可以说是在可见与不可见之间，存在与不存在之间，心脏通过其脉搏以一定的方式表现了生命的开始"。[46] 在一团正在聚集的云中，在存在与不存在之间有一个几乎无法察觉的运动：生命的起源。这团云状脉搏有一个决定性的特征，即生命的开始：原因和结果同时发生，一起发生。哈维引用钟表和火枪机制作为这一特征的模型。

鸡胚激发了另一位仔细的观察者思考相互作用的机器。意大利医生、生理学家马尔切洛·马尔比基也在胚胎发育过程中看到了微小的、有机的机器在工作，并将胚胎的发育描述为一连串小机构的相互引发。[47] 马尔比基建议解剖学家从他们所能看到的较大和较简单的自然机器进行类推，以理解看不见的最微小和最复杂的机器。[48]当他称这个过程为机械过程时,他的意思是,这是一种受规则支配的物质部件的展开过程,每一个部件引起下一个部件依次展开。

在关于胚胎发育的讨论中,马尔比基的观察结果被一个新学派采纳:他们认为胚胎是一个很小的微缩体,即预先存在于卵子中的成体的微缩模型,因此胚胎发育所采取的方式是简单的增大,而不是各部分的出现。这一观点的支持者包括斯瓦默丹和列文虎克(包括列文虎克在内的一些人将预先存在的胚胎置于精子而不是卵子中),这一观点在18世纪被称为"预成论"。同时,预成论者着手驳斥的观点,即哈维关于胚胎一部分一部分地逐渐形成的想法,后来被称为"渐成论",哈维本人就是用这个词来描述发育过程。渐成论也有其他支持者,包括笛卡儿和博雷利。[49]

虽然笛卡儿本人是渐成论者,但从17世纪70年代开始,他的许多主要追随者都是预成论者,包括克洛德·佩罗和尼古拉·马勒伯朗士。预成论很容易变成设计论的一个版本,将机械论的解释与神圣的原因牢牢结合在一起,克服了笛卡儿最初的生命机器理论中关键性的模糊之处。佩罗和马勒伯朗士这一代笛卡儿主义者决定性地将笛卡儿的动物机器重新定义为无生命的和惰性的,佩罗将动物的生命和感觉归于一个非物质的灵魂,而马勒伯朗士坚持认为,动物缺乏灵魂,完全没有知觉或感觉。

尽管对动物能力的评价截然相反,佩罗和马勒伯朗士都同意身体机器本身在本质上是无生命的:生命的唯一直接原因和终极原因都是上帝,心灵也是如此。同样地,在他们的预成论版本中,生殖的微小机器指向了它的神圣来源。马勒伯朗士在这方面补充了一个重要的改进:预成的胚胎本身包含一个预成的胚胎,而这个胚胎又包含另一个胚胎，以此类推，像俄罗斯套娃一样嵌套，一直回溯到创世之初。（马勒伯朗士还在其他地方重述了钟表匠论证。）[50]

与此相反，笛卡儿所描述的有性生殖过程始于"两种（生殖）液体的复杂混合"。每种液体都是另一种液体的"发酵剂"，相互加热，使"它们的某些微粒获得像火一样的扰动，膨胀，挤压其他微粒，并通过这种方式把它们一点点地排列起来，从而形成特定的生物"。[51]笛卡儿的解释完全没有表明一个原初的、神圣的来源，他把创造生命的全部能动性归于液体本身及其主动的微粒的热量和扰动。同时，博雷利把胚胎发育描述为一种形成于卵子中的"自动机或时钟"，受精子发出的类似磁力的力量的作用而形成。这个装置甚至包含了它自己的"运动机能"，由空气微粒启动，在血液和身体的其他液体中充当"振荡机器"。[52]

渐成论解释给出的生殖的原因内在于动物机器本身。主动的生命机器包含了使自身运动的力量和原因，就像哈维的齿轮机制的类比一样，是互为因果的聚合。另一方面，马勒伯朗士和佩罗等笛卡儿主义者提出的预成论版本代表了新的、被动机械论的科学，在这种科学中，任何对原因的识别都会迅速地从自然机器中转移到其神圣工程师那里。这种观点将在17世纪后期与设计论一起成为主流。[53]

除了齿轮机制和火枪外，哈维还引用了动物身体和教堂管风琴之间的类比，这个类比在17世纪末将变得很常见，我们已经看到笛卡儿及其追随者引用了它。哈维暗示，肌肉的运作就像"演奏管风琴、维金纳琴"一样。在詹姆士一世时期，英国教堂恢复了管风琴在礼拜仪式中的使用，因此管风琴再次成为景观的特征之一，并可作为生命系统模型的一个来源。对哈维来说，管风琴的含义更接近其在古代和中世纪的动物机器传统中的含义，而不是它后来具有的意义——机械部件的一系列精心设计的复杂运动。哈维写道，肌肉通过"和声和节奏"执行动作，是一种"无声的音乐"。他说，心灵是"唱诗班的控制者"，"心灵使弥撒运动起来"。[54]

哈维使用人工机制的方式很特殊，所以，我们很难像历史学家喜欢做的那样，把他归类为"机械论者"或其他什么，[55]困难在于"机械论"以及相关术语的含义在很大程度上是变化的。1616年4月，哈维在伦敦医学院演讲时，告诉他的解剖学和外科学的学生，解剖学是"哲学的、医学的和机械的"。[56]但他的意思是什么，他的学生又是如何理解"机械的"？

在某种程度上，他可能是指在解释生理现象时，没有必要援引天上的或所谓天界的实体，因为世上的元素在发挥作用时似乎超越了自身的限制。"气和水、风和海洋"可以"把海军带到印度或者让他们环行这个地球"。地界的元素也可以"研磨，烘烤，挖掘，抽水，锯开木材，保留火种，支持一些东西而击垮其他东西"。火可以烹饪、加热、软化、硬化、熔化、升华、转化、启动以及锻造铁。指南针指向北方，时钟显示时间，所有这些都只不过是通过普通的元素来实现的，每一种元素"在起作用时，都超越了它自己应有的能力"。[57]这种形式的机械论不是还原式的，而是还原式机械论的真正反面：机械部件上升，获得了新的力量，可以想象，其中包括产生生命的力量。

类似地，哈维在其他地方将"机械"定义为"克服事物的事物，自然被它所克服"。他举了个例子是，本身"没有什么运动能力"的东西却能移动很大的重量，如滑轮。以这种方式理解的机械，可以包括那些克服了自然常规进程的自然现象，而不仅仅是人工现象。哈维再次提到了肌肉。当他说肌肉"**机械地**"工作时，在这种情况下，他的意思是肌肉像滑轮等人工装置一样，克服了自然的常规进程，移动了巨大的重量，但本身并不重。[58]

与此相关的是，正如哈维本人所强调的，运动是一个具有不同含义的术语。他注意到许多不同种类的局部运动：夜间开花的树的运动与向阳植物的运动，由磁铁引起的运动与由摩擦过的煤精引起的运动。[59] 在可能是关于运动生理学论文的一些笔记中，他记下了所想到的任何形式的局部运动，如可能是蠕动的、有着确切形状的"大便，它们是逐渐排出的而不是喷出的"。他还发现，一种受控的增加作为一种独特的运动形式，就像"在一种情感状态下，在理智的许可下，向前走，向上爬"。[60]

哈维利用另一种形式的因果运动来分析生命产生中的另一个关键之谜：一旦精子不再与卵子接触，那么精子如何作用于卵子？就像明显同时发生的有因果关系的事件一样，这个困惑似乎给适当的"机械的"解剖学带来了难题。哈维援引亚里士多德的观点，提出胚胎产生于一种传染，即精子将"一种充满活力的病毒"传染给卵子。[61] 但哈维想知道，在最初的接触瞬间之后，一旦传染的元素消失并变成"一个不存在的东西"，这个过程将如何继续？"我问道，一个不存在的东西是如何起作用的？"不再存在的东西如何能够继续作用于物质实体？这个过程似乎也涉及一种超距作用："在双方没有接触的情况下，一个事物如何塑造另一个与之相似的事物？"[62]

亚里士多德曾用"自动木偶"来专门解释这个看似神秘的问题。他推测，受孕时的最初接触引发了一系列关联的运动，构成了胚胎的发育。[63] 正如哈维所解读的那样，根据这个模型，精子"通过运动"形成胎儿，这种运动是由某种自动机制传递的。哈维拒绝了这一解释以及一大堆其他传统的类比解释：比作钟表、比作由君主授权管理的王国，以及比作用于制作工艺品的工具。他认为，所有这些都不足以提供解释。[64]

取而代之的是，哈维提出了一个不同的类比：子宫和大脑之间的类比。他注意到，这两者在结构上惊人地相似（见图3.3），机械的解剖学应该将结构与生理功能联系起来。哈维推断："只要存在相同的结构"，就一定会有"相同的功能被植入"。[65]子宫在准备受孕时，与大脑的"脑室"非常相似，而且两者的功能都被称为"孕育"（conception）。那么，也许这些在本质上是同一种过程。[66]

哈维教导他的解剖学和外科学的学生说，大脑是一种车间，是一个"制造厂"。[67]大脑通过把非物质的观念或形式赋予物质来生产工艺品。也许就像通过一种能够把观念或形式赋予肉体的"造型艺术"那样，子宫也以同样的方式生产胚胎。胚胎的形式存在于母体的子宫中，就像房子的形式存在于建造者的大脑中。这将解决下列明显的问题：超距作用以及不存在的东西作用于物质实体。受精的瞬间赋予子宫以孕育胚胎的能力，就像教育赋予大脑以孕育思想的能力一样。精子消失后，便不再需要起作用：子宫本身接管了塑造胚胎的任务。[68]

子宫的功能类似于大脑，它就像大脑构思观念一样主动地塑造胚胎；对哈维来说，这种观点不仅是在"机械的"范围内，还是一个能够在事实上拯救机械论的模型——它不再需要超距作用。

哈维将有目的的行动——子宫主动塑造胚胎——纳入生命机制，与此相一致的是，他不喜欢设计论，设计论将所有的秩序归结为一个外部工程师的理性预见。然而，这并没有阻止玻意耳试图将

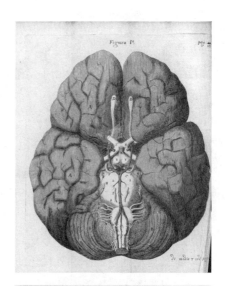

图 3.3　克里斯托弗·雷恩（Christopher Wren）绘制的大脑，出自托马斯·威利斯（Thomas Willis）的《脑解剖学》（*Cerebri Anatome*，1664 年），以及安东尼·范·列文虎克画的狗的子宫图（1685 年）。两幅图均由斯坦福大学图书馆特藏部无偿提供

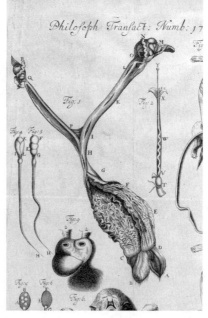

哈维描绘为一个设计论的自然神学家。"我记得,当我问我们著名的哈维",玻意耳回忆说,是什么促使他想到了血液循环时,"他回答我,当时他注意到身体许多部位的静脉瓣是这样安放的,它们让血液自由地流向心脏,但阻止静脉血的反向流动"——这就保证了血液在体内的单向循环——"这促使他想象,像自然这样有先见之明的存在,是不会毫无设计地安放这么多瓣膜的"。[69]

然而,哈维本人坚持认为,自然不是通过设计、技能、预见或理性来运作的,而是通过先天的"天赋或倾向"来运作的。人类通过智力和技艺来创造事物,但自然现象是通过"先天的"能动性来运作的。因此,那些将"一切归于技艺或技巧"的人,只是"对自然或自然事物漠不关心的评判者"。[70]

英国内战期间,在牛津避难的哈维曾短暂地居住在默顿街,在那里他与一位年轻的医生、解剖学家托马斯·威利斯成为邻居,威利斯是大脑和神经系统的早期绘图师。与哈维一样,威利斯也抵制新的粗笨机械论的核心原则。他认为笛卡儿的意思是,动物作为完全的物质存在,仅仅是"被动的":只有在被"其他物体"启动,"触碰灵魂的某些部分"时,它们才会运动,因此它们的行动只不过是"受造的机器的运动"。[71]威利斯不喜欢这种动物机器观点的被动性。毕竟,为什么物质必须不能具有能动性和感知呢?上帝肯定可以赋予物质这些能力。因此,威利斯描述了一个"自我运动的"动物机器,它具有一个完全物质的灵魂,这种灵魂也为野兽和人类所共有。他认为,这个物质灵魂负责生命、感觉和运动。[72]

因此,与笛卡儿一样,威利斯对动物的解释也是严格唯物主义的,但在威利斯看来,动物的物质灵魂也是"有认知的和主动的"。在世上跌跌撞撞的日常之中,它会遭遇"种种意外",动物的物质灵魂甚至能够通过这种意外来学习。通过这些意外事件，灵魂获得了新的知识和技能，它应对复杂问题的能力相应地增长了。威利斯把肉体的"肢体"和"器官"归于他这个有认知的、主动的、可教育的但完全物质的灵魂。他特别指出了两个部分，一个是血液中维持生命所必需的成分，一个是动物精神中的感知成分，它们在大脑和神经的"管道以及其他机器"中流动。[73]

威利斯所描述的动物灵魂是身体的一部分，由相同的物质微粒组成，不过，是由其中最上等的那些：最"精妙的和高度活跃的"。这些"最灵活和最有灵性的微粒"在动物身体的形成中发挥了首要作用。它们聚集在一起，形成动态的堆积物，推挤、搅拌并引导其他更粗大的微粒进入适当的位置。[74]

人工机械为威利斯提供了大量模型，他的动物机器是充满活力的、有感知的、主动的，这种想法正是基于这些模型。他超越了钟表匠的轮子和齿轮的组合，毕竟这些只是人类制造的越来越多的装置中的一个狭窄领域。威利斯指出，"机械的事物"需要"积极的"成分：火、气和光。任何铁匠、化学家、玻璃制造商、镜片研磨师或仪器制造者都可以轻易地证明确实如此。类似地，那位"伟大的工匠"在创造动物机器时，用物质中最活跃和最积极的微粒制造了生物的灵魂。

这些微粒在身体中的运动就像空气在气动机器中的流动一样：在动物机器中奔流，活跃的微粒产生了感觉和运动。[75]与哈维一样，威利斯也想到了教会的管风琴：事实上，他绘制的躯干神经与管风琴的对称几何形状之间具有显著的相似性（见图3.4）。当威利斯观察自动管风琴时，他的确看到了约束，但不是被动性。如果说人的灵魂就像乐手在乐器上演奏任何他喜欢的曲目，那么动物的灵魂就

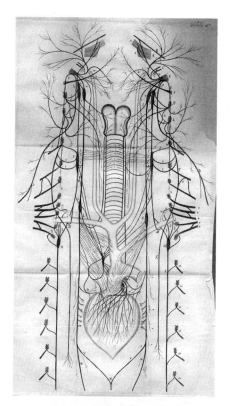

图 3.4 躯干的神经，出自托马斯·威利斯的《关于野兽灵魂的两篇谈话》（*Two Discourses concerning the Souls of Brutes*，1683 年），由斯坦福大学图书馆特藏部无偿提供，以及剑桥大学国王学院的管风琴，由休·泰勒（Hugh Taylor）无偿提供

更像自动水风琴：它只能演奏有限的曲目，但仍"为了它自己所需要的目的，进行许多方面的系列行动"。[76]

人工机制不仅为能动性提供了模型，而且也为不确定的、多变的和积极反应的活动提供了模型。例如，巴黎医学院的成员纪尧姆·拉米（Guillaume Lamy）[77] 对感知灵魂进行了严格机械论的解释，其中，他以风向标为例，来说明一个机械如何能像年轻人的激情那样表现得不可预测。它们会像教堂塔楼上的公鸡风向标一样，随着盛行的风向而转动和移动。[78]

新哲学的机械论的建立另有一条不同的路径，谁在这条路径上走得最远？这个人或许是德国哲学家、神学家、数学家、逻辑学家、历史学家和诗人戈特弗里德·威廉·莱布尼茨（见图 3.5）。[79] 就像当时其他所有人一样，莱布尼茨把动物和人类的身体等同于自动机。[80] 但他的意思与当时迅速成为主流的意思极为不同。17 世纪共用的关键词——"机械""钟表"——掩盖了意见上的根本分歧。在莱布尼茨看来，无论动物还是机器，其实都不是被动的或粗笨的。与许多人一样，莱布尼茨也拒绝笛卡儿关于动物缺乏灵魂的说法。但在他看来，这是对笛卡儿主义物理学更普遍的反驳的一部分：对莱布尼茨来说，没有什么东西真正缺乏灵魂。

可以肯定的是，任何一种粗笨的机器，无论多么精妙，其本身都无法解释感知。但它也不能解释自然中的任何一种行动或运动。[81] 在莱布尼茨看来，笛卡儿的钟表机制，即使作为对钟表的解释也是不可信的，更不用说对一只狗了。仅仅**"有广延的质量"**是远远不够的。机械需要更多的东西：力。莱布尼茨把力称为一种**"形而上的"**东西，这意味着它本身不是一个物质实体，而是所有

图 3.5　戈特弗里德·威廉·莱布尼茨的肖像，根据伯恩哈德·弗兰克（Bernhard Francke）的画作（1729 年）绘制。柏林普鲁士文化遗产图像档案馆／柏林国家博物馆，版画陈列室／纽约艺术资源馆

物质事件的根本原则。没有这样一个形而上的原则，自然是无法理解的。他认为，没有精神或力的物质便无法解释任何事物，甚至连无生命的机器也无法解释。[82]

在 17 世纪八九十年代的所谓"**活力**"（vis viva）之争中，莱布尼茨详细阐述了他的想法，活力或"生命力"（living force）存在于所有机械现象之中。他为一种活力守恒的观点辩护，这里的活力是质量与速度的平方的乘积，在数学上相当于后来的动能概念；莱布尼茨反对那些支持笛卡儿运动守恒原理的笛卡儿主义者，笛卡儿这里所说的"运动"相当于后来的动量概念，即质量与速度的乘积。[83] 莱布尼茨认为，运动"并不是完全真实的东西"，因为它仅仅在于物体之间的关系；而力，一种"起作用的力量"，则是"真实的东西"，属于某个物体本身。[84] 此外，他说，从来没有人解释过力；[85] 而且，他反对他当时所看到的趋势，即反而"**从机器中**召唤上帝，把所有行动的力量从事物中抽离出去"。这是一个以上帝为操纵者的牵线木偶机制，"当一个人想要并试图移动他的手臂时，上帝就会为他移动手臂"，这种想法如此荒谬，"应该告诫这些作者，他们依赖的是一个错误的原则"。[86]

另一方面，莱布尼茨也不赞成诉诸"元气"（Archaeus），这个术语曾被中世纪和文艺复兴早期的炼金术士使用，如 15 世纪的德国炼金术士帕拉塞尔苏斯，元气指的是源自星界的维持生命所必需的精神。莱布尼茨称这一想法"不可理解"："好像并非自然的一切事物都可以被机械地解释。"他判断，最大的错误是认为机械论的科学必须消除非物质的东西，而事实上机械论的科学需要非物质的东西。[87] 莱布尼茨所追求的是第三条道路：既不是牵线木偶机制，也不是（他认为的）炼金术对机械论的放弃，而是对自然的完全机械论的解释，其中包括非物质的"主动力量"。[88]

这些原则并不是完全抽象的，而是构成了物理学和工程学的另一种方法。莱布尼茨的活力概念影响了一个物理学和工程学的传统，该传统发展自 18 世纪，并持续至 19 世纪。1740 年，埃米莉·迪·夏特莱——法国侯爵夫人、数学家、哲学家、伏尔泰的情人——利用莱布尼茨的生命力概念，提出了牛顿物理学的修订版本。作为牛顿《原理》(*Principia*)的法文译者，以及少数能够阅读和理解该书的精英之一，夏特莱侯爵夫人在18世纪物理学的传播和发展方面发挥了重要作用，而她将莱布尼茨提出的生命力视为对物理学的救赎。

她写道，笛卡儿和牛顿都曾试图描述宇宙中一种能够保持恒定和不朽的力，但都失败了。如果像笛卡儿主义者和牛顿主义者那样，将力等同于运动物体的运动，并与其速度成正比，那么就无法避免一个可怕的结论，即宇宙正在逐渐变慢，失去力，需要在未来的某一天被再次启动。但如果认为运动物体中的"生命力"与其速度的平方成正比，那么问题就解决了。在这种情况下，人们会立即看到，这种力"是真实的东西，像物质一样持久"，它将"保持恒定"并永不消亡。[89]

莱布尼茨的主动机械论[90]，以及夏特莱侯爵夫人所提倡的对力和运动的理解，并不是空洞的推想，而有着重大的科学和实践成果。物理学和工程学的莱布尼茨传统还包括拉扎尔·卡诺和萨迪·卡诺、加斯帕尔·蒙日、让－维克多·彭赛利和约翰·斯米顿等人，他们的工作在19世纪中叶达到顶点，体现在唯能论物理学的发展以及能量和功的概念之中。[91]

对莱布尼茨和追随者来说，粗笨机械论的局限性似乎十分明显。例如，据莱布尼茨所言，玻意耳在提出将自然视为机器的观点时，没有区分终极原因和直接原因。玻意耳和其他设计论自然神学家把感知和能动性放逐到完全外在于世界机器的某个位置，这在莱布尼茨看来似乎是一种闪烁其词的表达，是拒绝接受显而易见的事实：如果没有形而上的力的驱动，机器永远不可能工作。[92]在物质事件中，人们处处都能发现在内部起作用的主动的能动性："沿着绳索前进的火焰或在管道中流动的液体"。在"对力学定律和物质本性的最后分析"中，莱布尼茨反复论证道，我们最终必须诉诸"主动的不可分割的原则"。[93] 在他的世界机器中，感知和能动性并没有被放逐，而是在机器的部件之中活跃着。

在巴黎逗留 4 年之后，莱布尼茨于 1676 年返回家乡，路途中曾在荷兰停留。在那里，他遇到了一个有争议的人物，即被逐出教会的犹太思想家、镜片研磨师贝内迪克特·斯宾诺莎；斯宾诺莎 20 年前被逐出阿姆斯特丹，此时正在海牙过着流亡生活。斯宾诺莎的健康状况长期不佳，1677 年便去世了，年仅 44 岁。他从未离开过荷兰。但他与伦敦皇家学会的秘书亨利·奥尔登堡保持了热情而广泛的通信，并通过他了解自然哲学中的对话情况，特别是罗伯特·玻意耳的工作。相应地，斯宾诺莎对自然、物质和机械论的激进理解（他正因此被逐出阿姆斯特丹）在 17 世纪后期和 18 世纪成为辩论的支点。莱布尼茨在与斯宾诺莎见面之前，已经与他通信数年，并阅读过他的一些作品。[94]

在访问海牙期间，莱布尼茨与斯宾诺莎进行了几次长谈。他后来在给巴黎的朋友让·加卢瓦修士的信中描述了这些谈话："斯宾诺莎在今年冬天去世了。我在路过荷兰时见到了他，我和他谈了几次，谈了很长时间。他有一个奇怪的形而上学，充满了矛盾。"[95] 然而，这种奇怪的、矛盾的形而上学标志着莱布尼茨自己的思想。斯宾诺莎独特的自然主义给他留下了特别深刻的印象：斯宾诺莎认为在自然之外没有任何东西存在或运作，没有上帝，没有灵魂，也没有任何精神实体或力量。相反，这些都是自然。

斯宾诺莎坚持不可将上帝从自然中分离出来，认为就自然现象而言，不可能有好或坏的外部标准。自然就是这样。针对玻意耳和其他粗笨机械论者的设计论，斯宾诺莎写道，在自然现象中，不可能存在有缺陷的或卓越的设计，没有完美或不完美，也没有好或坏。这些都需要外部标准，但不可能有这种东西。自然没有目标；它的"行动没有目的"，因为它怎么可能具有目的？目标与实现目标的手段是分开的，而斯宾诺莎的自然是无所不包的。因此，"永恒和无限的存在，我们称之为上帝或自然"，仅仅存在着。[96]

人的思想及其"无限的思维能力"也不像笛卡儿所讲授的那样是独立的，而是永恒的、包罗万象的自然的一个必要组成部分。为了解释人的思想与自然的统一性，斯宾诺莎援引了一种普遍的持存和生长的努力（conatus）。他判断，自然的所有有限的事物，从一块抛出的石头的运动到一个有意识的心灵的抱负，都有一种为了持存下去的明确努力。[97] 在斯宾诺莎的无所不包的自然界中，这就是那种内在力量，是运动的来源。他和其他同时代的人，包括莱布尼茨，从古典和中世纪的运动理论中借用了"conatus"这个术语，并用它来描述自然实体的坚持、发展和扩张的趋势。[98] 为了描述自然内在的、全面的活动，斯宾诺莎还区分了"*Natura naturans*"（nature naturing）与"*Natura naturata*"（nature natured），前者是主动孕育自己的自然，后者则是作为外在的神的被动产物的自然。[99]

根据莱布尼茨的理解，斯宾诺莎赋予自然现象以"盲目的"和"宿命的"必然性，虽然莱布尼茨讨厌斯宾诺莎体系的这一方面，但他认为斯宾诺莎的其他方面是"卓越的"，甚至与他自己的观点相一致。[100] 特别是，莱布尼茨与斯宾诺莎一样，都拒绝自然以外的原因，拒绝牵线木偶机制，并坚持主张自然就是一切。但是，斯宾诺莎认为这意味着自然包含了所有的可能性，没有为偶然性或未曾走过的道路留下任何空间，而莱布尼茨则将其解释为几乎相反的意思：感知的能动性（因此也是偶然性）是宇宙机器的必要组成部分。[101] 然而，他们是从一个共同的原则——不受限制的自然主义——出发，得出了这些截然相反的结论。

莱布尼茨对机械论自然科学的替代模型的思索，也许有助于激发他对中国哲学的极大兴趣[102]：他在儒家学说中找到了对抗粗笨机械论的思想。莱布尼茨学习过中文书面语，对其结构有一定程度的了解。他还阅读了中国历史和耶稣会传教士在 17 世纪七八十年代翻译的中国经典文献，这些文献以《中国哲学家孔子，或用拉丁文阐释的中国知识》(*Confucius Sinarum philosophus sive scientia Sinensis latine exposita*，1687 年) 为题出版。此后不久，在一次罗马之行中，莱布尼茨结识了克劳迪奥·格里马尔迪，一名耶稣会士，曾在北京担任外交助理，并参与了若干数学和天文学研究。在他们会面之后，莱布尼茨寄给格里马尔迪一份包含 30 个问题的清单，主要是关于中国的自然科学、资源和实用技艺。[103] 在中国人的自然方法中，他确实发现了一些概念，他认为这些概念超出了欧洲传统的哲学范畴。

在他生命的最后一年，莱布尼茨写下了《论中国人的自然神学》(1716 年)，他的计划是遵循 16 世纪意大利耶稣会传教士利玛窦（耶稣会中国传教团的创始人之一）的传统，采取调和主义。与利玛窦一样，莱布尼茨并没有要求中国人必须放弃他们的古老信仰来选择基督教教义，而是要证明基督教和儒家思想的可调和性，实际上，两者在本质上是相同的。[104] 为此，他反对一些欧洲人对中国人的唯物主义的指控，特别关注儒家的"理"的概念，耶稣会的解释者曾认为"理"等同于经院哲学的原初质料 (prime matter)。[105]

莱布尼茨提醒道，不可以如此解释"理"，因为经院哲学的原初质料是"完全被动的，缺乏秩序或形式"。在这种情况下，"理"不可能是"活动的起源"，正如儒家所教导的那样。

莱布尼茨写道，"我不相信（中国人）会如此愚蠢或荒谬"，以至于把"主动的力量，以及调节这种主动力量的感知"归于像经院哲学的原初质料一样如此被动和惰性的东西。[106] 他强调，在中国人的用法中，"理"不仅意指"天、地以及其他物质事物的物质基础"，还指"美德、习俗以及其他精神事物的道德基础"。[107] 在儒家思想中（正如欧洲评论家所描述的那样），莱布尼茨发现了一个既是主动的又是机械的、既是物质的又是道德的原则；换言之，这个原则违反了科学中日益牢固的律令——将有目的的能动性与机械论分离开来。

莱布尼茨反对同时代人的粗笨机械论，他首先关注的一点是粗笨机械论对生命和心灵的解释是不充分的。他指出，内部经验，即"这是**我**"的内在意识，是无法被"数值或运动"解释的。[108] 他认为，在这种情况下，一个有感知觉的、会思考的生物不会是"像手表或磨坊那样的机械事物，人们无法构想一些尺寸、形状和运动，它们的机械组合可以产生某种能思考甚至有感知觉的东西"。[109]

莱布尼茨设计了一个思想实验，以显示思想的非机械本性，他让读者想象一台像磨坊一样大的机器，它可以思考、感觉和感知。他写道，想象一下，走进这个思想的大工厂，环顾四周。你会发现只有"互相推挤的碎片，而没有任何东西可以解释一次感知"。你对意识的理解不会比走进这个思想工厂之前更好。看着这台机器，这些推拉的、活动的部件，它们会引导你认为感知和意识并不是这样的。莱布尼茨写道，感知和思想并非存在于机械的运作之中，而是存在于它的实体之中。事实上，感知**就是**首要的实体，是机器的基本特征。[110]

但莱布尼茨相信，如果感知和思想永远不能用粗笨部件的相互作用来解释，那么钟表也不能。物质本身不可能是由惰性的组块组成的："**物质的原子有悖于理性。**"任何物质实体，无论它多么"牢固地结合在一起"，都依然必须由各个部分组成：人们可以想象进一步分割它。因此，构成世界的不可分割的原子必须是某种别的东西："我们可以称它们为**形而上学点**——它们具有某种**充满活力的东西和某种感知。**"[111] 因此，在他的学术生涯中，莱布尼茨对机械论的理解越来越清晰。[112]

在莱布尼茨看来，由于惰性的物质组块本身并不能解释什么，所以他用感知取代了广延（大小和形状），并给出了一种与霍布斯的唯物主义对等但相反的哲学：将物质还原为精神。[113] 他用感知主体代替物质组块。他的宇宙的构件不是物质块，而是小的灵魂。

因此，物质事物和精神事物之间没有实质上的区别。在写作《单子论》（*Monadologie*，1714年）时，莱布尼茨已经断定，物质和精神都是由"单子"构成的，单子是基本的精神实体，其典型属性是感知。物质事物和精神事物的区别只在于支配它们的法则：物质事物由力和运动传递的法则支配，而精神事物则由正义的法则支配。上帝像"机械师"那样管理动物，在这个意义上，动物是物质的。理性灵魂能够思考，能够认识上帝以及永恒的、必然的真理；上帝像"君主"或"立法者"那样管理理性灵魂，在这个意义上，理性灵魂是精神的。[114]

莱布尼茨把宇宙以及其中的一切事物，包括有生命的动物和人类，都描述为机器中包含机器的大型层层嵌套，所有这些机器都是由小的感知精神建构的。所以，他此时所说的"机器"与霍布斯和笛卡儿的"机器"具有不同的含义，而且两者的含义在事实上是完全相反的。没有真实的推动和拉动，也没有碰撞行为，而只有这些机械原因的表象。事实上，物质本身就是一种表象，是构成世界的感知实体的次级效果。单子不能相互改变，没有广延，没有可再分的部分：正如莱布尼茨的著名描述，没有"窗户"可以让任何东西进来或出去。相反，每个小灵魂都遵循自己内部的、受引导的变化序列，这些序列在时间之初即被启动，并且一种由上帝赋予的"前定和谐"协调了所有这些变化序列，从而让它们遵循力学的法则。[115]

同样的永恒且和谐的秩序也将物质和精神的法则关联起来，以至于"当灵魂有了一致的愿望或想法时，身体的发条就会在必要时准备自行启动"，而且，自然的机械法则也始终在支持正义的道德秩序。[116]关键的是，莱布尼茨的"前定和谐"概念与设计论的"设计"观念在此处有所不同：在莱布尼茨的前定和谐中，自然的身体和实体是主动的参与者，而不是被动的部分。

这是一个重要但很少被指出的区别。对于莱布尼茨的前定和谐思想以及与之相关的信条——这种和谐的行动带来了所有可能世界中最好的一个，伏尔泰在讽刺小说《老实人》（Candide）中进行了摧毁性的嘲讽，他将莱布尼茨的观点更多地渲染为设计而非和谐。潘格洛斯博士，表面上是莱布尼茨式的导师和"形而上学—神学—宇宙学"教授，向他热切的学生康迪德*解释说，鼻子的存在是为了支撑眼镜，腿是为了穿鞋，石头是为了雕刻和建造城堡，

---

* 《老实人》的主人公。——译者注

而猪是为了吃东西。[117]

这是对设计论的恰当而滑稽的模仿，根据设计论，自然中的每一个结构都是为了执行其特定的功能而存在的。但对莱布尼茨的充满活力的、有机的机器观来说，就不是这样了，在这种机器中，各个部件主动合作，实现了整体的和谐，这是所有自然事物——包括鼻子和眼镜、腿和鞋子、石头和城堡，所有忙碌而有机的机械部件，以及这种机械部件的无穷嵌套——的大协调。具有讽刺意味的是，伏尔泰本人经常回到设计论的一个与潘格洛斯博士的哲学更接近的版本，例如伏尔泰写道："宇宙令我困扰，我无法设想这座大钟可以存在而没有钟表匠。"[118]

当莱布尼茨把上帝比作钟表匠，把上帝的造物比作自动机时，当他写到人和动物的身体像钟表"一样机械"时，[119] 他的意思与马勒伯朗士或玻意耳的同样说法有着深刻的不同之处。为了弄清楚他的意思有多么不同，我们可以参考莱布尼茨的"永不停歇的时钟"的意象（正是本书和本章节的标题所取自的意象）。我已经在本书导言中讨论了莱布尼茨这段话的开头，但这里我把它完整地复述出来。

在德语里钟摆被称作"Unruhe"——意思是"不安"。有人可能会说我们的身体也是这样的，它永远不会完全安适。因为即便如此，对物体的新印象以及在器官、血管和内脏中发生的微小变化都会改变这种平衡，并且使身体的相应部分做出某种微小的努力以求重新回到尽可能最好的状态；这就产生了一种永久性的斗争，可以说是我们这座"钟"的不安，所以这个称呼很合我意。[120]

在这段话的"钟"的喻义中，我们没有发现那些预料之中的含义：规律、稳定、精确。这些含义在当时已经形成，并一直保留至今。相反，我们所发现的几乎是它们的对立面：不安、不适、努力、冲突。每当莱布尼茨提到动物作为机器的想法时，他的意思也同样是迥异的。他把自然机器描述为"纠缠的"，时而充盈时而亏缺，时而折叠时而展开，"脆弱"却又能自我维持。[121]

在围绕莱布尼茨作品的对话中，机器的含义也截然不同于如绝对统一性这样的含义，而后者当时正与钟表机构越来越牢固地联系在一起。例如，法国加尔文宗信徒皮埃尔·培尔在17世纪90年代后期与莱布尼茨就人类机器的主题进行了讨论，他认为机器的特点在于它有能力采取不同的行动，机器在这方面不同于简单的实体；而简单的实体是受限的，"如果没有外部的原因改变它，它就只能执行单一的行动"。由于机器是由多个部件组成的，所以机器"可以进行多样的行为，因为每个部件的独特活动随时都可能改变其他部件的进程"。[122] 对培尔来说，机器是由主动的部件组成的，其行动产生了各种可能性。

类似地，当莱布尼茨称一个过程为"机械的"时候，他的意思并不是它缺乏精神、能动性和感知。相反，这一过程完全遵循其自身的内在原则，不需要诉诸机器之外的神。[123] 天体的运动、植物和动物的形成、生物的有机体，所有这些都是由神创立的机制，它们唯一的奇迹就在它们的起源处，而"接下来就是纯粹自然和完全机械的"。[124]

莱布尼茨对牛顿体系的最大反对意见是，牛顿将宇宙描述为粗笨机械论意义上的一个造物、一个装置；在生命的最后几年里，莱布尼茨与牛顿的朋友兼译者塞缪尔·克拉克（Samuel Clarke）进行了激烈的书信辩论，坚决地表达了这种反对意见。像任何这类装置一样，它需要它的制造者介入并调节它，重新上紧它并维持它的运行。因此，牛顿的宇宙大钟的运行依赖于一个自然之外的原因，一个从系统之外介入的行动者。[125]

在莱布尼茨看来，这不仅是在诋毁上帝的手艺，还违反了自然主义和机械论的原则。这既不是好的神学，也不是好的科学。几十年后，苏格兰的怀疑论者、经验主义者大卫·休谟也提出了类似的观点，即设计论会毁灭其自身。真正的麻烦不是那些关于视网膜盲点或其他缺陷的问题。设计论的失败不在于设计产物的不完美，而在于把设计产物本身当作对一位全能存在者的论证。毕竟，任何设计产物都是一种特殊而有限的东西。[126]正如玻意耳指出的那样，苍蝇不能转动眼睛，却有复眼来弥补，这也许是件好事。但苍蝇为什么不能转动眼睛呢？玻意耳把这个问题丢在一边。[127]但是，它继续顽固地存在，休谟指出了同样的核心问题：如何从特殊的、有限的设计产物中推论出绝对的权能？

因此，无论是作为神学，还是作为科学，莱布尼茨都不喜欢设计论。他认为，彻底的自然主义的、机械论的自然理论，不能容纳来自外部的神的干预。相反，这样的理论需要包括直接原因，也要包括终极原因；它必须包含支配力和运动定律的形而上学原则。根据莱布尼茨的科学理想，应该有一个囊括全部自然的单一体系，不用外包任何东西，也没有任何东西是例外的或位于其外部的。机械哲学的开创者们——伽利略、笛卡儿、霍布斯、伽桑狄——已经"从哲学中清除了无法解释的妄想"，但他们留下了一个形而上学的空白，并用一位好管闲事的上帝的超自然干预来填补它。莱布尼茨写道："我试图填补这一空白，并最终表明，**自然中的一切都**

是机械地发生的，但机械论的原则是形而上学的。"[128]

形而上学原则是莱布尼茨机械论体系的核心所在。例如，他的指导性公理"任何东西的存在都是有理由的"，既是一条机械原则，也是一条形而上学原则。莱布尼茨认为，这个"充足理由律"构成了机械原因与其机械效果之间的真正联系。阿基米德的平衡原理（把两个相同的砝码放在天平两端与轴距离相同的地方，天平保持平衡）为莱布尼茨提供了一个例子：由于是完全对称的，天平便没有理由向一边倾斜而不向另一边倾斜，因此天平保持平衡。[129]不仅生理学需要能动性，物理学本身也需要有目的的能动性。此外，既然自然的"内脏"，即其内部部件的运动，都是隐藏不露的，那么研究自然的"设计"要比研究其结构的"运动"更容易让我们理解。[130]形而上学的目的从内部驱动着主动的、永不停歇的自然机器。[131]

有机体作为永不停歇的时钟

在 18 世纪的头几年，莱布尼茨发展了一种有机体理论，该理论所遵循的原则与他的物理学相同，即自然的内在能动性具有根本的重要性，该理论将在接下来的一个世纪中影响关于生物的讨论。[132]他解释说，生物比人类创造的任何人工装置都更加彻底地具有机械性。

这是因为上帝的机器在机械上不可还原为它们的"最小可辨认部分"。[133]1704 年，在写给英国哲学家达玛丽斯·马沙姆女士的信中，莱布尼茨说："我把有机体或自然机器定义为一台机器，其内部的每个部分都是一台机器，因此，它的技巧是无限精妙的，没有任何东西小到被忽视，而我们的人造机器的部件却不是机器。这就是自然与技艺的不同。"[134] 从宏观到微观，自然始终都是机器。[135] 因此，莱布尼茨继续说，人体是"一种充满了无数生物的世界，这些生物也值得存在"。[136]

后来，他在《单子论》中以完整的形式提出了这一观点："因此，生物的每个有机体都是一种神圣的机器，或自然的自动机，它无限地优于所有人造自动机。"没有任何一个人造机器的所有部件都依然是机器。例如，铜轮的齿是由简单的部件组成的，没有任何"制造的"、机械的或设计的成分。"但是，自然机器，即生物体，从最小的部分到无限仍然都是机器"。[137]

这个由机器中的机器组成的宇宙没有尽头，它们的最终组成部分是活的灵魂，宇宙在本质上是主动的、自我运动的，包含着它自己的能量、力和行动能力。莱布尼茨提出了主动机械论的世界体系，这种观点是对玻意耳的机械宇宙的明确回应，因为后者也像笛卡儿和牛顿的宇宙机器一样，被抽离了所有的能动性。[138]

莱布尼茨的机械宇宙的每个部分都充满了生命和感知觉。每一种可能的生命形式都存在于这种丰盈之中：莱布尼茨的"连续律"认为，"在自然中，一切都是逐步变化的，没有什么是跳跃的"，所以，连续体中的每一个点都必须被填满。[139] 上帝的造物具有最高的完美性，这个世界是所有可能世界中最好的一个，这些说法的保证就在于这种完整性，在于每一种存在形式的在场。[140]

在描述这种丰富的、繁盛的机器时，莱布尼茨对哈维、威利斯和马尔比基等解剖学家和生理学家的工作产生了积极的兴趣。[141] 在 1676 年访问荷兰期间，莱布尼茨不仅与斯宾诺莎会面并交谈，也遇见了斯瓦默丹和列文虎克。[142] 莱布尼茨引用显微镜证据来支持自己的主张，即最微小的物质微粒也包含生物的整个世界。[143] 每一粒灰尘都是一座植物园，每一个水滴都是一方满是鱼的池塘。每种植物或动物的每个部分以及它们之间的全部空气都充满了生物。宇宙中没有什么地方是真正"荒芜的、不育的或死亡的"，没有任何混沌或混乱：我们能够看到，生物按照支配它们的和谐法则在各个地方生活，到处移动。[144] 莱布尼茨写道，"所有的自然都充满了生命"[145]，亦如充满了机器。

这种生机勃勃的、机械的自然当然也渗透到感知的核心之中，感知也是由感知精神（"单子"）构成的。在莱布尼茨看来，笛卡儿主义者没有认识到自然中无处不在的"无意识感知"，而这正是导致他们剥夺动物的灵魂并将人的灵魂与身体分离的原因。莱布尼茨认为，"无意识感知"普遍存在，它是灵魂与身体、人类与动物之间的联系。[146] 借鉴了斯瓦默丹等观察家的工作，莱布尼茨所描述的活的、有感知的自然机器，在本质上也是主动的、自我运动的（见图3.6）。

例如，斯瓦默丹描述了乌贼的精子在从其性腺中被取出后如何开始行动，他赋予这个"微小的机器"本身以完全的能动性。而且，这个微小机器的自我引导的运动不是嘀嗒嘀嗒，而是扭曲、转动、演变、展开、涌现。"肢体开始反卷并展开自己"，斯瓦默丹写道，"两条细长的韧带从外壳中伸出来，向不同的方向转动和扭曲自己。"[147]

莱布尼茨使用这种解释，回应了呼声越来越大的一群人：那些认为生物不仅仅是机器的人。莱布尼茨对他们的回答是，他坚持认为**"机器"**不仅仅是机器。例如，德国医生、物理学家格奥尔

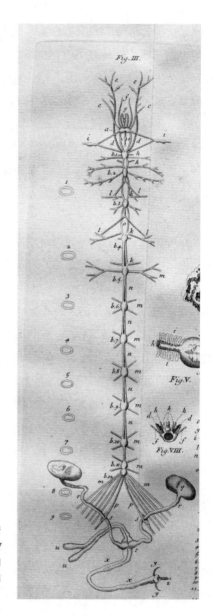

图 3.6　蚕的神经系统，出自扬·斯瓦默丹的《自然之书》(*Book of Nature*, 1658 年)，由斯坦福大学图书馆特藏部无偿提供。摄影：安德鲁·舒帕尼茨

格·恩斯特·施塔尔成为莱布尼茨在这个话题上的主要对话者之一。施塔尔是"燃素"学说的创立者,该学说流行于 18 世纪,但到 19 世纪初就被抛弃了。施塔尔声称,燃素是在燃烧和呼吸过程中释放出来的燃烧元素,燃烧和呼吸是热、光和生命的基本特征。蜡烛或鸟在一个封闭的容器中会熄灭或窒息,施塔尔推断,这是因为没有空气带走它们努力释放出的燃素。[148]

在法国大革命的骚乱中,一位实验物理学家安托万·拉瓦锡——他很快就丧命于恐怖统治时期——推翻了燃素说,通过证明呼吸和燃烧是吸收而非释放一种物质,并将这种物质命名为氧气。然而,与此同时,燃素说仍在流行,它不仅是一种呼吸和燃烧的理论,还表达了这样的理解——生命的本性在根本上是非机械的。它标志着施塔尔及其同伴们所认为的生命和无生命的机制之间不可逾越的差异。作为生命的源泉,燃素明确是非机械的,是一种根据其自身的活力和燃烧本质而行动的物质。施塔尔主张,在"人体这台机器"里,存在一个"**真正的有机之谜**"。[149]

莱布尼茨反对这种机体论,就像他反对粗笨机械论一样。在这两种情况下,他都不喜欢将能动性与物质分离,或将生命与自然分开。莱布尼茨认为,生命不是起源于一种赋予生命的特殊实体,而是起源于一种"营养力量",他可以"从机器的真正结构中"推导出其作用模式。[150] 例如,他提出在生理过程中起作用的机械力可能类似于弹力,允许事物"比仅仅就其质量来说更加充满活力"。[151] 生物在种类上与世界上的其他事物并无不同,它们的运作都不仅要靠运动中的物质,也要靠各种力。

针对施塔尔在燃烧产生的热量和生物体温之间的类比,莱布尼茨同意,身体就像蒸汽机:液压 – 气动的机器。[152] 但对莱布尼茨来说，这种充满活力的热量是宇宙机制的一部分，而不是外在于它。莱布尼茨写道，施塔尔承认有机体**包括**机器，但这还不够："我们必须补充说，有机体在形式上无非就是一种机器，即便它更精妙、更神圣，因为在自然中，一切都必须机械地发生。"[153] 在莱布尼茨的科学中，这种机械论自然主义是秩序的来源。通过给自然现象以形状和模式，机械论自然主义提供了相应的限制。如果生物是通过非物质的灵魂来行动而不是机械地、自然地行动，那么就没有理由对它们的行动进行任何限制。例如，莱布尼茨认为，如果我们的灵魂允许我们跳到空中，那么，为什么我们不能任意地跳到任何高度呢？[154]

这种独特的机械论模式有一个重要的后果。莱布尼茨坚持认为机械论包括目的和能动性，这使生物界向前迈进了一步。因为如果上帝完全通过有目的的自然机器来工作，这就意味着他也必须在自然的时间中工作。与设计论自然神学家的上帝一样，莱布尼茨的上帝仍然是宇宙中秩序的来源，但有一个关键区别。正如我们所看到的，自然机器主动参与了这种秩序的实现，因此这种秩序不是在时间之初一下子实现的，而是在整个永恒中展开的。这种秩序不是"设计"，而是"组织"，不是静态的结构，而是有节律的过程。

"组织"最初是亚里士多德关于生物的一个想法，并将它们与有意设计的事物区分开来。亚里士多德认为，生物的各部分不是"为了什么"而被组合在一起的，而是碰巧组成和排列在一起，就好像它们是为了某种目的而被组合起来一样。只要"是以一种合适的方式自发组织起来的"，有机体就能存活，"而那些以其他方式生长的则会死亡"。[155]

在莱布尼茨提出他的"有机体"定义的 10 多年前，约翰·洛克便已接受了组织的概念，并将其作为生物同一性的基础：组织保证了生物在一生中都是同一个生物，尽管事实上生物的物质组分在不断地变化。一棵橡树始终是同一棵橡树，尽管新的物质微粒总是与它"紧密地结合在一起"，因为它们保持着相同的组织。同样，动物也是"活的有组织的身体"，它的同一性依附于它的组织。[156] 人的同一性也不在于任何其他事物：一个人是一个特殊的、持续的、物质组分不断更新的组织。像手表这样的人造装置，其组织和运动都归于外部来源，因此它可以是有组织的，但却没有运动；而在动物身上，组织是运动——包括构成生命本身的运动——的来源，所有运动都"来自内部"。[157]

莱布尼茨的上帝通过组织而不是设计来工作。他不是在物质上工作，而是**通过**物质工作，通过"非智能的"和"缺乏知识的可塑本性"，赋予这些东西以计划而非设计："上帝**预制**了事物，以至于新的组织不过是先前的有机构造的机械后果，就像蝴蝶来自蛹。"[158] 与佩罗和马勒伯朗士的预成论不同，在莱布尼茨的预成论版本中，上帝并没有预制成动物本身，而是通过预成，"使自然有能力"形成它们。[159]

自然"通过某种本能"和对有机形式的不断"改造和增加"来创造这种奇迹。因此，在莱布尼茨的生机勃勃的世界中，一切都处于一种永恒的变化状态。他的宇宙像河流一样流动着。他的自然机器总是在发展和变化，就像"精子机器"发展成为另一台制造人体的机器一样。[160] 自然机器以这种方式通过"折叠"、"延伸"和"收缩"而转变。此外，没有任何自然机器出现或消失。当它看上去消失了的时候，它只是"好似收缩了起来"。[161]

除了时间的开始之外，生命机器，即生物，没有真正的开端，也没有真正的结束：出生和死亡只是表象。莱布尼茨研究过显微镜学家们——"斯瓦默丹先生、马尔比基先生和列文虎克先生"——的工作，并引用他们所揭示的转变作为证据，莱布尼茨认为，这些转变表明动物实体没有开端。它表面上的生成"只不过是一种发展，一种增加"。[162] 实际上，只有发展和生长，包藏和减少。而在这种不断的消长中，某些灵魂上升"到理性的程度，到拥有思想的特权"。[163]

莱布尼茨有目的的、主动的机械论形式发展至此，甚至包含了这样的推论：随着时间的推移，能产生会思考的心灵。

第 4 章

最早的人形机器 *

---

* 本章的标题为 "The First Androids"，为了便于区分 "android" 和后文出现的 "robot"，统一将 "android" 译为 "人形机器"，而将 "robot" 译为 "机器人"。"android" 和 "robot" 的不同之处在于：第一，前者是 17 世纪出现的词汇，后者直到 20 世纪才出现，相应地，前者所应用的技术基本上是纯机械技术，而后者大量应用了电机和电子技术；第二，前者指 17—19 世纪的人形自动机器，同期的非人形自动机器则用 "automaton" 指代，而后者可同时指代人形和非人形的自动机器。如本书第 9 章中所说，"robot" 在 20 世纪早期取代了 "android" 和 "automaton" 这两个老词。——译者注

1677 年，一位施瓦本医生、哲学机械论者、符腾堡公爵的私人医生萨洛蒙·赖泽尔宣布，他已经制造了一个完全的"人造人"，具有人体内的所有功能：循环、呼吸、消化。赖泽尔甚至计划赋予他的造物以语言和自主行动的能力。《学者期刊》（*Journal des sçavans*）报道了这一成果，一同报道的还有一只 300 岁的天鹅、一棵长出小动物而不是树叶的树、呕吐出一只猫的女人，以及有 13 只脚的畸形猪：

　　惊人的机器——赖泽尔先生的人造人。为了证明血液循环，这位聪明的医生制造了一座人像，除了理性灵魂的运作之外，它的内部各器官与人是如此相似，人们在其中看到了我们身体内发生的一切，而这是通过物理学－水力学的原理实现的。其制造者希望完善它，使它能够说话并进行自然的运动。这个人造人的血管及内脏的形状、结构和大小与自然人的相同，就这样，水或人们喜欢的任何其他液体从口中吞入，通过食道这一管道，随即进入胃部，再经肠道、胰腺、门静脉以及我们在本期刊今年第 12 期中解释过的所有其他区域的奇妙装置后，进入心脏的右心室。

　　然而，同样的液体，通过排泄容器下泄，并经过人工的机器肾脏过滤后，落入膀胱，从那里排出。在这台机器中，人们还注意到肺的自然运动，空气的吸入和排出，还有脉搏的所有运动，以及人的所有其他的自然运动。[1]

　　该期刊的随后一期有一句耐人寻味的补充，写道："我们没有提到在这台机器中流通的液体的最粗糙的部分……它从机器的后面作为粪便排出，而不太粗糙的部分则从前面作为尿液排出。"[2]

　　赖泽尔的人造人似乎将笛卡儿《论人》中假设的活的"雕像"变为现实。莱布尼茨很感兴趣，事实上，他已经仔细考虑过这个想法了。两年前，他曾目睹一个人形机器在塞纳河面上奔跑，回家后他有了一个"有趣的想法"，那就是创造一种新的奇观，展示"美丽的奇珍异宝，特别是机器"。他记下了关于这种奇观的想法，写了几页纸，包括举行人造的马匹和"代表人体的机器"的赛跑，就像赖泽尔后来宣传的那样。[3]

　　当一位通信者写信问道："那么这位赖泽尔先生是什么人呢？"莱布尼茨肯定地回答说，赖泽尔是一位医生，是一个"有判断力和经验的人"，但这台机器似乎只是一个"平庸的"动物运动模型。[4]一些真实的动物机器和人类机器既不是为了教会，也不是为了娱乐，而是为了特定的哲学目的制造的，关于这类机器的报道正在增加。莱布尼茨自己的老师、耶拿大学数学教授埃哈德·魏格尔在同年的《学者期刊》上提到了他的弹簧驱动的青铜马，上面覆盖着真正的马皮，它的"运动强度和连续性足以使它在秋季的一天中走完4德国里，即8法国里格，只要在一个平坦的地区"。[5]

一种新的机器在17世纪末出现，并在18世纪和19世纪初不断发展。钟表匠和发明家们以及他们的哲学受众，把关于动物机器和人类机器的理论变为一个实验项目：他们制造人形机器和自动机，尽可能近似地复制它们的自然原型。[6]像赖泽尔的人造人一样，这些机器既属于莱布尼茨，也属于笛卡儿，因为它们似乎是主动的、自我运动的，并被赋予了内在的能动性。这些机器是乐手、艺术家、作家和棋手。它们扭曲，转动，折叠，展开，就像它们嘀嗒作响那样。在这样做的过程中，它们复制了动物和人类的生命，从最朴素的身体机能到最崇高的思想和精神的表达，测试了崇高与朴素、目的与机制的关系。

这些实验性机器的出现与第二种新机器密切相关：工业自动机，特别是自动织机。同样的关键人物和装置在每一次发展中都发挥了作用。粗笨机械论和主动机械论的生命科学之间的斗争不仅有重大的哲学、神学和科学的利害关系，也有重大的经济和社会利害关系。我们已经见证了这场斗争，它发生在陈列柜、教堂和图书馆中，发生在物理学和生理学的理论和实验中，发生在宗教冲突和圣像破坏运动的暴力中。在本章中，我们将看到同样的斗争进入车间和工厂，进入经济政策的制定和工业的改革。

最早的人形机器

"人形机器"（android）是加布里埃尔·诺代创造的新词，该词来源于希腊语词根，意思是"像人一样"；诺代是法国医生、图书管理员、路易十三的私人医生，后来成为红衣主教朱尔·马萨林的四万卷图书馆的建筑设计师。诺代是唯理论者，是迷信的敌人。传统上认为经院哲学家会魔法，而 1625 年，诺代发表了一篇为经院哲学家辩护的文章。他提到了 13 世纪的多明我会修士、神学家、哲学家大阿尔伯特，根据传说，大阿尔伯特曾用青铜制造了一个人造人。[7]

这个故事似乎起源于大阿尔伯特死后很久，与阿方索·德马德里加尔（也被称为"埃尔托斯塔多"）有关，他是 15 世纪一位多产的评注者，改编和美化了中世纪传说中会移动的雕像和会说话的头的故事。[8]埃尔托斯塔多说，大阿尔伯特花了 30 年时间用金属创造出一个完整的人。这个自动机为大阿尔伯特提供了所有最棘手的问题的答案，甚至在这个故事的某些版本中，它还乐意口述大阿尔伯特大量著作中的大部分内容。据埃尔托斯塔多说，这个人形机器的命运是，大阿尔伯特的学生托马斯·阿奎那厌倦了"它巨大的咿呀声和喋喋不休"而悻悻地把它砸成碎片。[9]

诺代并不相信大阿尔伯特的会说话的雕像。他驳斥了这个故事以及其他关于会说话的头的故事，认为它们是"虚假的、荒谬的和错误的"。[10]诺代给出的理由是雕像缺乏相应的装备：由于完全缺乏"肌肉、肺、会厌以及所有完美的发音所必需的东西"，它们根本没有必要的"部件和工具"来合理地说话。[11]诺代根据所有的报告得出结论，大阿尔伯特可能制造了一个自动机，但它绝不可能对他的问题给出可理解的、清晰的回答。相反，大阿尔伯特的机器一定类似于埃及的门农雕像，古代作家对此已有很多讨论，当太阳照射到它时，它就会愉悦地喃喃低语：热量使雕像内的空气"膨胀"，从而通过小管道被挤出，发出喃喃的声音。[12]

尽管不相信大阿尔伯特创造出的会说话的头，但诺代还是给它起了一个有影响力的新名字，称为"人形机器"。[13] 因此，他巧妙地在语言中增加了一个新词，因为根据法国哲学家、作家皮埃尔·培尔 1695 年的词典，"人形机器"是"一个绝对未知的词，纯粹是诺代的发明，他大胆地使用它，好像它已被认可了一样"。[14]那是一个有利于新词的时期：诺代的术语很快就渗透进了新兴的词典和百科全书中。在培尔的词典中有一个关于"大阿尔伯特"的词条，其中再次出现了这个词。[15] 随后，在英国百科全书编纂者伊弗雷姆·钱伯斯（Ephraim Chambers）的《百科全书》（Cyclopaedia）的补编第一卷中，"人形机器"成为一个词条的标题，其中引用了诺代和培尔的说法，这确保了该词的永存。[16] 在否认大阿尔伯特的人形机器的存在的同时，诺代为"人形机器"赋予了生命，让它作为一类机器的名称。

诺代的"人形机器"，就词根意义而言，是由"必要的部件"和工具组成的能工作的人形聚合物；而这种新的、实验的、哲学的人形机器的第一个真正实例则出现在 1738 年 2 月 3 日的展出上，历史记录里包含了关于这个人形机器的丰富信息。此次展出是在巴黎左岸举行的圣日耳曼年度展览会的开幕式上。这个人形机器与早期的音乐自动机、水力管风琴和音乐钟上的人偶有很大不同，因为它真的执行了它看起来要执行的复杂任务（在这里是吹长笛），而不是仅仅做出一些指示性的动作。从这个意义上说，该装置是一个新奇的事物，但对许多参观者来说，它看上去一定很熟悉，因为它是以杜乐丽花园入口处的一座著名雕像为模型的，这座雕像现在就在卢浮宫博物馆内：安托万·柯塞沃克（Antoine Coysevox）的

《吹长笛的农牧神》（见图 4.1）。

　　和柯塞沃克的雕像一样，这个人形机器所表现的是一位农牧神，一半是人一半是羊。这个机械农牧神和杜乐丽花园的大理石农牧神一样，都拿着一个长笛。不过，机械农牧神会突然动起来，并开始演奏乐器，一连吹奏 12 首曲子。起初，持怀疑态度的观众认

图 4.1 《吹长笛的农牧神》，安托万·柯塞沃克雕刻，© 卢浮宫博物馆，
RMN 大殿展区 / 菲利普·菲佐（Philippe Fuzeau）/ 纽约艺术资源馆

为这一定是个音乐盒，里面有一个产生声音的自动机制，而外面的人像只是假装在演奏。但事实并非如此，这个人形机器确实在吹奏一支真正的长笛，从它的肺部（三组风箱）吹出空气，并操纵灵活的嘴唇、柔软的舌头以及装有软垫的柔和的手指——其皮肤用皮革制成。甚至有报道说，人们可以带上自己的长笛，这台机器也能够吹奏它。[17]

这个吹长笛的人形机器是一位雄心勃勃的年轻工程师雅克·沃康松的作品。沃康松是格勒诺布尔一位手套制造商的儿子，他是十个孩子中的老幺，出生于 1709 年的严冬；当时正值路易十四漫长统治的末期，处于可怕的饥荒之中，这一年也是法国正在输掉的一场战争中最血腥的一年。出生在这个黑暗的时刻，沃康松的一生将与启蒙运动同步发展，他的作品将成为知识界的一个参考点。

在孩童时代，他就喜欢制造和修理钟表。在学生时代，他就开始设计自动机。作为一名新手，沃康松曾在里昂短暂工作，而当一位教会要人下令摧毁他的车间后，他便在 19 岁时来到巴黎寻求财富。他考虑到自己可能会成为一名医生，因此参加了一些解剖学和医学课程，但他很快决定将这些学习应用于一个新的研究领域：在机械中重新创造生命过程。这个机械长笛手是他 5 年来的工作成果。[18] 当它完成后，沃康松向巴黎科学院提交了一份实录，解释其机制。这篇实录包含了首个已知的关于长笛声学的实验和理论研究。[19]

在圣日耳曼展览会上为期八天的首次亮相之后，沃康松将他的人形机器搬到了隆格维尔酒店的金色大厅中，这是位于市中心的一座 16 世纪的大型宅邸。在那里，它每天吸引约 75 人前来参观，每个人都要支付 3 利弗尔的高额入场费（约为巴黎一名工人一周的平均工资）。观众中有巴黎科学院的成员，他们在院长红衣主教弗勒里的要求下，集体来到隆格维尔酒店，观看机械长笛手的表演。[20] 沃康松把他的观众分为 10 人或 15 人一组，迎接他们并向他们解释"长笛手"的机制，然后让它开始演奏曲目。

评论赞不绝口。一位评论者写道，"整个巴黎都会赞叹……也许是有史以来最奇特和最令人愉快的机械现象"，他强调说，这个人形机器是在"真正地、实际地吹奏长笛"。[21] 另一个评论者同意说，这座演奏音乐的雕像是有史以来"最了不起的机械作品"。[22] 修士皮埃尔·德方丹是一位记者和通俗作家，他向其文学杂志的读者宣传沃康松的表演，把"长笛手"的内部描述为包含"无数的金属丝和钢链……（它们）形成了手指的运动，其方式与活人通过肌肉的舒张和收缩来运动手指的方式相同。毫无疑问，是人体解剖学知识……指导了制造者的机械学研究"[23]。

《百科全书》（Encyclopédie）是由哲学家、作家德尼·狄德罗和数学家、哲学家让·达朗贝尔合作编写的伟大作品，是一部综合性的知识汇编。在《百科全书》的"人形机器"（Androïde）词条中，沃康松的机械长笛手成为人形机器的典范。这一词条由达朗贝尔撰写，他将人形机器定义为执行人类功能的人像，并且该词条的几乎所有内容都是关于"长笛手"的。[24]

在科学院的成员们访问隆格维尔酒店后不久，沃康松回访科学院，并宣读了关于其"长笛手"的设计和功能的实录。[25] 这个人形机器的机械装置是由连接在两组齿轮上的重物来驱动的。底部的齿轮组转动一个带有曲柄的轴，为三组风箱提供动力，通向三个气管，给长笛手的肺部提供三种不同的吹气压力。上方的齿轮组转动带有凸轮的圆筒，触发杠杆组，控制其手指、气管、舌头和嘴唇。为了设计一台能吹奏长笛的机器，沃康松对人类长笛演奏者进行了详细的研究。他设计了各种方法，将他们演奏的各个部分转化为人形机器的设计。例如，为了标出音节，他让一位长笛演奏者吹奏曲子，而另一个人用锋利的铁笔在旋转的圆筒上标记节拍。[26]

沃康松关于"长笛手"的实录以长笛发声的物理学理论开始，这是首个已知的此类理论。沃康松的想法是，一个音符的音高取决于三个参数——吹气压力、风口的形状和长笛阻尼振动的发声长度，后者由演奏者的手指位置决定。沃康松想测试这三个参数对音高的影响：他的"长笛手"是一个声学实验。他告诉科学院的成员，"通过模仿自动机中的相同机制"，他研究了长笛中声音变化的"物理原因"。[27]

沃康松解释说，他之所以选择长笛，是因为长笛在管乐器中是独特的，它的风口是"不确定的"，取决于演奏者嘴唇的位置以及嘴唇相对于长笛吹孔的位置。这使得长笛的演奏有"无限"的变化，他声称只用四个参数就可以模拟这些变化。嘴唇可以张开，闭合，远离长笛吹孔（近似于向外转长笛），或接近长笛吹孔（近似于向内转长笛）。[28]沃康松通过下列方法能产生最低的音：使用最弱的吹气压力、大的风口，以及利用长笛的整个发声长度。后两者能进一步降低音调。更高的音调和八度则是由更强的吹气压力、更小的风口和更短的发声长度产生的。这些结果证实了他的假设，即吹气压力、风口和发声长度这三个参数共同制约着音高。[29]

第二年冬天，沃康松又为这个表演增加了两台人形机器（见图4.2）。其中之一是第二个机器乐手，一个真人大小的普罗旺斯农牧神，它左手拿着三孔笛，能吹奏20首小步舞曲和其他舞曲，同

图 4.2 "长笛手"、"吹笛者"和"鸭子",出自沃康松的《自动机长笛手的机制》(*Mécanisme du fluteur automate*,1738 年),由斯坦福大学图书馆特藏部无偿提供

时右手敲鼓（鼓挂在肩上）为自己伴奏。[30]这个"吹笛者"也是一个声学实验，沃康松选择三孔笛同样是因为它对机械模仿提出了挑战。与长笛不同的是，三孔笛有固定的风口，但只有三个孔，这意味着音调几乎完全由演奏者的吹气压力和舌位的变化来产生。为了在他的自动机中再现这些微妙之处，沃康松发现人类笛子演奏者使用的吹奏压力的范围比他们自己所意识到的要大得多，于是强调了通过杠杆和弹簧的安排来产生每个音调所涉及的艰巨劳动。

"吹笛者"导致了一个令人惊讶的发现。沃康松曾假设每个音调都是特定的手指位置和特定的吹气压力相结合的产物，但他发现，一个特定音调的吹气压力取决于它之前的音调，例如，在E之后吹出D比在C之后吹出D需要更大的压力，所以这使得他必须用两倍于音调的吹气压力。[31]在三孔笛中，高音的泛音的共鸣比低音的泛音更强烈。但吹笛子的人自身并没有意识到补偿这种效应，而泛音的物理学原理直到19世纪60年代才由赫尔曼·冯·亥姆霍兹解释清楚。[32]与"长笛手"一样，"吹笛者"也是一个成功的实验：在此案例中，它产生了一个理论无法预测的新结果。

这些是新意义上的栩栩如生的机器。机器乐手不仅在演奏音乐——演奏音乐是音乐盒在两个多世纪以前就取得的成就，而且还使用灵活的嘴唇、活动的舌头、柔软的手指和隆起的肺。这些机器也为它们的制造者带来了好处。它们赢得了启蒙运动领袖的赞誉：伏尔泰称赞沃康松是"普罗米修斯一般的人物"，并在后来说服他的年轻赞助人，即新登基的普鲁士国王腓特烈二世邀请沃康松加入柏林的宫廷（沃康松拒绝了）。[33]沃康松成了拉普佩利尼埃夫人沙龙的常客，她的丈夫则是一位富有而轻浮的包税人[34]，是18世纪音乐和艺术的主要赞助人之一。在那里，沃康松不仅遇见了他的崇拜者，如伏尔泰，还结识了让－菲利普·拉莫、乔治·布丰、格林男爵和黎塞留公爵等名流。[35]

至少根据爱开玩笑的文学家让－弗朗索瓦·马蒙泰尔的说法，沃康松是拉普佩利尼埃家的密友，证据是，在最终导致后者家庭破碎的那场事件中，沃康松和他的机械天才扮演了重要角色。当时，拉普佩利尼埃夫人与黎塞留公爵之间正在进行一场备受关注的风流韵事，她以某种神秘的方式偷偷带他出入卧室。有一天，当她外出时，她的丈夫叫沃康松来调查她的房间。这位天才机械师注意到，这位夫人的琴室的壁炉后面安装了巧妙的隐藏式铰链。它后面是与邻家共用的墙体，墙上有一个开口，另一边则被一面镜子所覆盖。当然，是公爵的一个朋友租下了隔壁的房子。正如马蒙泰尔所讲述的那样，在此情况下，沃康松的工程技能远远超过了他对人情世事的敏锐。他对这一巧妙的安排赞不绝口，却完全忘了它的目的：

> 哦！先生，他叫道并转向拉普佩利尼埃，我在那里看到了一件非常漂亮的作品！制造它的人是多么出色的工匠啊！这块板是可以移动的，可以打开，但它的铰链是如此的精致！……甚至没有哪个鼻烟盒的铰链能做得更好。这是多么聪明的一个人啊！——什么！先生，拉普佩利尼埃脸色大变地说，你确定这块板能打开？——是的！我确定，我看到了，沃康松说，他沉迷于欣赏之中；没有什么比这更奇妙的了。——你的惊叹对我有什么好处？这不是欣赏的问题！——啊！先生，这样的工匠是非常罕见的！当然，我也有好的工匠，但我没有一个……——别说你的工匠了，拉普佩利尼埃打断了他的

话，派人去找一个能把这块板子弄坏的人。——毁掉如
此完美的杰作，沃康松说，太让人惋惜了。

"至于沃康松"，马蒙泰尔的评价是，"他的所有智慧都体现在他
的机械天才方面；在机械之外，没有人比他更无知或更局限了"。[36]
在沙龙的常客中，沃康松的人形机器甚至比头脑不灵光的人更重要，
这也是对沃康松的人形机器在文化上的重要性的一种衡量。

马蒙泰尔自己也有机会利用沃康松的才能，当时他的新剧《克
莱奥帕特拉》需要一些特殊的效果。"沃康松同意为我制造一个自
动机角蝰，在克莱奥帕特拉把它按在怀里刺激它咬人的时候，它几
乎完美地模仿了一条活角蝰的自然动作。"但在第一次演出后，这
条角蝰就被从演员中剔除了。据马蒙泰尔说，当它在剧中出现的那
一刻，它就转移了观众的注意力，使他们不再对戏剧感兴趣。[37]其
他人则有不同的说法。这条角蝰是非常逼真的，它蜿蜒爬行，甚至
嘶嘶作响。首场演出后，卢瓦侯爵在接待室里被问及是否喜欢这出
戏时，他讽刺地回答说："先生们，我跟这条角蝰的看法一样。"[38]

沃康松的人形机器不仅为他打开了富人和权贵的房屋（陈列
柜、壁橱、烟囱和舞台），还帮助他在1757年获得了巴黎科学院一
个令人艳羡的职位，成为"关联机械师"（在这次竞争中，他击败
了启蒙哲学家、启蒙运动的主要策划者之一德尼·狄德罗）。[39]而
这些著名的机器激起了人们的模仿，引发了一次冒险行动，即在机
器中尽可能逼真地再现生物的功能和行为，这迅速抓住了工程师、
哲学家、贵族赞助人以及付费观众的想象力。在18世纪的历史进
程中，这一冒险将产生各种各样的机器，它们（在实际上或在表面
上）吃东西、排便、流血、呼吸、嬉戏、走路、说话、游泳、奏

乐、画画、书写，以及下国际象棋——其棋艺几乎无人能敌。

上述最后一项是一位匈牙利工程师沃尔夫冈·冯·肯佩伦的成就，他在 21 岁时受雇于女皇玛丽亚·特蕾西亚，在维也纳的神圣罗马帝国宫廷中工作。1769 年，为了取悦他的女赞助人，肯佩伦制造了一个机器"土耳其人"，它能以专家的水平下国际象棋（见图 4.3）。肯佩伦本人曾在欧洲和美国展出机器"土耳其人"，然后由其他人继续展出它，直到 1840 年。[40]

这个人形机器不仅与人类对手比赛，还会慷慨地纠正他们的错误；在其漫长的职业生涯中，它赢过腓特烈大帝、本杰明·富兰克林、拿破仑和查尔斯·巴贝奇。据说，拿破仑故意走错了几步来测试这个自动机的反应。第一次时，按照它的习惯，它纠正了皇帝的错误，然后再回去走自己的棋子。而当拿破仑再次走错棋时，"土耳其人"干脆把走错的棋子从棋盘上移走。第三次时，它显然失去了耐心，把所有棋子都扫到了地上，并拒绝继续下棋。[41]

除了下棋之外，肯佩伦的人形机器还可以表演骑士周游[42]，并回答观众的问题，通过指棋盘上的字母给出问题的答案。[43] 事实上，"土耳其人"的动作是由巧妙地隐藏在基座中的人类棋手来秘密控制的。虽然这个骗局直到 19 个世纪中叶才被证实，[44]但肯佩伦本人对"土耳其人"的评价很低，认为它只是一个"不足称道的东西"，他甚至坚持认为他在这一点上的主要成就是创造一个"幻觉"。[45] 有一次，他开玩笑地代表他的自动机向一位观众道歉，解释说它在运输途中受到了严重的颠簸，因此棋下得很差。肯佩伦承诺在 8~10 天内让自动机重新正常工作。"我只担心在你看来，这个小发明不会像很多人看来那样神奇，他们出于友善或宽容，在它身上发现了比实际更多的奇妙之处。总之，你会发现，就在我们之

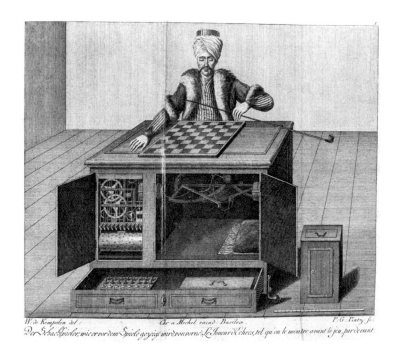

W. de Kempelen del .   Chr. a Mechel excud : Basileæ .   P. G. Pintz, ſc .

Der Schach-Spieler, wie er vor dem Spiele gezeigt wird von vorn. Le Joueur d'échecs, tel qu'on le montre avant le jeu par devant .

图 4.3　沃尔夫冈·冯·肯佩伦的会下国际象棋的"土耳其人"，出自温迪施（Windisch）的《关于肯佩伦先生的棋手的文献》（*Lettres sur le joueur d'echecs de M. de Kempelen*，1783 年），由斯坦福大学图书馆特藏部无偿提供。摄影：安德鲁·舒帕尼茨

间，有一点点机械，也有一点点欺骗。"[46] 然而，这些警告并没有减损机器的魅力，因为人们对机器能否跨越笛卡儿主义的心物二分这一问题，也就是说，对能否在人造机器中再现智能的思维过程越来越感兴趣。

　　"土耳其人"的欺诈事件使这个问题戏剧化，并为争论双方提供了一个背景。于 1783 年冬天到达伦敦后，它吸引了整个城市的注意力，堪与埃德蒙·伯克改革东印度公司的尝试、第一批蒙戈尔

菲耶热气球以及巴黎歌剧院的明星舞者相媲美。"这个冬天并不沉闷或令人不快,"霍勒斯·沃波尔在 1783 年写给他的朋友斯特拉福德伯爵的信中说道,"印度法案、热气球、韦斯特里和自动机,它们瓜分了所有的注意力。"[47]

1784 年,肯佩伦的朋友卡尔·戈特利布·冯·温迪施发表了一篇关于"土耳其人"的文章,复述了支持和反对会思考的机器的论点。在他题为《无生命的理性》的论述中,温迪施写道,"土耳其人"的"理解力"就像沃康松的"长笛手"的耳朵一样。同时,温迪施相信"土耳其人"是"一个骗局",并识别出两种不同的"力量",一种是可见的"动力"(vis motrix),另一种是隐藏的"引导力"(vis directrix)。肯佩伦的能力是将这两种力量结合在一起,温迪施认为这是"机械师所能想到的最大胆的想法"。[48]温迪施对"土耳其人"的分析被后来的评论者所接受,并在 19 个世纪仍然具有影响力。

只有一位 18 世纪的批评家以这种事情是不可能的为理由,否定了会下棋的自动机的想法。他是作家、辩论家、军官菲利普·西克尼斯,因为有敲诈勒索的名声而被称为"毒蛇博士"。[49]对于"这个外国人"要收取"半克朗的入场费",而同时参观会说话的头和自动机骑手还要收取两倍的费用这件事,西克尼斯感到非常愤怒。他生气地说:

> 人的声音可以被模仿,许多或大多数单词都可以用阀门和风箱来清晰地表达,就像手摇风琴一样,这是毫无疑问的。但是,制造一个机械人偶,让它回答向它提出的所有或任何这样的问题,或甚至让它提出一个问题,

这是完全不可能的。可以制造出一台自动机，以特定的、有规律的动作移动它的手、它的头和它的眼睛，这是毫无疑问的。但是，制造一台自动机，让它像聪明的棋手一样，根据与它对弈的陌生人的前一步棋来正确地移动棋子，这也是完全不可能的。[50]

另一位批评家质疑"简单的弹簧"能够完成一个"组织有序的大脑"的工作。[51]第三位批评家认为，一台积极反应的机器需要花费比6个月（肯佩伦声称所花费的时间）更多的时间来制造。[52]但是在大多数情况下，即使是批评家们也愿意接受会下棋的机器的可能性。

1819年，英国数学家、工程师查尔斯·巴贝奇在伦敦的喷泉花园遇到了冯·肯佩伦的棋手，当时它正在那里展出。巴贝奇观看这个人形机器下了一盘棋（这场它赢了），并在温迪施的小册子副本的空白处仔细记录了它的表现。巴贝奇注意到，这台自动机的手和手臂的动作很不优雅，但它下得"很好，并且在开局时有一个非常出色的布局"。第二年，他回到那里和"土耳其人"下棋，如前所述，"土耳其人"在大约一个小时之内击败了他。这一次，巴贝奇发现人形机器下得"非常谨慎"。[53]一位评论者针对"土耳其人"的表现写道，这台机器显示了"一种大胆而新颖的创造能力，正如它一直以来向世界展示的那样"，但这位评论者也认为它是由"某种人类动因"指导的。[54]

尽管巴贝奇不相信他的对手是完全机械的，但他对这种可能性——机器可以进行复杂的计算，玩有技巧的游戏，总之，机器可以思考——极为感兴趣。在他的童年时期，18世纪的其他动物机器和人形机器就已经为他的这一兴趣做好了铺垫。1800 年左右，8 岁的巴贝奇与母亲一起去参观了位于伦敦汉诺威广场的机械博物馆，该博物馆由发明家约翰·约瑟夫·默林经营。

在那里花了 3 先令，巴贝奇看到了启蒙运动后期的人造生物样品：一只自动机蝙蝠；一个"会咀嚼和吞咽人造石头，任何一位游客都可以把石头放进它嘴里"的机器"土耳其人"；还有最重要的，一个约 30.5 厘米高的银色女士，她会跳舞并"以最迷人的方式摆姿势"，她的眼睛"充满了想象力，令人无法抗拒"，同时她的右手食指上有一只扇动翅膀的鸟。许多年后，巴贝奇买下了这个银色舞者，将其修复，为她定制了一套新衣服，并把她安置在客厅里。[55]

在他与肯佩伦的会下棋的"土耳其人"比赛之后，巴贝奇就考虑设计一台会玩游戏的机器。他确信"土耳其人"是一个骗局，但他相信它可能是真的，事实上，"每种有技巧的游戏都是可以让自动机来玩的"。一段时间以来，他并没有很认真地考虑制造这样一台机器的想法。他想象着一台机器由两个玩游戏的儿童人偶组成，旁边还有一只小羊和一只公鸡。赢了的孩子会在公鸡打鸣时拍手，输了的孩子会在小羊咩咩叫时哭着扭动双手。巴贝奇放弃了这个计划。[56] 但后来，他设计了一个派对把戏，以展示机器如何能表现出看似有意的、有反应的或不可预测的行为。他利用他的机械计算器的原型（下文将详细介绍）打印出 1~100 万之间的一系列整数，并偶尔不连续地向前跃进 1 万，每次不连续的跃进都让观众感到吃惊。这个把戏暗示，在观众的眼里，有意的行为只不过是无法预料的行为而已。[57]

约翰·梅尔策尔是一位发明家和乐器制造商，是贝多芬的合作者，对后人来说，他最著名的身份是节拍器的制造者。当巴贝奇和"土耳其人"下棋时，梅尔策尔是"土耳其人"的所有者和展示者，在冯·肯佩伦去世后，他以 10 000 法郎的价格从冯·肯佩伦的儿子那里购买了它。梅尔策尔停止了表演中的问答环节，他认为这对当时的观众来说是难以置信的。[58]

这样一来，批评性的评论便在实际上都聚焦于"土耳其人"的响应能力。1821 年，时年 20 岁的罗伯特·威利斯——他的父亲和祖父都是王室医生，他后来成为剑桥大学应用力学教授——写了一篇关于机器"土耳其人"的评论，排除了它是会响应的机器的可能性。他写道，"无论机械的力量可能有多大，有多令人惊讶"，这个棋手都不可能是单纯的机械，因为机械的物质部件及其运动"必然是有限的、始终如一的"，而棋局有无尽的变化。像笛卡儿一样，威利斯判断，"只有理智的领域"才能够处理无限变化的情况。[59] 在接下来的几十年里，威利斯的评价经常被引用。[60] 他的评价也跟着机器"土耳其人"来到大洋彼岸，一位美国评论家同意，"必须承认，在每一个单独的动作中，都有一些智能的介入"。[61]

在美国，埃德加·爱伦·坡也对"土耳其人"做了进一步的批评，他在弗吉尼亚州的里士满遇见了这个人形机器。[62]1839 年，坡发表了一篇驳斥"土耳其人"的文章，他在其中重复了威利斯的论点，即机器绝不可能会下棋，因为没有机器可以对变化的外部条件做出反应。与威利斯一样，坡的要点在于，"（国际象棋中）没有任何两步棋……是必然前后相继的"。即使人形机器自身的动作是有脚本的，它也必须不断地应对"对手的不确定的意志"。该机器对这些情况的反应能力使他"完全确定，这台自动机的运作是由人的心智，而不是由其他任何事物来控制的"。[63]

1844 年，法国魔术师、发明家让-欧仁·罗贝尔-乌丹也批评了肯佩伦的会下棋的"土耳其人"。在他的回忆录中，罗贝尔-乌丹编造了一个充满吸引力的虚构故事，故事的主角是从俄国军队中叛变的波兰军官沃劳斯基，他在一次反抗中失去了双腿。故事说，沃劳斯基擅长国际象棋，他的身高也降低了，这让肯佩伦想到制造一台假的国际象棋"自动机"，并把沃劳斯基藏在里面。[64]这个故事虽然完全是伪造的，但流传得很广。它在整个19世纪和20世纪初激发了若干戏剧和小说的创作，包括亨利·迪皮伊-马聚埃尔（Henry Dupuy-Mazuel）的《棋手》（*Le joueur d'échecs*，1926年），1927年被改编为同名电影，由皮埃尔·布朗夏尔和夏尔·迪兰领衔主演。1911年版的《不列颠百科全书》也记录了相关情况。[65]

在19世纪中期，人们的共识是，如果一台机器表现出下棋所需的那种积极反应的能动性，那么其中一定有一个沃劳斯基。但在18世纪，沃康松的机器乐手和肯佩伦的会下棋的机器"土耳其人"挑战了观众的认知，让他们去考虑纯粹的机械实体是否能实现理性的思维功能。这些机器进行了笛卡儿的思想实验，并将其扩展至包括理性灵魂的功能。

今天，人们可以参观这一传统的现存最佳代表，18世纪最杰出的三个人形机器。它们在瑞士纳沙泰尔艺术与历史博物馆的一间小剧场里接待来访者。[66]人们听着博物馆馆长的问候，却被他身后的人偶所吸引，不由得相信这个近250岁的人偶正在呼吸。除此之外，她看上去很安静：她的眼睛直视着前方；她的手指保持着固定姿势，放在她面前的击弦键琴上；她衣服上的褶皱和头上的卷发都纹丝不动。但人们会想，她的胸部肯定在起伏，不是吗？这种轻柔的、几乎无法察觉的、有节律的运动使她的静止看上去具有奇异的生气。

事实上，这位人偶女士被设计为在每次表演前后都要呼吸一个小时。两个半世纪以来，成群结队冲她而来的观众都因同样的吃惊而不安地多看两眼。在 1772 年，当这个人偶女乐师（见图 4.4）正在被制造之时，一位怀疑者观察道，尽管沃康松已经证明了演奏音乐的动作是可以被机械地复制的，但"我不相信沃康松先生和世

图 4.4　雅凯 - 德罗兹（Jaquet-Droz）的人偶女乐师，由纳沙泰尔艺术与历史博物馆无偿提供

上所有的机械师能够制造出一张可表达激情的人造脸，因为要表达灵魂的激情，必须先有一个灵魂"。[67] 然而，"女乐师"优雅地弯着头，一边弹奏一边用眼睛追随着手指，她的胸部随着音乐的节奏起伏，显然充满了感情，这似乎暗示了恰恰相反的结论。[68]

这个令人不安的"女乐师"的两侧是一对小兄弟：脸色红润、幼童身形的两个男孩穿着漂亮的天鹅绒套装，坐在书桌前，面前有小纸片（见图 4.5）。其中一个小男孩趴在桌子上，用炭笔素描了几幅画。和"女乐师"一样，"素描画家"也在呼吸，偶尔吹吹纸上的木炭灰，看看他的作品。另一个小男孩把笔伸进墨水瓶里蘸墨水，用一种优雅的 18 世纪字体写下几行信息。这个"写字员"是已知第一台现代意义上的可编程机器：可以让他书写多达 40 个字符的任何信息。[69]

看着这些字符的写出是令人不安的，这种不安不同于看到"女乐师"起伏的胸部所产生的不安，而就像听到一个在几个世纪里回响的声音。因为，虽然墨水是新鲜的，但笔迹则出自一个已经死了 200 多年的人之手，一位名叫皮埃尔·雅凯 - 德罗兹的钟表匠。在他的儿子亨利 - 路易和养子皮埃尔·勒朔特的帮助下，雅凯 - 德罗兹于 1774 年在他位于拉绍德封的工场里制造了这三个人形机器，用发条来驱动，用齿轮和凸轮来编程。[70] 他们利用了仿真的材料，如皮革、软木和混凝纸，使机器具有生物的柔软、轻盈和贴合等性质。他们还可能在村里的外科医生的帮助下设计了人形机器的手，以真实的人手为模型来设计其骨骼结构。[71]

今天前来参观这些人形机器的观众融入了一个有两个半世纪之久的传统。当它们第一次在雅凯 - 德罗兹工场展出时，人们"从四面八方"涌来，据一位目击者说，"就像朝圣一样。花园和主干

图 4.5　雅凯 - 德罗兹的"素描画家"，由纳沙泰尔艺术与历史博物馆无偿提供

道上每天都挤满了马车，只有少数人因为下雨而退缩"。从早上 6 点开始，一直到晚上 8 点，雅凯－德罗兹一家人在两名工人的协助下，向大批观众展示他们的自动机。周边地区的所有地方贵族都来看表演，还有"各州的长官和他们的家人"，甚至连"法国大使本人也隐藏身份前来"。[72]

雅凯－德罗兹的自动机，就像它们的前辈一样，在欧洲的城市和宫廷中巡回展出；它们曾觐见过路易十六和玛丽·安托瓦内特，"素描画家"很乐意地为他们绘制了一幅肖像。[73]（根据故事的另一个版本，"素描画家"本应画出已故的路易十五的侧画像，但勒朔特在紧张中把机器设置错了，导致画出来的是一只小狗。）[74] 当雅凯－德罗兹的人形机器在巴黎时，沃康松本人也去观看，并对它们表示赞赏。[75]

在巴黎时，亨利－路易接受了一位富有的包税人的委托，这给了雅凯－德罗兹一家一个机会来发挥他们的想法，即人造机器可以具有有机的、仿真的质地。这项委托的内容是为包税人的儿子——亚历山大·巴尔塔扎尔·洛朗·格里莫·德拉雷尼埃——设计两只人工手，格里莫·德拉雷尼埃很快就作为美食家和众所周知的怪人而成名（他假装死去并策划了自己的葬礼晚宴，然后在用餐过程中从棺材里站起来，吓了客人们一大跳）。[76] 格里莫·德拉雷尼埃自己的手有先天畸形，他的父母创造性地隐藏了这一事实。他们让儿子秘密接受了洗礼（因此他的出生证明上没有贵族的标志，这一幸运之举很可能救了他的命，使他在法国大革命期间免于被送上断头台），并在童年时把他藏了起来。

对于那些确实见过他那双爪子般的手的人，他的父母提供了各种解释，比如说这个男孩曾经掉进了猪圈，被贪婪的猪啃咬。老格里莫·德拉雷尼埃对雅凯－德罗兹说，他的儿子是在一次狩猎事故中失去了双手，这个说法不那么耸人听闻。雅凯－德罗兹造出了一对义肢，使用的材料与其自动机相同，即在钢架上填充皮革、软木、羊皮纸和混凝纸。格里莫·德拉雷尼埃在使用这双机械手时总是戴着白色手套，它非常轻，只有约 480 克，据说其功能相当全面，可以让佩戴者写字和画画。雅凯－德罗兹公司在 18 世纪 90 年代继续设计这类假手和假臂。据传，沃康松在看到格里莫·德拉雷尼埃的一对义肢后，对雅凯－德罗兹的儿子说，"年轻人，你的起点是我本想到达的地方"。[77]

沃康松本人当时已经是名人了。18 世纪 70 年代初，当狄德罗和他的朋友——唯物主义者、好争论的克洛德－阿德里安·爱尔维修——就伟人如何成就伟业发生争论时，他们的第一个伟人榜样就是沃康松。[78]与此同时，做好准备的观众正等待着下一个机械的、同时也是哲学的造物。作家、展览评论家朱莉·德莱斯皮纳斯在 1775 年正遭受一场致命爱情的最后痛苦（之后不久她便去世了），她的爱人是作家吉贝尔伯爵。是年，当雅凯－德罗兹的机器在巴黎出现时，她在写给这位作家的信中描述了自己的痛苦："午夜，1775 年……在晚饭前，我要去看看克莱里街上的自动机，他们说这些装置很神奇。"她写道，她厌倦了在社会上的奔波，但她认为这些人形机器值得一看，因为"它们行动而不说话"。[79]不过，很快就会有喋喋不休的人形机器了。

排便鸭和会说话的头

话说回来，第一批人形机器似乎并不像传统意义上的钟表。相反，它们看起来像莱布尼茨意义上的钟表：不安、永不停歇、出于本能、主动、积极反应。某种对环境的反应，或至少某种反应的表象，是沃康松的第三台自动机的特点；这台自动机与它的同伴不同，它不是乐手，也没有施展任何技能。在沃康松 1738 年展览手册的卷首插图中，这台自动机低调地站在基座上，而两个巴洛克风格的乐手人偶华丽地摆好姿势，立在两边。

它是一只人造鸭子，而这只"鸭子"所做的事情，虽然在真实的鸭子身上并不显眼，但在机器身上却是如此不寻常，以至于它立即就占据了舞台焦点。就像赖泽尔的人造人和其他一些机器声称会做的那样，但这次是现场表演——"鸭子"排便（见图 4.6）。如果喂给它一些食物，那么相应地，它就会排便。首先，它狼吞虎咽地吃下一些玉米和其他谷物；然后，它意味深长地停顿一下；最后，它通过它的屁股释放了一种看起来很真实的"负荷"。这只"鸭子"还做了其他鸭子会做的事情——扇翅膀、拍水、竖起羽毛，但它的主要吸引力是它最后的排便，吸引了来自欧洲各地的人们前来观看。[80]

沃康松宣传他的人造鸭子是一目了然的：其镀金的铜制羽毛上有孔，可以看到里面。他诙谐地指出，尽管"一些女士，或一些只喜欢动物外表的人，宁愿看到……覆满羽毛的鸭子"，但他的"设计，更确切地说，是要演示行动的方式，而不仅仅是展示一台机器"。"鸭子"的动力来自包裹在下方圆筒上的重物，由它来驱动上方一个更大的圆筒。上方圆筒的凸轮推动一个由约 30 个杠杆组成的框架。这些杠杆与鸭子骨架系统的不同部分相连接，决定了它的各种动作，包括：喝水，"用它的喙在水中玩耍，并像真正的活鸭子一样发出嘎嘎的声音"，站起来，躺下，伸展和弯曲脖子，以及活动翅膀、尾巴，甚至是它的大羽毛。[81] 沃康松对自然的鸭子进行了详尽的研究，他的人造鸭子的每个翅膀都有超过 400 个铰接件，以模仿真实翅膀的每一块骨头上的每一个隆起。[82]

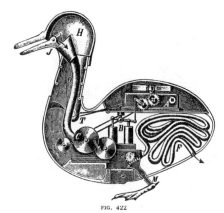

FIG. 422

CANARD DIGÉRANT

图4.6　上图是对沃康松的人造鸭子的图像再现，这张被大量翻印的插图源自1899年1月21日发行的《科学美国人》（*Scientific American*）杂志。其附带的描述和这张插图一样，与真实的沃康松的"鸭子"几乎没有什么相似之处。然而，图中的箭头有助于标示主要活动发生的位置。下图是巴黎艺术与工艺博物馆的馆长在1950年左右发现的一组神秘照片中的一张。这些照片放在他的前任留下的一个文件夹里，标签为"沃康松的人造鸭子的图片，接收自德累斯顿"。摘自：沙皮伊和德罗兹的《自动机》（*Automata*，1958年，第233—238页）

在涉及"鸭子"的消化和排泄过程时，沃康松叙述得模棱两可，这令人怀疑。一方面，他抗议说，"我没有假装提供一个完美的消化系统……我希望没有人会如此不怀好意地指责我，说我假装有任何这样的东西"。另一方面，他坚持认为，这些过程是"从自然中复制的"，食物的消化"和在真的动物体内一样，是通过溶解来实现的"，消化发生在鸭胃里的一个"食糜实验室"中。沃康松承诺将在"另一个场合"展示这些东西。[83] 这种对进一步解释的推迟引起了人们的怀疑。1755 年，一位批评家指责人造鸭子"不过是一个咖啡研磨机"。[84] 在 1782 年沃康松去世时，孔多塞侯爵作为法兰西科学院的永久秘书，负责为他写悼词，并巧妙地暗示了他也不相信人造鸭子真的会排便：他料想自然在这方面是无法模仿的。[85]

在接下来的一年，一位仔细观察人造鸭子吞咽机制的人发现，食物并没有继续沿着脖子进入胃部，而是停留在口管的底部。他推断，通过溶解消化食物所花费的时间要长于"鸭子"在吞咽和排泄之间所进行的短暂停顿，因此，这位观察者得出结论，谷物的输入和排泄物的产出完全没有关系，必须在每次表演前给"鸭子"的屁股装入假的排泄物。[86]

尽管是骗人的，但"鸭子"表演了一种可能性，即机器可以吃东西、消化和排便。在 1738 年，它引发了一个人们热切思考的问题：自然现象的工作方式是否在本质上与人工现象相同。如果机器可以排便，那么生命和技艺之间的分隔就被真正地弥合了。在人造鸭子诞生的 5 年前，即 1733 年，一位名叫马亚尔的机械师向巴黎科学院展示了一只"人造天鹅"，它坐落在桨轮上，能用桨划水，同时一组齿轮让它的头缓慢地左右摆动（见图 4.7）。[87] 而沃康松的

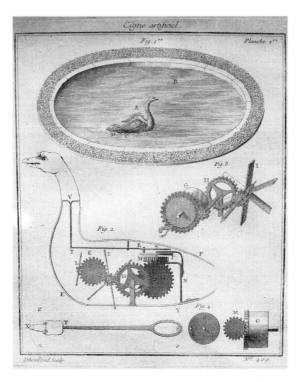

图 4.7 马亚尔的人造天鹅，由斯坦福大学图书馆特藏部无偿提供。摄影：安德鲁·舒帕尼茨

"鸭子"则是完全不同的东西。他并不满足于划水这一任何桨轮都能实现的成就，而是使人造鸭子假装进行一种体现其动物本性的表演。它的乐手伙伴们则用手指、肺、嘴唇和舌头来演奏乐器。在一种新的字面意义上，沃康松执行了他的计划。即使在他作弊的时候，他的不诚实也是为真实性服务，而不是为炫耀技艺服务：让机器在最朴实的意义上显得**栩栩如生**。

此前，沃康松曾两次设计过他所谓的"活动解剖结构"。他将第一个设计方案描述为包含"几个自动机"的机器，并"通过火、空气和水的运动在其中模仿几种动物的自然功能"。[88] 在"长笛手"、"鸭子"和"吹笛者"之后，沃康松又回到了他的活动解剖结构的研究课题，他在1741年向里昂学院提交了一份计划，准备制造一个自动机，"其运动将模仿所有动物的运作，如血液循环，呼吸，消化，肌肉、肌腱和神经的运动，等等"。他打算用这个自动机来"进行动物功能实验"，以便更好地了解"人的健康的不同状态"。[89]

这台实验机器从未完成，但20多年后，路易十五问沃康松能否制造一个血液循环的机械模型。[90] 沃康松制订了计划——一个循环系统的水力模型，国王批准了他在圭亚那制造机器的请求，他在圭亚那打算用"弹性树胶"（橡胶）来制作静脉。这个项目也从未完成，但这种静脉是第一个柔韧的橡胶管。[91] 沃康松的活动解剖结构是温暖的、由火加热的，液体在奔流，空气也在橡胶管道中快速流通。

能够呼吸和流血的人造机器变得司空见惯。[92] 在18世纪三四十年代，活动解剖结构是一种时尚。法国外科医生、经济改革家弗朗索瓦·魁奈设计了一台机器，用来测试医学疗法，特别是放血疗法。和笛卡儿一样，魁奈也相信，动物身体的运动来源是一种极易挥发的液体，在不同情况下被称为"动物精神"或"生命原则"，通过神经分布全身。魁奈认为，在不诉诸其特殊的、内在的主动性的前提下，物理学无法解释这种液体的作用。[93] 但他也认为，普通的液体同样具有主动性，特别是其寻求平衡的显著倾向。他强调，放血并不会减少某一特定血管中的血液量，因为当外科医生排空病人某条血管中的血液时，同样数量的血液会从分支血管中流过来替代它；通过建立循环系统的机械模型，他说服自己相信这一真理，即血液和其他液体具有这种有目的的活性。[94]

1739 年，魁奈的竞争对手，一位名叫克洛德－尼古拉·勒卡（Claude-Nicolas le Cat）的外科医生，发表了一份关于"自动机人"的描述（现已散佚），"在其中人们可以看到动物经济活动（animal economy）的主要功能的执行"，即循环、呼吸和"分泌"。[95] 我们不清楚这个早期项目的结果如何，但勒卡在 1744 年重拾这个想法，根据鲁昂学院的记录，他在那里宣读了一份轰动一时的实录。一大群人聚集在一起倾听一位证人报告说："勒卡先生告诉我们他的人造人计划……他的自动机将有呼吸、循环、准消化、分泌等功能，有淋巴、心脏、肺脏、肝脏、膀胱以及——上帝宽恕我们——所有由它们产生的东西。"与沃康松和魁奈一样，勒卡的想法也是人们可以在这个自动机上做实验，以测试医学疗法的效果。"让它发烧，我们给它放血，我们给它催泻，它将与人非常相似。"[96]

勒卡的自动机人具有"活人的所有运作"，不仅包括"血液循环、心脏的运动、肺部的活动、食物的吞咽、消化、排泄、血管的充盈以及放血的消耗"，甚至还包括"说话和语言的表达"——这显然跨越了机械身体和理性灵魂之间的笛卡儿界限。[97]

这个想法，即模拟语言表达的可能性，在 17 世纪产生了一个哲学讨论的传统。如果有些人仍然认为这是一个堂吉诃德式的概念，那么它在字面上是这样的：当堂吉诃德本人遇到一个会说话的铜头（连接着一个隐藏的人）时，他完全被它迷住了，尽管他的侍从桑丘·潘沙——一个不那么容易受影响的人——对它的谈话不以为然。[98] 与塞万提斯同时代的西班牙魔法作家马丁·德尔里奥也认为，"一个无生命的东西能发出人的声音并对问题做出回答"这个假设是不合理的，"因为这需要生命，需要呼吸，需要重要器官的完美合作，需要说话者有一定的推进话题的能力"。[99]

几十年后，德尔里奥清单上的一些项目似乎可以在人造机器中实现。阿塔纳修斯·基歇尔在 1673 年写道，关于大阿尔伯特的会说话的头和古埃及的说话雕像的传说，虽然某些怀疑者认为这些装置必定"或者是不存在的，或者是骗人的，或者是在魔鬼的帮助下制造的"，但其他许多人相信有可能制造这样的雕像，它有喉咙、舌头和其他说话的器官，当被风激活时，它会清晰地发出说话声（见图 4.8）。[100] 他的学生加斯帕尔·肖特（Gaspar Schott）也是一位多产的自然哲学家和工程师，肖特采取了同样的态度，甚至暗指基歇尔为瑞典女王克里斯蒂娜制造了一个会回答问题的机械雕像。[101] 毫无疑问，女王以前的哲学老师笛卡儿曾让她对理性语言和机械身体之间的关系产生兴趣。

虽然模拟人类说话的想法并不新鲜，但在 18 世纪中叶左右，实验哲学家和机械师对它重新产生了兴趣。他们认为说话是一种类似于呼吸或消化的身体机能，没有明确区分说话的理性方面和生理方面；甚至怀疑者所表达的怀疑也是针对其生理细节的，而不是原则性的反对意见。例如，在 1738 年对沃康松的"长笛手"的热情评论中，修士德方丹预言，人工机械永远不可能发出清晰的语音，因为说话的身体过程仍然是彻底难以理解的：人们永远不可能确切知道"喉部和声门里发生了什么……（以及）舌头的动作，它的折叠，它的运动，它各种各样的和不易察觉的摩擦，下颌和嘴唇的所有变化"。[102] 德方丹认为，说话在本质上是一个有机过程，只能在活的喉咙里进行。

德方丹并不是唯一有这种想法的人：在这一时期，对人工语音的可能性持怀疑态度的人普遍认为，人的喉部、声道和口腔太软、太灵活、太易变，无法被机械地模拟。1700 年左右，路易十四的私人医生德尼·多达尔向巴黎科学院提交了几份关于人声问题的实录，其中他认为声音和声音的调节是由声门的收缩引发的，而这些是"技艺无法模仿的"。[103] 当时担任科学院永久秘书的丰特内勒评论说，没有任何一种管乐器是通过这种机制（单一开口的变

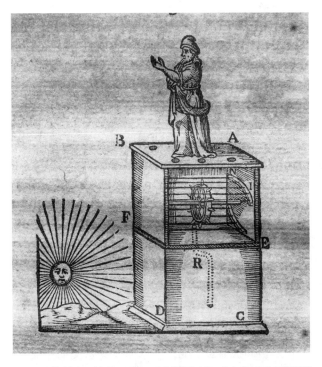

图4.8　阿塔纳修斯·基歇尔设计的一个会说话的人偶，摘自《埃及的俄狄浦斯》（*Oedipus Aegyptiacus*，1652 年），由斯坦福大学图书馆特藏部无偿提供。摄影：安德鲁·舒帕尼茨

化）产生声音的，它似乎"完全超出了模仿的范围……自然可以使用我们根本无法处理的材料，而且知道如何以我们根本不被允许知道的方式来使用它们"。[104]

最后一位指出物质上的困难的怀疑者是哲学家、作家安托万·库尔·德热伯兰，他评论道，"扩散到声门所有部位的颤动、其肌肉的抖动、它们对舌骨的撞击（舌骨会自己升高和降低）、空气对口腔两侧的反冲……这些现象"只可能发生在活的身体中。[105]另一方面，也有很多人持不同意见。例如，好争论的唯物主义者朱利安·奥弗雷·德·拉美特利观看了沃康松的"长笛手"并得出结论：语言机器"不能再被认为是不可能的"。[106]

在18世纪的最后30年里，一些人开始从事人工语音的研究。他们所有人都假定，口语的声音需要一个尽可能类似于喉咙和嘴巴的结构。这种假设，即会说话的机器需要模拟说话的器官，并不总是主导着对人工语音的思考。1648年，伦敦皇家学会的第一任秘书约翰·威尔金斯描述了一个会说话的雕像的计划，该雕像将利用"不清晰的声音"来合成语音，而不是模拟语音。他写道："我们可以注意到水的颤动就像字母L，热的东西的淬火就像字母Z，琴弦的声音就像字母Ng（原文如此），开关的开合就像字母Q，等等。"[107]但在18世纪七八十年代，语言机器的制造者大多假定，如果不制造一个会说话的头，就不可能创造出人工语音：这意味着要复制言语器官并模拟说话的过程。

第一个尝试制造这种机器的是英国诗人、博物学家伊拉斯谟·达尔文（Erasmus Darwin，查尔斯·达尔文的祖父），他在1771年宣称，他"设计了一个木制的嘴，嘴唇用柔软的皮革制成，在它的后部上方有一个阀门作为鼻孔"。老达尔文制造的会说话的头的喉部是"由丝带制成的……在两块光滑的木头之间拉紧，留有一点空隙"。它用"最悲伤的语气"发出"mama、papa、map 和 pam"的声音。[108]

下一位制造模拟人说话的机器的是法国人米卡尔修士，他在 1778 年向巴黎科学院展示了一对会说话的头（见图 4.9）。两个机械头包含"几个不同形式的人工声门，排列在紧绷的膜上"。通过这些声门，它们表演了一段赞美路易十六的对话：第一个机械头吟诵道，"国王给欧洲带来了和平"；第二个机械头回应道，"和平给国王带来了荣耀"；第一个机械头补充说，"和平给人民带来了幸福"；第二个机械头总结说，"哦，亲爱的国王，您的子民的父亲，他们的幸福向欧洲展示了您王座的荣耀"。[109]

巴黎的八卦作家、回忆录作家路易·珀蒂·德·巴绍蒙注意到，这些机械头如真人头一般大小，但覆盖有一层粗劣的镀金。它们说话含含糊糊，吞吞吐吐，而且它们声音嘶哑，发音缓慢（巴绍蒙可能还补充说，它们的对话也不令人振奋）。然而，尽管如此，它们不可否认地拥有"说话的天赋"。被委任检查米卡尔制造的会说话的头的院士们一致认为它们的发音"非常不完美"，但无论如何还是批准了这项工作，因为它是在模仿自然的情况下完成的，包含了"一样的结果，与我们在解剖……发音器官时所欣赏的相同"。根据巴绍蒙的记录，院士们对米卡尔修士的印象如此深刻，以至于 1783 年 9 月 19 日在凡尔赛举行的蒙戈尔菲耶热气球试验中（一只羊、一只公鸡和一只鸭子在这次实验中成为世界上第一批航空乘客），来自科学院的六位代表邀请米卡尔陪同他们的代表团，并将这位著名的会说话的头的制造者介绍给国王。[110]

第二年，可能是在数学家莱昂哈德·欧拉的鼓动下，圣彼得

图 4.9 米卡尔修士制造的一对会说话的机械头。法国国家图书馆

堡科学院主办了一次有奖竞赛，以确定元音的性质，并制造一种类似于人声风琴管的乐器来表达元音。圣彼得堡科学院的成员克拉岑施泰因获得了该奖项。他使用了一个人造声门（一个簧片）和根据舌头、嘴唇和嘴巴的位置制造的风琴管来发出元音。[111]

在 19 世纪之前，又有几个人制造了会说话的头。其中包括肯佩伦，这次他的巧妙技巧不是用来取悦女皇，而是为了科学目的：揭开语言发音的秘密。1791 年，他发表了《关于语言机器的描述》[112]，其中他宣称已经将风箱和共鸣器连接到类似人声的乐器上，如双簧管和单簧管；他还像克拉岑施泰因一样，尝试改进人声风琴管。这样的尝试持续了 20 年之久，他说，他一直坚持着一个信念，即"**语音必须是可模仿的**"。最终的装置用风箱做肺，用象牙做声门，用皮革做声道——带有用铰链做的舌头，用橡胶做口腔，口腔的共鸣可以通过开关阀门来改变，还有一个鼻子，用两个小管做鼻孔。该设备上的两个杠杆与口哨相连，第三个杠杆与一根金属线相连，金属线可以放到簧片上。这些能够使机器发出流音和摩擦音：Ss、Zs 和 Rs。[113]

这台机器产生了一个经验发现，让人回想起沃康松的发现，即一个特定音调的吹气压力取决于它前面的音调。肯佩伦宣称，他首先试图独立地产生给定单词或短语的每个声音，但失败了，因为连续的声音需要从彼此的关系中确定其特征："只有通过它们之间存在的比例，并在全部单词和短语的衔接中，说话的声音才会变得清楚。"听着他的机器发出的模糊不清的语音，肯佩伦意识到了语言机械化更进一步的制约因素：理解力对语境的依赖性。[114]

肯佩伦的机器只是勉强地取得了成功。据报道，它以幼稚的声音咿咿呀呀地说话，朗诵元音和辅音。它发出了诸如"妈妈"和"爸爸"之类的词，并说出了一些短句，如"你是我的朋友——我全心全意地爱着你"[115]，"我的妻子是我的朋友"[116]，以及"和我一起去巴黎"[117]，但说得不太清楚。今天，这台机器藏于德国慕尼黑的德意志博物馆。肯佩伦和他的支持者强调，这个装置并不完美，并解释说，与其说它本身是一台语言机器，不如说它是一台展示了制造语言机器的可能性的机器。[118]

在 18 世纪 70 年代、80 年代和 90 年代的这一阵活跃之后，人们对语音模拟的兴趣有所下降。19 世纪的一些人，包括发明家查尔斯·惠特斯通（Charles Wheatstone）和亚历山大·格雷厄姆·贝尔（Alexander Graham Bell），在肯佩伦和米卡尔的语言机器以及更早期的其他会说话的头的基础上，制造了他们自己的版本。[119] 但在大多数情况下，人工语音的设计者再一次将注意力转向语音合成而不是语音模拟：通过其他手段复制人类说话的声音，而不是试图复制说话的实际器官和生理过程。[120]

1828 年，罗伯特·威利斯——就是那个否定了"土耳其人"的智能可能性的人，现在已经在剑桥大学担任教授——轻蔑地写道：大多数研究元音性质的人"似乎从未在发声器官之外寻找它们的来源"，显然他们假定，如果不是由发声器官产生，元音就不可能存在。换句话说，他们把元音当作"人体的生理功能"，而不是"声学的一个分支"。事实上，威利斯认为，元音完全可以通过其他方式产生。[121] 说话的声音是否可以复制，此问题独立于发声器官本身是否可以被人工模拟。迟至 1850 年，法国生理学家克洛德·贝尔纳在他的笔记本上写道："喉是喉，晶状体是晶状体，也就是说，它们的机械或物理条件只能在活体中实现，此外没有任何地方可以实现。"[122]

对语音模拟的失望是如此之深，以至于当约瑟夫·法贝尔（一个移民至美国的德国人）在 19 世纪 40 年代末设计出一个令人印象相当深刻的会说话的头时，他无法让任何人注意到它。法贝尔制造的会说话的头以肯佩伦和米卡尔的装置为蓝本，但要精致得多（见图 4.10）。它有男人的头和躯干，打扮得像个土耳其人，其内部是风箱、象牙声门和舌头、一个可调节的共鸣室，以及具有橡胶上颌、下颌和脸颊的口腔。这台机器可以发出所有的元音和辅音，并通过杠杆连接到一个有 17 个键的键盘上，因此法贝尔可以像弹钢琴一样弹奏它。1844 年，他在纽约市首次展出了这台机器，在那里它没有引起多少关注。然后他把它带到了费城，运气也没有更好。P. T. 巴纳姆（P. T. Barnum）在费城找到了法贝尔和他制造的会说话的头，把这台机器改名为"欧福尼亚"（Euphonia），并带它到伦敦巡回展出，但即便是巴纳姆也无法使它获得成功。最后，"欧福尼亚"于 19 世纪 70 年代末在巴黎展出，在那里，它基本上

图 4.10　约瑟夫·法贝尔制造的会说话的头，在广告中以巴纳姆的"欧福尼亚"为名义进行宣传。马戏世界博物馆，威斯康星州巴拉布市

被忽略了，不久之后，关于它的所有记录都消失了。[123]

　　会说话的头的时代已经过去了。在 20 世纪早期，人工语音的设计者从机械语音合成转向电子语音合成。[124]对说话器官和过程——颤动的声门、易变的声道、柔软的舌头和嘴巴——的模拟是 18 世纪最后几十年的特有现象，当时哲学家、机械师和付费观众都曾短暂地专注于这样的想法，即发音的语言是一种身体机能：笛卡儿的身心之分或许在语言器官中得到弥合。

劳动分工

　　哪些动物和人类的功能可以由人造机器来完成呢？上一节中的实验性自动机，如人形机器、活动解剖结构、会说话的头，都是为了哲学和娱乐目的而设法解决这个问题。它们的近亲，一种新兴的工业自动机，通常由同样一批人设计，采用同样的关键设备，并在社会和经济层面设法解决同样的问题。跟随着机械长笛手和机械鸟，它们很快就会引领你前往自动化的工厂。

　　例如，在沃康松的"鸭子"首次展出前的近半个世纪，一只用铁和象牙制作的"孔雀"已经有了同样的名声。据报道，这只"孔雀"吞下食物，并通过发酵过程消化食物，然后展示其结果。这只"孔雀"是一位名叫让－巴蒂斯特·德热纳的法国伯爵的作品，他是一位机械发明爱好者，对生物行为的机械化有着持久的兴趣。他曾向巴黎科学院提交了一份半自动织机的设计，尽管他的织机和机械孔雀似乎都缺少一些关键部件。[125]

　　这位机械孔雀发明家后来的事业非常辉煌，他是探险家、船长、奴隶贩子，最后成为安的列斯群岛的圣克里斯托夫殖民地的总督。[126] 但在所有这些事业中，他作为人造鸟的创造者的名声一直伴随着他。让－巴蒂斯特·拉巴——多明我会的神父和传教士、博物学家、探险家、士兵、工程师、种植园主和马提尼克岛的奴隶主——在1700年的一次访问中，见证并记录了一段关于德热纳的谈话，谈话的一方是克里斯托弗·科德林顿——一位出生在巴巴多斯的背风群岛总督。拉巴回忆说：

> 我在他们的谈话中注意到，（英国人）是多么自负，他们对其他国家，尤其是对爱尔兰人几乎没有任何尊重。因为当有人说法国殖民地非常薄弱时，科德林顿先生立即回答说，这取决于德热纳先生，如果他不能增加殖民地的法国人口，那就得由他来增加爱尔兰人口。我请科德林顿先生告诉我其中的秘密，以便让德热纳先生知道。他高兴地说，你知道德热纳先生造了一只会走路、吃饭和消化的"孔雀"吗？我回答说我确实知道。他继续说，好吧，让他造五六个团的爱尔兰人。这要比造一只孔雀容易得多。既然他如此聪明，他就能想到办法让他们做出必要的动作，以便进行射击和战斗；通过这种方式，他将使殖民地发展到他想要的程度。[127]

自动机是这批现代化的经营者、帝国主义者和奴隶主关注的焦点。将机器等同于各种地位低下的人，如奴隶、应征士兵、工人，是一个有吸引力的假设，也是自动机器——无论是工业的还是实验性的——发展过程中反复出现的主题。在这样的对话中，机器毫不奇怪地具有明显的笛卡儿主义的含义：它们象征着理性灵魂的缺乏，以及推理和思维能力的缺乏。

自动织机和会排便的机械鸟，虽然看起来令人惊讶，但在不止一个例子中，它们的制造者是相同的。与德热纳一样，沃康松也制造了一台自动织机；1741 年，国王的财政部部长菲利贝尔·奥里招募沃康松成为丝绸制造业的督查员。[128] 这一邀请实际上是为了留住这颗冉冉升起的新星：年轻的普鲁士国王腓特烈二世登基后的第一批行动就包括邀请沃康松加入其宫廷。但沃康松留在了法国，为他自己的君主工作。腓特烈二世和路易十五之间的这场小斗争表明，在当权者的眼中，制造人形机器（即使不说制造会排便的机械鸟）是件严肃的事情。

现存于巴黎艺术与工艺博物馆的 1745 年的自动织机是沃康松三台自动织机的近亲：它是由同一批巴黎工匠打造的，而且工作方式也类似。一个旋转的圆筒根据要编织的图案打孔，它对着一个水平针的框架转动，该框架与从经线上来的垂线相连；圆筒上的间隔将相应的针向前推，而孔则使它们保持在原位；留在原位的针与相应的线相连，然后被杆子抬起，提起选定的经线。[129]

沃康松吹嘘说，用他的机器，"一匹马、一头牛、一头驴织出的织物都要比最聪明的丝绸工人织出的织物漂亮得多，完美得多"。他想象了一个幽灵工厂，在这个工厂里，"人们看到织物在织机上自行织造，没有人干预……经线打开，梭子自行穿梭，筘打紧布匹，布匹自己卷到圆筒上"。1745 年 11 月的《法兰西信使》（*Mercure de France*）有一篇对织布机的热情评论，其中引用了这些说法。[130] 沃康松提到，"理解设计"是丝绸生产中"最需要智力的操作"。"它是如此难懂，以至于需要三四年的时间才能学会"。

但是，在自动织机上，这个操作变得"如此简单，以至于……唯一需要的知识就是知道如何数到十"。所以，"最无知的人"都可以替代那些更聪明的、要求更高薪水的人。[131]

发明家并没有发明对工人的划分，而当时的政治经济学依赖于这些划分。例如，重农学派来自以魁奈为首的法国经济理论家和改革家学派，他们的经济计划建立在一种区分之上，这种区分类似于"生产性"和"非生产性"工人类型的划分（尽管并非完全相同）。根据重农学派的观点，唯一的生产性工人是农业工人，他们通过字面意义上的土地种植来生产经济中的所有价值；经济的其他部分，即制造业和商业，仅仅涉及同等价值的"非生产性"交换，而没有产生新的价值。事实上，即使是生产性的农业工人，与其说是价值的生产者，不如说是价值的接生婆，他们"接生"来自土地的价值。重农学派认为人类的生产和经济活动本质上是贫瘠的，因此他们还提倡尽可能用动物和机器来取代人类工人。[132]

沃康松提到了智力工作与非智力工作，这种特定的歧视是旧制度社会等级的核心。例如，狄德罗和达朗贝尔的《百科全书》将"艺术家"定义为从事一些机械技艺的工人，他们的工作需要最多的智力，而"工匠"的工作则需要最少的智力。[133] 但是，自动织机改变了智力和非智力工作的分类。它将理解设计降低至最低的等级，而理解设计曾是纺织生产中最需要智力的工作。当织造成为非智力工作时，织物设计仍然是人类技艺的一个要点；事实上，沃康松预示，他的自动织机将"为天才的织物设计师……开辟广阔的新领域"。[134]

缫丝这一相对低级的工作也仍然是个技术活。事实上，法国纺织品面临的最大问题就集中在这一基本任务上，即从蚕茧中抽出长纤维并将其卷成丝线。法国国内市场上的丝线质量非常差，制造商们经常不得不从皮埃蒙特进口丝线。奥里——那位招募沃康松的财政部部长——特别担心意大利在丝绸领域的竞争，因此沃康松作为丝绸督查员的第一项工作就瞄准了改进国内的原材料。[135] 他的诊断是，缫丝是一项精细且需要熟练技术的工作，但养蚕的农民一般把蚕茧带到市场上，卖给或交易给商人和各类工匠。然后，这些人会自己缫丝，或者雇用农妇来做，但是他们都没有受过任何培训。

为了改善这种状况，沃康松建议培养一批专业的缫丝工，即受过缫丝培训的妇女，并制定标准。为了实现这两点，他想成立一家由丝绸贸易商和制造商组成的公司，进而建立 7 家工厂，组成一个由皇家财政部担保的皇家制造厂，缫丝便可在理想的条件下进行。[136] 根据里昂市 1744 年的一项条例，皇家制造厂得以建立，但它随即卷入了里昂约 250 名丝绸贸易商 - 制造商与约 3 000 名工人师傅之间的激烈斗争中，这些工人师傅经营着商店，有的还成功建立了自己的商店（1744 年大约有 160 家独立商店）。工人们不久前赢得了胜利，废除了某些贸易商 - 制造商的垄断权，这增加了他们获得独立的机会。

沃康松希望取得贸易商 - 制造商的合作，因此他恢复了他们的垄断权，这激起了丝绸工人的罢工，随之而来的则是 18 世纪大革命之前最为严重的骚乱。他被迫在夜深人静时伪装成修士逃离里昂，该条例也被废除。自动织机和皇家制造厂在一开始都没有成功，但这两个体系，即机械体系和社会体系，将在大革命期间和之后的几十年里建立起来。到那时，社会制定的机械标准已成为普遍现象，机械工程和社会工程不可分割。[137]

机械计算器产生了与自动织机相似的效果，将计算从智力的典范降为智力的对立面。[138] 如果机器可以计算，那么某些其他方面——比如决策或语言——一定是人类智力的象征。布莱兹·帕斯卡发明的机器是最早的计算机器之一，他在记忆和判断之间划定了界线，他说机器可以提供记忆，而判断则由机械计算器的人类操作员来完成。[139] 甚至莱布尼茨——他设计了另一个早期机械计算器——似乎也并不认为他的装置是永不停歇的或者具有感知能力。相反，他写道，它将拯救"优秀的人"，使他们不再"像奴隶一样在计算劳动中浪费时间"。[140] 在 19 世纪 30 年代，查尔斯·巴贝奇设计并部分完成了他的计算机器，即"分析机"和"差分机"，而他的想法主要基于人类工人的等级分类。

巴贝奇的分析机以沃康松的自动织机［后来，一个叫约瑟夫·雅卡尔（Joseph Jacquard）的织工改进了它，他的姓氏至今仍被用来称呼"提花织机"］为原型。织布机的打孔卡所代表的系统在本质上与人形机器的凸轮轴系统相同，用孔而不是用栓钉来引导杠杆和滑轮系统的运动。巴贝奇后来解释说，这种织机可以织出"人类想象力所能想到的任何图案"，其方法是根据要织出的图案在"一组纸板卡片"上打孔。[141] 类似地，出于同样设计的分析机应该能够进行任何代数计算。埃达·拜伦——洛夫莱斯伯爵夫人、拜伦勋爵的私生女、巴贝奇的合作者——评论道，"我们可以毫不偏颇地说，分析机**编织代数式**，就像提花织机编织花和叶一样"。[142]

巴贝奇将他对计算机器的想法追溯到 1812 年或 1813 年的一个晚上，当时他还是剑桥大学的学生，在分析社团里消磨时间，分析社团是由他和一些本科生同学组织的数学俱乐部。巴贝奇一直坐在那里，他的头"向前靠在桌子上，精神有点恍惚"。他后来回忆说："一张对数表在我面前铺开。另一个成员走进房间，看到我半梦半醒，叫道：'哎，巴贝奇，你在做什么梦呢?'我回答说，'我在想，所有这些表格（指着对数表）或许都可以用机器来计算'。"[143]这个想法一直伴随着他。在他与自动机"土耳其人"的国际象棋比赛之后不久，即在1821年的夏天，巴贝奇与一位朋友——天文学家约翰·赫歇尔——坐在一起，为天文学会检查一些数学表格。他们发现这些表格错误百出，巴贝奇沮丧地喊道："老天啊，我多么希望这些计算是用蒸汽动力来完成的!"[144]那时，他已经开始着手设计能够完成这项任务的机器。

在解释他的机械计算机的方案时，巴贝奇把制作数学表格的工作分为三个等级，将计算置于三等级的底层。最高等级是确立公式，必须是"杰出数学家"的工作。第二等级是研究如何将公式应用于特定的计算，需要"相当的技巧"。第三等级是进行实际的计算，只需要一点点能力，所以巴贝奇相信这可以由他的计算机器完成。他把这种"脑力劳动的分工"归功于法国工程师加斯帕尔·里什·德普罗尼，而德普罗尼又说，他的灵感来自亚当·斯密关于大头钉制造的著名描述作为劳动分工的一个例子：

> 一个人拉出铁丝，第二个人把它拉直，第三个人把它截断，第四个人把它削尖，第五个人磨它的顶端以便装上钉头。制造钉头需要两三道不同的操作。装钉头是一项专门的业务，把大头钉涂白是另一项专门的业务，甚至把它们装进纸盒本身就是一个交易。以这种方式，制造大头钉这项重要的工作被分为大约18种不同的操作，

在一些工厂，这些操作都是经由不同的人手完成的。[145]

这启发了德普罗尼，他试图将制表工作简化为一些足够简单的操作，就连非专业的工人也能完成它们。果然，德普罗尼雇用了一些美发师，这些人因后大革命时代人们的发型简化而失业。对巴贝奇来说，他们能做这项工作意味着机器也可以做。[146]

在沃康松的"长笛手"和巴贝奇的计算机器之间的80年里，发明家、哲学家以及社会和经济改革者都在思考身体、感觉和智力，机械和思想之间的可能关系。在他们这样做的时候，"机器"（machine）这个词的含义经历了逐步的转变。狄德罗的《百科全书》（1765年）将"机器"中性地定义为"用于增加或引导动力的东西"。[147]在《法兰西学术院词典》（*Dictionnaire de l'Académie française*）前五个版本中，"机器"的定义基本相同："适合于移动、拉动、举起、拖动或投掷东西的器械、装置"，以及比喻性的用法，诸如"人是一台令人钦佩的机器"。[148]

只有在《法兰西学术院词典》第六版中，"机器"的含义才包括"（暂定性的和比喻性的）**它只不过是一台机器，一台纯粹的机器，一台行走的机器，一个没有精神、没有能量的人**"。[149]"机器"的这种新的"比喻性的"含义反映了新构建的机器和人的图景。粗笨机械论对于心灵和机械的区分渗透进了工业化的进程，这一进程最终表现为对于社会和经济世界的粗笨机械论划分，以心灵为一方，以机械为另一方。新的自动机工人阶层包括人类、动物以及机器。工业改革者和自动化机器的发明者都认为他们的任务是进行一种巧妙的、有利可图的划分——将智力从劳动中、将设计从执行中、将能动性从机械中划分出去。

第 5 章

机器先生奇遇记

人形机器的喋喋不休、叹息声和歌唱声在耳边响起，日益增加的自动机劳动景象映入眼帘，正在崛起的新一代作家们接受了生命机器的观念。他们努力的结果是启蒙运动的"人机"（man-machine），[1]一个假想的人物，他引导了这个世纪的哲学、道德、社会和政治讨论。启蒙运动的人机是一个伟大的思想实验，尝试将人的自我重新融入物质世界，将灵魂重新融入机器。人们第一次试图想象，人是否真的可以成为一台彻头彻尾的机器，成为由运动部件组成的纯粹物质集合，以及这可能意味着什么。

它意味着一件事情，即有了一个新的基础来对各种人类机器进行分类和排序。男人和女人，织工和诗人，霍屯督人、休伦人和拉普兰人现在都可以根据他们的机器组织来进行分类和排序。启蒙运动的人机思想实验还提出了另一个问题，该问题同时是道德的、哲学的和科学的。这又是熟悉的能动性问题：一个纯粹的物质造物可以有什么样的能动性？在关于这个问题的对话中产生了一个答案。这是一种极为重要的新的可能性，严格意义上的物质存在的能动性形式，即随着时间的推移创造自己的能力，"自组织"的力量。

人机思想实验有一个主要作者，我们的故事就从他曲折的讲述开始。

机器先生去柏林

　　在奥地利王位继承战争中，路易十五与普鲁士国王腓特烈二世秘密结盟，1744 年秋季，路易十五正在围攻弗赖堡城。在围攻期间，一位名叫朱利安·奥弗雷·德·拉美特利的年轻医务官出现了严重的高烧症状，他隶属于法兰西近卫军的一个团。腓特烈二世很快就成了拉美特利的保护者和赞助人，腓特烈二世后来讲述了这个故事，"对于哲学家来说，一场疾病就是一次生理学研究课"。作为一个有哲学倾向的人，这位神志不清的医生抓住这个机会，观察发烧对精神功能的影响。"他相信他能清楚地看到，思想不过是机器组织的一个结果，发条的紊乱对我们的这一部分有相当大的影响，形而上学者则将这一部分称为灵魂。"[2] 腓特烈说道，拉美特利是从这个早期的谵妄状态中获得了他的思想方向，让读者来判断这是否有讽刺意味吧。[3]

　　即使在身体健康的时候，拉美特利也是明显头脑发热的样子。托马斯·卡莱尔后来这样描述他，"激奋且说个不停"，只有"**最低限度**"的谨慎。[4] 他在布列塔尼的港口城市圣马洛出生并长大，是一个富有的纺织商的儿子。拉美特利是一位辩论家。在康复期间和康复之后，他一直在探索这样的想法，即机器是思想的基础，并且，"其他人认定有某种高于物质的本质，而在那里，他只找到了机械"。[5] 在他的第一部哲学作品《心灵的自然史》（*L'histoire* *naturelle de l'âme*，1745 年）中，拉美特利写道，他确信思想必定是一种身体机能。当巴黎高等法院判决这本书要被公开烧毁的时候，拉美特利动身前往莱顿。然而，一到那里，他又继续致力于发展他的想法。疾病并不是身体状态影响精神状态的唯一例子。拉美特利编制了一份长长的清单，列出一系列可能影响心灵的物品或状态，包括鸦片、酒、咖啡、睡眠、怀孕（及其"可怕的阴谋"）、年龄、气候、天气、饥饿（"一顿饭的力量！"），当然还有性欲，"男人或女人的另一种狂热……受制于节欲和健康"。[6]

他还考虑了精神对身体状态的影响。例如，为什么"看到或仅仅想到美丽的女人就会引起这样奇怪的动作呢？"仅仅想到女性的美丽，"某些器官"就会有反应，拉美特利认为，这毫无疑问地证明了想象力和肌肉之间的密切联系。他推断，想象力能够激发身体中的一系列发条："如果不是通过血液和精神的混乱和骚动，以非同寻常的速度奔流并使空心管膨胀，那怎么会有如此的效果呢？"[7] 拉美特利就这样被人类机器的想法所吸引，创作了他最重要的作品《人是机器》（*L'homme machine*，1747 年）。虽然没有生病，但他的风格依然很狂热，甚至他的支持者都承认这一点，"他写了《人是机器》，不过倒不如说，"腓特烈修正道，"他把一些有力的唯物主义观点写在了纸上，毫无疑问，他打算重写这些内容。"[8]（私下里，在拉美特利死后给他妹妹的信中，腓特烈评论道："所有认识他的人都为他感到遗憾。他是个同性恋者，是个好人，是个好医生，也是个非常糟糕的作家。但是，如果不读他的书，和他在一起就会非常快乐。"）[9]

在拉美特利写在纸上的有力思想中，有这样一个声明：灵魂不过是"一个徒劳的词"，它指的是"思考的器官"，即大脑。这个器官有"用来思考的肌肉，就像腿上有用来走路的肌肉一样"。[10]
既有严肃的考虑，也有恶作剧的意图，以他一贯的混合做法，拉美
特利把这个哲学上的烫手山芋交给了惊愕的阿尔布雷希特·冯·哈
勒尔。哈勒尔是瑞士生理学家、诗人、小说家、政治理论家、神学
家，也是拉美特利的遗嘱受益人。两人完全是同时代人，都曾在莱
顿大学师从植物学家、医生、机械论哲学家赫尔曼·布尔哈弗。[11]
但是，与拉美特利的唯物主义相反，哈勒尔是加尔文宗信徒，是个
性情温和的人，在教义上也是个温和派。[12] 布尔哈弗的学说小心翼
翼且模棱两可，关于他的思想遗产，他的两个学生理解得截然不
同：哈勒尔将布尔哈弗解释为一个虔诚的二元论者，而拉美特利则
将布尔哈弗视为一个无所畏惧的唯物主义者。

当时，哈勒尔准备引发一场争论。他首先在讲座中，然后在
印刷品中提出了他的生理学的核心思想，即对动物组织的两种能力
的识别。第一种能力，"应激性"（irritability），是肌肉组织所特有
的：对刺激做出反应的收缩能力，哈勒尔认为它是动物运动的基
础。第二种能力，"应感性"（sensibility），存在于神经中。[13]

应激性和应感性是通用的理念，可以被不同的人利用。一些
人认为在活的组织中有某种特殊的、有生命的力量，应激性和应感
性正是这种力量的证据；而唯物主义者相信仅凭一般的物质就能给
出解释，应激性和应感性则为物质的解释力提供了支持。[14] 但哈勒
尔强烈地反对这两种观点。作为一个严格的机械论者，他认为生理
学只不过是对"有生命的机器"的运动的描述，[15] 他不喜欢特殊的
活力。但哈勒尔也自许为抽在无神论者和唯物主义者身上的鞭子。
拉美特利的哲学既是唯物主义的，又充满了有活力的液体和力量
（这些液体和力量是由哪种物质构成的？他并没有为这类细节问题

费神），他引用了应激性和应感性来服务于这两个方面；在《人是机器》中，拉美特利讨论了肌肉应激性，事实上已经预见了哈勒尔的说法。[16] 总之，当哈勒尔在一边抵挡有活力的液体，在另一边抵御唯物主义时，拉美特利和他的《人是机器》巧妙地在每一边都埋下了刺。

拉美特利的宣言甚至在荷兰都太过火了，《人是机器》和前作《心灵的自然史》一样，在城市广场上被仪式性地公开烧毁。[17] 然而，它从灰烬中重生了，在正在加速发展的启蒙运动中引发了一个最为典型的争论，并成为哲学辩论的支点。[18] 这位被驱逐的作者也在腓特烈位于柏林的宫廷里重新获得立足之地。他在那里扮演着多重角色，他的正式身份是君主的侍读，但他也是个讨人厌者和宫廷弄臣。[19] 他装出一副和国王很熟悉的样子，毫不客气地"倒在沙发上，伸着懒腰。天气热的时候，他打开衣领，解开背心的扣子，把假发扔在地上"。[20] 腓特烈讨厌和拉美特利分开，拉美特利和他一起玩，逗他笑，[21] 这引起了很多人的嫉妒。事实上，卡莱尔贬损拉美特利形象的描述依赖于竞争对手们——特别是伏尔泰——的叙述，他们嫉妒拉美特利赢得了腓特烈的如此关注。所以，对于这些描述，我们应该持怀疑态度，尽管可能并非完全不可信。

拉美特利使用了一点点带有针对性的机智手段，便发现了伏尔泰的幽默感的极限。他告诉伏尔泰，腓特烈曾对他说过，"我最多再要他一年；你榨了橘子，就把皮扔了"。橘子皮事件折磨着伏尔泰，他自嘲地说："我应该相信吗？这可能吗？什么！在16年的善待之后……我牺牲了一切来为他服务……一位国王……他曾告诉我他爱我……这让我无法接受。"[22] 虽然他挣扎着不相信，"但我还是梦见了那块橘子皮"，伏尔泰感叹道，"……恐怕我就像那些戴绿帽子的男人一样，强迫自己认为他们的妻子是非常忠诚的"。[23] 伏尔泰的橘子皮恐慌是有代表性的：通过同样程度的夸张的愚蠢或恶毒的聪明技巧，或者可能通过两者的有效结合，拉美特利用最能激怒启蒙运动主要参与者的方式来戏弄和挑衅他们。

在腓特烈的柏林宫廷的短短三年里，拉美特利就像一个活跃的旋风。他在 8~10 部作品中详细阐述了他那挑起争论的哲学，并且在腓特烈的授意下，成功当选为普鲁士皇家科学院院士（见图5.1），这让科学院的许多成员感到失望。[24] 与此同时，他乐此不疲地挑起争论的火焰，为了好玩隐姓埋名地加入他的反对者的行列。哥廷根的一位哲学教授给了拉美特利一个开口的由头，他建议这位《人是机器》的作者，如果他的主张是正确的，那么他自己也是一台机器，因此不需要对他生产的胡言乱语负责。[25] 拉美特利高兴地接受了"机器先生"（Mr. Machine）的绰号，并很快写出一本匿名的、自我讽刺的小册子，描写这个角色的生活，并更加突出地描写了他的死亡。

在断定鸦片是让机器快乐的秘密之后，机器先生因沉迷于大剂量的老鼠药而过早地死掉了。但是，我们不能责怪一个相当于"**巴黎**的**沃康松**先生的鸭子"的造物："如果你愿意，请提醒自己，这是**机器先生**。机器的行为并非随心所欲，而是必须如此。"[26] 这段恶作剧性质的故弄玄虚包含了某种切中要害的洞察力，也许还有一股悲伤的暗流。

尽管他在正式场合总是显得很快乐，但这位哲学小丑似乎对他的流亡感触很深。伏尔泰说道，"虽说他是普鲁士国王的侍读，但他渴望回到法国。这个如此快乐的人，被认为是一个对任何事情都会笑的人，有时会像个婴儿一样哭着要来这里"。[27] 伏尔泰显然

图 5.1 阿道夫·冯·门策尔（Adolf Von Menzel），《圆桌》（*Die Tafelrunde*，1848 年）。腓特烈二世在无忧宫举办晚宴，招待普鲁士皇家科学院的成员，其中包括伏尔泰，他在图中左侧，身穿紫色大衣，身体前倾，而拉美特利背对着他。柏林普鲁士文化遗产图像档案馆 / 柏林国家博物馆，国家画廊 / 纽约艺术资源馆

不会反对拉美特利回归祖国，他附上了拉美特利给黎塞留的信，请求黎塞留为他争取赦免，让他回到法国。但是，在这件事实施之前，拉美特利突然以一种适合他的戏剧性的方式退出了历史舞台。伏尔泰带着一种窃喜之情写道，"我们的疯子拉美特利，刚刚下定决心去死……我无法抑制住内心的惊愕"。[28]

拉美特利曾经去看望泰康奈尔勋爵，他是爱尔兰的詹姆斯党人，也是路易十五在柏林的大使。泰康奈尔身体不适，要求君主的这位侍读兼弄臣到场为他助兴。就在泰康奈尔夫人坐下来准备吃饭的时候，拉美特利来了，据伏尔泰说，他"大吃大喝，谈笑风生，比其他所有人都要活跃；当他已经吃得很饱的时候，他们端上了一份伪装成野鸡肉的鹰肉酱，从北方运来，与劣质的猪油、剁碎的猪肉和生姜均匀地拌在一起。我的拉美特利吃了全部肉酱，第二天就死了"。[29] 当时的人称其为"消化不良"，历史学家们则一致认为是"食物中毒"。但如果伏尔泰的描述是准确的，那么中毒，总之，似乎也是一个好说法。"以上就是我的英雄，我们上演的一场滑稽剧（farce）"，这句话是伏尔泰写给黎塞留的评价，是一句双关语，"farce"既是喜剧的一种形式，也是一种馅。[30]（同样滑稽的是，伏尔泰甚至还在想着剥皮的水果："在拉美特利临死前，我本想向他询问关于**橘子皮**的消息。这个即将出现在上帝面前的善良的灵魂是不可能撒谎的。"）[31]

　　这位唯物主义者的死亡方式立即成为对其原则的检验。伏尔泰表示："要想知道他是作为基督徒还是作为医生死去的，现在尚有很大的争议。"据伏尔泰说，拉美特利到最后都是一个好的无神论者，他乞求埋葬在泰康奈尔的花园里，但这一最后的优待被拒绝了："他的尸体肿胀起来，大得像个木桶，被随意地抬进了天主教教堂，如果发现自己在那里，他肯定会非常震惊。"[32] 拉美特利死于肉酱，这让他幸灾乐祸的敌人们将唯物主义与贪食等同起来。[33] 另一方面，他的支持者们也热衷于将自己的道德与这则寓言故事联系起来。特别是腓特烈，在为拉美特利写悼词之前，仔细核实了他在濒死之际的坚定性。伏尔泰宣称："国王非常严格地调查了他的死亡方式，他是否经历了任何天主教仪式，是否得到了某种启迪。最后国王确信这个老饕是以哲学家的身份死去的：国王告诉我们，**他的灵魂得到了安宁，我为此松了一口气；我们开始笑，他也笑。**"[34]

腓特烈宫廷的另一位编年史家、书商、作家克里斯托夫·弗里德里希·尼古拉也讲述了拉美特利的寓言般的死亡，他讲的故事更加切中要害。根据尼古拉的说法，泰康奈尔的牧师受到了拉美特利的一些敌人的怂恿，这些人想让拉美特利在腓特烈的眼里变得"卑劣"，于是这位牧师被"推进了病房"。在这个版本的故事中，这位唯物主义道德家也保持坚定，并且在实际上展现某种形式的英雄主义：

> 拉美特利对这个牧师和他所说的话无动于衷；然而，后者仍然坐在那里等待着。拉美特利在一阵剧痛中大叫"耶稣，马利亚！""啊，您在此时终于回到了这些令人慰藉的名字！"爱尔兰人呼喊道。而拉美特利回答说（用礼貌用语，大意是），"打扰您了！"，他几分钟后就去世了。[35]

显然，拉美特利至死都在坚持这一立场，该立场不仅仅是反基督教，而且还构成了一个积极的道德纲领。这一纲领具有明显的伊壁鸠鲁主义色彩（拉美特利的一部书即以伊壁鸠鲁的名字来命名，伊壁鸠鲁是活跃于约公元前 300 年的古希腊道德家，把快乐看作最大的善）[36]，其核心思想是，与自然的物理秩序一样，道德以及适用于道德的人类个体自我，都直接建立在世界的物质机器之中。

作为沃康松的崇拜者，拉美特利把身体描述为"时钟"，并且是"自己拧紧发条的机器"。他仔细思考"人类机器的发条"：整个身体从悬崖边缘惊恐地向后跃起；在受到打击的威胁时眼睛的眨动；瞳孔、皮肤的毛孔、心脏、肺，以及膀胱和直肠的括约肌的扩张与收缩；中毒时胃部的起伏。他还颇为赞叹地考虑到，"勃起肌是如何将男人的棒子竖起来的"。拉美特利惊叹道，"阴茎有一个独特的发条"，但即便在目前这个启蒙解剖学的时代，对它的研究也被可耻地忽视了。[37]

尽管有那么多的发条，但拉美特利描述的生命机器实际上并不怎么像时钟。一方面是因为，它充满了液体和发酵物。但更重要的是，拉美特利的生命机器与设计论自然神学家的钟表机构不同，因为"钟表匠"不是外部的设计者，而是拉美特利所指定的"乳糜"。乳糜既不是理性的设计者，也不是任何种类的外部力量。它是身体的一种液体（由淋巴液和乳化的脂肪组成），根据拉美特利的说法，它加热身体这台时钟，通过某种"发热"或"发酵"，使这台时钟具有生命。这台机器绝非一个外部制造者的被动制品。它包含它自己的"运动原则"，有运动和情感的内部根源。[38] 德尼·狄德罗的哲学吸收了《人是机器》的大部分风格和内容，[39] 他在《生理学基础》（*Eléments de physiologie*，1784 年）中断言，一种特殊的、内部的"应感性"力量按照其自身的运动规律驱动着动物机器。[40]

拉美特利的人机是一种充满性欲和激情的生物，涌动着感觉和情感。拉美特利写道："作为一台机器，要有感觉，要思考，要知道如何区分善与恶，就像区分蓝与黄一样。"情感、道德本能、审美感觉，所有这些人机都具备，并且出于同样的原因，人机也有性生活："有谁会**先验地**知道，性交时射出的一滴液体会让人感到绝妙的快乐?"[41] 即使是初级的生命机器也能体验到这种最后的普遍快感：拉美特利将性的乐趣一直延伸到了植物上。[42]

他的放荡主义并非与道德无关，相反，它构成了自己的道德纲领。根据拉美特利的说法，"自然律"是机器的一个特征，是对正直、人性和美德的一种"感觉"。"己之所欲，施之于人"并不是一项道德原则，而是一种内置于机器中的感觉。[43] 狄德罗后来也为另一种传统美德——勤劳——提出了类似的论点："懒惰总是与生命机器背道而驰！"[44]

因此，在拉美特利的道德世界中，最大的恶习是理性反思：理性反思是注定要超越自己身体机制的尝试。拉美特利的首要计划是打消笛卡儿及其唯理论同伙的帝国式自我（imperial self）。学习是"一种全身僵硬，或心灵的不动，心灵如此愉悦地沉醉……以至于它似乎从自己的身体中抽离出来"。学习是对"我们官能的滥用"。试图用"心灵的翅膀"先验地理解世界的哲学家们注定要失败。更糟的是，他们是"无所事事者"和"虚荣的迂夫子"，成堆的文字和数字使他们的"气球"大脑变得肿胀，而这些文字和数字毕竟只不过是一大堆东西，是"脑髓画布"上的物理印记而已。[45]

人类机器的有限性和物质性构成了拉美特利哲学中的核心道德真理："人在其第一原理中只不过是一条蠕虫。"人机所拥有的是"鼹鼠"的视角，从内部而不是从上方或远处看待物质世界。因此，拉美特利呼吁，"我们不要在无限中迷失了自己，我们无法对无限有最起码的了解；我们绝对不可能追溯到事物的起源"。由于人类的知识必然是有限的和暂时的，最糟糕的装腔作势者是那些"骄傲和虚荣的人"，他们声称可以获得更大、更超然的真理：这些人包括唯理论哲学家，当然也包括神职人员和神学家。"无论他们多么想抬高自己，他们说到底只不过是动物，是直立爬行的机器。"[46]

拉美特利道德纲领的否定性部分是对唯理论者和神学家的广泛斥责，而其肯定性元素是对感觉、情感、经验和神秘的一种原浪漫主义的颂扬。这位唯物主义道德家坚持认为，思想本身是一种感觉，是活物质的一种性质，与电类似。此外，无论是思想（感觉）机制还是任何其他机制都无法得到完全的解释。这是因为物质和运动的本质最终是"一个无法解开的谜"。因此，拉美特利宣布自己与"不可理解的自然奇迹"和解。无论是蠕虫、鼹鼠，还是爬行的机器，本质上都是物质的生物，它们在最终的意义上都是无知的，拥抱这种无知是为了过上美好、正义和幸福的生活。

拉美特利写道："我们对自己的命运了解多少？比对我们的起源了解得更多吗？"人类作为机器，必须接受自己的"无法克服的无知"。这样做的人将是"明智的、正确的、对自己的命运感到平静的，因而也是幸福的。他将等待死亡，既不惧怕也不渴望死亡"。这样的生物将珍惜生命，"对自然充满尊重，也充满感激、依恋和亲切之情"。他将感激地分享"宇宙的迷人景象"。他将"怜悯恶人而不憎恨他们；在他的眼里，他们只是畸形的人"。[47]一个唯物主义者会以"医生"的宽容的理解力来看待人类的所有缺点："你知道为什么我还会对人有所期待吗？这是因为我真诚地相信他们是机器。而在相反的假设下，就我所知，很少有人能构想出让我欣赏的社会。唯物主义是治疗厌世者的解药。"[48]狄德罗后来断言，认识到人类只不过是或多或少不完美的机器，就是欣然接受以下信条："只有一种美德，即正义；只有一种责任，即幸福；只有一个推论，即不要高估生命，也不必害怕死亡。"[49]

机器先生的情操教育

启蒙运动的唯物主义道德家反对人类自我的非具身化，他们在拉美特利的引领下，走向了相反的极端。他们把灵魂从天上拉下来，把它赶到地上，使它成为"**泥土的灵魂**"。[50] 他们的人机是对唯理论者的驳斥：否认唯理论者赋予人类（尤其是赋予他们自己）的超越的理智自我。约瑟夫·普里斯特利写道："我所称的**我自己**，是一个有组织的物质系统。"[51]

在历史著作中，18 世纪最迫切地推动人机思想的那些辩论家看上去不仅在反对教权，还是"不道德的"和"无政府的"享乐主义者，他们喜欢在印刷品中赞美从手淫到兽交的各种性行为的可能性；如果说他们受到了道德目的的驱使，这听起来可能会令人惊讶。[52] 但是，反教权主义和淫荡实际上都不构成道德无政府主义。此外，这两种立场都不是唯物主义者所特有的，自然神论者和其他神学温和派都有相同的立场。[53]

然而，唯物主义的人机倡导者确实有一个不同的道德目的，即反唯理论，这有助于辨认出他们。他们比同时代的任何人都更坚决地致力于推翻笛卡儿主义的帝国式自我，使自我回归谦卑，回到自然的连续体中，他们打算通过削减理性的权威来恢复自然的永恒神秘。在这个意义上，启蒙运动中人机模型的拥护者不仅是道德家，也是原浪漫主义者。

通过使自我回到自然的连续体中，他们决心推翻笛卡儿主义的自我，尽管如此，拉美特利和他的人机道德理论家同伴们还是共享了他们那一代人关于人的自我的笛卡儿主义直觉。根据这些直觉，人的自我是自主的动因，其决定性的任务首先是认识自己，然后是认识自己以外的世界，这两个任务是相关的。在笛卡儿之后，将这样的存在还原为物质会造成若干困难。例如，它提出了碎片化问题：人类的自我溶解在自然的物质连续体中。如果我们和世界都是由一种统一的物质组成的，仅有配置上的差异，那么我们怎么知道一个东西在哪里结束，下一个东西在哪里开始呢？也许物质世界中的一切正好构成了"一个巨大的个体"。狄德罗认为，在任何机器或动物中，我们都可以给不同的部分起不同的名字，但这并不能使每一个部分成为一个单独的实体。把一个人认定为一个个体，可能就像把一只鸟的翅膀认定为一个个体一样，是没有道理的。[54]

物质的自我面临溶于其物质环境中的危险。物质部件怎么能聚集在一起，形成一个单一的、不可分割的、与其他事物相分离的整体？如果一个生物不能将自己与周围的世界区分开来，那么它怎么能拥有能动性？狄德罗在一篇名为《达朗贝尔之梦》（*Rêve de d'Alembert*）的恶作剧小品文中详细讨论了这些可能性。在其中，狄德罗以传统的对话形式展示了他的世界观，担任主角的就是让·达朗贝尔——与他疏远的朋友和《百科全书》的前合作者。哲学气质和学说上的差异，以及常见的种种虚荣心和竞争，导致达朗贝尔远离了《百科全书》的编纂工作，朋友之间出现了裂痕。这位长期遭受苦难的数学家习惯于充当狄德罗的唯理论陪衬。[55] 在构成《达朗贝尔之梦》的对话中，"达朗贝尔"这个角色断断续续地做了一个狂热的哲学梦，在这个梦中，起误导作用的理性官能一度中止，他识别出并宣布了狄德罗所信奉的宇宙真理。

早些时候与"狄德罗"（他本人也是该作品中的一个人物）的谈话为这个重要的梦境之夜做了准备。在谈话中，"狄德罗"向"达朗贝尔"介绍了一些原则，例如：金丝雀和鸟类自动机之间除了组织复杂度和灵敏程度之外，没有任何本质的区别。事实上，人的神经，包括哲学家的神经，都是"灵敏的振动弦"，因此，"哲学家乐器和击弦键琴乐器"之间的区别就在于哲学家乐器更高的灵敏度和自我演奏的能力。一个哲学家在本质上是一架极其灵敏的、能自我演奏的击弦键琴。想象一下，"狄德罗"劝告"达朗贝尔"，这样一架"组织得像你我一样的"击弦键琴真的存在，然后赋予它自我繁殖的能力——就是说，在一架女性击弦键琴的帮助下。结果将是小击弦键琴，其"活力和共鸣"不亚于以对等方式产生的婴儿哲学家。[56]

"达朗贝尔"的医生是一个不敬的唯物主义智者，对于这一角色，狄德罗想到了拉美特利，拉美特利在作品的手稿中"出演"了这一角色，[57]但是在狄德罗死后出版的版本中，这一角色被分配给了蒙彼利埃医生泰奥菲勒·博尔德；博尔德是神经和腺体系统的研究者，也是狄德罗的《百科全书》中医学"危象"（crisis）词条的作者。虚构的达朗贝尔由一位"朱莉·德莱斯皮纳斯"照料，其原型就是现实中的朱莉·德莱斯皮纳斯，她在现实中也与达朗贝尔生活在一起，并且在不久之前还照顾他挺过了一场疾病。[58]

在对话的一个段落中，狄德罗考虑了物质部件形成一个单一的、完整的整体的各种可能方式，比如一个人的自我，或者说至少一个人的自我觉得它自己是一个整体。再比如：融合的汞滴；一群蜜蜂；连体双胞胎；一个修道院，只要它的成员是一点点地变化的，它的集体同一性就保持不变。在这些整体中，有哪一个是真正不可分割的吗？在"博尔德"这个角色的演讲中，唯物主义者别无选择，他只能将人视为"灵敏的分子"的并置，每个分子在与其他分子结合之前都有其自己的"我"。那么每个部分是如何"失去这个'我'而产生一个单一的意识呢"？事实上，现实中的博尔德认为人是一个"去中心化的"存在，是"器官的联邦"，他甚至将人比作一群蜜蜂。[59] 困倦中的伪达朗贝尔轻轻拍着自己的全身，喃喃地说："我当然是一个统一体，对此我毫不怀疑，但这种统一性是如何形成的？……我可以理解一个集合体，一个由有感觉的小生物组成的组织，但一个动物……是一个整体！一个系统，一个他者，有对其自身的统一性的意识！我不明白，我真的领会不出来。"[60]

除了溶于周围环境的危险之外，一个完全物质的自我还面临着与之对称的问题，即其周围环境溶于自我之中的风险。换句话说，它提出了唯我论的问题：一个生物无法意识到在它自己的边界之外存在着一个世界。考虑到它所依赖的都不过是发生在自身内部的感觉，那么它又如何能意识到外面的世界呢？狄德罗警告说："有一个疯狂的时刻，在这个时刻，有感觉的击弦键琴认为它是世界上唯一的击弦键琴，而且宇宙的所有和谐都发生在它身上。"[61]

狄德罗笔下的角色"朱莉·德莱斯皮纳斯"想象一只蜘蛛在网的中心，代表着这种孪生的双重溶入的危险和唯我论：在世界中失去自己，在自己中失去世界。蜘蛛感受到它的网的每一根线的每一次拉扯。以同样的方式，朱莉的自我位于她大脑中的神经网络的中心，而神经网络又在她的边界处与世界的其他部分相连。她内心的蜘蛛可以感觉到自己通过网向外与广阔的世界相连，或者它可以向内，集中于自己的感觉和经验上。例如，她说："（在做梦时）我好像存在于一个点上；我几乎不再是物质的，我只感觉到我的思想。对我来说不再有处所、运动、身体、距离和空间：宇宙对我来说已化为虚无，而对宇宙来说，我也是虚无。"通过引用相辅相成的危险，伪博尔德做出了回应：他承认"这就是你的存在向内集中的极限"，但"它的扩张可以是没有限制的"。这个蜘蛛可能觉得它的所有感觉都是内部的，在这种情况下，它将失去对外部世界的把握（而没有世界，它就无法对它的自我进行有意义的理解）。或者它可能向外开放自己，通过它的感觉把自己延伸到整个宇宙，在这种情况下，它将失去自我（但没有自我，它就不能理解外面有一个世界）。[62]

具有讽刺意味的是，一个严格意义上的物质生物，一个人机，似乎有可能恰恰缺乏其支持者最为关心的能力：了解自己在自然的物质连续体中的位置的能力。一个灵敏的、自我演奏的击弦键琴占据了一个可怜的矛盾位置。它感到自己既是无限的，又是渺小的，既与世界同样广大，又被困在一个点上，既迷失在宇宙中，又因自己微小而短暂的存在而孤立，时刻面临着失去自己或者失去更广阔的世界的危险，而这些最终都是同一件事。狄德罗并没有试图解决这些矛盾而是道出了它们。在《达朗贝尔之梦》中，这些矛盾就是他的终点：一个全知的理性自我被一个切中要害的悖论推翻。像拉美特利一样，狄德罗坚定地坚持他的唯物主义。唯物主义给人类的能动性以及认知的、理性的自我带来了难题，但这增强了而不是动摇了他的决心。他写道："那些看到手表自己走动时的农民，在不知道其机制的情况下，想象着指针上有一个精神，我们的唯心主义者和他们一样愚蠢。"[63]

关于人的自我的严格唯物主义观点有一个强有力的赞助人——腓特烈二世。他戏谑地给伏尔泰写道，"如果你的神经的灵魂处于平静状态，那么我很高兴今晚能见到你"，而"如果不是，那么我相信它会报复你的身体，因为你的思想对它犯下了错误"。玩笑归玩笑，腓特烈二世继续说，他不相信有非具身的心灵或灵魂。事实上，他认为就一个统一的自我而言，唯物主义的立场更有道理。"我不相信我或任何人可以是二元的（身体和灵魂）。伟大的人在谈到他们自己时，会说我们，但这并不意味着他们是多重的。让我们把我们的手放在我们的胸口上，来坦白吧。我们将真诚地承认，我们的身体具有思想和运动的机能，思想和运动是有生命的机器的属性，有生命的机器形成并组织为人。"[64] 有生命的机器，也许，同样是一个帝国式自我。

其他讨论生命机器的作家认为，严格的唯物主义人类观消除了人类与周围物质世界之间的任何分隔，要求牺牲统一的、理性的人类动因，所以他们拒绝这样做。例如，日内瓦的加尔文宗信徒、博物学家夏尔·博内从对统一性的主观感受——"我对我的'我'的感觉总是统一的、简单的、不可分割的"——中推断出，他"并不全是物质"。[65]

乔治·布丰是巴黎皇家植物园的园长和畅销书《自然志：一般与特别》（*Histoire naturelle, générale et particulière*）的作者，他在仔细想象了人在没有灵魂的情况下可能如何发展之后，也重新引入了非物质的灵魂。为了进行这一思想实验，布丰设想了约翰·洛克的白板说的成人版本：一个新创造的但完全成型的人类生物，它没有经验或想法。这样一个生物将只有它的机器，特别是由感觉器官、大脑、脊髓和神经组成的"有机机器"。感觉器官是这台机器的部件，外界力量施加于其上；大脑是支点，这些力量通过大脑传递给机器的其他部分；神经则是让机器运动起来的部件。[66]

布丰把自己想象成这样一台刚刚开始运行的机器，他认为在第一次睁开眼睛时，他将完全是唯我论的。他会把体验到的整个广阔而绚烂的世界包含在他自己的存在之中："光、天穹、大地的绿意、大海的结晶。"他会相信这些事物都在他体内，是他自己的一部分。听到各种声音，如"鸟儿的歌声，微风的沙沙作响"时，他将说服自己"这种和谐就是我"。对于看到的、听到的或感受到的一切，他都会体验为"包含在我的存在的一部分之中"。当微风带来的"芬芳香气在我之中引起一次亲密的绽放"，这些都激发了"一种喜爱我自己的情感"。在这些感受的驱使下，这台布丰机器开始移动并触摸事物。起初，它只触摸它自己，"我饱含情感地触摸的一切……似乎都还我以情感"，但最后它触摸到那些没有回应的东西。"我带着一种恐惧转身离去，第一次知道在我自己之外还有其他什么东西"。

随后是一段暴风骤雨般的时期，就像笛卡儿在他的第二个沉思（见《第一哲学沉思集》）中那样，这台布丰机器"深深地沉浸在我自己之中，专注于我可能成为什么"。最后，他找到了谦卑："我弯下膝盖，发现自己处于一种静息状态。"他很快就有了进一步的发现："当发现在我身边有一个与我自己相似的形态时，我是多么惊讶啊！……它不是我，但它比我更多，比我更好，我感到我的存在改变了位置，完全进入了我自己的另一半。"随着这台生物机器找到爱情，布丰的寓言结束了。注视着另一台机器，"我想把我的存在的一切都给它；这个生动的欲望占据了我的存在"。[67]那么，根据布丰的寓言，人的决定性的能力首先是自爱，其次是对他人的爱，两者都存在于触觉的物理机制中：生物的各个部分彼此之间，以及它们与外部世界之间的机械碰撞。

布丰的思想实验是对笛卡儿第二个沉思的一种转译，在这个沉思中，笛卡儿认识到他自己是作为一个会思考的存在者而存在的，并在这种认识中找到了确定性，然后将这种确定性作为认识外在于他自己的世界的基础。布丰转译了笛卡儿第二个沉思的过程，把理性的、认识论的术语替换为感性的、唯物主义的术语。笛卡儿的知识来源是理性反思，而在布丰的寓言中，理性反思被替换为它的对立面，即最原始的感觉——触觉。然后，他用自爱的感觉取代了笛卡儿的对于自己存在的理性认识。最后，在自我之外，笛卡儿到达了对外部世界的认识，而布丰则代之以一段不同类型的旅程：坠入爱河。

尽管对笛卡儿思想进行了种种颠倒，但不久之后，布丰还是把笛卡儿主义的灵魂赋予人类，它是一种带来理性思维能力的纯粹"精神实体"。[68] 显然，他还没有说服自己将人的自我还原为物质部件。

"我"和"我的机器"之间争夺统治权的斗争成为这个时代的核心问题。哲学家、法学家、法律改革家孟德斯鸠男爵在其整个生涯中都被这一问题所困扰。例如，在孟德斯鸠的《波斯人信札》（*Persian Letters*）中，敏感的主人公乌斯贝克注意到，我们的身体"不停地恐吓"我们，因为如果血液流动太慢，如果"精神没有得到足够的净化，如果它们没有足够的数量，我们就会陷入悲伤和难过"。但是，如果喝了酒，"我们的灵魂就又变得能够接收让它欢欣鼓舞的印象，可以这么说，看到它的机器恢复了运动和生命，它会感到一种秘密的快乐"。[69] 孟德斯鸠告诉波尔多学院，人体"这台机器的行动如此简单，而发条如此复杂"，凝视人体就是在目睹一种冲突不断的关系："这些动物精神如此专横又如此顺从，这些运动如此听话又如此自由，这种意志像女王一样发布命令，又像奴隶一样服从。"[70]

类似的斗争也发生在让－雅克·卢梭的著作中，对于"**我**"，卢梭也许是他那个时代最重要的吟游诗人。[71] 在他的《忏悔录》中，有一段众所周知的话，揭示了他的自我的原始真相：对机械行为的机械反应，偷偷地享受打屁股的乐趣。"谁会相信，8 岁时从一个 30 岁的女人那里得到的这种童年惩罚，在我此后的生命中，决定了我的品味、我的欲望、我的激情乃至我自己。"从那原初的一刻起，卢梭对"我的机器"的热切感受——它的感觉、它的弱点、它的渐渐减弱的病痛、它的每一种激情和癖好——为《忏悔录》提供了一条核心故事线。[72]

另一方面，卢梭是一位钟表匠的儿子，并接受过这门手艺的训练，他也认为自我是与钟表机构特别对立的某种东西。物理学可以解释感觉机制，但它无助于解释人的能动性、自由行动的能力、"意愿的力量"：一种"力学定律"所无法解释的"纯粹的精神的"行动。[73] 在卢梭的哲学小说《爱弥儿》（*Émile*，1762 年）中有一位信奉自然神论的萨瓦牧师，卢梭借他之口提出了自己的宗教信条，他宣称："机器根本不会思考。""运动和形状"都不能产生思想。人必须有某种别的东西，某种非物质的、超越的东西。"你身上的某些东西试图打破限制它的束缚。空间不是你的尺度，整个宇宙对你来说也不够大；你的情感、你的欲望、你的不安，甚至你的虚荣心都有另一个原则，而不是你感到被囚禁于其中的狭窄的身体。"[74] 像哈姆雷特一样被束缚在果壳里，卢梭借他的萨瓦牧师之口，渴望把自己看作无限空间的国王。

第三方面，按照卢梭的说法，当身体机器开始运作时，自我并不存在。新生儿是没有自我的，其动作和哭声都是"纯粹机械的"。[75]（正如人们经常注意到的那样，卢梭把他的 5 个孩子都留在了育婴院。）[76] 如果有一个人，"像从朱庇特的大脑中诞生的帕拉斯"那样，一出生就发育成熟，那么，即使这样的成年人也会像新生儿一样没有自我，是"一个自动机，一尊一动不动且几乎没有知觉的雕像"。[77] 换句话说，像布丰和这一时期的许多其他人一样，卢梭在人的自我和身体机器的问题上也是矛盾的、不一致的。有时，他通过与机械的对比来定义人的自我，而在其他时候，他把自我作为身体机器运作的产物。在这个问题上的矛盾性，而不是在这个或那个方向上的坚决性，是启蒙运动中关于人类及其在自然中的地位的讨论的一个决定性特征。

作为关于人的自我和能动性的本质的思想实验，假想的人形机器在18世纪50年代是极为流行的想法，以至于引发了满怀恨意的优先权争议。[78] 主要的争论围绕着那个时代最著名的假想机器人的作者艾蒂安·博诺·德·孔狄亚克展开。这场争论是在克洛德-阿德里安·爱尔维修的巴黎家中爆发的，爱尔维修是沃康松的热情崇拜者，也是受腓特烈二世庇护的另一位唯物主义者、无神论者、道德激进分子。孔狄亚克的《感觉论》（Traité des sensations，1754年）的主角是一个对世界产生认识的虚构的人类自动机。在此书出版后的一次聚会上，布丰故意在孔狄亚克耳边评论说，孔狄亚克能根据布丰本人写过的"10页纸的内容""写出两卷书"，这可真有趣。[79]

作家、文学评论家格林男爵在另一个场合感叹，孔狄亚克把"布丰先生的雕像淹死在一桶冷水中"[80]（他指的是布丰假想的白板机器人），而雷纳尔修士则干脆地指出，孔狄亚克没有"多少自己的想法"。[81] 孔狄亚克一方面要避免被指控从狄德罗和布丰那里窃取了假想机器人的想法，另一方面也看到他自己的思想实验基本上被博内逐字逐句地重述。[82] 换句话说，机器人思想实验是一个时机已然成熟的想法。

与沃康松一样，孔狄亚克也是格勒诺布尔人；他的父亲是地方官、穿袍贵族成员加布里埃尔·博诺，马布利子爵。孔狄亚克作为一名年轻的、尚未发表作品的作家，很幸运地引起了卢梭的兴趣。卢梭曾在孔狄亚克的哥哥让·博诺·德·马布利的里昂家中工作过一段时间，担任孔狄亚克的两个小侄子的家庭教师。这位《爱弥儿》的作者，据他自己说，是一个很糟糕的家庭教师："当我的学生不理解我时，我就大发雷霆，当他们调皮捣蛋时，我就像要杀了他们一样。"他对女主人抛媚眼，从酒窖里偷酒，他在一年后便感到厌烦并辞职了，而此时他仍未被解雇。

令人费解的是，卢梭在马布利家依然受到欢迎，在几年后的一次晚宴上，他遇到了孔狄亚克，后者是来拜访他哥哥的。卢梭有一种发现的感觉："我也许是第一个看出他的前途，估量到他的真正价值的人。"他们两人建立起工作上的友谊。"他似乎对我也很满意，"卢梭回忆说，"那时我住在歌剧院附近的让-圣但尼街上，当我把自己关在房间里，写我的《赫西俄德》的剧本时，他有时会来和我一起吃饭，面对着面。当时他正在写他的《人类知识起源论》(*Essay on the Origin of Human Knowledge*)。"[83]

这是孔狄亚克的第一本书，当他找不到愿意出版此书的印刷商时，卢梭向自己在启蒙运动出版界关系最好的人寻求帮助："我向狄德罗谈起了孔狄亚克和他的作品，我让他们结识。他们被安排着彼此接触，他们确实相处得很好。"狄德罗又为孔狄亚克安排了他自己的书商洛朗·迪朗，迪朗是出版业特别是那种有争议的或秘密的出版业的领军人物之一。有一段时间，卢梭、狄德罗和孔狄亚克三人每周都在皇家宫殿会面，并到附近的帕尼耶·弗勒里酒店用餐。"肯定是这些每周一次的晚宴让狄德罗非常高兴，"卢梭满意地回想道，"因为他几乎缺席过所有的约会，却从未缺席过我们之间的任何一次会面。"[84]

这三个人对人类机器有着共同的兴趣。在他每周与卢梭和孔狄亚克共进晚餐的那段时期，狄德罗在一篇关于美德的本质的文章中设想了一对假想的机器人。[85] 但是，流言蜚语最常指控孔狄亚克剽窃的那个假想的机器人（除了布丰的那个）出现在狄德罗的另一篇作品中，而这篇作品也是他在帕尼耶·弗勒里酒店吃晚餐的那段时期写的：《关于聋子和哑巴的信》（*Letter on the Deaf and Mute*，1751 年）。狄德罗在这篇文章中建议："把人看作一个自动机，就像一座会走路的时钟"，"让心脏代表主发条……想象一下，在头部有一个装着小锤子的铃铛，从这里有无数条弦延伸到箱子的每个部分"。在这个铃铛上有一个装饰性的人偶，"它弯着耳朵，就像一位音乐家在听他的乐器是否调好了一样"，因此这个人偶可以代表灵魂。这会是一个物质的灵魂，还是一个非物质的灵魂？狄德罗并没有说明。

这个假想的钟人是为了阐明关于理解力的一个观点，即心灵同时体验许多感觉。有许多弦连在位于头部的铃铛的锤子上，如果几根弦被拉在一起，那么顶部的小人偶就会听到几个音符同时响起。狄德罗认为，有些弦确实一直在被拉动，而这些弦为生物的所有感觉和思想提供了背景噪声。铃铛上的小人偶对这些背景音毫无察觉，就像人们不会注意到巴黎的背景噪声，直到夜晚安静下来的时候。狄德罗提出，这样一种连续的背景感觉，是生物对其自身存在的感觉。[86]

我们如何**感受**自己的存在呢？这个问题是笛卡儿最初的问

题——我们如何**知道**自己的存在——在生理上和伦理上的翻版，假想的机器人的作者们不停地思考该问题。为了回答它，孔狄亚克想象了一尊雕像，它像笛卡儿《论人》中的自动机雕像一样，具有人的内部结构。也像洛克所述的新生婴儿一样，孔狄亚克的雕像在刚开始生活时，心灵是完全空白的。除了这些基本条件，孔狄亚克还增加了第三个条件：他的雕像有大理石的皮肤，最初没有感觉。然后，实验者可以随意赋予它五种感官中的每一种。通过赋予他的雕像以嗅觉，孔狄亚克谨慎地开始了实验。

那么，想象一下，一尊只能闻到气味的雕像。在它的鼻子下送来一朵玫瑰。对观察者来说，它将是一尊闻着玫瑰的雕像。但"对它自己来说，它将只是这朵花的气味本身。因此，根据刺激它的器官的对象，它将是玫瑰的气味、康乃馨的气味、茉莉的气味、紫罗兰的气味"。雕像所闻到的气味在它看来不是外部物体的属性，而是它自己的"存在方式"。现在，考虑一下雕像只有听觉。同样，它不能怀疑在它自身之外存在着任何东西。它只能感觉到自己在变化，在音调和强度上变化。因此，"我们随心所欲地把它变成一种噪声、一种声音、一种交响乐"。同样地，一尊只有视觉的雕像也"无法判断自身之外有什么东西"。它觉得自己是所有的光和颜色。

孔狄亚克的雕像会觉得它自己**成了**它所感觉到的任何东西。即使它有五种感官中的四种，孔狄亚克想象的是嗅觉、听觉、味觉和视觉，它仍然没有办法知道它的存在方式有外部的原因。孔狄亚克认为，通过对这四种感觉的体验进行反思，雕像可以记忆、比较、判断、辨别和想象。它将获得关于数量和延续的抽象概念，它将知道一般和特殊的真理，它将有欲望、激情、爱和恨，它将有希望、恐惧和惊讶的能力。但所有这些心理活动和感觉都是涉及雕像本身的，而且只涉及它本身。[87]

　　然而，触觉是不同的。和布丰一样，孔狄亚克想象，有了触觉，雕像就会开始发现自己的边界和外部世界的存在。如果"机械地"运动，它就将一下子获得"它的身体各个部分相互作用的"感觉。这种作用是纯粹的机械现象，即物质与物质之间的粗笨碰撞；对于这种作用的感觉，孔狄亚克将其命名为"**基本感觉**，因为动物的生命正是从机器的这种动作中开始的"。这种坚硬部分相互碰撞的感觉将使雕像意识到"我"。[88]

　　在触摸自己的身体时，雕像会在身体的所有部分中识别出它自己。但是，它只有在触摸到"一个外来的物体"时，才能真正地完全地发现它的"**我**"。在那个时候，"在它的手中，它感觉到'**我**'发生了变化，但是就它的身体而言，它并没有感觉到'**我**'发生了变化。如果手说'**我**'，它不会得到同样的回应"。这种对于外界物体的坚硬性（solidity）的感觉向这尊雕像展现了"两个互相排斥的事物……因此，那就是一种感觉，通过这种感觉，灵魂在自身之外旅行"。灵魂的这种旅行会带来可怕的情绪。孔狄亚克想象他的雕像"在它所接触到的所有东西中都找不到自己，这让它非常震惊"，并且会从这种震惊中"产生一种想要知道它在哪里的焦虑，以及如果我姑且这么说的话，它的焦虑达到了什么程度"。雕像对其自身边界的发现令它不安，这将为它的思想和情感产生一个新的、向外的焦点。它的"爱、恨、欲望、期盼、恐惧不再仅以它自己的存在方式作为唯一的对象：它会爱、恨、期盼、恐惧和想要一些容易察觉到的东西。因此，它不限于只爱自己"。[89]

　　就像布丰的成人白板说一样，这座自动机雕像会在其身体部分与外部世界的碰撞中获得一个自我。自我以及自我所需要的一切，包括最重要的对自我**之外**的世界的充满爱意的知识，都将从这种原始的碰撞中产生。

只是，也许它不会，或者至少孔狄亚克未能完全想好它是否会如此。像布丰和卢梭一样，他也是矛盾的，严格的唯物主义会否定非物质的人的自我，但他从这一结论中退了出来。在他的寓言的最后，孔狄亚克安排了一个突然的、戏剧性的反转：他断定，这尊雕像的旅程终究不是对它的"**我**"的发现。雕像只是到达了一个关于"**我**"的**幻觉**。真正的"**我**"仍然难以捉摸："我看到我自己，我触摸我自己，总之，我感觉到我自己，但我不知道我是什么……我不再知道该如何相信我自己。"[90] 至少在他写下该著作结论的那段时间里，孔狄亚克断定，感觉发生在人的全身中只是一种幻觉。事实上，感觉发生在一个纯粹精神的"**我**"之中，而身体的感觉不过是幻觉，通过这种幻觉，自然将非物质的灵魂与一组身体部位联系起来，仅此而已。如果人的自我确实是一种物质事物，那么它就会像任何一块大理石一样可以分割，并可能碎成碎片。[91]

霍屯督人、休伦人、黑人、拉普兰人、南方人、女人、织工、诗人以及其他种类的人类机器

人类能动性与人类机器的关系问题不仅仅是思想实验和思辨哲学的主题，而且具有紧迫的社会意义。这是一个被人类分类问题所深深困扰的时代，其中，种族问题尤为严峻，而包括性别和阶级在内，其他人类分类也不容忽视。人类机器的模型成为概念框架，人们在此框架内研究这些分类法，特别是研究这一问题：人类机器

的种类是否可以与人类能动性的种类相对应，以及如何能够对应。

对于这些问题，人类机器模型并没有规定任何特定的答案或答案集。相反，它是全部对话的基础，无论对话是关于种族问题还是关于其他人类分类法，人类机器模型包含了彻底相反的立场。我们都是由物料，即物质的碎片组成的，从这样的想法中，人们可以，而且也确实得出了平等主义的含义。而另一方面，人们也可以认为所有人类机器都被排列在一条无限分级的连续谱上，从不完美到完美；也确实有人这样想。经常发生的情况是，同一拨人同时论证了这两个立场。像人类机器这样的模型的真正强大之处，并不在于它强迫某种思维方式，而是它无处不在，支持每一个争论的所有方面，成为特定时代的全部对话的基础。人类机器以及启蒙运动中关于人类的能动性、普遍性和差异性的对话就是如此。

例如，拉美特利有时会强调这一原则——我们都只不过是物料——的平等主义含义。那些"心思和知识不超过其犁沟边界的庄稼汉"和那些"最伟大的天才"都是由同样的物料制成的，"正如对笛卡儿和牛顿的大脑的解剖已然证明的那样"。[92] 与拉美特利相比，孟德斯鸠是一位具有不同气质和政治观点的思想家，但他也从人类机器的观念中得出了类似的平等主义经验教训。他认为，如果新世界的原住民知道所有的人都只不过是机器，事情就会有不同的结果。要是笛卡儿"在科尔特斯和皮萨罗之前一百年"就去了墨西哥和秘鲁，"并告诉这些人，所有人的组成方式都和他们一样，人不可能是不朽的；他们的机器的发条会磨损，就像所有机器的发条一样；自然的效果只来自运动定律和运动的传递，那么，科尔特斯和他的一小撮士兵就不可能摧毁墨西哥的阿兹特克帝国，皮萨罗也不可能摧毁秘鲁的印加帝国"。

对一个哲学原则——人类是受制于物理原因的机器——的无知，怎么会产生历史上最大的失败呢？孟德斯鸠思忖道，墨西哥印第安人和秘鲁的印加人拥有一切有利条件，包括巨大的勇气。但他们把欧洲入侵者当作"一种不可见的力量"的代表，而在面对这种力量时，他们自认为毫无希望。[93]

另一方面，拉美特利还推断，如果我们都只是运动的部件，并且我们的每一种能力都取决于我们的机器，那么机器的差异一定会导致才能上的重大差异："一个民族有沉重而愚蠢的头脑，而另一个民族有活跃、轻盈而敏锐的头脑。"他认为，各民族之间的这些差异必定来自"他们所吃的食物、他们父亲的精液，以及弥漫在无尽空气中的各种元素的混沌"。[94]在有关人类机器的完美程度的对话中，气候是特别重要的。"气候的帝国就是这样，"拉美特利指出，"一个人去气候条件不同的地方，他会感到他自己也不由地发生变化。"社会气候也同样重要：拉美特利观察到，人们接受了他们周围人的礼仪、手势和口音，就像看哑剧的观众会"机械地"模仿表演艺术家一样。"我刚才所说的证明了，对于一个聪明人来说，如果他无法找到同伴，那最好的同伴就是他自己。那些没有同伴的人，他们的头脑会因缺乏锻炼而生锈。"[95]

大约从 18 世纪中叶开始，环境在人类机器的发展和运作中的作用得到了极大的重视。孟德斯鸠在其法学巨著《论法的精神》（*On the Spirit of the Laws*）的一个关键章节中提出了这一观点。他推断，不同的气候需要不同的法律，因为人类机器也会相应地有所不同。在南方国家，人们是"纤细、虚弱但很敏感的机器，他们或者耽于一种在闺房中不断地产生而又平息下来的爱情，要不然就耽于另一种爱情，这种爱情给女人以更大的独立性，因而也面临着无数的麻烦"。生在北方的人则运气好得多，能享受到一台"健康的、结构良好的机器，但它很沉重"，不容易启动。北方地区居住着这样的机器，有着这样值得自豪的人民，他们"恶习少、美德多，非常真诚和坦率"。[96] 卢梭后来修正说，似乎"大脑的组织在两个极端地区都不太完善。黑人和拉普兰人都没有欧洲人的感觉。因此，如果我希望让我的学生能够居住在整个地球上的哪一处，我会把他带到一个温带地区"，比如哪里呢？让我们再往下看，好吧，"比如法国"。[97]

鉴于人类机器完美程度的巨大差异，拉美特利认为，优越的机器完全可以为自己感到骄傲。这只是对显而易见的事实的承认："那些被自然塞满了最珍贵的礼物的人，应该怜悯那些自然拒绝给予礼物的人。但他们可以在不傲慢的情况下感受到自己的优越性。"所有的品质，甚至是智力和道德品质，都是人机模型的物理品质。否认它们就像否认一个人高大或有棕色眼睛一样愚蠢。"一个美丽的女人如果觉得自己很丑，就像一个聪明人认为自己是个傻瓜一样可笑。"尤其是道德优越性是一种物理特征，由更敏锐、更"细腻的感觉"构成。这种类型的人就像调好音的乐器，是"富有想象力的人"，是"伟大的诗人"，他们"着迷于表达得很好的情感……对精致的品味和自然的魅力有强烈的感情"。拉美特利认为，那些被自然偏爱，拥有如此美妙的机制的人，"比那些被自然像继母一样对待的人更值得重视"。[98]

狄德罗在神经机制和性格品质之间建立了细致的关联。他解释说，某些神经线的极端灵活性产生了过度敏锐的感觉。如果神经网络的主干"相对于其分支来说过于活跃"，结果就是"诗人、艺术家、幻想家、懦夫、狂热者、疯子"。当这种倾向困扰着伟大的人物如伏尔泰时，他们为了支配它而不知疲倦地工作。艺术上的伟大产生于机器对其自身组织的史诗般的斗争。同时，一个能量充沛、调控良好、秩序井然的系统会产生"伟大的思想家、哲学家、圣贤"。另一方面，平庸也主要来源于"神经网络中某些神经线的极端灵活性"。如果神经装置的中心部分太弱，它就会产生"我们所说的野蛮人或残暴的野兽"。整个网络如果"松弛、无力、缺乏能量"，就会产生低能者。[99]

男人和女人机器之间的差异，以及它们的道德含义，引起了人机理论家的兴趣。例如，布丰指出，一旦理解了"机器的运作"，就可以清楚地认识到女性的"子宫、乳头和头脑"之间的关联。[100]狄德罗同样认为在女人机器中，"子宫"的作用对于其他部件来说"太强"了。[101]瑞士生理学家和"面相学家"约翰·卡什帕·拉瓦特尔臭名昭著地将机械组织作为他的面相科学的核心参数，他声称要从一个人的身体结构，特别是脸部结构中得出与此人品格相关的所有重要事实。例如，在阐述他的方法时，拉瓦特尔展示了"一个年轻人的侧影，他有最适当的组织"，一个"组织得非常适当的女人"的侧影，以及作者本人的侧影——这是其中最好的一个"有无比精致的组织"。[102]

社会阶层的差异也可以用人类机器的不同来解释。卢梭写道，那些拥有最简陋的机器的人最适合做卑微的工作："织工、制袜工、切石工，雇用聪明的人从事这些工作有什么意义呢？"[103]从孟德斯鸠到亚当·斯密，在18世纪下半叶的伦理和政治著作中，充斥着将品格与机器组织等同起来的做法。斯密在其《道德情操论》（*Theory of the Moral Sentiments*，1759年）中指出，"谨慎、公平、积极、果断和清醒的品格"，具有"所有的美感，这种美感属于最完美的机器"。[104]

人机模型也为种族差异提供了理论基础。在以复杂性和完美程度为标尺的物质连续体上，人类的界线可能会变得模糊不清。孟德斯鸠思忖道："地球上还有一些人，一只受过还不错的教育的猴子可以光荣地生活在他们中间；这只猴子会发现自己与其他居民的水平差不多；他们不会觉得它的思想是奇怪的，也不会觉得它的性格是怪异的；它可以作为他们中的一员，甚至会因为善良而显得卓尔不群。"[105] 布丰判断，人的身体和猴子的身体是同一类型的"机器"。单纯从机器的角度来看，他认为红毛猩猩和霍屯督人之间没有什么大的区别：

> 头上长满了刚毛一样的头发，或卷曲的毛发。脸部被更长的胡须遮住，两条月牙形的眉毛甚至由更浓密的毛发组成，这样的眉毛又大又突出，显得额头都变小了，使其失去了庄严的特性，眉毛不仅在眼睛上投下阴影，而且让眼睛看起来更深，搞得像动物的眼睛一样。厚而凸的嘴唇，扁平的鼻子，愚蠢或凶恶的表情，多毛的耳朵、身体和四肢，像黑色或鞣制的皮革一样坚硬的皮肤。此外，在性特征方面，长而柔软的乳头，腹部的皮肤一直垂到膝盖。孩子们在污秽中打滚，用四肢爬行，父亲和母亲蹲坐在脚跟上，都极为丑陋，都覆盖着令人作呕的污垢。[106]

在详细讨论了霍屯督人和红毛猩猩在身体机器方面的这些相似之处后，布丰突然想起来霍屯督人有语言，而红毛猩猩却没有。语言能力毕竟造成了"巨大的"区隔，布丰认为，它只能源于某种非机械的东西：上帝赋予的灵魂。[107]

　　拉美特利则相信没有任何非机械的东西，他观察到，一个"结构良好的动物"甚至可能比一个组织不良的人更有人性。拉美特利认为，一只"有思想的猴子"应该能够学习天文学并预测日食和月食，就像任何人类天文学家一样。相反，"低能者或傻子，是人类形态的野兽"。他解释说，人类机器通常包括教育能力，教育把人类提升到高于动物界的其他部分，但这种区别并不适用于构造不良、因而无法教育的人类机器："聋人、生来就失明的人、低能者、疯子、野蛮人或那些在森林中与野兽一起长大的人……最后，所有这些人形野兽……不，所有这些人在身体上（而不是在心灵上）都不值得加以特别的分类。"[108]

　　博内也描述了人类机器的连续谱，以及人类道德和智力完美程度的相应尺度。尽管他有时会援引非物质的灵魂，但正如我们所看到的，在这种情况下，他相信身体机器才是决定性因素。博内认为，将孟德斯鸠与一个休伦人区分开来的鸿沟在于大脑：如果神圣的力量将一个休伦人的灵魂安置在孟德斯鸠的大脑中，那么，"这个组织如此严密、配置如此丰富的大脑，对这个灵魂来说，不就是一种光学机器吗？透过这台机器，他会以同样的方式来观察宇宙，就像《论法的精神》的那位崇高的作者那样。"[109]

　　从孟德斯鸠到休伦人再到红毛猩猩，这种一段一段的跌落意味着一个物质连续体，博内坚定地致力于证明物质连续体的连续性。自然的连续性，即没有空白或中断，是当时的博物学的核心原则之一。我们已经看到，莱布尼茨接受了这一源自古代的观点，并推动了它的传播，影响了他的同时代人和追随者。[110]博内是公开宣称的莱布尼茨主义者，对他来说，"我关于动物的过去和未来的大部分观点都来自这位伟大的人"。[111] 然而，他与莱布尼茨有所出入的地方在于，博内将连续性原则应用于对人类种族的理解上。莱布尼茨把理性视为人类的决定性和普遍性特征，并明确拒绝认为人类各种族之间有"内在的""本质上独特的"差异，[112] 而博内则得出了不同的结论。

在题为"人类的等级"一章中，博内解释说，如果把最完美的人与猴子相比，自然的尺度或许看起来"遭遇了巨大的中断"，但如果考虑到整个人类的尺度，就会发现"人类有等级，就像地球上所有的产物一样"：

> 在最完美的人和猴子之间，有大量的连续环节。纵观地球上的国家，考虑一个王国、一个省、一个城市、一个镇的居民，我在说什么呢？看看一个家族的成员，你会觉得你看到的人的种类和你看到的人一样多。拉普兰的矮人排在麦哲伦的土地上的巨人之后。脸部扁平、肤色乌黑、头发卷曲的非洲人让位给欧洲人，欧洲人的普遍特征因其肤色洁白和头发美丽而更加突出。霍屯督人的不洁与荷兰人的清洁形成鲜明对比，从残忍的食人族迅速转到仁慈的法国人，把愚蠢的休伦人放在深邃的英国人旁边，从苏格兰农民上升到伟大的牛顿，从拉莫的和声下降到牧羊人的乡村歌曲。用创造自动机的沃康松来平衡制作烧烤扦子的铁匠；从用铁砧工作的铁匠到分析钢铁的雷奥米尔，数一数在他们之间有多少个台阶吧。

博内肯定地说，这些差异绝非取决于"人类灵魂间的真正差异"，而是取决于机器的组织；在这里，他也许回到了一个更接近莱布尼茨思想的原则——人类在本质上是相同的。[113]

在这一点上，似乎有必要指出，莱布尼茨后来对人类本质统一性的信念，并没有阻止他——作为一个 25 岁的雄心勃勃的年轻人——多次建议路易十四征服埃及并殖民美洲，也没有阻止他为此计划建立一支由奴隶士兵组成的军队。[114] 然而，在莱布尼茨的帝国规划中，支持奴役和征服的理由主要并不是种族上的差异，也与身体组织或身体机器没有任何关系，而是教派和语言上的差异。[115] 相反，莱布尼茨的有机机器概念有助于为他的人类同一性的理解提供基础。所有的有机体，包括植物和动物，都是担负某些"永久性"职责的"机器"，根据这一原则，他把人体定义为用来"永恒沉思"的机器——无论人体有怎样的差异。[116]

另一方面，德利勒·德·萨勒——被广为阅读的《自然哲学》（De la philosophie de la nature，1769 年）的作者——同意博内的观点，即机器组织是人类分类的关键，尽管他在休伦人大脑的问题上持有异议。他认为，休伦人是个优秀的机器："没有什么能阻碍他的器官的行动，动物精神在他的纤维中自由循环……他有一个活跃的头脑，因为他组织良好。"想象一下，他呼吁，这样一个"生来就有完美组织的野蛮人"到巴黎去旅行。读孟德斯鸠，在剧院看拉辛的表演，在杜乐丽花园漫步于勒诺特尔的景观和吉拉尔东的雕塑之中，这个野蛮人很快就会成为一个有品味的人。尽管他承诺休伦人的可教育性，但是德利勒·德·萨勒并不相信普遍的人类平等：他确信，对于一个"组织薄弱"的机器来说，这样的成就永远是遥不可及的。[117]

相比之下，皮埃尔－路易·莫罗·德·莫佩尔蒂认为生殖是无数有感觉的器官的一次协作，基于这种对生殖机制的理解，他提出了一个不同的人类种族理论。莫佩尔蒂认为，在这一过程中，"偶然性"总是在发挥作用，导致偶尔会出现与父母不相似的后代。他推测，这样的偶然事件产生了第一批黑皮肤的人。这些人源于随机变异，但当"虚荣心或恐惧使大部分人类反对他们"时，他们就被迫前往地球的"热带"。[118]

在这方面，发挥作用的是一个相当于动物育种的过程：仅通过相互繁殖，过了许多代之后，任何具有区别性特征（如肤色）的人群都将"确定种族"。最后，尽管莫佩尔蒂确信人类种族差异的基本原因是最微小的生殖微粒的组合的偶然性，以及类似于动物育种的选择性繁殖，但他"并不排除气候和营养可能产生的影响"，特别是在长达多个世纪的进程中。[119]

与莫佩尔蒂一样，爱尔维修也根据他对人类机器的理解，主张人类在根本上是相同的。他坚持认为，所有的人都是组织结构基本相同的机器，并反对认为是组织结构或气候造成了各个国家在"品格、天才和品味"上的明显差异。相反，他强调，是政体造成了所有的差异。例如，共和国的公民重视雄辩术，因为这能给他们带来财富和权力，政治、法学、道德、诗歌和哲学也是同理。相反，这些对于生活在专制统治下的人们来说没有任何用处。[120]

爱尔维修拒绝将人类的差异与人类机器联系起来，这是他在这方面的一贯作风，也是他独树一帜的风格。[121] 他对男女之间的智力差异采取了同样的立场，认为造成女性智力劣势的关键因素不是她们的机械组织，而是她们在受教育方面的劣势。[122] 而他的朋友、盟友和合作者狄德罗极力反对这一观点，坚持认为机械组织是所有气质、能力、美德和激情差异的原始来源。爱尔维修问道，如果所有的人都是不同种类的机器，那么神圣的正义或人类的正义怎么可能对他们一视同仁呢？狄德罗回答说，正义必须反映人类机器的多样性。[123] 此外，狄德罗讽刺地指出，如果爱尔维修在书中所阐释的确实是正确的，那这些书也可能是由他的狗的饲养员写的。[124]

法国博物学家让－巴蒂斯特·拉马克在几十年后写道，他和爱尔维修一样主张所有人类都在相同的"组成程度"上拥有相同的机器、相同的器官。拉马克写道，智力差异是由于这样一个事实，即大脑和其他器官一样，会因其用途和得到的锻炼而有所不同。"一个一生都在砌墙或挑担子的劳动者的大脑"，"在组成或完善程度上并不逊于蒙田、培根、孟德斯鸠、费奈隆、伏尔泰等人的大脑"，而仅仅是缺乏相应的锻炼。[125]

我们都只是物料，但物料的世界是无限可分的。人类机器模型，以及涉及人类机器与人的能动性的关系的对话，为快速转换的立场提供了基础——一方是普遍主义理想，另一方是全盘的贬低：霍屯督人在机械上与红毛猩猩没有区别，女人机器由子宫驱动，聋人和盲人等有缺陷的机器不是真正的人类，等等。这种令人眼花缭乱的转换本身就是启蒙运动对人类本性的讨论的一个特点。我们都是一样的，是单一类型的生命机器。或者，我们排列在一个以机械完美程度为标准的刻度尺上，从孟德斯鸠到猴子，从沃康松到他自己的自动机。

组织而非设计——机器先生在进化

机器先生这样道德的、物质的生物，不是被动的、粗笨的机器，相反，他是一个主动的、自我运动的、自我构造的机器。没有什么神圣的钟表匠来给他分配结构、功能或运动的来源，这些都是从他自己内部发展出来的。换句话说，"机器先生"不是一个"**设计好的**"机器，而是一个"**有组织的**"机器。[126] 拉美特利采用了莱布尼茨的"组织"概念，尽管他为莱布尼茨感到遗憾，因为后者"将物质精神化"，（回想一下莱布尼茨微小的、有感知的"单子"——构成世界的精神实体。）并因此产生了一个"无法理解的"体系。当拉美特利采用莱布尼茨的核心概念，如"动力"和"组织"时，他将这些概念解释为纯粹的物质现象。[127]

拉美特利的导师布尔哈弗曾将有机体或组织的身体定义为"由不同部分组成的整体，它们一致同意行使相同的功能"。[128] 有组织的机器是由主动的部件合作组成的，与自然神学家所描述的严格决定论的、被设计出来的钟表机构不同。[129] 其秩序和能动性源于其自身的运作。拉美特利写道，"组织是人的首要品质"，也是所有其他品质的来源。每一种被归于心灵或理性灵魂的官能，最终都归于"组织本身，这是一台得到了很好的启蒙的机器！"。[130]

约瑟夫·普里斯特利是拉美特利的崇拜者，他同意感觉和思想纯粹来自"大脑的组织"，就像磁吸力来自磁化的铁一样，这是物质中另一个明显的内在能动性的例子。[131] 对于非具身的理性灵魂，普里斯特利把这一想法归于"人的虚妄想象，用一种更高的出身——比他们理应声称的更高——来拔高自己"。他还把笛卡儿的工作，特别是他的追随者的工作称为一种现代的曲解，认为他们受到了"对唯物主义的不合理的恐惧"的驱使。[132]

日内瓦的博物学家亚伯拉罕·特朗布莱曾对淡水绿水螅进行了好几年详尽的研究，这为拉美特利的说法——活物质自己组织自己——提供了证据。这些水螅在被切成碎片后，每块碎片都可以再生为完整的动物。"看看特朗布莱的水螅，"拉美特利感叹道，"难道它不包含它自己的再生原因吗？"水螅的自我再生能力代表了自然中一种固有的活力，对它的研究能"让不信的人"信服，因为它表明了生命的秩序源于内部而非外部。[133]

设计论试图从生理学的机械细节中证明上帝的存在，而拉美特利嘲笑这些无穷无尽的证明。他告诫说，眼睛很可能像望远镜一样工作，但这并不意味着有人专门为此而制造它。"自然没有想到要制造眼睛来观察，就像水没有想到要作为愚蠢的牧羊人的镜子一样。"水恰好能照出影像，就像其他物质恰好能反射声音一样，同样，眼睛"能看见，只是因为它恰好被组织和安放成这样"。眼睛和耳朵所需要的"技巧并不比制造回声更多"。[134] 视觉的光学特征在设计论传统中如此重要，以至于后来动摇了达尔文本人的决心，但对拉美特利来说，这只不过是巧合。[135]

布丰认为，无论如何，在设计论中起关键作用的天国工程师是上帝的一个十分糟糕的形象。"事实上，谁对至高无上的上帝有更高明的认识呢"，他问道：是把他理解为自然律的来源的那些人呢，还是"发现他专注地指挥着苍蝇的共和国，并为如何折叠一只甲虫的翅膀而大伤脑筋"的那些人呢？[136] 这段话是布丰对竞争对手雷奥米尔的讽刺，雷奥米尔对昆虫进行了大量的、细致的描述，并把这些视为上帝之技能的大量彰显。但布丰指出，如果我们认为造物中的秩序源于其自身的内在组织，而不是上帝的修修补补的设计，那么，我们就能更好地服侍上帝。

我们已经看到，大卫·休谟提出了同样的论点：设计是一个致命的矛盾概念，因为任何有限的奇妙装置都不可能表明神的全能。休谟也用"组织"来回应"设计"：组织是一种并非来自"理性或设计"的秩序。[137] 一棵树"把秩序和组织赋予了另一棵树，后者源于前者，却不知道这种秩序：以同样的方式，动物把秩序赋予它的后代，鸟把秩序赋予它的巢穴"。如果坚持认为在植物和动物中显现的所有秩序"最终来自设计"，那么首先需要证明秩序本身"与思想密不可分，并且秩序本身或者秩序所基于的未知的原初原则，都绝不可能属于物质"，而这两条规律，休谟认为，是不可能得到证明的。[138]

随着拉美特利的《人是机器》的流行，"组织"一词在博物学中大量出现，首先是在法国，但很快就出现在瑞士、德国和英国的博物学家的著作中。[139] 在文学和艺术作品中，在伦理学和美学著作中，"组织"在 1750 年后成为一个关键词，该词保留了这样一种含义，即生命的秩序是内部产生的，而不是外部强加的：是有组织的生命的自身能动性的结果。[140]

布丰在自己的畅销书《自然志：一般与特别》中也使用了组织的概念。《自然志：一般与特别》的开篇将自然的主要工作认定为通过"组织"来产生生命："自然的最为平常的工作是生产有机物。"[141]组织也是布丰理解个体生命的关键，他把个体生命定义为"一个整体，其所有内部器官都是统一组织的"。他进而认为，这些器官是由"无数有组织的小生命"或"有机分子"组成的。这些小生命如何将自己整理成适当的组织？布丰推测，在生成和滋养过程中，有一个"内模具"把它们聚集在一起，直到死后它们再度分开。[142]

哈勒尔是设计而非组织的支持者，他反对布丰的"内模具"的想法，坚持认为它绝不可能完成这种任务：它需要一位"建筑大师"来确保"绝不会有眼睛连接到膝盖上，或者耳朵连接到前额上"。[143] 然而，对布丰而言，正如莱布尼茨所说，一个生物是若干有组织的生命进一步组织而成的集合体：组织在每个层面都存在，有一种内在的自组织的能动性在每个层面发挥作用。

与拉美特利一样，布丰强调，有组织的身体的工作方式不同于人工制造的装置。例如，感觉器官和大脑这种"有机机器"与人造机器的不同之处在于，它不仅能够进行"抵抗和反应"，而且"本身也是主动的"。[144]动物运动的初始"发条"不是看得见的肌肉、静脉、动脉和神经，而是明显存在于有组织的身体之中的"内部力量"。这些力量并不遵循"粗略的力学定律……而我们想把一切都归结为这些规律"。毕竟，为什么笛卡儿和其他经典机械论者所承认的物质的极少数性质必须是广延、硬度、形状、运动，且只有这些呢？[145]

至于为什么传统的机械原理不可能解释"动物机器"的运行方式，尽管它们包含"杠杆、配重、各种标有刻度的管道、曲线和旁路"等装置的奇妙排列，夏尔·博内指出，原因在于"组织"。[146]有组织的身体或"有机机器"，含有自己的"秘密机械学"，使身体能够增殖、生长和愈合。[147]像他的圣人莱布尼茨一样，博内赞同预成论学说；他也赞同莱布尼茨的另一个观点，即生物的发育（始于预先存在的形式）是通过自然固有的组织力量进行的。博内认为，"在自然的一切变化中，最为卓越的是**组织**"。[148]

布丰在其营养理论中，引用了一种"主动力量"：活的有机物用来组织自己的"渗透性"趋势。像引力一样，这种自组织的能动性与物体的外部特征没有关系，而只与它的"内部"有关，作用于"最隐秘的部分，并在每一点上渗透它们"。这种力量在本质上永远是神秘的："总之，它们逃过了我们的眼睛"，并且"我们将永远无法通过推理来理解它们"。[149] 他的人类构造理论是有机的机器，而不是设计的机器，就像拉美特利的理论一样，是对唯理论者及其傲慢的设计论的驳斥，因为唯理论者认为存在非具身的理性灵魂，并以此将人类——特别是他们自己——与自然的其他部分区分开来。布丰向他的读者允诺的道德准则无异于冷水浇头：他们必须了解这个"羞辱性的"事实，即人是一种动物。更糟糕的是，布丰还把"最不成形的物质"和"最粗笨的矿物"放进了同一个连续体中：别管鼹鼠和蠕虫了，甚至是在人类与岩石之间，都没有明确的断裂将两者区分开来。[150]

拉美特利的朋友和保护者，法国数学家、哲学家莫佩尔蒂也接受了莱布尼茨的"组织"概念。和拉美特利一样，莫佩尔蒂也是圣马洛人，也受到腓特烈二世的庇护。几年前，这位君主为他争取到了普鲁士皇家科学院的院长职位。事实上，正是莫佩尔蒂制订了营救计划，在《人是机器》出版后，于 1748 年将拉美特利带到了柏林。[151]

像莱布尼茨一样，莫佩尔蒂认为物理世界——包括无生命的物理世界——是通过内在的、主动的原则，通过"偏好"和选择来调节自身的。例如，莱布尼茨提出了一个主动的物理原理，即光在传播、反射和折射过程中，总是沿着最快的那条路径行进。但这一原理与笛卡儿、胡克和牛顿的观点不一致，他们认为光在密度大的介质中传播得更快。根据此观点，光从空气到水中的折射路径既不是最短的，也不是最快的。为了挽救莱布尼茨的想法，即光通过主动的原理控制自身的运动，莫佩尔蒂构想了"最小作用原理"：他提出，光总是沿着"作用量最小"的路径行进，其中"作用量"是由速度和穿过的距离共同决定的。[152]

与莱布尼茨一样，莫佩尔蒂也坚信，有组织的生物体是由一种特殊的内在能动性来运作的。布丰把生物的自组织能力比作引力，而莫佩尔蒂则认为，相反，像引力一样"均匀而盲目的吸引力遍布物质的所有部分"，并不能解释生物的元素是如何聚集在一起的：一些部分如何形成眼睛，而另一些如何形成耳朵。物质元素所必须包含的不仅仅是一种力量，还要有"一些智能的原理……类似于我们所说的**欲望、厌恶、记忆**"。[153] 在其他地方，莫佩尔蒂称它是一种"本能"，属于"组成动物的最小部分"，并构成动物的真正"本质"。[154]

换句话说，知觉、感知必须是物质的基本性质。根据莫佩尔蒂的说法，在这种情况下，具有感知能力的元素本身就可以被认为是"动物"本身。莫佩尔蒂认为，生物源于粗笨的、非智能的部件的随机聚合是令人难以置信的；而同样令人难以置信的是，上帝会像建筑师用石头搭建房屋一样，利用这些部件来创造它们。相反，"这些元素本身被赋予了智能，它们自己排列并联合起来，以执行造物主的构想"：不是外部强加的积木或石头的构造，而是有意识的参与者的聚合。[155]

使用"组织"概念的作者们一般都避免了建筑物隐喻——积木和石头，而选择了另一种意象：编织。生物不像是用砖块砌成的墙，而是像自动织布机或自动编织的织物。博内既将有组织的身体描述为"**织布机**"——它将原料吸收并整合为自身，又描述为"布块、网、各种织物，其中经线本身构成了纬线"。这些织布机或织物的每条纤维，每条"小纤维"，本身就是一台微型机器，而"整个机器在某种意义上不过是所有**小机器**的重复"。[156]

事实上，一个有组织的身体既是织布机，又是织物；它的各个部分本身就是自动织布的织布机，以此来编织自身；它的整体处于不断变化之中，在任何时候都不会保持不变。[157]狄德罗写道，一个动物是一台"机器，它从一个点、一摊搅动的液体中诞生"，它的发育取决于"一束细小、分开且灵活的线，在这种线束中，连最微不足道的那一根都不能被扯断、磨损或取代"。[158]

生物的这种有机的自我编织的能动性超越了个体，延伸到其生活环境中。博内强调，生物体从它们周围的世界中编织自己。每一个有组织的身体都是所有其他身体的一个蓬勃发展的组合。每个身体都是"一个小地球，在那里我感受到所有种类的植物和动物都微缩于其中"。一棵橡树是"由各种**植物、昆虫、贝壳、鱼类、鸟类、爬行动物、四足动物**，甚至人类组成的"。地球本身及其大气、水体和土壤，在博内看来，"不过是一团种子，一个巨大的有机整体"。[159]

事实上，组织能动性是遍及一切的，它向外无限延伸，包含世界本身，向内无限延伸，涉及有机体的微观运作："我们不知道组织在哪里结束，也不知道它的最小限度是什么。"[160]博内承认，也许"把一切都**组织起来或动物化**"是一种夸张的做法，但另一方面，看起来没有组织或没有生命的东西可能并非真的如此。"没有任何哲学上的理由将动物性的范围限制在这种或那种产物上"：物质世界很有可能到处都弥漫着"生命和情感"。[161]

这些将"组织"而不是设计作为生命基础的理论家描述了一个充满感知、情感和自组织能动性的物理世界。狄德罗同意，感知性（sensitivity）是物质的普遍而原始的性质，延伸到自然中的每一块石子或每一粒灰尘，与其组织水平相对应。[162]一个活的、有感觉的宇宙饱含感情地拨弄琴弦，与机器先生携手并进，在消除笛卡儿的机械与自我、自我与世界的分裂方面取得了进一步的成效。

通过像泵一样的肺部，热情的、敏感的、道德的、有组织的人机呼吸着现代进化论的最初味道。[163] 拉美特利指出，如果人是一只蠕虫和一只鼹鼠，人与动物之间就没有明显的不连续性。伊拉斯谟·达尔文同样宣称："去吧，骄傲的推理者，把虫子称为你的姐妹！"[164] 老达尔文是伯明翰哲学晚宴俱乐部"月光社"[165]的领导人，普里斯特利也参加了月光社，正如我们所看到的，他们对生命机制和人工机制以及它们之间的关系有着共同的兴趣。

和拉美特利一样，老达尔文相信包括人类在内的所有动物都有相同的基本机械"组织"，[166]而且感觉和情感遍布所有生物（他也热情地描述过植物的性生活）。[167]从比较解剖学的角度，拉美特利举例说明了人类器官与其他动物的对应器官之间的结构相似性。他认为，大型猿类与人类是如此强烈地相似，以至于它应该能够学会一门语言。[168]关于巴黎皇家植物园的红毛猩猩，狄德罗写过类似的内容，"有一天，红衣主教波利尼亚克对它说道，'说吧，我将为你洗礼'"。[169]

一般来说，拉美特利认为如此猜想是没有问题的——"智能生物可能出自盲目的原因"。毕竟，他指出，就父母而言，他们不需要有任何天赋就能生出聪明的孩子。就像女人的子宫"从一滴液体中孕育出一个小孩"一样，人类机器的一部分也只是被证明适合保留和产生思想。"在没有看到的情况下制造了能看到的眼睛，（自然）在没有思考的情况下制造了能思考的机器。"[170]拉美特利沉思道，由此产生的人类机器就像一艘船，它可以自行航行，但也不断地被风和海流拉向这边或那边："一艘在大海中没有领航员的船。"[171]

如果人类机器不是从粗笨的部件中一下子被设计出来的，而是从主动的、有感觉的部件中组织自身的，那就意味着一个非常不同的过程。和莱布尼茨一样，拉美特利认为这一定发生了很长时间。然而，与莱布尼茨不同的是，拉美特利假定，活物质的自组织在其核心处有一种随机性。作为"盲目的原因"，自然必须从最小的、最卑微的起点开始，只能"一点一点地"造就人和动物。物质必须经过"无数次的组合"，才能产生"一种完美的动物"。

　　拉美特利惊人地预见了达尔文主义的自然选择理论，他设想，不太完美的动物在繁殖前就会死亡，而更完美的动物会存活更久，繁殖更多，从而带来种群的整体变化。第一批动物一定是非常有缺陷的："这里会缺少食道，那里会缺少胃、外阴、肠子，等等。"只有那些拥有必要装备——不仅是为了生存，也是为了繁殖——的动物才能使其物种延续下去。而其他动物，如果"被剥夺了一些绝对必要的部分，那么它们或者在出生后不久就会死亡，或者至少没有繁殖过。完美绝非一日之功，对自然和技艺来说都是如此"。[172]

　　几年后，莫佩尔蒂提出了同样的想法。他写道，"我们可以说，偶然性产生了无数的个体"，但其中只有很小一部分，"其部件构造得能够满足动物的需要"。而其他个体则已经灭亡，只留下了"盲目的命运所产生的极小一部分"，即那些幸运的物种，"在它们身上有秩序和适应性"。[173] 在这样反复试错的过程中，拉美特利找到了"偶然性"和"上帝"的替代品，即"自然"。[174]

　　将在 19 世纪出现的进化论的两个主要要素在这里已经显现了出来：其一是这种想法，即包括人类在内的生物体可能是渐进过程的结果；其二是下列可能性，即自然可以在没有设计的情况下秩序井然。这两个要素的出现都借助了拉美特利等人尝试描述的一种机器，这种机器又与莱布尼茨的有机机器自始至终保持一致，它不是理性设计的，而是自我组织的。推动这些尝试的唯物主义道德冲动，以及与之相伴的"组织"概念，在越来越多的人的工作中得到了体现，他们放弃了特创论（上帝设计了每一种生命形式，并把它们放置在自然界中的合适位置上），坚信物种随时间的推移而变化：法国解剖学家、人类学家保罗·布罗卡在 1870 年进行回顾时，将他们的这种观点称为"种变说"（transformism）。[175] 为了避免把后来的"进化"论的某些方面理解为这些关于物种变化的早期观点，我将使用布罗卡的术语。

布罗卡以及后来的传统将拉马克认定为最初的"种变论者"。"动物组织"的构成是不断发展的，拉马克仔细研究了其中的许多变种和层次，他断定，理性本身并不是人类特有的能力，而是神经系统的一种功能，因此在或多或少的程度上，理性为所有动物所共有。[176] 在拉马克看来，上帝只是这个可观察世界的间接创造者，通过自然本身的中介行事。拉马克判断，自然"当然不是一个合乎理性的存在"，而是一种"盲目的力量，处处受到限制和约束"。将意图或目标归于这样一种力量是错误的，所以，他反对设计论。[177]

但拉马克算不上是最早的种变论者，尽管我们将在下一章中看到，他是第一个充分阐述了现代生物转化理论的人。[178] 从莱布尼茨开始，一批研究者试图将负责构造生命机器的能动性整合进生命机器本身，他们都得出了这样的结论：自组织的生物会随时间推移而改变自身。拉美特利把他的人机描述为从"最小的开端""一点一点地"出现，这启发了许多其他自我转化的有机机器。

布丰认为，即使是最为不同的"动物机器"模型之间也有相似之处。他指出，人们甚至可以相信，通过不断的"混合""持续的变异"以及由此产生的形式的逐渐完善或退化，所有的动物都起源于唯一一种动物。[179] 莫佩尔蒂沿着类似的思路提出，在形成动物的身体时，物质各个部分的智能的、有意识的行动可以解释物种的增长。如果各个基本部分太过随意地结合在一起，或者忘记了亲代动物的秩序，那么每次错误就会产生一个新的物种，"通过这些反复的分化，就会出现我们今天所看到的动物的无限多样性"。这种多样性可能会随着时间的推移而继续增加，但速度非常缓慢，因此，"几个世纪的更替只会带来难以察觉的物种增长"。[180]

种变说是一个贯穿 18 世纪的思想，它与其他一些观点一道反对设计论及其被动机械论的生物图景。例如，休谟推断，相比于手表、织布机等任何"人造机器"，世界更像是一个动物或一株植物。"因此，我们可以推断，世界的起因是某种类似于产生或生长的机制"，一种随着时间的推移成长、出现或发展。[181] 狄德罗问道，"如果信仰没有告诉我们，动物是经造物主之手创造的，正如我们所知道的那样"，那么，我们会不会开始怀疑"动物性"的"元素"是以不同方式聚集起来的？我们能不能想象，这些元素一开始"分散并混杂于一团物质之中"？它们之所以聚集起来，仅仅是因为"这是可能发生的"？它们所形成的胚胎一定经过了"无数次的组织和发展"。动物逐渐获得了"运动、感觉、想法、思考、反思、情感、激情、符号、手势、声音、清晰的发音、一门语言、法律、科学和技艺"。

这些发展中的每一项都花费了"数百万年"，而且这个进程仍在继续着，未知的发展还在进行中。也许生命将"永远地从自然中消失，或者说，它将继续存在，但以不同的形式存在，它的官能将与我们此刻所谈论的官能完全不同"。[182] 关于动物一直是现在这个样子的想法，狄德罗写道："多么愚蠢！我们不知道它们曾经是什么样子，也不知道它们将变成什么样子。"[183] 他想象着，一个又一个的动物物种在无尽的更迭中出现和消亡。此刻只代表了"这些动物世代更迭中的"一个瞬间。[184] 耶稣会修士奥古斯丁·巴吕埃尔对狄德罗的这一观点感到震惊，并打算进行毁灭性的讽刺，尽管他自己的雄辩清晰地重申了这一观点。巴吕埃尔写道，我们能否得出结论，狄德罗所描述的胚胎"首先是一台简单的机器，一个自动机，然后是一只苍蝇、一只老鼠、一条狗、一只狐狸、一匹马、一只长尾鹦鹉、一只鹰、一头大象，一个由法律指导的人，最后是科学和技艺的作者"？[185]

关于生物的转化，狄德罗的永恒转化的有机机器是一个引人注目的非进步主义观点。这是拉美特利、狄德罗、布丰和莫佩尔蒂的早期种变说与后来的进化论思想，以及与莱布尼茨的更早的种变说之间的关键差异。"在泥坑中蠕动的细小虫子"可能正在变成一只巨大而可怕的野兽。但同样地，今天的巨大而可怕的动物也可能正在变成虫子。[186] 狄德罗对自然历史的看法也具有惊人的非决定论色彩。太阳遥远而中立，它是一切的根源。熄灭它，一切都会灭亡；重新点燃它，由此产生的"无数的新世代"可能永远不会包括我们现有的植物和动物。[187] 让"现有的动物种死去，让巨大的、惰性的沉积物作用几百万个世纪"，谁也说不清会产生什么样的生物。[188]

最重要的是，人类只代表了一个短暂而偶然的时刻，没有任何形式的终点。事实上，我们甚至可能不是我们这个时刻的主角。我们是由无数个"小生命体"组成的，这些小生命体本身处于不断的变化之中，有没有可能我们只是"下一代生物的繁殖地，它们与这一代生物之间间隔着难以想象的漫长时间和持续不断的发展变化"？[189]

自我创造的力量是能动性的新形式，适合于严格意义上的物质存在——人机。但是，这种力量搭配着同等程度的无力：自组织伴随着深刻的不确定性——一个非设计的生物在一个非设计的世界中永远面临着失去自身的危险。

第 6 章

自组织机器的两难

想象一下弗兰肯斯坦的怪物，它由死物拼凑而成，却被某种不可遏制的活的能动性所驱动。这个怪物诞生于 1816 年夏天的一场噩梦，它人格化地展现了人机的困境，它没有设计者，无父无母且自相矛盾，在主动机械论和粗笨机械论的原则之间挣扎，它的活的能动性与无生命的物质部件之间发生了可怕的冲突。人机的困境是浪漫主义运动的一个主要关注点，这一时期传统上在文学和艺术史中为人所知，最近也得到了科学史的重视。[1] 浪漫主义者们与如下观念进行了激烈的斗争，即生物可能是自我组织和自我转化的机器，努力在动态的、活的自然机器中构造和重构自己，我们在前一章中已经看到了这个观念的苗头。生物科学这门学科和第一个成熟的种变理论，即拉马克的物种转变理论（见图 6.1），都出现在这一时期，源于这期间的种种斗争。

自组织的生命机器栖居在未经设计的世界里，这种状况在 18 世纪和 19 世纪之交激发了诗歌和科学的涌现，或者更确切地说，诗歌和科学的喷涌**融合**。诗歌和科学之间引人注目的密切关系是浪漫主义运动的特点。[2] 当诗人在做电学实验，听化学讲座，扎堆观看物理学演示，仔细研读生理学的最新成果时，物理学家、化学家和生理学家则在写诗，经常以诗歌的形式展示他们的实验结果和理论。

伊曼纽尔·康德在其最后一部重要著作《判断力批判》（*Critique of Judgement*，1790 年）中为科学和诗歌的这种亲密关系给出了正式的理由。他论证道，生物必须被视为充满能动性，内在

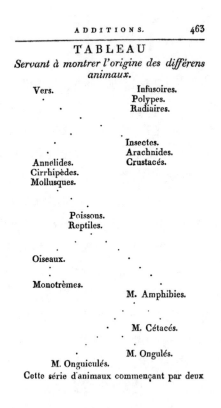

图 6.1　拉马克《动物哲学》（*Philosophie zoologique*，1809 年）中的物种转变图，显示较复杂的动物起源于较简单的动物

地"具有目的"，而且人们首先只能通过审美判断的作用，一种愉悦或不愉悦的感觉来理解它。因此，对自然对象的判断都是从一种审美反应开始的。[3] 像笛卡儿一样，康德经常被认为是第一位现代哲学家；也像笛卡儿一样，他在理智自我和机械世界之间的断层线上工作，而这或许表明，这个断层线本身就是现代哲学的起点。德国哲学家、作家、诗人约翰·沃尔夫冈·冯·歌德曾说道，康德的《判断力批判》开启了"我生命中的一个美妙时期"，他在书中发现了科学与诗歌的结合，并为此感到欣喜。[4]

歌德担心他自己将科学和诗歌结合起来的努力是一种孤独的反叛行为，他沮丧地表示，"没有人愿意承认"科学知识和诗歌知识的本质统一性。[5] 他错了：几乎每个人都承认这一点，尽管他们确实像歌德一样，倾向于认为他们对自然的诗意态度构成了一种反叛。如果是这样的话，那这就是一次大规模的反叛，并且此次反叛的定义便是反对非诗意的科学理想，而所谓非诗意的科学理想就是对被动的机械宇宙的理性解释。

科学与诗歌之间的浪漫情意构成了对科学，特别是生命科学的另一种方法的探索。这种探索导致了对生命机制的理解，生命是自组织的、充满活力的、历史地运作的：不是通过造物的命令，在时间之初一下子出现的，而是逐渐地、偶然地、在无尽的时间中缓缓展开的。

努力的机器

德国浪漫主义诗人海因里希·海涅认为，康德本身就是一个自动机："他既没有生命也没有历史。"这个评论很有讽刺意味，因为康德找到了一种历史方法来理解生物，并指出自动机是死板的、惰性的、被动的东西，它绝不可能作为生命的模型。海涅继续说：

> 在德国东北部边境老城柯尼斯堡（今俄国加里宁格勒）的一个安静、偏僻的小街道上，他过着一种机械般井然有序、几乎抽象的单身生活。我不相信那里大教堂的大钟会比它的同伴伊曼纽尔·康德更平心静气、更有条不紊地执行它每天的公开日常演示。早晨起床、喝咖啡、写作、讲课、吃饭、散步，一切都有规定的时间，街坊邻里都知道，当伊曼纽尔·康德穿着灰色长礼服，拿着西班牙手杖，走出家门，漫步到至今仍因他而被称为"哲学家之路"的小椴树林荫道时，肯定是三点半时分了。在一年中的每个季节，他都会在这条路上来来回回走八次；当天空阴云密布，或灰色的云层显示要下雨时，人们看到他的仆人老兰珀胳膊下夹着一把大伞，焦急地走在他身后，那画面好像上帝的形象一般。

海涅接着说道，如果柯尼斯堡的市民们对康德思想"破坏性的、毁灭世界的"本性有所了解，他们就会对他的到来感到恐惧。"但是，善良的人们在他身上看到的只是一位哲学教授，当他在惯常的时间经过时，他们向他表示友好的问候，也许还根据他的行踪调了调手表。"[6]

海涅对康德个人生活的描绘被一代又一代的传记复制。海涅的主题是康德的生活方式，但这只是表面上的，他真正的靶子是康德的哲学风格。不管怎么说，康德以这种形象为后人铭记是很讽刺的。在禁止将能动性归于自然这一点上，他确实赞成机械论者。但他也努力使这一原则与人们可能认为的完全相反的观点相协调，即目的论，有目的的能动性，是自然科学所无法根除的。[7]一方面是对唯理论的机械论科学的拒斥，另一方面却是这种科学已在牛顿物理学中成为典范，这两方面对康德来说同样具有吸引力。传记作者喜欢指出，[8]康德家中唯一的画是一幅卢梭的雕刻版画像，它悬挂在写字台上方，而卢梭正是理性和机械体系的狂热批判者。[9]

　　机械论者拒绝自然的内在目的性，而博物学家则拥抱它，双方之间的斗争自始至终塑造了康德的哲学，并且在很大程度上，通过康德定义了一代浪漫主义诗人和哲学家的关注焦点。例如，康德的第一本出版物是对莱布尼茨的"活力"的辩护，"活力"是赋予莱布尼茨的世界机器以生命的生命力。该著作后来得到了康德思想的崇拜者和传播者、英国诗人塞缪尔·泰勒·柯勒律治的热烈推荐。康德认为理性科学反对活力观念，但他又坚持认为事实和经验都支持活力。[10]后来，在《纯粹理性批判》（*Critique of Pure Reason*，1781 年）中，康德对莱布尼茨提出了尖锐的批评，尤其严厉斥责了莱布尼茨的前定和谐概念以及它将自然的秩序与神的意志联系起来的方式。[11]

　　机械论禁止将目的性赋予自然现象，而对当时的生物解释来说，目的性始终是很重要的，事实上也越来越重要。如何同时容纳这两方面？康德在他的最后一部重要著作中处理了这个似乎无法解决的问题。结果就是一部如此曲折难解的作品，以至于有人指责这位哲学家在写作此书时已经衰老了。[12]在这里，我想提出一个更为宽容的观点：不是衰老，而是康德终其一生既信奉机械论科学，也相信生物具有内在的目的性，他对两者的同等程度的忠诚可以解释他的第三批判（在另外两个批判，即《纯粹理性批判》和《实践理性批判》之后）的曲折缠绕。在这里，康德在其学术生涯的最后阶段，着手处理了科学和哲学中这一地震般的最为活跃的断层线：对生命的理解和对科学的理解之间的鸿沟。

关于生物，康德在这部最后的重要作品中提出了曲折缠绕的观点，来讨论一下它们吧。[13] 他写道，人们需要从有目的的行为的角度来理解有机体。根本不可能以任何其他方式来构想它们。有机体的各个部分必须被视为具有能动性，它们独立地、共同地工作以产生整个有机体，每个部分都"**为了其他部分**和整体而存在"。但这并不意味着它们一定是其各个部分有目的的行动的结果，而仅仅是它们只能被如此理解。因此，虽然事实上不见得是这样的，但生物看起来"既是自己的原因，也是自己的结果"，是"一个**有组织且自组织的**存在"。[14]

康德提到了当时的标准，即把活的有机体比作人工装置，如手表。他说，这种相似性只是表面上的：一个有机体的各个器官，就像手表的各个部件一样，都是为了一个目的而共同工作。但是，活的有机体与任何人工装置都不同，因为制造人工装置的能动性和它所服务的目的总是在它的外部，而有机体的能动性和目的则是在其内部。有机体是它自己的目的，通过其自身内部的能动性，它的各个器官一起工作，朝着这个目的前进，这就是有机体本身。因此，有机体和人造机器之间的类比是误导性的，因为它暗示"技师——一个理性的存在——从外部发挥作用。但是，恰恰相反，自然将自己组织起来"。[15]

有机体具备生命机制所特有的"一种自我增殖的形成性力

量"。康德认为，仅靠运动的物质无法解释这种能力。因为正如我们所看到的，自从经典机械论在 17 世纪出现以来，占支配地位的观点认为，物质绝对是惰性的。康德写道："活物质的可能性是非常难以想象的。它的概念本身就包含一种自相矛盾，因为无生命性、**惰性**构成了物质的本质特征。"[16] 物质在本质上是无生命的、惰性的，而相反，生物在本质上是积极主动的，这样的描述将成为浪漫主义作家的永恒主题。

博物学家陷入了两难境地，正如康德所描述的那样，他们无法从生物的"目的论"方法中"解脱出来"（康德所说的目的论方法指的是一种内在的目的论，即自然形式本身之中的有目的的能动性），也无法从"一般物理科学"的恒常原则（排除自然中的内在有目的的能动性）中解脱出来。"每种解释模式都排斥另一种"，但博物学家不能放弃任何一种。[17] 康德接受了自然科学的经典机械论模型，但是他拒绝了它所依赖的设计论。他认为通过自然科学来寻求上帝存在的证明是自相矛盾的。科学永远不可能发现自然本身的目的，因为这样的目的必定在自然之外，超出了科学的范围。[18] 为了保持自然科学的完整性，人们必须把自然的能动性视为在自然本身之中运作，而不是像在设计论中那样由外部强加的。否则，"就不会有自然了。只会有一个机器中的上帝，由他产生世界的变化"。[19]

康德接受了机械论对自然中的能动性的禁令，但他自己也深信设计论是不可理解的：人们只能将生命形式的明显目的性有意地理解为是其本身所固有的。康德的两难之处是如何调和这两者。他的解决方案是区分人们对有机体的理解和有机体本身的真实情况（他说后者无论如何是不可知的）。生物体表面上的目的性并不意味着它们实际上是内在能动性的结果，而是意味着我们的理性或"认知官能"必须如此理解它们。[20] 因此，博物学家应该保留他们的方法论原则，即所有生命形式都起源于有目的的能动性，但他们也应该将这一原则视为"反思性的"和"调节性的"，而不是"决定性的"和"构成性的"。这样一来，在假设没有"潜在的目的"，没有真正的"目的论"的情况下，他们就可以继续寻求自然的目的了。[21]

康德认为，从这个似是而非的角度来看待有机体，就会为自然科学提供目的论的合法基础，否则目的论是"绝对不能成立的"。[22] 机械论和目的论，"正题"和"反题"，可以在科学中无矛盾地共存，只要人们把它们当作"反思性判断的准则"或"调节性的研究原则"，而不是"构成性原则"。人们可以"完全公正地谈论自然的智慧、简约、远见和仁慈"，但在这样做的时候，人们绝不能把自然说成是一个智能的存在，"因为这会是荒谬的"。另一方面，人们也绝不能把自然描绘成一个无生命的、被动的人工制品。这相当于将一个智能的存在"置于自然之上，作为自然的设计师"，康德认为这种观点是"自以为是"和自相矛盾的。[23]

这是一个困境，但也是一个富有成效的困境：康德在正题和反题上的努力即便没有产生出一个明确的合题，那也确实产生了一些相当重要的新的可能性。其中之一是一条原则，即目的论判断必须是局部的和相对的，只能在自然系统之内运作，而不是绝对的。康德以北极地区为例。生活在北极地区的人们发现，雪保护他们的种子免受冻害，驯鹿服务于他们的交通和通讯，其他北极动物提供了燃料、食物和衣服的来源，而大海为他们带来了建造房屋的漂流木材。这是一种"真正奇妙的"手段向目的的"汇集"，目的就是"格陵兰人、拉普兰人、萨莫耶德人、雅库特人，如此种种"。然而，人类到底为什么要在北极地区生活？会有什么更大的目的或利益吗？如果所有这些自然效用都不存在，那我们将永不会到达这里。[24] 博物学家必须注意到所有这些手段对目的的局部适合性，但是，在终极目的可能使这一切有意义或无意义的地方，必须留下深思熟虑的、必要的空白。

除了目的论从属于更大的偶然性之外，在调和机械论与目的论的努力中，康德还提出了另一个有力的可能性，即在对生物的单一的、遗传的解释中［"遗传的"（genetic）一词的词根意义就是与事物的"发生"（genesis）有关］，这两种方法有朝一日可能会结合起来。也就是说，康德考虑到这样一种可能性，即通过"从一个共同祖先的传代"过程（而并非作用于创造的那一刻），机械的原因可以解释生物所表现出的目的性。种类繁多的物种共享一个统一的、基本的结构方案，这一事实向康德暗示了它们之间的"亲缘关系"，就像一个大家族，人们可以追溯其"发生"，"通过一部分的缩短和另一部分的伸长，通过这部分的退化和那部分的进化"，一种形式来源于另一种形式。也许生物的明显有目的的能动性是通过一种发生过程逐渐形成的："当地球母亲的子宫从混沌的状态中第一次出现时，地球就像一只巨大的动物，诞生出一些生物，它们的形式显示出较少的目的性"，但它们又诞生出新的、具有更完美"适应性"的生物形式。[25]

有了这种随着时间推移而产生新的有机体的想法，康德写道，"头脑中就会闪现出一线希望（尽管很微弱），自然的机械论原则（没有该原则，就根本不可能有自然科学）或许终归可以让我们对有机生命做出某种解释"。而在下一段中，康德熄灭了这"一线希望"，否定了纯机械的、非目的性的生物解释，他发现这仅仅是把有目的的能动性推回到更早的阶段——地球母亲的初始时期。[26] 尽管如此，他已经引入了时间概念，作为产生有目的的、自然的生命机制的一种可能力量，他将经常回到这个概念上。

例如，康德想到了明显有利于收集水的地形走向，这个例子与驳斥设计论有关。他指出，无论"大地的布局、高度和坡度在现在看来多么明智地适合于"收集雨水，适合于从地底下涌出的泉水，适合于河流的流淌，我们通过考察可以看出，所有这些都是由火山爆发、洪水以及海洋运动等原因造成的。"现在，如果所有生命形式的栖息地——大地的褶皱和深海的怀抱——都唯一地指向了完全未经设计的机械生成过程，那么我们怎么能，或者我们有什么权利要求或坚持不同的起源呢？"[27]

为了描述这种"未经设计的机械生成过程"如何随着时间的推移而起作用，康德感到遗憾的是，"**自然志**"（natural history）这一词组通常被用来指"对自然的描述"，而不是指自然随时间推移而发生的变化。[28] 在 17 世纪和 18 世纪的用法中，"自然志"一词的含义确实是前者。[29] 康德提议，如果情况继续如此的话，"我们可以把**自然考古学**（archaeology of nature）这个名称赋予"本来可以被称为"历史"（history）的事物，即"对地球的过去或远古状态的描述"。在康德的考古学意义上，这样的历史学将要研究化石遗迹之类。[30]

在本章中，我打算在康德所寻求的含义上使用"历史"一词（以及它的各种形式），该词的这种含义实际上是在 18 世纪和 19 世纪早期逐渐获得的，意味着由各种内在能动性从内部驱动的世俗的、物质的转变。在与人类社会和自然生命形式的发展有关的场合中，"历史"的这种新含义逐渐得到使用。例如，伏尔泰在 18 世纪中期改变了历史的写作，他仔细区分了世俗历史和神圣历史（他说，后者是一个值得尊敬的努力，但并不是他的主题），排除了神灵、寓言和任何违背自然律的东西，以及总而言之"所有那些违反自然正常进程的事物"。截然区分世俗历史和神圣历史，让世俗历史依附于"自然进程"，这些都使历史的意义朝着自然主义、经验主义和受规则支配的方向发展。伏尔泰注意到，15世纪末印刷机的发明和科学的兴起"终于"使一些正确而可靠的历史记录得以出现。[31]

伏尔泰指出，"人们需要从现代历史学家那里得到更多的细节、更可靠的事实、精确的日期、权威的说法，以及对习俗、法律、风尚、商业、财政、农业和人口的更多关注。"这对历史来说，就像对数学和物理学一样，是一个经验和理性的严谨问题。这些标准在一定程度上产生了支配性的影响，让人们认为时间要素对于复杂现象的出现是必要的。例如，伏尔泰认为，巴比伦人的天文成就表明，他们作为一个民族已经存在了很多个世纪。"技艺不过是时间的产物，人类天生的懒惰使他们在数千年里除了养活自己、保卫自己和互相残杀之外，没有任何知识或才能。"类似地，埃及的第一批城市肯定在金字塔之前已经存在了"极长的时间"，以便让古埃及人发展出建造金字塔所需的技能和工具。伏尔泰将历史解释限制在"自然的正常进程"中，他认为时间不仅是年代学，而且是人类历史产生的一个必要维度。[32]

通过无限长时间的运行，一个纯粹物质的、机械的实体可以克服其物理上的有限性，这种想法在19世纪初实现了重要的传播。例如，当查尔斯·巴贝奇在19世纪二三十年代设计他的数学机器时，他给沃康松的自动织机添加了一个关键成分，即对时间维度的认识。关于打孔卡，巴贝奇指出了一个始终未被注意到的方面，即其无限大的时间容量：人们可以将任何数量的打孔卡串联起来，并在事实上可以将一个操作的结果反馈给机器。巴贝奇将这个过程描述为"机器吃自己的尾巴"。[33] 因此，尽管"任何有限的机器都不可能包含无穷大"，但机器可以有"**无限的**"容量。人们永远不可能"建造占据无限空间的机器"，但巴贝奇认为他可以用"**无限的时间**"来代替"**无限的空间**"。[34] 任何机械装置都无法超越自己的空间限制。但是，也许，特别是如果它把机械动作从一代传到下一代，那它就可能通过时间维度实现某种形式的超越。

一种科学解释模式，它既是机械论的，又是历史的，随着时间的推移，通过各种内在的、自然的能动性而起作用：事实上，这并不是康德的一个新想法。早在 1755 年，他就把宇宙本身描述为"由物质努力发展的机械定律"产生的。[35] 内在的能动性在此处已经是某种手段，自然机制以此改变和创造其自身的历史。在康德看来，与主要的竞争者相比，这种遗传学解释似乎最有希望将机械原因和目的因统一起来，同时"最不可能借助超自然的说法"[36]。与之相竞争的理论首先是**偶因论**（occasionalism），即在每个有组织的生命诞生时，上帝直接采取行动来塑造它。第二种是预成论（我们在前文已经讨论过），它在当时的博物学中被称为"evolution"（不要与后来的"进化论"相混淆，两者的含义完全不同）：造物主事先采取行动，预先制成了每一个生物体，并把微缩的生物体置于其亲代体内，代代嵌套。[37]

相较于这两种理论，康德选择了渐成论：至高原因赋予有组织的生命自身以繁殖的能力。他赞扬了医生和生理学家约翰·弗里德里希·布卢门巴赫，布卢门巴赫的渐成论为康德提供了模型，[38] 因为他在构建理论时既承认生命的有目的的能动性，也承认科学的机械论规定。在布卢门巴赫看来，每一代有机体在其第一代之后，都受到物质自身之中的"Bildungstrieb"或者说"形成性冲动"的推动，机械地构造出下一代。布卢门巴赫写道，生物是无组织的物质采取"一种特定行动"的结果。这种行动不同于动物的其他能力（如感觉），它构造出了有机体的生命。他还称之为"nisus"：一种努力。[39]

布卢门巴赫给康德寄去了一篇关于生殖的文章，主要内容是"形成性冲动"或"努力"（Bildungstrieb 或 nisus），康德对此做出了热情的回应。在回信中，康德说，这篇文章处理了一个近来困扰他的问题："被认为不可调和的两个原则的结合，即用来解释有组织的自然的物理学－机械论方式和纯粹的目的论方式。"康德借用了布卢门巴赫的观点，并承诺布卢门巴赫会在他的新书中找到致谢，然后，这本书甚至是从书商那里直接送到了布卢门巴赫的手中。[40]

布卢门巴赫用渐成论来调和机械论和目的论，果然，在《判断力批判》中，康德以布卢门巴赫为例说明他自己对这个难题的思考是正确的："把最初起源之后的所有步骤都交给自然去解释。"[41]他在机械论和目的论之间的犹豫导致康德赞成对生物的渐成论解释，该解释借助于自组织而非外部强加的设计，并将生物结构的"目的性"作为每个解释的核心，不过，目的论在解释中也总是从属于更大的偶然性。这是一个由无处不在但有限的能动性驱动的过程。在努力调和机械论与目的论的过程中，康德所得出的生命观从根本上说是历史的。

几年之后，歌德宣布自己接受了生物的遗传方法，将生命创造的各个阶段视为"一系列不间断的活动"。[42]他的《植物变形记》（*Metamorphosis of Plants*，1790 年）已经成为这种体裁的典范，细致地描述了植物的物质器官在生长中的转变。在这种描述中，驱动力是每株植物通过不断制造和重制各个器官来"表达其活力"的能力。[43] 在其他地方，歌德将其描述为"一种强化的力量……一种始终努力上升的状态"。[44]

让－巴蒂斯特·拉马克（见图 6.2）是一位生物学作者和法国国家自然博物馆的博物学教授，他也认为是一种机械的努力推动了生物的出现和发展。虽然他在本章中只是简短地出场，但他的出场是至关重要的，因为他将是贯穿本书余下部分的关键人物。拉马克在 1802 年创造了"**生物学**"（biologie）这个术语，他用这种充满活力的、机械的努力来定义新的独特的学科领域。[45] 他观察到，一种内在的"**生命力**"（pouvoir de la vie）驱动着"有生命的机器"、植物和动物不仅组成它们自身，而且随着时间推移使它们的组织日益精致和复杂。这个过程进行了"无数个世纪"，从最原始的生命形式——一个"有生命的点"——开始，拉马克用莱布尼茨的术语"**单子**"来为其命名。有机体的发育、生长和转变完全是它们自身运动的结果，特别是它们体内的液体运动的结果。植物和动物是地球上仅有的以这种方式形成的存在，使用它们自己合成的材料来形成自身。[46]

拉马克认为，除了这种基本的努力向上的构成性和复杂化力量外，另一种能动性也在高等动物中发挥作用。动物通过行使它们的意志，形成适应环境的"习惯"和"生活方式"，来融入环境。通过这种能动性，动物逐渐改变了它们的身体。拉马克写道："当意志控制动物执行特定的动作时，精妙的液体会立即流入应该执行这个动作的器官，激发它们来执行这个动作。"然后，这些"组织的行为"的多次重复将"强化、增大、发展甚至创造必要的器官"。[47]

关于把生物体比作钟表这一标准比喻，拉马克指出，只有考虑到运动的初始原因，它才是有效的。他写道，"人们将生命比作正在积极运行的钟表，而这个比喻，至少可以说，是不完美的"，除非人们将钟表的发条等同于"激发有机体运动的原因"。如果没

图 6.2　让 - 巴蒂斯特·拉马克的肖像，由路易 - 利奥波德·布瓦伊绘制的平版印刷画，©国家医学科学院图书馆，巴黎

有发条，机械装置就不能活动，而如果机械装置的各个部件没有得到适当的排布，发条的运动也将是无用的。拉马克坚持认为，生命机制所"必需的原动力"是其自身的一个必不可少的部分。只有当钟表可以被认为包含了使自身运动的能动性时，一个生物才像一台钟表。[48]

拉马克的生命机器通过两种不同的内部能动性形成并转变自身，一种是基本的、原始的生命力，另一种是更高的意志力。这两种力量都内在于机械部件，从内部构成了机器。拉马克确信，这样的过程是解释有感觉的生命的唯一途径。如果每个生物的组织都归功于一种"完全外部的、与它无关的力量"，那么动物就不是有生命的机器，而是"完全被动的机器"。它们永远不会具有"应感性以及由此产生的对存在的密切感受"，也不会有行动的能力，不会有想法，不会有思维，不会有智能。简而言之，它们就不会有生命。[49]

生物通过其自身的能动性产生自身，这个观点是有争议的。拉马克的博物学家同行和批评者、动物学家乔治·居维叶是此观点的重要反对者。[50] 而且，他反对的理由是，将能动性归于自然现象可能会写出好的诗歌，但绝不会带来好的科学。可怜的拉马克！为他撰写悼词的就是居维叶，在 1832 年 11 月，拉马克去世的三年之后，居维叶向法兰西科学院宣读了这篇悼词。很少有悼词会给出比这更微弱的赞美。居维叶评论道，没有人认为拉马克的生命理论"危险到值得攻击的地步"。它建立在"欲望和努力可以产生器官"的"武断"假设之上，这种想法可能会"让诗人的想象力感到愉悦"，但永远无法说服真正的解剖学家。[51] 然而，居维叶本人将生命定义为一种活动：通过摄取和排出，即从周围环境中吸收物质，再将物质还原，以"持续"存在的能力。[52] 甚至是居维叶也将生命理解为一种活动形式，即便他否认自然现象具有能动性，将这种想法驳斥为"诗歌"。

到 19 世纪初，在科学、哲学和文学的理解中，一个生物在本质上已经成为一个动因。反过来说，动因是这样的事物，它处于物质部件的不断运动和转化之中，这种运动和转化是由它自身产生的。生命的能动性表现为一种积极响应的"努力"，一种通过时间的推移和对外部环境的反应而实现发展变化的能力，简而言之，就是产生历史的能力。因此，它需要一种理解，这种理解既是机械论的，因为它涉及物质部分的相互作用，同时也是历时性的，即随着时间的推移而运行。拉马克援引了"组织的事实的历史"[53] 来支持他的论点，即物种的变化是不可阻挡的（尽管"极为缓慢"），而且这些变化对"我们地球的历史"至关重要。[54]

在这里，拉马克偏离了"自然志"（natural history）词组中"history"一词的传统含义——对自然的完整描述，而是采用了更像康德的考古学或遗传学意义上的"历史"，用来描述在时间之中持续转变的状态。柯勒律治写道："自然是一条持续不断地演变的线。"[55] 生物本性的科学必须采取历史的形式。

努力的生命机器的戏剧化

康德关于生命现象的遗传方法，在科学的机械论模型和生物的"目的论"模型之间陷入两难，这种方法成为活跃于 19 世纪头几十年的一代诗人－哲学家的基本特点。柯勒律治写道，"柯尼斯堡的杰出智者的著作仿佛一只巨人的手一样抓住了我"。他认为，康德的作品对他的思想的影响比其他任何作品都大，它们"激发"并"训练"了他的理解力，多年以来，他带着"从未衰减的喜悦和越来越多的钦佩之情"回到康德这里。[56]

柯勒律治以把康德介绍给他的同胞为己任。[57]威廉·华兹华斯、托马斯·卡莱尔，以及美国的拉尔夫·沃尔多·爱默生和埃德加·爱伦·坡都通过柯勒律治认识了这位柯尼斯堡的智者。[58]柯勒律治宣传的重点是第三批判。根据律师、日记作者亨利·克拉布·鲁滨孙的日记，在散文家查尔斯·兰姆家中的一次聚会上，柯勒律治告诉鲁滨孙，康德的《判断力批判》是其所有书中"最为惊人的"。[59]康德努力描述并克服的两难是柯勒律治写作的重点。但他并没有去力争解决这个问题，而是把它戏剧化了。柯勒律治写道，笛卡儿的机械论体系是"一个没有生命的机器，被它自己研磨的尘埃所旋动"，是将"生命的活的源泉"还原为"死亡"。相反，根据柯勒律治的看法，活的器官与人造机器不同，前者不是由部件组成的，而是主动地将外界物质同化为自身："由于看不见的能动性编织的魔力旋涡，（被牛或大象吃掉的）叶子会恰到好处地变成骨头和骨髓，变成浆状的大脑，或者变成坚硬的象牙。"[60]

在柯勒律治对生物本性的理解中，能动性是一个关键词。他反对笛卡儿主义的机械论方法，因为它"将生命和内在的活性从可见的宇宙中"放逐了出去。在牛顿物理学中，柯勒律治认为"主动的能量、积极的力量有必要存在于物质宇宙中"，而且他对自然神学将这些力量等同于上帝的说法感到遗憾。[61]

设计论使自然失去活力，使上帝与万有引力无法区分。柯勒律治则更喜欢他在当时的物理科学的工作中看到的"充满活力的精神"，例如英国化学家汉弗莱·戴维和丹麦物理学家汉斯·克里斯蒂安·奥斯特的电磁化学，他们发现在物质之中到处都有主动的力量和趋势在起作用。当然，柯勒律治认为，这些充满活力的科学是对科学机械论的一次"致命打击"。它们所指向的结论是，一个生物不是一种特定的物质结构，而是一种"独特的、个体化的能动性"，通过微粒的连续不断的组合来表达自身。[62]

玛丽·雪莱（Mary Shelley）创作了弗兰肯斯坦的怪物——浪漫主义时期最为重要的假想人机；在她还是一个孩子的时候，她就从成长的环境中了解了这些原则和受关注的问题。她的父亲是小说家、激进的社会理论家威廉·戈德温，柯勒律治是她父亲的好朋友，雪莱从小就很了解柯勒律治。成年之后，她还记得在她9岁生日前不久的一个夏日夜晚，她和同父异母的妹妹躲在客厅的沙发下面，听柯勒律治低吟《古舟子咏》（*Rime of the Ancient Mariner*）。[63]

引发了《弗兰肯斯坦》（*Frankenstein*）的晚间谈话发生在1816年的那个多雨的夏天，当时玛丽·雪莱19岁，在乔治·戈登·拜伦勋爵位于日内瓦的别墅中，参与者们谈到了最新的生命理论。[64]珀西·雪莱（玛丽·雪莱在两年前与他私奔）对法国医生、生理学家皮埃尔-让-乔治·卡巴尼斯的工作很感兴趣，对于将机器作为动物和人类生命的模型，卡巴尼斯是当时最重要的支持者之一。[65]他写道，大脑是一个器官，它产生思想就像胃进行消化和肝脏过滤胆汁一样。[66]然而，他的生命机器模型在本质上是主动的、有感觉的，而不是粗笨的、惰性的：通过神经的收缩和舒张，感觉遍布整个"生命机器"。[67]生命机器需要"感觉和行动：而当所有的器官都有强烈的感觉和行动时，生命会更加完整"。[68]

在拜伦的别墅里，一天晚上，这个小组讨论了伊拉斯谟·达尔文做过的一些实验。老达尔文发明过一个会说话的头，相信所有生物在机械上和感觉上的统一性，是一位描绘植物性生活的狂热作家，除了这些之外，他还是一位多产的、受欢迎的博物学家，用诗歌和散文来论述动物学和博物学。他对人工制造栩栩如生的实体乃至人工制造生命本身很感兴趣。和会说话的头一样，此处论及的实验也出现在 1802 年他去世之后发表的一首名为《自然之殿》（*The Temple of Nature*）的诗歌的"哲学注释"中。[69]

老达尔文声称自己通过自然发生制造了生命，或者说，引发了生命的自行产生。雪莱在后来谈论她的故事的起源时，提到了自然发生实验：她说，老达尔文把一根面条锁在一个玻璃盒子里，直到它开始自己移动。而实际的实验是将面粉和水混合成的糊状物放在封闭的容器中，让它腐烂，产生了"叫鳗弧菌的微生物"，显示出"奇妙的力量和活性"。[70]

除了伊拉斯谟·达尔文之外，还有一个人也主张物质中存在内在的活的能动性，他也为雪莱的故事提供了信息。这个人就是汉弗莱·戴维爵士（上文提到与柯勒律治有关），他是康沃尔的一位木雕工的儿子，后来成为英国最杰出的自然哲学家之一。戴维也是雪莱父亲的熟人，他是英国皇家研究院的化学讲师，和所有其他人一样，也是一位诗人。他对"生命的热泉"[71]这一主题的探究方法，具有同等的抒情成分和实验成分，包括对"死物质转化为活物质"的研究。[72]

老达尔文和戴维共同为《弗兰肯斯坦》的故事贡献了一个关键因素：他们是一个被广泛接受的理论的主要支持者，即"遍布于全身的生命本原或活力精神"是一种"电流体"。[73]在那个雨夜中，"动物电"是拜伦别墅里的另一个交谈主题，"动物电"的观点是在十多年前提出的，也被称作"流电学"（galvanism）——该词源自其提出者的名字。博洛尼亚解剖学家路易吉·伽伐尼（Luigi Galvani）在 1791 年宣称，通过对青蛙的神经施加电火花，他可以让解剖后的青蛙的腿跳动起来。他推测动物组织中含有一种活力，通过与由闪电产生的"自然电"和静电起电机中摩擦产生的"人工电"进行类比，他将其命名为"动物电"。伽伐尼认为，动物电是由大脑分泌并由神经传导的，作为感觉和肌肉运动的媒介。[74]

电鳐和电鳗能产生可怕的放电，它们为伽伐尼的观点提供了额外的支持，并再次立即引起了诗歌和哲学的广泛关注。老达尔文作诗写道："热带的鳗鱼，愤怒中饱含电力，用不会熄灭的火焰惊动了海浪。"[75] 意大利物理学家亚历山德罗·伏打（也是一首以电为主题的科学诗的作者）试图复制伽伐尼的实验，却由此发明了第一块电池并发现了电流，当时他将他的装置视为一种人造电鳐。[76]

作为牛津大学的学生，珀西·雪莱在自己的房间里放置了电学设备，并喜欢向客人展示他的静电起电机，让客人转动曲柄，而他则熄灭火光，坐在玻璃脚的凳子上，"这样一来，他那长长的、乱糟糟的头发就会蓬蓬地竖立起来"。[77] 在拜伦别墅的晚间谈话中，他和其他人十分想知道是否可以用人工电来使尸体复活。[78]

他们能够引用实验数据。1803 年，在伦敦的一个解剖学剧场里，伽伐尼的侄子乔瓦尼·阿尔迪尼用电池使一具被绞死的罪犯的尸体龇牙咧嘴，肌肉抽搐（见图 6.3）。[79]［爱丁堡医生安德鲁·尤尔（Andrew Ure）在 1818 年重复了这个实验，结果"确实令人震惊"。一位目击者回忆说，"场面非常可怕"，其中包括尸体进行的一段明显"费力的呼吸"。[80] 尤尔写道，"有几个观众因为害怕或恶心而被迫离开房间，还有一位先生晕倒了"。在这两个案例中，实验

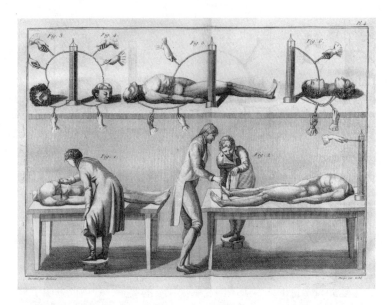

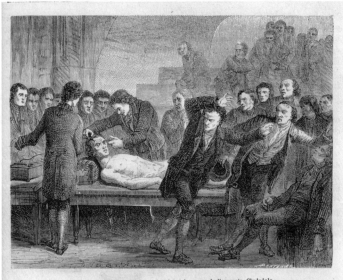

Fig. 333. — Le docteur Ure galvanisant le corps de l'assassin Clydsdale.

图 6.3　乔瓦尼·阿尔迪尼的尸体电学表演，出自他的《流电学理论与实验论文集》，由康奈尔大学珍本图书和手稿收藏馆无偿提供。安德鲁·尤尔对一个已被处决的杀人犯的尸体进行电击（图画题名为"le docteur Ure galvanisant le corps de l'assassin"），出自菲吉耶的《科学奇迹》(*Merveilles de la science*，1867 年)

者都相信，如果没有环境的干扰，"或许，活力可能得以恢复"。[81]]

在这些讨论之后的那个夜晚，玛丽·雪莱产生了一个可怕的幻觉：她看到怪物的创造者弗兰肯斯坦博士跪在他的怪物身边，看着它狰狞地活过来，然后弗兰肯斯坦惊恐地逃走了，不安地睡了下去，醒来后发现怪物正"用黄色的、水汪汪的但充满疑问的眼睛"注视着他。[82] 这个午夜幻想就是《弗兰肯斯坦》的雏形，在这里，成品小说的决定性特征已经形成了：死的物质与活的能动性之间的冲突。

物质已经变为了生命的对立面：被动的、惰性的。外科医生、生理学家理查德·索马里兹在他的《生理学新体系》（*New System of Physiology*，1799 年）中如此描述物质，柯勒律治非常欣赏这本书。索马里兹认为，"生命的本原"是一种组织的力量，将休眠的状态转化为"能量和行动"的状态，可以"克服一般物质的被动性"。索马里兹写道，如果没有这种活的组织本原，有机体的物质"就像没有脚的鞋子一样低能和惰性"。[83]

在 19 世纪头几年，浪漫主义诗人 - 哲学家们开始研究生命机器的问题，他们进行了更进一步的推理。无生命的物质曾被索马里兹描述为没有脚的鞋子，而在他们手中，无生命的物质变成了死的、被切断的脚本身。惰性的物质不仅变成了惰性的，而且变成了死的；他们对"死的"物质与活的能动性的并列有一种蒙上惊恐色彩的迷恋，这种迷恋在浪漫主义对生命本质的理解的核心之处持续地产生影响，而这种理解既是诗歌的，也是道德的和科学的，三个方面不可分割。

汉弗莱·戴维 1802 年的《化学演讲》（*Discourse on Chemistry*）广受欢迎，它的读者不仅有玛丽·雪莱，还包括柯勒律治和威廉·华兹华斯在内的许多其他浪漫主义作家。戴维在其中的几乎每一页上都使用了"死物质",以及类似的"死自然""死状态"等词组。[84] 这不是戴维的独特习惯,而是一种标准的表达方式。伦敦医生威廉·劳伦斯(珀西·雪莱的私人医生)在 1814 年和 1815 年关于生命本质的公开演讲中告诉听众,"我们周围的物质分为两大类,活的和死的",他的演讲引起了大量讨论。[85] 浪漫主义者不是在对比生命与非生命(没有生命的东西),而是将生命与死亡对立起来。一个东西如果不是活的,那它就是死的。

弗兰肯斯坦的怪物代表了当时科学的核心两难困境,根据当时的科学,所有生物都是由固有的能动性构成的,但却是由死物质制造的。《弗兰肯斯坦》是这一两难困境的最为著名的戏剧化展现,但不是唯一的。其他许多作品都涉及 18 世纪的人形机器,它们全然地困扰着浪漫主义者。例如,在霍夫曼(E. T. A. Hoffmann)1814 年的故事《自动机》(Automata)中,男主人公刘易斯从人形机器身上感受到一种"可怕的感觉",他发现这些人形机器"仅仅是死亡或无生命的形象"。刘易斯去看了一组机器乐手的演奏,它们的人类所有者在钢琴上为它们伴奏,刘易斯对此勃然大怒。他发现看到人以任何方式与自动机打交道都是可怕的,并想象出一个更糟糕的场景,人类与人形机器跳舞:"一个活生生的人把他的手臂放在一个没有生命的木头伙伴身上……在看到这样的景象的瞬间,你能不感到恐惧吗?"[86]

1805 年,歌德去拜谒了沃康松的自动机。与他同行的有他 15 岁的儿子奥古斯特,以及歌德的好朋友、哈雷大学的语言学家弗里德里希·奥古斯特·沃尔夫。他们的行程是向南前往法兰克尼亚的黑尔姆施泰特村,离德科位于海德堡的帕拉丁花园不远,他们将在这里拜访自动机的现任主人，戈特弗里德·克里斯托夫·拜赖斯——他是枢密院议员，一位多面手，黑尔姆施泰特大学的物理学、化学、医学和外科学教授，不伦瑞克公爵的私人医生。拜赖斯是一个神秘莫测且古怪的人物，以其"惊人的财产、奇怪的行为和……秘密的沉思"而闻名。这三个人的旅行很热闹。沃尔夫是个"幽默的同行者"，他"不停地调侃男孩"，而奥古斯特也以同样的方式回应，这样一来，旅行就在"来回推搡和喧闹嬉戏中度过，坐在马车里相当受限制"。[87]

到达黑尔姆施泰特后，这一行人发现拜赖斯其实殷勤好客，他有一个"令人难以置信的高而隆起的前额，与脸的下部完全不成比例"，显示出"奇特的智慧力量"。拜赖斯让旅行者自由探索他收藏的"非同寻常的、难以想象的珍宝"。在这些珍宝当中，首先就是沃康松的自动机，此时它们已是接近 70 岁的珍贵造物了。在一系列展览者的手中，这些自动机已经走遍了整个欧洲。它们曾在圣彼得堡展出过，1782 年，在从俄国返程的途中，它们被拜赖斯购得。这些自动机那时正处于"最可悲的状态"。在"一个古老花园的房间"里渐渐衰朽，两个人形机器"完全瘫痪了"，"长笛手"没有了凸轮轴，沦为"哑巴"。"鸭子"失去了羽毛，只剩下一副骨架，"仍然可以足够快速地吞食燕麦，但已经丧失了消化能力"。[88]在这种状态下，这些自动机既不令人印象深刻，也不令人害怕。几年前，歌德曾见到过沃尔夫冈·冯·肯佩伦的那个受到吹捧的会说话的机器，也同样没有给他留下什么印象。这位伟大的诗人对机器说的话感到厌烦，断言它"不太健谈"。[89]

康德认为沃康松的自动机更加不祥，并援引它们作为反例来论证其哲学的核心原则之一：人的自我的本质从根本上说是不可知的、无法想象的，因为（正如最早笛卡儿所说的那样）它存在于机械的时间和空间世界之外。康德写道，必须是这样的，否则人将只是"一个沃康松式的自动机"。它甚至可能是一个有思想、有自我意识的自动机，但是，它对自由的主观感觉仍将是一种妄想："没有什么比旋转烤肉架的自由更好的了，一旦被拧上发条，它就实现了自己的运动。"[90]

物质是死的，是生命的对立面，而生命是一种活动形式，一种从死物质中构造自己并且与死物质对抗的持续努力，这些浪漫主义原则为生物学作为一门学科的建立提供了依据。生命是与灭亡的斗争，正如法国外科医生、生理学家马里－弗朗索瓦－格扎维埃·比沙所定义的那样，生命是"抵抗死亡的功能的总和"。[91]伊拉斯谟·达尔文用诗句表达了这种观点，"生命颤抖地贴附在她那摇摇欲坠的王座上"。[92]拉马克计划撰写一部题为《生物学，或关于生物体的本性、官能、发育和起源的思考》的书，作为他的新科学的揭幕，在这本书的手稿概略中，他一开始就把自然分为两部分："粗笨物体"和"生物体"。拉马克写道，这种划分是"完全不同的"，在粗笨物体和生物体之间没有"中间环节"。一个生物体是"一个存续时间有限的自然物体，通过其各个部分组织起来……拥有我们称之为生命的东西，并且必然会失去生命，受制于这种必然性，即屈服于死亡"，在这一点上，它必须被重新归类为粗笨物体。[93]除了这两种物体之外，拉马克还声称有两种对立的力量来支配它们：一种是构成和生存的力量，另一种是破坏和死亡的力量。[94]

拉马克宣称，生命的努力活动，即努力的能动性，是最终注定要失败的。[95]他的同事和支持者艾蒂安·若弗鲁瓦·圣伊莱尔也以类似的战斗性的术语描述了生命的处境。圣伊莱尔所持有的理论对拉马克主义抱有广泛的同情，在拉马克主义中，物种会因环境的直接影响而发生变化。他把这个过程描述为"作用与反作用的交锋"。圣伊莱尔写道，这场"战斗"必须始终有利于组织的力量而不是无组织的力量，只要"这部机器没有最终完全无组织"。[96]

除了在某些个别情况下，生命可以大范围地取得胜利。伊拉斯谟·达尔文再次用诗句表达了这个观点："有机体通过化学变化而努力 / 活着却要死去，死去却要重生。"[97] 普鲁士哲学家、诗人约翰·戈特弗里德·赫德写道，生物体从"感觉、情感和观念"中产生自身，这种活的、组织的力量并不随着个体的死亡而消失。即便是在一株死掉的花朵的"消散了的机器"中，这种力量仍然"活跃着"。[98] 伊拉斯谟·达尔文也对此表示赞同："生与死的斗争是势均力敌的 / 自然的每个毛孔都充满了生命。"[99] 在与死物质的决斗中，18 世纪的"生命之力量"和"努力的冲动"得到了重新定义，并采用了英雄般的大写字母形式，即成为"生命力"（Vital Power）[100] 和"世界精神"（World Spirit）[101]。

和生物学一样，生理学学科建制的确立也发生在这些哲学－文学－科学－美学的发展中。一种普遍的、循环的生命能动性概念——它大于任何特定生物体的生命——将新的生理学科学与源自莱布尼茨"活力"或"生命力"概念的物理学传统联系了起来。我们已经看到，借助于"活力"，莱布尼茨将行动之源建立在他的世界机器之中，而不是将其归于外部来源，以此将他的内在的主动形式的机械论与他所认为的笛卡儿和牛顿宇宙中的被动机器区分开来。[102]

莱布尼茨的这种固有的"生命力"的思想在 18 世纪末，特别是 19 世纪初成为德国浪漫主义哲学和科学运动的主要灵感来源，这场运动被称为"**自然哲学**"，这一名称以及这场运动的大部分目标都来自歌德的朋友弗里德里希·威廉·约瑟夫·谢林。[103] **自然哲学**的一个核心思想是，一种单一的、内在的形成性力量充斥着整个自然界，表现在各种自然力和自然现象中，包括光、重力、电、磁、化学力，以及生物的生命力、应感性、成长和运动。自然哲学的支持者认为，人们必须把所有这些都理解为同一潜在的固有力量的表达。谢林和其他自然哲学家认为，至关重要的是，这种有着许多表现形式的力量是自然内部所固有的，而不是外部强加的。[104] 主要通过德国浪漫主义科学的发展，莱布尼茨的"生命力"影响了新的能量物理学的发展。[105]

生理学家们着手从能量的角度理解生命的能动性和感知觉，一开始是多种能量，后来则是一种单一的包罗万象的能量。这一思想的起点是德国生理学家约翰内斯·弥勒，而后由他的学生埃米尔·杜博伊斯－雷蒙德和赫尔曼·冯·亥姆霍兹继承。[106] 弥勒引用康德的话写道，活物质包含"一种持续发挥作用的原则"，它使有机体的各个部分相互"适应"，也许是一种"生命能量"。弥勒用每根神经所特有的能量来解释感觉本身，特别是感觉的分化。[107] 卡巴尼斯也认为，大脑通过其"能量和活动"对"生命机器"的其他部分施加控制。[108]

就像生物的"努力的冲动"的旧观点——布卢门巴赫的"**努力**"，拉马克的"**生命力**"——一样，生命能量的观点也将行动和目的整合进机器之中。不过，尽管生命能动性的早期形式在生物和惰性物质之间构筑起了区别，但是新的能量观点将有生命的自然与无生命的自然重新联系了起来。这种能量不是有生命的物质的原始特征，而是它与死物质相联系的通货，此外，这种联系也不是有机体所特有的，弥勒写道，"动物机器类似于其他所有机器，它们的运行都需要破坏一些材料"。[109]

亥姆霍兹引用了18世纪的人形机器的制造者来解释这种差异。他说，沃康松的"鸭子""长笛手"和雅凯－德罗兹的三人组是他们那个时代的奇迹，但是在人造机器中创造生命的努力以及关于永动机的相关尝试都是基于对生物的根本误解："力超出自身的发展似乎是有机生命的基本特性和真正精髓。"通过将生命理解为从无到有产生力量的能力，哲学家和机械师将有机体与自然的其他部分区分开来。"对18世纪的自动机建造者来说，人类和动物就像永远不需要上发条的钟表，它们所运用的力是无中生有地创造出来的。"[110] 但是这是一种误解。就像无生命的机器一样，有生命的机器也不可能无中生有地创造力。

亥姆霍兹认为，在整个无机自然和有机自然中，动力都同样地发挥作用；他的老师弥勒曾提出过一种特殊的有别于化学力和物理力的生命力概念，但亥姆霍兹不赞同这种想法。[111] 所有的力最终都源于太阳。尽管亥姆霍兹对浪漫主义科学提出了尖锐的批评，但在一些核心原则方面，他是浪漫主义时代的自然哲学家的继承者（正如他自己所声明的那样），特别是那些涉及力和能量的原则。[112] 与此相一致的是，亥姆霍兹认为所有动力都是同一基本"活动"的可以相互转换的形式，在这一背景下，他表述了能量守恒的首要原则之一："每当一种自然力的做功能力被破坏，它就转化为另一种活动。"[113] 这里有一个宇宙尺度上的循环：阳光使植物生长并产生燃料和营养物质，营养物质供动物在其肺部"燃烧"，而这种燃烧的产物又成为植物的营养物质——碳、氢、氮，植物从空气、水和土壤中摄取它们。整个过程起源于太阳，因此"我们的身体赖以生存和运动的所有的力，都源于最为纯粹的阳光"。[114]

有机体的生命能动性是自然本身更为普遍的生命能动性的组成部分。诗人比生理学家更早得出这个观点。"哦！在我们之内和之外有一个统一的生命"，柯勒律治如此狂想道，[115] 而伊拉斯谟·达尔文则解释说，"伴随着更细密的联系，生命之链不断延伸／而存在的长线永远不会有尽头"。[116] 现在，活着就是超越，不是从物质到精神，而是从个体到全体。安森·拉宾巴赫用矛盾修辞法贴切地描述了这个观点，他说，这是"超验唯物主义"的一种形式，这种唯物主义并未假定自然的还原同一性，而是假定了"所有物质存在的动态统一性"，其形式是可相互转化的各种力，最终，这种动态统一性以能量的形式展现了出来。[117] 赫德写道："不管怎样，我们对作为纯粹精神的灵魂一无所知：我们并不希望知道它是这样的。不管怎样，它仅仅作为一种有机的力量起作用：它并不打算以其他方式行事。"[118] 电、磁、热、机械力、化学力以及生命都是一个单一实体的不同形式，这种实体就是能量。它们是彼此的模态，可以相互转化，因此生物是自然本身生命的参与者。"你所看到的是血，是肉，它本身就是不可见的能量的……运作。"[119]

在自然本身的更大的生命和感知觉之中，有生命，也有意识和感知觉，它们以各种形式动态参与了这一更大的生命和感知觉："一种运动和一种精神，推动着／所有会思考的事物，所有思考的所有对象／并在所有事物中涌动。"[120] 赫德写道，我们自己的"机器"是"一棵成长中的、茂盛的树"，所以它"甚至会同情树木，有些人不忍心看到一棵年轻的树被砍掉或毁坏"。[121] 伊拉斯谟·达尔文认为，心灵同样也是所有生命的特征：即使是花朵也能具有"思想"和"激情"。[122] 审视自己的心灵，就是审视"人类的心灵"[123]，也就是审视所有植物和动物的心灵："如果全部有生命的自然／都不过是框架不同的有机竖琴／当理智化作广大空间里的一股微风／从它们的身上拂过，它们便被塑造，便在战栗中具有了思想。"[124]

机械论科学曾指定上帝垄断了能动性，而如何撤销这种垄断呢？经典机械论科学的宇宙是无生命的钟表宇宙，而如何在其中重新引入生命，同时又尽可能地忠实于科学传统的核心原则呢？一场由诗人、生理学家、小说家、化学家、哲学家和实验物理学家——有时同一个人兼具不同的身份——联合发起的运动与上述问题进行了斗争。他们的斗争使当代科学的自然机器从无生命的变为死的，再变为活的。浪漫主义者的死物质变得具有生命，这并非借助于外部的设计者之手，而是通过生命能动性的作用；生命能动性是一种有机的力量，一种自然机器内在固有的包罗万象的能量。伴随着这种对物质和力、有机生命和生命能动性的新理解，出现了两个重大发展。

生命机器如何在不超出物质本性的前提下超越其自身机器的局限，这两个发展都给出了相应的方法。第一个是生命的遗传（再说一次，与"发生"有关）方法，其支持者认为，通过追踪在特定环境中长期工作的有限动因的发展，他们可以调和机械论的要求与生命表现出来的目的。换言之，他们试图通过**时间**的维度来实现超越，把希望寄托在一种解释形式上，这种解释形式在康德和拉马克的新意义上将被称为"历史的"。在这个意义上，"历史的"描述了一个渐进的、开放的、不确定的、自我驱动的转变过程。

第二个发展是通过能量实现超越的一种想法：有机体——被理解为生命机器——通过一张巨大的能量交换网与宇宙本身相连。这是拯救弗兰肯斯坦的怪物的一次尝试，在没有赋予其灵魂的前提下，将这个由死物质构成的怪物从可怕的孤立中拯救出来。通过科学和诗歌的戏剧性合作，浪漫主义者得出了严格的、详尽的自然科学的可能性：在这种科学中，神圣的钟表匠将其垄断权转让给了内在的能动性，这种能动性能够穿越空间，随着时间的推移，通过物质和能量发挥作用，并始终在自然的连续体之中运作。

第 7 章

机器间的达尔文

查尔斯·达尔文并不喜欢他祖父的诗歌，他认为那是"矫揉造作的"，尽管他确实将品味的变化考虑了在内。达尔文观察道："我自己也遇到过一些老人，当谈论起他的诗歌时，他们的确颇有热情，而这在今天是不可思议的……看起来，现在这一代人中已经没有人读过他的诗，一句都没读过。"[1]伊拉斯谟·达尔文对诗歌、自然哲学、生理学和医学的浪漫主义融合，对他的维多利亚时代的孙子来说，既是尴尬的来源，也是骄傲的来源。

　　尽管如此，当查尔斯·达尔文在 1837 年夏天开始撰写关于物种转化的秘密笔记时，他把它命名为《有机生命法则》(*Zoonomia*)，私下里引用了他祖父的同名作品，伊拉斯谟·达尔文在其中提出了他自己的物种转化理论。这一理论是通过"动物性"的"力量"来发挥作用的："获得新的部分，伴随着新的习性，由刺激、感觉、意志和交往所引导，并因此拥有通过自身内在的活动而持续改进的能力。"[2]尽管查尔斯·达尔文声称要让他自己的科学摆脱他祖父的影响，即摆脱浪漫主义的内在能动性观念，但是通过受这一观念影响的生命遗传方法，他也把这一观念整合进他的学说的核心。

另一方面，达尔文从设计论传统（他在剑桥所学的）中借用了某些其他核心原则：机械的适应性概念或各个部分的"适合度"，以及与此相关的要求——生物的各个部分必须是被动的，就是说，对于生命现象的适当的科学解释不能归因于现象本身的能动性。然而，达尔文彻底排除了对设计者的调用，而在17世纪以来的经典机械论自然神学中，正是设计者的存在才使得这些原则具有意义。

　　换言之，正式地讲，达尔文拒绝将内部（努力）和外部（神圣）能动性作为科学解释的要素。但他一并采用了受这两种能动性影响的解释模式：一是遗传模式或历史模式，与之相伴随的是内部的、努力的能动性概念，根据这种模式，生物随着时间的推移主动地改造自身；二是适应性模式，与之相伴随的是对神圣能动性的假定，根据这种模式，生物是静态的、被动的、设计出来的装置。

　　尽管达尔文不喜欢他祖父的诗歌，但浪漫主义文化对他产生了确切无疑的影响。除了他自己的祖父，另一个重要人物是德国浪漫主义探险家、博物学家、诗人亚历山大·冯·洪堡，达尔文十分珍视洪堡的著作，不仅随身携带它们，还向他的朋友们大声朗读，还努力尝试模仿。[3]像浪漫主义者一样，达尔文在机械论和机体论之间深感左右为难，尽管这种左右为难是成果丰硕的；机械论的命令是把能动性从自然中放逐出去，而机体论则有将能动性自然化的冲动，使能动性成为生命的同义词。他所继承的相互冲突的智识传统以及他的自相矛盾的忠诚使他处于一种深刻的、极富成效的矛盾状态。

没有能动性的行动

笔记 B，即著名的 1837 年关于物种转化的秘密笔记，多次提到了拉马克的"单子"，拉马克用这个莱布尼茨式的名字称呼动物生命的最基本的形式：正如我们所看到的，"有生命的点"通过其努力向上的生命力，为所有更加高等的有机体提供了来源和基础。[4] 拉马克的努力向上的单子连同伊拉斯谟·达尔文的动物性力量一道，构成了达尔文开始思考物种变化问题的背景。他在笔记中写道："每个物种都在变化，但物种在进步吗？人们对此有许多想法。最简单的东西会不由自主地变得更复杂，如果我们把目光投向最初的起源，就必然会有进步。如果我们假设单子是不断形成的，并且只要世界在之前的时代中是始终如一的，那么在相似的气候条件下，整个世界的单子难道不会非常相似吗？"稍后，他又补充说，"人起源于每一个新的单子"，但他把这句话划掉了（见图 7.1）。然而，达尔文后来确信，拉马克和伊拉斯谟·达尔文的理论都是不可接受的：物种的确在变化，但变化的机制既不是朝向更高级形式和更大复杂性的内在趋势，也不是动物为了满足不断变化的需求而进行的努力。

> 拉马克的"意愿"学说是荒谬的（因为同样有反对它的论据，即水獭在成为现代水獭之前是如何生活的，为什么可以肯定有 1 000 种中间类型。反对者会说，给我看看这些中间类型。我会回答是的，如果你能给我看看斗牛犬和灵缇犬之间的每一步），我应该说，这些变化是外部原因的效果，而我们对这些原因一无所知，正如我

们也不知道为什么小米种子会使红腹灰雀变黑。[5]

　　这一私下个人的思考是很有说服力的。物种由于其内部的推动而发生变化的想法让达尔文不仅感到不正确，而且感到"很荒谬"，他对自己说这是"拉马克的'意愿'学说"。这不仅是对拉马克的概念上的拒绝，还是一种原则上的拒绝。这是对经典机械论的坚决支持，即禁止将能动性归于自然现象。达尔文认为，说物种改变自己是一种科学上的荒谬；相反，我们必须坚持主张它们是**被"外部原因"改变**的。

　　地质学家查尔斯·赖尔是达尔文的密友和智力上的榜样，对于拉马克所述的趋向复杂化的生命力和努力向上的单子，达尔文的态度起伏不定，这种态度背后也有赖尔的贡献。在《地质学原理》（*Principles of Geology*，1830—1833 年）中，赖尔对拉马克的理论进行了细致的阐述，同时也给出了严厉的批评，赖尔也出于同样的思路而不满于拉马克的理论。[6]在达尔文 22 岁那年，他作为非在职博物学家和船长罗伯特·菲茨罗伊的旅伴，搭乘皇家海军"贝格尔号"舰艇（*HMS Beagle*）开始了历时 5 年的航行。此时，赖尔的巨著的第一卷刚刚出版，菲茨罗伊将赖尔的新书送给达尔文作为礼物；达尔文于 1832 年在蒙得维的亚收到了此书的第二卷，其开篇就包含了对拉马克的反驳；1834 年在到达瓦尔帕莱索之前收到了第三卷。[7]达尔文在赖尔的书中读到，拉马克表现出对证据的"不可原谅"的漠视，拉马克的"内部情感的努力"和"组织的行动"并不比那些"中世纪的虚构故事……和其他幻觉"更加真实。[8]

　　然而，25 年后，当达尔文把《物种起源》的证据寄给赖尔时，赖尔已经改变了对拉马克的看法。赖尔热情地回应了这些证据，他祝贺自己敦促达尔文发表了他的伟大观点，"而没有等待一个可能永远不会到来的时机，尽管你可能会活到100岁，到那时你已经准备好了所有事实，可以在这些事实之上做出许多宏伟的概括"。然而，与拉马克的单子及其向上的能动性有关，赖尔有一个相当重要的疑问：达尔文理论中的创造性力量在哪里呢？毕竟，只有在有不同的选项可供挑选的情况下，自然选择才能发挥作用。赖尔写道，"拉马克的单子每天都在产生，源源不断地提供了最简单的形式"。在达尔文的体系中，变种从何而来？是什么产生了"新的能力、属性和力量"？[9]

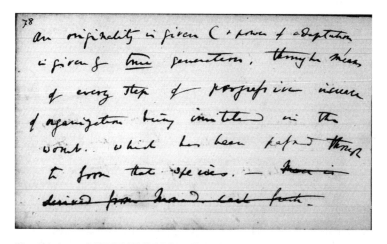

图 7.1 达尔文 1837 年关于物种转化的秘密笔记，笔记 B 中的一页

赖尔解释说，对于答案，他欢迎"任何暗示"，因为他自己正在"反对那些目的论者"，即主张援引设计师上帝在博物学中进行目的论解释的那批人。他所指的特别是瑞士古生物学家、地质学

家路易·阿加西——他当时正在哈佛大学建立比较动物学博物馆，以及英国解剖学家、古生物学家理查德·欧文，他当时正在大英博物馆的赞助下建立一个国家自然博物馆。在赖尔看来，对于博物学的公众普及而言，这些对手所占据的位置具有最大的影响力，而他们故意将赖尔对目的论的拒斥曲解为对进步的拒斥。赖尔抗议说，正相反，他倾向于相信在漫长的岁月中会有缓慢的、内部驱动的进步。那么在达尔文看来，自然中的主动的驱动力（如果有的话）是什么呢？[10]

达尔文的回应则是明显地不屑一顾："关于单子的持续创造——这个学说在自然选择理论中是多余的（也是毫无根据的），自然选择理论意味着没有**必然的**进步趋势。"在达尔文看来，一个单子只要不产生有益的（或者，也可能是有害的）结构变化，就可以在一又一代中保持不变。从莱布尼茨到拉马克，生命的遗传学解释已经用一种在活物质内部运作的内在的、蓬勃发展的力量取代了外部的设计师上帝，而此时达尔文似乎与自然神学的粗笨机械论者站在一起，拒绝任何这样的内部能动性。他说，活物质并不努力。关于赖尔认为必要的"原始的创造性力量"，达尔文反驳说，这种力量在他的科学中不可能有任何作用，事实上，他宁愿在他的科学的核心部分留下一个解释的空白，就像牛顿对重力所做的那样：

> 我不太理解你对上述内容的评论。在目前的知识背景下，我们必须假定一种或几种形式的创造，就像哲学家所做的那样：假定一种吸引力存在，而没有任何解释。但我完全拒绝在之后增加任何"新的能力、属性和

力量",也不会增加任何"改进的原则",因为在我看来,除了被自然选择或保留的每一种性状之外,其他东西都是没有必要的,这些性状在某种程度上是一种优势或改进,否则它就不会被选择。

达尔文总结说,如果赖尔真的认为他提议的这种能力是自然选择所必需的,那么"我就会像丢垃圾一样丢掉它"。[11]

这些评论与其说是解释性的,不如说是固执的。事实上,在关于禁止使用自然的力量、能力或趋势的激烈争论中,他们恰恰在最需要解释的地方明确放弃了解释,而甚至是赖尔——他赞同达尔文的想法——在这里也会忍不住地感到需要解释。赖尔希望在自然之内有一个创造和进步的源泉,以抵御"目的论者"以及他们那多管闲事的、超自然的设计师:在生物进步发展的每个阶段,这位设计师都会拿出新的、改进的生命模型,以此插手干预生物的发展。在拉马克的创造性的生命力和"目的论者"之间,事到关头,赖尔选择了拉马克。

他也试图让达尔文站在这一边。在《物种起源》出版几年后,赖尔写了一篇类似道歉信的文章来纪念拉马克,其中他称赞拉马克是第一个"将时间要素引入物种定义"的人,事实上,拉马克比赖尔本人更清楚地认识到了深时(deep time)的极端深邃、变化的缓慢,以及"三四千年的微不足道"。赖尔在这里把《物种起源》说成是对拉马克的进步式发展理论的改进,这让达尔文很恼火。[12]

在给赖尔的下一封信中,达尔文生气地写道,"如果这是你深思熟虑的观点,那就没什么好说的了",但他并不认为《物种起源》与拉马克的那本"可恶的书"有什么共同之处,因为他从那本书中

"没有得到任何收获"，就像《物种起源》与"柏拉图、布丰或我祖父"的著作没什么共同之处一样，他们所有人都"提出了一个明显的观点，即如果各个物种不是分别创造的，那它们肯定是其他各个物种的后代"。[13]赖尔坚持自己的立场，回信说，"当我得出结论，拉马克终究要被证明是正确的，我们必须'把事情做到底'时，我重读了他的书，想起这本书的写作时间，我觉得我曾经对他很不公平"。赖尔狡黠地写道，拉马克的许多想法现在看来是时代错置的，"非常达尔文主义的"。更令人不安的是，赖尔发现，"用变种制造能力来代替'意志力''肌肉动作'等术语（在植物中甚至都无须使用意志力一词），在某些方面只是名称的改变"[14]，现在他赞同拉马克的观点——生物本性中具有某种"革新力"[15]。

同样，达尔文最重要的德国弟子恩斯特·海克尔（Ernst Haeckel）也在他的达尔文主义中为拉马克留了一席之地。海克尔是第一次世界大战之前达尔文主义最为成功的传播者，[16]在他最畅销的通俗作品中，他把达尔文的工作说成是由歌德和拉马克所开创的生物种变理论的顶峰。[17]从这两位种变理论的提出者那里，海克尔采纳了一系列唯物主义的生成原则。他写道，歌德发现了"有机体形成的主动原因"，即"有机体的两种形成性趋势——一方面是遗传或特化的保守的、向心的、内部形成的趋势，另一方面是适应或变异的进步的、离心的、外部的趋势"。[18]

海克尔说，与此同时，拉马克开创了第一个"一元论的（机械的）自然系统"，它已然包含了现代生物学的所有核心原则。其中，首要原则就是"主动原因在有机自然界和无机自然界中的统一性"。与歌德一样，拉马克也认识到了"适应和遗传这两种有机体的形成性趋势"的作用。因此，海克尔版本的达尔文主义包含了一个与自然选择相补充的重要的生成方面：一种"内在的建设性力量，或内在的形成性趋势"，在整个有机和无机自然界中发挥作用。[19]

达尔文的所有主要宣传者都回到了这个关键问题上，他们的疑问不仅使达尔文感到困扰和担忧，而且还在相当程度上引导了达尔文的学说的发展进程。究竟是何种能动性推动了物种的改变？它是内部的还是外部的能动性形式？哲学家、社会理论家赫伯特·斯宾塞是一个重要的例子，因为通过提供关键术语和说法，他影响了达尔文学说的发展和表述。在《物种起源》第五版（1869 年）中出现的说法"最适者生存"（survival of the fittest）即源自斯宾塞；[20]他还提出了"进化"（evolution）一词，该词直到《物种起源》的最后一版（1872 年的第六版）才出现，而此前的版本中均没有进化一词。[21]

这些措辞变成了口号，人们正是通过它们来理解并继续理解达尔文的学说，而达尔文一开始的说法是"带有饰变的传代"（descent with modification）。达尔文的学说最初有意排除了目的论，但"最适者生存"和"进化"都为该学说添加了强有力的目的论的能动性。正如达尔文所表示的那样，"最适者生存"意味着"一种不断准备行动的力量……它无限优越于人的微弱的努力，就像自然的作品无限优越于技艺的作品一样"。[22]正如我们所知道的，"evolution"在当时指的是胚胎学的预成论，根据这一理论，生物体是从预先存在的微缩体发展而来的，每一代都像俄罗斯套娃一样嵌套于其亲代体内。当斯宾塞用"evolution"一词指称达尔文的物种饰变理论时，他引入了这样的意思——一种预先注定的秩序的展开，而这与达尔文的原始构想有很大的出入。斯宾塞用"进化"指从简单到复杂、从低级到高级、从"野蛮"到"文明"的发展，他的用法是混杂的，既用来描述自然现象，也用在社会语境中，实际上，他故意模糊了两者之间的界限。[23]

斯宾塞将达尔文的理论解释为描述了从原始到先进的进步，在某种意义上说，这同时是道德和肉体的进步。尽管他反对拉马克和伊拉斯谟·达尔文关于驱动物种转变的内部力量或趋势的观点，称这些观点"不符合哲学"，[24] 但他赞同拉马克的主张，即在高等动物中，生活习性和方式带来了可遗传的身体变化。正是斯宾塞用"获得性状遗传"（inheritance of acquired modifications）这一说法来指称此观点（这个惯用说法的影响几乎可与"进化"和"最适者生存"相匹敌），他发现尽管拉马克和达尔文都描述了这样一个过程，但都没有充分强调它。斯宾塞抓住了这个想法（又一次展示了他的特长），把它变成了一个口号，并在此基础上主张，对于更复杂、更高级的生命形式来说，它们的行为和习性实际上超越了自然选择，成为变异的主要来源。[25]

在将斯宾塞的观点和术语纳入自己的著作之前，达尔文必须克服强烈的厌恶感。一开始，他发现斯宾塞的风格"令人讨厌"，晦涩难懂，经不起检验[26]，聪明但空洞[27]，有很多"糟糕的假设性的胡说八道"[28]，是一组令人失望的"文字和概括"[29]。1866年的某个时候，达尔文开始转过头来接受斯宾塞，事实上，就在这个时候，斯宾塞开始在推广他自己版本的"达尔文主义"方面取得相当大的成功。他的书宣扬了达尔文学说的演绎和应用，在19世纪六七十年代成为世界范围的畅销书。[30] 达尔文的态度改变了，虽然只是部分改变：现在，在他看来，斯宾塞有时表现出令人惊讶的"丰富的原创思想"，如果他能贡献一些聪明才智来获取更敏锐的洞察力，他可能会成为"一个了不起的人"。[31]

就在这一年（1866 年），达尔文在邻居约翰·卢伯克爵士的家中第一次见到了斯宾塞，卢伯克是男爵、银行家，也是自然科学、特别是进化论的推动者。达尔文后来宣称，他非常喜欢与斯宾塞的谈话，"尽管他确实使用了可怕的长篇大论"；而卢伯克夫人，在达尔文看来，则觉得斯宾塞是一个糟糕的无聊的人。[32] 甚至在 1872 年，当他把斯宾塞的术语纳入他的《物种起源》的最终版本时，达尔文仍然坚持认为自己在许多方面与斯宾塞意见相左，[33] 在批评斯宾塞时会有一种"恶意的"快感，[34] 并发现"自然选择"这个说法比"最适者生存"更加"恰当"。[35]

尽管如此，达尔文还是将斯宾塞的术语纳入了《物种起源》的第六版，出现在对自己理论的最终表述中，这表明他渴望赢得追随者，也说明斯宾塞极为受欢迎，而达尔文敏锐地意识到了这点。关于他自己的反感，他稍显虚伪地写道，"我想这都是我的愚蠢之处，因为有这么多人对他的作品评价很高"。[36] 在《物种起源》第六版中，"进化"一词及各种变形出现了 10 次，其中 5 次出现在第五版之后才增加的一个新章节中，即第 7 章，题为"对自然选择理论的各种反对意见"。其他 5 次也都与人们是否坚持达尔文的学说有关。[37] 换言之，"进化"只是在最后一刻才进入《物种起源》，而且是作为一个引发争论的术语，用来界定人们必须采纳或拒绝的立场。达尔文之所以最终把它纳入进来，是因为斯宾塞成功地围绕"进化"巩固了"达尔文主义的"立场。

虽然在介绍自己的理论体系时，达尔文对内部力量和能动性问题含糊其词，让他的支持者感到很困惑，但是，在面对直接的询问时，他继续否认有任何这样的东西。这个问题是哈佛大学的植物学家阿萨·格雷提出的，格雷是达尔文的另一个好朋友，也是反对阿加西的特别盟友。早在 1857 年 9 月，达尔文就给格雷寄去了自然选择学说的初步摘要。显然，格雷回应说，达尔文似乎将某种形式的能动性归于自然选择。[38] 正如《物种起源》本身一样，这份摘要开篇讨论了人工选择在育种中的效果（见图 7.2）。然后达尔文写道：

> 假设有一个人，他不单单以外形来判断，而是可以研究整个内部组织，他绝不会任性妄为，他会为了一个目的在几百万代中持续进行选择，谁又能说他不会产生什么影响呢！……我认为这可以表明，有这样一种确切无误的力量在起作用，即**自然选择**（我的书的名称），它专门为每种有机体的利益而进行选择。[39]

格雷发现达尔文似乎把一种能动性赋予了自然选择，他当然不是唯一给出这种回应的人。赖尔在读过这些段落后反对说，达尔文是在"神化"自然选择。[40] 但对于格雷关于能动性的评论，达尔文带有一丝惊讶地回应说："我没有想到你反对我把'自然选择'这个术语用作一种动因，我使用这个术语就像地质学家使用剥蚀这个词一样，是将其作为一种动因，表达的是几个共同作用的结果。"[41]

不过，在随后出版的《物种起源》第一版中，达尔文使"自然"听起来越发不像某种动因（地质学家可能认为"剥蚀"就是这种意义上的动因），而更像有实际作用的那种能动性：

> 人只能作用于外部的可见性状：而自然对表象毫不在意，除非它们可能对任何生物都有用。它可以作用于

每一个内脏器官，每一种轻微的体质差异，以及整个生命机器。人只为自己的利益而选择，自然只为它所照料的生物的利益而选择。每一个被选择的性状都被它充分地锻炼，并且生物被置于非常合适的生存条件之下。[42]

自然的能动性问题令达尔文忧心忡忡。要知道他是如何担心

图 7.2 想象中的鸽子经选择后的结果，达尔文用这个例子说明生物外形的可塑性和选择的塑造力，出自《动物和植物在家养下的变异》

这个问题的，我们只需看看他在《物种起源》的不同版本中对这个关键段落的前后改动。这段话在第二版中保持不动，只是有一个微小但重要的变化："自然"的首字母变为大写形式（nature 变 Nature）。[43] 在第三版中，似乎是为了抵消这个大写字母，达尔文在这段话中用括号插入了一句很长的辩解："大自然（在生存斗争中，有各种各样受到偏爱的生物个体得到了自然的保存，如果可以允许我将这种自然的保存人格化的话）对表象毫不在意。"[44] 在第四版中，括号内的辩解保持不变，[45] 但在第五版中，这句话的括号被删掉了，并且"最适者生存"被加入其中，该词组正是在此版中首次出现，我们已经看到，它是从斯宾塞那里借来的："大自然——如果可以允许我将自然的保存或最适者生存人格化的话——对表象毫不在意。"[46] 如果说大写字母强化了对能动性的暗示，而括号里的辩解似乎是对它的限定，表明它只是一个比喻，那么，"最适者生存"所暗含的则不仅仅是一种产生区分的力量，而且是一种由道德动机驱使而做出决策的力量。

在达尔文这里，自然选择的人格化不仅仅是比喻修辞。或者更确切地说，比喻修辞并不是个单纯的事。这些意象提供了一种表达方式，达尔文正是在其中思考自然选择学说。[47] 看一下达尔文在其学说的初步、未发表的概要中提出的思想实验。它涉及一个假想的存在者：

> 现在，让我们假设一个存在者，他的洞察力足以察觉外部组织差异和人类觉察不到的内部最深处的组织差异；他的预见性可以延伸到未来若干世纪，能够准确无误地仔细观察，能够为了任何目标选择在上述环境下产

生的生物体的后代。那为什么他不能形成一个适应新目的的新物种（或几个新物种，如果他把最初的生物体的种群分开并分别放在几个岛上）呢？我想不出任何令人信服的理由。由于我们假定他的辨别力、预见性和目标的稳定性要远远高出人类的这些品质，所以我们可以推断这些新物种的基于适应的美感和复杂性，以及它们与原始种群的差异程度，都要甚于由人类的能动性产生的家养物种……只要有足够的时间，这样一个存在者就可以合理地（在没有某些未知的规律阻碍他的情况下）达到几乎任何结果。[48]

在自然选择学说的后续版本中，这个睿智而敏锐的存在者再也没有重新出现在舞台上。但是，这个存在者在原始模型中扮演了如此令人印象深刻的角色，似乎很难让人相信他完全消失了。相反，他转入了地下，像文艺复兴时期剧院里的打雷机器一样，他在地下隆隆作响，以示自己的存在。

另一方面，那些表面上看起来好像是自然选择的前身的能动性——拉马克的"生命力"、赖尔的"革新力"——是什么呢？创造性和变化的来源又是什么呢？所有原来相信物种变化的人都把问题的答案归于某种内在的活动，把他们的观点与神学机械论者的观点区分开来，后者要求有一个超自然的上帝。英国博物学家托马斯·亨利·赫胥黎是一位热衷于论战的达尔文主义者，他自称是"达尔文的斗犬"[49]，坚决反对拉马克的内在力量，但甚至是赫胥黎也想知道达尔文学说中变异的来源。赫胥黎后来回忆说，在第一次阅读《物种起源》时，他对自己说，"我没有想到这一点真是太愚蠢了",并立即写信给达尔文,声称为了这一学说,自己已经"准备好了去赴汤蹈火"。然而,在同一封信中,他也想知道,"如果外部物理条件像你认为的那样不重要,那变异究竟该如何发生呢?——不过,我必须再读两三遍这本书,才敢冒昧地开始挑毛病"。[50]

达尔文回复说,赫胥黎的高度评价使他觉得自己"像一个忠诚的天主教徒,得到了临终涂油礼":他现在可以快乐地死去了。除了一点,也就是变异的原因:"你极为聪明地提到了一个令我非常困扰的问题;如果,我必须认为外部条件几乎不产生**直接**影响,那么究竟是什么魔鬼决定了每一个特定的变异……我很想和你讨论一下这个问题。"[51] 在捍卫自然选择时,赫胥黎采用了达尔文受到了牛顿的启发的策略,即承认对变异的原因一无所知,就像牛顿关于引力的原因所做的众所周知的声明那样。赫胥黎断言,"重要的一点"是,承认变异性的存在,自然选择就可以解释生命形式的后续发展。[52]

然后,也像达尔文一样,赫胥黎的决心动摇了。有一次,他试图在不求助于内在力量或能力的情况下,通过向下反复使用自然选择来产生变异的来源,暗示分子也参与了生存斗争,而它们竞争的结果解释了遗传和变异。赫胥黎写道,在这种情况下,变异的原因将不是"主动地产生的",而是"被动地允许的,它们不会导致任何特定方向的变异,而是允许和支持已经存在的那个方向的趋势"。赫胥黎本人一定已经意识到了,这只是把问题往下移了一个层次。他补充说:"我认为必须承认,内在变异趋势的存在必须像内在保守趋势的存在一样,得到清晰的认识。"[53]

在达尔文 1868 年的著作《动物和植物在家养下的变异》中,

布卢门巴赫的努力、"形成性力量"或"形成性努力"（nisus formativus）是重要的内容，有专门的章节来讨论。达尔文将"nisus"描述为"所有有机体都具有的或高或低的协调和补偿能力"。[54] 这一让步部分是对斯宾塞的回应，斯宾塞一直主张要更加重视生物是否使用其器官，认为"用进废退"在引导生物变化的过程中发挥了更大的作用。斯宾塞问道，否则要怎么解释整个系统同步发生的协调变化呢？——在一些情况下，变化必须同时发生，例如，支撑驼鹿或爱尔兰麋鹿的巨大鹿角所必需的那些变化。[55] 达尔文在给他的好朋友、植物学家胡克的一封信中承认，斯宾塞发现了"《物种起源》中的一个污点"，但达尔文说他认为他已经在《动物和植物在家养下的变异》中解决了这个问题，此书当时还处于手稿状态，解决方法是在他的体系中加入起协调作用的"形成性努力"（在这一章中，他还强调了用进废退在"支配变异性的规律"中的重要性）。[56]

在《动物和植物在家养下的变异》中，达尔文还引入了另一种形式的内在能动性，这种能动性在其试探性的遗传理论的关键之处发挥作用。他的观点是，遗传是通过一个他称之为"泛生论"（pangenesis）的过程发生的，在这个过程中，生物体的每个部分都抛出了他称之为"微芽"（gemmule）的颗粒。这些微芽彼此之间有"相互的亲和力"，使它们聚集在生殖器官中，从此处传给后代，指导后代的发育。除相互亲和之外，微芽也会因生物体使用或不使用相应器官而发生改变。[57] 这与拉马克的观点是一致的，即对高等动物来说，它们的意志力或习性能够逐渐地、可遗传地改变它们的身体。达尔文在他的整个学术生涯中，在《物种起源》的逐个版本以及他后来的每一篇著作中，都坚持这个拉马克主义原则——器官的用进废退是非常重要的。也就是说，达尔文相信，通过习性和行为的可遗传效果，生物个体塑造了进化的过程。[58]

　　事实上，高等生物甚至通过运用它们的品味、欲望和审美偏好来引导进化的发展。达尔文把它们这样做的过程称为"性选择"："相比于同物种同性别的其他个体，某些个体仅在繁殖方面所具有的优势"。性选择部分发生在雄性动物对雌性动物的竞争中，部分发生在雌性动物的选择能动性中。[59]一只雌鸟在它的求婚者中挑选出声音最悦耳和外形最美丽的那一只，这起到了与人类育种者等同的效果。达尔文指出，如果人类觉得由此产生的鲜艳的羽毛和悠扬的歌声令人愉悦，那么我们可以推断，"对美妙的色彩和乐音的几乎相似的品味贯穿了动物王国的很大一部分"。因此，性选择可以帮助解释"整个自然界如何具有这么多的美，因为这在很大程度上归功于选择的能动性"。[60]动物（尤其是**雌性**动物）不断地按照它们自己的美感和价值标准来塑造和重塑生物世界：

> 　　承认性选择原理的人将会得出一个值得注意的结论：神经系统不仅调节着身体的大部分现有功能，还间接地影响了各种身体结构和某些精神品质的逐步发展。勇气、斗志、毅力、身体的力量和大小、各种武装、发音器官和器乐器官、鲜艳的色彩以及装饰性的附属物，都是被一种或另一种性别间接获得的，即通过选择的运用、爱和嫉妒的影响以及对声音、色彩或形式的美的欣赏。[61]

　　动物不仅通过它们的习性和行为，还通过一种非常特殊的意志行为，即"选择的运用"，来支配物种的变化。显然，在达尔文的变异和遗传理论中，有两种内在能动性在起作用：一种是各部分的固有趋势，例如"形成性努力"或微芽的亲和力；另一种是整个生物体的行为。第二种能动性对达尔文来说并不构成问题。他毫无保留地相信这一点，并在《人类的由来及性选择》（*The Descent of Man and Selection in Relation to Sex*）这一重要著作中，专门研究了它如何影响人类进化。[62]

他对第一种能动性的态度始终是矛盾的，而对第二种能动性的态度则是坚定不移的。在《物种起源》中，达尔文希望禁止这样的内在趋势或力量，至少他是这么说的，并重复了一遍又一遍。在《物种起源》第三版中，他增加了对他的浪漫主义前辈，主要是拉马克和圣伊莱尔的历史简述，并把他的祖父降到一个脚注中。在这里，他试图公允地承认他人的贡献，同时仍与伊拉斯谟·达尔文、歌德和圣伊莱尔所代表的浪漫主义的物种转化方式保持距离，特别是与如下假设保持距离，即最简单的生命形式是自然发生的，起源于努力向上的物质趋势的某种显现：

> 让人好奇的是，在 1794 年出版的《有机生命法则》（第一卷，第 500—510 页）中，我的祖父伊拉斯谟·达尔文博士在多大程度上预见到了此观点的错误依据以及拉马克的看法。据若弗鲁瓦所说，毫无疑问，歌德是类似观点（自然发生说）的极端支持者，这从歌德的一部作品的导言中可以看出，该作品写于 1794—1795 年，但很久之后才发表。德国的歌德、英国的达尔文和法国的若弗鲁瓦·圣伊莱尔（我们马上就会看到）在 1794—1795 年就物种起源问题得出了同样的结论，这是在同一时期出现类似观点的一个颇为突出的例子。[63]

达尔文认为，自然发生论现在看来是完全不可能的："现在有生物是从无机物中产生出来的吗？我几乎不用说，科学在它目前的状态下不支持这种观点。"[64] 然而，10 年之后，在写给阿尔弗雷德·拉塞尔·华莱士的信中，达尔文说，他认为自然发生可能确实正在进行。[65] 华莱士是一位博物学家、探险家，是达尔文的朋友，他也独立地提出了自然选择学说，独立地得出了一个本质上相似的物种转化理论。[66]

在华莱士和达尔文之间，如何解释物种转化的生成方面的问题成了分歧的重要来源。在十多年的时间里，华莱士与达尔文坚定地站在一起，认为自然选择是植物、动物和人类的每一个特征的来源，但在 1870 年，华莱士宣布他改变了主意。他开始相信，人类的智力——抽象思维能力、道德和审美能力——对生存和繁衍没有任何作用，因此不能用自然选择来解释。[67]

关于华莱士的思想转变，这里突出的是，他也认为物质不能解释任何种类的行动或运动，并以此出发来构建观点。华莱士写道，物质的原子本身是惰性的，无法想象原子如何产生支配其自身运动的力量。因此，"合乎逻辑的"做法是，从我们的物理理论中消除物质原子，只留下"用来代表它们的力心（centre of force）"。华莱士的结论是，物质本身"在本质上是力，而且除了力之外什么都不是；人们通常所理解的物质并不存在，并且事实上，物质在哲学上是不可想象的"。此外，华莱士进一步认为，力必须是"意志"（Will）。他是这样推理的：如果人的能动性纯粹是虚幻的，我们所有的运动都是外部原因的结果，那么关于能动性的意识或幻觉又是如何产生的，为什么会产生呢？然而，如果我们假设人的能动性现象是真实的，并推测其他自然力都与之相似，那么所有自然力便都是能动性的形式："若干更高级智能的意志或者唯一的最高智能的意志"。[68] 华莱士强调，这种"心灵"（Mind，他在其他地方如此称呼）是"通过和凭借原始的自然力"，如引力、电斥力，以及"通过生命世界中的自然选择方式"来工作的。[69]

尽管华莱士得出了某种神圣的存在，但这绝不是设计论，实际上正好相反，这是一种能动性论证。华莱士并没有声称生物由于其错综复杂的完美设计，而必须是神圣工程师的造物。他的论点恰恰相反：粗笨的机器就其本身而言无法解释任何种类的行动、运动或能动性，而这些现象在自然中却无处不在。因此，假设自然不是由物质，而是由力——行动、能动性——构成的，这在认识论上更有意义。在这里，那个极为紧张的接缝再次出现了，在探讨达尔文自然选择学说的核心要旨时，我们已经追溯过其线索：一方面是发育的遗传方法，其基础是生物具有能动性；另一方面是机械的适应概念，它起源于粗笨机械论的设计论传统，严格地将能动性从自然中放逐出去。对华莱士来说，这条接缝终于崩裂了，他选择了能动性而不是物质，选择了自然而不是超自然的上帝。

达尔文对此感到失望。他给华莱士写了一封充满善意和恭维的信，直到信的最后，他才通过一种温和的幽默方式说出了真正想表达的意思："但我为你这家伙叹息——你所写的像一个（向倒退的方向）蜕变了的博物学家，而且你是人类学领域有史以来最好的文章的作者。请审视！唉、唉、唉 / 你可怜的朋友 / 查尔斯·达尔文。"[70]

在 19 世纪 70 年代中期，物种变化的生成方面的问题也在达尔文和另一位曾经的支持者，作家、辩论家塞缪尔·巴特勒之间造成了痛苦的隔阂。[71]《物种起源》出版后不久，巴特勒就读到了这本书，成为达尔文主义的早期皈依者。当时，巴特勒 20 多岁，在新西兰养羊。在地球另一端的养羊场里，他在烛光下阅读达尔文的书，并立即成为"达尔文博士众多热情的崇拜者之一"。[72] 但在几年内，他就变得矛盾了。他发表了一篇题为《机器间的达尔文》（Darwin among the Machines）的文章，对达尔文学说进行广泛的揶揄，后来题目变为《机器之书》（The Book of Machines），作为他的小说《埃瑞璜》（Erewhon，1872 年）中的一个章节。

这篇讽刺文章声称，在故事当下时间的四个世纪之前，有一篇宣言曾经在埃瑞璜之地引发了一场革命，劝说其读者去摧毁过去三个世纪中发明的所有机器。在早些时候，埃瑞璜正在经历快速的工业化进程，而那篇宣言认为，机器在其目前的发展状态下，将拥有自己的生命和意识，会取代人类。毕竟，谁能说"蒸汽机没有一种意识呢"？而且，即使"机械的意识"目前还不存在，它也可能进化出来。[73]

巴特勒这篇文章的本意究竟是表达哲学观点还是发表一篇滑稽作品，从来都不是完全清楚的；毫无疑问，他的意图是混合的。在《埃瑞璜》出版后不久，巴特勒就向达尔文道歉："我由衷地表示抱歉，有些批评家竟然认为我在嘲讽你的理论，我从来没有想过要这么做，而且如果我真的这么做了的话，我自己都会感到震惊。"[74] 但在接下来的几年里，他不仅对自然选择，而且对达尔文本人都有很大的异议。巴特勒多次高调指责达尔文没有承认他对前辈的亏欠，特别是他的祖父伊拉斯谟·达尔文，以及布丰、拉马克和圣伊莱尔。[75] 而且，巴特勒本人开始倡导他所说的一种更古老的进化论形式，即认为物种转化的主要来源就在发生转化的生物体自身之内。巴特勒说，达尔文的理论缺乏拉马克所描述过的一种"动力",一种"变化的能力",一种"产生和引导变异"的力量——自然选择所积累的就是这些变异。[76]

此外,在巴特勒看来,内在的变化能力本质上是思想能力。遗传是记忆的一种形式,变异性产生于一种"智能的需求感"。[77]因此,巴特勒确实相信一个智慧的设计者,但不是一个外部的设计者:

> 全部生物体的设计者与生物体自身结合在一起,在这些生物体之中生活、活动、存在,并且与生物体融为一体——生物体在设计者之中,设计者也在生物体之中,因此与在其他地方或人身上寻找设计者相比,在每种生命形式自身之中探查其设计者要更加符合理性,也更符合语言的通常用法。这样,我们就有了呈递给我们的第三种选择。查尔斯·达尔文先生和他的追随者否认设计,认为设计在生物体的形成过程中没有任何明显的作用。佩利和神学家们坚持设计,但是设计者位于宇宙和生物体之外。第三种观点是一开始就提出的,并经由布丰之手发展到了很高的程度。伊拉斯谟·达尔文博士完善了这一观点,事实上,使之达到几乎完美的程度,但在提出之后,这一观点却又很大程度上被他忽视了。我想我们可以有把握地说,拉马克是从达尔文博士那里借来了这一观点,而且在此后的余生中,拉马克一直在热情地坚持追随它,尽管他的理解不如达尔文博士的那么完美。这就是设计,它设计了生物体,而且一直存在于生物体内,并由生物体自身体现出来。[78]

巴特勒提议"从此将上帝理解为体现在所有的生命形式之中"。他援引拉马克和圣伊莱尔的观点，通过让"生物体设计自身"，提出了一个将遗传与设计、机械论与目的论结合起来的体系。[79]

巴特勒是达尔文身上的一根刺。他在给赫胥黎的信中说："（巴特勒）的事让我十分恼怒和痛苦，我甚至都觉得自己有些愚蠢。"达尔文感觉失去了一个盟友："直到不久前，他还对我表示了极大的友谊……我不知道是什么让他对我如此痛恨。"[80]而且，巴特勒的想法——生物体通过自身的心灵能力进行转化——对达尔文来说没有什么意义。德国生物学家恩斯特·克劳泽也被卷入了"巴特勒事件"，在给克劳泽的信中，达尔文愤怒地写道，即使一个细胞希望改进其部件，并拥有记忆和相应的能力，他也不明白这些如何能使细胞在化学上或结构上改变自身。[81]

但在私下里，达尔文继续与这一想法——生命形式的复杂性的不断增加——进行斗争。他同意拉马克的观点，即这种增加确实发生了。他努力将这种增加描述为一种走向，而不是内在的趋势或力量。他在一本笔记本上简略地写道："世界上的动物种类不计其数，这取决于它们不同的结构和复杂性。因此，随着形式变得复杂，它们开辟了新的途径来增加其复杂性。但是，简单的动物并没有变得复杂的必然趋势。"他认为，无论如何，对于他的理论来说，是否有某种内在的力量导致了这些变异应该是不重要的。重要的是，这些变化是可遗传的。身体的改变无论是"形成性努力"的结果，还是由于单纯的"趋势"，在任何一种情况下，"其效果都同样地传给了后代"。[82]尽管如此，达尔文仍然珍视一些证据，在他看来，这些证据反对固有的转化力量，他在笔记本中评论道："旧岩层中的一些物种（尤其是哺乳动物）与现有物种的一致性（或仅仅是相似性）是非常重要的，因为这表明没有固有的变化能力。"[83]

然而，在《物种起源》的关键段落中，恰恰有一种固有的变化能力反复出现。变异性的原因是某种无名之物，它构成了一种地下的、充满活力的存在，周期性地从达尔文乏味叙述的平静表面迸发出来。例如，在达尔文讨论育种者在种群中保持所需性状有多么困难之时，它便与另一种固有趋势（恢复早期形式的倾向）一起突然地出现了。他写道："一方面是回到较少变化状态的趋势，以及产生各种进一步变异的固有趋势，另一方面是保持纯种的稳定选择的力量，可以说，这两者之间确实进行着不断的斗争。"再往下一点，他建议将这种趋势命名为**"生成的变异性"**。[84]

在达尔文学说的初步概要中，生成力量甚至有更多的证据。他在第一份草稿中写道，一个在转化上极具优势的物种，可能会没完没了地"持续打造出各种形式"，甚至可能"布满整个地球"。[85]但是，究竟是什么在打造出这些形式，使世界充满新的生命版本？在最初的概要中，达尔文把生物本性描绘成积极地具有各种突破约束的趋势——"变异的趋势""遗传的趋势""恢复到祖先形式的趋势"，育种者和（在类比的意义上）自然选择都必须不断地与这些趋势斗争并加以驯服。[86]而在《物种起源》的第一版中，这些趋势在某种程度上被删减和压制了。例如，"遗传的趋势"在达尔文1842年的初稿中占了一整节，但在《物种起源》第一版的对应位置上只有简短的提及。[87]然而，尽管达尔文在描述它们的时候语调有所缓和，但一直到最终的第六版，生物体的这些"趋势"都始终是普遍存在的。[88]

事实上，在第四版、第五版和第六版之间，由于担心第 5 章中关于变异规律的关键段落，达尔文逐渐强化了内在固有的变异趋势的作用。最初他曾说过，他认为就诱导生物变异而言，生物体所处环境条件的直接作用产生的影响相对较小。[89] 在第四版中，他似乎自相矛盾，增加了一段话，说生物的条件是变异性的原因。[90] 这个矛盾在第五版中依然存在，[91] 但在第六版中，达尔文终于允许让变异的生成原因突显出来。他写道，类似的变种会在截然不同的条件下产生，或者不同物种会在相同的条件下产生，鉴于这些情况，外部环境的重要性一定不如"变异的趋势，而我们对其原因一无所知"。[92]

达尔文对固有的变异趋势表现得犹豫不决，这一点很快就被设计论的支持者们利用了。[93] 其中一个反对者是阿盖尔公爵乔治·道格拉斯·坎贝尔，他善于利用种变论者的术语来反对他们。阿盖尔公爵指出，达尔文的带有饰变的传代理论并没有解释新的形式是如何出现的，而只是解释了一些新形式是如何存活和增殖的，而另一些是如何消失的。阿盖尔公爵写道："自然选择不能创造任何东西。"他指出，当代的生命理论充满了活力和趋势，并援引这些来论证自然科学不是在向唯物主义靠拢，而是趋向于"超验主义"。[94]

事实上，我们已经看到，这些关于内在活力的观点将生命能动性的来源置于物质本性之中，所以用阿盖尔公爵的术语来说，它们是反超验的；也就是说，这些观点的出现正是为了反对设计论，设计论将自然的安排归于一个外部能动性。此外，阿盖尔公爵本人当然不支持通过内在力量或趋势来发展生命的理论。相反，他的结论是，生命必须归因于外部的"创造意志"，其运作方式类似于人类智慧产生"发明装置"：蒸汽机、巴贝奇的计算机器、电报等。[95] 时钟已经让位于更新的技术，但这个论点基本上与罗伯特·玻意耳在两个世纪前所说的相同：一个设计出来的造物意味着一个制造者。[96]

达尔文在固有趋势的问题上模棱两可，这部分源于对各种不同种类的趋势的混淆：变异的趋势、复杂化的趋势、进步的趋势、恢复的趋势。达尔文仍然坚决反对拉马克的观点，即有一种固有的趋势推动生命规模的不断提升和复杂性的不断增加，尽管他相信生物在组织上确实有所进步，但这永远都是自然选择从外部强加的结果，而不是某种内在的力量或能力的结果。[97]相反，一种只能产生变异的趋势在他的学说中起着持续的、越来越明显的作用，至少《物种起源》的后续版本所展现的就是这样。然而，在其他语境下，达尔文甚至会反对这种变异的趋势。在 1868 年的著作《动物和植物在家养下的变异》中，他论述道，与其把变异看作"固有趋势"或"最终事实"，不如把它看作一种综合效应："每个变化都必须有它自身的独特原因。"达尔文在这里把这些原因描述为纯粹的外部原因，比如说，如果人们可以在相同的条件下培育一个物种繁殖多代的所有个体，那么它们根本不会有任何变化。变化只来自外部，而且完全来自外部。生物自身在本质上是惰性的。[98]

然而，在《物种起源》第六版中，达尔文终于明确区分了变异的趋势和进步的趋势，并赞同前者。他之所以这么做，是因为受到了瑞士植物学家卡尔·威廉·冯·内格里的批评的刺激，内格里认为，由于植物常在形态学特征上有所不同，但这对生存并不构成影响，所以它们必定有一种固有的变异趋势。[99]对于《物种起源》的第四版来说，达尔文读到内格里的小册子时已经太晚了，但他还是在空白处指出，这是一个"非常好的反对意见"[100]，并给内格里写了一封表达赞赏的信，说他的批评是"我所遇到的最佳批评"：

最令我印象深刻的一句话是，叶子的位置不是通过自然选择获得的，因为这对植物没有任何特别的重要性。我清楚地记得，我以前曾被一个类似的困难困扰过……由于太健忘，我没有注意到《物种起源》中的这个困难。虽然我无法解释这些事实，也只是希望看到它们可以得到解释，但是我很难看出它们是如何支持某种必然的发展规律的学说的，因为我不清楚，一株植物的叶子以某种特定的角度放置，或其胚珠处于某个特定的位置，从而会比另一株植物长得更高。[101]

在准备《物种起源》第五版时，对于如何回应内格里的论点，达尔文向约瑟夫·胡克寻求建议；胡克是探险家、植物学家，是达尔文的朋友和坚定盟友。达尔文写道："我找到了关于这个困难的旧笔记，但我至今都无法把它说清楚。"他告诉胡克，他想证明如内格里所引用的那些形态学差异——只不过以"某种尚且无法解释的方式——依然源自适应性的变化"。"无论如何，我想证明这些差异并不支持进步式发展的观点……你能不能考虑一下这个问题，告诉我更多的事实。"[102]

胡克回复了一系列信件，内容包括对兰花形态结构之用途的观察结果以及其他建议，达尔文表示这些建议是"非常宝贵的"和"极为精彩的"。[103] 来自托马斯·亨利·法勒的消息也让达尔文感到欣喜，法勒当时是贸易委员会的常任秘书，后来因他们的子女结婚而成为达尔文的姻亲，他是一位植物学研究者，不久前提出了二体雄蕊豆科植物的雄蕊管有容纳花蜜的功能。

我很高兴看到看似单纯的形态学特征被发现是有用的。因为卡尔·内格里最近在这个问题上对我大加挞伐，所以这些发现让我感到更加高兴。我和胡克讨论过这个问题，他坚持认为我们会发现更多结构的用途，并告诉了我关于兰花的知识，这也让我感到欢欣鼓舞。[104]

在收集到反证之后，达尔文在《物种起源》第五版中对内格里的反对意见做出了回应，他论述道，植物的许多形态学差异虽然看起来似乎无用，但实际上可能有用，或者说可能在早期发挥了作用，但目前却没有被察觉到。此外，达尔文坚持认为，在任何情况下，这些似乎无用的差异都不能作为"朝向完美性的固有趋势的证据或进步式发展的证据"。[105]

然而，到了《物种起源》第六版，达尔文已经完全区分了变异的趋势和进步的趋势，并接受了变异的趋势。他写道："在这部著作的早期版本中，对于由自发变异性而产生的饰变，根据目前看来的情况，我低估了其发生频率和重要性。"他承认，特别是对植物而言，"许多形态上的变化可能要归因于生长规律以及各部分的相互作用，而与自然选择无关"。[106] 最后，达尔文终于接受了从一开始就积极存在的、深刻影响了他的理论的东西，即一种产生于生命形式内部的变化。

但他真的接受了吗？就在同一年，即1876年，他还发表了一系列关于植物的实验结果，旨在**驳斥**这样的观点——"所有生物都有一种固有的变异趋势和组织层面的进步趋势，它与外部的能动性无关"。支持固有变异趋势的一个重要证据是，一个物种中没有两个个体是完全相同的，即使它们在相同的条件下长大，也是如此。而达尔文的实验表明，看似相同的条件其实并不完全等同：最重要的是，即使是一同生长的相互靠得很近的植物，也会受到昆虫的不同攻击。[107] 在这种情况下，变异性是在运行中出现的。

正如巴特勒无情地指出的那样，这是一种深刻的、**基本的**矛盾状态。[108] 此外，达尔文还被其他一些人的工作所吸引，他们也在同样的两种冲动中挣扎：将能动性从生物机器中放逐出去，或者使能动性成为生物机器的真正核心。法国生理学家克洛德·贝尔纳就同一个问题进行了激烈的斗争，也没有解决这个问题，但也非常富有成效。贝尔纳通常被认为是内稳态概念的提出者，因为他认为生物活体的基本能力就是维持稳定的内环境，以应对变化的外环境。[109] 但生物活体是如何做到这一点的？事实上，生物体**是**什么，才能让它完成这样的壮举？

"生物体只不过是一台活的机器"，这是贝尔纳的一贯口号。[110] 他坚持认为，活的机器与自然界的其他部分一样，都是靠同样的力工作的，否认这一点就是"反科学的"。[111] 贝尔纳用明显的浪漫主义术语描述了这一基本的机械论原则：他写道，活的生物体并不是"宏大的自然和谐的一个例外，这种和谐使各种事物相互适应"。他继续说：

> 它没有破坏任何一致；它既不与一般的宇宙力量相矛盾，也不与之相冲突；与此完全相反，它参与了事物的普遍协调，例如，动物的生命只是宇宙全部生命的一个片段。[112]

而且，生命机器在下列方面与"粗笨机器"并无不同。生命

乔瓦尼·丰塔纳的自动机"女妖"草图，15世纪，慕尼黑巴伐利亚国家图书馆

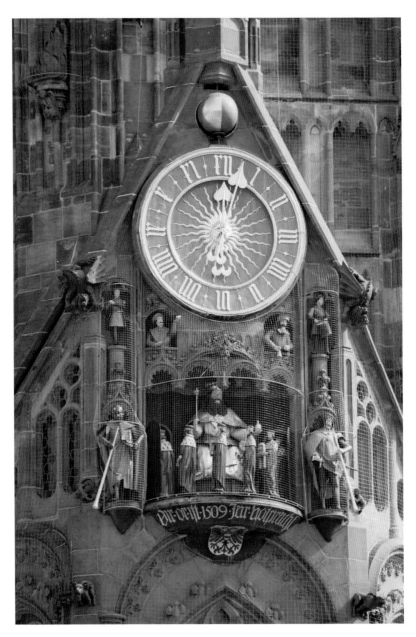

"小人游行"，位于纽伦堡圣母教堂的大钟上，比吉特·富德尔（Birgit Fuder）/ 纽伦堡市

据说是由华内洛·图里亚诺建造的自动机方济各会修士，约 1560 年。史密森尼学会国立美国历史博物馆，档案中心工作和产业部门

雅凯－德罗兹制造的机械人偶

雅凯－德罗兹"女乐师"的手部特写，图由纳沙泰尔艺术与历史博物馆无偿提供

雅凯－德罗兹"写字员"，图由纳沙泰尔艺术与历史博物馆无偿提供

朱利安·奥弗雷·德·拉美特利的肖像画，由格奥尔格·弗里德里希·施密特（Georg Friedrich Schmidt）绘制的布面油画，约 1750 年。柏林普鲁士文化遗产图像档案馆 / 柏林国家博物馆，国家画廊 / 福尔克尔－H. 施奈德（Volker-H. Schneider）/ 纽约艺术资源馆

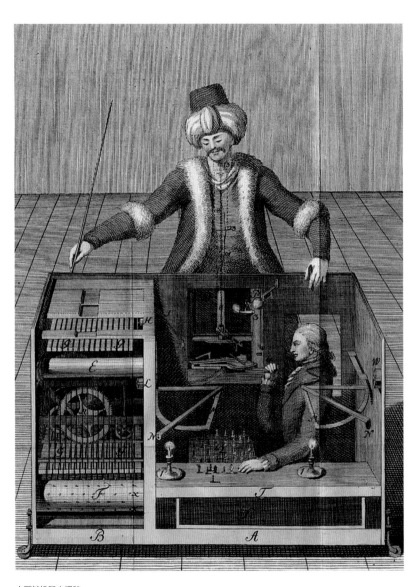

土耳其机器人揭秘

机器通过不断的内部调节和更新来维持自身，蒸汽机也是如此。对生命机器和蒸汽机两者而言，这种自我维持的行动从外部看来都是"独立的"，引导观察者进入"一种人格化"的视角。但是，如果深入研究起作用的内部机制，我们就会发现在生命机器和蒸汽机中都有一种"绝对的决定论"。[113]

然而，与此同时，贝尔纳也相信，生命机器有某种独一无二的特征，他把这种特征描述为它们的"指导理念"："一种通过组织发展和表现出来的创造性理念"。在整个生命过程中，"始终是这个同样的生命理念在保护着生命"。贝尔纳说，生命理念是生命的本质。[114] 在他努力阐述专门针对生命机器的这种理念时，贝尔纳还把这种东西称为"生命的创造"、"组织的综合"以及"创造力"。事实上，他一直在使用"生命力"这个术语，同时坚持认为从根本上说没有这样的东西。[115]

一种特殊的生命力或趋势可能是"反科学的"，而将生物还原为"外部的物理化学条件"则是错误的。因此，贝尔纳既拒绝诉诸一种特殊的生命力，即他所谓的"活力论"，也拒绝机械论的唯物主义。[116] 他努力去定义可接受的第三种可能性。他提出了基于"生命机制的特殊性原则"的"物理活力论"。但他对物理活力论的定义并不清晰："它不是具有活力和特殊本质的行动，而是具体的、特殊的、没有确切秩序的机械论。"[117] 也许达尔文识别出了相似的精神：他赞扬贝尔纳的工作，认为贝尔纳的工作表明，生物的每个器官都有其"特有的生命及自主性"，并能"独立地"发育和繁殖自身。[118]

艾蒂安－朱尔·马雷接替贝尔纳担任巴黎科学院的生理学教席，他也用类似的术语描述生物：生物严格来说是机械的，同时从本质上说是主动的。马雷是达尔文主义者，也是机械论者，他相信"力学定律不仅适用于其他机器，也适用于有生命的机器"，他决定通过研究"动物机器"来为达尔文主义服务。马雷的想法是，尽管无法通过实验证明物种的转变，因为这种转变发生得太慢、太渐进了，但我们也许可以揭示构成这种转变的微小个体的变化。[119]因此，马雷并没有关注在地质深时中发生的巨大变化，而是着手捕捉连续谱的另一端，即在极短时间内发生的最微小的变化。

马雷认为，在这个层面上瞥见的生命是一种"不间断的流动"，是"运动、电流、重力和温度的变化"的"混沌"。他设计了记录装置来显示这些微小的、转瞬即逝的变化，正是在这样的背景下，他对动物运动进行了摄影研究，这项研究很著名，他所使用的技术成为电影摄影术的重要先驱。[120]在马雷研究的时间尺度上，生命机器是一种绽放的、嗡嗡作响的混乱。通过展示构成生命的那些无数微小的相互适应，马雷相信他可以证实达尔文的进化论。他主张，人们可以看到适应本身在进化：肌肉系统改造了骨骼系统，反过来又被神经系统的指令所改造。[121]就达尔文而言，他非常欣赏这种证明，他怀着感激的、钦佩的心情引用了马雷在"协同适应"（co-adaptation，有机体的所有部分的相互适应）方面所做的工作。[122]

赫胥黎也为进化论服务，相比之下，他提出了一个对称的相反观点，即意识和能动性不是机器的原始特征，而是其运行的进化副效果："说大脑进化出感觉，就像说铁棒被锤打后衍生出热量一样，是很恰当的。"赫胥黎认为，笛卡儿的生物是机器的观点应该扩展到甚至包括人类的心灵："我们是有意识的自动机。"他对笛卡儿大加赞赏，说他不仅是一位伟大的哲学家和数学家，而且"肯定有资格进入伟大的原创性生理学家之列"，因为他"为这些生理过程的机械理论开辟了道路，他的所有继承者都在遵循这一理论"。[123]

笛卡儿假定动物是自动机，作为对这一假说的延伸，赫胥黎提出，人类的意识状态是由身体机器产生的，但并不是机器在运行中主动产生的。相反，意识状态，在人身上和在其他动物身上一样，是一种附带现象，一种"附带产品"，就像锤打铁棒产生的热量、火车头的汽笛声、钟表的铃声一样。所以，人的意志感受并不是人行动的原因，它们只是大脑中引发行动的机器的物理状态的次要结果。[124]

于是，达尔文主义的机械论者对生命的解释包含了两个极端：在一种机器中，能动性是其运行的基本的、构成性的方面；而在另一种机器中，能动性是虚幻的，可还原为粗笨的部件。

没有设计师的设计

达尔文在抵御固有力量、能力和趋势的内在能动性的同时，也在与设计师上帝的外在能动性进行斗争。不过，通过变异的遗传方法，努力的生命力（它影响了该方法）被整合进他的学说之中；类似地，通过生理适应或"适合度"概念，以及这种生物结构概念——作为复杂但被动的、设计出来的造物，设计师上帝也被整合了进去。因此，达尔文在与植物形态特征中明显无用的变异证据做斗争的同时，对称地，也面临着由眼睛的令人生畏的复杂性所带来的问题。

眼睛是达尔文的一大烦恼，这致使他的著作中出现了某些看上去让人不安的段落，这些段落现在是"智能设计"和"创世科学"运动支持者的最爱。《物种起源》（1859年）中就有这样一段话，出现在达尔文讨论自然选择学说的难点的那一章。眼睛属于"极为完美和复杂的器官"：

> 眼睛具有所有无与伦比的装置，可以为了看清不同距离而调整焦距，可以允许不同数量的光线进入，还可以校正球面像差和色像差，我坦率地承认，认为眼睛可能是由自然选择形成的，似乎是荒谬无比的。

在这段话的后续，达尔文接着解释了如何"通过自然选择形成完美而复杂的眼睛"。[125] 赖尔判断这是一个战术错误。自然选择要求眼睛通过小的、随机的变异在漫长的时间中逐渐形成，这一事实似乎是一个相当"不寻常的反驳"，以至于如此显著地提到它会给"对手们某种优势"。[126]

尽管有赖尔的建议，达尔文还是有信心将眼睛和他对眼睛的回答写进《物种起源》。但是，这个问题仍然困扰着他。他在1860年向阿萨·格雷坦白说："眼睛至今还让我感到不寒而栗。"[127] 完美性是问题的核心：如此复杂完美的装置是否真的只是自然选择的结果？

或者说，难道它不需要一个神圣的设计师吗？几个月后，在给格雷的另一封信中，达尔文承认，其他类型的复杂结构也给他带来了类似的痛苦："每当我凝视着孔雀尾巴上的羽毛，所看到的景象都会让我感到不快！"[128]

设计论的流行助长了达尔文在思考眼睛时所感到的那种疑虑，

正如我们所看到的，设计论在复杂而完美的眼睛中找到了其主要典范。[129] 这一十七八世纪的传统（我们在第 3 章中考察过）在 19 世纪初得到了哲学家、基督教辩护士威廉·佩利最为有力、最为彻底的表述，他的《自然神学，或从自然现象中收集的关于神的存在和属性的证据》（ *Natural Theology, or Evidences of the Existence and Attributes of the Deity Collected from the Appearances of Nature* ）于 1802 年首次出版，到 1820 年时就已经印了 20 次。[130] 佩利为设计论提供了标准意象——荒原上的手表。他写道：

> 在穿越荒原时，假设我的脚踢到了一块**石头**，有人问这块石头怎么会在那里，我可能会回答说，它就一直在那里，无论我是否知道并非如此；不过，也许不太容易说明这个答案的荒谬性。但是，假设我在地上发现了**一块手表**，有人问我这块手表怎么会在那个地方，我就很难想到我之前的回答，即无论我知道什么，这块手表可能一直都在那里。[131]

一块手表意味着一个钟表匠：这是对设计论的完美概括。人们一般不会注意到手表在这里扮演的角色：它躺在荒原上，就像一块要被踢到的石头一样。手表在机械复杂性上也许与石头不同，但在佩利的著名段落中，它在被动性和惰性上与石头相似，也是人们可能踢到或绊到的东西。它代表了现代早期科学的钟表宇宙，不仅是一个复杂的机械，而且是一个完全被动的物体，出自外部强加的设计。

佩利的作品给达尔文留下了深刻的印象，他在剑桥大学读书时曾学习过。他在自传中回忆说：

> 为了通过文科学士考试，掌握佩利的《基督教的证据》（*Evidences of Christianity*）以及他的《道德哲学》（*Moral Philosophy*）是……必要的。这是以一种彻底的方式完成的，我确信我可以丝毫不差地写出《基督教的证据》的全部内容，但当然不是用佩利的清晰的语言。这本书的逻辑，还可以加上他的《自然神学》，给我带来的快乐不亚于欧几里得。[132]

正如我们所见，设计论在眼睛和透镜仪器之间的类比中找到了最完美的示例。这也是由佩利整理和完善的。"就算世界上除了**眼睛**之外没有任何关于设计的例子"，佩利写道：

> 仅凭眼睛也足以支持我们从中得出的结论，即智能创造者的必要性。这种必要性是绝不可能免除的，因为它无法用任何其他假设来解释……（它是）一个设备，一个由零件组成的系统，一个具有多种手段的制品，其设计如此明显，其构思如此精巧，其运作如此成功，其价值如此珍贵，其用途如此无限有益，在我看来，它可以打消人们对这个问题所能提出的一切怀疑。[133]

达尔文这一代人都是在佩利和他的《自然神学》传统下长大的，对他们来说，眼睛是设计出来的，这似乎是显而易见的。对赖尔和达尔文本人来说也是如此。有一些人的确提出了反对意见，但即便如此，反对意见也不过意味着望远镜是从粗笨的物质中塑造、构成自身的。这就留下了一个令人不安的选择。一方面是神圣的设计，但达尔文拒绝接受。他在给阿萨·格雷的信中说，"世界上有太多的苦难"：

> 我无法说服自己，一位仁慈的、无所不能的上帝会特意创造出姬蜂这种动物，并明确打算让它们寄生在毛虫体内，以毛虫的活体为食，或者竟然让猫去玩弄老鼠。如果不相信这一点，我认为没有必要相信眼睛是专门设计出来的。而另一方面，观察这个奇妙的宇宙，特别是人类的本性，如果得出结论说一切都是粗笨的力的结果，那么我是无论如何都不会满意的。

达尔文最后说："但我想得越多，就变得越困惑，事实上我在这封信中可能已经表明了这一点。"[134]

几周之后，达尔文继续与格雷进行神学方面的讨论，他重申，他不能相信世界是"粗笨的"："正如我之前所说，我无法说服自己相信，电的作用、树木的生长、人对最崇高观念的向往都来自盲目的、粗笨的力量。你糊涂的、亲爱的朋友查尔斯·达尔文。"[135] 至少在原则上拒绝了拉马克的内在能动性和佩利的外在能动性之后，达尔文发现自己面对的是一个他根本不相信的"粗笨的"世界。

佩利的设计论是严谨而详细的。例如，他用了好几页的篇幅来讨论距离调焦，他认为这使得眼睛相比望远镜具有无可争议的优势。毕竟，对望远镜来说，是操作者通过切换镜片甚至仪器来调焦的，而不是仪器本身来调焦的。相比之下，每当对准近的东西时，眼睛就会同时发生三个变化以调整自身：角膜变得更圆更突出，晶状体向前推，以及整个眼睛在深度上拉长。佩利反问道："还有什么会比这个装置更能说明问题？"要制造这样一个装置，人们需要了解"最奥秘的光学定律"。眼睛可以自我调节，而望远镜却不能，这个事实可能会破坏佩利的类比，但他找到了另一种具有这一特性的装置。就自我调节能力而言，眼睛让他想起了约翰·哈里森的可自我调节的航海天文钟，这个钟在 1773 年赢得了经度奖。[136]

其他设计论作者在决定将眼睛视为透镜仪器时，将知觉——眼睛能够**看见**这一事实——排除在讨论之外。他们把眼睛视为一种粗笨的机械装置，而不是一种能感知的机械装置。就像设计论的其他方面一样，这种排除也在佩利的演绎中达到了顶峰。与之前的作者不同，佩利承认这个潜在的异议，即眼睛与望远镜不同，它可以看见东西。他写道："对某些人来说，眼睛和望远镜的一个差异可能足以破坏掉两者之间所有的相似性，因为一个是感知器官，而另一个是无法感知的仪器。"但佩利声称这个差异与当前的问题无关："事实是，它们都是仪器。"对于要看东西的生物而言，"物体的形象或图像（必须）在眼睛的底部形成"。而这种形象如何与感觉、与观看的体验相联系，佩利认为，则是不重要的。在"以某种方式对机械装置进行研究"之后，人们很可能发现"一些不是机械的东西，或者说是不可捉摸的东西"。但这一切都超出了佩利的研究范围。对他来说，重要的是眼睛的器官构造使它可以投射形象，而且其构造原理与望远镜和暗箱的相同。"由形象引发的知觉可能是不需要考虑的，就形象的产生而言，这些都是同类仪器。"[137]

佩利关于眼睛的造物性的主要论点，与玻意耳的论点以及所有中间版本一样，也建立在适应性之上：表明不同种类的眼睛在结构上适应它们必须运行于其中的环境。佩利扩展了早先由玻意耳列出的适应性清单。他指出，鳗鱼的眼睛上有一个"透明的、角质的、凸起的外壳"，以保护它们免受沙子和碎石的伤害。不同的物种表现出不同程度的眼调焦能力，与它们需要看到的东西的范围相对应。例如，鱼的眼睛在放松状态下适合看近处的物体，但有肌肉能使眼睛变平以观察更远的物体。鸟类既需要看到喙尖旁边的东西，也需要看到几英里外的东西，因此它们的眼睛有一个骨质的轮廓：

> 它将肌肉的作用限制在这一部位，增加肌肉对眼球的侧向压力，以便观察非常近的物体……另外还有一块肌肉，叫作"marsupium"，用来把晶状体往**后**拉，使同样一只眼睛也适合观看非常远的物体。

佩利总结说（在这段话中，我们看到达尔文将如何在韵律、措辞以及内容方面呼应佩利的著作）："因此，通过比较不同动物的眼睛，我们从它们的相似和区别之中看到了一个总体计划的实施，并且这个计划会随着它所应用的不同情况而变化。"[138]

当佩利重申这些论点时，它们已经给人一种不言自明的感觉了。[139] 到此时，眼睛的完美性已得到了充分确立，以至于达尔文（正如我们所看到的）对它的不可动摇感到畏惧，更困难的是，通过生理适应概念，佩利的适应性证明已经在达尔文自己的理论中深深扎根。达尔文从设计论传统中引入了这一概念，最直接的来源就是佩利，而它带有一丝确切无疑的神学味道。在回应达尔文关于野牡丹科植物紫叶墨西哥野牡丹的花粉和花药的一些笔记时，阿萨·格雷调侃道："我亲爱的达尔文，为什么你如此强烈地关注目的因，以至于剑桥大学应该授予你一个神学博士学位！"[140]

适应概念起源于设计论，赫胥黎特别关注这一点，因为他把捍卫达尔文主义、反对一切来犯者作为自己的目标，特别是反对欧文和其他"目的论者"，达尔文称他们为"佩利和他的朋友们"。[141]赫胥黎向达尔文保证道："无论如何，你的一些朋友具有一定的斗志，这可能对你有所帮助（尽管你经常公正地批评这种斗志）。我正在打磨我的爪子和喙，准备好迎战了。"[142]有一种目的论"认为眼睛，比如说人类或某种较高级的脊椎动物的眼睛，展示出若干精密的结构，它正是由这些结构排布组装而成的，目的是让拥有它的动物能够看得见"；赫胥黎指出，目的论，至少是上述这种目的论，已经受到了达尔文主义的"致命一击"。[143]

然而，他也承认，生物结构对目的的适应性不仅对设计论是重要的，对自然选择学说也同样重要，他写道："每一个存在的物种都是由于适应而存在的，不管是什么原因，只要它能解释适应，就能解释物种的存在。"[144]赫胥黎断定，通过自然选择，达尔文找到了一种调和"目的论自然观和机械论自然观"的方法。事实上，正如我们所知，这两种观点不需要调和，因为"机械论自然观"（在赫胥黎所说的意义上）从一开始就依赖于一种目的论，这种目的论实际上是一种神学：神圣的钟表匠。赫胥黎认为，达尔文已经找到了一种方法，可以把经典的粗笨机械论中隐含的目的论从其神学含义中分离出来，以解释整个自然界中普遍存在的对目的的适应，"这种目的论很好地让我们的思想专注于此，而又不至于在科学宇宙观念的基本原则上产生错误"。[145]

但适应性概念保留了神圣工程师的幽灵般的气场。尽管他们把上帝从他的机器中抽离了出来，机械论者和设计论者还是留下了一个装置的世界，一个造物的世界：一个完全依赖于目的和行动的外在源头的世界。如果我们去掉了这个外在的能动性来源，那么剩下的东西怎么能独立存在呢？德国生理学家埃米尔·杜博伊斯－雷蒙德在 1886 年列出了七个"超验世界之谜"，这个难题就位于谜题的核心。鉴于这样的本体论图景——运动中的、被动的、粗笨的物质，杜博伊斯－雷蒙德说，某些事情必然是永远无法解释的，例如物质和力量的本性，以及运动的初始原因。他列出的第四个谜题就是自然中表现出来的无所不在的目的。[146]

然而，如果说从自然中抽走能动性和目的会使造物世界变得步履维艰，那么与它相对应的另一方，即表面上无所不能的工程师，也是如此。达尔文说，自然选择定律宣布了设计论的失败，[147]但自然神学家自身已经准备好了得出这一结论。正如布丰和休谟所解释的那样，设计论应该会自我毁灭。如何解释视网膜盲点以及其他不完美性，只不过是转移人们注意力的问题。真正的困难不是设计产物的不完美，而是**设计产物本身**如何论证一个全能者的存在。佩利自己也承认这一点，他以更普遍的形式提出了玻意耳曾经置之不理的问题：苍蝇拥有复眼以弥补不能移动眼睛的缺陷，这可能是件好事，但为什么不直接赋予苍蝇移动眼睛的能力呢？（玻意耳曾附带写道："我现在不应继续考虑其中的原因。"）[148]

佩利写道："读者在仔细研读这些观察结果时可能会想到一个问题，为什么神不一下子都把视觉能力赋予动物呢？"

这种迂回的知觉，调用了这么多的手段；有一种为
这个目的服务的元素，从不透明的物质那里反射出来，

通过透明的物质折射进去；反射和折射都服从精确的定律，然后在视网膜上产生形象，视网膜再与大脑沟通，为什么是这样呢？为什么要做这一切呢？为什么要为了克服困难而制造困难呢？如果要用触觉以外的其他方式来感知物体，或者要感知触觉所及范围之外的物体，那么这样的问题就会被提出：难道造物主的纯粹意志不能传达这种官能吗？为什么要在力量无所不能的情况下诉诸设计产物呢？设计产物，根据其定义和本性，是不完美的庇护所。诉诸这些权宜之计，就意味着困难、障碍、约束或能力的缺陷。

对于这一难题，佩利认为最佳的回答是，只有通过设计的手段，神才能让他的具有理性的造物知道他的存在、能动性和智慧。因此，尽管"无论做什么，上帝都可以在不使用工具或手段的情况下完成"，但上帝"乐于规制他自己的权能，并在这些限制之内实现他的目的"：

> 因此，也就是说，制定了这样的法则和限制，好像一个存在者本就应受制于一些确定的规则。如果可以这样说的话，他还提供了某些材料。然后，把进行创造的任务交给另一个存在者，让后者使用这些材料，遵照这些规则：这种假设显然留有余地，而且确实引出了设计的必要性。不，可能有许多这样的动因，而且这些动因还有许多等级。[149]

看看我们突然到了哪里了，我们又是如何来到这里的！佩利的神圣工程师自食其果。不是自然选择的逻辑，而是设计论的逻辑，导致了这一惊人的形势转折，在这一转折中，唯一的、全能的工程师（他的存在已被无可辩驳地证明了）突然让位于匿名的、受限的大量动因。

达尔文放弃了善的、全能的上帝的想法，他在完全拒绝设计论的同时，还想象出了一个比佩利的透镜仪器制造者更加令人惊叹的造物主。达尔文承认，"把眼睛比作望远镜是几乎不可避免的"。

我们知道，这个仪器是通过人类最高智力的长期持续的努力而完善的；我们自然会推断，眼睛也是通过某种类似的过程形成的。但是，这种推断难道不是自以为是的吗？我们是否有权假定造物主是通过像人类一样的智力来工作的？如果我们必须把眼睛比作一种光学仪器，那么我们应该在想象中弄一层厚厚的透明组织，在它的下方放一条对光线敏感的神经，然后假设这层组织的每个部分不断地发生密度上的缓慢变化，从而分离成具有不同密度和厚度的层，彼此之间有不同的距离，而且每一层的表面也都在发生缓慢的形态变化。此外，我们必须假设，有一种力量始终密切关注着这些透明层中的每一个微小的偶然变化，并仔细选择每一个变化，这些变化在不同的情况下，可能以任何方式，或在任何程度上，倾向于产生更加清晰的影像。我们必须假设这部仪器的每一种新状态都要扩增百万倍，每一种都被保存下来，直到产生更好的，然后旧的就被销毁……让这个过程持续几百万年，每一年都有几百万个不同种类的个体。我们是不是可以相信，这样形成的活的光学仪器会比玻璃制的光学仪器更加优越，就像造物主的作品比人类的作品更加优越一样？[150]

佩利的工程师是完全可理解的、可知的和有限的，而达尔文在这段话中所描述的是不可捉摸的、无限的、永恒的力量，考虑一下两者之间的对比吧。

然而，眼睛仍然保持着超然的优越性。给眼睛以决定性的降级的不是达尔文，而是赫尔曼·冯·亥姆霍兹。在他的视觉生理学不朽著作《生理光学手册》(*Handbuch der Physiologischen Optik*，1867 年)中，以及在他的哲学和通俗作品中，亥姆霍兹坚持认为眼睛并不优越。事实上，它是一个相当糟糕的仪器，充斥着像差和盲点。

首先，我们的视觉只在视野的很小一部分上是准确的，对应于中央凹或视网膜的凹陷处，这里的视锥细胞排列得最紧密，"所以我们的眼睛接收到的形象就像这样一幅画，其中心部分完成得很细致、很详尽，但边缘部分只是粗略地勾画出来"。此外，最清晰的视觉点对弱光的敏感度要低于其他部分，这是天文学家所熟悉的事实，因为他们发现在周边视觉中可以更好地察觉到暗星（当然，用周边视觉是看不清楚暗星的）。其次，亥姆霍兹建议，如果通过紫色玻璃看一盏路灯，那你会看到红色的火焰被蓝色的光晕所包围，这是"火焰的蓝光和紫光投射出的色散图像"。这种光晕是"对眼睛中存在色像差这一事实的简单而彻底的证明"。[151]

角膜不是一个完全对称的曲线，导致了不同程度的散光。星星之所以看起来是星形的，是因为晶状体的纤维是围绕六个岔开的轴排列的，"因此，我们看到的环绕星星和远处灯光的光线其实是我们晶状体的放射状结构的影像"。在明亮物体旁边的黑暗物体是很难看见的，因为角膜和晶状体不是透明的，而是暗白色的，这会导致明亮物体周围出现光晕，致使附近较暗的物体变得模糊不清。晶状体也充满了"内视物"——纤维和斑点，当你望向明亮的表面时，你就可以看到它们。还有一些纤维、细胞和膜的褶皱，它们随着眼睛的运动而移动，当它们靠近视网膜时就是可见的。除了视网膜盲点之外，视野中还有由视网膜血管导致的许多更小的缺口。这些缺口诚然很小，但仍然大到足以让天文学家错过一颗恒星。

总之，眼睛"具有可以在光学仪器中找到的所有可能缺陷，甚至还有一些它自己特有的缺陷"。亥姆霍兹总结道："现在可以说，如果一位光学仪器商想卖给我一个具有所有这些缺陷的仪器，我会认为自己有充分的理由以最强烈的措辞责备他的粗心，并把他的仪器还给他，这么说一点儿也不过分。"[152]

亥姆霍兹认为，令人惊叹的是，尽管眼睛是一种具有如此这般缺陷的仪器，但生物仍然能够顺利地看见东西。眼睛已经达到了它所需要的水平，而且没有更好的了，在这一事实中，亥姆霍兹为达尔文找到了支持。眼睛并非因其完美而有用，而是尽管有不完美的地方，但它依然是有用的。亥姆霍兹写道："从这个角度来看，对眼睛的研究使我们对一般有机适应的真实特征有了深刻的了解。达尔文发现了动物和植物物种实现逐步完善的方式，当与达尔文引入科学的伟大且大胆的概念联系起来时，这种考虑就变得更加有趣了。"[153]

亥姆霍兹还认为，我们需要重新拾起知觉。他认为，视觉超越了眼睛的局限，这并不是由于任何神圣的制造者，而是因为心理过程。心理过程不仅伴随着视觉，在视觉的构成中也起到了关键性的作用：对于自然界和生理学中所有无法用粗笨机械论解释的那些东西，知觉过程把它们全部外包了，而自然神学家却把知觉过程排除在外。"（眼睛）的非凡价值取决于我们使用它的方式：它的完美是实用的，而不是绝对的。"把我们的注意力集中于这里和那里，我们克服了每一个障碍——倒置的视网膜成像、像差、盲点、内视物、糟糕的周边视觉，形成了世界的平稳画面。亥姆霍兹认为，我们是通过一个持续的、无意识的归纳推理过程来做到这一点的。我们通过思考来观看。[154]

在《物种起源》第六版中，达尔文补充了这一论点，引用了亥姆霍兹关于"视觉机器的不精确性和不完美性"的观察结果。亥姆霍兹写道，人们甚至可以相信，自然"以积累矛盾为乐"，而这正是为了摧毁设计论。[155] 即使生理适应性的例子被视为自然选择的一类核心证据，达尔文事实上也长期引用**非适应性**的例子来支持其理论。他在 1856 年写给胡克的信中说："自然的作品是笨拙的、浪费的、充满低级失误的，以及骇人残酷的，以此为内容，魔鬼的牧师可以写出怎样一本书啊！"[156]

那时，**当达尔文把眼睛看作一种粗笨的机械装置时**，眼睛令他感到不安。如果这样看的话，就像任何粗笨机械论一样，它不可抗拒地暗示着一个制造者。但是，初级的、新生的眼睛的关键部分已经与任何望远镜都不同了，在一层厚厚的透明组织下面有"对光敏感的神经"，当回归这幅图景时，达尔文又回到了坚实的基础上，能够把眼睛解释为自然选择的产物。这里有一个教训，关乎 17 世纪和 18 世纪生命机器模型的早期发展，也关乎达尔文与这些模型的关系。最激进的、还原的、机器般的生物模型（这些模型给达尔文主义留下了确切无疑的印记）依赖于一种神学，依赖于一种超自然的力量来提供意义和目的。那些要对生物进行最为彻底的还原、把生物描绘为粗笨的机器的人信仰一位神圣的机械师，而严格的自然化者则将感知和能动性直接建立在自然的机器之中。

粗笨机械论的生命理论，以及这种理论引发的生物的造物模型，都包含了一个极为重要的讽刺特征。这些模型的提出者，即设计论的支持者，坚持区分上帝和他的造物。他们认为坚持这种区分对问题的两方面都很重要：对新科学的自主性至关重要，也为上帝的存在提供了一种新的、强有力的论证。但恰恰是通过把上帝从他的造物中剥离出来，这些新哲学家使他们表面上自主的科学充斥着对超自然力量的普遍诉求，同时，通过把上帝附着在特定的、有限的设计产物上，使他们无所不能的上帝步履维艰。相反，亥姆霍兹在另一个传统中工作，我们也一直在关注这个传统的发展，这个传统致力于将能动性和秩序自然化，而不是将它们外包给一位超自然的工程师。因此，亥姆霍兹摒弃了完美的眼睛，用主动的知觉过程取代了它。

然而，佩利的神圣工匠并没有完全消失。相反，神圣工程师的幽灵在进化论的时代游荡：它与特定的设计产物联系得太紧密了，以至于无法成为原来的全能的上帝。但同时，它在被动机械论的生理学模型（达尔文主义正脱胎于此）的发展中又太过根深蒂固，以至于无法顺利地、真正地消失。

《物种起源》著名的最后一段话是对达尔文所描述的自然世界的兴趣和美的呼吁。

凝视着草木交错的河岸，种类繁多的大量植物覆盖其上，群鸟鸣于灌木丛中，各种昆虫飞来飞去，蠕虫在潮湿的泥土里爬过，再深思一下，这些构造精巧的类型，彼此如此相异，并以如此复杂的方式相互依存，而它们都是由在我们周围发挥作用的法则产生出来的，这是多么有趣的事情啊。这些法则，就其最普遍的意义来说，是伴随着"生殖"的"生长"，是几乎包含在生殖以内的"遗传"，是由于生存条件的间接和直接作用，以及由于用进废退所引起的"变异"：增长率如此之高以致引起"生存斗争"，因而导致"自然选择"，并使"性状分歧"和较少改进的类型的"绝灭"成为必要。这样，从自然界的战争里，从饥饿和死亡里，我们能够想象到的最可赞美的目的，即高等动物的产生，直接随之而至。这种生命观是极为雄伟壮丽的：生命及其种种能力最初是由"造物主"注入少数类型或一种类型中的；在地球按照引力的既定法则进行周而复始的运动之时，无数最美丽、最奇妙的生物类型从如此简单的开端进化而来，并且至今依然在进化着。[157]

比较这段话的不同版本，一版一版地比较，你会注意到两个变化。首先，"造物主"出现在第二版中："这种生命观是极为雄伟壮丽的：生命及其种种能力最初是**由'造物主'**注入少数类型或一种类型中的。"[158] 而第一版的同样位置并没有提到造物主。继续比较，到了第六版，你会发现，达尔文暗示"变异性"有某种内部的来源："这些法则，就其最普遍的意义来说，是伴随着'生殖'的

'生长'，是几乎包含在生殖以内的'遗传'，是由于（这里删掉了'**外部**'）生存条件的间接和直接作用，以及由于用进废退所引起的'变异'。"[159]

这段话描绘了达尔文主义的自然世界正在逝去的美丽图景，对于这段话，达尔文所做的改动仅有这两处：他既对自然神学家的外在的、神圣的能动性表示认可，又对种变论者的内在的、努力的能动性表示认可。他的理论仍然悬浮在这两者之间。

第 8 章

机械卵和智能卵

鸟的卵……是一个高度复杂的历史产物。

————恩斯特·海克尔,《人类的进化》

(*The Evolution of Man*, 1905 年)

卵被认为是一个确切无疑的机器, 一旦上了发条, 它就会朝着某个确定的方向运行。

————雅克·洛布,《生命的机械论概念》

(*The Mechanistic Conception of Life*, 1912 年)

在 19 世纪最后数十年和 20 世纪之初发生的解释达尔文主义的竞争中, 被动机械论者战胜了主动历史机械论者。被动机械论者确立了他们所谓"达尔文主义"的理论, 该理论在 19 世纪 90 年代获得了"新达尔文主义"(neo-Darwinism)的名称,[1] 新达尔文主义与包含内在能动性、形成性冲动和努力的科学相对立, 尤其是与"拉马克主义"相对立(我用带引号的"拉马克主义"指在后来这些斗争中对拉马克主义的解释, 与拉马克本人的著述相区分)。这些新达尔文主义者将生物描述为被动的机制装置，从不行动，只是被作用，就像佩利的荒原上的手表一样被动。本章的故事就是被动机械论者是如何赢得这场战斗的，以及他们为什么会赢。故事主要发生在德国，在19世纪晚期新成立的德国研究型大学里，故事从一颗卵开始。

新教科学与达尔文主义的重新定义

根据19世纪末至20世纪初那一代有影响的生物学家（他们大部分都说德语）的说法，一颗卵就是一台机器。卵是机器，而且就其本身而言，卵应该用机械的方式解释，而非"历史的方式"。一提到"历史的"解释，这些生物学家就想到了受拉马克主义影响的达尔文主义版本，根据这一版本，生命形式逐步地、偶然地发展，受它们自身内部能动性的驱动和指导。这一代反历史的生物学家拒绝了内在的能动性在自然中运作的想法，他们也否定了这种想法给科学解释所带来的其他东西：偶然性。偶然性既不是随机性也不是决定论，而是完全不同的东西。它是在特殊的、变化的情形下运行的有限能动性的产物。

变化可能通过随机事件和机械决定的事件之间的组合发生，20世纪初的生物学家们接受了这一点，但他们不接受变化可能是偶然的，由生物体自身之内的趋势或行动所引导。无论是随机的还是决定论的过程，都没有违反将能动性排除在科学解释之外的原则。因此，根据随机过程和决定论过程的组合来进行推理成为新一代生物学家的惯常立场，但绝不是偶然的、历史性的过程。

这些生物学家拒绝科学中的历史解释，为了与此保持一致，他们宣称自然科学（Naturwissenschaften）和人文科学（Geisteswissenschaften）之间有截然的区别。人文科学提供了对世界的笼统描述和印象，而自然科学则建立了对离散的现象的因果说明。粗笨机械论科学有了新的转变，变得反历史，变得与人文科学不同。一门关于生物的科学必须把生命机器描述为被动的和死板的，而且出于同样的原因，还要描述为不受时间影响的、没有历史的以及没有历史意义的。

一位名叫奥古斯特·魏斯曼的胚胎学家和进化生物学家是这一新版本的达尔文主义的主要作者，该版本清除了所有拉马克主义的影响。魏斯曼是医生、弗赖堡大学动物学教授。[2] 他对达尔文理论进行了解释，这一解释的变革性意义怎么强调都不为过：它成为生物学家区分正统的达尔文主义和假冒的达尔文主义的标准，并在20世纪和21世纪一直保持着这种地位。魏斯曼是本章的主人公。

但魏斯曼并不是独自行动：新达尔文主义是几代生物学家、哲学家和历史学家的合作成果。他们的共识是如此坚实、如此巨大，以至于后来者几乎不可能看到它周围的东西。根据这一最高共识，达尔文主义毫无疑问是"机械论的"，尽管达尔文本人对他所借鉴的生命的机械论模型有矛盾心理。达尔文主义变成了"机械论的"，"机械论的"进而又变成了"活力论的"对立面，"活力论"一词经常被用于18世纪乃至更早的科学，但它实际上是19世纪的创新。[3] "活力论者"是那些把生物与自然界的其他部分区分开来的人，因为生物需要一套不同的解释原则。莱布尼茨、拉马克和其他人曾努力捍卫的那个路线从视野中消失了：那是一种单一的、主动机械论的、历史的哲学，它囊括了全部自然。

在这种"新体制"下，这种想法——我们可以对机器的运作做出历史的解释——开始听起来很矛盾、很奇怪。要描述一个时钟的工作方式，必须考虑时钟的生平和祖先吗？然而，还有另一个传统，可以追溯到最早描述物种随时间推移而变化的那些人——莱布尼茨、拉美特利、布丰、狄德罗、拉马克、亥姆霍兹，这一传统的支持者认为自己的方法既是机械论的又是历史的。他们认为生物体是机器，机器在这里的意思是由运动部件组成的在理性上可理解的系统，其发展和变化归功于一种历史的能动性：机器的各个部件所具有的一种能力，这种能力能够有目的地、有回应地构成和改变自身以及彼此间的关系。这些主动机械论者相信，除非从历史的角度来看，即从随着时间推移而自我转化的行动来看，否则我们无法理解机器。

相比之下，虽然新达尔文主义者也将生物描述为随着时间的推移而变化，但他们反对必须从历史的角度来理解这些结果。在随机事件和外部力量的共同作用下，生命机器不断地发生转变，但这些转变在本质上是"物理－化学的"，而且必须这样理解。[4]

在达尔文主义机械论生物学的新解释中，拉马克扮演了个重要角色：他是衬托者。虽然他把生物体描述为"有生命的机器"，但拉马克在死后却成了一个"活力论者"。尽管他密切地影响了达尔文及其追随者的思想，但拉马克现在却成为达尔文主义的对立面。20世纪达尔文主义生物学的建立有赖于根除主动机械论的历史主义方法的任何痕迹，这种方法现在与"拉马克主义"关联了起来。拉马克最终不仅是错误的，而且是荒谬的、可笑的、不可理喻的。可以肯定的是，在魏斯曼那一代，情况还不是这样。有证据表明，魏斯曼本人尊重甚至崇拜拉马克：他的办公桌上挂着一幅雅克－路易·大卫绘制的拉马克肖像画的副本。[5] 然而，从长远来看，魏斯曼从进化生物学中根除拉马克主义的工作产生了强有力的影响。到 1920 年，根据哈佛大学昆虫学家威廉·莫顿·惠勒的说法，"拉马克主义"一词被定为生物学中的"第九宗大罪"。[6] 为什么会这样，这又是如何发生的？

19 世纪末和 20 世纪初欧洲德语区的知识和国内政治，更具体地说，现代研究型大学的出现，为这一发展提供了最初的背景。正如我们今天所知道的，研究型大学最初是一个德国的——主要是普鲁士的——新教机构。[7] 在威廉·冯·洪堡于 1810 年创建柏林大学之后的短短几十年间，德国的大学从中世纪的神学院发展成为科学和工业研究的巨无霸以及国家的关键机构。到 1871 年德意志帝国的建立，研究型大学已经在德国社会和政治中占据了举足轻重的地位。以 1876 年约翰斯·霍普金斯大学（正是以柏林大学为模板）的建立为开端，美国开始引入这种模式，研究型大学随后成为全世界科学研究的主要场所。[8]

然而，新的德国研究型大学保留了它们的神学系，实际上直到现在依然如此。神学系与新兴的科学学科一起现代化，发展出一种"科学神学"，在新教大学里，这种神学明确地把自然科学的经验主义、机械论、实证主义方法与新教联系起来，并反对天主教。一位当代观察家写道，"教授们每天都在大学内外碰头"。"神学家与哲学家、语言学家、历史学家以及自然界的研究者交往；这些科学以私人的形式出现在神学家的面前，所以不能不注意到它们；神学家被迫在心里与科学算算账。这无疑对新教神学的特点产生了最大的影响，新教神学的主要倾向就是使宗教和科学达到内在的调和。"作者继续说，相比之下，罗马天主教神学将自己孤立起来，这使得教义更加统一，但"也降低了它对所处时代的科学和文化的影响力。由于新教神学受到所有科学分支的影响，它反过来又影响所有科学分支"。[9]

新教学者将客观中立（或"无预设"）的实证主义理想作为自己的典范，这是"新教科学"的一个突出特点，使他们与满脑子都是教义的天主教学者区分开来。[10] 马克斯·韦伯是这些发展的参与者、观察者，也是探讨新教神学与科学、技术和工业化之间关系的理论家，他认为"虔诚的天主教徒永远不会接受一个不认同其教条假设的老师提出的观点"。[11] 这个评论是在这些发展达到顶峰之后的大约一代人的时间里出现的，出现在一篇题为《科学作为天职》（Wissenschaft als Beruf）的文章中，这篇文章最初是 1918 年在慕尼黑大学进行的演讲，当时正处于第一次世界大战的剧痛之中。此时，以科学实践为理想的现代研究型大学不仅已经确立，而且代表着拯救的希望。韦伯的意思就是这一标题的字面意思。他在其他地方声称（作为新教是西方资本主义社会之根源的论点的一部分），现代经验科学及其技术应用，是由路德宗的"天职"思想发展而来的，即世俗活动，而不是经院哲学式的沉思，代表了宗教义务的最高表达。[12]

新教科学的制度文化主导了学术研究的新世界，而它在很大程度上是对较早的德国自然哲学的整体研究的反动。[13] 当然，主导并不意味着完全垄断：人们继续推动其他方法，包括我们将看到的赫尔曼·冯·亥姆霍兹和恩斯特·海克尔。但他们这样做是为了抵抗一种日益盛行的方法论。衡量这套方法论的流行程度的一个标准是，尽管它与新教神学和文化有关，但它绝不仅限于新教机构之内。甚至在德意志帝国的少数传统的天主教大学中，正如我们将看到的那样，同样的科学理想开始占据支配地位，同样的研究文化也在不断壮大。[14] 在大学的自然科学院系中，这种新的方法论成为一种道德命令：不仅是专门化的，还得是反通才的，不仅是经验主义的，还得是反对假说的，不仅是机械论的，还得是粗笨机械论的，回避任何超出直接范畴的解释。

各大学的历史系接受了同样的原则。在这一时期，历史研究也作为一门独立的学术科目在完成转型的大学中建立起来。在利奥波德·冯·兰克的引领下，一批历史研究者在新的德国研究型大学中开创了现代历史学科，他们批判了 18 世纪末和 19 世纪初的宏大的、进步式的、唯心主义的历史哲学。这些早期历史哲学的作者，从黑格尔开始，将历史解释为一种浸透着思想或精神的理性展开，这种思想或精神的运作使过去的事件具有意义，将过去与现在的事件结合成可理解的统一体，并投射出它们在未来的发展顶点。与此相反，兰克以及他的学生和追随者们占据了新大学的历史学教席职位，他们宣称历史学科是建立在"细节"、文献学和档案事实、"回忆录、日记、信件、大使报告和目击者的原始描述"之上的，所有这些都要在脚注中详细地记载下来。兰克认为，"对事实的严格陈述"是"最高法则"，对于这些事实，人们必须有"公正的理解，客观的叙述"。[15]

可以肯定的是，兰克经常听起来像黑格尔和老一辈的唯心主义、进步主义历史学家，例如，他也强调历史学家的目标是对"事件的统一性和进步"的理解。为了达到这个目标，兰克强调形式和美对于历史学家的技艺的重要性。[16] 最终，正如这位路德宗牧师家庭的后代所描述的那样，历史也是一种天职。像他在科学院系的同事一样，兰克坚信，在具体细节之上和之外，无法企及却又无所不在的是"上帝之手":他写道,"在一切事物之上,盘旋着事物的神圣秩序"。[17] 尽管有这种在方法论层面对事实细节的欣然接纳,也有与上帝之手安排的神圣秩序的熟悉联系,但是,对于神学系的同事来说,学院派历史学家比机械论生物学家更具威胁性,因为历史学家侵入了教会史的领域,而生物学家则小心翼翼地避免任何与历史或人文的关联。[18]

生物学家的科学方法论在德国的大学里被接受和制度化了,在过去的两个世纪里,通过设计论,这种方法论出现在自然神学中,设计论把自然界及其所有居民都描绘为被动的机器,让上帝垄断了目的和能动性。因此,经典的粗笨机械论是"新教科学"的一种相契合的形式,实际上,是其固有形式。相反,从新教科学的角度来看,一种危险的科学解释模式是将能动性自然化,否认上帝的垄断,并坚持科学的理解与人文的、历史的理解的相互关联。简而言之,就是拉马克-达尔文主义。[19] 新的生物学系通过反对这种科学模式建构了自身。1872 年,杜博伊斯-雷蒙德向莱比锡德国自然科学家和医生协会发表了题为《论自然知识的局限性》(On the Limits of Natural Knowledge)的著名演讲,在演讲中,他宣布放弃科学对大问题的任何主张,特别是关于能动性问题:力如何移动物质,或者意识如何使大脑兴奋起来。他还为新方法制定了一个口号,这个口号就是"ignoramus ignoramibus":我们是无知的,并将永远保持无知。这个口号是杜博伊斯-雷蒙德的演讲的结束语,并迅速成为一种号召。[20]

另一位与会观察者写道,"现今的科学并不担心整体,因此,它不再努力追求一个世界观"。事实上,这种对世界观的放弃或对世界观的拒绝本身就构成了一种世界观。现在,只有把精炼的方法应用到具体问题上才能获得科学上的赞扬。[21] 一个成功的研究者必须完全致力于"一门科学，不，往往只致力于一门科学的一个部分。他既不向右看，也不向左看，这样一来，他的邻近领域里发生的事情就不会妨碍他尽情地埋头于他的专业"。[22] 韦伯再次表示同意："科学已经进入了一个前所未有的专门化的阶段，而且这种情况在无限期的将来都不会改变。"只有专注足够狭窄领域的专家才有希望取得有价值的成就，"任何没有能力戴上眼罩的人……都应该离科学远远的"。[23] 韦伯告诫说，要想获得成功，就必须接受科学不是通向意义、艺术、上帝或幸福的道路。科学既不涉及"预言家和先知"的启示，也不涉及"圣人和哲学家"的真理。科学所能提供的是技术，是控制日常生活条件的手段，也是清晰的思维。[24] 这种德国新教模式的实证主义机械论科学的一个关键作用是戳破普遍化愿景的权威。

因此，新兴的研究型大学在德国各州和普鲁士的空前支持下，催生了科学的学科、分支学科和细分分支学科。[25] 这些大学代表了一种新的强大的力量，既是知识上的、制度上的，也是政治上的。国家资助了学科的形成，在这种氛围中，自然科学首先在文化声望和社会权威方面赶上了人文科学，然后开始超越它们。[26] 自然科学的新兴权威依赖于对其性质和使命的特殊表述，这种表述将自然科学与人文科学牢牢地区分开来。

科学必须专门化，在方法论和范围上受到严格的限制，并与各种人文关切——哲学的、道德的、历史的、美学的——分隔开来。这种分隔将使各类科学能够坚持新教科学的核心原则——无预设。分隔还可以作为对科学的政治中立性的一种保证：科学将不会受到社会主义和天主教的影响，这两种倾向对帝国政权的巩固产生了最大威胁（尽管到了世纪之交，正如我们将看到的，一个名叫雅克·洛布的社会主义者、德裔美国犹太人已经成为新的实证主义－机械论生物学的化身）。

因此，当亥姆霍兹劝说他的同事反对科学的碎片化以及科学与人文科学的分隔时，他打的是一场败仗。[27] 新兴的细分科学分支从一种明确反人文的机械论中获得了相当大的、日益增长的影响：这种机械论否认哲学的、审美的特别是历史的解释模式，而不是将它们整合起来。

机械卵和历史卵

在第一批支持机械论并反对历史的"十字军战士"中，有解剖学家、胚胎学家威廉·希斯，他是巴塞尔丝绸商人和法学家的儿子。[28] 希斯对这个问题的重视程度可从下面一点来衡量，当他于1869 年成为巴塞尔大学的校长时，他选择的就职演讲的主题就是将卵子和胚胎看作机器的重要性，特别是不能将它们看作正在发育的历史实体。[29]

捍卫一块学术地盘，尤其是捍卫胚胎学作为一门学科的完整性，是希斯随后关心的问题。他认为，胚胎学在建制上的独立依赖于一种特定的卵子和胚胎的机械模型，这种模型只诉诸直接物理原因——小块物质的相互拉扯，而不是遥远的、系统发育的、进化的原因。否则，胚胎学将成为进化论的一个分支。[30] 为了理解希斯竭力推行的观点的紧迫性，以及他为什么选择一个如此一般和公开的场合来这样做，让我们考虑一下那时的氛围，他正是在这种氛围中进行其职业生涯的。

20 年前，希斯曾到柏林朝圣，此时他已经在巴塞尔接受了一年的医学训练。[31] 在柏林，他参加了解剖学家约翰内斯·弥勒在柏林大学举办的讲座。希斯曾与胚胎学家罗伯特·雷马克一起学习，尽管雷马克是犹太人，但他最近从国王那里获得了在大学讲课的特别资格（希斯与雷马克的研讨会是在雷马克的家里举行的）。在柏林，希斯还结识了神学和法学的研究者。在这些经历之后，他回到了巴塞尔，对科学和学术生活应该如何构建有了敏锐的认识。各个学科必须有明确的方法论边界和领域边界。他相信，解剖学、生理学和胚胎学是精密科学。它们是机械的、经验主义的，并且迫切需要抵御思辨哲学的入侵，特别是那些来自进化论者的入侵。

研究型大学蓬勃发展的科学院系代表了一种新的权力，它们拥有金钱、威望和行政影响力。一个人行使这种新权力的能力取决于他对一种特定的科学解释模式的所有权。通过对胚胎学中的解释原因施加严格的限制，只允许直接的物理原因，希斯确定了一种独立的科学解释模式，他和他的学科可以声称具有这种模式，从而确保他在新权力的殿堂中占有一席之地。这一策略是成功的：1872 年，他受邀担任莱比锡大学解剖学系主任。在他的就职演说中，他再次主张对解剖学和胚胎学采取精密的机械方法。[32] 在莱比锡建立了实验室后，希斯积极地支持机械论的生物学解释，并反对历史作为生物学的解释模式。

今天，生物学家纪念希斯主要是因为他制造了更好的切片机，一种用于将组织切成薄片的仪器，并利用它推动了组织切片技术的发展。[33] 他利用这种技术显影发育中的胚胎的显微图像，以支持他的观点，即胚原基的差速生长是全部胚胎发育的直接"机械"来源，因此也是唯一相关的机械来源。也就是说，胚胎的某些部分比相邻的部分生长得更快，便会拉扯这些相邻部分，产生各种各样的卷曲和弯曲，人们将这些卷曲和弯曲视为胚胎所经历的相继的发育阶段。例如，神经管是由胚胎组织的某一部分折叠而成的，这种折叠就是差速生长的结果。[34]

想象一下，希斯拿着胚胎组织，指导他的读者，然后想象这样或那样拉动它。你将在你的脑海中看到这些拉动将如何产生弯曲和折叠。为了使其更加明显，希斯用皮革、黏土、纸张和橡胶制作了模型，以模拟这个过程。在橡胶管的中间开一条缝，然后推它的两端，你会看到缝隙打开了，就像神经管发育中的某个阶段。在橡胶管的开口端系上一根线，然后拉动它：被拉动的部分会向下折叠，折叠会使橡胶管向两侧突出，就像从神经管的折叠处突出出来的视泡。希斯在钢丝框架上拉拽、推挤皮革制的胚胎模型，他折叠纸片，压皱布块，戳黏土块和蜡块。[35]他还请巴塞尔大学数学系的同事基于分析力学中对不完全弹性板的处理，帮他推导出胚胎差速生长的方程式。[36]

作为希斯实验室里这类合作的见证人之一，蜡型师阿道夫·齐格勒也是希斯的合作者，他们一同制作了若干胚胎的蜡制模型；在给德国主要的达尔文主义者（也是拉马克主义者）恩斯特·海克尔的信中，齐格勒俏皮地描述了这个场景。齐格勒写道："那是在巴塞尔，当他让大学的数学家来和他一起确定生长的公式时，我在他身边坐了很久；这位矮壮的先生理解起来很费劲，他们画图、折信，最后用钉在木板上的小牛皮做实验，直到两位先生最后就我无法理解的事情达成一致！"[37]所有这些步骤都是为了确定，如差速生长所施加的压力可以使材料以类似于发育中的胚胎的方式发生卷曲和弯曲。

用美国胚胎学家和早期遗传学家托马斯·亨特·摩尔根的话说，希斯的目的是要表明，细胞不会"通过其个体的活动或运动而改变形状……例如，一个细胞变成圆锥形，不是通过它自己的主动性，而是因为周围的压力迫使它变成一个圆锥形"。[38] 在希斯的方案中，细胞是不主动的，没有"主动性"。

那么，**为什么**胚胎的不同部分会以不同的速度生长？希斯不屑一顾地认为，这是因为它们有不同的生长倾向。[39] 这并不是一个好的解释，但他并不关心；重要的是，只有这些生长速度和它们施加的力才算得上是胚胎学的直接原因。换句话说，在希斯的显微切片的手中，机械论科学是以否定的方式重新定义的，是根据被切掉的东西——邻近部分的视界之外的一切——重新定义的。希斯的机械论科学变种可以包括相当神秘的生长倾向，只要这些倾向作为直接原因，推拉直接相邻的组织，同时注意千万不要试图用任何更加遥远或间接的原因来解释它们的起源。

在为这种严格局限于直接原因的胚胎学方法辩护时，希斯把矛头对准了它的对立面，即进化论者的开放的、包容的、主动的、历史机械论的方法。他这样做的部分原因是将历史方法等同于"活力论"，活力论使生命现象成为自然规律的神秘例外："神秘主义者还没有消失，他们设想遗传会导致发育中的有机体的物质按照其他规律运动，而不是按照那些在整个自然界中普遍有效的规律运动。"[40] 在尚未消失的"神秘主义者"中，希斯可能想到了海克尔，一个充满活力的 60 岁老人，实际上他比希斯还小三岁，海克尔也是希斯一生的攻击对象。（作为他反对海克尔的运动的一部分，20 年前，希斯曾指控这位拉马克－歌德－达尔文主义者不诚实地操弄了发表的图像，以使人类的胚胎看起来与其他动物的胚胎更加相似，这次指控颇为著名。）[41]

海克尔本人将自己的科学描述为一种反神秘主义的自然"机械"系统，根据这一系统，整个自然界，无论是生物还是非生物，都构成了一个由运动部件组成的单一的、理性可理解的组织。[42] 通过把海克尔说成是过时的人（尽管他比希斯年轻）和"神秘主义者"（尽管他特地用机械论作为神秘主义的解毒剂），把海克尔的哲学描述为"活力论"（尽管海克尔坚持生物和非生物之间的机械论连续性原则），希斯开发出了有效的修辞切片机。他将科学世界切成两半，得到两种可能性：一种是他自己倡导的类型，即极其有限的、相邻部件之间的机械推拉；而另一种则是过时的神秘主义的无稽之谈。

海克尔嘲笑了希斯的折叠纸片和拉紧的橡胶管。他认为，鉴于"机械问题的本性极其微妙、极其复杂"，这些东西是荒谬的，是不充分的。自然的机械装置不是像工匠缝补和拼凑起来的那样。它们是在时间中"历史地"浮现的，是通过受内部驱动的无数微小的发展而形成的。[43] 在莱布尼茨、拉美特利、布丰、狄德罗、歌德和拉马克的主动机械论传统中，海克尔认为自然界完全是由同一种东西构成的，它既是物质又是精神，具有两者的属性。[44] 因此，他主张进化论是介于自然科学和人文科学之间的东西。[45]

当他坚持认为系统发育（一类有机体的进化发展）是绝对的"机械过程"时，海克尔的意思与希斯所说的"机械"是不同的。海克尔的意思是，系统发育是由"构成有机物的原子和分子的运动"导致的，也是由构成所有有机体的"主动的原生质"的"无限多样性"导致的。因此，系统发育"既不是一个有思想的创造者预谋的有明确目标的结果，也不是自然的某种未知神秘力量的产物，而是……已知的物理－化学过程的纯粹的、必然的结果"。[46]这些过程从自然实体的物质内部发挥作用，使自然实体发展、增殖。

在海克尔看来，自然机器只能历史地理解，即从有机物质随着时间的活动的角度来理解。希斯的方法使用了橡胶管和碎皮革，这种方法"幻想，当它把胚胎学的事实追溯至简单的物理过程，如弹性板的弯曲和折叠时，它就找到了这些事实的真正**机械**原因"。但这种方法是"伪机械的"，因为它试图"把最复杂的历史过程还原为简单的物理现象"。这些物理现象是不可理解的，除非我们将它们置于其进化原因的背景下，并意识到"这些看似简单的过程都是对一长串**历史**变化的重演"。[47]从根本上说，生物学本身是一门历史学科，它所涉及的很大一部分现象都是"复杂的**历史过程**"。[48]

对海克尔来说，历史和机械是不可分割的。"系统发育是个体发育的机械原因"[49]，他喜欢这样断言，一类有机体的进化发展是其个体发育的机械原因，所以胚胎发育的真正机械原因是历史原因。机器历史地发挥作用；当自然机器随着时间的推移而增长和衍变时，历史便发生了。海克尔写道："有一些科学家相信真正的'自然历史'，他们认为关于过去的历史知识和现在的精密研究一样重要，我是他们中的一员。在历史研究被忽略和轻视的时代，在教条的、狭隘的'精密'学派要用物理实验和数学公式来替代历史意识的时代，历史意识的不可估量的价值是无法得到充分重视的。历史知识是任何其他科学分支所不能替代的。"[50]

由于坚持历史对生物学的必要性，海克尔违反了大学院系的新教科学的几个信条：自然科学和人文科学之间的严格分隔；科学的分支学科的封闭性；历史学学术的新模式本身就建立在对离散的、特定的文献学事实和档案事实的挖掘之上，这些事实的直接关系反映了一种超然的神圣秩序。海克尔所呼吁的历史形式是经验主义的，它的导向是结合经验细节以揭示随时间推移的模式发展，但在这些发展中没有外部或超验的上帝插手干预。海克尔的历史机械论为自然注入了能动性，而自然的能动性又具有历史和道德意义。事实上，他甚至提出了一种新的"自然宗教"，其基础是"对于心灵和身体、力和物质、上帝和宇宙的……统一性的一元论信仰"。此外，这种"一元宗教"还需要了解人类的真正起源，即人类是通过"历史发展"的过程从猿类进化而来的。[51]

对于某些反对者的超自然主义，历史是海克尔给出的自然主义答复。例如，有一位批评者是斯特拉斯堡的动物学讲师亚历山大·格特，他重述了标准性的反对意见，即海克尔和达尔文都没有提供变异或遗传的机制，并坚持认为，通过遗传变异过程产生和保存的形式只能有一个"超自然"的起源。[52]海克尔对这些批评者的回应是，负责产生自然机器的能动性随着时间的推移而发挥作用，从世界物质的内部而不是外部发挥作用。"希斯的解释路径与我的解释路径有根本的不同。我转向系统发育，以解释不同生长形式在历史中的出现，并在遗传和适应的互动中寻求完全充分的解释基础。"[53]这种互动的因果关系是海克尔的主动机械论的一个决定性特征，并将其与希斯的相邻部分的被动机械论区分开来。

总之，对海克尔来说，在特定的个体生物的发育中，每一个看似简单的机械事件都是经历过成千上万次进化修改的"高度复杂的历史结果"。[54]而且，进化论的自然主义就建立在机械论与历史的这种结合之上。通过自身的能动性在时间中的活动，自然机器逐步发展起来，这种能动性分布在其机器部件的每个角落。

海克尔利用这种对生物学因果关系的看法来回答一个古老的问题：先有鸡还是先有蛋？"我们现在可以对这个谜题给出一个非常明确的答案"，海克尔写道：是先有蛋。"蛋比小鸡早很久。"当然，它一开始并不是作为鸟蛋存在，而是"作为一个性质最简单的未分化的变形虫般的细胞"。卵作为变形虫度过了无数岁月，直到单细胞原生动物的后代发展成多细胞动物，然后经历了性分化，才变为现代生理学意义上的卵。"我们日常见到的鸟的卵是一个高度复杂的历史产物。"[55]

这是一个失败的观点，至少从中期来看是这样。海克尔本人仍然是高产的，读者广泛，他保持了在博物学界的国际荣誉地位。但随着时间的推移，加上部分源于希斯的修辞，对于什么是"机械"过程的海克尔式理解开始黯然失色。

新机械论的下一位最具影响力的先锋人物不是别人，正是海克尔自己的一个学生，布雷斯劳的动物学家威廉·鲁克斯。[56]像希斯一样，鲁克斯把卵看作"一台机器，它一旦启动"，就会自主地执行其指定的任务。[57]鲁克斯对希斯的橡胶管方法很感兴趣，并提出了他自己的一些创造性版本。例如，为了检验这一想法——胚胎不同部位的差速生长所施加的压力塑造了胚胎的发育，鲁克斯制作了包含不同数量酵母的球形面团。将这些面团以不同的组合方式粘在一起以模拟鸡胚，然后进行培养，他证实了产生的形状取决于这些面团的排列方式和所含酵母的数量。[58]

鲁克斯用油滴来模拟受精卵细胞的卵裂。他先在一个酒杯中装入半杯稀释过的酒精，再倒入足够的油（他推荐用橄榄油或石蜡）以形成一个大油滴，之后在上面倒入更浓的酒精，形成一个悬浮在两种酒精之间的球状油滴。然后，他用一根玻璃棒对油滴进行切割，形成较小的油滴，这些油滴通过彼此紧贴保持原位，并受到玻璃杯的挤压。他尝试了各种均等和不均等的切割方式，发现自己可以让油滴呈现出特定的形状，让人联想到青蛙胚胎的卵裂球（处于分裂早期阶段的细胞）。通常情况下，这种吻合看起来很完美，尽管并不总是如此，鲁克斯将偏差归因于各种因素，例如卵裂球壁的明显黏性。[59]

摩尔根在描述鲁克斯的模拟时，顺便提到了一个人们可能认为是最重要的因素，即与油滴不同，卵裂球是活的：它们是"活的收缩体，通过它们的内部活动可能会干扰系统的机械趋势"。[60] 事实上，鲁克斯本人在被动机械论方法和将各种能动性赋予生命机制的方法之间犹豫不决。他认为自己提出的机械因果关系概念要比希斯的"推我拉你"（push-me-pull-you）方法更精致。鲁克斯解释说，"机械论"科学只是一种提供因果解释的科学，但因果解释绝不局限于物质组块相互碰撞或推动的台球模型。至少目前不是这样。现代物理学和化学学科正在努力将各种现象还原为部件的运动：磁力、电力、光学和化学力。因此，机械论的胚胎科学可以包括"形成性的力或能量"，前提是假定物理学和化学有朝一日也会把这些力或能量还原为部件的运动。鲁克斯期望物理化学机制在未来的还原论胚胎科学中发挥重要作用，但是话说回来，在他的描述中，这些机制仍保留了主动的含义："生长能量"，"细胞的自我运动"，以及有机体的"创造性行动模式"。[61]

鲁克斯对胚胎细胞的能动性持有矛盾立场，这种矛盾立场的另一个例子出现在他指出了一个惊人的现象：把分离的青蛙胚胎的卵裂球细胞放入由过滤蛋清（或盐水）组成的液体培养基中，它们就会自发地相互靠近。"它们的两端开始变尖，转向彼此，并以抽动的方式相互接近，直到它们接触到一起。"[62] 尽管出现了这种能动性现象，鲁克斯最终还是坚持了被动机械论解释。通过类比其他趋向性（如向日性或向地性），他把这种现象称为"细胞向性"（cytotropism），这一名称他认为是"完全客观"的，因为它避免了对运动原因的所有猜测。[63] "趋向性"指的是一种明显的目标导向的运动，而不将任何形式的能动性归于运动实体。

鲁克斯发挥创造新词的天赋，为他的新科学想出了一个拗口的德文名字——"Entwicklungsmechanik"（发育力学）。他在 1890 年发表了这门科学的宣言《有机体的发育力学，未来的解剖科学》(*Die Entwicklungsmechanik der Organismen, eine anatomische Wissenschaft der Zukunft*)，并且在 1894 年，创办了一个期刊作为其官方宣传工具，即《发育力学档案》(*Archiv für Entwicklungsmechanik*)，该刊现在由施普林格公司以《发育、基因和进化》(*Development, Genes and Evolution*) 的名称发行。[64]

四面楚歌的海克尔认为，鲁克斯的"未来科学"在很大程度上是希斯的反历史的方案的延续，"伪机械学派"犯了将"最狭隘的专业主义"带入生命研究的错误。[65] 鲁克斯因被与希斯混为一谈而感到沮丧，他抗议道，他的"力学"并不是"高中物理学"意义上的那种力学，其含义并不仅仅是"物质运动的理论"。那些这样理解他的人完全误解了他，错误地认为他想要"像希斯一样，把发育事件仅仅追溯至生长的部分对邻近区域的压力和应力；他们没有意识到这是一个弄清楚在发育中起作用的**所有**机制的问题"。[66] 事实上，在研究这些机制时，鲁克斯甚至为系统发育的、进化的解释辩护，尽管这种解释处于从属地位。[67]

然而，鲁克斯还解释说，所有胚胎发育最终都将被证明可以还原为大量分散的、独立的、预先确定的过程。在这个意义上，鲁克斯的理论是一种微缩体理论，希斯也持有类似的观点，他们继承了预成论传统，即认为胚胎发育是卵子或精子中一个微小的、预先形成的生命的成长。微缩体理论曾在 17 世纪吸引了经典机械论者和设计论者，他们将胚胎机器视为对神圣工程师的进一步证明。鲁克斯的版本保留了基本的微缩体公理，即受精卵并不主动地构造胚胎，而只是为一个预先确定的生命提供居所。胚胎的构造超出了自然过程的界限，发生在故事开始之前，也超出了科学的范围，而科学的唯一工作是描述被动的机械事件的剧本顺序。

除了制度建设（创造名称、创办期刊）外，鲁克斯对新兴的机械论－反历史的生物学的最重要贡献是所谓的"半胚胎实验"，这是从 1888 年开始的一系列实验。在这些实验过程中，鲁克斯用一根热针刺死了处于二细胞期的青蛙胚胎的两个细胞中的一个。他想看看幸存的细胞是否会像它与另一个活细胞合作时那样发展，生成半个胚胎，或者相反，它是否会承担生成整个胚胎的任务。一个完整的胚胎将意味着发育是通过各部分的动态整体互动进行的，例如，一半可以对另一半的缺失做出反应。但鲁克斯期待的是半个胚胎，这将证实他的想法，即发育是通过胚胎每个部分之中的大量较小的、较简单的、预先确定的、独立和可区分的过程来进行的。[68]

他确实部分地实现了他想要的结果，尽管有些艰难。也就是说，在少数情况下，他促使存活的细胞发育成半个胚胎，达到囊胚或原肠胚阶段。[69] 他用这些胚胎来证实他的理论，即卵的每一部分都是预先构造的，以产生出胚胎的相应部分。[70] 他推测，卵细胞核的一个特定部位包含了负责产生胚胎各个部位的机器。在过去十年左右的时间里，实验者们开始注意到细胞核中的某些丝状物，当暴露在染料中时，它们很快就呈现出颜色，实验者们开始把它们称为"染色元素"或"染色质"。大约在鲁克斯进行他的半胚胎实验的时候，"染色质"又衍生出了一个新名词——"染色体"（chromosome），该词来自希腊语中"颜色"和"身体"的词根。[71]观察到细胞核中这些可着色的丝状物随着每次细胞分裂而纵向分离，鲁克斯得出结论，这些分裂将丝状物的专门机器分成了若干份，每个子细胞接收特定的机械部件，构成胚胎的一个指定部分。[72]

　　鲁克斯将微缩体定位在染色质中，并推测它散布于正在发育的胚胎的分裂细胞中，以此更新了微缩体理论。这个古老的微缩体理论的现代被动机械论版本被证明是有影响力的：在将达尔文主义自然选择与染色体遗传理论结合起来的（通常认为的）第一次尝试中，它发挥了重要影响。

微缩体机器和自我形成的胚胎

　　奥古斯特·魏斯曼是鲁克斯的崇拜者，他和鲁克斯都认为染色体包含了遗传机器，魏斯曼也是第一个根据这种观点来重新解释达尔文主义自然选择的人。[73]他从 1863 年到 1912 年退休前一直在弗赖堡大学任教，弗赖堡大学虽然是德意志帝国少数传统的天主教大学之一，但却处于新教科学的大文化之中。在 18 世纪六七十年代，该大学向新教徒开放，既包括学生也包括教职工，并增加了一个自然科学系。后来，该大学成为国家的一个机构，实际上摆脱了教会的控制。在经历了一段财政危机之后，该大学于 1818 年得到了信奉路德宗的巴登大公路德维希一世的拯救，他成为学校的赞助人，弗赖堡大学也为他改名，改为阿尔贝特－路德维希－弗赖堡大学。到那时，由于它的新教徒人员构成、它作为国家机构的历史以及它同名的路德宗赞助人，称它为传统的天主教大学已经没有什么意义了。这座大学是科学研究型大学新体制的世界发展的关键场所，科学研究型大学则是由新教科学的文化塑造的。[74]

和鲁克斯一样，魏斯曼也相信，胚胎形态的发育取决于卵细胞核染色体之内的离散遗传单位。魏斯曼的遗传单位是嵌套的，"生原体"是构成生物的最小"生命单元"。生原体聚集形成"决定子"，构成了身体的各个细胞，而决定子又聚合为更高阶的单位。重要的是，不要把"生原体"或"决定子"理解为"基因"，因为它们与后来的基因概念有重要的不同：它们并不对应于可遗传的性状。相反，它们对应的是身体的部分，作为负责构成各种器官和身体部位的细胞的机器。伴随着细胞每一次的分裂，这些单位分到子细胞中，直到每个单位都位于其专门对应的细胞之中。尽管鲁克斯的实验只涉及青蛙胚胎的早期发育，但魏斯曼认为这些实验证实了他的信念，即这种"嵌合体似的"过程负责所有生物体的全部发育。[75]

魏斯曼坚持在单个生物体的身体变化与可遗传的进化变化之间有绝对的、彻底的分离，这是他的发育理论的核心。他的首要原则是，单个生物体的任何经验或行为都不能改变预先安排好的遗传和发育机器。因此，魏斯曼在多细胞生物体中确定了两种细胞："生殖细胞"，负责繁殖和遗传，包含上述遗传单位；"体细胞"，构成身体的其余部分，负责其他一切活动。众所周知，"魏斯曼屏障"[76]将具有繁殖功能的生殖细胞与体细胞分隔开，使生殖细胞免受体细胞变异的任何可能影响。魏斯曼相信，生殖细胞构成了不朽的、不断进化的"种质"，它是生命的永恒基质，产生出一代又一代的可朽的生物个体。尽管种质不断转变，但它仍然不受单个生物体内的任何变化的影响（我们将看到某些例外情况），魏斯曼将这一原则称为**"种质的连续性"**。[77]

在定义种质的概念时，魏斯曼部分地借鉴了内格里的早期想法（第7章），内格里是魏斯曼的上一辈人，也曾在弗赖堡大学任教，后来去了慕尼黑大学。内格里给一种他认为负责遗传并由生殖细胞传递的物质起了一个名字"idioplasm"（"种质"）。与魏斯曼的种质一样，内格里的"种质"也是绵延的和不朽的，是生命的不断发展的基质。不过，内格里对种质的理解在本质上是拉马克主义的，种质通过两种方式来改变自身：主要是通过"自动趋向完善的过程"使自身不断变得更加复杂，其次是通过长期的环境"刺激"的直接作用来适应环境。[78]魏斯曼保留了这种不朽的、不断转化的、不受影响的生命基质的想法。然而，他消除了内格里的趋向完善过程的内在能动性，也放弃了这个想法——动物可能有回应外部刺激并进行适应性"转变的能力"。[79]

最重要的是，魏斯曼拒绝了"获得性状遗传"，这个说法将在后来与拉马克联系在一起，始终无法摆脱地联系在一起，但拉马克本人从未使用过这个说法。事实上，这个表述是在19世纪下半叶，即拉马克去世几十年后才出现的，并且最初是与达尔文有关，而不是与拉马克有关。[80]不过，魏斯曼虽然对达尔文赞同这个观点感到遗憾，但还是把它归于拉马克的遗产。19世纪90年代的新拉马克主义运动也是围绕着拉马克主义科学的这个表述而形成的。拉马克－达尔文主义者，特别是和魏斯曼对峙的赫伯特·斯宾塞，将"获得性状遗传"作为自己立场的核心。[81]

尽管有这些拉马克－达尔文主义者的努力，但到20世纪之初，拉马克和"获得性状遗传"这个说法越来越让人厌恶。摩尔根（满意地）观察到，"这种观点已经陷入了不受欢迎的境地，对此，魏斯曼的贡献比其他任何一个人都要大"[82]。魏斯曼最终负责将拉马克逐出了受人尊敬的科学领域，并将"拉马克主义"重塑为神秘的无稽之谈。

魏斯曼也有一些连带的受害者。1887年10月17日，他砍掉了12只小白鼠的尾巴，其中7只雌性，5只雄性。它们仍然有意愿繁殖，在11月16日，头两窝出生了，总共有18只幼崽。由于小白鼠的妊娠期为22～24天，魏斯曼指出，这些幼崽都是由两只无尾的亲代所生的。每只都有一条细长的尾巴，长11～12毫米。在14个月的时间里，最初的12只去掉尾巴但仍有生育能力的亲代小鼠生下了333只后代，都有完全正常的尾巴。同时，为了测试持续砍掉几代小鼠的尾巴的效果，魏斯曼将15只幼崽转移到第二个笼子里，并把它们的尾巴也砍掉。在实验过程中，它们生下了237只后代，都有正常的尾巴。继续在其中取出14只并砍掉它们的尾巴，放进第三个笼子，生出152只尾巴正常的幼崽。魏斯曼在第四个笼子里对第四代做了同样的实验；它们和它们的祖先一样，也生下了尾巴正常的后代。到1889年1月16日魏斯曼结束实验时，他已经对五代小鼠进行了切尾实验，产生了901只尾巴正常的小鼠。[83]

魏斯曼考虑了其他证据，包括实验的、观察的和民间传说的。这些证据包括各个种类的狗、猫和羊，它们的尾巴都被剪短了，但仍然能够持续繁殖有尾巴的后代；割礼和缠足等习俗惯例，都没有明显的遗传效应；还有一个"最值得尊敬和完全值得信赖的家庭"，其耳朵出现了有趣的畸形。母亲因童年时的一次意外而导致一侧耳垂裂开。在她的 7 个孩子中，有一个孩子有耳垂裂开，并且在与母亲相同的同一侧耳朵上。然而，魏斯曼在仔细检查这两个耳垂后（见图 8.1）得出结论说，不仅疤痕彼此之间完全不同，而且耳垂本身的"轮廓和每个细节"也都不同。母亲的耳朵是宽的，而儿子的耳朵是尖的，"总之，这两只耳朵的一切都是不同的，就像任意两个人的耳朵所可能具有的不同那样"。魏斯曼的结论是，儿子不仅没有遗传到母亲的损伤，也没有遗传到母亲的耳朵：他遗传了他父亲的耳朵。[84]

畸形的耳垂和砍掉的小鼠尾巴反驳了拉马克和达尔文，他们所提出的仅仅是一幅扭曲的图景。[85] 在拉马克的理论中，首先，动物可以遗传其亲代所经历的变化，这一原则是生命形式转化的次要来源；主要来源则是一种内在力量，它既驱使所有生物构成和维持自身，也驱使所有生物的组织随着时间的推移而精细化、复杂化。[86]

拉马克确实认为，动物的"习惯"、"生活方式"和环境极为渐进地塑造了它们的器官，而且达尔文也赞同他的观点[87]。这些行为和条件慢慢地在个体生物中产生了身体上的变化，如果这些变化是父母双方共有的，那么就可以在下一代中复制出来。以这种方式，拉马克在他的生命形式转化理论中赋予生物自身的能动性以重要角色："当意志决定动物执行某一特定的动作时，必须执行这个动作的器官就立即被大量精妙的体液所激起"，以实施这个动作。然后，这些"组织的行为"的多次重复将"强化、扩大、发展甚至创造必要的器官"。[88]

达尔文为解释遗传而提出的"泛生论"假说也为身体变化的渐进遗传提供了说明。根据泛生论，"微芽"是微小的生殖颗粒，它的每个部分在后代体内构造出它自己的副本，微芽以这种方式记

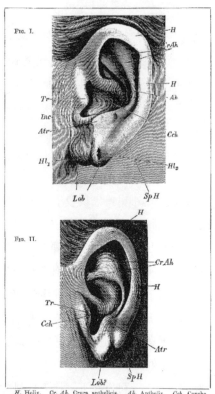

H. Helix.　Cr. Ah. Crura anthelicis.　Ah. Antheliz.　Cch. Concha.
Hl¹. and Hl². Holes 1 and 2 for ear-rings.　Lob. Ear-lobe.　Sp. H. Spina
helicis.　Inc. Incisura intertragica.　Tr. Tragus.　Atr. Antitragus.

图 8.1　没有传给下一代的耳垂残缺，来自奥古斯特·魏斯曼的《推测的变异传递》(Supposed Transmission of Mutations，1888 年)

录了生物成体的变化，并将这些变化传递给后代，但是变化只能非常渐进地发生，要经过许多代才能实现，因为只有时间足够长，改进的微芽才能在数量上超过旧类型的微芽。对后代的塑造并不是由单个微芽或一代微芽完成的，而是由各种形式和阶段的微芽的集合体共同完成的。达尔文正是用上一代（以及过去更多代）微芽的持续作用来解释如截肢等突然变化为什么不会遗传。多代微芽的集合是通过一种"选择性的亲和力"发生的，这种亲和力将微芽吸引到它们在生殖元件中的适当位置，吸引到最相似的相邻的细胞上。[89]达尔文总结说："一个有机生命是一个微世界，是一个小宇宙，由许多自我繁殖的有机体组成，它们不可思议地微小，难以想象地众多，如同天上的繁星。"[90]

在魏斯曼的砍掉尾巴和耳垂裂开的案例中，拉马克所援引的"意志"或"组织"的重复行为是不可能发挥作用的；一个外部动因突然强加了这些转变。至于达尔文的微小的自我繁殖实体以及它们的选择性亲和力，使一代又一代不同的微芽聚集在一起，共同决定后代的类型，魏斯曼拒绝任何这种可能性，认为这是"神秘的"和"不可理解的"。[91]

他确实承认，截肢和其他肢体残缺只是身体变化中的一种。[92]他还考虑了一些例子，比如巴赫家族中反复出现的音乐天赋以及伯努利家族几代人中的数学天才，这些例子与拉马克涉及习惯、生活方式和意志行为的核心范例更为接近。这些例子似乎表明，数学或音乐能力的锻炼会产生一种可遗传的天赋增长。作为反驳，魏斯曼指出，卡尔·弗里德里希·高斯的父亲不是数学家，而乔治·弗里德里克·韩德尔的父亲则是一名外科医生。[93]

这都是无关紧要的。切尾小鼠实验在相关性方面存在不足，但在清晰性方面得到了弥补，它给魏斯曼的读者们留下了深刻印象。时至今日，人们仍被教导，小鼠尾巴实验是对"拉马克主义"生物学的决定性反驳，甚至在 20 世纪末"拉马克主义"现象回归主流生物学之后依然是如此。[94]

对魏斯曼来说，拒绝"拉马克主义的"转化故事不仅是一个关乎科学正确与否的问题，而且是表达一种道德上的愤怒和"蔑视"的适当场合："无法阻止任何人相信这种事情，但它们不可被视为科学事实甚至科学问题。"关于这种效应存在的假设"完全是一种幻想"。[95]魏斯曼断然拒绝了拉马克主义生物学的全部内容："拉马克提出的、达尔文在某些情况下接受的全部进化原则完全崩溃了。"[96]

通过将拉马克主义认定为关于可遗传变异的无稽之谈，并坚持认为真正的"机械论"科学必须彻底拒绝拉马克主义生物学，魏斯曼为"达尔文主义"和"拉马克主义"立场在 19 世纪八九十年代的两极分化做出了关键贡献。在 1882 年的一篇题为《论自然的机械概念》（On the Mechanical Conception of Nature，此文写作之时，魏斯曼尚未确立对拉马克的最终观点，几年之后才确定，但他正在逐步接近这一最终观点）的文章中，魏斯曼宣称："对博物学家来说，自然的机械概念是唯一可能的概念。"[97]

到此为止，拉马克本人很可能也会同意，唯一合法的科学是一种"机械论"科学。但魏斯曼所说的"机械论"，是指没有内部引导力量（如拉马克的"生命力"）的科学。魏斯曼并没有说他将如何描述当时物理学的许多定向力，包括重力、电力和磁力。他坚持认为，假设有内部引导力量就意味着放弃了"机械解释"，也放弃了"所有符合规律的解释"，还在实际上放弃了"所有进一步的探索，因为在自然科学中，除了试图说明世界上的现象的产生机制外，还有什么算得上是研究呢？在这种机制不起作用的地方，科学就不再成为可能了"。[98]

到 20 世纪初，尽管力和趋势在整个自然界和物理科学中普遍存在，但这种机械论科学的观点和与之相关的"达尔文主义"（这是重新定义的排除了"拉马克主义"的"达尔文主义"）变得不证自明。1904 年，一部具有代表性的达尔文主义、反拉马克主义的动物学著作出版，其中写道："一旦变异被认为是定向的和有限制的，那变异就不再是机械的了。""这样一来，自然选择就不再是一个机械的原则了，世界的统一构想也就不可能了。一旦机械论者承认这种变异，他就放弃了和谐体系的可能性，也就不再是机械论者了。"[99]此后不久，在 1916 年出版的一部关于动物形态学史的著作中，对当时的情况有如下描述："我们倾向于将形态变化和进化的原因尽可能地放在生物体之外。和达尔文一道，我们在环境中而不是在有机体自身之中寻找导致转化的因素。我们回避拉马克的概念，即生物通过盲目的、本能的努力模糊地实现自己的救赎。我们喜欢把有机体看作机器，看作被动的发明，通过某种外部能动性，通过环境或自然选择或某种你愿意相信的机制，一代一代地逐渐完善。"[100]

这些概括也有例外，但它们往往是谨慎的和有限度的。例如，在此后一年，苏格兰生物学家达西·汤普森出版了《生长和形态》（*On Growth and Form*，1917 年），这是一部关于有机体形态及其转化的不朽研究，他在其中处理了生物形态的数学问题，对关于因果关系的公开主张提出异议。汤普森写道："作为数学和实验物理学的研究者，我们满足于处理现象的那些前因或协变因素，没有它们，现象就不会发生。"像希斯和鲁克斯一样，汤普森也相信有机物和无机物受到相同的物理约束，这些约束提供了理解有机体形态如何产生和转化的关键。他研究了鲁克斯的青蛙卵和油滴实验，并在有生命的形式和无生命的形式之间得出了许多自己的类比。[101]

然而，与希斯和鲁克斯不同的是，汤普森认为，这些决定生物形态的约束不仅仅是外在的，从外部强加的，而且是一种内在的动力，一种"有机体本身的**构造**……（一种）力的相互作用或平衡"。汤普森还认为，有机体形态的数学规律性破坏了魏斯曼－达尔文原则，即这些形态完全起源于自然选择作用下的微小的、连续的、随机的变异。相反，在汤普森看来，这些规律性代表了"物理－数学可能性"的一组选项有限的集合，是一种倾向于在整个自然界中反复出现的内在逻辑。生物体中的形态模式反映了"根深蒂固的生长节律，这种节律，正如我大胆认为的，是形态学遗传的主要基础"。然而，这些也可能被"改变的环境和习惯"所影响。[102]

内在的生长节律可由环境和习惯改变，这种想法显然与拉马克的转化观点相一致。但汤普森从边缘退了回来："详细讨论这些问题，就等于开始讨论拉马克的生物哲学。"他没有断言这些"根深蒂固的生长节律"与变化的环境和习惯之间的因果关系，而是坚持用数学来描述它们。[103]

随着苏联"拉马克主义"生物学家特罗菲姆·李森科在20世纪20年代至60年代之间的大起大落，拉马克的名字与李森科的名字牢牢地联系在一起，并因此与欺诈联系在一起。然而，并不是李森科给拉马克带来了坏名声。事实更像是相反的：拉马克的坏名声帮助了李森科实现其计划，即拥护这位西方生物学的反面人物。李森科注意到，魏斯曼向拉马克主义的用进废退概念"宣战"，开启了一场"持续至今的纷争"；而作为一个优秀的斯大林主义者，李森科知道其中有一个辩证法。[104]

当李森科在20世纪20年代开始其职业生涯时，达尔文主义已经或多或少地变成了魏斯曼主义。[105]生物体已经成为一台缺乏内部力量和能力、完全被动的机器。魏斯曼认为，生物体本身不具备"变异原则"，它是发展中的"静态要素"，如果没有外部影响来干扰，来使事物复杂化，那么它总是会生产出和自己完全相同的复制品。只有环境影响，而不是静态的有机体机器，构成了进化的"动态要素"。[106] 但是，环境影响怎么能够引起种质的变化呢？魏斯曼的原则不是使种质免受体细胞中发生的变化的影响吗？而且，除非通过生物个体的身体，否则环境影响如何能够作用于种质呢？

魏斯曼确实承认体细胞对生殖细胞有影响，只要这种影响是一般性的而不是定向的。例如，生物成体的营养质量可以引起生殖细胞的变化。营养通过传递被吸收的微粒而发挥作用，但"获得性状遗传"则需要体细胞将微粒原封不动地传递给合适的生殖细胞。这将是一个难以想象的复杂过程，需要各种能动性："分子对生殖细胞的亲和力"，以及进一步的"未知控制力量"，"将进入生殖细胞的分子引导"至它们的位置。魏斯曼的结论是，"总之，我们会迷失在毫无根据的假设中"。[107]

营养方面的变化是一般性的，而不是定向的，与他对机械论的理解是一致的。[108] 另外，根据拉马克和达尔文的描述，生物个体内部的适应性变化是由生物体本身或其器官的能动性从内部引导的，这种适应性变化显然违反了魏斯曼的不得将意志或目的归于自然机器的禁令。

魏斯曼驳斥了他所看到的在生物所有层面上的明显目的性的例子。目的性的表象无处不在，但它们到处都是欺骗性的。例如，考虑一下那些在一生中只用一次或很少使用的本能，如某些昆虫的产卵本能。这些本能的完善不可能来自实践，因为没有个体有机会去实践它们。因此，它们并不代表有目的的行动，而恰恰相反，代表了判断力的完全缺乏。一种名为"勒瓦那蛱蝶"（*Vanessa levana*）的蝴蝶产下绿色的卵，这些卵排成一排，从刺荨麻的茎或叶子上伸出来，完美地伪装在花蕾中（其毛毛虫状的幼虫随后吃掉这些花蕾），但魏斯曼并没有因此而称赞这种蝴蝶。他写道："当然，蝴蝶并不知道这样的一连串行为会带来什么好处；智能在这个过程中没有任何作用。整个操作取决于某些固有的解剖学和生理学安排。"[109]

对于达尔文主义的魏斯曼版本，常见的反对意见是自然选择需要一个有益变异的来源来发挥作用，拉马克主义者特别喜欢指出这一点。是什么作用产生了这些变异？魏斯曼和他的批评者一样，无法想象纯粹的随机过程可以产生这种效果，但他决心避免任何形式的内部"引导力量"。[110] 相反，魏斯曼借鉴了鲁克斯的观点，即生存竞争不仅发生在个体之间，也发生在生物个体的各个部分之间，[111] 他提议将选择扩展到生原体的层面。这些生原体本身必须在不断变化的条件下竞争营养物质。他首先运用这一思想来解释废弃器官的消失。[112]

假设某个特定的器官对一个生物体来说变得无用，例如要在黑暗的洞穴中或在很深的地下生活的某种蝾螈或甲壳类动物的眼睛。构造眼睛的决定子（生原体的集群）正在与邻近的决定子竞争，而后者负责构造其他仍然有用的器官。也许眼睛实际上对生物并非不利，所以眼睛尽管不会被选择支持，但也不会被选择反对。那么，为什么眼睛会像废弃的器官那样逐渐萎缩和消失呢？魏斯曼用决定子之间的竞争来解释这个问题。任何与眼睛相关的决定子的加强都将对这种甲壳动物不利，因为它将集中营养物质，使营养物质离开那些构造有用器官的决定子。因此，具有强的眼睛决定子的个体将被选择反对，而具有弱的眼睛决定子的个体将被选择支持。同时，在个体内部，弱的眼睛决定子将变得越来越弱，因为它们输掉了与邻近决定子（比如爪子或脚）的斗争。

一个变得有利的器官的正面案例又是怎样的呢？既然该器官的决定子总是变化的，并总是在与其他的决定子斗争，它们最初便会朝着更强的方向变化，其原因与该器官的有利性无关，而只是因为营养物质的波动。然而，因为它们正在产生一个有用的器官，所以一旦这些决定子变得更强，它们就将得到对具有该器官的生物体的选择的促进，以更快的速度继续变强。

魏斯曼认为，这种"种质选择"的过程可以解释，在没有任何内部引导力量或能动性的情况下，变异是如何被效用所引导的。在他的范例中，他选择了蝴蝶翅膀上像树叶一样的斑纹，因为这是一个"被动的功能部分"，意味着它只有存在于特定的环境中才能发挥作用。这些斑纹与翅膀的结构无关，所以它们不能与拉马克主义的结构复杂性增加或趋向完美的内在过程联系起来。蝴蝶不可能通过任何一种行为、习惯或意志行为来改变翅膀的颜色，从而排除了拉马克主义的另一种变异力量。魏斯曼写道，"拉马克主义的原则在这里从一开始就被排除了"。这些斑纹必然"不是取决于**内部**引导力量，而是取决于**外部**引导力量"。[113]

魏斯曼提出，种质选择可以提供这种外部引导力量。尽管生原体对营养物质有竞争，但对于营养物质流动的变化和蝴蝶的外部条件的变化来说，生原体在根本上是被动的。在一些蝴蝶中，产生翅膀上的绿色区域的决定子会碰巧变强，这纯粹是种质内营养物质流动变化的结果。这些带有绿色的蝴蝶将具有选择优势，给它们已经强化了的决定子以额外的推动。接下来，这些决定子将开始赢得与邻近的负责翅膀褐色区域的决定子的竞争，因此决定子之间的内部选择过程将开始提供数量不成比例的绿色变异，供自然选择去挑选。换句话说，魏斯曼解释道，这些变异不是随机的，它们是由效用引导的。种质选择将产生"受引导的进步式变异"，朝着有益的方向发展。[114]

由于他认为变异的过程是由效用引导的，所以某些历史学家、哲学家和生物学家表现得比魏斯曼还要魏斯曼主义，并暗示魏斯曼屈服于某种形式的拉马克主义。[115] 但是，魏斯曼本人提出的种质选择理论就是一种避免任何拉马克主义的内部引导力量、维持有机体的被动性的方法。决定子中的选择过程源于与效用无关的、"纯粹被动的"变异，而种质选择允许完全用外部引导力量来对适应性进行解释。[116]

在魏斯曼的生物学中，引导力量总是在被动的生物体之外。最终，智能和能动性是超自然的，在自然机器之外运作。魏斯曼并不拒绝目的论。恰恰相反，他向他的读者保证，机械论生物学不仅为"引导力量"留下了空间，而且正如新兴大学中的新教科学参与者们所理解的那样，它实际上要求有一种引导力量。机械论和目的论是相互依赖的："没有目的论，就不会有机械论，而只会有粗糙力量的乱作一团；而没有机械论，也就不会有目的论，因为若非如此，后者又怎么可能实现其目的呢？"然而，目的论的能动性只在自然之外发挥作用。魏斯曼回到了佩利的钟表匠的例子，一旦手表被"和谐地组装起来，并上紧发条"，这位钟表匠就不再干预了。魏斯曼的自然中的引导力量在每一个自然过程开始之前就行动起来了，启动自然过程，然后退到一边。[117]

魏斯曼提到了一个在宇宙机制"背后"运作的"普遍原

因"——有时称为"目的因"。关于这个目的因"我们只能确定一件事，即它必须是目的论的"。因此，魏斯曼强调，他的机械论宇宙观与"唯物主义者的宇宙观是绝对相反的"。[118]路德宗神学家鲁道夫·奥托对魏斯曼主义做出了类似的评论。奥托注意到，"即使是一种完全幼稚的、拟人化的、'超自然的'神学"，也会与"整个因果系统"相容，"根据达尔文－魏斯曼的学说，因果系统逐渐产生了生命世界的全部多样性"。虽然奥托并不赞同魏斯曼的观点，但奥托认为魏斯曼值得被认真看待，因为他一直处于科学的适当范围内，所以我们不必"像对待，比如海克尔那样，把他的理论从不相关的、活力论的或泛神论的附属理论中清除出去。(魏斯曼的)书也被严格限制在其自身的界限内，而并没有试图阐述一般的宇宙理论，乃至在生物学理论的基础上创设新的宗教"。但海克尔打破了新教科学的所有规则，换句话说，也激起了神学家的愤怒，而魏斯曼则尊重这些规则，奥托认为他的书是"对选择理论的最清晰的和最好的表述"。[119]

魏斯曼的机械论科学是两个世纪以来知识和科学发展的顶峰：一种目的论的、反唯物主义的、事实上二元论的机械论形式。它最初是与设计论一起出现的，现在它很好地适应了新兴的研究型大学的环境，在那里它为科学系和神学系之间建立的有限合作关系提供了支持。

由于在个体能动性和进化转变之间设置了不可逾越的"屏障"，魏斯曼成为现代机械论达尔文主义的代表人物。在德国，他对进化的被动机械论的、反历史的解释取代了海克尔的主动机械论的、拉马克－达尔文主义的、历史主义的解释。[120]当魏斯曼主义在 20 世纪初期至中期的几十年里开始主导美国的生物学思想时，它再次得到了至关重要的传播，这次的传播者是恩斯特·迈尔——一个在德国研究型大学的相同环境下成长起来的人。迈尔于 20 世纪 20 年代中期在柏林大学学习生物学，1926 年获得博士学位。他的导师是鸟类学家埃尔温·施特雷泽曼，施特雷泽曼是魏斯曼的崇拜者，也是被动机械论生物观点的坚定认同者。例如，施特雷泽曼写道，"动物不是为自己而行动，而是在一个更高的命令之下行动：*animal non agit, sed agitur*（动物并不行动，而是被作用）"。他还赞同这样的观点，"动物不思考，不反思，不为自己设立目标，而如果它还是表现出有目的的行为，那么一定是有人为它思考过"。[121] 请注意，在这两个表述中，动物的被动机械论是如何暗示了一种更高的力量，某个外部的"人"。

施特雷泽曼认为，通过在体细胞和生殖细胞之间设立屏障，魏斯曼"战胜了后达尔文时代的精神拉马克主义（psycho-Lamarckism）"。这个屏障意味着"本能完全是由选择产生的，本能并非根植于个体生命所提供的经验，而是根植于种质的变异"。[122] 当迈尔于 1931 年移居纽约时，他把他的训练和影响力也带来了。不管怎么说，到那时，美国一直在引进德国的研究型大学模式及其制度文化和实践，特别是在生物学方面，这一引进过程已经持续了半个多世纪。[123] 美国生物学是一片准备充分的土壤，可以将魏斯曼的思想以及这些思想所代表的科学模式植入其中。

达尔文进化论在 20 世纪的生物学中占据了核心地位，魏斯曼的解释对于其核心地位的确立至关重要。而在这一地位确立之前的几十年里，无论在德国还是在其他地方，达尔文进化论应该占据怎样的地位绝不是一件确信无疑的事情。达尔文于 1882 年去世，在他去世几个月后，杜博伊斯－雷蒙德向普鲁士科学院（达尔文曾是该科学院的通讯院士）提交了一篇感情真挚的悼词，称达尔文为"有机世界的哥白尼"。杜博伊斯－雷蒙德评论道，哥白尼在看到自己的理论获得成功之前就去世了，他的追随者则受到了教会的迫害，而达尔文在有生之年就看到了自己的理论取得胜利。杜博伊斯－雷蒙德的保证为时过早。在他的演讲之后，各大报纸和普鲁士下议院都对杜博伊斯－雷蒙德本人和达尔文主义进行了抨击，认为这种观点是不符合宗教的和不道德的。[124]

用英国进化生物学家朱利安·赫胥黎的话说，1880 年至 1930 年这一期间见证了"达尔文主义的日食"。朱利安·赫胥黎是达尔文的朋友和宣传者托马斯·亨利·赫胥黎的孙子，他在 1942 年回顾性地写道，达尔文主义者一度被"较新的学科的信徒们瞧不起，无论是细胞学还是遗传学，发育力学还是比较生理学，他们都认为达尔文主义者是过时的理论家"。对达尔文主义的批评集中在人们熟悉的老问题，即能动性问题上。赫胥黎写道："若干年来，在某些生物学思想流派中，谴责对适应性的研究乃至否认适应性的事实已经成为一种时尚。适应性的所谓目的论色彩被认为导致它被排除在正统的科学思考之外，而且人们还认为对它的研究妨碍了生物学家关注机械论分析这一正当职责。"赫胥黎指出，这种指控是不公正的。达尔文主义的适应性概念所涉及的目的论只是"伪目的论，能够根据合适的机械论原则进行解释，而并无目的性的干预，无论是有意识的还是下意识的目的，无论是就有机体而言还是就任何外部力量而言"。[125]

通过让达尔文主义摆脱拉马克主义的能动性，使其成为恰当的粗笨机械论理论，魏斯曼挽救了达尔文主义。赫胥黎认为，魏斯曼在体细胞和种质之间、在个体行动和遗传机器之间进行的区分是反拉马克主义的，该区分构成了对达尔文主义立场的"极大澄清"。这一"澄清"对"现代综合"的建立至关重要："现代综合"是赫胥黎创造的说法，指生物学家将达尔文进化论与遗传科学结合起来，形成生物学的新方法。[126]弗朗西斯·克里克后来将"现代综合"的魏斯曼主义组织公理编纂为分子生物学的"中心法则"。克里克的中心法则本质上是对魏斯曼屏障的重述，这一法则认为，"信息不能从蛋白质传回蛋白质或核酸"；因此，体细胞的变化不能把自己刻在 DNA（脱氧核糖核酸）里。[127]

在达尔文主义的后续发展历程中，赫胥黎的观点一直得到了坚持，即魏斯曼通过确立硬遗传原则而使达尔文主义的定义"变得清晰"：所谓"'硬'遗传，也就是说，生物体完全无法影响传给下一代的遗传信息"。根据传统的历史说法，利用机械论的被动性这一原则，魏斯曼有效地"清除"了拉马克对达尔文主义的任何玷污。[128]

因此，魏斯曼的遗传机制是生原子和决定子在染色体内发挥作用，他用这种染色体遗传理论对达尔文的自然选择理论进行了首次重新解释，得到了一种粗笨机械论的微缩体理论，其中，发育是通过一种本质上被动的、预置的机器来实现的。而另一方面，将基因遗传理论整合进达尔文主义框架的首次尝试看上去与魏斯曼的被动机械论理论非常不同。荷兰植物学家胡戈·德弗里斯是这一早期基因遗传理论的提出者，他既是魏斯曼的崇拜者，也是魏斯曼的批评者；德弗里斯假设了一个渐成的过程，根据这一过程，发育中的胚胎机器是主动的和自我构造的。

德弗里斯成长于哈勒姆，他的父亲是一位浸信会的律师和司法部部长，他的祖母是莱顿大学的考古学家。他的职业生涯的大部分时间是在阿姆斯特丹大学度过的，[129] 该大学不同于其他新型大学，而是一个由城市资助的市政机构。它的教授是由城市议会任命的，这造就了一种没那么正统的知识文化。[130]

与魏斯曼一样，德弗里斯非常认可达尔文的自然选择观点。与魏斯曼不同，德弗里斯还在达尔文提出的遗传机制"泛生论"中发现了很多值得钦佩的地方，泛生论认为来自生物体各个部分的"微芽"通过相互的亲和力聚集在生殖器官中。德弗里斯赞同负责遗传的微小颗粒的想法，尽管有些许能动性附着在这种遗传颗粒之上，但他并未因此而感到困扰。然而，德弗里斯没有设想遗传颗粒在整个身体内游走，而是提出它们的副本存在于每个细胞中，尽管每种颗粒都只在某些细胞中活跃。德弗里斯的泛生论认为，遗传颗粒一直处于一个特定的细胞内，而不是从一个细胞传递到另一个细胞；为了与达尔文的泛生论进行区别，德弗里斯称自己的理论为"细胞内泛生论"，并且他所述的遗传颗粒是"泛生子"，而不是微芽。[131]

德弗里斯认为，"历史"维度对"泛生子"而言是必不可少的，所谓的历史维度指的是泛生子随着时间推移的进化行为。德弗里斯写道，"遗传理论的主要观点"是，"除了物理和化学性质外，原生质总是为我们提供某些历史特征"。这些"历史特征"对于理解遗传机制的运作不可或缺。为了支持有机物的"历史"方面的根本重要性，德弗里斯解释道，虽然有可能在实验室里用合成的方法得到有机物的物理和化学性质，即创造人工合成的蛋白质，但他觉得，非常令人怀疑的是"除了系统发育的方式，我们能否成功地得到活的原生质"。[132] 他认为历史构成了生物本性的一个至关重要的方面：如果希望了解生物体是如何工作的，那么我们不能绕过其历史特征，就像不能忽略它的物理或化学性质一样。

魏斯曼贬低了德弗里斯关于生物的"历史特征"的观点。魏斯曼回应道，原生质所拥有的历史特性"并不在其物理化学特性之外，而是在其物理化学特性之内"，这仅仅意味着适应和选择在许多世代中塑造了它们的结构。[133] 原生质的物理和化学性质是逐渐产生的，然而，无论是对于理解它们如何运作，还是对于它们的人工复制，仅凭这一事实并不会产生任何影响。但对德弗里斯来说，这一事实使一切变得截然不同。原生质是历史的产物，也是历史的动因，这意味着它目前的物理化学特性只构成了对其功能的瞬间的、静态的和不充分的体现。它目前的状态是它随着时间的推移而进行的自我转化行动的结果。人们必须用历史解释来补充物理和化学解释。德弗里斯提议将"泛生子"作为生物的历史维度的物质媒介。他拒绝具体说明泛生子的结构或组成，只是说它们是"个体遗传特征"的极其复杂的"物质载体"。[134]

在其他方面，德弗里斯的泛生子是历史的："它们是生命单元，其特征只能以历史的方式解释。我们只需在其中寻找生命属性，而不能解释它们。"魏斯曼声称由离散的个体遗传特征载体所构成的系统将是难以想象的复杂，对此，德弗里斯回应说，这不是"缺点"："不要以为今天我们已经站在了细胞核研究的终点。"如果我们从历史的角度来看待遗传现象，就会发现遗传特征的变异是相互独立的。泛生子代表的不是"生物体的一个形态学单元，一个细胞或一个细胞的一部分，而是一个特殊的遗传特征"。[135]

德弗里斯的历史机械论遗传理论的基本原则是：第一，每个遗传性特征都以尚不确定的方式对应于一个组成尚不清楚的单独的物质"载体"——一个"泛生子";第二,每种泛生子都存在于身体的每个细胞中;第三,每种泛生子都只在某些细胞中"活跃"。德弗里斯同意魏斯曼的一些基本原则:遗传的物质机制;这种机制位于细胞核的染色丝状物之中;就塑造物种的发展而言,达尔文主义自然选择的根本重要性。然而,他们采用了截然不同的操作原则。魏斯曼的基本假设是机制的被动性:遗传机器必须是预先存在和预先确定的。染色质必须分成离散的机器部件,负责制造胚胎的相应部分。相反,德弗里斯假设每个遗传特征都有一个选择性的主动的"物质载体",存在于每个细胞中,但只在某些细胞中活跃。他进一步推断道,人们只能从历史的角度来理解这些遗传动因:从它们自身在时间中的行动来看。

为了对离散的、物质的遗传动因进行历史调查,德弗里斯着手从事植物杂交实验研究,这使他将"突变"概念引入进化生物学。根据德弗里斯的"突变理论",生物体并不像早期进化论者所说的那样,只能通过微小的、随机的增量进行转化,生物体还能发生不连续的变化,其原因在于生物体中"潜伏的"特征或"潜力"可以在特定的环境条件下突然活跃起来。[136]

"潜伏"特征和"活跃"特征之间的区别是德弗里斯突变理论的指导性原则。突变能力本身就是一种可遗传的特征,它以一种潜伏或活跃的状态存在。而这种能力,当它被唤醒并变得活跃时,就是所有新特征的来源。选择不能产生**"新的东西"**,而只能强化或弱化那些由突变提供的特征。据德弗里斯说,达尔文本人经常重申,自然选择只能作用于已有的变异来源,并强调偶发的、不连续的变异和连续的、渐进的变异一样重要,直到"批评的压力"迫使他放弃了这个观点。[137]

德弗里斯认为，他与达尔文对自然选择的最初表述是一致的，他声称，选择不仅作用于极小的、渐进的变化，也作用于源自生物体动力机制的真正的、质的转化，这种机制既不是被动的，也不是预先确定的，恰恰相反：它是主动的、偶然的、易变的和"自发的"。[138]

那么，这一最早的基因遗传理论便不同于魏斯曼的理论，不同之处在于，前者明确是主动机械论的和历史的。然而，在德弗里斯发表了关于"细胞内泛生论"和突变的观点后不久，丹麦植物学家威廉·约翰森创造了"基因"（gene）一词，约翰森这样做是为了将他所理解的这些"遗传元件"**既**同魏斯曼的微缩体预成论观点相区别，**也**同德弗里斯的主动机械论历史观点相区别。约翰森指出，魏斯曼主义的观点，即遗传元件与生物体的器官或部分相对应，在"经验中没有任何支持"。因此，他提出了一个没有任何此类含义的新术语——"基因"，它"不会有任何偏见"，仅仅是"一个非常适用的小词，容易与其他词结合"。[139]

可不要被骗了：像所有的术语一样，"基因"这个词当然也有其含义。除了反微缩体的含义外，它还带有一种甚至更加明显的反历史的含义。关于"基因型"，即"配子中所有'基因'的总和"，约翰森写道，"它的历史并没有影响它的生化反应，后者是由其实际本性所决定的。因此，基因型概念是对生物的生化反应的一种'非历史的'观点"。约翰森推荐使用的遗传的基因型概念是一个"'彻底的'非历史的"概念，它与历史主义的"表现型观点"形成了鲜明对比，甚至有着"严格的敌对关系"！——猜猜是谁持有这种"表现型观点"？——是的，当然是拉马克（以及在较小程度上，达尔文）。[140]

遗传的基因理论可以说起源于德弗里斯的"主动的"和"历史的"遗传载体，但是，"基因"这个新术语的出现则体现了一种粗笨机械论的、反历史的和反拉马克主义的冲动，就像魏斯曼的小鼠一样。

智能卵和死麻雀

胚胎发育的机器是被动的、预先确定的，还是主动地自我构造的，对这一问题的争论不仅产生了相互竞争的理论，还促使了真正的动物的产生。它们是第一批克隆产物，是通过对胚胎细胞的操纵而人工地产生的。这些动物的生命要归功于一场日益激烈的斗争——在对生命的科学解释中，能动性和机械论的适当角色是什么。它们的创造者曾着手定义"生命的机器理论"，但他最终采用了"活力论"的方法来研究生物，明确拒绝将机器视为被动的、死板的、惰性的、无反应的、完全与生命对立的。

汉斯·杜里舒来自汉堡，在位于耶拿的海克尔实验室完成学业，拿到了他的自然科学博士学位；获得博士学位两年之后，即1891年，这位24岁的年轻人从他工作的那不勒斯动物研究站来到了的里雅斯特，在亚得里亚海采集海胆。[141] 他用海胆制造了第一个人造生物，并最终用它们作为证据反对被动的、机器般的生命模型，支持内在主动的、非机械的生命模型。

起初，杜里舒希望通过这次旅行为鲁克斯的机械论宣言《有机体的发育力学，未来的解剖科学》提供经验支持。杜里舒用海胆胚胎进行了改进版的鲁克斯半胚胎实验，他在二细胞期将两个细胞分开，只需在瓶中快速摇动即可做到这一点，然后将分离的细胞放在不同的培养皿里。关键的是，这意味着分离的细胞不会像鲁克斯的实验那样，一直与死亡的细胞粘连在一起。杜里舒后来回忆道，他期待看到半个胚胎到处游动的"非凡景象"，尽管他也"认为这些形态可能会死亡"。"相反，第二天早上我在它们各自的培养皿里发现了典型的、积极游动的囊胚泡，其尺寸是正常大小的一半。"[142]他把其中一些一直饲养到幼虫阶段。因此，海胆胚胎细胞并不执行预先确定的行动序列，而似乎具有杜里舒后来所命名的"全能性"：有能力成为整个有机体所需要的任何部分。[143]

杜里舒继续以多种方式对待他的海胆胚胎，加热它们，稀释海水培养液，把它们放在玻璃板之间压平，每次都彻底地改变了它们的卵裂顺序。他写道，"不管怎样，幼虫都一定是典型的……我们所有实验对象的结果都是**绝对正常**的生物体"。细胞通过恢复正常的发育过程来应对每一种情况。[144]杜里舒还试着用小巧的剪刀将囊胚期的胚胎剪成几部分，发现只要每一部分不小于整体的四分之一，就能形成完整和正常的（尽管很小）幼虫。[145]

在努力解释这些令人惊讶的结果时，杜里舒首先尝试了主动机械论的一种形式。最初的海胆实验之后不久，在瑞士阿尔卑斯山避暑期间，他写出了一套胚胎发育的理论，即《有机体发育的分析理论》（*Analytische Theorie der Organischen Entwicklung*）。该书的第一部分对个体发育（胚胎发育）进行了机械论的解释，与希斯和鲁克斯对机械论的理解相一致，即只用前一阶段的直接因素来解释发育的每个阶段。然而，该书的第二部分名为"个体发育作为目的论视角下的发育"。杜里舒写道，通过确定其直接机械原因，人们只能部分地理解发育过程。个体发育最终是"一种因果规律性，在明显的奥秘中阔步前进"。希斯—鲁克斯—魏斯曼式的直接机械原因只能提供"支离破碎的解释片段"。[146]

为了理解这些片段，人们需要了解它们的目的。观察一艘船的建造，除非知道所有小组块和部件的用途，否则人们会对它们感到困惑。类似地，如果不涉及目的，人们也绝不可能理解胚胎发育的早期阶段。杜里舒援引康德的《判断力批判》来支持这一主张，并使用布卢门巴赫的术语**"努力"**来描述负责安排胚胎发育的内在的自然智能。新达尔文主义认为，在自然界没有任何种类的有目的的能动性的情况下，复杂的适应性形式就可以出现，但是这种想法是荒谬的。卵是一个复杂的机器，就像人造的机器一样，它表明有一种创造力或能动性存在。因此，关于卵的恰当的科学解释必须同时是因果的（在机械论的意义上）和目的论的。杜里舒把这种机械论—目的论的方法称为**"生命的机器理论"**。[147]

然而，在杜里舒所处时代的科学中，这一想法——创造性的能动性从自然机器内部发挥作用——似乎不再合法。机械论科学在研究型大学的新院系中根深蒂固，就像希斯、鲁克斯和魏斯曼所做的那样，机械论科学将自然的机制解释为被动的和惰性的，只限于直接的推动和拉动。在机器中表现出来的目的性必须是外部的，在自然之外的：超出了机械论科学的范围，但出于同样的原因，目的性又是机械论科学的前提条件。人们应该假定但千万不要尝试处理这种使机械论科学模式得以可能的外部能动性。这些是新教科学的规则，到19世纪末，欧洲和美国的大学都在实行这套规则，无论该大学是否具有宗教上的隶属关系。

仅仅几年之后，在1899年，杜里舒宣布拒绝机器理论，并皈依"活力论"，也就是说，他放弃了机械论的解释，而主张生物按照生物自身的原则来运作。他的同时代人对这一转变的看法正如历史学家后来所描述的那样：背离了科学。[148] 如果将机械视为由相互作用的部件组成的理性可理解的系统，那么在这个意义上，机械已经成为具有内在能动性的实体的对立面。杜里舒同意在这两者之间进行选择，并选择了自然的内在能动性而不是机械论。他后来在自传中以浪漫主义的语言回顾了这一选择，写道在苏黎世附近的树林里散步时，他第一次瞥见了"活力论"。[149] 但他还引用了1894年至1895年的冬天在那不勒斯进行的进一步的分割实验，在该实验中，他将海胆的原肠胚剪成两半，可以看到每一半最终都"封住了伤口，发育成健康的、体积缩小的长腕幼体"，恢复了各部分的正常比例。这种比例的恢复，特别是在肠道中，"更多的是指向一种现象，它在本质上不是机械现象，而是一种特定的活力论的现象"。[150]

早期胚胎的每个元件都可以变成任何元件，同时保持一定的比例。"我把像剪开的海胆卵……这样的生命系统称为：协调等势系统（harmonious equipotential system）。"[151] 某种调节能动性管理着胚胎，胚胎通过这种能动性对各种情况（如被剪成两半）做出反应。这与人造机器的调节机制形成了鲜明对比，后者只能进行某些规定的、有限的调整。[152] 杜里舒把这种"Antwortsgeschehen"或"调节反应"称为一种"动因"，后来又用"生机"（entelechy）这个词来重新命名它。[153] 该词最初是亚里士多德的一个术语，意思是潜能的实现；例如，灵魂是身体的生机，即身体的生命潜能的实现。[154] 莱布尼茨从亚里士多德那里借用了"entelechy"这个词，作为他的"单子"（构成世界的微小的感知实体）的另一个说法，他把"单子"描述为"entelechies"，特别是在与生物有关的方面：有机体的单子或生机是它的灵魂，是其行动、秩序和目的的来源。[155]对杜里舒来说，"生机"是指导胚胎的"协调等势系统"的发育的能动性，从而使每个部分都能变成任何所需的部分。

杜里舒转向了自我调节的"协调等势系统"的观点，他解释说，这是为了将有目的的能动性自然化，他在胚胎发育中看到了这种能动性在起作用。"只有这样，我们才能把'原因'，在我们赋予该词的强烈意义上，从目的论的杂质中解放出来。"因果能动性成为物理系统的一种"整合成分"，一个"基本的或不可分割的特征"。正如布卢门巴赫和亚里士多德曾经认为的那样，目的论力量（teleological force）最好是自然系统的一种"成分"、一个"元素"或一个"特征"，而不是在被动的机器上运作的外部动因。[156]

杜里舒最终相信，这些成功发育的海胆幼虫决定性地反驳了鲁克斯和魏斯曼的理论。杜里舒对后来被称为"鲁克斯－魏斯曼理论"的描述如下："在卵子中，特别是在其细胞核中，有一个非常复杂的机器——鲁克斯和魏斯曼就是这么说的，在胚胎学过程中，随着大量细胞分裂，这个机器也发生了解体，而胚胎发育正是通过这个机器的解体来实现的。"这种解体的机器无法解释海胆的胚胎发育。事实上，这样的模型也不能解释青蛙的发育，因为到那时，甚至就青蛙而言，鲁克斯的半胚胎实验的结果也已经被推翻了。青蛙和海胆一样，二细胞期的一个胚胎细胞可以在后续阶段形成一个完整的胚胎。第一次细胞分裂必定没有将细胞核中预先存在的机器分成不同的部分，而是产生出两个相同的实体，其中任何一个都可以生成一个完整的青蛙。[157]

魏斯曼坚持卵子里有一个微缩的、预先存在和预先确定的机器，而杜里舒认为这一观点现在开始显得很**"教条"**，因为它建立在对科学必须是什么样子的信念之上，而不是建立在生命现象实际是什么样子的经验证据之上。杜里舒解释说，魏斯曼相信"渐成论会导致超出自然科学的范围"，[158] 因此是基于原则而不是基于证据拒绝这种理论。

　杜里舒确信胚胎不是通过分裂细胞核中预先存在的机器而形成的，这一信念促使杜里舒与他的朋友和同事摩尔根一起检验细胞核和细胞质在发育中的相对重要性。他们用栉水母（一种类似水母的生物）的卵进行了实验，在卵细胞中保留了所有的核物质，但切掉了一些细胞质。他们得到了发育不全的胚胎，类似于那些有时由一个卵裂球（最初两个卵裂球中的一个）发育而成的胚胎。他们的结论是，细胞质在胚胎发育中起的作用至少与细胞核一样关键。[159] 同时，在另一组单独的实验中，摩尔根仅仅通过翻转就能让分离的青蛙胚胎细胞形成完整的生物体。[160] 杜里舒认为这可能再次表明细胞质中包含"调节能力"，对重力场中的位置变化有一定的敏感性。[161]

　　人们可以对许多人造机器说同样的话：摆钟倒立过来也不会正常工作。但杜里舒认为细胞质的调节能力，无论是它所具有的重力还是其他敏感性，都是非机械性的。更一般地说，他发现在海胆和其他胚胎实验中所展示的发育过程违背了机器的本质。这些实验表明，每个胚胎细胞都可以在生成整个生物体的过程中发挥任何作用。因此，如果胚胎是一台机器，它一定是这样的机器：其中的任何部分，无论多大或多小，都可以完成整体的工作。"的确是一种非常奇怪的机器，它的所有部分都是一样的！"[162] 面对这些结果，杜里舒写道："作为胚胎学理论的机器理论变成了一个谬论。这些事实与机器的**概念**相矛盾，因为机器是各个部件的特定排列方式，如果你从中拿走任何你想拿的部分，它都不会保持原样。"[163]

然而，正如我们在前几章中所看到的，在主动机械论传统中，从哈维、威利斯到莱布尼茨、拉美特利、拉马克和海克尔，生物机器是由主动的、变化的、积极反应的部件构成的。这种模型可能让杜里舒感到满意，他不仅认为生物在本质上是主动的和自我构造的，也被生命现象和无生命现象之间的机械论类比所吸引。事实上，即使在他转向"活力论"之后，他仍继续在这种类比的基础上寻求对成功发育的胚胎的解释。他提出，卵子中有一种力量或"亲密结构"，属于卵子的最小部分，它使这些部分相互回应，并对诸如摇晃、压扁、加热或剪断等意外情况做出反应。这种力量或结构的作用类似于磁铁，它们无论如何缩小或变形，都能以恒定的关系和比例将各部分吸引到一起。[164] 尽管杜里舒坚持这种类比，但他仍将自己的理论称为"活力论的"。这一点也可以反映出在杜里舒写作的那个时代，已然确立的科学之中是多么缺乏主动机械论。

对杜里舒以及他的机械论对手来说，将生命现象描述为在本质上是主动的意味着使它们成为自然机器的例外，而不是自然机器的组成部分，因为他假设一般的物质在本质上是被动的和惰性的。与机械论者一样，杜里舒也通过与"历史"方法（如拉马克的和达尔文的）的对比来定义研究生物的"科学"方法，历史方法用众多自然动因在时间中的偶然参与来解释生物结构的发展。当然，杜里舒并不反对历史解释赋予自然机制的能动性，而是反对其假设——有机形式在本质上是偶然的。在这一点上，他同意粗笨机械论者的设计论："像眼睛这样完整的器官的起源，怎么可能是由于偶然的变异呢？"对杜里舒来说，在生命形式的发展中起作用的组织能力不是偶然地行动，而是不可阻挡地行动。[165]

这种组织能力需要"科学的"而不是"历史的"解释。对杜里舒来说，历史是对连续事件的罗列。它描述但不解释。每当历史变得真正具有解释力时，它是从科学中借用了解释。例如，人们可能会认为对"演变"的描述，如从卵到成体的发育，是一种历史。但是，把一连串事件联系起来的解释是科学的。历史必须"永远失去其'历史'方面，才能对人类知识具有重要性"。历史必须"成为科学"。因为科学容纳不下历史叙述的偶然性或多重性。在这一点上，虽然看起来很讽刺，但杜里舒也与当时那一代机械论者保持一致："只有一种科学，也只有一种逻辑。"因此，生物学知识在本质上是非历史的，是对个别过程的知识，这些过程在时间中是孤立的："到目前为止，我们只是从对活的**个体**的研究中获得了生物学的基本原则。"[166]

即使在他宣布接受活力论之后，在抱怨德国正统达尔文主义者（"但不是达尔文本人！"）的"机械论教条主义"之时，杜里舒与他的机械论同行还是有很多共同之处。他同意自然知识最终是非历史的，其任务是解释本质上不受时间影响的自然过程。杜里舒也拒绝接受历史解释的偶然性，并坚持认为生物是一种强大能动性的不可阻挡的表现。

杜里舒的朋友和同事、德裔美国生理学家雅克·洛布则与杜里舒完全相反，他持有极端的机械论立场。[167] 也许没有人像洛布这样充分地、成功地展现了 20 世纪初被动机械论生物学的新理想。在达尔文出版《物种起源》（1859 年）的同一年，洛布出生于莱茵兰的迈恩镇，是一位犹太进口商和批发商的儿子。他成为奥地利物理学家、实证主义哲学家恩斯特·马赫的忠实追随者，马赫将形而上学从科学中驱逐出去的做法为洛布指明了思想方向。[168] 洛布将实证主义的科学理想应用于实验生理学研究事业，他的研究从柏林、维尔茨堡和斯特拉斯堡迁移到芝加哥大学、加利福尼亚大学、洛克菲勒研究所和伍兹霍尔研究所。

洛布在 1912 年评论道："如果一只麻雀飞下来，落到地上的一粒种子那里，我们就会说这是一种意志的行为，但是如果一只死麻雀落在种子上，这在我们看来就并非如此了。"然而，根据洛布的说法，这两种情况的唯一区别是所涉及的力的本性。在死麻雀的情况中，"纯粹的物理力"导致它落在种子上。在活的、飞翔的麻雀的情况中，"化学反应也在动物的感觉器官、神经和肌肉中发生"。这些反应把活麻雀"运送"到种子上，就像重力让死麻雀落在种子上一样。[169] 这种把明显自我引导的、有目的的生物还原为无生命的、被动的实体的做法是洛布的生理学方法的缩影。

此外，对于起关键作用的一代美国信奉者来说，洛布也成为这种粗笨机械论科学理想（与德国的大学密切相关）的流行代言人。在小说《阿罗史密斯》（*Arrowsmith*）中，辛克莱·刘易斯以洛布为原型刻画了马克斯·戈特利布这一形象，戈特利布暴躁且无礼，他的"心灵要烧穿表象达到现实"。正如刘易斯本人在拒绝领奖时指出的那样，这部小说之所以获得普利策奖，与其说是因为它的文学价值，倒不如说是因为颁奖委员会对它所描绘的生活方式的赞赏：一种现代科学生活方式的英雄般的道德和社会愿景，这种生活方式引进自德国但在美国濒临灭绝（尽管事实上洛布的实验生物学模式当时在美国占据支配地位）。小说的主人公对一屋子被误导的医学生同伴呼喊道：

我并不假装知道什么，但我确实知道像马克斯·戈特利布这样的人意味着什么。他有正确的方法，而其他所有教授，这些蹩脚的家伙，都只是巫医。你认为戈特利布没有宗教信仰，欣克利。为什么，只要他在实验室里就是一种祈祷。你们这些白痴难道不知道有这样一个人在这里意味着什么吗，他在创造新的生命概念！[170]

马克·吐温称洛布是科学真理的捍卫者，反对偏见和"意见一致"。[171] 而法国直觉主义和活力论哲学家亨利·柏格森则称洛布是美国最危险的人之一，或者说，洛布是这样向一位朋友吹嘘的。[172] 海克尔给在纽约的洛布寄了一封信，当信被退回时，海克尔开玩笑说："我很惊讶纽约邮局不知道雅克·洛布的国际声誉！"[173] 当洛布在美国代表德国实证主义—机械论科学的时候，对德国的同行而言，他同时也是美国实证主义—机械论科学的化身。鲁克斯非常钦佩他，并呼吁普鲁士教育部授予洛布教授职位。他的工作在德国期刊上获得了热情洋溢的评论，1909 年他在欧洲发表演讲时，一路上获得了多个荣誉博士学位。[174]

洛布承袭了"发育力学"的直接机械论的衣钵，他称赞希斯在胚胎差速生长方面的工作。（希斯的方法就是洛布在本章的题记中所推崇的方法。）洛布的确认为希斯和魏斯曼的嵌合体理论已被杜里舒的海胆胚胎实验所推翻，但还是赞同他们的生物学解释方法。他自己在杜里舒的实验之后进行了一系列实验，在这些实验中，他把海胆的受精卵放入蒸馏水中，使其胀裂，然后将它们和泄漏出来的原生质液滴一起放回海水中，这些液滴在海水中产生了两个、三个和四个胚胎。与杜里舒不同，对洛布来说，这些实验并不意味着卵子的所有部分都是"等势的"，都可以发育成一个完整的有机体。相反，洛布赞同希斯和魏斯曼的观点，认为胚胎发育遵循一个预先确定的路径。针对用人工方式产生的多个海胆胚胎，洛布猜测，卵子的不同部分负责产生胚胎的相应部分，实际上，卵子的不同部分可能并不是染色质的各个区域，而是卵子中全部混合在一起的液体物质，然后，这些物质在特定的渗透条件下根据其分子性质进行分离。这个想法可以解释多个无性繁殖的海胆胚胎，而不需要诉诸杜里舒的"全能的"、"等势的"和主动的部件。[175]

洛布最为广泛阅读的作品是一份宣言，即《生命的机械论概念》，该宣言认为把生物本性中的能动性还原掉、消除掉既是机械论科学的条件，也是机械论科学的最高目标。一些生理学家将意识归于某种明显"有目的"的东西，洛布驳斥了他们："如果一个动物或器官的反应与一个理性的人在相同情况下的反应一样，这些作者就宣布我们正在处理一种意识现象。"这将意味着把意识的能动性归于各种事物。按此逻辑，"所以植物必须有精神生活，而且根据这一论点，我们也必须把精神生活归于机器"。他自己的方法则完全相反。他认为，"从摇篮到棺椁，生命的内容是愿望和期待、努力和斗争，并且不幸的是还有失望和痛苦"。"内心生活"的这些基本特征似乎暗示，生命处处都体现着能动性，无论能动性是表达出来了还是被挫败了。但是，有感受的、主动的、奋争的自我的所有这些翻滚起伏在某种意义上都是虚幻的，都可还原为对外力的机械反应的复杂综合。在人类的希望和欲望的层面上看，这种还原肯定是极其复杂的，所以洛布从一个较简单的例子开始，对他所谓的"动物趋向性"开展了广泛的实验研究。[176]

例如，蚜虫是"趋光性"动物，在向光源移动时，它"并不比［向日性的］植物"或服从引力的行星拥有"更多的意志"。（注意与早期机械论者的对比：拉美特利、狄德罗、伊拉斯谟·达尔文等人按照同样的类比得出了相反的结论，即植物必须有一种基本的意志）。像蚜虫这样的趋光动物实际上只不过是"光度测定机器"。洛布解释说，光线照射到动物体表有一个角度，光的强度随着这个角度的正弦值而变化，动物"根据光线调整方向，方式如下：其感光体表上的对称元件要以几乎相同的角度被照射"。当动物从一侧被照亮时，光线引发"强制的"头部转动，动物就成了"光线的奴隶"。[177]

　　至于棕尾蛾（*Porthesia chrysorrhoea*）的幼虫，洛布写道，它们从冬眠中饥饿地醒来，强烈的趋光性使它们"没有移动的自由，而是迫使它们"向树顶攀爬，去啃食春天最先长出的枝芽。一旦吃饱了，幼虫就失去了趋光性，变得"躁动不安"，但在洛布看来，即使幼虫在这种状态下也是没有意志的："许多动物所特有的躁动不安迫使它们向下爬行"，直到它们来到另一片叶子前，"气味或触觉的刺激……使机器［停止］向前运动……并再次启动它们的进食活动"。幼虫被叶子的气味或触觉刺激停了下来，或者，幼虫闻到或感觉到叶子而停了下来，考虑一下两种说法之间的区别吧。简而言之，感知与洛布的科学毫无关系。他把视觉也描述为"一种远程照相术"，完全把视觉感知的问题放在一边。[178]

　　当然，人类的机制要远比蚜虫的复杂，但即使是人类的"愿望和期待、失望和痛苦"，也都起源于类似于动物趋光性的"本能"：对食物的需求、性的本能"及其诗意和连锁后果"、母性的情感。所有这些人类的冲动都将被证明是各种趋向性，这只是时间问题。与早期的人机宣言一样，洛布提出了一个公开的伦理理论。人类是完全受"盲目力量作用"支配的"化学机制"，他认为，这一事实必须塑造一种现代的、科学的伦理标准，其根源在于本能："我们吃，喝，繁衍后代，不是因为人类已经达成了协议，认为这么做是可取的，而是因为我们就像机器一样被迫这样做。"同样的道理也适用于最高级和最崇高的冲动，即人类愿意"为一个想法牺牲自己的生命"。这些想法可能会引起身体的"化学变化"，使人们成为"某些刺激的奴隶，就像在水中加入二氧化碳时，桡足类动物（小甲壳动物）成为光的奴隶一样"。[179]

没有"行动自由"的"奴隶"，这是洛布对包括人类在内的生物的伦理—科学观点。他引用了赫胥黎的玩笑（人们不再用"水性"的消失来解释蒸发），将自己的时代与"前科学时代"（人们通过援引更多神秘事物来解释神秘事物的时代）进行了很好的比较。自然界是受机械强迫的，奴役是不可避免的，没有自由或目的的行动；描述这样的自然界就是站在现代科学的立场上反对原始的神秘主义，因此，这是一种道德责任。洛布想象，"野蛮人"可能会把意志赋予行星，让行星按照既定的路线在天空中运行，而现代机械论者甚至会避免把意志赋予动物："'动物意志'这个说法只不过是对各种力量的表达，这些力量规定了动物的运动方向（尽管看上去是自发的），这就像引力规定了行星的运动一样是明确无误的。"在实验中，发现这些力量的方法是控制它们，通过动物的复杂"趋向性"来引导动物到处运动。[180]

对洛布来说，认识到所有生物都受机械奴役不仅在科学上很重要，在道德和政治上也很重要，因为这是对浪漫主义的、形而上学的神话的一种免疫，而人类正是通过这些神话奴役彼此。第一次世界大战让他相信，对于已经陷入容克贵族阶级的形而上学和浪漫主义倾向的德国来说，一种粗笨机械论的生命理论是必不可少的。容克精神已经彻底污染了德国的文化和科学。洛布看到容克浪漫主义甚至都影响了胶体化学家的工作，他们认为蛋白质有能力根据环境变化进行聚集和解聚，并以违背有机化学和无机化学规则的方式与离子和分子相互作用。糟糕的科学和残酷的战争都是源于没有坚持机械论的生命概念。[181]

在他们的相互对比之中，杜里舒和洛布都展现了他们各自的立场在 20 世纪初的激进化：一边是死麻雀机械论，另一边是不可抗拒的活力。我们在这两边都找不古老的主动机械论：自然机器作为一个由部件组成的理性系统，以有限的、偶然的但又内在主动的方式随着时间的推移而运作。

在这两种立场之间，即死麻雀机械论和不可抗拒的克隆活力论（inexorable-clone vitalism）之间，我们可以找到摩尔根，他同时是杜里舒和洛布的朋友、同事和合作者。一方面，摩尔根认为"机械论"是现代科学的唯一"适当"模式，并坚决反对杜里舒戏剧性地转向"活力论"。他拒绝任何形式的"展开原则"——"努力、形成性努力、活力"或"生机"，称这些都是"神秘的情感"。即使是看起来比较中性的词，摩尔根也很怀疑：他避免使用"个体"一词，理由是个体不过是"化学－物理反应"的总和，所以这个词"会把一种机制搞得很神秘"。摩尔根热衷于根除"超自然的和神秘的含义"，而"创造性"就与之相抵触，因为"创造性"意味着某些东西可以从无中产生。他认为，甚至"力"这个概念在物理学中也是"不严谨的"，在生物学中则完全是过时的。[182]

另一方面，尽管有这些信念，摩尔根还是否定了鲁克斯－魏斯曼的发育理论——发育是通过分割染色质中预先存在的机器来进行的，而且他赞同杜里舒关于卵裂球的"全能性"的观点。[183] 将生命现象与人造机器进行比较是否有意义，他对此犹豫不定。虽然摩尔根经常提到"生命机器"并把生理系统称为"机器"[184]，但他也质疑这种类比的价值。他认为，没有哪种人造机器具有"通过自身抛出的部件进行自我繁殖的特性"。为了描述能够繁殖且能够完成生命机器其他壮举的物质实体，摩尔根使用了一个熟悉的老词，称它为"组织"。但是，鉴于拉美特利和这个术语的其他早期使用者频繁地在组织与人工机制之间进行类比，摩尔根担心这些类比会成为一种难以克服的障碍："我们几乎不可避免地认为组织是一种结构，它具有机器的特性，而且我们习惯于认为组织的工作方式与机器的工作方式相同。"[185]

18 世纪探讨生命"组织"的那些机械论者假定有一种遍及物质世界的原始能动性，将有生命的和无生命的连通起来，将人类机器和人造机器连通起来。但摩尔根赞同他自己那代人对机器的定义，认为机器本质上是被动的和死板的。在他看来，生物体显然不是如此。

那它们是如何工作的呢？例如，如果早期的卵裂球是全能的，能够成为发育中的胚胎的任何部分，那么是什么导致了后来的细胞分化？他写道，"杜里舒指出，卵子似乎像智能生物那样行事"。那么，分化和再生的原因是否"属于智能行为的范畴，以及这些问题能否用已知的化学和物理学原理来解释？坦率的回答是，我们不知道"。[186]

在摩尔根的思维中，卵像智能生物一样行事的想法与卵是机器的想法是无法协调的。他生活在一个可能性专制主义的时代：卵要么必须是确定的（被动的）机器，要么必须是确定的（不可阻挡的）动因。在他这里没有主动机械论的旧模式，而根据主动机械论，自然是一台由受约束但主动的部件组成的机器，其偶然的啮合随着时间的推移不断转变：这台机器处于永恒的自我构造之中。

摩尔根同意杜里舒的观点，认为历史在科学中没有一席之地。事实上，摩尔根非常强调这一点，并以此作为《进化论批判》（*Critique of the Theory of Evolution*，1916 年）的卷首语。"当一个生物学家思考动物和植物的进化时"，摩尔根警告说，他是在"像历史学家那样思考，但有时他会感到困惑，认为自己在解释进化，而其实只是在描述进化"。对"一系列连续事件"的了解并不构成一种解释。对于解释来说，人们需要确定的因果联系，将连续的事件联系在一起，而这是科学的事情。此外，当进化论者假定因果联系时，这些往往是基于与"无机世界"中运作的主要原因的类比，即"人类的目的"。虽然早些时候他认为卵可能表现出智能行为，但现在他把"似人的"目的直接排除在科学之外。[187]

一方是确信生物结构有目的地行动，而另一方是粗笨机械论，将目的从自然中放逐出去，在往返于两方之间的过程中，摩尔根注意到（正如克洛德·贝尔纳几十年前在同样的往返过程中所指出的那样）存在一种"自我调整能力"，或者说自我调节，通过这种能力，生物体在面对环境变化时可以修复自身损伤并保持其完整性。大多数机器没有这种能力。但摩尔根确实考虑过蒸汽机的飞轮调速器以及恒温器的调节器，作为可能的例外。[188] 通过帮助定义控制论，这些例子很快就具有了至关重要的意义。控制论是一个新兴的领域，有两颗对立的极星，我们完全可以把它们描述为智能卵和死麻雀。

第 9 章

由外及内

控制论者重新演绎并更新了生物科学中智能卵模型和死麻雀模型之间的古老斗争。控制论是一个新的研究和工程领域，在第二次世界大战之后全面兴起，其开端可追溯到20世纪10年代末至20年代。它致力于寻求生物和机器之间的类比，特别是生物和机器人的类比。

为了寻求这些类比，控制论者围绕着反馈和自我调节等关键概念，开发了新的机械系统和理解机械论的新途径。利用这些概念，控制论者宣称能够在人造机器中构建出有机体的生命能动性。他们声称他们的方案构成了一种新的方法，不仅针对机器设计，而且针对生命科学，这种方法甚至可以在机械论的框架下涵盖生命的能动性。然而，最终，控制论与其说**解释**了生物的能动性，不如说**把它解释掉**了。

最早的机器人

最早的机器人并不是真正的机器，而是虚构的角色，它们代表了对工业化的控诉。1921 年 1 月 25 日的晚上，布拉格国家剧院的观众对一部戏剧报以热烈的掌声，戏剧的主要角色包括若干由人造原生质制成的类似克隆的生物，此时距离第一个克隆生物在杜里舒的培养皿里游来游去已有 30 年，距离德弗里斯思考是否可以绕开历史而人工创造活原生质也有 11 年。这些虚构的合成人的名字就叫作"机器人"（Robot），该剧将"机器人"一词引入捷克语，并在不久之后引入其他所有欧洲语言。这部剧是 *R.U.R.*，即《罗苏姆的万能机器人》（*Rossum's Universal Robots*）（见图 9.1）；该剧的作者，捷克科幻作家卡雷尔·恰佩克创造了这个新词，更确切地说是他的哥哥和亲密合作者约瑟夫·恰佩克创造的，源自捷克语的"robota"，意思是"苦差事"，或"奴役"。"robotnik"在捷克语中是"农奴"的意思，而且德语和英语中的"robot"一词，在成为

图 9.1 《罗苏姆的万能机器人》舞台剧的一个含机器人的场景

机器人的意思之前，指的是中欧特有的一种农奴。

这些最初的机器人在今天看来是非常陌生的。首先，这个词最初是用捷克语发音的。《纽约时报》的一位评论员指出，对英语国家的人来说，它听起来很像儿童故事中青蛙发出的声音："Robot（发音为 Rubbitt）"。尽管《芝加哥论坛报》的同行认为它是 "robbut"。[1] 还有一点，当下的读者和观众在读到恰佩克的"机器人"时，会立即感到眼前一亮，因为它并不是由笨重的金属部件组成的：这些生物既没有轮子也没有齿轮，也不会发出叮当声、呼呼声或摩擦声。"机械"这个词及其变体在剧中只出现了两次：机器人被描述为"说话和动作略显机械"，后来又被描述为"在机械方面要比我们好得多"。但是，它们是由某种柔软的东西制成的：在巨大的搅拌器中混合的合成"面团"。[2]

故事发生在几十年后的未来，在一座由生产"机器人"的公司占据的小岛上。该公司的创始人罗苏姆在戏剧开场时已经去世，他的生平经历让人联想起汉斯·杜里舒（第8章）：一位海洋生物学家，热衷于尝试合成活体组织。罗苏姆成功地制造了一种与原生质具有相同功能的物质，但两者在化学上是不同的。这种人工合成的活物质是自我构造的：工厂经理解释说，原生质本身创造了机器人的器官、骨骼和神经。[3] 恰佩克的机器人更像是几十年后被称为克隆的东西：[4] 它们是由有组织的物质构成的，柔软而有生气，虽然是人工合成的，但可以主动地自我构造。

由于恰佩克对生命的本性和人工合成生命的可能性感兴趣，所以他用这些主动机械论的术语来描述机器人是说得通的。他在哲学上主要受美国实用主义者威廉·詹姆斯和法国活力论者亨利·柏格森的影响，詹姆斯认为动物机器需要内在的意识作为"指导"机制，[5]而伯格森援引拉马克主义的"生命冲动"作为驱动有机机器进化的原动力。[6]然而，尽管《罗苏姆的万能机器人》借鉴了当时生物学和哲学的一些观点，但正如作者本人所坚持的那样[7]，这部作品并不是真正针对机器人的。相反，这些人造生物说明了恰佩克的真正意图，即对新兴的工业资本主义体系的控诉。除了面团搅拌机之外，罗苏姆的工厂还包括装有肝脏和大脑的大缸、骨头工厂、制造神经和静脉的纺纱厂、肠子工厂和一个装配室。底特律福特 T 型车工厂的第一条装配线开工运行 6 年之后，在恰佩克的笔下，机器人工厂的经理将机器人的制造描述为"事实上就像制造汽车一样。每个工人只负责他自己那部分的生产，他生产出来的半成品会自动交给下一个工人"。[8]

尽管它们有肉，有骨头，有肠子，有肝脏，有神经，有大脑，但在公众的想象中，机器人立即变成了"机械的"东西：四四方方的、金属制的、吱吱嘎嘎的和叮当作响的。《罗苏姆的万能机器人》的评论将机器人描述为"机械的人"，"一种钟表机构"以及"我们机械化文明的机械工人——人类的齿轮和杠杆"。[9]机器人的最早一批卡通形象看起来就像是 T 型车和电话交换机的杂交产物的立体主义再现（见图 9.2）。[10]或者，它们类似于奥兹国的"铁皮人"，铁皮人比它们要早一代，也表明了工业化使人丧失人性的论点。[11]

《罗苏姆的万能机器人》在国际上引起了轰动，并且很快被翻译成法语、英语和德语。1922 年 10 月，该剧在纽约百老汇的加里克剧院开演，在那里大受欢迎，第二年又在伦敦、芝加哥和洛杉矶上演。机器人是潮流的引领者：它们"僵硬的、膨胀的、像雕塑一样的着装"吸引了服装设计师。一位评论家报道，这一季的时尚大衣的设计灵感就来源于此，它们"由一种看起来像压花皮革的布料

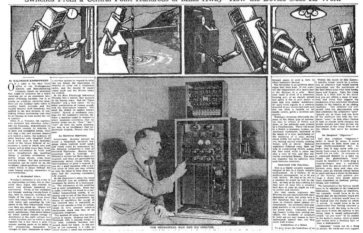

图 9.2　机器人的早期卡通形象，出自 "If There Really Were Robots!" *Life* (February 8, 1923)，以及 "Science Produces the 'Electrical Man,'" *New York Times* (October 23, 1927)：西屋电气公司的"声控机器人先生"出现在报道中

制成。它们是贴身的长衣，有巨大的长条领。为了呈现出雕塑感和机械感，它们通常使用深青铜色或石头色"。[12]《罗苏姆的万能机器人》是 20 世纪上演最广泛的作品之一，并在 20 世纪三四十年代被多次改编为电视和广播节目。[13]

"机器人"这个词甚至比引入该词的戏剧取得了更加惊人的、影响深远的成功。《罗苏姆的万能机器人》在纽约首演期间，"机器人"这个新词出现在全世界的英文报纸上；当它超越对该剧的评论，完全进入其他主题的文章时，它便不再采取首字母大写的形式。1926 年，《曼彻斯特卫报》描述了当地商业效率展览会上的机器——一台电动打字机、一部自动电话机、一台信件盖章机、一台硬币分拣机、若干制表机，它们构成了一个"'机器人'办公室"。[14] 到了第二年，"机器人"（robot）这个词已经取代了"自动机"（automaton）和"人形机器"（android）这两个老词。[15]

许多早期的机器人，就像他们的祖先——自动机和人形机器——一样，是反应积极的，甚至是有感觉的。1927 年 10 月，西屋电气公司在纽约展出了一个"神奇的'电气机械人'"，报道该事件的新闻头条大肆宣扬"机器人梦想实现了"。这个电气机械人是西屋电气公司展出的几个机器人之一，它能听到"芝麻开门"的叫声，并打开一扇门。另一个机器人打开灯、电风扇和探照灯，操作自动扫地机并点亮信号灯。这些有感觉的机器人还宣传了它们的人造同事的工作，后者是三个检查华盛顿特区水库水位的"电气人"。[16]

这些最早的机器人是西屋电气公司的工程师罗伊·詹姆斯·温斯利的作品。他的想法是制造一个自动机器——"声控机器人先生"，可以通过电话的声音、语音或律管对其进行控制（见图 9.3）。声控激活意味着西屋电气公司的员工可以给他们的水库控

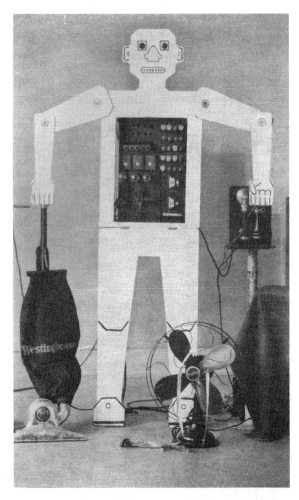

图 9.3 西屋电气公司的"声控机器人先生",参议员约翰·海因茨历史中心德特雷图
书档案馆

制机器人打电话，了解水位情况。温斯利还展望了现代家庭主妇在桥牌聚会中打电话回家，让机器人开始烤肉并打开炉子的通风气流。[17]《纽约时报》的一位作家指出，"机器人正在到处出现，而有些人立即变得惊慌失措"，但这种恐惧是不应该的。机器人既不新鲜也不可怕："缝纫机是一个机器人，汽车是一个机器人……留声机和电话都是机器人。"[18]"声控机器人先生"的发明者对此表示赞同。温斯利坚持认为，"真正的新东西主要是理念"，而"原理和设备基本上都是早就知道的"。[19]

1928 年 9 月，在伦敦皇家农业大厅举行的工程模型展览会的开幕式上，一个名叫埃里克的机器人（见图 9.4）为展览会揭幕，他是新兴的"机器人"理念的化身。这台机器产自萨里郡，是展览会秘书 W. H. 理查兹上尉的成果。由于原本同意为展览会揭幕的一位公众人物爽约了，理查兹在一气之下设计出了"埃里克"。理查兹后来解释道，"我气急败坏地说，我可以用马口铁制作出一个'人'，'埃里克'就是这样诞生的"。在开幕式前的一次演示中，这个"浑身上下都是铁的机器人看起来就像一副盔甲"，他站起，坐下，转过头，还敬了一个法西斯式的礼。[20]在开幕当天，他的表现更加令人印象深刻。据《纽约时报》报道：

> 机器人埃里克今天有点不稳，摇摇晃晃地立在他的金属脚上，伸出一只金属手臂让大家安静，然后发表了演讲，为一个工程模型展览会揭幕。在他面前站着一群表情看起来难以置信的人，其中似乎有许多伦敦的小男孩，所有人都睁大了眼睛，对他们看到的东西感到惊奇……他们没有意识到他会如此可怕。他的整个身体都

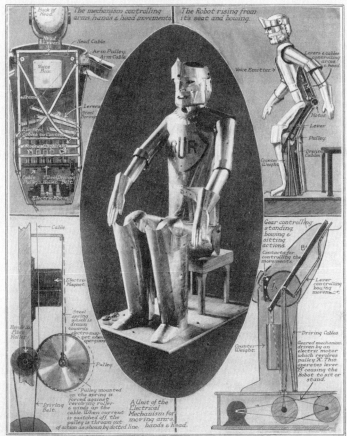

图9.4　机器人埃里克,摘自1928年9月15日星期六的《伦敦新闻画报》(*Illustrated London News*)

包裹在闪闪发光的马口铁皮里，节目单上说是钢，但这并不重要。他的脸令人恐惧地一动不动，就像人们在电影中见过的弗兰肯斯坦的怪物一样。他的眼睛是斜的，有一双电眼球，他的嘴没有牙也没有嘴唇，胸部和手臂都覆盖着板甲，膝盖处有锋利的金属关节，就像大都会博物馆里的装甲骑士穿的那样。

当埃里克讲话时，眼睛里闪烁着黄色的光，当他说完后，他"僵硬地鞠了一躬，头左右转动，四处抛媚眼。然后，随着铠甲板咣当一声，他坐了下来"。总的来说，这令人敬畏，尽管埃里克的讲话并不引人注目，不过是惯常的含糊不清的陈词滥调（这些话是用无线电传送，并通过他头部的隔膜发出声来的），而且在某种程度上削弱了闪烁的黄眼睛和马口铁皮包裹的体形。[21]

围绕着恰佩克虚构的大规模制造的人造人形象产生了"机器人"概念，"埃里克"体现了这个概念。但是，"埃里克"并没有反映出当时那一代真正的机器人，其中大多数都能做出回应行为。事实上，仅仅一年多以后，"埃里克"这个魁梧的英国机器人就被一只"巴黎贵宾犬"超越了：一只会走、会叫、会追随主人的手电筒的电子狗。这只电子贵宾犬是亨利·皮罗的作品，他是荷兰飞利浦电子公司法国子公司的工程师，该公司专门从事电气、X 光和无线电技术业务。皮罗后来成为飞利浦的"技术宣传主管"，他设计了这个生物，并将其命名为"飞利狗"（Philidog，为了纪念飞利浦和18 世纪作曲家、国际象棋大师弗朗索瓦－安德烈·达尼康·菲利多尔），用来宣传光电池的可能性。[22] 1929 年秋天，"飞利狗"在巴黎表演，首先是 9 月份在魔法城举办的国际无线电展览会上表演，[23] 该魔法城是一个以变装舞会而闻名的舞厅；然后是 10 月底在大皇宫举办的国家无线电沙龙上演出。

"飞利狗"的脚其实是轮子，通过轮子带动自身奔跑，它由电池供电，每只眼睛里都有一个光电池；光电池与两个马达相连，其中一个为右侧的轮子供电，另一个为左侧的轮子供电。当光线同时照到两个光电池时，两个马达都会转动，狗就会向前移动。如果只有一只眼睛接收到光线，则只有相应的马达运行，狗就会向相反的方向转动。当光电池暴露在非常明亮的光线下时，例如当手电筒紧贴着它们时，两个马达都停止了，这只机械贵宾犬便会"吠叫"起来，先是通过一个喇叭，随后通过一个内置的留声机，留声机还可以让它发出低吼声。这个增强版的"飞利狗"还有一组长长的、钢制的、带电的、对触摸敏感的胡须。[24]

"飞利狗"的目的是成为一只看门狗，但它非常缺乏鉴别力：它无法分辨入侵者和晚归且"有点站不稳"的男主人。此外，"现在每个人，包括年轻的女孩儿，都有一把门闩钥匙，并且有时会比她想宣扬的时间还要晚一点'回来'"。所以皮罗提出了其他想法，比如博物馆墙上的野牛头"会发出吼叫声，并一直保持到巡夜人过来打开开关，或者造出一套可以挥舞剑或战斧的盔甲"。[25] 然而，皮罗和他那一代人的电子管家和看门狗的计划早在半个多世纪之前就已经有人抢先一步提出来了。

倒叙：19 世纪的智能住宅

响应式机电设备起源于 19 世纪中期。在 19 世纪五六十年代，法国魔术师让－欧仁·罗贝尔－乌丹[26]，冯·肯佩伦的会下国际象棋的"土耳其人"的揭穿者（第 4 章），在他位于卢瓦尔河谷布卢瓦附近的圣热尔韦的房子里摆满了各种奇妙的装置，这些装置使皮罗的电子看门狗看起来就像一个玩具。在他的作坊里，这位魔术师通过机电"仆人"来管理他的房子和庭院的每一个细节：[27] 房间门、窗户和大门的开和关，暖房和柴房的温度，以及通过时钟和警报器的设置来管理他的人类仆人的活动。

罗贝尔－乌丹是一位发明家，他曾因钟表和自动机的创新设计而获奖[28]，他设计了一些最早的机电设备，并获得了电力驱动技术的关键部件的专利：电动调节器、断流器、分配器、振动电机、电磁柱式电池。他发明了第一个白炽电灯泡，举办过用电照明的晚会，这也许预示着托马斯·爱迪生的到来；这个电灯泡只用过一次，1863 年 6 月，在他女儿的第一次圣餐仪式上，他在由电灯照亮的亭子里举行了庆祝晚宴。[29] 在 19 世纪 40 年代，罗贝尔－乌丹还构思了一个关于"音乐电报"或"声音的达盖尔摄影法"的想法；大约 30 年后，1878 年 4 月 2 日，他在巴黎的剧院"奇幻之夜"（当时由他的儿子埃米尔经营）举行了巴黎的第一次电话公开演示。法国电影制作人乔治·梅里爱从 10 岁起就被罗贝尔－乌丹的剧院深深吸引，梅里爱后来买下了这座剧院，并将它改造成世界上第一家公共电影院。[30]

罗贝尔－乌丹也是最早设计电钟的人之一，他还拥有电钟的专利，并协调了电计时的系统。他梦想着"有朝一日，从一个调节器发出的电线将辐射到整个法国，并将精确的时间告知最大的城镇和最不起眼的村庄"。[31] 他设计了电动警报器和警告装置，以保护船只免遭泄漏，保护房屋免遭火灾和盗窃，使他的暖房免于温度过于波动，以及提醒添加饲料，让他的雌马驹不至于饿肚子。[32]

罗贝尔－乌丹最早的专利之一是一个在小隔间里藏有蜡烛的闹钟。当钟声响起时，小隔间的门就会打开，蜡烛已经被点燃。这个"打火闹钟"销售得非常火爆，并帮助罗贝尔－乌丹开展了钟表制造业务。[33] 到他的职业生涯结束之时，他已经走完了从"打火闹钟"到比尔·盖茨的"智能住宅"之间的一大段路程。罗贝尔－乌丹退休后住在圣热尔韦的一栋名叫"小修道院"的房子内，这栋房子被他的朋友、艺术家让－皮埃尔·当唐昵称为"陷阱大师的修道院"。[34] 这位魔术师的宅邸的每个角落都配备了机电装置。埋在沟渠里的电线连接着房子的每个部分。[35]

前大门离房子有四分之一英里远，包括一个侧门，侧门上有一个镀金的门环。在这个门环上，一个小妖怪举着一个指示牌，上面写着"敲门"。敲门的人触发了屋内的电铃，仆人听到后打开门锁（可以通过按大厅里的一个按钮来远程操作）。当门闩被拔出时，门上刻有"罗贝尔－乌丹"的标示牌便换成了一个写着"请进"的标志。然后，当门打开时，它又引发了一连串的电铃声。罗贝尔－乌丹声称，他可以从这些铃声的速度和节奏中判断出他有多少客人，以及是哪一类客人：朋友（快速）、陌生人（稍慢）、乞丐（胆小、犹豫）。之后，门突然关上，"请进"的标志又换回了标示牌。在没有人敲门和触发电铃的情况下，门是无法打开的，因此"无论是弄错了，开玩笑，还是粗心大意"，任何仆人都无法在没有访客的情况下按下开关，打开大门。同时，马车夫在进入侧门时，会发现有一把马车门的钥匙被另一个标志所标识。他对马车门的开启和关闭的结果会呈现在房子的前厅，此处有块牌子上写着"'马车门是——'。在这个不完整的铭文的末尾有两个选项，即'打开的'和'关闭的',取决于马车门的开关情况"。[36]

大门里还有一个信箱,信箱的盖子可以启动屋内第二个电铃。邮递员首先根据指示把所有的报纸和传单一起穿过箱盖放进去,然后把信件一封封地放进去。"因此,我们在屋里就能收到每份文件送达的通知,这样,即便我们不愿意早起,甚至是在床上,我们也可以估计出早晨邮袋中的不同物品。"邮件的信号也可以颠倒过来。当罗贝尔-乌丹有信要寄时,他会按响铃铛,响铃不是在屋里,而是在门口,提醒邮递员到屋里来取走要寄出的信件。罗贝尔-乌丹总结说:"我的电动搬运工……我对它别无所求。它的职责得到了最精确的履行,它的忠诚是毋庸置疑的,而且它从不透露秘密。至于它的薪水,我怀疑是否有可能为如此完美的仆人支付更少的薪水。"[37]

一个单独的电动调节器管理着屋内的所有时钟和屋外的两个大钟面,其中一个安装在主楼上,"供山谷里的居民们一同使用",另一个安装在对面的园丁小屋,供宅邸内的居民使用。这些钟共用一个铃,安装在屋顶上的一个微型钟楼里,由"一个发条装置"敲响。电流由调节器分配,抽回控制敲击运动的闩,让锤子以正确的次数敲击钟铃。为了给敲钟装置上发条,罗贝尔-乌丹将其与厨房旋转门上的卷曲装置连接起来,这样,仆人每次进出厨房时,都会"不自觉地给敲钟装置上发条"。

他还用一个协调一致的计时系统来管理他的家庭工作人员。自动闹钟"在三个不同的时间点响起,叫醒三个不同的人,首先是园丁"。要关闭闹钟,睡觉的人不得不按下位于他房间另一端的按钮。此外,当主人想"提前或延后吃饭的时间"时,他就在书房里按下一个电钮,把所有的钟都拨快或拨慢。"厨师经常觉得时间不知不觉中过得非常快，而我自己则多了一刻钟。"[38]

罗贝尔－乌丹发现一个马童在偷马的饲料，于是他就用自动的方式给他的马"范妮"喂食。他写道，现在，它"有了一个挚爱的人给它送饭；'他'是一个最诚实的男孩，正因为'他'诚实，所以对我的……电气程序分毫不爽"。[39] 新的马童实际上是饲料槽上的一个装置，与这栋房子的中央调节器相连，被设定为每天输送三次燕麦。只有当马厩的门被锁上的时候，才能操纵开关，将燕麦从仓库中运送进来，而这只能从外面进行；只要门被打开，同时饲料槽里还有燕麦，屋里就会响起警报。[40]"难道我不能用电和机械制造可以信赖的聪明的助手吗？"[41]

同样，当他的园丁导致温度变化过大时，暖房里的"热电装置"会提醒魔术师，此外，另一个在柴房里的热电装置会在发生火灾时报警。只要有任何门窗被打开，防盗报警系统就会触发一个大钟响起。在射击场，击中靶心的射手会得到一项由树叶做成的桂冠作为奖励，这顶桂冠是在"电动液体"的帮助下从上面送下来的。在公园里，一个"飞行座椅"机械系统将乘客从小峡谷的一侧送到另一侧。[42] 仅仅在巴贝奇的机械计算方案的几十年后，这些最早的积极反应的、有感觉的机电机器就诞生了，它们比第一批"机器人"足足早了半个世纪。正如我们所看到的，这个想法——人的功能，尤其是社会地位低下的人的功能，可以由人造的机器来执行——起源于工业革命的早期阶段，因此远早于控制论。另外一个想法也同样早于控制论，即人造的机械仆人可以是有感觉的、积极反应的：它们可以被赋予一种机械能动性。事实上，如果说罗贝尔－乌丹的职业生涯表明了什么的话，那就是人工的、机械的能动性是 19 世纪技术创新的一个具有指导性的关注重点。我们的魔术师正是在 19 世纪的新技术的最前沿工作, 从电子计时、电灯泡到电话、电影。能够感知和回应的人造机器是这位现代科学魔术之父的矢志不渝的计划。[43]

对于控制论来说, 有感觉的、有反应的机电自动机的想法和实现都不是新的; 两者都比控制论早了整整一个世纪。正如我们将看到的, 新的东西是控制论者从这些设备中得出的一系列含义, 他们在此基础上发起了运动。

被动语态中的能动性

在 "声控机器人先生"、"埃里克" 和 "飞利狗" 作为 "机器人" 首次亮相的那几年间, 哈佛大学的生理学家沃尔特·坎农创造了另一个新词——"内稳态"(homeostasis)。这个词所指代的是克洛德·贝尔纳在半个世纪前确定的生命机器的独特特征: 它对外界做出反应、与外界相互作用的能力, 并通过这种相互作用来维持自身的稳定和秩序。[44] 作为哈佛大学的本科生, 坎农曾在哈佛大学医学院院长亨利·皮克林·鲍迪奇的实验室学习生理学, 而鲍迪奇曾在巴黎向贝尔纳学习过, 这两个美国人都受到贝尔纳思想的很大影响。

坎农写道, 许多 "能动性" 总是 "在行动, 或准备行动", 以维持生物体内的 "稳定不变"。尽管这么说, 但是他几乎完全用被动语态来描述这些能动性, 显然, 他自己也不由自主地接受了科学的能动性禁令。在谈到环境变化对生物体的干扰作用时, 坎农写道: "这种干扰通常被控制在很窄的范围内, 因为系统内的自动调整被付诸行动，从而，大幅度的振荡被阻止了，体内环境被保持得相当稳定。"他总结说："前面几页已经说明了在有机体中起作用的各种能动性。"[45]

像这样用被动语态来描述能动性导致了一种奇怪的、扭曲的表达方式。是谁或什么完成了这一切："被控制""被调整""被阻止""被保持""被起作用"？坎农没有宣称活的有机体是这么多动词的主语，而是把它藏在一堵由被动语态构成的墙的后面。下面是经过编辑的同一段话，就像人文学科的教授们疲惫地不断修改他们学生的论文一样，以避免被动语态，从而避免掩盖能动性："生物通常将这种干扰控制在狭窄的范围内，自动调整其系统以防止大幅度的振荡，并保持体内环境处于相当稳定的状态。"第一种表述隐含地援引了生物之外的一个未知的能动性，而本段的表述则明确指明了生物之内的能动性：生命本身！

从贝尔纳到坎农，"内稳态"概念的倡导者们长期以来一直在这个问题上争论不休：这种互动和补偿的能力是不是生物区别于人造机器的原因。贝尔纳有时坚持认为，自我调节是生物体的一个独特特征，但也指出如蒸汽机等人造机器表现出了同样的能力。在第二次世界大战期间，英国人和美国人中有许多人作为军用实验技术的研究人员或顾问，采纳了后一种观点，即人造机器可以表现出同样的自我稳衡的能力，而且事实上，内稳态构成了动物和人造机器之间的联系。[46]

他们是第一批控制论者。在英国，这个群体包括实验心理学家肯尼思·克雷克[47]，他与皇家空军飞行人员研究委员会合作，设计了一款人工驾驶舱，这是最早的飞行模拟器之一；神经生理学家威廉·格雷·沃尔特[48]，他是脑电图的先驱，从事扫描雷达和导弹技术的研究；精神病学家沃尔特·罗斯·阿什比[49]，他用前皇家空军的炸弹控制单元制造了"内稳态器"，它是对生物的模拟，一般被视为第一台控制论机器。

在美国，核心人物包括数学家诺伯特·维纳[50]——他在战时对高射炮的瞄准和发射系统进行了研究，以及数学家、工程师克劳德·香农，他当时在贝尔实验室从事火控系统的工作。在最重要的控制论者中，还有出生于匈牙利的普林斯顿大学数学家约翰·冯·诺伊曼，他在寻找一种自动机理论，其中既涉及"人工自动机，特别是计算机"，也涉及"自然自动机"。所谓"自然自动机"，他指的主要是人类的神经系统，但也包括生物的繁殖、自我修复、进化和适应机制。

冯·诺伊曼观察到，所有这些现象，无论是人工的还是自然的，关键是涉及一个单一的、栩栩如生的特征：一个塑造并维持自身的系统，能够对变化的环境做出反应。他最初想通过制造一个能够制造另一个机器人的机器人（也就是能够自我繁殖）来检验这些类比，但他很快转向创造该实验的抽象版本。其结果是一种被称为"元胞自动机"（cellular Automata）的数学装置。这种装置由几何单元的网格组成，通过一套简单的规则来规定每个单元和其相邻单元之间的关系，从而逐渐形成复杂的模式。这成为各门科学的核心实验模型，时至今日仍然如此。[51]

所有这些控制论者都致力于制造机器，这种机器不仅能够执行一个独立的目的，而且能够以生物体适应环境变化的方式自觉地调整其功能。正是维纳创造了"控制论"这个术语，用来描述自我稳衡的机器（无论是人工的还是有机的）的统一科学。自动机，"无论是金属的还是肉体的"，都必须与外界进行持续不断的交换，而"控制论"是指对机器或有机体与环境之间的这种密切关系的研究和操纵。[52]"控制论"这个词来自希腊语中的"舵手"（κυβερνήτης），该词也是"调速器"（governor）一词的词源。维纳想到了詹姆斯·瓦特的蒸汽机调速器（1788 年），它将蒸汽机的速度保持在一定范围内，维纳将其视为最早的人工自我稳衡装置。他还提到了詹姆斯·克拉克·麦克斯韦的文章《论调速器》（On Governors，1868 年），维纳认为这篇文章是对控制论（人工的、自我稳衡的）机制的首次理论探讨。[53]

但维纳对历史了解不多。在他的宣言《控制论：或关于在动物和机器中控制和通信的科学》（*Cybernetics: or Control and Communication in the Animal and the Machine*，1948 年）中，他简单概述了他所认为的控制论史前史，并宣称古希腊的自动机位于"现代机器发展进程的主线之外"。而事实上，文艺复兴时期翻译的古代文献为现代早期自动机在欧洲的爆发提供了首要的模型。他写道，古代自动机"似乎没有对严肃的哲学思考产生过什么影响"。[54]但是，古代自动机对亚里士多德、阿奎那以及整个经院哲学传统（笛卡儿和其他 17 世纪的机械论者所回应的正是这个传统）而言都是一个重要的参考，这个传统假定机械的事物通过固有的能动性和反应能力来运行。

跳过这个古代和中世纪的机械论传统，维纳认为笛卡儿是第一个对现代早期的钟表自动机感兴趣的"严肃"哲学家，他将自动机与生物相类比。但是，维纳写道："就我所知，对于这些活的自动机是如何运作的，是笛卡儿从未讨论过的问题。"[55]但正如我们所知，笛卡儿不仅详尽地讨论了活的自动机的功能，还是新的机械论生理学的主要创始人。

另一方面，维纳非常欣赏莱布尼茨，把他称为"控制论的主保圣人"，因为他是普遍符号学和推理演算概念的先驱，这些想法为控制论者的"推理机器"提供了概念基础。不过，维纳并不喜欢莱布尼茨的单子，维纳误认为每个单子都是"在它自己的封闭宇宙中"光荣而孤立般存在着："它们对外部世界没有真正的影响，也不会受到外部世界的有效影响。正如他所说，它们没有窗户。"维纳把单子比作"音乐盒上被动地跳舞的人偶"，还比作"微缩版的牛顿式太阳系"，一个被动的钟表宇宙。[56]

　　但是，单子与孤立的、被动的、牛顿式的原子相反：它们是普遍联系的、纯粹的能动性，而且是明确地反牛顿主义的。每个单子绝非存在于它自己的封闭宇宙中，而是反映或"表达"了其他每个单子。莱布尼茨认为单子不是物质客体，而是有感知的灵魂，作为这一论点的一部分，他指出单子"没有窗户"——没有办法让任何东西进来或出去，因此也没有办法改变彼此。作为有感知的灵魂，单子既不能在物质上作用于其他单子，也不能被其他单子在物质上改变。它与其他单子相互作用，不是通过推动或拉动，而是通过感知和认识。莱布尼茨对牛顿的钟表宇宙表示遗憾，因为它是被动的，而且依赖于超自然的行动来源。当他称单子为"灵魂的自动机"时，他的意思并不是说它们像音乐盒顶上被动旋转的人偶一样，而是恰恰相反：单子是自我运动的，是它们自己的行动的唯一来源。[57]

　　最后一个错误：维纳的结论是，根据莱布尼茨的说法，"我们所看到的世界的显而易见的组织是介于臆造和奇迹之间的某种东西"。[58]但是，对莱布尼茨来说，世界的明显的机械组织恰恰不是一个奇迹。莱布尼茨认为他的"前定和谐"学说（认为自然界的所有事物都按照一套单一的、连贯的法则行事）的优点是，它"从纯粹的自然行动中彻底剔除了奇迹概念，并在一种可理解的方式的支配下，使事物顺其自然地运行"。[59] 在莱布尼茨看来，宇宙的理性的机械体系只有在它能够自足、包含其自身的能动性时才是可理解的。

为什么要强调维纳对历史的颠倒性解读？他毕竟是一个数学家和哲学家，而不是一个历史学家。然而，正是他把控制论这一领域建立在了对历史的看法之上。控制论的一个公理是，在亚历山大里亚的希罗之后直到控制论出现之前，没有一个人——包括亚里士多德、笛卡儿甚至莱布尼茨——考虑过这种可能性，即反应能力可能是机械的：感知觉和反应的机制可能是由动物和人造机器所共享的。控制论者坚持认为他们的新机器第一次超越了过去那种被动的、照本宣科的、"瞎的、聋的和哑的"自动机的局限。尽管他们承认瓦特的自动调节的蒸汽机和麦克斯韦 1868 年论文中的其他调速器的确是例外，但他们觉得，这些机器没有被公认为有感觉的、积极反应的机器，因此未能引发哲学和工程学的革命。

控制论是一场被推迟的革命，它终于到来了。因此，维纳强调，新一代的"灵敏的自动机"具有感觉器官：能够分辨光与暗的光电池，以及测量电线张力或温度变化的仪器。用于测量任何物理量的任何科学仪器都有可能是一个感觉器官。"灵敏的自动机"包括恒温器、自动开门器、受控导弹、近炸引信、陀螺罗经船舶操舵系统和防空火控系统。[60]

但控制论者认为他们的机器是最早的有感觉的、积极反应的自动机，这一点是错误的，不仅是因为"飞利狗"（1929 年）、罗贝尔－乌丹的电动搬运工和马童（约 1860 年），甚至瓦特的蒸汽机调速器（1788 年）都要比它们更早。事实上，积极反应的自动机至少可以追溯到 13 世纪的翻眼睛、扮鬼脸、喷水的机械骗子，而且由于这类装置自古以来就存在，所以时间还要早得多。甚至在古代就有了利用所谓"反馈"（控制论者的术语）的机械装置。[61] 对机械的感觉和反应能力的哲学兴趣，以及为了实现这些目标而进行的技术尝试，都是古代的传统。

由于不了解历史，控制论者注定要重蹈覆辙。结果是，他们关于感知觉、反应能力和生命能动性的机械论模型变成了相反的情况：很多人确信生物没有能动性。他们为经典机械论图景提供了一个更新版本，其中生物任何有目的的行动的表象都仅仅是一种表象。

由维纳、他的同事朱利安·比奇洛和墨西哥生理学家阿图罗·罗森布卢斯[62] 撰写的控制论创立宣言宣称，他们已经使目的和目的论对现代科学而言变得安全。他们认为，亚里士多德主义目的因形式的目的论已经失势，"主要是因为根据其定义，目的因意味着一个原因在时间上落在了其特定结果的后面"。[63] 他们的意思是，一个事件的最终目的或最终结果的实现必须在时间上位于该事件之后。

但亚里士多德主义的目的因并不在其结果之后，这的确很奇怪。目的因是先于其结果的目的，就像我喝水的目的先于我往杯子里倒水一样。亚里士多德主义的目的因学说认为，意志和目的性在整个自然中发挥作用。正是这种渗透在自然之中的能动性，而不是任何因果时间先后的问题，导致经典机械论者拒绝亚里士多德主义的目的因。

为了抵消这种令人担忧的亚里士多德主义目的论，罗森布卢斯、维纳和比奇洛引入了"负反馈",这个术语是从电气工程中借用的,并被赋予了更为广泛的哲学目的。他们解释说,"在特定的时间参照于相对具体的目标",如果一个物体的"行为"被"控制在误差范围之内",那么就会出现"负反馈"。[64] 他们援引了防空或导弹制导系统等装置,其中一个物体被引导至一个靶标。他们指出,这种负反馈的目的论不涉及时间颠倒的问题(原因在其结果之后起作用),因为目标(靶标)是在当下作用于正在行动的物体。因此,负反馈概念避免了原因和结果在时间上颠倒的问题,控制论者则认为亚里士多德主义的物理学就有这个问题。

负反馈也消除了亚里士多德主义物理学给古典机械论者带来的实际问题,因为它没有把任何能动性归于正在行动的物体。罗森布卢斯、维纳和比奇洛的"目的论"只是表象上的,而不是真实的。物体没有内在的目的,只有外部的影响。注意被动语态:物体的行为是"被"它与目标的距离"控制的"。这个"正在行动的"物体是被动的。它并不搜寻它的目标,而是被目标所吸引。来自目标的信号(例如,一个光源)限制了正在行动的物体的输出,从而使这些输出汇聚到目标上。根据罗森布卢斯、维纳和比奇洛的观点,像雅克·洛布研究的那些趋向性运动是一种由负反馈支配的简单行为。猎犬追踪气味也是如此。

由负反馈支配的更加复杂的行为需要对未来进行"预测",就像一只猫在追赶一只跑动的老鼠时,猫会跑向老鼠前进的方向而不是老鼠目前所在的位置。根据罗森布卢斯和他的同事的说法,即使是看起来如此主动的过程,也是猫受外部指导的。就像在简单的趋向性运动中一样,来自老鼠的信号支配着猫的行为。他们断言:"我们可以认为,所有有目的的行为都需要负反馈。如果要达到一个目标，那么在某些时候就需要一些来自该目标的信号来指导行为。"[65]

从工程学的角度来看，下列概念是极富成效的，即一台机器如何能够自主运作，甚至在不断变化的条件下完成指定的目标，这是设计制导导弹或防空炮的有效方法。不仅是工程师，连哲学家和生物学家也都抓住了这个想法。恩斯特·迈尔称赞罗森布卢斯、维纳和比奇洛的论文是"我们目的论思想的一个突破"。[66]

然而，对有目的的行动的首次控制论解释在哲学上是非常有限的。首先，正如控制论的早期批评者所指出的，这种模式下的有目的的行动需要一个"目标"——其存在形式是发射信号的物体。[67]接近某物体，或以其他方式达成与周围环境中的某一物体的某些关系，只是有目的的行动的一种形式，而大量有目的的行动（写歌剧、解数学题等）并不涉及发射信号的目标物体。控制论者扩大了他们对负反馈驱动行为的"目标"的理解，包括内稳态目标，即维持内环境参数（温度和渗透压等）的稳定，以应对外环境的变化。[68]然而，对于这种控制论视角下的有目的的行动而言，无论是追踪物体还是维持内稳态，行动的来源都外在于正在行动的物体，而在其环境之中。

为了把行动的来源置于正在行动的物体之外，罗森布卢斯、维纳和比奇洛采用了他们所谓的"行为主义"分析来处理有意识的行动。行为主义方法既可应用于人造机器，也可应用于生物体，这种方法认为物体的内在本性和该物体的组织是不相关的。为了评价一个物体的"行为"是否带有目的，我们只需考虑在对周围环境做出回应时，它的变化是否符合这种方式——实现并（或）维持了与周围环境的特定关系。这是一种外部评价。如果物体确实以这种方式发生了变化，那么它的行为就是有目的的。[69]根据这个定义，例如，恒温器的行为就是有目的的。

利用行为主义方法，控制论者描述了一个表面上有能动性，但实际上没有能动性的世界。他们的同路人，法国生物哲学家乔治·康吉扬对控制论的核心原则做出了行为主义的解释，即生物体和机器在本质上是一样的，同理，可以把能动性还原为行为。在1952年的一篇题为《机器与有机体》（Machine et Organisme）的文章中，康吉扬呼吁停止将机械装置仅仅视为"人类的智力活动"，即知识的应用。我们必须在更为一般的意义上将机械装置理解成"一种生命行为"。当人们制造机器时，他们只是将自己身体的机械功能向外延伸，像所有的生物体一样行事——机械地行事。以这种方式来看，人造机器是生物体的机械本性的自然结果。[70]

将能动性和所有主观经验从心理学中移除，是当时盛行于心理学界的行为主义学派的核心原则。哈佛大学行为主义者 B. F. 斯金纳写道，对反射行为的研究驳斥了"流行的用来解释行为的内动因理论"："就像笛卡儿的大胆假设那样（他指的是笛卡儿将动物解释为机器），一个外部事件被确定下来，来替代内在的解释。这个外部动因就被称为**刺激**。"[71] 在美国及其他国家，斯金纳和其他行为主义心理学家把动物对其所处环境的反应能力描述为"像机器一样"，并在把生物解释为机器这一点上，他们认为他们的行为主义方法是科学的。[72]

斯金纳和其他行为主义者把动物描述成"像机器一样"，这意味着他们没有把内在的能动性，甚至也没有把内在的经验归于他们的研究对象。如果心理学要成为严格意义上的科学，心理学家必须停止试图研究不可言喻的伪实体，特别是意识——一种不可见的、非机械的现象。相反，他们必须把目光投向行为，行为主义者认为，行为既是可观察的，又是完全机械论的，因此是科学研究的唯一适合对象。行为主义将能动性外在化，用被动语态来转译能动性，通过这种方式，行为主义者引入了奠基性的原则，为他们自己的新学科——控制论——奠定了基础。维纳采纳了这一原则，他写道，有机体的环境可以"改变行为，使它在某种意义上能更有效地应对未来的环境"。[73]

控制论者的核心计划是感知能动性的机械化。他们把自己的方法描述为行为主义的，因为它仅仅通过外在的行为来评估能动性；他们也把自己的方法描述为达尔文主义的，因为随着时间的推移，他们的机制从环境中获得了复杂性。根据他们的解释，感知能动性只是一种外在的表象，即观察者通过观察得来的印象，因为是环境塑造并引导了本质上被动的、机械的生物的行动。

被动－主动控制论的动物展览

在"机器人"和"内稳态"这两个术语首次提出的 20 年后，控制论这门学科得以创立，并统一了这两个概念；在同一时期，英国精神病学家沃尔特·罗斯·阿什比制造了一个机器人，它的全部目的就是保持内稳态，即在应对某些环境干扰时保持稳定的状态（见图 9.5）。[74] 像 14 世纪以来的许多自动机和机器人制造者一样，阿什比也与钟表制造有关。他的母亲出身于钟表匠世家，他的外祖父、外曾祖父和外高祖父都是伦敦的钟表匠，并且都叫亨利·莱蒙，阿什比自己也是一名业余钟表匠。[75] 在他制造"内稳态器"（他如此称呼他的机器）的时候，他也是位于格洛斯特的巴恩伍德私人

Fig. I—The homeostat, with its four units, each one of which reacts on all the others.

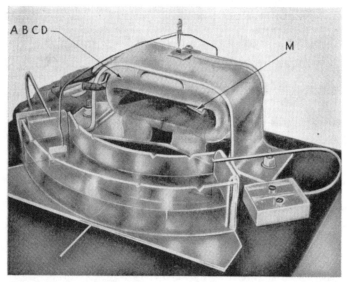

Fig 2—Quadruple coil ABCD encircles magnet M which is suspended by the needle pivot. The suspending wire extends forward on its end into the water in the semicircular plastic trough which has electrodes at each end. Potential for the grid is taken from the pivot socket.

图 9.5 罗斯·阿什比的"内稳态器",出自 1949 年 3 月《无线电新闻》杂志的报道"电子大脑"("The Electronic Brain")

精神病医院的研究主任，他在那里进行电休克疗法的研究，这是该医院当时引入英国的一种新疗法，与之一道引入的还有脑叶切除术。

"内稳态器"是由取自皇家空军炸弹的四个控制单元制成的。[76]每个控制单元都包括一个线圈和顶部的旋转磁铁，而且每个控制单元都会发出直流电，其输出功率与其磁铁偏离中心位置的距离成正比。阿什比将四个控制单元用电线连接在一起，这样一来，每个控制单元都向其他三个控制单元发送输出，并接收来自其他三个控制单元的输入。每个旋转磁铁都根据它所接收到的输入而移动，改变其输出，这又反过来作用于其他磁铁，使它们移动并改变它们的输出，如此反复。[77]

每个单元都有一个电位器（一个可以控制电路中流通的电流的大小的可变电阻器）和一个换向器（一个可以改变电流方向的开关），它们会对到达每个单元的输入电流进行控制，分别决定到达线圈的输入电流的比例和极性。如何设置这些参数、电位器和换向器，将决定机器的组态。在一些组态中，四块磁铁会最终停在它们各自枢轴的中心，阿什比说，"它们主动抵抗任何使它们移位的尝试"，当它们被移位时，"一个**协调一致**的活动会把它们带回中心"。[78]

然而，在其他组态中，磁铁可能会变得不受控制，在枢轴上摆动得越来越快，直到它们撞到围绕它们的弧形装置的两端。这台机器还包括一个额外的关键特征：每个单元都有一个开关，通过调节这个开关，可以使其输入电流绕过手动操作的电位器和换向器，转而通过一个单选步进开关（接受单一输入，并将单一输入与多个输出中的一个相连接的装置）。每个单选步进开关只有在超过一定的输出值时才会被激活，也就是说，只有当对应的磁铁在振荡中超过一定范围时才会被激活。一旦被激活，单选步进开关将改变下列参数值：电流的方向和流量。每个单选步进开关都有 25 个输出位置，取自随机数表，可以产生 390 625 种可能的随机组合。这使得机器能够随机地将自己重置为一个新的组态，模拟在达尔文的自然界中生物体的随机重新配置。如果一块磁铁触发了对应的单选步进开关，这个开关将重置参数，直到输出和磁铁的位置回到规定的范围内。[79]

阿什比认为，由于单选步进开关，"内稳态器"具有了"神经系统的一个显著特性"，即它的"自我重组能力"：适应环境变化的能力，甚至是那些对自身结构造成"外科手术般改变"的环境变化。例如，人们可以手动反转一个换向器，而"内稳态器"很快就会恢复平衡。这个新的平衡在性质上将不同于机器在受到冲击之前所保持的平衡，各单元之间的关系不同，参数设置也不同。根据阿什比的说法，这台机器会让它自己"适应"这种变化。[80]

换句话说，换向器之所以具有阿什比所说的"超稳定性"，是由于其"双重反馈"，即反馈系统中的反馈系统。第一个反馈系统将磁铁相互连接，使它们根据彼此的运动而移动。第二个反馈系统将每个单元的单选步进开关与其磁铁的位置相关联，当磁铁的位置超出了规定的范围时，就会触发单选步进开关。这使得机器不仅可以在给定的条件下趋于平衡，还可以重新配置自身以应对条件的变化。[81]

阿什比认为"内稳态器"和神经系统都是"自组织的"，他从康德的《判断力批判》中借用了自组织的性质，而康德曾相信这种性质是生物所特有的。现在，阿什比把"自组织"也扩展到了人造机器，并保留了康德最初对表象和实在的区分。[82] 根据阿什比的说法，自组织的机器，无论是活生生的还是人造的，都只是表面上的自组织。把自组织理解为一种外在的表象，就可以"解决关于神经系统的冲突"，即"它应该是严格确定的机械论系统的这一要求"与"它似乎自发地改变其组织"的这一事实之间的冲突。这些看似自发的组织变化"指的是外部可观察到的行为"，而不是神经系统内部发生的事情。[83]

就像训练狗一样，训练者也可以通过"惩罚"和"奖励"对"内稳态器"进行"训练"——惩罚它的不良行为，如果它自己纠正了错误则得到奖励。假设你是"内稳态器"的训练者，想训练它每当你驱使磁铁1向左移动时，它就会把磁铁2移向右边。你开始手动将磁铁1拨到左边，假设"内稳态器"的反应是错误的，即磁铁2也向左移动，那么，你就"惩罚"它，把磁铁3一直拉到禁区，从而触发相应的单选步进开关，这将重新配置机器的参数。

再试一次：你再次将磁铁1移到左边。也许，在机器的新组态中，磁铁1受力向左移动的结果是磁铁2向右移动，在这种情况下，"训练"课程圆满结束，而机器显示出它可以进行快速的学习。你对它的奖励就是让它安静地待着。如果"内稳态器"还没有吸取教训，你就重复惩罚并再次测试它，一直到它达到一种组态，即驱使磁铁1向左移动会导致磁铁2向右移动。[84] "内稳态器"已经"学到"了一些东西，因为它已经达到了一种新的组态，以应对环境压力，即你对磁铁3的操纵。

对于同一过程，我们可以换种说法来描述，即你驱使机器不断地进入新组态，直到它变成一个你喜欢的组态。换言之，在阿什比的装置中，学习采取的是行为主义的形式，即从外部强加的重新配置。"内稳态器"是机械化的能动性的模型呢，还是机械化的被动性的模型呢？阿什比的朋友和同事、神经学家格雷·沃尔特称"内稳态器"为"熟睡的机器"，因为"内稳态器"让他想起了"炉边的狗或猫，只有在被打扰时它们才会动一动，然后有条不紊地找到一个舒适的位置，再次睡下去"。[85]

阿什比经常将能动性归于他的造物，比如他写道，这台机器抵制使其偏离平衡状态的企图，而且一旦被扰乱，它就会通过协调一致的行动让自己恢复到平衡状态。[86]但是，难道我们不也可以说，一块砖头主动地抗拒要把它举起来的企图吗？在阿什比看来，这台机器之所以是主动的，不仅是因为它**做**了一些事情，更重要的是它**自主**地做了这些事情："内稳态器"并不按照剧本行事，而是按照它的本性行事。没有任何程序决定磁铁在任何特定时刻的位置；它们根据机器的总体构造的引导，移动自身并移动彼此。[87]但总的来说，正如阿什比自己所指出的，"内稳态器"做了一件事并且只有这一件事，尽管他坚持认为它"以许多复杂而有趣的方式"做了这件事：移动到"一个平衡状态"。[88]它的唯一目的和唯一功能就是陷入不活动状态，这是关于生命和思想的本质的一个奇特模型。

然而，对于阿什比和他的控制论同行来说，这个东西看起来是有目的的，他们强调的是"看起来"。我们已经看到，阿什比将自组织定义为仅仅是一种外在的表象。维纳也同意这一点。维纳说，在阿什比的机器中，"就像在达尔文的自然界中一样，我们在一个并非有目的的构造的系统中看到了目的性的表象"。[89]阿什比本人在维纳的鼓励下，将这种目的性的表象描绘为回应笛卡儿的达尔文式机械模型。笛卡儿曾认为，原因至少要和结果具有同样的完美性（他的意思是，一个完美的、无限的上帝的想法必须有外在于人类思想的来源，因为人类的思想是不完美的、有限的）。但阿什比写道，达尔文已经表明，一个"相当简单的规则，在很长的时间内发挥作用，可以产生比引发它的规则本身复杂得多的设计和适应"。"内稳态器"是一部"达尔文主义的机器"（阿什比感谢维纳提出这一术语），"在其运行中利用了类似进化的过程"，因为它从磁铁的位置中"选择"信息。[90]

这东西很重，阿什比需要实验室助理帮忙才能把它拖到会议现场。但他走到哪里都带着它，包括 1955 年去加利福尼亚，他在那里参加了斯坦福大学行为科学高级研究中心的开幕典礼。在这趟旅途中，"内稳态器"是否与阿什比和他的妻子罗斯巴德（埃尔茜·莫德·索恩）一起乘坐在他们的新车双座凯旋 TR2 上？（至少在回程时，他们的三个女儿乘坐的是灰狗巴士，途经落基山脉、大峡谷，并前往托莱多拜访了他们家的长辈克拉拉。）阿什比后来又把这台机器带去美国，20 世纪 60 年代期间，他在伊利诺伊大学的生物计算实验室担任电子工程学教授。[91]

阿什比的机器得到了极为热烈的宣传。1948 年 12 月底，当他第一次向世界宣布这台机器时，它在英国引发的头条新闻比一个月大的查尔斯王子的洗礼仪式还要多。美国《时代》杂志的一名记者将其描述为一个"极不起眼的黑色装置"，看起来就像"四个方形的蓄电池"，但其创造者称它是"迄今人类设计的最接近人工大脑的东西"。这是因为它与机械计算器不同，机械计算器只是按照"预先确定的"方式执行指令，而"内稳态器"则是"真正在思考……至少在它自主地采取行动的意义上可以这么说"。这位记者指出，跷跷板、罗盘的指针或向日葵也是如此。但阿什比回答说，他的机器的行动方式比这些都要复杂。记者写道，他认为它的行动

"构成了思考"。[92]

当阿什比还在巴恩伍德私人精神病医院时，他每周四都和格雷·沃尔特在一起。沃尔特当时是伯登神经研究所的生理学主任，此处距离布里斯托尔有一小时的车程。当时，阿什比正在开发他的"内稳态器"，而沃尔特则在研究机器，他打算用这些机器以最基本的方式模拟生物的目的、感觉、反应、主动和互动方面。沃尔特写道，由此产生的"机电生物"的行为"非常像动物，以至于我知道它能把一位平时并不胆小的女士（他指的是他的妻子维维安·多维）赶上楼，并把她自己锁在卧室里"。[93]

沃尔特称他的造物为"乌龟"，并给它们取名为"埃尔默"（Elmer）和"埃尔茜"（Elsie）（见图 9.6），这两个名字取自"光敏机电机器人"（electromechanical robots, light sensitive）的字母组合。这两只乌龟有两种感官：触摸传感器和光电池。这使它们能够穿过由灯泡和障碍物组成的简单环境。它们被中等亮度的光源吸引，但会被非常明亮的光源驱离，而当遇到障碍物时，它们会向后退并绕过它。当感到饿了，也就是需要充电的时候，它们会产生食欲，也就是说不再被非常明亮的光源驱离，并接近它们窝里的亮光，即回家去"吃饭"和"休息"。[94]

一种永不停歇的能动性是乌龟的特点。沃尔特说，它们表现出一种"典型的动物习性，即探索环境而不是被动地等待事情发生"。它们不断地运动，除了在进食，也就是给电池充电的时候，它们从不会静止下来。就像"一滴池水中的那些永不停歇的生物"一样，埃尔默和埃尔茜"猛地扑向前，其行动轨迹可构成一系列曲线"，它们以这样的方式东奔西跑，"结果是，在一个小时内（它们）……就将调查几百平方英尺的地面"。[95]

图 9.6　格雷·沃尔特的机电乌龟，埃尔默和埃尔茜中的一个

这两只乌龟让其创造者和他的同事们感到惊讶。首先，它们似乎能认出镜子中自己的形象。这要归功于它们头上戴着的小灯管，每当光电池受到足够强的光线照射时，灯管就会自动关闭。当埃尔默或埃尔茜在镜子前"看到"自己的形象时，它首先会被自己头灯的反射光所吸引。当它足够接近镜子时，反射光变得足够亮，

导致头灯关闭，乌龟移开。然而，一旦头灯关闭，它就不再暴露在自己的反射光下，因此头灯将重新打开，导致乌龟被再次吸引到镜子前。"因此，这个生物在镜子前徘徊，闪烁，叽叽喳喳，翻来覆去，就像笨拙的那喀索斯。一个生物这样与自己的影像打交道，这种行为是相当特别的，而且如果在动物身上观察到这种行为，纯粹基于经验的话，那么它可能会被视为某种程度的自我意识的证明。"[96] 另一个令人惊讶的现象是，就像它们认出自己的镜中形象那样，乌龟似乎以一模一样的方式认出彼此。它们被对方的头灯所吸引，但当它们靠得太近时，每个头灯都会导致另一个头灯关闭。关闭后则又会导致它们重新打开，这样，两个生物似乎在跳着相互问候的舞。"因此，在没有其他有吸引力的事物的情况下，一些机器无法逃避彼此。但它们也永远无法满足它们的'欲望'"。沃尔特设想，由这样的机器组成的群体将形成"一种社区，并有一个特殊的行为准则"。如果在这种情况下出现一个独立的光源，那么"这个社区（将）……瓦解"，因为机器都走向那个光源了，但当它们聚集在刺激物上并阻挡彼此的路径时，社区又会再次形成。[97]

作为一个行为主义者，沃尔特用解释自然动物行为的方式来解释乌龟的行为。他和他的控制论同行们根据外在表现来定义反应能力、互动和感知觉，而把内部机制或主观经验的问题放在一边。埃尔默和埃尔茜对自己和对方的外表上的识别构成了识别本身。沃尔特写道，他们的一些行为是可以预测的，但其他行为则是"完全无法预见的"。自我识别和相互识别的机能是偶然的，因为头灯的目的本来只是为了指示转向装置何时在运行。"也许这些只是'小把戏'，但在这些模式下的行为，如果是真的动物的行为模型，生物学家就可以十分正当地声称，它是自我识别以及识别其他同类动物的真实证据。"[98]

在沃尔特看来，乌龟的各种特征和倾向构成了"对宇宙的探索和伦理态度，也是一种纯粹的趋向性态度"。[99]维纳热情地表示赞同，他写道，乌龟展现出的"相互反应，如果发生在血和肉之中而不是黄铜和钢铁之中，那么大多数动物心理学家都会将其解释为社会行为"。维纳预言，沃尔特的出人意料的观察结果，即他的机械生物似乎具有社交生活，是"关于机械行为的新科学的开端"。[100]

只有当我们不理会造成这些表象的内部机制时，乌龟的所有典型特征——永不停歇、探索的好奇心、自我识别、社交属性——才是可信的。我们不得不将表象与实在等同起来，以确定某种看上去有意识、好奇、躁动或善于交际的东西确实是有意识的、好奇的、躁动的或善于交际的。沃尔特写道，乌龟的行为模式说明了动物行为研究中的一个关键原则，即与环境存在反馈回路的"任何心理状况或生态状况"都可能"导致行为的出现，这种行为似乎至少暗示了自我意识或社会意识"。[101]

维纳也设计了有感觉的、有目的的机电生物。维纳与他在麻省理工学院的同事、电气工程师 J. B. 威斯纳（维纳曾吸纳他参加控制论晚餐俱乐部，威斯纳后来成为麻省理工学院的校长）[102]以及威斯纳的学生亨利·辛格尔顿（未来的电子设备和航空公司特利丹的创始人）合作。他们的想法是制造一台可以证明他们所谓的"自主反馈"的"趋向性机器"，即一台可以在多个反馈系统中进行选择的机器，这些反馈系统会构成不同的趋向性。除了主要的趋向性反馈机制外，这样的机器还需要一个次要的反馈机制——维纳及其合作者称之为"姿态反馈"：这种反馈让那些与机器的"目的性运动"没有直接关系的各个关节和部件在特定的时刻处于适当的紧张和准备状态。他们三人感兴趣的是，不仅要模拟与自主反馈相结合的姿态反馈的成功运行，还要模拟其故障，他们认为这将模仿帕金森病患者的典型震颤。[103]

维纳宣称他们的劳动成果是"巧妙的和成功的"，这是一个小三轮车，装备有一个推进马达、一个方向舵、两个定位马达和两个光电池（见图9.7）。根据光电池的输出如何与定位马达连接，以及进而如何与舵柄连接，该机器可以被设置为正向趋光性，即寻求光线，在这种模式下创造者将其命名为"飞蛾"；或者，也可被设置

图9.7　诺伯特·维纳和他的趋向性机器——"飞蛾/臭虫"，图由麻省理工学院博物馆无偿提供

为负向趋光性，即避开光线，这时它就成为"臭虫"。在任何一种模式下，机器都会注意平衡和调节自身运动，以使运动保持在正确的趋向性路径上。维纳称这种趋向性机制为"自主反馈"，并断定它类似于人类的自愿行为，他认为这"本质上是在反馈中做出的选择"。[104]

"飞蛾／臭虫"机器可以这么设定，将它的可调节放大器设置成过大的放大倍数，这样一来，它在试图纠正自己的时候会振荡得越来越失控，维纳认为其表现类似于小脑受伤患者的"意向性震颤"。同时，维纳将方向舵定位机制上的第二个反馈系统说成是类似于"姿态反馈"（动物通过姿态反馈来维持一个特定的姿势或姿势范围），它的"零点由第一个反馈的输出来调节"。在"没有光的情况下，也就是说，当机器未被赋予一个目的的时候"，第二个反馈变得过载，并引发第二种震颤。维纳把这第二种震颤比作帕金森病患者的震颤，这种震颤在病人休息时趋于恶化，而在病人进行有意的行为时趋于改善。[105]在维纳看来，有意向的行为和自主调节都源于反馈回路的一个层级，环境通过这个反馈回路作用于机械生物。

在维纳造出"飞蛾／臭虫"后不久，他的朋友和同事克劳德·香农又为有感觉的机电生物贡献了一个物种。"忒修斯"是一只真实尺寸的木制老鼠，有用铜丝制成的胡须，体内置有一块磁铁，能解开一个迷宫。然而，它在通过迷宫的过程中得到了一些帮助，不是来自阿里阿德涅的线团，而是来自迷宫本身。为了寻找"奶酪"，即一个可以关闭其马达的开关，"忒修斯"要通过一个由5×5共25个方格组成的迷宫，方格的隔板可以任意移动，形成不同图案的迷宫。一旦这只老鼠解开了一个给定的迷宫结构，它就学会了，这意味着它能够从它曾经待过的任何位点直接前往诱饵。当

"忒修斯"被放置在一个之前从未待过的位点时，它会寻找一个曾经待过的方格，然后直接前往诱饵，并把新的起点添加到它学习过的路线的集合中。[106]

然而，实际上并不是"忒修斯"解开了迷宫，而是迷宫利用"忒修斯"作为棋子来解开自身。"大脑"不在这只老鼠的脑袋里，也不在它身体的任何其他部位，而是在它的脚下，在迷宫地板下面运行的继电器电路中。每个方格都有一个"记忆装置"，由两个继电器组成，记录四个方向（东、南、西、北）中的一个。每当磁老鼠离开一个方格时，与方格相连的记忆装置就会记录下所走的方向。这个迷宫有两种使用记忆的模式："探索策略"和"目标策略"。在老鼠找到"奶酪"之前，机器处于"探索"模式，这意味着每当老鼠进入一个给定的方格时，地板下的电磁铁就会把它的磁性身体推出去，推出去的方向与它原先行进的方向成90度角（逆时针旋转），使它离开这个方格。如果老鼠的铜丝胡须碰到了障碍物，电磁铁就会把它送回方格的中心，并再把它旋转90度。[107]

一旦老鼠第一次到达诱饵处，迷宫就进入"目标策略"，这意味着每当"忒修斯"回到它已经待过的方格，它就会沿着它最后走过的方向离开。这台机器还有"遗忘"功能：只有它处于"目标策略"模式，它才会记它做了多少次移动，如果移动的次数超过了某个最大值，迷宫就会"判断"，诱饵肯定被移动过，否则就是迷宫被重置过，然后会恢复到其"探索策略"模式。[108]

然而，当香农介绍他的迷宫解谜机器时，他倾向于将能动性和运动置于老鼠自身之内。甚至在一次专业会议上，在一个足够严肃的场合，香农保证可以用他所谓的"感应手指"来代替这只可爱的老鼠，他通过将行动归于手指来解释这台机器。这次会议是于

1952 年 3 月召开的第八次梅西会议，梅西会议是由小乔赛亚·梅西基金会资助的控制论系列年度会议，在纽约市举行，共召开十次。当香农打开他的机器时，他告诉听众，"你们现在看到手指在迷宫中探索，寻找目标"。在手指到达目标后，香农说："如果我现在把手指移到它没有探索过的迷宫的一个部分，它就会笨手笨脚地四处摸索，直到它到达一个已知的区域。"[109]

接下来，他演示了当改变隔板重置迷宫时会发生的事情：手指进入了一个"恶性循环"，因为它记忆中的解决方案不再适用。一位观众、神经生理学家拉尔夫·杰勒德评论说，这是"一种神经症"。"是的。"香农表示同意。数学家伦纳德·萨维奇插话说："当它的头脑一片空白时，它不能这样表现，但在它被训练后，它可以这样表现？"香农回答说："是的，只有在它被训练过之后。然而，这台机器内置了一个抗神经症回路，以防止这种情况的发生。"（他指的是在进行了一定次数的移动后，会重新回到"探索策略"模式。）[110]

如果香农把包括迷宫在内的整个机器描述为模拟智能，那么它就似乎不再是一个与环境打交道的有感觉的生物的模型了。它只是一台进行了一系列设置的机器。通过将注意力集中在老鼠（或手指）上，香农塑造了人们（也包括他自己）对模拟的理解。他和他的观众可以把这个移动的实体看作有"头脑"的，甚至可能患有"神经症"。然而，整个"头脑"——决策、策略、神经症、抗神经症的纠正，所有这些——都在老鼠的环境中，在它的迷宫中，而不是在它相当空洞的自我中。

最后一个展现了控制论生物的本质被动性的例子是"若布"，它是法国科学记者阿尔贝·迪克罗克制造的电子狐狸，问世于香农介绍"忒修斯"之后的一年（1953 年）。"若布"目前藏于巴黎国家工艺美术中心，它是一个覆盖着狐狸皮的装置，有五种感官：两个光电池作为眼睛，一个与扩音器相连的麦克风作为耳朵，若干对触摸敏感的电触点，脖子上记录头部位置的电位器，甚至还有一个鼻子——位于头部前方的一个电容器，能够探测到远处的金属和其他导电物体。迪克罗克将这台机器称为"狐狸"，因为他认为它比早期的电子生物更聪明，特别是比沃尔特的"乌龟"聪明：与这些不同的是，它有一个记忆装置，能够使它构建出一幅周围环境的演化图式。[111]

然而，除了一些基本的、规则的运动，如头部缓慢旋转 180度，所有的动作都源于这只狐狸的周围环境，迪克罗克解释说："为了对付这只电子狐狸，我们构建了一个微宇宙，微宇宙的基本行动产生了对感觉器官的刺激。"这些激励依次连接到一个伺服网络（一个根据反馈而变换的网络），从而构成了狐狸的有限世界的演化图式。[112]甚至这只狡猾的狐狸也是一个工具，它的周围环境在它上面铭刻下了自己的形象。

由外及内

1946 年 11 月，罗斯·阿什比收到了数学家艾伦·图灵的一封热情洋溢的信；[113]当时图灵在英国国家物理实验室的数学部工作，并很快与阿什比和沃尔特一起成为"比率俱乐部"（Ratio Club）的成员，这是一个控制论的晚餐俱乐部，成员们在 1949 年至 1958 年期间在伦敦碰头。图灵的朋友、密码学家唐纳德·米基后来觉得图灵有点像"鲁滨孙·克鲁索",他仿佛独自一人待在荒岛上,他要应付每一个问题,从花粉过敏到概率论中的定理。[114] 然而,早期电子计算的这位"鲁滨孙·克鲁索"确实与阿什比和其他控制论者共享某些核心假设。图灵在"二战"期间曾在白金汉郡布莱奇利公园的政府代码及加密学校工作,开发了一种机电式密码破译机,即"炸弹机"。自战争结束后,他一直在设计 ACE,即自动计算机(Automatic Computing Engine),这一名称致敬了查尔斯·巴贝奇在19 世纪 30 年代的分析机和差分机。图灵在其里程碑式论文《论可计算数》(On Computable Numbers)中阐述了计算机科学的理论基础,还描述了一种"通用机",而 ACE 就将成为这种通用机。[115]

图灵看到了阿什比写给查尔斯·达尔文爵士(那位博物学家的孙子,也是英国国家物理实验室的主任)的一封信,信里描述了他的"内稳态器"的计划并询问了 ACE 的情况。在信中,阿什比推测 ACE 将无法像阿什比希望"内稳态器"做的那样调节和纠正自身的运行。[116] 但图灵向阿什比保证,ACE 事实上可以被设置成"尝试不同的行为,并以你描述的方式接受或拒绝它们"。此外,图灵本人也一直"希望能让机器做到这一点",因为他"对制作大脑活动模型的可能性比对计算的实际应用更感兴趣"。他认为有可能在不改变 ACE 的设计或结构的情况下,对 ACE 进行设置以调节其功能,因为 ACE 是"通用机",只要它有正确的指令,就能够模拟任何其他的机器。因此,就像真正的大脑可以"通过轴突和树突的生长"来改编其"神经元回路"一样,ACE 可以通过记忆不同的数据来改变自己,两者是等价的。在信的最后,图灵敦促阿什比考虑使用 ACE 来模拟"内稳态器","而不是制造一台特殊的机器。我非常乐意在这方面帮助你"。[117]

阿什比并没有接受图灵的提议，他热衷于制造他的"特殊机器"。计算机历史学家们最近强调了阿什比的机器与图灵的机器之间的对比，前者是一个颤动的、物理的实体，而后者主要是（尽管不仅仅是）一个数学上的"通用机"。[118] 图灵本人有时把他的通用计算机称为"纸机"，因为它可以由一个人按照一套规则来模拟；[119] 而阿什比把他的"内稳态器"说成是一个部分有感觉的物质存在，其身体器官的运动构成了他的实验项目的焦点。

然而，在制造一台会思考的机器方面，阿什比和图灵的方法有几个共同的决定性的特征。首先，图灵和阿什比一样，坚持认为会思考的机器必须通过一种更为基本的学习能力来获得思考能力。机器和人一样，没有受过教育就不能表现出智能；图灵在他关于机器智能的每一篇作品中都重复了这一关键点，[120] 这一点是如此重要，以至于他在 1947 年夏天向达尔文申请从英国国家物理实验室休假一年，以便去剑桥研究这个问题；正如达尔文所述，是否"可以制造一台能够通过经验进行学习的机器"，做这种"理论工作……最好离开这里"。[121]

图灵主张，与其试图直接制造成人的智能，不如尝试模仿儿童的思维。[122] 在一开始，他设想制造一个所谓"无组织的机器"，也就是说，一堆类似神经元的组件通过"联结修改器""以相对无系统的方式"联结起来，它们的组态受到一些随机变化的影响。于是，他展示了一幅通向人工智能的蓝图，这个蓝图在 15 年后被称为"联结主义"。[123] 机器将通过教育的方式变得有组织，这种教育由系统性的"干预"组成，可以改变、固定或中断部件之间的联结。[124]

图灵想象了两种"干预"输入，"一种是'快乐'或'奖励'（R），另一种是'痛苦'或'惩罚'（P）"。快乐干预会将机器的当前组态固定下来，而痛苦干预则会中断它，导致先前固定的特征发生改变或随机变化。然后，你可以仅仅让机器"在一连串的情况中随机游走，在做出错误的选择时施加痛苦的刺激，在做出正确的选择时施加快乐的刺激"，就像阿什比描述的训练"内稳态器"那样，以同样的方式充当机器的训练者。图灵建议，人们甚至可以将"教学方针"直接编程输入机器，这样它就可以完全靠自己学习，并指导自己的组织过程。[125]

因此，图灵与阿什比及其他控制论者（特别是维纳）所共享的第一个原则是，坚信生命和心灵是极为重要的历时性机械现象，随着时间的推移而发展。正如维纳所表达的那样，控制论的时间不是经典物理学的时间，在经典物理学中，事件是有因果关系的，是"可逆的"；相反，控制论的时间是热力学的时间，在热力学中，事件是在统计学意义上相关的，是不可逆的。[126] 然而，第二，图灵也和阿什比一样，抓住了一种在时间中发展的形式，学习的形式，它不需要真正的自我，没有内在的动因。他也借鉴了行为主义的原则来描述学习如何被由外及内地引导。

为了学习，机器必须是易犯错误的：拥抱易错性将破解机器智能的问题。1947 年，在研究 ACE 的早期，图灵写道，"如果一台机器被期望是不会犯错的，那么它也不可能是智能的"。在图灵看来，奥地利逻辑学家、数学家、哲学家库尔特·哥德尔的不完全性定理就包含了这一点。[127] 该定理指出，任何足以产生初等算术的公理证明系统也能够产生这样的句子，它们在该系统内既不可证明也不可否证，像"这个句子无法被证明"这样自我指称的陈述就是如此。[128] 图灵推断，哥德尔定理意味着，如果人们想制造一台机器来确定数学定理的真伪，在拒绝容忍偶然错误的前提下，那么任何机器都会在某些情况下无法给出答案。[129]

但图灵认为，这种无法容忍是武断的，甚至是误导的。人类的智慧并不要求永不犯错。相反，人们可以犯非常聪明和有趣的错误；事实上，人类的智慧正是通过这种错误发展起来的。如果一台机器并不假装自己是不会犯错的，那么，关于它可能具有多大的智能，哥德尔定理以及相关定理都给不出任何答案。[130]

最终，一个易犯错误的机器如何才能实现智能呢？根据图灵的观点，除了训练（其表现形式是执行指令的能力）之外，一个智能实体必须具有"主动性"。图灵提出将进行"各种搜索"的能力作为智能活动中主动性的模型。他确定了三种类型。第一种是"智能"搜索，其定义是"由大脑执行的对具有特定性质的（变量）组合的搜索"，在这种搜索中，搜索者按照给定的顺序系统地尝试可能的组合。第二种是"遗传或进化"搜索，通过这种搜索寻找基因的组合，其标准是生存价值（其他人，特别是密歇根大学的心理学家、计算机科学家约翰·霍兰，将这一想法发展为遗传算法编程技术）。[131]最后一种是"文化"搜索，这是"由整个人类社会而不是由个人执行的"。[132]

"主动性"暗示着能动性，即自发地、独立地和有目的地行动的能力。图灵将主动性解释为进行搜索的能力，乍看之下，似乎正是需要这些能力。然而，图灵的三个定义中的每一个都使用了被动语态：搜索是"被"大脑或人类社会"执行"的，组合是"被寻找"的。这里又一次用被动语态来描述能动性，而且，这种语法又一次展现了一种更深层次的哲学立场。

就像控制论者的趋向性的、自我稳衡的生物一样，图灵的会思考的计算机，即使在其假设的形式中，也是为了从外部看来是智能的，但它表面上的智能并非建立在任何内在的意志品质或固有的能动性之上。这台机器将仅仅通过尝试各种可能性来进行搜索，这种搜索部分是系统性的——根据一个或一组规则，部分是随机的。图灵将具有随机元素的学习过程与创造人类智能的进化过程进行了比较。[133] 至少部分搜索是随机的，机器将会被来自外部的"干预"纠正，或者被这种干预的系统化、内在化版本纠正。图灵认为，如果一台机器有能力进行搜索（无论是系统性的还是随机的），并且能够因"干预"而改变，那么它可能会达到某种类似人类的智能。

因此，图灵的机器的"主动性"最终并不涉及真正的主动性（其形式是自主的有目的的行为），而只是主动性的表象。1952 年 1 月，图灵在英国广播公司（BBC）关于机器智能主题的小组讨论中亲自谈到了这个问题。图灵的对话者是他的朋友和以前的老师、数学家、密码学家马克斯·纽曼，主持人是剑桥大学的道德哲学讲师理查德·布雷思韦特，他和图灵一样，是国王学院的研究员。

在谈话中，布雷思韦特有时会回到他自己的观点，即为了从经验中学习，机器需要"行动的源泉"，某种类似于"食欲"或"兴趣"的东西，以使它能够关注环境中的相关因素。纽曼也用主动的术语，如"突然抓住一个想法"，来描述人类思维的本质。但图灵回应布雷思韦特说，他认为即使没有食欲或兴趣，一台机器也可以"或多或少随机地"尝试各种组合，然后"根据各种优点获得分数"。因此，它将以新达尔文主义的方式进化出智能（新达尔文主义进化论者认为自然界就是这样进化出智能的），这一过程本质上是随机的，从外部得到纠正。[134]

当然，为了令人信服地模仿人脑，机器必须"看上去表现得像有自由意志一样"，图灵提出了两种可能实现这一目标的方法。

第一种方法让人联想到巴贝奇的"小把戏",巴贝奇让他的计算机器打印出一定样式的数字序列,并偶尔有不连续的跳动。图灵的想法是,机器行为中的随机元素——"类似于轮盘赌或一定量的镭"——可能会让它看起来像有意的行为。在这里,图灵似乎将有意行为的表现与任意行为的表现混为一谈。[135]

不管怎样,图灵对包含随机元素的可能性没有表现出太大的兴趣。他更倾向于将自主性和自由意志的表象归结于观察者的无知,既包括对机器中正在发生的事情的无知,也包括对任何一组事实或原则的结果的无知。图灵在回应数学家埃达·洛夫莱斯对巴贝奇分析机的一些评论时,引用了这种无知。埃达·洛夫莱斯说道,分析机"丝毫没有标榜说它能创造任何东西。它可以做任何我们知道如何命令它去做的事情"。图灵指出,这个评论假设了"当我们给它下命令时,我们知道我们在做什么,知道这些命令的后果将是什么",[136] 而这是"哲学家和数学家特别容易犯的一个谬误":

> 有这样一个假设,即只要一个事实出现在头脑中,该事实的所有后果就会同时涌入头脑中。在许多情况下,这是一个非常有用的假设,但人们太容易忘记它是错误的。这样做的一个自然后果是,人们想当然地认为,仅仅从数据和一般原则中得出的结论是不值得赞扬的。[137]

图灵指出,人们可以在不了解发芽机制的情况下有效地种下一颗种子。类似地,人们可以通过编程让机器做一些有趣的、意料之外的事情,在这种情况下,"我会倾向于说,机器创造了某些东西"。[138]

换句话说，智能取决于观察者的看法，除非它处于智能存在者的私人经验之中，在这个科学无法触及的地方。当被问及如何去定义思维本身，而不是它的外在表现时，图灵认为只能说思维是"一种在我的头脑中持续作响的嗡嗡声"，除此以外就无法多说什么了。[139] 最终，确定机器能够思考的唯一方法就是"**成为**机器，并感受自己在思考"。[140] 但这种方法是唯我论的，而不是科学的。图灵认为，从外表看，一个东西可能看起来是智能的，只要我们还没有弄清楚其全部行为规则。[141]

因此，要使机器看起来是智能的，至少其内部运作的一些细节必须保持未知。图灵以这种方式，使行为主义比行为主义者自身的立场更进一步。[142] 行为主义者曾认为，试图直接研究意识和智能的内部运作是错误的，而应该通过其行为效果来研究，因为这些内部运作是无法直接观察到的。图灵认为，关于智能内部运作的科学不仅在方法论上存在问题，而且在本质上是自相矛盾的，因为在这种解释面前，智能的任何表象都会消失。[143]

纽曼对此表示赞同，并与拉韦纳的美丽的古代马赛克拼图进行了类比。如果你仔细观察这些拼图，你可能会倾向于说，"为什么，它们根本就不是真正的图画，而只是许多彩色的小石头，它们中间填满了黏合剂"。类似地，智能思维可能也是由简单操作组成的马赛克拼图，当近距离研究时，它就会消失在其机械部件之中。[144] 阿什比后来也写道："我所说的是……'真正的'智能并不存在。它是一个神话。就像一个小孩在看变戏法时产生的'真正的'魔法的想法一样，它也是这么存在的。"[145]

从外部而非内部来衡量智能的必然性是图灵的里程碑式文章《计算机器与智能》（Computing Machinery and Intelligence，1950

年）的关键点。这篇文章提出了一个著名的判断机器是否智能的方法，该方法后来被称为图灵测试。如果一台机器能够在"模仿游戏"中击败人类，说服人类询问者相信它——这台机器——是真正的人类，而它的人类对手是计算机，那么人们必须礼貌地对待这台机器，并认为它是智能的。当然，询问者不能直接接触任何选手，两个选手（一台机器和一个人）都应该待在单独的房间里，与询问者所在的房间隔开，所有的交流都通过用打字机发消息的方式进行。谈话应该是完全不受限制的，包括谈话者愿意讨论的任何问题：算术、国际象棋、诗歌、狄更斯、圣诞节。[146]

图灵明确指出，机器必须被允许参加测试，即使其工程师不能充分地描述它是如何运行的，"因为他们采用的方法在很大程度上是实验性的"。他把成功的机器想象成一个"儿童"机器，它将通过被教导而变得智能，而且他强调，即使是机器的"老师"也"往往在很大程度上不知道里面发生了什么"。这台成功的机器的设计者本人，对于它的内部运作，至少也部分地搞不清楚。[147]这种情况是必然的，因为如果能够完全描述机器的内部运作，就会不再觉得它是智能的了。不过，对于人来说也是如此：图灵认为，如果一个人可以把他的行为完全归结为一套明确的规则，那么人们就会把他看成是一台机器，并隐隐觉得他没有智能。[148]

图灵相信，这样一套规则是存在的。有观点认为，人类不可能成为机器，因为不存在"一套完整的行事规则，一个人可以据此规范自己的生活"；为了回应此观点，图灵删除了个人能动性的假设，并重新阐述了这个问题。没有一份完整的"戒律"清单，"如'看到红灯就停下来'，让一个人能够据此行事，并能够意识到它"。另一方面，图灵认为有可能存在一套完整的"行为法则"，他指的是"适用于人的身体的自然法则，比如'如果你掐他，他就会尖叫'"。人类并非通过行事规则来规范自己的生活。相反，他们受到行为法则的规范：他们是规范的对象，而不是规范的动因。[149]

当下有几个研究领域是从这些 20 世纪中期的计划中产生的：认知科学、人工智能、机器人学、人工生命。这些领域的历史学家和从业者通常认为其历史是由两种相互竞争的方法之间的斗争塑造的。第一种方法是"认知主义"或"计算主义"，把思想解释为信息处理：在规则支配下对符号化的表征结构的操作。图灵的工作为第一种方法提供了规定性的范例。[150] 仍然根据共识性观点，第二种方法是"具身的"。与认知－计算主义传统相反，第二种方法不把思想解释为抽象的推理，而是解释为与世界的物理接触的一种形式。早期的控制论者如阿什比和沃尔特就代表了这种具身的、非认知主义的传统。[151]

但是，这种二分法掩盖了更深层次的共同点。图灵的非具身的、认知主义的方案包括可通过"快乐和痛苦"进行训练的"P 机器"，其原则是智能机器必须从经验中学习。[152] 阿什比的主动的、"具身的"方案采用了和图灵一样的抽象的"快乐"和"痛苦"概念：特定杠杆的位置。"认知主义"方案和"具身"方案的共同公理是，智能必须是快乐和痛苦的附带现象，而快乐和痛苦又是环境引导机械生物的机制。从根本上说，他们一致认为有生命的智能生物在本质上是被动的。

图灵和控制论者都将智能描述为一种历时性现象，通过学习在时间中出现。他们都把达尔文主义进化论作为解释智能如何出现的指导模型。他们都与新达尔文主义的原则保持一致，把他们的受达尔文启发的学习过程描述为从根本上说是被动的：由外部拉动而不是由内部驱动。控制论和人工智能的创始人提出，我们可以使用人工机制的方法来研究是什么使智能生物具有智能，是什么使生物栩栩如生。他们认为能动性（有目的的行为，主动性）是生命和智能的决定性特征。

在他们的物理实验、思想实验和解释中，他们用行为主义的术语来理解能动性，将能动性理解为次要的表象而不是主要的实在。他们与智能卵调情，但跟死麻雀结婚。

第 10 章

历史很重要

如果我们允许自己在谈话中把基因说成是似乎具有自觉的目标，并始终安慰自己，只要我们想的话，我们就可以把草率的语言翻译成正规的术语，那么我们就可以问这样一个问题：一个自私的基因试图做什么？它正试图在基因库中扩增自己的数量。

——理查德·道金斯，《自私的基因》

（*The Selfish Gene*，1976 年）

本书追溯了一个悖论的历史，这个悖论位于现代科学的核心之处，对生命和心灵的科学解释具有特殊的重要性。这个悖论起源于 17 世纪，伴随着现代科学的兴起，表现为自然的机械钟表模型。该模型把所有的目的、感知觉和能动性从自然中放逐出去，留下了一个不需要借助神秘力量或能动性就可以完全理解的粗笨的机械世界。但是，就像一块手表意味着有一个钟表匠一样，这个被动的机械造物世界依赖于一个超自然的、神圣的智能。这个模型在同等的程度上既是一个科学模型，也是一个神学模型，两者不可分割。

上文各个章节也追溯了一种竞争性的科学范式的平行发展，这种科学范式将目的和能动性自然化而不是外包出去。这种替代性的、主动机械论的传统，虽然被粗笨机械论的传统掩盖，但仍在与后者不断的辩证中发展着。最后一章表明，这些相互竞争的科学范式的历史与当前人工智能、认知科学和进化生物学领域的争论有着深刻的关联。[1] 用历史的眼光来看待当前的科学争论，就是要认识到一个根深蒂固的原则，这个原则是如此的基本，以至于基本上是不可见的，甚至在那些质疑它的人中也有相当大的影响力：能动性不可能是自然界的一个原始的、基本的特征；关于能动性的自然形式的想法在合法的科学中没有一席之地；科学知识因此决定性地不同于人文的理解，特别是历史的理解，人文和历史领域的研究对象包括有意识的动因。

　　科学解释中的能动性禁令排除了基本的物质倾向，例如拉马克主义的观点——生物具有变得更加复杂的倾向。当前的进化生物学禁止这种原始的倾向。根据当前的生物学，生物只有一种自发的行动具有明确的因果联系，这种行动就是随机变化的能力。科学的能动性禁令也适用于更高级、更复杂的能动性形式，如动物有意识的行为。在当前的生物学中，这些行为往往具有双重的惰性：首先，它们都可还原为粗笨的机械原因；其次，根据新达尔文主义理论，它们的行为结果永远不会被遗传，所以这些行为本身不会对进化产生影响。

　　19 世纪末的反人文主义、反历史的转向禁止在自然科学中使用历史解释的形式，这一转向不仅在新达尔文主义的科学中根除了拉马克主义，甚至也根除了达尔文理论的若干关键方面。此外，这一转向还在科学家之中产生了一种对他们自己学科的历史漠不关心的文化。但历史对科学很重要，历史知识是科学知识的必不可少的组成部分。大多数进化生物学家、认知科学家和人工智能研究人员对其领域的悠久历史只表现出泛泛的兴趣。在科学界有一个普遍的假设，即历史知识不仅在根本上不同于科学知识，而且是不够确定、不够真实、不够牢靠的一种知识。这一假设限制了科学解释的范围。在进化生物学中，反历史的偏见在两个层面上缩小了科学的范围：它有助于排除一种解释模式，即拉马克－达尔文主义的主动机械论历史模式；它还在很大程度上蒙蔽了科学家对自身知识遗产的复杂性和利害得失的认识。

这一信念——科学不得将任何类型的能动性归于自然现象——得到了几乎一致的赞同（即使不是在实践中，也是在原则上），通过认识到该信念的历史根源，并恢复一个与之竞争的传统的历史存在，我们可以衡量当前科学讨论的局限性，并有可能思考如何超越这些局限性。

白痴大军

在过去的 30 多年里，认知科学这一跨学科领域汇集了各个领域的研究者，他们都对研究大脑如何工作感兴趣，认知科学分成了两个阵营："具身"阵营和"表征"阵营。双方都制造、使用并以其他方式援引机器来支撑他们的论点。具身阵营的研究者采取了反叛的立场。从 1980 年左右开始，他们反对神经科学家、语言学家、哲学家和心理学家的组合，这个组合试图依据世界的语言和知觉表征来理解大脑的工作方式。

"大象不下棋"（"Elephants Don't Play Chess"）是麻省理工学院机器人学家罗德尼·布鲁克斯在 1990 年发表的一份宣言的标题。[2]布鲁克斯警告说，人工智能领域受到了笛卡儿主义唯理论的强烈影响，表现为"**符号系统假说**"（假设智能是由对符号的受规则支配的操纵组成的，这些符号构成了对外部世界的表征）的形式，而这种人工智能正在走向失败。也就是说，人工智能曾假定智能存在于"**思维**和**推理**"之中。[3]下棋为符号系统假说提供了一个典型的智能行为。人工智能的唯理论的、符号化的方法已经达到了它所能到达的极限，因为它忽略了很多甚至大部分构成智能的因素。例如，"如果仅仅因为大象不下棋就说它没有值得研究的智能"，这是"不公平的"。[4]

从进化的角度来看，布鲁克斯认为，是先有困难的部分，即智能的核心，或者说是"存在和反应的本质"，然后才是会下棋，尽管下棋紧随其后相对较快地就出现了。因此，他开创了一种"新人工智能"（nouvelle AI），他说，这种人工智能是通过具身而不是抽象来工作的，它放弃了对世界的符号表征的理性操作，而倾向于与世界本身进行直接的、物理上的接触。由此产生的人工生物的智能更像一头大象，而不像一位国际象棋大师。它是抽象的反面：它"植根于"并"嵌入进"生物的身体和环境之中。生物的所有"目标和欲望"都必须采取"物理行动"的形式，而且它必须"从物理传感器中提取所有的知识"。[5]

布鲁克斯和他的新人工智能研究伙伴并没有将智能分解成"信息处理模块"，而是致力于让智能进化，把智能作为"行为生成模块"集合体的涌现的结果。[6]出于这个原因，布鲁克斯的新人工智能也被称为"行为"机器人学或"进化"机器人学。他和同事们把他们组装行为生成模块的设计方案称为"包容体系结构"，因为离散的行为被包容在一起，没有最高级别的行为来监督和管理所有其他行为。布鲁克斯说，这些行为是"抽象的障碍"：每个行为都包含与外部环境的直接物理接触。通过聚集这些行为，包容体系结构"将感知和行动紧密地联系起来，将机器人具体地嵌入进世界中"。[7]

布鲁克斯的机器人的一个关键特征是，在这些机器人之中，没有哪一个相当于笛卡儿主义的自我，即那个统一的、认知的自我，没有中央信息库，没有整体的管理模块。[8]它们的智能并不位于某个离散的位点，"没有微缩体"。[9]这里使用"微缩体"一词可能会引起混淆：布鲁克斯指的不是 17 世纪胚胎学的那个微小的、预先形成的、机械的胚胎，而是类似于它在智能上的对应物——理性灵魂。布鲁克斯的生物没有理性灵魂。它们的行为并不"了解"彼此。布鲁克斯对"赫伯特"的解释例证了这种认知主体的缺乏。"赫伯特"是一个在实验室里游荡的机器人，它进入人们的办公室，偷走空汽水罐。它避开障碍物，沿着走廊和房间的墙壁行走，识别出汽水罐并把它们捡起来。布鲁克斯写道："'赫伯特'的非凡之处在于，它的任何行为生成模块之间完全没有内部交流。"每个行为模块都与传感器相连，并通过这些传感器与物理世界的办公室和汽水罐相连。寻找汽水罐的行为促使机器人走向汽水罐，但"并没有告诉手臂控制器现在有一个汽水罐，可以准备捡起它"。相反，手臂的行为是对轮子的反应：当轮子停止时，它就移动手去寻找它面前的汽水罐。[10]

这只手还有一个"抓握反射"，当手指间的红外光束被某物遮断时，手就会闭合进行抓握。没有一个模块包含整个项目的指令。

这种安排允许灵活性和机会主义。布鲁克斯解释说，人们可以递给"赫伯特"一个它没有搜寻过的汽水罐，而"赫伯特"会抓住它。这使得"赫伯特"成为一个成功的偷汽水罐的机器人设计。那它也是一个让人信服的自然智能模型吗？在布鲁克斯看来，"赫伯特"暗示，自然智能也可以在没有统一的认知主体的情况下存在。布鲁克斯写道："对于一个系统的观察者来说，很容易认为它的内部结构要比实际具有的更加复杂。'赫伯特'似乎在做诸如路线规划和地图绘制之类的事情，尽管它并没有。"[11]

但是，"赫伯特"真的缺乏统一的认知主体吗？答案必须取决于人们对统一的认知主体的理解。这个机器人的自主行为都与输出端的一个"仲裁网络"相连，该网络驱动执行器，使"赫伯特"能够根据其传感器传来的信息采取行动。[12] 此外，在"赫伯特"的研发者的头脑中，一套统一的程序显然包含了偷汽水罐的从头到尾的计划。为了论证表面上有目的的行为是从一堆杂乱的无目的的运动中产生的，难道我们不需要从实际的无目的性中看到明显的有目的性吗？而不是像"赫伯特"的情况那样，由表面上不相干的部件组装而成。换句话说，这里其实是表面上的无目的性，而不是有目的性。

"成吉思汗"是一个能够在崎岖地形上行走的机器人，类似地，它也没有单一的控制系统，没有"中央表征"或"数据库来模拟机器人在空间中的构型"。布鲁克斯把它在面对颠簸和坑洼时的"稳健性"归功于控制的"分布式"特点。[13] 机器人"托托"也是如此，它可以在没有传统的"地图"的情况下，根据命令前往指定的地点。传统的地图是对一个特定区域的静态表征，而"托托"所使用的则是一个由"节点"组成的地图，每个节点都是一个"行为"。

当"托托"在环境中移动并遇到地标时，这些行为就会自行激活。

"如果节点认为自己与机器人目前所处的位置相一致，它们就会变得更加活跃。所以，机器人既有一张地图，也有自己位于地图上何处的位置感，但这是一个完全分布式的计算模型"，[14] 也就是说，没有统一的自我。布鲁克斯并没有详细阐述一个行为"节点"对其在世界中的位置有一个"信念"可能意味着什么。但他认为，"托托"并不代表任何"局限在它头脑中的"东西，但它的行动却让人们猜测它好像代表了这类东西，因此成为"传统的表征主义的棺材钉"。[15]

据布鲁克斯所说，他的每个机器人看起来都好像是按照一组集中的目的行事，但这只是一种幻觉。在这些生物中，就像在自然中一样，"智能存在于观察者的眼中"。[16] 这些机器人体现了这一思想，而这一思想是布鲁克斯研究计划的指导原则，它"将研究智能的旧方法颠倒了过来……只有外部观察者才与认知有关，通过将认知能力归因于一个在世界中运作良好的系统，但这个系统没有一个认知发生于此的明确的地方……认知只存在于观察者的眼中"。[17] 这是布鲁克斯的著作中经常出现的一段话："只有生物的观察者才会归因于中央表征或中央控制。生物本身并没有，生物是竞争行为的集合。在观察者的眼中，一个连贯的行为模式从相互作用的局部混沌之中涌现出来。"[18] 布鲁克斯坚信一个纯粹的物质生物没有统一的、理性的自我，尽管他本人是个正统的笛卡儿主义者。他与笛卡儿的不同之处在于，他相信不存在一个统一的、理性的自我。

据机器人的研发者说，这些机器人不仅是混沌的，而且在本质上是被动的。它们的行动来源于外部，它们不是在环境中移动自己，而是被环境所吸引："在很大程度上，世界的状态决定了生物的行动……没有中央控制点。相反，有限状态机是由它们接收到的数据信息驱动的。"[19] 布鲁克斯承认，机器人的被动的、去中心化的行动模式似乎是"思想的对立面"，但他认为这实际上是思想的真正本质。"真正的生物系统不是接受输入、进行逻辑计算并产生输出的理性动因。它们是由许多以不同方式运行的机制组成的混沌，从中涌现出我们所观察到的并尝试合理化的行为。"

布鲁克斯的哲学的核心是"涌现"概念：一种无能动性的出现模式（关于这一点，我们稍后再谈）。"我的感觉是，思想和意识是一个过程的附带现象，这个过程就是生存于世界之中。"布鲁克斯的生物栖居的世界越复杂，它们在其中的行动就越复杂，因此它们的行动将显得越来越聪明、深思熟虑和具有意识。"思想和意识将不需要被编入程序。它们将会涌现。"[20]

在与环境，特别是包含其他有思想、有意识的生物的环境的互动中，思想和意识将会涌现出来。"科格"是一个由躯干、头颈、手臂和手组成的人形机器人。它的感觉系统包括视觉（摄像机）、听觉（麦克风）、触觉（电阻式力传感器），以及用于确定头部方向和保持平衡的本体感觉系统。"科格"不仅装备有名为"命运"的特殊头部系统，还有一张卡通化的脸，可以表达出各种情绪，包括愤怒、疲劳、恐惧、厌恶、兴奋、快乐、感兴趣、悲伤和惊讶。这些表情对应于几个机器人系统，布鲁克斯将它们命名为"内驱力"、"行为"、"情绪"和"状态"。

例如，只要机器人的"内驱力"保持在一个规定的"稳态"范围内，机器人就会表现出"感兴趣"和"快乐"。如果它的任何一个内驱力离开了这个范围，例如，如果它在一段时间内受到的刺激不足，它就会开始表达一种痛苦的情绪，如"悲伤"。仿照成人与婴儿互动的过程，布鲁克斯和他的合作者扮演了"科格"的"看护者"的角色。作为"看护者"，他们教"科格"做一些基本的事情，比如指向一个视觉目标和模仿点头。[21] 然而，尽管取得了这些成功，布鲁克斯宣称，正如人们可能预期的那样，作为一个设计上就旨在避免统一自我的生物，"科格"仍缺乏"一致性"：他没有办法在他的各种行为之间进行选择，例如，转身看一张脸或伸手抓一个物体。"这种问题的多少与"科格"所具有的基本行为的数目的平方成正比，所以问题迅速增长。"[22]

自我和能动性问题困扰着布鲁克斯，他对其机器的描述以被动语态开始，但经常陷入主动语态，特别是在描述"更高"层次的包容体系结构时。以"艾伦"为例，"艾伦"是一个探测和躲避障碍物的机器人，"每隔 10 秒钟左右，向一个随机方向前进的愿望**就会被产生出来**"。然而，"艾伦"的包容体系结构的更高一层"使机器人（用它的声呐）**探寻**遥远的地方并**试图**朝它们前进"。更高一层的意愿"**抑制**了漫游层所**意愿**的方向"。由于"艾伦"的障碍回避行为，"上层不得不通过测距仪来**观察**世界上发生的事情，以**了解**控制层中真正发生的事情，并**发出**纠正信号"。[23] 对"艾伦"的运作的描述意味着他的"高级"行为构成了一种相对集中、协调和主动的智能形式。

尽管布鲁克斯和他的支持者们要求在人工生命和人工智能中采用行为方法、进化方法和"具身"方法，以此有别于经典人工智能的计算主义和表征主义，但是，双方具有的共同点似乎比任何一方所认识到的都要多。他们共享笛卡儿主义的信念，即作为一个物质存在就意味着没有内在的理性动因，没有统一的自我；这一点也影响了他们的反笛卡儿主义信念，即因此，没有统一的自我这种东西。马尔文·明斯基是人工智能领域几部里程碑式著作的作者，也是第一个神经网络模拟器的研发者，他写道，"在你的大脑中，存在着一个由不同心灵组成的社会"。它们可以像"家庭成员"一样一起工作，但也可以像"住在同一面墙两侧的邻居"一样相互不了解。"就像公寓里的房客一样，共享你的大脑的进程不需要共享彼此的精神生活"。[24]

在其他地方，明斯基使用了另一个比喻，他把心灵描述为"一种纠缠不清的官僚制度"，其中所有部门基本上都是相互保持神秘的。[25] 布鲁克斯描述了"赫伯特"偷汽水罐，明斯基则以一模一样的方式描述了一个人在喝茶："你的抓握动因想要一直抓住杯子，你的平衡动因想要防止茶水溢出来，你的口渴动因希望你喝下茶，你的运动动因想把杯子送到你的嘴边。"[26] 你充满了"动因"，也正是出于这个原因，你完全缺乏能动性。

丹尼尔·丹尼特表示同意，事实上根本就"没有真正的自我"[27]；丹尼特是塔夫茨大学的心灵哲学家、生物哲学家和认知科学家，他在经典人工智能和行为机器人学这两个派别中都有涉足。有种观点认为可以通过数字计算机建模的方式来理解人类的认知，丹尼特是这一观点的早期拥护者。[28] 后来，他重新考虑并规定任何人工的智能生物都需要"眼睛、手、耳朵和历史"[29]，并创造了"计算主义高教会派"（High Church Computationalism）一词[30] 来批评正统的、非具身的经典人工智能。但他保留了这样的观点，即计算模型为"关于心灵如何组织的深层理论问题"提供了启示。[31]

关于自我的不存在，丹尼特同意从明斯基到布鲁克斯这两派同行的观点。他赞同明斯基的看法，即一个人除了"神经系统的各种子部门和过程"之外，"什么都不是"。[32] 那些怀疑这个看法的人只是"拒绝悬置他们的直觉判断"。有人觉得"难以想象在没有选择者的情况下谈论选择，在没有反对者的情况下谈论反对，甚至在没有思想者的情况下谈论思想的发生，这怎么可能是正确的"，如果你是这些人中的一个，那么你就应该"停下来考虑这样一种可能性，即这个几乎无法想象的步骤可能是一种突破，而不是一个错误"。[33]

因此，在当前的人工智能、认知科学以及行为机器人学中，笛卡儿的理性自我被全面地放逐了出去。经典人工智能的捍卫者，如哈佛大学认知科学家史蒂文·平克等计算主义者，否定了他们所认为的传统的心灵观点，即心灵是大脑中的一个"小人"，这个小人阅读并理解世界的表征。这种"微缩体"（平克如此称呼）指的是一个理性的动因，而不是微缩的物质胚胎；微缩体已经让位于微缩体的军团。在计算机中，它们被称为"智能体"（agent）、"幽灵"（demon）、"监管员"（supervisor）、"监视器"（monitor）、"解释程序"（interpreter）和"执行指令"（executive），而平克假设这些在人脑之中都有相应的对应物。根据平克这一派认知科学家的看法，这些次级微缩体大军是科学解释的合法元素，而不是神奇但无意义的废话，因为与旧的微缩体不同，这些新的次级微缩体是局限的、愚钝的。[34] 它们"无知、狭隘、盲目"。这些最小的、最底层的微缩体是"如此愚蠢，以至于它们可以像人们所说的那样'被机器取代'。在我们的计划中，我们通过组织白痴大军来完成工作，而把想象出来的微缩体**解雇掉**"。[35]

经典人工智能的主要倡导者认为，智能本身是一个神话，是一个错误的印象。明斯基赞同图灵的观点，即智能是一种虚构的东西，是观察者的无知的产物；雷·库兹韦尔也赞同这一点，他在过去几十年里一直是这门学科的首席宣传员。[36] 明斯基指出，"智能"标志着"对于心灵如何工作，我们暂时无知的边界"。[37] 这是因为最小的、最底层的思想动因是没有智能的，并且实际上"根本就不能思考"。如果把心灵还原到这些愚钝的、基本的动因的层面，那么我们将完全不会觉得智能是心灵的特征。[38]

就像旧的控制论者和他们在今天的继承者——行为机器人学家——一样，经典人工智能的研究者也认为生命和智能行动的来源外在于有感觉的生物，在它们的环境之中。为了解释人们如何能够科学地谈论目的和其他精神实体，丹尼特设计了他所谓的"意向立场"。[39] 采用意向立场是为了"通过归因于信念和欲望（以及希望、恐惧、意图、预感……）系统"来解释一个实体的行为，无论是生物实体还是人工实体。在这样做的时候，人们必须牢牢记住，相关实体本身不可能是有意向的，而只是"与试图解释和预测其行为的人的策略有关"。换句话说，如果一个人想理解"纯物理系统"（生物），那他很可能会"发现，对预测而言，把它当作有信念、有欲望、有理性的东西来对待是方便的、有解释力的，而且从实用的角度看也是必要的"。[40]

丹尼特将欲望和目的归于纯物理系统，为了辩护这一点，他推理道，我们经常谈论计算机，好像它们有理解能力和各种目标。因此，"至少有一种纯物理对象"是有意图的，尽管只是在人们通常把意图赋予它的意义上。"相对于人们对其运动的特定解释而言"，一台计算机"只能被说成是有信念的、有记忆的、有追求目标的之类"。如果计算机是有意图的，那它之所以如此，只是由于其创造者的意图。丹尼特承认，人与计算机不同，人没有这种有意的创造者，至少如果我们要避免"上帝假设"的话，就是如此。他在自然选择中找到了解决方案，他认为自然选择能够"赋予"生命系统的物理状态以"内容"，也就是目的。[41] 不过，在他后来关于进化论的工作中，丹尼特也坚持认为达尔文主义的自然选择是"盲目的"："可以想象到的最粗糙、最初级、最愚蠢的提升过程……每一步都是通过粗笨的、机械的、算法的攀爬来完成的。"[42]

无论归于什么外部来源，丹尼特肯定，能动性不能存在于正在行动的生物之中，而只能从外部赋予生物。他赞同经典人工智能和行为机器人学中的一个普遍共识。根据这一共识，能动性只能是表面上的，因此是生物所处环境的结果，而不是其内部的结果。赫伯特·西蒙是卡内基·梅隆大学的经济学家、认知和计算机科学家，他将人类行为的复杂性比作一只蚂蚁穿过沙滩的路径。西蒙把这条路径复制到一张纸上，给一个不了解情况的朋友看，在这位朋友看来，这条路径就像一个滑雪高手在障碍滑雪赛道上滑过的轨迹，或者是一个水手顶风航行的轨迹。这是因为这条路径有"一种潜在的方向感，朝着一个目标前进的感觉"。但事实上，西蒙认为，目标指向性源自生物之外。"复杂性实际上是沙滩表面的复杂性，而不是内在于蚂蚁的复杂性。"[43]

西蒙与艾伦·纽厄尔共同编写了人工智能领域的两个具有里程碑意义的程序，即"逻辑理论机"和"通用问题解决者"，西蒙是人类思想和行为的计算模型的最有影响力的支持者之一。[44] 但在能动性的问题上，他完全同意控制论者（无论是以前的还是现在的）的观点。西蒙认为，人类和蚂蚁是一样的。人类行为"表面上的"目标导向的复杂性"在很大程度上是对环境的一种反映"。[45]

计算主义者和行为机器人学家也共同持有一条公理——认知并不存在于任何特定的东西之中。就行为机器人学家而言，鉴于他们对物理接触和具身性的强调，以致令人惊讶的是，他们所使用的材料的物理性质并没有出现在他们对这一问题的理论讨论中：是什么构成了积极反应的、参与的、栩栩如生的行为。相反，在他们的理论讨论中，他们详细阐述了机器的结构特征。同样，计算主义者也认为，没有任何特定的物质负责认知。平克写道，"智能经常被归因于某种能量流或力场"，他把这种观点与"唯灵论、伪科学和俗套的科幻小说"联系起来。让一个设备或生物变得聪明的，并不是它的材料成分，而是它的"保存真值的"部件结构，而这些部件又代表着外部世界的元素。[46]

有感觉的生物的组成物质与它的感觉无关，这一原则在两个研究纲领中似乎都是不言而喻的。然而，其他自然力和现象——电、磁、化学、引力等——都与特定的物质有关。为什么智能与某种特定物质相关的想法，就像平克所说的那样，等同于"唯灵论、伪科学和俗套的科幻小说"？我认为原因在于，这种想法违反了经典机械论对自然中的能动性的禁令。那些继续支持这种自然能动性禁令的人似乎不记得，它最初的理由既是科学的，也在同等程度上是神学的。

激烈的共识

目的论就像生物学家的情妇一样：没有她就活不下去，但又不愿意和她一起公开露面。

——恩斯特·迈尔，《迈向生物学新哲学》

（*Toward a New Philosophy of Biology*，1988 年）

在本书的开头，我描述了与一位生物学家朋友的谈话，她同意我的观点，即生物学家不断地将能动性——意图、欲望、意志——归于他们研究的对象（例如细胞、分子）。[47]但她说，这种归属只是一种说话方式，一种生物学家用来代替他们还无法给出的解释的占位符。一旦完全理解了所研究的过程，他们将不再需要把任何形式的能动性归于他们的对象，甚至作为一种说话方式也不需要。正如我所说的，与科学家不同，历史学家一般都相信能动性，但他们一般不相信"说话的方式"。历史学家认为，说话从来不是单纯的说话，至少我是这样认为的，因为说话与思考是不可分割的。而科学家的思考可以完全独立于他们的说话，这听起来难以置信。

那么，考虑一下生物学家和生物哲学家在谈论能动性时采用的说话方式。根据生物哲学家彼得·戈弗雷-史密斯的说法，如何对待能动性或生物系统中明显的目的性，仍然是该学科的一个组织性问题。他用"能动主义"（agentialism）来命名一种说话方式，这种方式"从具有议程、目标和策略的实体之间的竞争的角度"来谈论进化。戈弗雷-史密斯警告说，尽管这种语言表面上是比喻性的，但它仍是危险的，因为一旦人们开始"从具有议程的小动因的角度来思考——即便公认这不过是一种隐喻，这种思考就很难停止"。[48]

然而，即使是那些被戈弗雷-史密斯认定为"能动主义者"的人，也从未以公开的、字面的方式将能动性归于自然实体，而只是以一种"隐喻的"方式。事实上，通过使用隐喻，他们获得了某种修辞上的自由，因为他们的修辞是纯粹的隐喻，而绝不是其字面意思。作为真正的隐喻，这些隐喻坚称与其字面意义有很大的距离。一个例子是哈佛大学生物学家戴维·黑格证明如何使用博弈论来模拟基因在进化过程中的作用。在 20 世纪 70 年代初，博弈论成为进化生物学的标准模型，这特别得到了英国理论进化生物学家约翰·梅纳德·史密斯的工作的推动，他将博弈论模型应用于有机体在生存斗争中的行为。[49]黑格和包括理查德·道金斯在内的其他进化论者认为，基因——而不是有机体——是自然选择的基本单位，因此他们把隐喻的、能动化的、博弈论的语言应用于基因，而不是整个有机体。[50]黑格设问道，"为什么要利用将基因拟人化的策略思想"[51]，然后他解释了博弈论是一种"实用的"解决方案。它允许对有许多变量的复杂情况进行建模，其中一些变量的排布会导致比其他排布更为成功的结果。黑格暗示说，人们可以把这些排布称为"策略"，而不需要假设一个策略家。

黑格从进化心理学中借用了一个原理，即人类在思考动因和策略方面特别聪明，他运用这一原理得出结论：如果生物学家把基因当作有策略的行动者的话，那么他们在关于基因的问题上会更加聪明，当然这并不意味着基因是有策略的行动者。[52]因此，黑格习惯把基因描述为具有"利益"，并根据"信息"采取行动，施加"力量"和"影响"。[53]但他的意思并不是这些说法的字面意义。事实上，这些隐喻本身就在不断提醒我们，从字面上理解它们是错误的：通过同样的修辞手法，它们在赋予能动性的同时也取消了能动性。

博弈论在进化生物学中的应用遵循着同样的早就发生过的振荡：一边是将生命解释为能动性，另一边则是将能动性从生命中抽离出来。梅纳德·史密斯在最初将博弈论模型应用于自然选择的过程中，将"策略"一词赋予为生存而斗争的有机体，并使生物体（至少是出于计算机模拟的目的）成为一个具有策略的动因。同时，梅纳德·史密斯强调，他对"策略"的技术定义是严格的行为主义，他写道："一个'策略'是一种行为的表型，也就是说，它是一个个体（在既定的情况下）将要做什么的明细清单。"[54] 因此，这些"策略"表面上不涉及内部的策略思维或能动性的归属，而只是对行为的外在观察。道金斯在将博弈论方法运用到他的基因功能理论中时，也强调有关"策略"是行为上的定义，甚至都不需要将意识——更不用说能动性——归于具有策略的动因。他的理论是一种关于"无意识的策略家"的理论。这种有意为之的矛盾修辞法鼓励读者接受这些表面上将能动性归于基因的做法，作为对任何此类能动性的彻底否定。[55]

当戈弗雷－史密斯反对他所谓的"能动主义"时，从某种意义上说，这其实是他与他所批评的人之间的一个"激烈的"共识。戈弗雷－史密斯警告说，隐喻往往会占据其使用者的思维，导致"隐喻和字面意思的令人不安的混合"。[56] 毫无疑问，他对这种混合的看法是正确的，但这并不是故事的全部：与此同时，这些"能动主义者"，如道金斯和黑格这样以基因为中心的理论家，将他们的隐喻纳入了一个彻底的反对能动主义的计划中。他们把魏斯曼对达尔文主义的解释，以及这种解释对生物体内部的能动性的彻底禁止，推向了逻辑的极端。这些新"极端"魏斯曼主义者，正如道金斯本人对自己的观点所描述的那样[57]，不仅坚持对能动性的隐喻式解释或行为式解释，而且正是通过将这种隐喻式或行为式的能动化语言应用于基因，他们把能动性从有机体中排除了，甚至一种隐喻式的能动性形式也被剥夺了。

从道金斯所说的"基因的视角"来看，包括人在内的有机体只是基因为了保护和复制自身而"建造"的"载体"。在"发现"了如何做到这一点之后，基因"涌入巨大的殖民地中，在庞大而笨拙的机器人中安居"，这种机器人就是有机体。我们是基因的机器人，从我们的内部，基因总是"通过曲折的、间接的途径与外部世界沟通，通过远程控制来操纵它。基因存在于你我之中，它们创造了我们的身体和心灵，它们的保存是我们存在的最终理由"。因此，道金斯赞同控制论者、计算机和认知科学家以及人工智能研究者所接受的信念（我已经介绍过），即统一的自我是一种虚构，是人类的境况的产物。他认为，这种作为"一个单元而不是一块殖民地"的感觉是一种"主观"假象，其背后的事实是自然选择"偏爱与其他基因合作的基因"。[58]

在诸如此类的段落中，基因似乎不仅具有能动性，而且是一种邪恶的、隐蔽的、包罗万象的能动性。[59]它们创造、交流、合作，并将人和其他有机体作为工具来达到自己的目的。此外，有机体就像"机器人"一样缺乏能动性，与此对比，基因的能动性就显得尤为显著。[60]道金斯在其他地方强调，每当他似乎要把动机赋予基因时，他所做的都只是纯粹**行为**上的措辞，而且这种说法"作为一种近似，很方便"。基因从外部看来是在执行行动，但它们在这样做时并没有意志或目的，它们的"目的性"只是表面上的。尽管现存的基因为生存而斗争，但它们"不知道自己在斗争，也不为此担心；斗争的进行不会带来任何艰难的感觉，事实上没有任何感觉"。成功的基因并不是为了生存而努力。任何有利的突变都（道金斯在这里转入被动语态）"被自动保留和扩增"，它们是在这个意义上进行斗争的。他解释说，总的来说，"其实没有什么东西'想要'进化"。"进化是一件碰巧发生的事情，不管愿不愿意。"[61]因此，从根本上说，道金斯的自私的基因，以及他所强调的基因的隐喻式能动性，是通过使有机体成为自身的盲目且死板的基因的工具，从而消除了进化的有机体的能动性。

另一位以基因为中心的进化论者是丹尼特，戈弗雷－史密斯将他的著作描绘为"能动主义的"，因为其中使用了隐喻；不过，我们已经看到，丹尼特也是一位彻底的反能动主义者。在撰写进化论时，丹尼特的主要哲学目的是根除每一个他认为是"天钩"的例子，"天钩"就是"一种'心灵优先'的力量或能力或过程，它不符合这一原则，即所有的设计，以及表面上的设计，最终都是盲目的、缺乏动机的、机械性的结果"。[62]

例如，丹尼特重新描述了所谓"鲍德温效应"，以清除它对能动性的诉求。[63]鲍德温效应是以美国心理学家詹姆斯·马克·鲍德温的名字命名的，尽管同时代的几个人也在几乎相同的时间描述了它。1896 年，鲍德温在一篇论文中提出，除了环境通过"物理源性"力（如温度或化学作用）施加的物理作用之外，每个有机体在其一生中还受到另外两种饰变力的影响。第一种饰变力，鲍德温称之为"神经源性"力，由"有机体自身在执行其正常的先天功能时的自发活动"组成。鲍德温认为，这些活动显示了"有机体的'随机应变'的准备和能力，可以说是从生存环境中获得收益"。后一种饰变力是"心理源性"力，包括"由有意识的能动性确保的一系列适应"，所有这些都涉及"智能"过程，如模仿、指导、从经验中学习和推理。

鲍德温认为，神经源性力和心理源性力构成了生物体"使自身适应"有利条件的能力，"重复适应性的运动，从而通过使用原则而成长"。他将这种主动的、充满活力的选择形式命名为"有机选择"。他明确指出，有机选择是一种不同于自然选择的现象，并且没有改变自然选择的运作方式。自然选择是一种"完全消极的能动性"，这个术语指的是当一个有机体不具备在特定环境中生存所需的能力时发生的情况。而变异构成了达尔文进化论的积极方面，此处就要引入有机选择作为变异的来源，然后变异反过来又受制于自然选择的规律。[64]

对一种有意识的、智能的能动性形式的公开呼吁使鲍德温效应从一开始就充满争议，这场争论已经持续了一个多世纪。[65] 丹尼特提出了他认为的能摆脱争议的方法，那就是清除鲍德温效应对心灵、意识和生命能动性的诉求。他把鲍德温的神经源性和心理源性饰变力转译为有机体"调整或逆转自身线路"的能力，"这取决于它们遇到的情况"。丹尼特想象，有机体可能会通过随机重复不同的"线路"来进行这种调整，只要它们有"一种先天的能力"，"当偶然遇到"有利的修改时，"可以识别（并保持）"这种修改。丹尼特没有具体说明这种先天能力是如何运作的，只是说它是盲目的，而且他完全用"**行为主义的**"术语来理解它："它所需要的只是某种粗笨的、机械的能力，当一个好东西出现的时候，能让它停止随机游走，这是一种最起码的能力，可以'识别出'一丁点的进步，通过盲目的试错法来'学习'一些东西。"[66] 一个粗笨的机械实体如何在"好东西"而不是坏东西前面停下来呢？"识别"和识别、"学习"和学习之间有什么区别呢？这些都不是丹尼特所要回答的问题。

所有人都对所有人提出指控，指控他人把能动性偷偷带回生物学解释中。我们已经看到，道金斯和丹尼特等以基因为中心的进化论者暗示，他们以基因为中心的解释提供了一种逃避路径，避免把进化的能动性归于有机体的谬误。[67] 与此同时，他们的批评者戈弗雷 - 史密斯则指控这些进化理论家在解释基因的行为时存在"能动主义"。

审视争论双方心照不宣的共识，往往比审视他们之间的分歧更能说明问题。在这种情况下，使用"能动化"语言的人和拒绝它的人有一个共同的信念，即这种语言充其量只能是行为主义的、隐喻性的，而且诸如"识别"和"学习"这样的词必须带上隐含的或实际的着重引号。事实上，正是这种共同的信念让隐喻横行无阻（如果允许使用的话），因为它排除了对自然化能动性所可能采取的形式的任何严肃思考。

每一方都在指控另一方偷偷将能动性引入生物学，这种争论的另一个例子请看 20 世纪 80 年代末至 90 年代中期的那场辩论，辩论的一方是道金斯和丹尼特，另一方是哈佛大学进化生物学家斯蒂芬·杰伊·古尔德和理查德·列万廷以及美国自然博物馆的古生物学家、无脊椎动物馆馆长奈尔斯·埃尔德雷奇。埃尔德雷奇和古尔德用"极端达尔文主义"[68] 和"达尔文原教旨主义"[69] 来称呼道金斯和丹尼特的方法：在生物体的基因为了成功繁殖而进行的斗争中，自然选择作用于这些基因，由此产生适应，他们进而把生物体的每一个结构都解释为这种适应的结果。

针对这种解释模式，古尔德主张他所谓的"达尔文多元主义"：这种观点认为尽管自然选择（作用于生物体层面，而不是基因层面）提供了对生物结构的核心解释，但它不是唯一的解释因素。其他"中性的"原因在生物体之下和之上的层面上都有发挥作用。这些原因包括：偶然事件，如小行星撞击地球造成的大灭绝；"中性的、非适应性的变化"，如群体遗传学家最近在核苷酸

（DNA 的组成模块）的进化中发现的一些变化；古尔德所认为的使物种长期保持不变的稳定力量，以及导致新物种"在某个地质时刻"突然分化出来的一般非适应性因素。古尔德和埃尔德雷奇的进化理论被称作"间断平衡"，因为该理论认为生物的变化是这样发生的：长期的稳定状态被间或出现的、突然的转变所打破。[70]

在古尔德看来，与道金斯和丹尼特的适应主义决定论相反，进化论必须描述这些不同的原因和偶然事件之间的相互作用，从而在本质上构成对生命发展的历史解释。"你不能争辩说所有的东西都来自适应性的客观实在：你还需要历史的连通性。"[71] 作为科学史家以及古生物学家和进化生物学家，古尔德在对生命形式的理解中整合了历史和科学。

然而，尽管古尔德对科学解释持有历史观点，但他和他的对手一样也坚决地反对自然能动性的想法。在这场争论中又一次出现了这样的场景，即每一方对另一方的主要指控都与能动性有关。丹尼特认为古尔德和埃尔德雷奇的物种形成理论诉诸了一种被禁止的"创造力"。对于古尔德本人，丹尼特写道："我的判断……是，他一直都希望有天钩。"[72] 古尔德回答说，他所引用的中性的、非选择性的原因，包括物种形成的原因，与丹尼特的"天钩"完全不同："其他这些原因并不像那些极端达尔文主义者经常声称的那样，是将目的私自归回生物学的显见企图的产物。"相反，它们"和自然选择本身一样，都是无方向的、非目的论的和唯物主义的"。[73]

同时，古尔德拒绝了道金斯和丹尼特的适应主义方法，根据这种方法，"生命的整个历史成为设计问题的一个宏大解决方案"，生物学在本质上被还原为工程学。[74] 古尔德和列万廷认为，这种极端的适应主义把自然选择变成了一个"优化动因"，在本质上等同于十七八世纪自然神学家的方法。[75] 可以肯定的是，"自然选择"现在取代了"神圣智慧"，但这并没有带来什么区别。特别是，严格的适应论者就像老式的自然神学家一样，假定自然中所有结构的存在是因为它们符合最佳设计，因此，自然界的秩序和安排从规范的意义上说是正确的、良好的。

在古尔德看来，通过将选择主义 * 扩展到生物结构以外的人类行为和文化形式，当时新兴的进化心理学领域把适应主义（假设自然中存在一个无处不在、无所不能的设计能动性）的谬误推向了新的极端。这意味着不仅非选择性的原因如小行星等天体被忽略了，人类文化演变和传承的基本机制也被忽略了，古尔德将其描述为"从根本上说是拉马克主义的"，而不是达尔文主义的（因为他也假设达尔文和拉马克之间存在鲜明的对立）："无论我们在有生之年发明了什么，我们都可以通过书写和教学传给我们的孩子"，而根据古尔德所认同的主流观点，正确的达尔文主义遗传观认为生物个体在其一生中所获得的性状是不能遗传的。[76]

针对进化心理学，古尔德与麻省理工学院的语言学家诺姆·乔姆斯基和认知科学家马西莫·皮亚泰利-帕尔马里尼一同指出，人类语言是自然选择的副产品而非产品，古尔德称之为"非适应性的附带结果"。他们的论点部分基于乔姆斯基的语言理论，该理论假定大脑的先天结构与普遍语法相匹配，普遍语法是所有人类语言的基础。假设人类心灵中有一个理性中心，根据这一假设，乔姆斯基把他的方法称为"笛卡儿主义语言学"。[77] 正如皮亚泰利-帕尔马里尼所说，该理论的一个含义便是，事实上，"没有学习这

---

* 选择主义是一种认为生物的几乎所有特征都是受自然选择驱动而进化出来的学说。——译者注

回事"（特别是语言学习）。也就是说，学习者在学习过程中并没有真正获得任何东西：没有"**从**环境**到**有机体的结构转移"。[78]

相反，环境在人脑中安装了一个预先存在的复杂系统：所有的结构都已就位，仅仅需要一些"参数设置"，打开"内部'开关'"。这种复杂的内部结构就是皮亚泰利－帕尔马里尼（引用古尔德和乔姆斯基）所说的"拱肩"（spandrel）。[79] 这个建筑术语原本表示两个拱之间的空间，在古尔德和列万廷于 1979 年发表的具有里程碑意义的文章《圣马可教堂的拱肩和潘格洛斯范式》（The Spandrels of San-Marco and the Panglossian Paradigm）之后，该词变成了"非适应性的附带结果"或"扩展适应"的同义词。在此文中，他们比较了非适应性的生物结构与威尼斯圣马可教堂的拱肩，拱肩上精美而和谐的绘画让人觉得它们就是整个结构的目的（就像在伏尔泰对莱布尼茨哲学的揶揄中，潘格洛斯博士所认为的那样：鼻子的存在是为了支撑眼镜，腿的存在是为了穿鞋），然而，实际上它们只是"在圆拱上安装穹顶的必要副产品"。[80] 说大脑中负责语言的复杂的先天结构是一个"拱肩"，就是在说，尽管它在我们看来是整个建筑的选择性目的，但它只是其他被选择的特征的一个附带结果，或若干附带结果的汇总。

皮亚泰利－帕尔马里尼强调，他和他的同事们不是拉马克主义者。他写道，"由于一些对我来说非常难以理解的原因"（但我希望这些原因对读者来说并不难以理解，通过前面的章节，我们一直在追溯这些原因的历史），"对正统的新达尔文主义理论的**每一次**批判都被无一例外地、顽固地当作支持某种形式的新拉马克主义的冲动。这一直是个非常糟糕的举动，而且就我们的情况来说，这是特别不明智的。我在这里展现的图景与**任何**拉马克主义的假设或暗示都相去甚远"。正如皮亚泰利－帕尔马里尼所描绘的那样，在古尔德和乔姆斯基的理论中，有机体是被动的，其被动程度与他们的反对者所希望的似乎是一样的："语言'学习'是'发生'在孩子身上的事情，而不是孩子'做'的事情。"[81] 然而，皮亚泰利－帕尔马里尼的抗议——强调自己反对拉马克主义、论述儿童学习的被动性——是徒劳的，甚至他关于"学习"的那些说法也都是徒劳的。皮亚泰利－帕尔马里尼阐述了他自己以及古尔德和乔姆斯基对语言的看法，即语言是非适应性的一个附带结果，只是自然选择的间接产物。针对这一点，丹尼特用"天钩"来指控他们：古尔德和乔姆斯基在反达尔文主义和兜售奇迹的"深渊中互相支持"。在古尔德身上，丹尼特诊断出一个隐藏的愿望，即恢复"心灵优先、自上而下版本"的进化论。[82]

在进化生物学和认知科学中，就像在人工智能中一样，无论分歧的具体细节是什么，当你想使出撒手锏时，你就指责对手将能动性归于自然机器。

拉马克恐惧症及其治疗：一剂历史之药

在目前活跃的哲学家（丹尼特，戈弗雷－史密斯）、认知科学家（丹尼特）、职业生物学家（黑格）和主要转向科普的生物学家（道金斯）之中，魏斯曼主义仍然很强大，因此，大众关于进化如何运作的理解也依然受到魏斯曼主义的支配。然而，在过去的20多年里，生物学的一个子领域出现在意识形态连续谱的另一端，与魏斯曼主义和以基因为中心的理论相对立。这个子领域就是"表观遗传学"（epigenetics）。[83] 以下关于表观遗传学的讨论大部分来自其两位主要支持者的工作，她们是特拉维夫大学遗传学家、理论生物学家、生物史学家和生物哲学家埃娃·雅布隆卡和伦敦大学荣誉生物学家玛丽昂·兰姆。[84] 包括雅布隆卡和兰姆在内的表观遗传学家反对"以基因为中心的进化观"或者我们已经介绍过的道金斯所说的"基因的视角"，他们强调遗传物质发挥作用的整个环境的重要性，从细胞核外的细胞开始，延伸到生物体及其自然环境。

表观遗传学家研究的问题是，环境因素如何通过改变影响基因组运作方式的表观遗传因子，在生物体内产生可遗传的变化。一组研究人员将"表观遗传学"定义为关于"实际的在 DNA 之上的所有分子信号"。[85] 由于表观遗传学所研究的是生物个体在其一生中发生的可遗传的体质（身体）变化，因此表观遗传学领域经常被称为是"拉马克主义的"，其批评者和支持者都这么称呼。（支持者比批评者更有可能指出，达尔文也相信生物个体在其一生中都会发生可遗传的变化。）[86]

表观遗传效应的一个典型例子是"甲基化"现象，其中甲基（CH_3，一个碳原子与三个氢原子相结合）附着在 DNA 的一个片段上，通常是胞嘧啶上，从而改变这段 DNA 对生物体的影响程度。一般来说，甲基化的程度越大，甲基化的 DNA 发挥的影响就越小。即使是 DNA 甲基化的微小变化，也会对相关细胞产生重要影响。例如，甲基化可以使基因型完全相同的花朵产生显著的表现型变异，例如普通的柳穿鱼花（*Linaria vulgaris*）和被称为"怪物柳穿鱼"（*Linaria peloria*）的变体之间的差异。甲基化受怀孕小鼠饮食的影响，也会使所有具有相同毛色基因的后代之间产生差异，其中一些变成棕色，另一些变成黄色，还有一些变成黄棕夹杂的斑驳色。[87]

甲基化模式的调节和维持对正常发育至关重要：缺乏这种能力的小鼠胚胎在出生前就会死亡，而肿瘤细胞的甲基化模式往往与相应的正常细胞不同。饮食或温度等环境因素可以影响一段 DNA 的甲基化程度，而且甲基化模式可以代代相传。在瑞典植物学家卡尔·林奈鉴定"怪物柳穿鱼"的两个多世纪后，它仍然生长在林奈第一次发现它的地方，这表明甲基化模式不仅是可遗传的，而且是代代稳定相传的。[88]

可遗传的表观遗传因子的另一个例子被称为"组蛋白修饰"。组蛋白是一种小蛋白质，在将 DNA 打包成"核小体"的过程中起着重要作用，核小体是 DNA 的结构单位。某些酶可以通过添加或去除乙酰基或甲基等基团来修饰组蛋白分子的氨基酸尾部，这些尾部从核小体中凸出出来。这影响了 DNA 打包的紧密程度，进而影响了它被转录的可能性，因此影响了基因表达的程度。[89]

表观遗传学领域部分是在遗传学的背景下出现的，而遗传学研究本身也倾向于削弱魏斯曼屏障，魏斯曼屏障将生殖细胞与体细胞的变化隔离开来，因此也与生物个体的身体变化隔离开来。现在，生物学家们谈论的许多突变案例都是以非随机的方式发生的，以应对环境因素。例如，他们描述了细菌对饥饿等压力的反应，细菌会利用"转座子"重新排列它们的 DNA，转座子是细胞基因组中的可移动元件，可以改变自身的相对位置，产生可遗传的表型效应。[90]转座子是由冷泉港实验室的生物学家、1983 年诺贝尔生理学或医学奖得主芭芭拉·麦克林托克发现的。麦克林托克提出了"基因组休克"概念，来描述基因组对不利经历（如饥饿或种群崩溃）的反应状态。[91]根据目前的科学，细菌也可以通过到处移动它们的 DNA，在很大程度上产生对抗生素的耐药性——这不是通过纯粹的随机突变过程，再经由自然选择而实现的。[92]

生物学家通过重新排列 DNA 序列的能力来解释哺乳动物免疫系统的运作，例如，在由 B 淋巴细胞（一种白细胞）产生的抗体分子中。蛋白质通过如所谓"SOS 诱变"的过程来修饰 DNA 序列，这是一种对损害的反应，其中细胞周期停止，同时修复 DNA，并使 DNA 产生突变。芝加哥大学生物化学和分子生物学系的细菌遗传学家詹姆斯·夏皮罗在总结这一情况时写道，几乎所有的细胞"都拥有修饰 DNA 的基本生化工具：能够切割、解开、聚合、重组和拼接 DNA 链的蛋白质"。此外，细胞使用这些技术是对某些情况的反应，而不是纯粹随机地使用。"很难（如果不是不可能）找到一个改变基因组的操纵基因，它在自己工作的细胞的 DNA 中的行动是真正随机的。所有对诱变的仔细研究都发现了在统计上显著的非随机变化模式。"[93]

麦克林托克首先在玉米中观察到了转座现象，作为对压力条件的反应，例如，在温度突然变化之后。[94] 这一发现会破坏魏斯曼最初设想的种质和体质之间的屏障，因为他认为这种屏障是普遍的，既适用于动物，也适用于植物。[95] 在 20 世纪 20 年代，当麦克林托克在研究生院开始她的研究生涯时，这一原则对植物的适用性尚不确定，但到了 20 世纪 30 年代初，没有人相信植物有隔离的种系，所以麦克林托克在玉米上的研究结果对当时所理解的魏斯曼屏障并没有直接的影响，因为魏斯曼屏障只适用于具有隔离种系的动物。[96] 但事实证明，麦克林托克的转座子在动物中——从果蝇到人类——也很重要。转座也被证明与表观遗传因子（如甲基化）有重要关系，这暗示由环境因素诱导的表观遗传变化似乎有助于在基因组中带来可遗传的变化。[97]

在麦克林托克的诺贝尔奖获奖演说中，她将基因组描述为"细胞的一个高度敏感的器官"，它监测自己的活动并进行自我纠正，"感知不寻常的和突发的事件，并对它们做出反应"。[98]夏皮罗是一个激进分子，预言"生物学思想的剧变"即将到来；[99]他是麦克林托克的亲密朋友和同事，并认为麦克林托克对他的研究产生了巨大影响。他接受并扩展了麦克林托克对细胞的描绘，将细胞视为其自身进化的主动动因。他写道："活细胞和生物体是有认知（有感觉）的实体，它们有目的地行动和互动，以确保生存、生长和增殖。"夏皮罗创造了"自然遗传工程"这一术语，用来表示细胞这样做的过程，并强调了他所谓的"细胞认知"的重要性，他写道："生命需要各个层面上的认知。"[100]

目前在表观遗传学和转座等遗传现象方面的工作的一个含意是，变异不仅仅是随机发生的，而且可以发生在对生物个体生命中的条件和事件的回应中。这种想法，有时被称为"适应性突变"或"定向突变"，一直极具争议（尽管可能越来越少），因为它违反了"现代综合"的核心原则，即严格区分体细胞的变化与遗传变化。围绕着"定向突变"概念的争论是这一概念是否以及如何将能动性赋予生物体。以基因为中心的理论家，如道金斯（他把自己的立场描述为"极端魏斯曼主义"），完全拒绝这种可能性，至少直到最近都是这样。[101]

又如，一位动物学家、作家，以及道金斯曾经的学生马克·里德利，在涉及"定向变异"理论时一直态度坚决。他在1985年写道："我们必须把它们排除在外。没有定向变异的证据……不管这些理论的内部合理性如何，它们实际上都是错误的。"[102]道金斯本人也在大约同一时间提到了定向突变的可能性，他写道："非常坦诚地讲，我几乎想不出有什么事情会对我的世界观造成更大的颠覆。"这句坦白出现在书中题为"拉马克主义的恐慌"（A Lamarckian Scare）的章节中，这一章专门介绍了一个貌似是定向突变的案例，该案例是澳大利亚免疫学家爱德华·斯蒂尔（Edward J. Steele）在 20 世纪 70 年代的工作。[103]

斯蒂尔解释了其他研究人员对兔子进行的四项实验研究，得出结论说，新生的兔子似乎遗传了其父母的免疫力，也就是说，它们遗传了对父母曾经接触过的某些抗原产生抗体的能力，而且它们的父母在交配产生后代之前，就已经对这些抗原形成了抗体。[104]斯蒂尔与多伦多大学的免疫学家雷金纳德·戈尔钦斯基合作，在进一步的实验中，发现有证据表明新生小鼠似乎以类似的方式遗传了其父母在孕育它们之前获得的免疫耐受性。斯蒂尔假设，这种可遗传的免疫力和耐受性可能涉及相关抗体的信使 RNA（核糖核酸）的逆转录过程，这些信使 RNA 可能被病毒拾取并携带到种系中，然后逆转录为 DNA。[105]他自己的原始实验没有被成功复制，而且免疫变化的可遗传性一直存在争议，但它仍然在主流的科学讨论中被认真对待。[106]一部最近的进化生物学著作的作者写道，关于涉及逆转录过程的一系列发现，"明确地推翻了所谓的中心法则"（指弗朗西斯·克里克的分子生物学中心法则，即不可能发生从蛋白质到 RNA 再到 DNA 的逆转录）。[107]

道金斯能够通过重新解释斯蒂尔的实验数据来避免颠覆传统，他认为这其实是与魏斯曼的禁令（体细胞的变化不得影响种系的变化）相一致的。首先，道金斯指出，尽管看起来好像亲代兔子获得了一种能力，然后这种能力遗传给了它的后代，但是，这其实是在生物体水平而不是"复制因子"水平（基因水平）上考察这个过程而造成的错觉。成年兔子并不是通过"指导"而成功产生抗体的（并不是它们的免疫系统学会制造一种新抗体），而是通过在它们体内发生的"选择"过程，即在与抗原的斗争中，随机产生的能够成功应对抗原的抗体被选中了。[108] 因此，系统中没有任何东西能够真正习得一种能力或特征；生物体的视角仅仅使它看起来是这样的，但它是在抗体对抗抗原的斗争中被选择出来的特定复制因子。其次，道金斯指出，被选择的抗体实际上是**种系**复制因子的"载体"，而不是体细胞复制因子的载体。诚然，他承认，抗体在传统上不会被认为是种系的一部分，"但该理论的一个逻辑含义是，我们只是弄错了种系真正是什么"。体细胞中任何可以转入生殖细胞的基因，"根据定义，都是**种系**复制因子"。道金斯提出了这一定义原则，该原则先验地确保了魏斯曼屏障，并支持下列看法，即斯蒂尔的结果实际上将魏斯曼主义推向了一个全新的水平：明显的获得性特征的遗传反而变成了发生在"复制因子"水平上的自然选择。道金斯总结道："它非但不会让新魏斯曼主义者感到不舒服，反而被证明与我们的观点非常契合。"[109]

关于定向突变，丹尼特同意道金斯和里德利的观点，将这一想法（连同长期被批判的拉马克）放进了关于"失败者"的章节中，并写道，这两者对"达尔文主义都是致命的"，但都"被毫无疑问地否定了"。诚然，丹尼特对定向突变的禁令进行了限定，承认可以将突变率的增加归因于某些"非奇迹机制"（暗示其他种类的非随机突变是奇迹）。丹尼特指出有性生殖就是"非奇迹机制"的一个例子，有性生殖不断地以新的方式交叉和组合基因；另一个例子是物种之间的 DNA 转移，例如，当一只以果蝇为食的螨虫碰巧刺穿了一种果蝇的卵，并将这种果蝇的一些 DNA 转移到另一种果蝇的卵中。[110]

丹尼特认为这些都是可以接受的，因为它们毕竟在本质上是随机的：突变并不遵循任何对生物体有利的特定模式。事实上，很难看出来它们在何种意义上可能是定向的。但正如我前面所指出的，生物学家目前引用了许多以非随机方式发生突变的例子。雅布隆卡和兰姆提出了"解释性突变"这一术语，用来指那些既不是完全随机的，也不是完全由环境条件所引导的突变。细菌迅速适应恶劣环境的一些方式就是这样的例子。在某些情况下，当遭遇这种环境时，细菌会提高整个基因组的突变率。在其他情况下，细菌基因组的一些区域永久性地具有较高的突变率，在面对环境压力时，这些区域的基因变异是最有可能有用的。例如，牛津大学儿科和传染病研究人员理查德·莫克森表明，流感嗜血杆菌（*Haemophilus influenzae*）这种可引起脑膜炎的细菌会根据它在宿主体内的位置改变其表面结构。它通过莫克森所说的涉及"应急基因"的"区别"突变过程来实现这一点：影响表面结构的高度突变基因产生了许多可供选择的可能性。[111]

也有例子表明，在遇到恶劣条件时，细菌的突变既会加快速度，又会发生在最可能有用的区域。蒙大拿大学的发育生物学家芭芭拉·赖特在大肠杆菌中发现了这样一种现象。她发现，当这些细菌的合成氨基酸所需的一个基因有缺陷时，它们会通过增加该基因的突变率来应对环境中氨基酸的短缺。[112]

在评估这项研究的科学意义时，重要的是了解这一禁令——禁止生物个体的体细胞的模式化（非随机）突变和可遗传变异——的起源和历史。了解禁令源自哪里、源于何因是很重要的。

科学家和哲学家对历史讨论表现出了缺乏耐心。例如，道金斯在分析斯蒂尔关于定向突变的主张时写道："首先要避开一些历史问题。"他继续说，首先，拉马克没有特别强调后来所谓的"获得性状遗传"；其次，在拉马克的时代，这种遗传实际上是"传统观点"，它一直延续下来，并影响了达尔文本人的思想。"但是，"道金斯写道，"我提到历史只是为了避开它。"稍后，他又表示不愿意"陷入关于拉马克和达尔文说过什么的历史细节中去"。[113]

然而，很多科学都存在于历史细节之中。历史理解是科学理解不可或缺的组成部分。以此为例，让我们看看更加深思熟虑的历史分析如何能够启发关于定向突变的讨论。

首先，我们知道，在拉马克的时代，这种想法——动物可以发生变化，这些变化可以被其后代继承——并**不是**传统观点，而是相当激进的观点，因为它违反了博物学家长期以来的信念，即物种是固定不变的。最早的物种变化理论是在18世纪下半叶开始出现的，在拉马克写作之时，这种想法是新的、有争议的。例如，乔治·居维叶就强烈反对它。[114]拉马克的物种变化观点主要体现在使复杂性增加的内在力量上，其次体现在动物的意志和"习惯"对其身体形态的可遗传性影响上。因此，拉马克的观点是严格的自然主义的，从属于从拉美特利和狄德罗开始的物种变化理论传统。[115]

道金斯把拉马克主义者塑造成奇迹兜售者，但是拉马克本人完全没有呼吁一种超自然的、神圣的力量，他所做的恰恰相反：他提出了一种避免这种呼吁的方法，而设计论及其被动机械论的自然世界正是建立在这种呼吁之上。相反，他提议将一种生命能动性自然化，将其视为一种力，就像重力、电力或磁力一样。

从魏斯曼开始，生物学家、哲学家甚至历史学家都认为达尔文的拉马克主义信念是一种疏忽，他未能将自己的理论推进到合乎逻辑的、反目的论的结论。我们可以把这称为新达尔文主义或魏斯曼主义的历史方法。目前，魏斯曼主义似乎正在历史学科中蔓延，甚至超出了进化论的历史。我们来看看这样的一本书《论深度历史和大脑》（*On Deep History and the Brain*），作者丹尼尔·斯梅尔是哈佛大学历史教授、中世纪研究者，也是他所谓的"深度历史"的实践者——"深度历史"这种方法建立在进化神经生物学之上。斯梅尔主张将"达尔文主义"方法应用于历史，他指的是根据"盲目变异和选择性保留"，对大脑进行新达尔文主义的解释。他用这些方法来反对"拉马克主义"方法，他借用丹尼特的说法把后者描述为"心灵优先"，也就是说，"拉马克主义"方法把有意的行为确定为历史原因。与此相反，与达尔文主义兼容的模型是一个"明确不考虑理性行动者的目标和意图"的模型。[116]

斯梅尔并不主张我们应该从历史理解中完全消除"拉马克主义过程"，因为人们很难否认个人可以将所获得的社会和文化能力传给后代（通过教授、写作、绘画、作曲、建筑以及大多数其他人类活动）。但是，斯梅尔说，无论如何达尔文赢了："拉马克将永远被达尔文困扰，因为如果自然选择继续筛选出具有适应性的性状，那么性状如何获得和传播就一点也不重要。"他断言变异的来源无关紧要，但他并未清晰说明这背后的逻辑，据我所知，在变异如何起源的问题上，任何一方的生物学家都不认同这一观点。他的结论是，因此达尔文主义的"历史变化模型"可以允许"拉马克主义的习得"拥有一个有限的位置，与此同时仍然"驱逐了意图"，但他也没有清晰说明这一结论背后的逻辑。斯梅尔的最终目的是将"老一辈的拉马克式历史学家"所钟爱的"天才和先见的作用降到最低"，并"放弃……心灵优先的模型"。[117]

简而言之，斯梅尔的历史研究方法完全是魏斯曼主义的。他做了一个魏斯曼主义的假设，即拉马克和达尔文的理论在本质上是对立的，真正的达尔文主义没有掺杂拉马克式的能动性（而我们已经看到，达尔文毫不动摇地相信用进废退在进化中的重要性，这对他的理论来说非常重要）。斯梅尔呼吁从历史解释中消除能动性，在这一点上，他也是魏斯曼主义的。正如魏斯曼和他的同时代人主张从生物学中消除历史一样，斯梅尔似乎主张从历史中消除历史，并代之以魏斯曼主义的生物学。我提出了相反的建议，即在进化生物学中恢复历史的形式，去魏斯曼化。

让我们回到"历史细节"，道金斯拒绝陷入其中，而斯梅尔也把它们放在一边。这些细节表明，新达尔文主义者的历史是错误的。就达尔文采用拉马克的变化力量而言，他这样做并不是因为神经衰弱，也不是因为没有能力将自己的革命进行到底；恰恰相反，这是因为他也在寻求一种严格的自然主义理论，并决心避免将目的和能动性外化的机械论解决方案，这种方案最终将目的和能动性外包给一个超自然的神。

总之，拉马克主义代表了那个时代对物种变化的最为自然主义的、非神学的解释。那些一开始就拒绝拉马克主义的人，直到20世纪之初，都是在机械论的传统中进行争论，与这一机械论传统相结合的是一个神学传统，后者建立在设计意味着设计者的原则之上（正如本书通过追溯至17世纪所表明的那样）。20世纪至21世纪的生物学家和生物哲学家断然排除了拉马克主义的解释和所有的非随机变异，认为它们超出了合法科学的范围，他们相信自己是在表达对不断发展的自然主义的忠诚。但历史将他们置于相反的阵营之中。事实上，他们是设计论传统的继承者，而他们想要与之斗争的传统也是设计论。

事实上，达尔文是一位拉马克主义者，他相信体细胞变化的可遗传性，为了避开这一历史的混乱局面，道金斯把"拉马克主义"和"达尔文主义"这两个术语搁置一边，分别代之以"指导理论"和"选择理论"：在指导理论中，动物并不是随机产生若干可供选择的类型，而是通过某种其他手段使自身适应环境，这种适应是可以遗传的；在选择理论中，在生物个体内部和生物个体之间都会随机产生各种可能性，生存斗争在这些可能性中选择最具适应性的。道金斯明确指出："如果有人证明了遗传，不仅是'获得性状'遗传，而且是以指导的方式获得适应性的遗传，我的世界观将被颠覆。原因是……这会违反胚胎学的'中心法则'。"[118]在道金斯看来，正如克里克的中心法则所重申的那样，对魏斯曼屏障的真正违反将意味着生物个体不仅可遗传地使自身适应环境，而且是以某种其他方式——并不是随机产生可供选择的结构——来做到这一点的。

为什么这样的发现会让道金斯感到震惊并颠覆他的世界观呢？我想这一定是因为，对他来说，魏斯曼屏障绝非仅仅把种质和体质分开，或者用约翰森的说法把基因型和表现型分开：它是科学和宗教之间至关重要的防火墙，使科学解释免受诉诸目的或能动性的目的论的影响。但墙有两面，对这堵墙的历史理解表明，它最初也是为了相反的作用而建立的：成为保护神学免受科学影响的防火墙，确保超自然的上帝对能动性的垄断，以及确保他的神学解释者对生命意义和本质的终极问题的所有权。

道金斯驳斥了任何突破魏斯曼屏障的企图，认为这是宗教

"迷信主义"和"狂热"力量的攻击。[119] 我们已经看到，丹尼特也认为拉马克主义等同于兜售奇迹。这里再次说明了为什么历史对当前的科学很重要，因为从历史角度来看，道金斯和丹尼特都错了。拉马克的理论是自然主义的，而他们所拥护的被动机械论者，特别是魏斯曼，则假设了超自然的、指导性的智能，来为他们对自然的粗笨机械论解释提供辩护。从宗教的角度来看（具体说，从 20 世纪初德国新教的角度来看），拉马克的思想是更加危险的。

然而，在当前这一代新（新）拉马克主义者中，许多科学家和哲学家似乎最终接受了自然选择是抵御对生命发展的本质上的宗教解释的唯一手段。例如，雅布隆卡和兰姆向读者们保证，她们没有"狡猾地将一些神秘的智能引入进化论"，在这样做的时候，她们似乎走向了一种极端的选择主义（认为所有生物形式最终都源于自然选择对随机变异的作用）。她们主张，所有那些她们称之为进化的"指导性元素"的系统，包括负责"解释性突变"和表观遗传的系统，都可能是自然选择单独的产物。事实上，雅布隆卡和兰姆将这一主张扩展到她们所谓的人类文化的"符号遗传系统"。她们提出，文化发展也是自然选择的结果，从而认可了进化心理学的核心公理（选择主义－还原论）。那么，雅布隆卡和兰姆是否与以基因为中心的同行一样，也相信自然选择作用于随机产生的形式，最终是对生命形式的唯一合理的科学解释呢？[120]

当我问雅布隆卡这个问题时，她强调了区分不同形式和层次的能动性的重要性。她解释说，一种非常原始的物质能动性不仅在目前的生物学解释中是可以接受的，而且许多生物学家确实认为它是存在的。雅布隆卡在提到我的"永不停歇的时钟"意象时指出，我们可以把这种原始的物质能动性称为"物质的永不停歇"。按照我对雅布隆卡的解释的理解，物质的"永不停歇"在某种程度上只是物质的随机转化的趋势，达尔文在首次提出他的自然选择理论时所假设的就是这种趋势。到目前为止，这还安全地处于粗笨机械论的能动性禁令的范围之内，粗笨机械论允许（事实上，要求）偶然的变化。但是，任何额外的、非随机的变化力量是否可被接受呢？

雅布隆卡向我介绍了另一对表观遗传学研究者的工作，他们是维也纳大学的理论生物学家格尔德·米勒和纽约医学院的细胞生物学家斯图尔特·纽曼。米勒和纽曼认为，仅靠随机变异和自然选择并不能解释自然中有机形式的存在。他们写道，进化生物学忽视了有机形式的起源：自然选择只能作用于已经存在的东西。[121]但是，关于有机形式起源的开创性工作，如达西·汤普森（第 8 章）的工作，"一直被晾在一边，被基因可以自己完成一切的观念所排挤"。[122]

为了解释有机体的形式是如何产生的，米勒和纽曼援引了生物的"内在可塑性"，与各种形式的无生命物质（如黏土或熔岩）的可塑性相比照。此外，活体组织是"可激感介质"。这个术语源于物理学，用来描述"以积极的、可预测的方式对其物理环境做出反应的材料"。[123]无生命的可激感介质的例子包括化学振荡反应，这种反应在回应外部因素（如光线）时会产生相应的模式。[124]

米勒和纽曼认为，可塑性和反应能力共同构成了一种内在的、"原始的、基于物理的"性质，一种"对环境做出反应的形态变异"能力。在生命发展的最早期阶段，这种原始的趋势是产生新形式的主导力量。米勒和纽曼强调，产生新的有机形式的机制本身也在不断进化，他们说达尔文和历代达尔文主义者都没有考虑过这种可能性。两人暗示，随着更复杂的生物体的出现，"固有的物质性质"——可塑性和积极反应的激感性——让位于遗传因子，遮蔽了这些表观遗传机制的早期重要性。[125]

出于这个原因，米勒和纽曼认为，生物学解释必须包含历史维度，而新达尔文主义的"逆向工程"方法，由于其可逆性假设，在本质上是非历史的。他们写道："相反，我们需要一种'考古学'视角，承认现代的生物类型生成是基于一些原则，而这些原则的起源往往被历史所遮蔽。"[126] 就像康德的"自然考古学"（第6章）一样，米勒和纽曼关于生命历史的考古的、历史的方法假定了内在的自然能动性，它们的行动随着时间的推移产生了历史，这样的历史既非设计的也非随机的，而是偶然的。

然而，米勒和纽曼所描述的自然能动性的内在形式，在其核心之处保留了一个辩证法，本书一直在追溯的就是这同一个辩证法的历史。他们依赖于"涌现"概念，"涌现"是在过去30年里渗透到自然科学和社会科学中的一种组织思想（我们在罗德尼·布鲁克斯的作品中看到过它的作用）。这个术语的使用者可将它追溯到一系列的起源，包括亚里士多德、19世纪英国的实证主义[127]，以及第9章中的控制论者。"涌现"指的是任何似乎无法还原为其各部分的总和的复杂现象，如从固体到液体或从液体到气体的相变、飓风、股票市场、生物体。[128] 根据涌现理论家的说法，这种现象的关键在于复杂性本身，所以任何还原的解释都无法捕捉到它们的本质。

关于大脑和计算机之间的区别，约翰·冯·诺伊曼（第9章）写道："人类的神经系统大约要复杂100万倍……低于一定的最小复杂度水平，你就无法做某件事，但若高于这个最小复杂度水平，你就可以做。"[129] 米勒和纽曼提到的一些固有的物理性质就是典型的涌现现象，例如激感性[130]，特别是"自组织"[131]——一个与涌现密切相关的概念。目前，自组织出现在多个方面的科学讨论中，有时作为自然中的主要涌现属性，有时作为与涌现意思相同的另一个表达，有时作为一个独立但在很大程度上重叠的现象。[132]

我们看到，自组织概念起源于康德关于目的在自然和自然科学中的作用的斗争（第 6 章）。在康德的阐述中，自组织是指生物的每个部分相对于其他每个部分的显见的目的性。康德写道，这种表面上的目的性并不意味着生物体在实际上具有内在的目的，而是说人类只能把它们理解为具有目的。控制论者，特别是罗斯·阿什比，在控制论的核心之处确立了自组织的思想（第 9 章），在那里它继续暗示着表象和实在之间的区别。在观察者看来，控制论者的自组织机器是以自发的有目的的方式行事的，只要观察者不仔细思考产生这些行为的内部机制。

在近期和当下的生物学中，自组织是复杂生物系统的一个"涌现出来的"特性。[133]康德在认识论（我们如何解释世界）和本体论（世界本身究竟是怎样的）之间有一个鸿沟，控制论者把这个鸿沟改造为客观表象和主观经验之间的行为主义断裂，现在它已经变成了生物的微观层面和宏观层面之间的不连续性。

来看看理论生物学家斯图尔特·考夫曼是如何在其著作（米勒和纽曼引用过）中描述自组织的，以论证自组织是有机形式的内在来源。考夫曼提出，自组织是生物的秩序的主要来源，[134]并且构成了"最小生物能动性"的一种形式，例如细胞可能就具有这种最小能动性。考夫曼表示，这些最小动因位于能动性连续谱的底部，其顶部则是人类"强健的、有意识的能动性"。一个最小动因是一个仅能够"代表自己行事"的动因，比如一个细菌游向更高浓度的葡萄糖。因为这种能动性并不存在于动因的任何部分之中，而只存在于具有一定程度复杂性的动因的组织中，所以考夫曼说这种能动性是"涌现出来的"。[135]

因此，像考夫曼那样，说能动性是组织复杂性的一个涌现特征，也就断言了能动性本身不是自然界的基本元素，而是基本元素的一个产物。是什么样的产物呢？考夫曼写道，要回答这个问题，生物学家需要一种他们还没有的东西——"组织理论"。然而，与此同时，他也回到了康德最初的二分法：一方面是人们如何描述生物，另一方面是生物本身是怎样的。考夫曼把能动性的归属称为"语言游戏"，从奥地利语言哲学家路德维希·维特根斯坦那里借来了这个术语；考夫曼强调这种游戏与实在没有必然的、可以证明的联系。考夫曼写道，"最小分子动因"看起来像是在咨询、选择和行动，所以生物学家有理由将这些行动归于它们。然而，"是否要使这一主张成为一条形而上学的断言，我们对此犹豫不决，因为我们不清楚如何'证明'玩能动性语言游戏的恰当性"。[136] 因此，根据考夫曼在这里的论点，能动性是组织复杂性的一个涌现特征，它不是动因，而是实体，在这个意义上，生物学家可以合法地玩"能动性语言游戏"。

总之，即使是当前这一代生物学家中的修正主义者，他们最终似乎也基本赞同这一点，即自然主义排斥将能动性作为自然界的一个基本特征，或者说，实际上除了令人无法抗拒的迷人表象之外，能动性不可以是任何东西。违反这一禁令似乎就等同于完全脱离了科学解释，而滑入宗教或神秘主义的解释。然而，我们已经看到，现代科学的这条核心原则——禁止自然过程中的能动性——在历史上源于一个传统，这个传统否认了自然中的能动性，以便将它归于一位设计师上帝。

薛定谔的时钟

那么，不加掩饰的主动机械论传统呢？其实践者一直试图将能动性自然化，而不是将能动性从自然和科学中驱逐出去，我们在本书中一直关注主动机械论的被阴影笼罩的历史。尽管情况可能正在发生变化，但这一传统在主流进化生物学中似乎仍然是基本缺席的。然而，至少在一个关键时刻，它发挥了至关重要的作用。而且，它之所以发挥了作用，在很大程度上要归功于一篇简短但有影响力的文章，这篇文章并不是由生物学家写的，而是出自一位物理学家之手。

作者是一位物理学家，这是能讲得通的。在物理学中，能动性的自然与超自然形式问题在 17 世纪末和 18 世纪初达到了顶峰。在这一时期，在机械论科学的核心之处，牛顿主义者基本上成功地确立了对力的牛顿式理解，从重力开始，一直到 18 世纪的电力和磁力。针对笛卡儿主义的将力还原为运动的物质之流，以及莱布尼茨的弥漫于自然界的"生命力"或"活力"概念，牛顿主义者认为力既是数学概括（而不是因果假说），同时也是外部的神在场的显现，以此确立了他们对力的理解。[137]

因此，与生物学不同的是，在物理学中，这个问题到 19 世纪初已经失去了大部分的热度；而在生物学中，自然力和能动性的本体论问题在 18 世纪和 19 世纪变得越来越白热化。此外，在 20 世纪伊始，物理学就戏剧性地背离了粗笨机械论的解释领域，即量子力学的出现，因此完全抛弃了经典的机械原因。

　　1944 年，量子力学的主要创立者之一，维也纳物理学家埃尔温·薛定谔出版了一篇名为《生命是什么》的简短而重要的著作，其中他提出了一种方法，将量子力学应用于生物学的关键问题上。分子遗传学家普遍认为，这部著作开创了他们的学科。诚然，它的影响从一开始就有争议，但正是这种争议证明了它的重要性。[138] 薛定谔在该著作中提出，生命的本质是一种能动性形式。"生命的特征是什么？"他问道，"什么时候可以说一块物质是有生命的？当它继续'做一些事情'，运动，与环境交换物质，如此等等的时候。"[139]

　　具体来说，薛定谔提出，在有机体所做的典型"事情"中，最显著的就是抵抗熵，避免衰退至平衡状态。它们通过各种新陈代谢功能实现这一壮举：吃、喝、呼吸、光合作用。在一个趋向于无序和衰退的世界中，这些功能使生物能够维持其秩序和能量，"不断地从其环境中吸取秩序"，"饮用秩序"，并"把'秩序之流'集中在"自己身上。[140]

　　由于这种非常特殊的能动性形式，即产生和维持秩序的能力，薛定谔认为生物在本质上是机器。他提出，生产和维持秩序是机器的决定性特征，无论是自然的机器还是人工的机器。薛定谔写道，机器代表了自然中秩序产生的两种方式之一：秩序要么统计地产生，比如在气体的磁化或液体的扩散等热力学事件中；要么机械地产生，比如行星的运动或时钟的运行。机械，无论是自然的还是人工的，似乎都不遵循热力学"从无序到有序"的统计学原理，而是展现了一种"从有序到有序"的原则。生物体具有从秩序中产生秩序的主动能力,因此就像"钟表"机制一样。薛定谔写道,这可能看起来像是一个"荒谬的结论",但这可能是"理解生命的线索"。[141]

为了弄清楚这是怎么回事,我们必须考虑到,在现实中,无论是有机体还是时钟,实际上都没有严格按照一套决定论的定律从秩序中产生秩序。相反,两者都是真实的物理实体,由物质构成,因此受到熵力的影响。换句话说,在最根本的层面上,有机体和时钟也与自然界的其他事物一样,是统计规律性的东西,而不是受定律决定的系统。理想的时钟是从来都不需要上发条的:"一旦开始运动,它就会永远持续下去。"但人们可以看到,真正的时钟受到熵的影响,一个简单的事实——它会停止运行——就说明了这一点。薛定谔强调,相反的情况在理论上也是可能的:一座未上发条的时钟可能会经历"一次异常激烈的布朗运动大爆发"并开始自发地运行。它确实可能"突然逆转其运动,并倒退运行,重新卷上自己的发条"。[142]

因此,时钟对薛定谔来说,就像它对莱布尼茨一样,是一个困扰的、不安的、永不停歇的东西,永远在努力维持一种有序的、平衡的状态。在这个意义上,时钟类似于生物体。人造的钟表机构和生物体的钟表机构都在一段时间内维持着它们的秩序,对抗不断困扰它们的无序力量,这就是"钟表机构与有机体之间的真正关系"。[143] 它们是如何做到的呢?

薛定谔认为,人工机制和有机机制都依赖于分子的稳定性和产生秩序的特性,这种特性是新的量子力学领域(他本人正是该领域的主要创立者)最近开始发现的。薛定谔解释说,根据量子理论,原子是由亚原子粒子组成的系统,只能以特定的离散状态存在，与特定的能级相对应。在从这些状态中的一个转变到另一个时，它们不是以连续的方式转变的，因为它们不能占据中间态——甚至一瞬间也不行，而是不连续地跳跃：这种"相当神秘的事件"被称为量子跳跃。在量子跳跃过程中，原子也吸收或发射能量（取决于它们是移动到更高还是更低的能级），但能量不是连续的，而是表现为离散的一块一块的形式，或者说是量子化的。[144]

这正说明了分子产生秩序和稳定性的特性。薛定谔解释说，分子是占据最低能级的原子构型。为了改变构型，它们至少需要获得一份最小量子的能量。分子的稳定性也许可以解释基因产生秩序的能力，负责在个体内部和代与代之间维持生物体的结构。薛定谔写道："我们可以假设一个基因的结构就是一个巨大的分子的结构，它只能发生不连续的变化。"在这种情况下，基因分子要发生变化就需要"相对巨大的"能量爆发。[145]

薛定谔进一步推测，基因分子就是他所说的"非周期性晶体"，其中"每个原子或原子组团都发挥单独的作用"，与之相反，周期性晶体的各个部分形成重复的模式。对他来说，这种分子是如何工作的仍然是个谜，但他确信它以某种方式使生物体暂时地、主动地挣脱自然界走向无序的一般趋势。这种从周围环境中吸收秩序、同时不断地向环境排放无序的能力，是它们的决定性特征。人造钟表从秩序中产生秩序，这要归功于组成它们的分子的量子稳定性；同样，生物体通过组织它们自身的稳定的、"非周期性的"分子，从秩序中产生秩序。[146]

薛定谔的图景的一个显著特征是，在试图解释他所认为的生物体的最典型的活动时，他首先着眼于一种静止状态，即遗传分子对变化的抵抗。他的图景的某些方面被后来的研究戏剧性地证实了，特别是詹姆斯·沃森和弗朗西斯·克里克在 1953 年确定了 DNA 分子的结构，它确实被描述为一种"非周期性晶体"。但到了 20 世纪末，随着表观遗传学领域的出现，生物学家们在很大程度上开始明白，遗传的稳定性并不是 DNA 分子的静态性质的结果，而是关乎动态的维护、调节和修复系统，这个系统不仅涉及 DNA，还涉及整个细胞以及细胞的体内外环境。[147]

在薛定谔的图景中，尽管基因分子有趋向静止状态的倾向，但重要的是（或更精确地说，正是由于这种倾向），生物体具有一种基本的、不可还原的和决定性的主动性。此外，在解释有机生命的"秩序摄取"活动方面，基因分子对变化的抵抗只起到了部分作用。生物体的运行不仅要靠长期保持稳定，还要靠转化——实际上，以某种特定的方式进行转化。薛定谔接受了德弗里斯的观点，认为生物体经历了罕见的"跳跃式"变化（他称之为生物学的"量子理论"），这些量子式的转变为自然选择提供了素材，取代了新达尔文主义者所强调的连续的、微小的变化，"一长串相互独立的偶然事件"。在薛定谔看来，对遗传物质的量子解释还有进一步的好处，这不仅可以解释其稳定性，还可以解释其变化，即突变。他推测，突变可能是由于"基因分子中的量子跳跃"。[148]

在薛定谔看来，这些量子跳跃为进化过程提供了素材，在这个过程中，自然选择起着关键的作用，但不是唯一的作用：相反，自然选择与生物体的行为持续不断地结合在一起发挥作用。薛定谔对达尔文主义当代表现形式的"阴郁和令人沮丧的"本性表示遗憾，因为它坚持"有机体的被动性"。正如我们所看到的，魏斯曼主义的新达尔文主义者把这种被动性作为其科学的首要条件——生物个体在进化中没有任何作用，对遗传物质（它来自亲本并传给后代）没有任何影响。因此，薛定谔写道，"它终其一生的活动似乎在生物学上是无关紧要的"："任何技能或训练都会消失，不留下任何痕迹，随着个体的死亡而消亡，不会得到传播。在这种情况下，一个智能生物将会发现，自然似乎拒绝他的合作——自然自己做所有事情，注定将个体陷入休止的状态，实际上是陷入虚无主义。"[149] 相比之下，拉马克的理论将进化的进步归因于个体的能动性，如薛定谔所见，它是"美丽的、让人欣喜的、令人鼓舞的和令人振奋的"。真遗憾，它是错误的。

这当然是因为拉马克的理论是"站不住脚的"……或者，果真如此吗？薛定谔认为，它确实包含了一个"非常正确的内核"，即一个器官或特性的使用与它的世代改进之间的因果关系。事实上，他思忖，这几乎就是在说"好像拉马克主义是正确的"：甚至新达尔文主义理论也将器官的使用与它的改进联系起来。在薛定谔看来，不同之处在于，拉马克推测是行为首先出现并导致生理变化，而现代达尔文主义者则将生理变化置于这一过程的开端：一个有用的突变会引发生物体的新行为。

然而，这些行为反过来又会强化和提高突变的有用性，继而提升它的选择价值并推动它的改进，结果是，行为确实会导致进一步的生理变化。父母会将改变后的行为传递给他们的后代，不是通过遗传物质直接地传递——薛定谔也认为魏斯曼屏障是完整的——而是"通过示例，通过学习"。因此，薛定谔总结道，行为和学习在自然选择的进化过程中具有"重要的发言权"。[150]

事实上，薛定谔甚至认为，新达尔文主义者所坚持的结构和用途之间的区分本身并没有实际意义。"行为和身体合二为一。"区分一个器官和"使用它的冲动，以及通过练习而提高它的技能的冲动"是没有意义的。就自然选择而言，这些不是生物体的两个独立特征，而是一个。如果突变没有"得到生物体对它的适当使用的一贯促进"，选择就不可能把突变转化为新的器官：

> 而这一点是非常重要的。因为如此一来，这两样东西就相当相似了，并且最终或者实际上在每个阶段，两者在遗传上固定为一样东西：**一个使用过的器官**——就好像拉马克是正确的。[151]

此外，使用过的器官通过选择的方式发展，这给人以一种不可抗拒的印象，即专门化程度越来越高的趋势，仿佛每个物种都"找到了自己的生存机会所在的方向，并沿着这条道路前进"。[152]虽然薛定谔没有把它称为"活力"或"努力"，但他在生物体的本质能动性中发现了它们使用自己所拥有的东西的趋势，这是进化发展的核心之处的一种复杂化力量。

生命机制的本质主动性，器官与使用的不可区分性，为薛定谔提供了科学希望的源泉。在处理他所认为的当代科学最糟糕的"僵局"时，他又回到了这里，这个僵局是如何将"心灵"——感觉和经验——带回世界图景中，因为心灵已经系统地将自身排除在这个图景之外。他写道，科学必须以某种方式克服这一"不相容原理"，在过去的三个世纪里，自然哲学家和科学家通过这一不相容原理系统地将自己排除在自然世界之外，产生了一个"可怕的矛盾。我坚持认为，这个问题是无法在当今科学的层次上得到解决的，因为当今的科学仍然完全被'不相容原理'所吞没"。薛定谔敦促说，要想超越粗笨机械论的局限，就"必须重建科学态度，必须重新创造科学"。[153]

在薛定谔写下这几句话之后，科学并没有被重新创造出来，也不可能被重新创造出来：科学中是无法根除历史的，就像自然中似乎也无法根除能动性一样。但历史也表明，薛定谔本人代表了他的"不相容原理"的一端。他例证了一个辩证法传统的规律性重现，这个传统位于生命和心灵的科学解释的核心，它便是：试图使能动性自然化，而非将它从科学解释中根除。我们目前的理解状态是这两个传统之间斗争的产物，一个是显性的，另一个是隐性的且常常隐藏在视野之外，但后者仍然活跃着。

在自然科学拥有其现代形式（包括现代知识形式、制度形式、工具形式和社会形式）的三个半世纪之后，科学与宗教信仰和制度的关系仍然是极为纠缠不清的。本书试图表明，它们的纠葛从一开始就被纳入了现代科学和科学的定义之中，该定义通过将能动性从自然机制中放逐出去，使超自然的上帝成为自然主义解释的必要条件。科学的实践者从一开始就经常挑战这种粗笨机械论的科学定义，违反它的能动性禁令。然而，他们并没有成功地推翻粗笨机械论的科学理想，尽管长期以来一直被掩盖，但超自然主义却深深地隐含在这种科学理想之中。说一个人像机器一样运行，无论你接受还是拒绝这个想法，它听起来都像科学。但是，当我们把机器描述为永不停歇的、由其自身的内在能动性所推动的时候，它听起来就不像科学了。通过解释为什么前者听起来更像科学，而后者听起来不那么像科学，历史分析可以帮助我们重新开启科学的可能性，这些可能性被自然的经典钟表模型所排除，但却存在于生物作为**永不停歇**的时钟的模型之中。

致谢

在漫长的成书过程中，我的同事、朋友、学生及家人给予了我极大的帮助，他们的帮助维系了本书的"形成性努力"。1992年，我在加利福尼亚大学伯克利分校参加了兰迪·斯塔恩教授有关历史研究方法的研讨班，本书始于当时关于雅克·沃康松"排便鸭"的结业论文。尽管之后这项计划因其他事情而搁置了10多年，但它以各种方式陪伴了我很长一段时间：在我完成了研究生学业并开始教师生涯时，经历了多次搬家时，出版第一本书时，在获取终身教职的过程中，经历了两个孩子的出生及早年的成长。从哪儿开始讲起呢？

感谢肯·奥尔德、基思·贝克、戴维·贝茨、马里奥·比亚焦利、玛丽安娜·康斯特布尔、洛兰·达斯顿、丹尼尔·埃德尔斯坦、葆拉·芬德伦、丹尼尔·加伯、斯蒂芬·高克罗格、丹尼斯·吉甘特、德博拉·戈登、尼尔·哈科恩、罗杰·哈恩（已故）、约翰·海尔布伦、埃娃·雅布隆卡、阿兰·耶伦、迈拉·耶伦、伊夫琳·凯勒、丹尼尔·凯夫利斯、克里斯托弗·库茨、托马斯·拉克尔、乔治·莱文、安德烈亚·佩奇－麦考、罗伯特·理查兹、卡尔·里斯金、理查德·怀特、罗拉·维尔登塔尔、卡罗琳·温特尔，以及芝加哥大学出版社的三位匿名读者，他们在这本书的写作过程中给出的反馈对本书的完成至关重要。感谢上述所有人为此付出的时间和精力，这是最为宝贵的财富。戴维·黑格慷慨地阐明了他关于博弈论在生物学中的应用的观点。丹尼尔·丹尼特和我对老式的法国机器狗有共同的兴趣，我们为此交换了意见。在我最初的研究尝试中，西蒙·谢弗给予我亲切的指导。西蒙关于自动机历史所做的工作自始至终都是本书所参考的文献。西蒙还把我介绍给了戴维·西克雷特，感谢西克雷特向我展示了他对沃康松的人造鸭子的复制，当时这项工作仍在进行中。这个新"鸭子"，即使还不是成品，看上去也很惊人，看到它，有助于我想象其历史原型的重要性。

肯·奥尔德的友谊和智力上的慷慨一直是份无价的礼物。通过阅读和回应我的作品，他总是能帮助我更好地去思考。他的博学也经常充实我的推理，将这些与混乱的世界重新联系起来。迈拉·耶伦是问题提出者，这些问题挑战、复杂化和深化了相关分析，这些分析伴随着本书的每个阶段的写作。只有她才知道她的帮助的全部重要性，但我可以这样说以传达出一点意思：她很可能将手稿的大部分内容记在了脑海里。克里斯·库茨陪伴着我和这本书走过了风风雨雨。除了在研究旅行中担任摄影师和技术员外，他还耐心地阅读草稿，提供建议，再被告知这些建议是错误的，又看到它们无可争议地形成了后来的草稿，然后不知疲倦地重复这个过程，让"无论好坏"这句话有了新的含义。

麻省理工学院和斯坦福大学的同事和学生们持续地与我对话讨论，这些对本书的写作而言十分必要。在麻省理工学院，就在我刚开始想要研究这一方向的时候，贾斯廷·卡斯尔、伊夫琳·凯勒和戴维·明德尔帮助我思考了如下问题：试图用机器来度量人类以及用人类来度量机器的历史和现状。罗德尼·布鲁克斯与我谈论了他的研究计划，并允许我参观了他的实验室，即当时麻省理工学院的人工智能实验室。自从我到了斯坦福大学后，葆拉·芬德伦为我提供了无数的帮助，包括对草稿的概念性答复、编辑和书目意见、辅助和建议，以及巨大的行政支持。基思·贝克和理查德·怀特提供了重要的阅读资料和答复、鼓励和支持。丹尼斯·吉甘特的交谈和陪伴支持了我的写作，她和朱利安·洛夫多次给我提供了豪华的工作场所。我在斯坦福大学的学生一直是我灵感和新想法的源泉，我要特别感谢高塔姆·戴伊、珍妮·佩格、格雷格·普里斯特、斯蒂芬·里西和丽贝卡·威尔班克斯，他们阅读了手稿的部分内容。我还要感谢夏洛特·魏斯曼让我阅读了她关于奥古斯特·魏斯曼的学位论文，并帮助我思考了他的遗传理论。

对于巴黎 SPHERE 实验室、巴黎第七狄德罗大学和巴黎政治学院的同事们，我要始终感谢他们在长时间访问期间的热情款待，并允许我持续参与到他们的讨论之中。特别感谢玛丽－诺埃勒·博古特、卡琳·凯姆拉、奥利维尔·达里戈尔、纳迪娜·德库尔特奈、利利亚纳·希莱尔－佩雷斯、布鲁诺·拉图尔、戴维·拉布安、保罗－安德烈·罗森塔尔、斯特凡娜·范达默和科恩·韦梅尔。同样是在巴黎，还要衷心感谢巴黎第一大学的丹尼尔·昂德尔和贝尔纳黛特·邦索德－樊尚，以及让·尼科研究所、法国国家科学研究中心（CNRS）、法国社会科学高等研究院（EHESS）和巴黎高师（ENS）的皮埃尔·雅各布和弗朗索瓦·雷卡纳蒂。

感谢伊恩·比库克、劳拉·蒙克曼和安德鲁·舒帕尼茨给予我专业且慷慨的研究帮助。劳拉参与了手稿的最后阶段，然后才回巴黎进行她自己的研究；伊恩解决了文献混乱的问题，有效控制了经常难以驾驭的手稿，并经常提出贯穿始终的建议；安德鲁在图像采集、确保复制和许可方面取得了大师级的成就，与此同时，他本人的摄影作品也为本书的插图增色不少。玛丽亚·卡格尔和尤利娅·勒韦尔友善地帮我解释了德语的微妙之处，因为在20世纪初的胚胎学、神学和学术文化中有一些较为晦涩的德语说法。我同样感谢斯坦福大学图书馆特藏部的图书管理员、档案管理员和馆长的专业帮助，特别要感谢约翰·穆斯泰因、蒂姆·诺克斯和马蒂·陶尔米纳。我尤其依赖约翰在知识和时间上的慷慨解囊。

对于本书的研究，许多其他国家的图书管理员、档案管理员和馆长也都帮助过我。他们包括：法国加来海峡省档案馆的尚塔尔·德勒普夫，法国巴黎国家档案馆的纳迪亚·布齐和布鲁诺·加朗，德国慕尼黑德意志博物馆的约亨·基尔霍夫、埃娃·梅玲和哈穆特·佩措尔德，法国巴黎艺术与工艺博物馆的埃尔韦·勒菲弗和让·萨法里昂，瑞士力洛克钟表博物馆的皮埃尔·布塞尔，瑞士拉绍德封国际钟表博物馆的让－米歇尔·皮盖，瑞士塞文音乐自动机博物馆的彼得·威德默，美国国会图书馆的玛格丽特·基塞弗，以及加利福尼亚大学旧金山分校档案和特藏部的玛格丽特·休斯。在前往萨尔茨堡的海尔布伦宫研究水力自动机的旅途中，奥利弗·里斯金－库茨提供了极好的陪伴和研究帮助。

我衷心感谢弗莱彻公司的梅利莎·钦奇洛和克里斯蒂·弗莱彻，以及监督第一阶段工作的埃玛·帕里，感谢你们从最开始就对本书进行了专业指导。在最后的修订过程中，埃德温·巴伯给了我用心的编辑帮助。感谢芝加哥大学出版社，你们继续勇敢地展现了图书出版是什么以及应该始终坚持什么。本书工作特别得到了卡伦·达林的编辑合作，这似乎是一种非凡的运气。我还要感谢珍妮弗·拉帕波特缜密而精致的编辑工作，以及塔德·阿德科克斯、珍妮·弗赖伊、利瓦伊·斯塔尔、埃文·怀特和出版社制作团队的其他成员。感谢德里克·戈特利布以极大的艺术性、洞察力和哲学上的严谨性编写了索引。

本书的研究得到了艾奥瓦州立大学、麻省理工学院、斯坦福大学、美国学术团体委员会查尔斯·赖斯坎普研究奖金项目和美国国家科学基金会学者奖项目的资助。与本书计划有关的论文和文章出现在《批判性探索》（*Critical Inquiry*）、《表征》（*Representations*）、《伏尔泰和十八世纪研究》（*Studies on Voltaire and the Eighteenth Century*）、《文字共和国》（*Republics of Letters*）、《美国历史评论》（*The American Historical Review*）、《思想史评论》（*The Intellectual History Review*）以及三本文集中，这三本文集分别是卡罗尔·里夫斯（Carole Reeves）所编的《人体文化史》（*A Cultural History of the Human Body*）、葆拉·芬德伦编写的《现代早期事物》（*Early Modern Things*）以及马里奥·比亚焦利（Mario Biagioli）和我共同编写的《忙碌的自然》（*Nature Engaged*）。

最后要感谢我的家人，感谢他们的爱和幽默感。迈拉·耶伦、卡尔·里斯金、露丝·库茨和克里斯·库茨。自奥利弗·里斯金 - 库茨和马德琳·里斯金 - 库茨记事起，他们就热情地支持我写这本书。我要将我全部的爱献给他们。

注释

导言：赫胥黎的玩笑，或自然和科学中的能动性难题

1　Huxley, "Physical Basis", 129. 关于詹姆斯·克兰布鲁克和他的激进的系列讲座，参见：Stratham, "Real Robert Elsmere"。

2　Huxley, "Physical Basis", 139–40.

3　Morley, *Recollections*, 1:90.

4　最近的一些例子：Hunter, *Vital Forces*, 70; Wayne, *Plant Cell Biology*, 5; Berkowitz, *Stardust Revolution*, 120。

5　Andrea Page-McCaw, personal communication, March 2015.

6　Campbell et al., *Biology*, chaps. 5.4, 7.6, and 11.4.

7　Leibniz, *Nouveaux essais* (ca.1690–1705), in *Philosophischen Schriften* (hereafter cited as *PS*), vol. 5, book 2, chap. 20, at 153.

8　参见：Helmholtz, "Recent Progress"。（德文原版为 *Fortschritte*。）

9　Dawkins, *Selfish Gene*.

10　Dennett, *Darwin's Dangerous Idea*, 76.

11　Brooks, "Elephants".

第1章　花园里的机器

1　Corley, *Lancelot*, 104–5, 118. 这一版基于伊丽莎白·肯尼迪翻译的白话版《兰斯洛特》，参见：Kennedy, *Lancelot*。肯尼迪的译文所基于的原始

文本写于 13 世纪早期至中期，但作者不详。它们也是托马斯·马洛礼（Thomas Malory）的《亚瑟王之死》（*Le Morte d'Arthur*，1485 年）的基础。

2　Corley, *Lancelot*, 192–94.

3　Cooper and Koschwitz, *Pèlerinage*, line 352ff.; Grave, *Eneas*, line 7692ff.; Constans, *Roman*, 2:374–94; Britain, *Roman*, 1:309–13; Tors and Bernay, *Romans*, 343–44, 445; Troyes, *Perceval*, 1:64, 201–3, 2:13, 353ff.; Sommer, *Lestoire*, 83; Löseth, *Roman*, 223; Guessard and Grandmaison, *Huon*, 136; Gennrich, *Romans*, 239. 参见：Bruce, "Human *Automata*", 515; Truitt, "Knowledge and *Automata*"。感谢埃利·特鲁伊特（Elly Truitt）提供了关于这个主题的有益的参考资料。

4　Wriothesley, *Chronicle*, 1:74. 关于博克斯利修道院的恩典十字架，另见：Chapuis and Gélis, *Monde*, 1:95; Jones, "Theatrical History", 243–44。

5　Lambarde, *Perambulation*, 205–6. 另见：Wriothesley, *Chronicle*, 1:75; Herbert of Cherbury, *Life*, 494。

6　Lambarde, *Perambulation*, 209–10.

7　后来的自动机基督例子包括 18 世纪位于德国达豪的那一个，它有人类的头发，胡子里隐藏的线可以控制眼睛、嘴巴和头的运动。另一个位于西班牙林皮亚斯，它可以动嘴唇、翻眼睛、眨眼以及扮苦脸。参见：Chapuis and Gélis, *Monde*, 2:95–96, 1:104。又见：Tripps, *Handelnde Bildwerk*, 159–73, 292–93 (plates 10e and f), 325 (plates 42a and b), 326(plate 43a)。

8　Chapuis and Droz, *Automata*, 119–20.

9　Du Camp, Paris, 1:375–76. 在 19 世纪期间，这个魔鬼存放于巴黎克吕尼博物馆。其他的魔鬼则见于图画中，由 15 世纪的工程师乔瓦尼·丰塔纳绘制：Bayerische Staatsbibliothek Cod.icon. 242 (MSS. mixt. 90), 59v–60v, 63v; printed in Battisti and Battisti, *Macchine*, 134–35. 关于丰塔纳的自动机魔鬼，特别参见：Grafton, "The Devil as Automaton"。另见：Chapuis and Gélis, *Monde*, 2:97–101。

10　感谢葆拉·芬德伦让我注意到了这个魔鬼。

11   D'Ancona, *Origini*, 1:526; Monnier, *Quattrocento*, 2:204.

12   Vasari, Lives, 2:229–32. 关于布鲁内莱斯基以及其他人的精妙装置，参见：Prager and Scaglia, *Brunelleschi*; Galluzzi, *Ingegneri*; Grafton, "New Technologies"; Buccheri, *Spectacle*, chap. 2。雅各布·布尔克哈特严厉批评了这类装置，他说，戏剧"被这种炫耀的热情所折磨"。参见：Burckhardt, *Civilization*, 260。瓦萨里提到的在天堂中移动的人偶实际上是几个小男孩，尽管如此，瓦萨里仍将他们视为整个"机器"作品的组成部分。这个天堂装置太沉了，以至于压塌了用来安装它的加尔默罗修道院的屋顶，使修士们不得不离开。参见：Vasari, *Lives*, 2:229。关于可移动的天使报喜装置，另见：Tripps, *Handelnde Bildwerk*, 84–88。

13   参见：Vasari, Lives, 3:194–96。

14   "La Passion et Résurrection de nostre saulveur et redempteur Jhesucrist, ainsi qu'elle fut juée en Valenchiennes, en le an 1547, par grace demaistre Nicaise Chamart, seigneur de Alsembergue, alors prevost de la ville" (16 世纪): BNF, MS. Fr. 12536; Cohen, Histoire, 97; Chapuis and Droz, *Automata*, 356–57.

15   Monnier, *Quattrocento*, 2:204; D'Ancona, *Origini*, 1:514–15. 这些机械化的表演是更为古老的宗教木偶戏或所谓"motion"的精致呈现。一个单独的木偶也可以被称为"motion"，木偶操纵师则被称为"motion master"。威廉·兰巴德描述了发生在牛津郡威特尼的一场木偶戏，其中牧师们用有关节的人偶来表演复活。这些木偶可能包含一些机械化的特征。一个清醒的守夜人偶看到了耶稣的复活，它发出了持续不断的咔嗒咔嗒声，这使它赢得了"Jack Snacker of Wytney"的绰号。参见：Lambarde, *Dictionarium*, 459; Hone, *Every-Day Book*, entry for September 5, 1825, entitled "Visit to Bartholomew Fair"。

16   Rothschild, *Mistère*, 4:112; Cohen, *Histoire*, 147.《旧约神秘剧》(*Mistère du Viel Testament*) 由阿努尔·格雷邦 (Arnoul Gréban) 和西蒙·格雷邦 (Simon Gréban) 兄弟于 1450 年左右编写，1470 年首次上演。

17   Méril, *Origines*, 253; Cohen, *Histoire*, 31.

18 Gréban and Gréban, *Mystère*, 27; Cohen, *Histoire*, 147.

19 Cohen, *Histoire*, 31; Gasté, *Drames liturgiques*, 10.

20 Van Emden, *Jeu d'Adam*, 23 (line 292)；原稿见于 Bibliothèque municipal de Tours, MS 927. Cohen, *Histoire*, 54。

21 Gréban and Gréban, *Mystère*, 6–7, 20–21, 23; Cohen, *Histoire*, 147.《使徒行传神秘剧》是一部改编自《圣经·旧约》的故事集，于 1450 年前后收集成书，并于 16 世纪初在巴黎上演。

22 Cohen, *Histoire*, 143–44; Chapuis and Droz, *Automata*, 356–57.

23 根据瓦萨里的描述，佛罗伦萨节日的辉煌时代恰好与建筑师弗朗切斯科·丹杰洛（大家所熟知的切卡）在 15 世纪下半叶的职业生涯相重叠：切卡"在这类事情上很有用武之处，当时这座城市非常热衷于举办节日"。据瓦萨里说，这些活动不仅发生在教堂，"也发生在绅士们的私人宅邸"。还有四个公共景观，城市的四个区域各有一个。例如，加尔默罗区一直举办耶稣升天节和圣母升天节。参见：Vasari, Lives, 3:194。

24 参见：Vidal, *Notre-Dame*; Chapuis and Gélis, *Monde*, 1:102。

25 参见：Auguste, "Gabriel de Ciron", 26–29; Chapuis and Gélis, *Monde*, 1:103。

26 这种做法在 17 世纪中叶非常盛行，当时蒙东维尔夫人在她的回忆录中记述道，她和她的兄弟们建造了一座圣母飞天像。她用珍贵的、闪亮的石英水晶小块雕刻圣母像。参见：Auguste, "Gabriel de Ciron", 29; Chapuis and Gélis, *Monde*, 1:103。关于机械的圣母升天仪式，另见：Tripps, *Handelnde Bildwerk*, 174–90。

27 迪耶普的机械人偶是为当地的圣母节而制造的，在圣母升天节当天和第二天进行庆祝，被称为 "mitouries de la miaoût"。参见：Desmarquets, *Mémoires*, 1:36; Maindron, *Marionnettes*, 99–102; Vitet, *Histoire*, 45; Chapuis and Gélis, *Monde*, 1:103。这场表演，就像这里讨论的其他表演一样，结合了真人和机械演员。

28 Lambarde, *Dictionarium*, 459; Hone, *Every-Day Book*, entry for September 5, 1825; Chapuis and Gélis, *Monde*, 1:104.

29 参见：Heilbron, *Sun in the Church*; Landes, *Revolution in Time*, esp. chap. 3。

30 Chapuis and Gélis, *Monde*, 1:114; Chapuis and Droz, *Automata*, 53. 这个名字可能来源于施洗者圣约翰。参见：Wins, *Horloge*。

31 圣马可广场当前的大钟在几个世纪中经历了多次改建，但这些核心元素都保留了下来。关于这座大钟的历史，参见：Erizzo, *Relazione*; Chapuis and Gélis, *Monde*, 1:118; Zamberlan and Zamberlan, "The St Mark's Clock, Venice"。

32 其他例子可参见：Chapuis and Gélis, *Monde*, vol. 1, chap. 7。

33 "Le coq, qui aux temps les plus reculés était déjà symbole de fierté et vigilance, est sans contredit l'animal que les constructeurs de machines horaires à sujets animés, ont mis le plus souvent à contribution". 出自：Chapuis and Gélis, *Monde*, 1:172–73。

34 Chapuis and Gélis, *Monde*, 1:120. 在罗马的圣彼得大教堂建成之前，克吕尼修道院是欧洲最大的教堂，它在 1790 年法国大革命期间几乎被完全摧毁。

35 "Description d'une horloge merveilleuse", par "Jean BOUHIN," BNF, fonds français, MS no. 1744, 已出版，见：Duret, "L'horloge historique"。

36 Chapuis and Gélis, *Monde*, 1:120–27; Price, "*Automata*", 18, 22; Bedini, "Role of *Automata*", 29, figs. 2 and 3.

37 有关管风琴与自动机在中世纪期间的联系，参见：Sherwood, "Magic", 588–89。

38 Hamel, "Notice historique", l-li; Chapuis and Gélis, *Monde*, 1:106. A 1541 bill records: "A Nicolas Quesnel, ymaginier, pour faire deux ymages des anges mouvantz, pour mettre sur l'amortissement des orgues." 出自：Laborde, *Notice*, 2:342; Chapuis and Gélis, *Monde*, 1:105。

39 Chapuis and Gélis, *Monde*, 1:106. 18 世纪晚期，约瑟夫·加尔迈尔在慕尼黑建造了一座由管风琴踏板驱动的圣塞莉亚雕像。See ibid.

40 "Rohraffen" 的意思是 "咆哮的蠢蛋"，指的是卷饼商贩这种怪诞的、吼叫的人偶。它的表演中的声乐部分得到了一位 "教堂雇工"（Münsterknecht）的帮助，这位 "教堂雇工" 藏在容纳管风琴的穹隅里。但其身体的运动是卷饼商贩人偶的运动，并由管风琴的琴弦控制。参见：Gass, *Orgues*; Conseil Régional d'Alsace, *Orgues*; Chapuis and Gélis, *Monde*, 2:108–9; Sherwood, "Magic," 585–86。

41 Item rusticanam quondam imaginem: in sublimi sub organis: in ecclesia maiori collocarunt. Qua sic abutuntur. In ipsis sacris diebus Penthecostes: quibus ex tota dyocesi populus processionaliter cum sanctorum reliquijs: deuocionis et laudandi dei gratia canens et iubilans: matricem ecclesiam subintrare consueuit. Nebulo quispiam se postiiam imaginem occultans: incomptis motibus: voce sonora: prophana et indecora cantica eructans: veniencium hymnis obstrepit: eosque subsannando irridet: ita ut non solum illorum deuocionem in distractionem: gemitus in cachinnos vertat: sed et ipsis clericis diuina psallentibus: sit impedimento: immo diuinis missarum solemnijs (quas non longe inde celebrare contingit) ecclesiastici immo diuini cultus gelatori longe abominandam et execrandam afferat perturbacionem（下划线部分为引用部分）。Peter Schott and Emmerick Kemmel (ca. 1482–85), in Wimpheling, Patricii, fols. 116a–117b. Cowie and Cowie, "Geiler von Kayserberg", here at 489–90, 494. 这里同时出版了拉丁原文和英文译文。

42 Bourdette, *Monastère*; Chapuis and Gélis, *Monde*, 1:106–7.

43 Salies, "Lettre sur une tête automatique", 114. 在位于上比利牛斯的圣萨瓦昂拉夫当教堂中，有三个相似的头继续为管风琴增色，该管风琴造于 1557 年。

44 Ibid., 99.

45 Ibid., 98. 根据这个头颅明显的兰开斯特王朝特征和它的昵称 "Gallima"（意思可能是 "给法国人带来死亡的人"），萨利认为这个头颅可能是亨利五世、亨利六世或格洛斯特公爵汉弗莱的雕像，后者在亨利六世摄政期间担任护国公。

46 文本由乔瓦尼·苏尔皮齐奥·达韦罗利（Giovanni Sulpizio da Veroli）编辑，他是年轻的红衣主教拉斐尔·里埃罗（Raffaele Riairo）的亲密合作者，而这个版本就是献给里埃罗的，并且里埃罗是罗马在文艺复兴期间进行革新的核心人物。维特鲁威的大部分插图已经散佚，维罗纳修士弗拉·乔瓦尼·焦孔多（Fra Giovanni Giocondo）在 1511 年的版本中重新整理了这些插图，该版本由教宗尤里乌二世赞助出版。在利奥十世和保罗三世在位时期，维特鲁威的著作继续影响了文艺复兴时期教宗宏伟的建筑计划，尤其是圣彼得大教堂。参见：Ingrid D. Rowland's introduction to *Vitruvius*, 1–31。

47　伯尔尼的天文塔钟 "Zytglogge" 建于 1530 年，仍然每小时上演一场四分钟的机械舞台表演：公鸡鸣叫，跳舞的小丑敲钟，克洛诺斯翻转他的沙漏，熊（城市的吉祥物）到处游行。

48　参见 Cipolla, *Clocks and Culture*; Le Goff, *Medieval Imagination*, esp. chap. 1; Landes, *Revolution in Time*；加上稍晚一些的 Hanafi, *Monster in the Machine*。

49　Chapuis and Gélis, *Monde*, 1: 165–66. 皇帝和七个选帝侯再次出现在吕贝克的圣马利亚教堂的钟上，在基督面前游行。参见：Chapuis and Gélis, *Monde*, 1:170。

50　Vasari, *Lives*, 4:99. 关于这件事其他已知的主要记载是：Giovanni Paolo Lomazzo, *Libro dei Sogni* (1564) and *Trattato dell'arte della pittura, scoltura et architettura* (1584), both in Lomazzo, *Scritti*, 1:53 and 2:96。另见：Lomazzo, *Idea*, 17，这里提到了"狮子靠车轮前进"；Buonarroti, *Descrizione*, 10。参见：Burke, "Meaning"。关于法国国王的身份、场合、日期和地点，人们的说法各不相同。我在这里采用的是目前公认的卡洛·佩德雷蒂的观点，他在 1973 年发现了小博纳罗蒂（Buonarroti the Younger）的报道，参见：Pedretti, *Leonardo architetto*, 322。另见：Pedretti, "Leonardo at Lyon" and *Study in Chronology and Style*, 172. 关于这个机械狮子以及达·芬奇的其他可能被视为自动机的作品，包括：飞行机器；一个骑士人偶，其内部的缆绳和滑轮系统可以使它挥舞手臂，移动头部和嘴巴；还有一个轮式车辆，它可能是一个可编程的机器人平台。也可参见：Rosheim, *Leonardo's Lost Robots*. 关于达·芬奇用绳子和金属丝来模拟肌肉，参见：Galluzzi, "Leonardo da Vinci"。为纯粹的世俗政治目的而设计的自动机有一个更早

的例子，即铁蝇（iron fly），据说是约翰内斯·米勒（雷乔蒙塔努斯）送给马克西米连一世的；还有护送这位皇帝到纽伦堡城门的一只鹰。对于这些机器的最早描述，见：Peter Ramus in *Scholarum*, 62。亨利·比林斯利（Henry Billingsley）于1570年出版了欧几里得《几何原本》的英译本，约翰·迪伊为其作序，即"数学序言"（Mathematicall Praeface），迪伊在其中提到了雷乔蒙塔努斯的自动机。参见：Dee, *Mathematical Praeface*。

51　Doppelmayr, *Historische Nachricht*, 285. 参见：Chapuis and Gélis, *Monde*, 2:181; Bedini, "Role of *Automata*", 31。

52　参见：Chapuis and Gélis, *Monde*, 1:179ff。

53　Bedini, "Role of *Automata*", 34; Chapuis and Gélis, *Monde*, 1:192–97, 2:152–53; Chapuis and Droz, *Automata*, 76–77, 242. 贵族的餐桌上还配有装饰性的自动机喷泉，从中可以流出葡萄酒和芳香的利口酒，参见：Bedini, "Role of *Automata*", 33。贝迪尼提到了14世纪的一个例子，藏于克利夫兰艺术博物馆。参见：Penzer, "Fourteenth-Century Table Fountain"。

54　Chapuis and Droz, *Automata*, 67. 随着发条动力（而不是用重量作为动力）的发展，钟表变得越来越小，越来越精致。参见：Chapuis and Droz, *Automata*, 77。随着增加销钉筒（pinned barrel）来组织运动，时钟（最终小到手表）常常包含钟琴。参见：Chapuis and Droz, *Automata*, 265–66。

55　意大利建筑师兼舞台设计师尼古拉·萨巴蒂尼经常在他的布景中加入机械化元素：曲柄操纵的海浪，滑轮上的云。参见：Sabbattini, *Manual*, 132–33, 149–50。世俗戏剧机械布景的其他主要建造者包括贾科莫·托雷利，17世纪意大利的舞台设计师和工程师，他发明了"车轴"（chariot-and-pole）变换布景系统，并导演了路易十四的庆典。参见：Guarino, "Torelli a Venezia"; Gamba and Montebelli, *Macchine*。这一地区的另一位重要人物是费迪南多·加利·比比埃纳，他是意大利王朝最杰出的建筑师和布景设计师。比比埃纳著作的现代版本，参见：Bibiena, *L'architettura civile*，附有由克尔德撰写的导言。

56　Dee, *Autobiographical Tracts*, 5–6. 如上所述，迪伊在其《数学序言》中讨论

了几个传说中的自动机——阿基塔斯的木鸽子、大阿尔伯特的铜头以及雷乔蒙塔努斯的铁蝇和人造鹰，作为"魔法师"（thaumaturgike）的数学技艺的例子。关于迪伊的自动机，参见：Woolley, *Queen's Conjurer*, 12–15; Harkness, *Conversations with Angels*, 121。

57 Honnecourt, *Sketchbook*, 58c, 58e. 另见：BNF, MS. Fr. 19093。除了从他的作集中可以推断出来的事情之外，人们对这位技艺专家一无所知。

58 我对这尊机械修士的讨论来自伊丽莎白·金的作品。参见：King, "Perpetual Devotion" and "Clockwork Prayer"。这尊机械修士现在存放于史密森尼学会的国立美国历史博物馆，它有一个孪生兄弟，存放在慕尼黑的德意志博物馆。

59 关于图里亚诺，参见：García-Diego, *Relojes y autómatas*; García-Diego, *Juanelo Turriano*; King, "Clockwork Prayer"; Bedini and Maddison, *Mechanical Universe*, 56–58; Bedini, "Role of *Automata*", 32; Chapuis and Gélis, *Monde*, 1:90–91。图里亚诺是克雷莫纳人，他也以乔瓦尼·托里亚尼和贾内洛·德拉托雷的名字为世人所知。

60 Strada, *De bello belgico*, 7. 另见：Sterling-Maxwell, *Cloister Life*, 116, 178–80, 499; Montañes Fonteñla, "Relojes del Emperador"; Bedini, "Role of *Automata*," 32。图里亚诺的一个自动机——弹奏鲁特琴的女人——留存至今。它藏于维也纳艺术史博物馆。

61 King, "Perpetual Devotion", 264–66, 274–75.

62 关于在中世纪末期的神学、哲学和宗教实践中，物质与精神的复杂关系，可参见：Bynum, *Christian Materiality*。

63 在 20 世纪初，德国社会学家马克斯·韦伯认为宗教改革完成了"世界的祛魅"。参见：Weber, "Psychology of World Religions", 290。另见 Weber, *Protestant Ethic and Sociology of Religion*。韦伯认为，这种祛魅或去神圣化带来了一种新的理智化的、超越的宗教信仰形式，以及一种理性主义的、伦理的日常生活方式，这有利于资本主义事业的发展。一个多世纪以来，历史学家们一直在讨论韦伯的描述刻画。首先，他们试图扩展它。例如，1938 年，美国社会学家罗伯特·默顿将韦伯的主张推广到英国的科学革命中，参见：Merton, Science。1971 年，韦伯论题启发了英国历史学家基思·托马斯对宗教历史的人类学研究：《宗教与魔法的衰落》（Religion and the Decline of Magic）。有证据表明，魔法信仰和实践长期存在，贯穿宗教改革的始终，部分通过这一点，历史学家们对韦伯的主张进行了修改、修正和否定。对这段漫长对话的令人信服的综述，以及对韦伯论题的当前状态的评估，参见：Walsham, "Reformation"。另见：Latour, We Have Never Been Modern。

然而，没有人质疑，新教的核心教义坚持认为在物质的、尘世的、自然的世界与神圣的、精神的领域之间有一系列新的区别。在本书中，我感兴趣的是这些区别如何影响了 17 世纪中期出现的关于自然和科学的新的科学模型。这些宗教改革时期的区别在现代科学的地基之中建立了两个假设：一个是超越的设计师上帝；另一个是他的造物，一个被动的世界机器。本书讲述了这些假设的后续影响，特别是对生命科学的影响。

宗教改革是一个广泛的主题，有相当巨量的文献。对此的综述，参见：Hillerbrand, Protestant Reformation; McGrath, Intellectual Origins; Muir, Ritual; MacCulloch, Reformation。对于韦伯的祛魅论题，最近的具有代表性的修正主义观点，参见：Soergel, Miracles。

64　艺术史家戴维·弗里德伯格描述了一种特定的观看方式，回应了强有力的宗教具象表现。虔诚的旁观者"重构"被具象表现的事物，将它的具象表现变成一种存在："从具象表现（representation）到在场（presentation）的过渡是至关重要的……从看到圣母的象征到在那里看到她。"参见：Freedberg, Power of Images, 28。

65　宗教改革运动的领袖们，尤其是乌尔里希·茨温利，谴责在教堂里使用管风琴及其他乐器。参见：Garside, Zwingli; Faulkner, Wiser than Despair, chap. 9; MacCulloch, Reformation, 146, 590。

66　Chapuis and Gélis, Monde, 1:104–5.

67　Chamber to Cromwell, February 7, 1538, in Brewer, Letters and Papers, 13:79, no. 231.

68   Lambarde, *Perambulation*, 210.

69   有关这个广泛且复杂的主题的概要式讨论，可参见：Besançon, *Forbidden Image*, chaps. 5 and 6; Eire, *War against the Idols*, chaps. 3, 4, 6, and 8; Freedberg, *Power of Images*, chap. 8; Michalski, *Reformation and the Visual Arts*; Dyrness, *Reformed Theology*; Muir, *Ritual*, chaps. 5 and 6; Latour and Weibel, *Iconoclash*。关于宗教改革艺术和圣像破坏运动之间的关系的研究，可参见：Koerner, *Reformation of the Image*。

70   Page, *County of Kent*, 2:154.

71   关于恩典十字架作为旅游景点的受欢迎程度，参见：the letter of William Warham, Archbishop of Canterbury, to Thomas Wolsey on May 3, 1524 [R.O.] in Brewer, *Letters and Papers*, 4:127, no. 299。

72   Page, *County of Kent*, 2:154.

73   Wriothesley, *Chronicle*, 1:74.

74   Page, *County of Kent*, 2:153–55.

75   Wriothesley, *Chronicle*, 1:75. 另见斯托和豪斯的《编年史》（Stow and Howes, *Annales*, 575）："2月24日，星期天，肯特郡的博克斯利的十字架，被称为恩典十字架，是用多种邪恶的装置制成的，可以移动眼睛和嘴唇。它被罗切斯特主教挂在圣保罗的十字架上示众，它在那里被打碎了，被拆成了碎片。"

76   Lambarde, *Perambulation*, 207, 206, 210, 208.

77   Chapuis and Gélis, *Monde*, 1:104.

78   Auguste, "Gabriel de Ciron"; Chapuis and Gélis, *Monde*, 1:103.

79   Waterworth, *Canons and Decrees*, 235–36.

80   关于"圣诞场景"的历史，参见：Gargano, *Presepio*; De Robeck, *Christmas Crib*, chap. 10 and fig. 39。关于机械的圣诞场景，另见：Chapuis and Gélis, *Monde*, 2:200–202。

81   来自基歇尔的《论磁学》（*Ars Magnesia*），所引译文来自：Gorman, "Betw-

een the Demonic and the Miraculous", 68。关于基歇尔的自动机，参见：Bedini, "Role of *Automata*", 35; Haspels, *Automatic Musical Instruments*; Findlen, "Scientific Spectacle"; Findlen, "Introduction", 34–35; Hankins and Silverman, *Instruments and the Imagination*, chaps. 2– 4; Gorman, "Between the Demonic and the Miraculous"; Gouk, "Making Music"。

82   这个机械圣诞场景是由科隆选帝侯巴伐利亚的斐迪南捐赠的。金尼阁在 1618 年时就将它和其他自动机运往中国，不过它们并没有直接到达目的地，因为万历皇帝甚至在那时就把耶稣会士逐出中国。但在几十年之后的清朝，许多自动机姗姗来迟，在顺治皇帝治下，耶稣会士回到了中国，并开设了制钟作坊。参见：Lamalle, "Propagande"; Chapuis and Droz, *Automata* (1958), 77–84; Spence, *Memory Palace*, 180–84。关于耶稣会士带到中国去的钟表礼物，另见：Ricci, *China in the Sixteenth Century*, book 1, chap. 4 and book 4, chap. 12。

83   Pfister, *Notices*, notice 88; Chapuis and Droz, *Automata*, 315.

84   Chapuis and Gélis, *Monde*, 1:192; 2:141–43, 152–53; Chapuis and Droz, *Automata*, 242.

85   在 17 世纪的最后几十年里，机械动态画作的主要制作者包括钟表匠亚伯拉罕·当贝克和克里斯蒂安－泰奥多尔·当贝克，以及奥格斯堡的克利斯托夫·莱奥；在 18 世纪早期，则有让·特吕谢。参见：Chapuis and Gélis, *Monde*, 1:319。

86   中世纪末期和现代早期的宫廷水力装置受到了古代文献译本（特别是亚历山大里亚的希罗的作品）的深刻影响，几乎没有对古代的机制进行任何改变。参见：Bedini, "Role of *Automata*", 26。

87   Richard, *Petite-nièce*, 333; Sherwood, "Magic", 589–90. 关于埃丹，另见：Tronzo, *Petrarch's Garden*, 101–10。

88   ANF, KK 393; Richard, *Petite- nièce*, 308.

89   AdPC, A 297; Richard, *Petite- nièce*, 336.

90   AdPC, A 548; Richard, *Petite- nièce*, 341.

91 AdPC, A 648; Richard, *Petite- nièce*, 342.

92 *Ve compte de Jehan Abonnel dit Legros, conseilleur et receveur général de toutes les finances de monseigneur le duc de Bourgoingne*, in the *Recette générale des fi nances, Chambre des comptes de Lille*, AdN, série B no.1948 (Registre); Laborde, *Ducs de Bourgogne*, 1:268–71. 引用的段落摘自译文节选，出自：Sherwood, "Magic", 587– 90; Price, "*Automata*", 20–21; Chapuis and Gélis, *Monde*, 1:72。

93 关于埃丹的机器的名声和影响，参见：Sherwood, "Magic", 590; Price, "*Automata*", 21。

94 Montaigne, *Journal de voyage*, 125. 另见：Häberlein, *Fuggers of Augsburg*, chap. 6.

95 Chapuis and Gélis, *Monde*, 1:74.

96 Montaigne, *Journal de voyage*, 187. 另见：De Caus, *Raisons des forces mouvantes*, 1:29, 2:13。

97 Huülsen, "Ein deutscher Architekt", 164–65; Castellan, *Letters on Italy*, 92; Chapuis and Gélis, *Monde*, 1:75. 关于意大利的水力娱乐设施，另见：Morel, *Grottes maniéristes*。

98 Montaigne, *Journal de voyage*, 388.

99 Ibid., 270.

100 Ibid. 猫头鹰和鸟的布置来自亚历山大里亚的希罗的一个设计，该设计被大量模仿。参见：Woodcroft , *Pneumatics of Hero of Alexandria*, no. 15。关于希罗的自动机，参见：Berryman, "Imitation of Life"。

101 关于圣日耳曼昂莱的弗兰奇尼喷泉，信息的主要来源是亚伯拉罕·博塞（Abraham Bosse）根据原始设计制作的雕刻集。亚历山德罗·弗兰奇尼被列为该雕刻集的作者：Alessandro Francini, *Recueil. Modèles de grottes et de fontaines. Dessins lavés*, in BNF Estampes et photographie, Réserve Hd-100(A)-Pet Fol; also in ANF, O1 1598。还有约翰·伊夫林的描述，见于他的日记：Evelyn, *Diary*, entry for February 27, 1644。另见：Evelyn, *Elysium Britannicum*, book 2, chaps. 9 and 12, book 3, chap. 9。关于圣日耳曼昂莱

水力自动机的其他原始文献，参见：Houdard, *Châteaux Royaux*, vol. 2, book 3, part 3, chap. 2。关于二手描述，参见：Mousset, *Francine*, chap.1 and plates 2, 3, and 4; La Tourrasse, *Château neuf*; Marie, *Jardins*; Chapuis and Droz, *Automata*, 43–47。在 1682 年路易十四将宫廷搬到凡尔赛宫后，这些喷泉就被废弃了，几乎没有留下任何痕迹。不过，关于凡尔赛的喷泉被视为物质力量的象征，参见：Mukerji, *Territorial Ambitions*, esp. 181–97。

102   Evelyn, Diary, *entry for February* 27, 1644.

103   Du Chesne, *Antiquités*, 221–24.

104   Evelyn, *Diary*, entry for February 27, 1644; Mousset, *Francine*, 35–41.

105   Du Chesne, *Antiquités*, 222; Evelyn, *Diary*, entry for February 27, 1644.

106   Evelyn, *Diary*, entry for February 27, 1644; Mousset, *Francine*, 38.

107   Hérouard, *Journal*, 1:370, entry for September 27, 1601: "A dix heures et demie et demy quart selon ma monstre faicte a Abbeville par M. Plantard."

108   例如可参见：Hérouard, *Journal*, 1:676, entry for June 6, 1605。

109   仅在 1605 年 4 月和 5 月，参观洞穴的记录就有 4 月 11 日、13 日、14 日、17 日和 29 日，5 月 2 日、8 日、9 日、15 日、27 日、29 日。Hérouard, *Journal*, 1:638, 639, 643, 653, 655, 657, 658, 660, 666, 668.

110   Ibid., 1:633, entry for March 20, 1605: "Faite semblan que je sui Ophée (Orphée) e vous le fontenié (-er), dite chante le (les) canarie." 这句话是我根据埃鲁阿尔的记录翻译的王子的儿语。

111   参见：entries for April 13, 14, and 17, 1605: Ibid., 1:638, 639, 643。

112   参见：entries for May 25, June 2, July 3 and 30, August 20 and 28, and October 25, 1605; May 9, June 15, and July 8, 1606, in ibid., 1:664– 65, 672, 703, 722, 741, 759, 809, 943, 987, 1000。

113   参见：entries for April 16 and 18, June 1, 2, 6, 10, 13, 15, 22, 26, and 30, and August 3, 1605, in ibid., 1:640, 643, 671, 672, 673, 676, 681, 684, 686, 692, 696, 698, 725。

114   参见：entries for February 12, March 13, and September 27, 1605, in ibid., 1:596,

614, 767。

115 "*Maman ga, allon voir ma fontaine ché Francino*". M. "Mr., je n'ay point de carrosse". D. "*Nous iron bien a pié*". Madame luy dict: "Mousieu i a bien loin". D. "*Madame, nou passerons pa le jadin nou i seron incontinent.*" Entry for May 25, 1605, in Hérouard, *Journal*, 1:664–65. "妈妈嘎"（Maman ga）是蒙格拉夫人，王子的女监管人。另见：the entries for May 30 and June 7, 1605, in ibid., 1:669, 678。

116 参见：entries for April 29 and June 2, 1605, in Hérouard, *Journal*, 1:653, 672。

117 "Dict qu'il y a ung robinet a son cul et ung autre sa guillery: '*fs fs.*'" Entry for April 18, 1605, in Hérouard, *Journal*, 1:643. 关于这个笑话的若干次重复，参见：entries for April 2, June 1 and 10, 1605, in ibid., 1:638, 671, 681。充斥着埃鲁阿尔日记的色情段落引起了大量的分析，可参见：Ariès, *L'enfant*。

118 Hérouard, *Journal*, 1:1502, entry for September 12, 1608.

119 参见：entries for July 31, 1611, and October 27, 1612, in ibid., 2:1939, 2066。

120 Ibid., 1:699, entry for June 30, 1605: "*Maman ga, je sone les heure, dan, dan, i(il) sone come le jaquemar qui frape su l'enclume.*" 王子指的是枫丹白露的钟。

121 Ibid., 1:1396, entry for March 5, 1608.

122 Ibid., 1:1434, entry for May 16, 1608.

123 安托万·莫朗的带有自动机的时钟是 1706 年为纪念路易十四而制作的，目前保存在凡尔赛宫博物馆。Chapuis and Gélis, *Monde*, 1:233–37. 弗朗索瓦-约瑟夫·德加缪为未来的路易十四（当时还是王子）打造了一辆机械马车，车上有一队士兵和一位女士的可移动人偶。这辆马车可能是在 1709 年连同所有其他贵金属制品一起被熔化了，正是这位国王下的命令，因为当时战争耗尽了王室国库。参见：Camus, *Traité des forces mouvantes*, 521–33; Chapuis and Gélis, *Monde*, 2:13–18。让·特吕谢建造了机械歌剧院，对它的描述见于：Fontenelle, *Suite des éloges*, 170; Fontenay, "Notice"。参见：Chapuis and Gélis, *Monde*, 1:337。

124 自动机军队是戈特弗里德·奥奇在纽伦堡为路易（维也纳太子，也称大太子，生于 1661 年）建造的。参见：Doppelmayr, *Historische Nachricht*, 304; Chapuis and Gélis, *Monde*, 2:12–13。

125　参见：Wharton, *Italian Villas*, 154。

126　阿尔多布兰迪尼别墅，原名叫作贝尔韦代雷别墅，参见：Benocci, *Villa*。参见乔瓦尼·巴蒂斯塔·法尔达雕版印制的"风之室"，见于：*Le fontane di Roma*, plate 7。

127　关于西蒂库斯和海尔布伦宫，参见：Chapuis and Gélis, *Monde*, 1:76–77; Chapuis, "Amazing *Automata*"; Bedini, "Role of *Automata*", 27; Schaber, *Hellbrunn*。

128　参见法尔达雕版印制的蒙德拉戈内别墅的半圆形水剧场，见于 *Le fontane di Roma*, plate 18。

129　关于这场婚礼和德科在海德堡的工作，见于：Yates, *Rosicrucian Enlightenment*, chap. 1。耶茨暗示，德科发明了蒸汽动力的机械用途，见于：ibid., 19。

130　De Caus, *Raisons des forces mouvantes and Hortus Palatinus*.

131　De Caus, *Raisons des forces mouvantes*, 2: np, 1r, 2:16v, 17r; 1:34v, 35r；另见 Chapuis and Gélis, *Monde*, 1:78– 82.

132　Valla, *Georgii Vallae*; Commandino, *Aristarchi*; Aleotti, *Gli artificiosi*. 后续版本包括：Giorgi da Urbino, *Spirituali*。另见：Bedini, "Role of *Automata*", 25。

133　Ramelli, *Various and Ingenious Machines*, chap. 186. 另见 : chap. 187，其中描述了一种本质上类似的安排，它的效果是由一个隐藏的人通过管道吹气产生的，而不是由水流产生的。另一个例子见：Della Porta, *Pneumaticorum*。

134　De Caus, *Raisons des forces mouvantes*, 1:30: "Pour faire representer plusieurs oiseaux lesquels chanteront diversement quand une choüette se tournera vers iceux, & quand ladite choüette se retournera, ils cesseront de chanter." 另见：De Caus, *Nouvelle invention*, 125, plate 13。

135　De Caus, *Raisons des forces mouvantes*, 1:34: "Machine par laquelle l'on representera une Galatee qui sera trainee sur l'eau par deux daufins, allant en ligne droite, & se retournant d'elle mesme, cependant qu'un ciclope Joue dessus un flajollet."

136 Evelyn, *Elysium Britannicum*, 231, 242, 191. 这些标记表明了伊夫林对手稿进行了修改。

137 Kircher, *Musurgia Universalis*, 2:347; Bedini, "Role of *Automata*", 35.

138 普赖斯写道，在自动机钟表中，"第一次（大约 1550 年）使用齿轮传动代替了杠杆，用齿轮代替了弦，用风琴筒编程代替了液压式顺序延迟"。Price, "*Automata*", 22.

139 Al-Jazari, *Book of Knowledge*. 关于阿勒贾扎里和中世纪伊斯兰自动机制作传统，参见：Tabbaa, "Medieval Islamic Garden", 322–39; Dolezal and Mavroudi, "Theodore Hyrtakenos", 125–31; al-Hassan, *Science and Technology in Islam*, 181–83。

140 这是一个协同工作。金匠伦道夫·布尔是女王的钟表匠，他制作了该装置的钟表部分；管风琴工匠托马斯·达勒姆则制作了管风琴部分，并在苏丹的宫殿监督安装。参见：Drover, "Thomas Dallam's Organ Clock"; Bedini, "Role of *Automata*", 35。

141 De Caus, *Raisons des forces mouvantes*, 1:29.

142 Price, "Automata", 20. 1617 年，朗根布赫尔向波美拉尼亚的菲利普公爵赠送了"波美拉尼亚机箱"（Pomeranian Cabinet），里面有一个由 21 根管子组成的自动管风琴，可以演奏 4 首曲子。关于这个机箱，参见：Haspels, *Automatic Musical Instruments*, 55–57。

143 Evelyn, *Elysium Britannicum*, 232–42.

144 Ibid., 241.

145 Ibid., 232, 244, 249–50. 伊夫林引用了普林尼、菲洛斯特拉图斯、保塞尼亚斯、琉善、塔西佗、斯特拉博和基歇尔作为这尊传奇巨像的权威。另见：Kircher, *Oedipus Aegyptiacus*, vol. 2, part 2, 326–27。关于会说话的雕像，见 vol. 3, 488。

146 关于马丁·勒纳和他的自动机，参见：Doppelmayr, *Historische Nachricht*, 306; Chapuis and Gélis, *Monde*, 1:76。

147 Evelyn, *Diary*, entry for February 27, 1644.

148 Evelyn, *Elysium Britannicum*, 184, 439.

149 Montpensier, *Mémoires*, chap. 23 (July–September 1656). 作者认为庄园的主人叫"埃瑟兰"（Esselin），但其实是叫路易·科雄·德瑟兰（Louis Cauchon d'Hesselin），他是王室住房财产的主管。利克桑夫人是亨丽埃特·德洛兰，是弗朗索瓦·德洛兰的女儿，她嫁给了利克桑王子。

150 Darnton, *Great Cat Massacre*, 78.

151 Bergson, *Le rire, "du mécanique plaqué sur la vivante"*: 39, 50, 58; laughter as a *"correction"*: 89, 174, 197, 200. 弗洛伊德以一种完全不同的方式使用了柏格森的幽默理论，参见：Freud, *Jokes*, chap. 7, esp. 259–60。

152 关于这一主题的近期研究的选集，参见：Bremmer and Roodenburg, *Cultural History of Humour*。彼得·伯克提到了文艺复兴时期宫殿的水力装置（Burke, "Frontiers of the Comic", 84）。幽默的历史是诺伯特·伊莱亚斯（Norbert Elias）的经典著作《文明的进程》（*The Civilizing Process*）中的重要组成部分。

第 2 章 机器中的笛卡儿

1 这里依据的是笛卡儿的第一个传记作者阿德里安·巴耶的说法，参见：Gaukroger, *Descartes*, 64。关于笛卡儿对自动机的兴趣，最早的证据是他在《个人思考》（*Cogitationes privatae*）中的一条笔记，他在其中描述了像阿基塔斯的鸽子或走索者（tightrope walker）那样的自动机设计。参见：Descartes, *Œuvres de Descartes* (hereafter AT), 10:231–32。

2 关于机械论在 17 世纪生理学中的作用，特别是笛卡儿生理学的发展和影响，参见：Brown, "Physiology"; Dear, "Mechanical Microcosm"; Duchesneau, *Modèles du vivant*, chaps. 2–3; Jaynes, "Problem of Animate Motion"; Sloan, "Descartes"。

3　关于这种错误解释，参见：Gaukroger, *Descartes' System*, 181。关于现代英语学界的错误解释，参见：Morris, "Bêtes- machines"。

4　出自笛卡儿的《论人》，即 *Traité de l'homme*, in AT, 11:120。《论人》写于1630 年至 1633 年间，并以拉丁文在 1662 年首次发表。关于上帝可以制造更好的自动机的论证，见于：*Discours de la méthode* (1637), AT, 6:54–56。关于这个主张，即"人的身体就像以某种方式构造的机器，由骨头、神经、肌肉、静脉、血和肉组成"，见："Méditation sixième" (1641), in AT, vol. 9, part 1, 67, 69。

5　*Traité de l'homme*, in AT, 11:130–31. 关于笛卡儿所提及的圣日耳曼昂莱和帕拉丁花园等宫廷水力装置，另见：Jaynes, "Problem of Animate Motion"；Des Chene, *Spirits and Clocks*, 13n1; Descartes, *Monde*, 179n45。

6　*Traité de l'homme*, in AT, 11:130–31.

7　*Discours de la méthode*, in AT, 6:46, 48, 50. 关于把心脏看作"伟大的发条"，是身体"一切运动的起源"，参见：*La description du corps humain*, in AT, 11:226, 227。笛卡儿是在 1647 年的冬至至 1648 年的冬天开始写作这个文本的，但他还没写完就去世了。高克罗格将其视为《哲学原理》（*Principia philosophiae*）计划中第五卷的部分草稿，第五卷是探讨"生物"的。参见：the introduction to Gaukroger, *World*, xxix。

8　Harvey, *Motion of the Heart*, 31. 哈维在这里没有使用"泵"这个词，但他确实把心耳描述为血液的"仓库和蓄水池"。在《第二论文》（*Second Disquisition*）的第 135 页中，哈维明确使用了水泵类比。总的来说，哈维仍认为自己是亚里士多德主义者，尽管在心脏的解释上他与亚里士多德存在分歧。关于水泵在哈维的思考中的作用，近期的讨论参见：Wright, *William Harvey*, essay 7。

9　*Description du corps humain*, in AT, 11:228–45。另见：*Traité de l'homme*, in AT, 11:123。关于笛卡儿对哈维的心脏是泵的观点的反驳，参见：Bitbol-Hespériès, *Principe de vie*, 185–91 and Bitbol-Hespériès, "Cartesian Physiology"；Gaukroger, *Descartes*, 271–72; Des Chene, *Spirits and Clocks*,

28–29; Gilson, *Études*, 80–100。

10 *Description du corps humain*, in AT, 11:244–45.

11 *Traité de l'homme*, in AT, 11:130–31.

12 "Méditation sixième," in AT, vol. 9, part 1, 69.

13 *Les principes de la philosophie* (1644), part 4, sections 189– 95, in AT, vol. 9, part 2, 310–14.

14 关于激情的清单，参见：*Les passions de l'ame* (1647), part 2, articles 53–67, in AT, 11:373–78 and *Traité de l'homme*, in AT, 11:165– 66。关于第一原因和最近原因，参见：*Passions de l'ame*, part 2, article 51, in AT, 11: 371–72。

15 *Traité de l'homme*, in AT, 11:165–66. 笛卡儿给记忆提供的物理模型是一块被针刺穿的布："如果我们想要将几根针或雕刻点穿过一块布，如你所见，在标记为 A 的布上，我们刺穿的小孔会一直开着，就像针抽出后点 a 和点 b 周围的情况一样；或者，如果它们再次关闭，它们会在这块布上留下痕迹，就像点 c 和点 d 周围的情况一样，这将使它们非常容易再次被刺开。" *Traité de l'homme*, in AT, 11:178–79. 关于动物机器的感知觉，另见：Gaukroger, *Descartes*, 287–88。

16 *Description du corps humain*, part 4, in AT, 11:252–72. 关于胚胎学材料的重要性，可参见：Gaukroger, *Descartes*, 405–6, as well as his "Resources", and his introduction to *World*, xxviii– xxix。

17 *Traité de l'homme*, in AT, 11:131–32.

18 Ibid., 11:131.

19 Ibid., 11:202. "我们没有理由来假设一个灵魂去解释我们所经历的那些无意的运动，就像我们没有理由'认为时钟上有一个使它显示时间的灵魂'一样"（*Description du corps humain*, in AT, 11:226）。"那些我们所做的没有意志参与其中的所有运动（就像我们在呼吸、行走、进食和做所有我们与动物相同的动作时经常发生的那样），只取决于我们的器官的构成以及精神（由心脏的热量所激发）在大脑、神经和肌肉中自然遵循的路线，就像手表的运动是由其发条的唯一动力和齿轮的构型产生的一样"（*Passions de l'ame*,

part 1, article 16, in AT, 11: 341– 42)。笛卡儿消除了营养灵魂和感知灵魂，关于这一点及其意义，参见：Des Chene, *Spirits and Clocks*。

20 "是大自然根据它们器官的排布在它们身上起作用：同样，与具有智慧的我们相比，一个仅由齿轮和发条组成的时钟可以更为恰当地计算小时和测量时间。"*Discours de la méthode*, in AT, 6:59.

21 高克罗格特别强调了这一点，见：Gaukroger, *Descartes*, see esp. 287–89。

22 *Passions de l'âme*, in AT, 11:330–31.

23 Descartes to Marin Mersenne, November or December 1632, in AT, 1:263.

24 Descartes, *Traité de l'homme*, in AT, 11:165.

25 在描述笛卡儿对神经系统的水力机械式理解时，杰恩斯写道："来自佛罗伦萨的弗兰奇尼兄弟所建造的比他们所知道的还要多，他们创造了现代心理学背后的基本形象。"参见：Jaynes, "Problem of Animate Motion", 225。

26 在笛卡儿的生理学中，水力机制具有不同于钟表机制的重要性，"在想象笛卡儿的自动机时，如果只想到钟表和发条玩具，是具有相当误导性的"（ the introduction to Gaukroger, *World*, xxiv; Des Chene, *Spirits and Clocks*, 39)。

27 Perrault and Perrault, *Œuvres diverses*, 1:359–60，引自 Fearing, *Reflex Action*, 33; Jaynes, "Problem of Animate Motion", 233。

28 *Discours de la méthode*, in AT, 6:54–56.

29 参见：Gaukroger, *World*, xxiii; Gaukroger, *Descartes*, 270。对于笛卡儿的生理学与古代生理学和经院生理学的关系的深入研究，参见：Bitbol-Hespériès, *Principe de vie*, esp. part 1, chap. 2; part 2, chap. 2; and part 3, chap. 1。另见：Sanhueza, *Pensée biologique*; Gilson, *Études*, chap. 2。笛卡儿生理学的某些领域比其他领域（尤其是他对胚胎学和血液循环的解释）要新。参见：Gaukroger, *Descartes' System*, 182–83。

30 Aristotle, *Movement of Animals*, 701b2– 33, in *Complete Works* (hereafter *CW*), vol. 1. 在接下来的段落中，亚里士多德将动物与自动机区分开来，因为动物具有在性质上发生变化的能力：它们的器官可以膨胀和收缩，变热和变冷。尽管他断言自然和技艺、机器和生物之间有根本的区别，但亚里士多德也经常跨越这一区分。在技艺模仿自然的假设下，他发现工具和机器是理解自然现象的方便模型。Aristotle, *Parts of Animals*, book 1, 639b30, in *CW*. 关于亚里士多德和经院哲学中技艺与自然的复杂关系，参见：Des Chene, *Physiologia*, chap. 7, esp. 243; Close, "Commonplace Theories"; Fiedler, *Analogiemodelle*; Newman, *Promethean Ambitions*。

31　Aristotle, *On Youth, Old Age, Life and Death, and Respiration*, 480a16–22, 474a7–17, in CW.

32　Aristotle, *Generation of Animals*, book 2, 734b3– 734b18, in CW. "现在，胚胎的各个部分已经潜在地存在于质料中，因此，一旦运动的原理被赋予它们，它们就会一个接一个地连锁发育，就像自动木偶一样"（book 2, 741a32–b24）。

33　Hippocrates, *De corde*, in *Hippocratic Writings*, 349–50. 盖伦的著作中充斥着大量实例，可参见：Galen, *Usefulness*, books 1 and 10。

34　Galen, *Usefulness*, book 7, chap. 408.

35　Galen, *Natural Faculties*, book 3, chap. 15.

36　Galen, *Usefulness*, book 17, chap. 418.

37　参见：Bitbol-Hespériès, *Principe de vie*, 169–70.

38　Plato, *Timaeus*, 77d, in Dialogues.

39　Aristotle, *Parts of Animals*, 647b2–7, 668a9–29, in *CW*.

40　经院哲学家遵循古代学者的范例：尽管他们坚持技艺与自然之间的本质区别，但也把源自技艺及其装置的例子引入自然哲学中。Des Chene, *Physiologia*, chap. 7, section 3. 一个著名的、被广泛讨论的例子是尼古拉·奥雷姆将宇宙比作机械钟，因为钟表类比后来在天文学中非常重要，参见：Oresme, *Livre du ciel*, book 2, chap. 2。关于其他例子，参见 Jean Fernel's *De abditis rerum causis* (1567), 英译本为 *On the Hidden Causes of Things*, 435–37。

　　在亚里士多德的事物体系中，自然是主要的，技艺是次要的，神圣技艺是理想的，人类的技艺是模仿的。由于这个原因，17 世纪的哲学革命者，如笛卡儿和弗朗西斯·培根，将他们对技艺和自然的本质同一性的坚持描绘为对传统的彻底背离，历史学家们传统上也是这么理解的。参见：Rossi, Philosophy, appendix I。然而，就像在古代著作中一样，自然现象与技艺的工具和机器之间的相似性也在经院哲学著作中随处可见。

41　Aquinas, *Summa Theologica*, 2-1, q. 13, a. 2. 钟表和机器的类比，见：ibid., ad. 3。

42　Gilson, *Études*, 52–64.

43　Fernel, *Physiologia*, 95, 99, 19, 21, 97. 盖伦进行了详细比较，见：Galen, *Usefulness*, book 7, chap. 14.; Fernel, *Physiologia*, 618n100。

44　Descartes to Mersenne, November 11, 1640, in AT, 3:232. 关于圣保罗的厄斯塔丘斯以及他与笛卡儿的关系，参见：the introduction to Ariew et al., *Descartes' Meditations*, 68; Ariew, *Descartes and the Last Scholastics*, 27。

45　Eustachius, *Summa*，引自译本 Ariew et al., *Descartes' Meditations*, 88。

46　德申写道，笛卡儿革命"在现象上是**保守的**，但对现象的解释是**激进的**"；也就是说，笛卡儿主张生命可以完全用物质来解释。参见：Des Chene's *Spirits and Clocks*, 9。他还写道："身体的装置是自然的工作，在这个意义上，粗笨机器（bête-machine）在笛卡儿之前就已经存在很久了。"Ibid., 97.

47　研究笛卡儿与经院哲学的复杂关系是一个学术传统。这一传统的重要成果有：Gilson, *Index*; Gilson, *Études*; Grene, *Descartes*; Sanhueza, *Pensée biologique*; and Ariew, *Descartes and the Last Scholastics*。让－吕克·马里昂认为，我们只能在亚里士多德哲学的基本框架中才能理解笛卡儿的《探求真理的指导原则》（*Regulae ad directionem ingenii*，1626~1628 年），因为这部著作就是在这个框架中写的。参见：Marion, *Grey Ontology*。关于笛卡儿的神学与弗朗西斯库斯·苏亚雷斯等经院哲学家的关系，参见：Marion, *Théologie blanche*, book 1, section 7。最后，德申敦促历史学家在晚期亚里士多德主义的框架中阅读笛卡儿，笛卡儿正是在其中发展他自己的观点的，德申写道："无论'创新者'（novatores）如何努力地否认他们对过去的继承，他们都了解并使用了亚里士多德主义传统，因此历史学家必须理解它。"参见：Des Chene, *Life's Form*, 15。我想补充一点，革命者与亚里士多德主义传统的关系不仅包括了解基础上的使用，还包括这一事实，即他们的直觉是在其中形成的。

48　Descartes to Mersenne, June 1637, in AT, 1:378.

49　德申和彼得·迪尔都把自动机称为笛卡儿哲学的"可理解性的模型"。参见：Dear, "Mechanical Microcosm", 59; Des Chene, "Abstracting from the Soul"。"我认为，根据以笛卡儿为奠基人的机械论哲学，物理世界中的一切都必须用我们解释机器的方式来解释"（Garber, *Descartes Embodied*, 2）。"关于这些机器的一般观点是方法论。根据笛卡儿的说法，如果我们指出一种现象**能够**被产生的方式，那么这个现象就得到了解释"（Ariew et al., *Historical Dictionary*, 29）。

50　例如："使用人的技艺制作了各种物品，来自它们的例子对我帮助很大，因为我认识到在工匠制造的机器与完全由自然造就的各种物体之间没有区别，只是机器的效果仅取决于管子、弹簧或其他装置的排布，这些装置与制造它们的人的手成比例，总是大到可以使人看到它们的形状和运动，而促成自然物体的效果的管子和弹簧通常太小，无法被我们的感官所感知。"Descartes, *Principia philosophiae* (1644), in AT, 8:326.

51　Locke, *Human Understanding*, book 3, chap. 6, section 3. 莱布尼茨重述了这个意象，见：*Nouveaux essais sur l'entendement humaine* (ca. 1690–1705)。参见：PS, vol. 5, book 3, chap. 6, section 1, 283。

52　Locke, *Human Understanding*, book 4, chap. 3, section 25.

53　乔治·康吉扬观察到，"笛卡儿的动物机器一直是一个宣言，可以说是一种哲学上的战争机器"，与 18 世纪的生理学家和机械技师"为了制造模拟器而精心设计的详细计划"形成了对比。参见：Canguilhem, "Role of Analogies", 510–11。

54　1633 年，伽利略因支持哥白尼学说而受到罗马宗教裁判所的审判，被判为"强烈可疑的异端"，并在他正式改口后，被判处软禁。引自：Santillana, Crime, 306–10。关于伽利略事件，另见：Finocchiaro, *Galileo Affair*; Westfall,

Essays; Blackwell, *Galileo*; Langford, *Galileo*; Shea and Artigas, *Galileo in Rome*。关于笛卡儿对伽利略审判及定罪的回应，参见：the introduction to Gaukroger, *World*, xxvi–xxviii; Gaukroger, *Descartes*, 290–92。

55　《论光》一书提出了机械论物理学和宇宙学，并在笛卡儿死后多年的 1664 年以 The World (*Le Monde*) 为书名出版。

56　Descartes to Mersenne, November 1633, in AT, 1:270–71.

57　Descartes to Mersenne, [April 1634], in AT, 1:286. 根据亚当和塔内里（Adam and Tannery，简称 AT）的版本，我记下了笛卡儿所有著作和通信的日期。加中括号表示日期并不确定。在任何一种情况下，读者都可以在该版本中找到完整的解释。

58　参见：Vermij, *Calvinist Copernicans*, esp. part 4; Van Nouhuys, "Copernicanism"。

59　1638 年，埃尔泽菲出版了伽利略的《关于两门新科学的对话》。

60　笛卡儿渴望取悦耶稣会士的事实是有据可查的。参见：Gaukroger, *Descartes*, 355, 357, 364–80; Garber, *Metaphysical Physics*, 9; Rochemonteix, *Collège*, 4:59–60。

61　参见：Gaukroger, *Descartes*, 292, 375, 380。

62　参见：ibid., 354–55。

63　Gassendi, *Syntagma philosophicum*, in *Opera*, 2:170–71. 伽桑狄是一位反亚里士多德主义者和伊壁鸠鲁主义者，也就是说他是伊壁鸠鲁哲学的追随者，伊壁鸠鲁是原子论者和唯物主义者。伽桑狄寻求基督教教义与原子论机制的结合。参见：Giglioni, "*Automata* Compared"; Fisher, "Gassendi's Atomist Account"。关于伽桑狄（和笛卡儿）的机械论与神学的兼容性，参见：Osler, *Divine Will*。

64　关于卡特鲁斯及他的反驳，参见：Verbeek, "First Objections"; Armogathe, "Caterus"。

65　关于这两组反对意见的作者，参见：Garber, "J.-B. Morin and the Second Objections"。

66　笛卡儿对动物灵魂（更准确地说是动物缺乏灵魂）的看法与经院哲学的

看法之间的关系问题，是三个半世纪以来哲学讨论的一个主要议题。当然，笛卡儿的动物缺乏灵魂的观点不同于经院哲学家的动物有感知灵魂但无理性灵魂的观点。但评论家们对这种分歧的评价不尽相同。皮埃尔·培尔在他的词典条目"Rorarius"中表示，笛卡儿的动物机器思想在神学上是有利的，尽管是站不住脚的，而且在某些方面也接近于经院哲学的观点，但培尔认为经院哲学的观点同样也是站不住脚的。参见：Bayle, "Rorarius", in Dictionnaire, 4:76–77; Rosenfield, *Beast-Machine*, 213n65; Des Chene, "Animal as Concept"。培尔还将笛卡儿的动物观与耶稣会士泰奥菲勒·雷诺的动物观进行了比较，雷诺主张，动物必须只有物质的灵魂，因为它们缺乏自由意志（Raynaud, *Calvinismus Bestiarum Religio*, 1630）。Bayle, "Rorarius", in Dictionnaire, 80. 新教神学家大卫 – 雷诺·布利耶把笛卡儿的粗笨机器与天主教神学联系在一起（Boullier, *Essai philosophiques*）。参见：Rosenfield, *Beast-Machine*, 45–49, 213n65, and appendix D; Cohen, "Chardin's Fur", 50. 就我在这里的目的而言，重要的一点是，对笛卡儿工作的最初神学回应并不认为动物自动性的观点在神学上是危险的。

67 Descartes to Huygens, March 9, 1638, in AT, 2:660. 关于笛卡儿和普莱姆皮乌斯，参见：Grene, "Heart and the Blood"。关于笛卡儿接受教育的地方，参看 14 卷的拉弗莱什史：Rochemonteix, *Collège*, esp. vol. 4. 其中讨论了他所受的"哲学、科学和历史教育"，还有笛卡儿在拉弗莱什的经历以及他后来与这所学校的关系（4:51–113）。另见：Gilson, *Index*, esp. iv–v。

68 Arnauld, "Quatrième objections", in AT, vol. 9, part 1, 159–60.

69 Ibid., 167, 169.

70 Ariew, *Descartes and the Last Scholastics*, chap. 8; Gaukroger, *Descartes*, 356–57; Menn, "Greatest Stumbling Block"。关于笛卡儿主义和圣餐教义之间的争论的进一步发展，参见：Armogathe, "Cartesian Physics"。

71 Ariew, *Descartes and the Last Scholastics*, 158–60. 感谢丹尼斯·德申让我注意到，鲁汶谴责文件中完全没有提到动物自动性。

72 Digby, *Two Treatises*, chap. 23, sections 4, 5, 6. 关于迪格比，参见：Dobbs,

"Studies"; Janacek, "Catholic Natural Philosophy"; Keller, "Embryonic Individuals"。

73 Turriano, *Twenty-One Books*.

74 Digby, *Two Treatises*, chap. 23, sections 4 and 6.

75 关于塞哥维亚造币厂的起源和建造，参见：Murray, "Génesis"。

76 Digby, *Two Treatises*, chap. 23, sections 5 and 6.

77 Descartes, "Méditation seconde" (1641), in AT, vol. 9, part 1, 21–22.

78 *Traité de l'homme*, in AT, 11:172ff.

79 有关这个主题的文献非常多。纵览这一主题，可参见：Taylor, *Sources of the Self*, esp. chap. 8; Toulmin, *Cosmopolis*, 318; Israel, *Radical Enlightenment*, esp. chap. 2。关于启蒙运动对"自我"的沉思的近期学术研究，参见：Wahrman, *Making of the Modern Self; Goldstein, Post-Revolutionary Self*。

80 参见：Gaukroger, *Descartes*, 318–19; Taylor, *Sources of the Self*, chap. 10。

81 关于我思故我在和笛卡儿的意识概念，参见：Taylor, *Sources of the Self*, 146; Baker and Morris, *Descartes' Dualism*。另见：Maisano, "Infinite Gesture"。这里指出，莎士比亚通过利用内在自我和身体机器之间的对比，为他的角色创造了**超越的**内在自我。

82 一代又一代的学者们已经讨论了笛卡儿开创的两个概念——非物质的理性灵魂和身体机器——之间的相互依赖性，并在这对概念中找到了现代性的起源、世界的祛魅和对上帝的背弃（以及其他许多东西）。可参见：Taylor, *Sources of the Self*, 148。

83 参见：Locke, *Travels in France*, 6–7, 151–52, 154, 164–68, 173, 175, 178。洛克对他在法国看到的最先进的机器表现出了极高的热情，这种热情考验着他的 20 世纪的编者约翰·洛的耐心，洛感叹道："（一名编者）多么乐意用洛克详细描绘凡尔赛宫喷泉的冗长页面来交换他对太阳王宫廷的印象的细致描述啊！"参见：ibid., xxiv。但毫无疑问，洛克对法国宫廷的印象就在他对凡尔赛宫水力装置的详细描绘之中。

84 Locke, *Human Understanding*, book 2, chap. 27, sections 5, 6, 9, 11. 洛克随意

地评论道，上帝"可以，如果他愿意的话，给物质添加上一种思考能力"（book 4, chap. 3, section 6），这使 18 世纪的读者逮着了机会误以为他是唯物主义者。参见：Vartanian, *Homme Machine*, 204。

85   在《人类理解论》和《政府论》两部著作中，洛克都谈到了对人格和人格同一性的理解，两者之间的关系是一个常被讨论的问题，可参见：Jolley, Locke, chap. 10; Simmons, *Lockean Theory of Rights*, 82–84。

86   Locke, *Two Treatises*, book 2, chap. 6, section 54. 然而，一些身体上的不平等会导致权利的不平等，参见：Simmons, *Lockean Theory of Rights*, 81–82。

87   Locke, *Two Treatises*, book 2, chap. 5, section 26; Jolley, *Locke*, 205–11.

88   *Discours de la méthode*, in AT, 6:57. 这一论点始终有颇具影响力的支持者。在《笛卡儿语言学》（*Cartesian Linguistics*）一书中，诺姆·乔姆斯基（Noam Chomsky）用它来论证的并不是非具身的理性灵魂，而是一种对所有语言通用的、反映人类思维基本特性的单一"通用语法"。

89   关于笛卡儿灵魂概念的激进性，参见：Garber, "Soul and Mind", 764–69。

90   Arnauld, "Quatrième objections", in AT, vol. 9, part 1, 154; Augustine, e.g., "Of True Religion", paragraph 110. 如何理解笛卡儿主义和奥古斯丁主义的关系，参见：Gouhier, *Cartésianisme et Augustinisme*; Menn, *Descartes and Augustine*; Gilson, *Études*, 289–94。特别是关于奥古斯丁主义者、奥拉托利会的创始人皮埃尔·贝律尔的神学，参见：Marion, *Théologie blanche*, book 1, section 8。关于告解分裂时期分裂双方论宗教的"内化"，参见：Gaukroger, *Descartes*, 24–25。

91   参见：Gaukroger, *Descartes*, 318; Taylor, *Sources of the Self*, 148。

92   通过机械论哲学，我们可以使自己成为"自然的君主和主宰"。参见：*Discours de la méthode*, in AT, 6:62。

93   Descartes to Christina, November 20, 1647, in AT, 5:85. 另见：Taylor, *Sources of the Self*, 146–49.

94   "理性灵魂被认为是在物质事物和非物质事物的边界和区分上，因为它既是一种非物质的实体，又是一种身体的形式"（Aquinas, *Summa contra*

gentiles, book 2, chap. 68, paragraph 6）。"现在，营养灵魂和感知灵魂不能独立于身体而运作"（chap. 86, paragraph 2）。"因此，在野兽的灵魂中没有任何东西是超越感知的，所以无论是在存在上，还是在运作上，它都无法超越身体；这就是为什么野兽的灵魂必须和身体一起产生，和身体一起灭亡"（chap. 89, paragraph 12）。关于感知灵魂和营养灵魂在经院哲学讨论中的地位，参见：Rosenfield, *Beast-Machine*, xxiii, 80, 84; Des Chene, *Life's Form*, chap. 9。

95   参见：Vidal, "Brains", esp. 944–46 and 936; Bynum, *Resurrection*。

96   参见：Aquinas, *Summa Theologica*, 1, q. 76, a. 1, ad. 6。

97   例如，可参见：Aquinas, *Expositiones in Job*, chap. 19, lectio 2, in Aquinas, *Opera omnia*, 18:119–20。关于形式质料学说、复活和中世纪基督教的物质观念，另见：Bynum, *Christian Materiality*, especially chap. 4。

98   下面的讨论源于：Des Chene, *Life's Form*, chap. 2。

99   诺斯替主义是一种古老的宗教信仰，它建立在这样一条原则之上，即人可以通过了解宇宙奥秘的深奥知识而得到救赎，该原则影响了一些早期基督徒的思想，并导致了各种异端。关于诺斯替主义与早期基督教的关系，参见：Pagels, Gnostic Gospels。

100   Des Chene, *Life's Form*, 51, 69, 48–50.

101   Des Chene, *Life's Form*, 51. 另见：Des Chene, "Descartes"; and Garber, "Soul and Mind", 761。

102   Aquinas, *Summa Theologica*, 1, q. 75, a. 7, ad. 3.

103   Des Chene, *Life's Form*, 117.

104   Ibid., 181.

105   Caterus, "Premières objections", in AT, vol. 9, part 1, 80.

106   Arnauld, "Quatrième objections", in AT, vol. 9, part 1, 157.

107   Ibid. 感谢史蒂文·纳德勒促使我完善了对阿尔诺的立场的思考。关于阿尔诺的二元论以及他的笛卡儿主义形式，参见：Nadler, *Arnauld*。

108   Bourdin, "Objectiones septimae", in AT, 7:490. 译文引自：Descartes, *Philosophical*

Writings, 2:331。

109　"Sixième objections", in AT, vol. 9, part 1, 218–19. 笛卡儿排除了物质实体具有思维能力的可能性，但梅森等人未能理解笛卡儿为什么这么做，关于这一点，参见：Garber, *Descartes Embodied*, 257。关于中世纪基督教传统中的思想的物质性，参见：Pagel, "Medieval"; and Gaukroger, Descartes, 278–79。

110　Daniel, *Voyage*, 35–43. 感谢丹尼尔·加伯使我注意到这个文本。

111　More to Descartes, in AT, 5:238–39. 另见：Koyré, *Closed World*, chap. 5; Gaukroger, *Descartes*, 411; Coudert, "Henry More"; Hutton, "Edward Stillingfleet"。

112　关于圣像破坏主义、宗教改革视觉文化和笛卡儿主义的关系，参见：Besançon, *Forbidden Image*, 171; Dyrness, *Reformed Theology*, 5, 151, 305。关于笛卡儿的哲学与詹森主义和新教的共鸣，参见：Nadler, *Arnauld*; Schmaltz, "Cartesianism"。

113　"但是，如果一件东西并非来自自然（例如床、衣服以及类似的东西，这么说是因为它们来自技艺），那它自身之中就没有变化的原则，除非发生意外情况，人造物体的质料和实体则是自然的东西。因此，只要人造的东西碰巧是铁或石头，它们自身之内就有一个运动的原则，但就它们是人造物而言，就没有这样的原则。因为一把刀本身就有一个向下运动的原则，这不是因为它是一把刀，而是因为它是铁。"出自：Aquinas, *Commentary*, book 2, paragraph 142。关于如何解读经院哲学对人造形式的理解，参见：Des Chene, *Physiologia*, chap. 7, section 3. 对笛卡儿和他的同代人来说，"成为一台机器意味着什么"，关于此问题的讨论，参见：Garber, "Descartes and the Scientific Revolution", 409。

114　Aquinas, *Summa contra gentiles*, book 3, chap. 104, paragraphs 8–9.

115　Descartes, *La dioptrique* (1637), Discours quatrième, in AT, 6:109. 笛卡儿论证道，虽然他可以清楚自明地设想自己没有想象能力或感知能力，但他不能设想这些能力没有他自己，即不附着于一个会思考的东西，因为这些能力涉及某种思维。因此，它们必然是他的理智自我的附带特征，而不是他的身体的某些方面。参见：Descartes, *Sixième méditation* (1641), in AT, vol. 9, part 1, 62。

116 *Description du corps humain,* part I, in AT, 11:224. "我们灵魂的这些不同的想法直接来自由大脑中的神经的能动性所激发的运动，因此，我们正确地将这些想法称为我们的感觉，或我们感官的知觉。"参见：*Principes de la philosophie,* part 4, section 189 in AT, vol. 9, part 2, 310。

117 Pollot to Reneri [Reniersz Régnier] for Descartes, February 1638, in AT, 1:512.

118 Descartes to Reneri for Pollot, March 1638, in AT, 2:40–41.

119 Descartes, "Réponses aux sixièmes objections", in AT, vol. 9, part 1, 229.

120 Descartes to Reneri for Pollot, April or May 1638, in AT, 2:40–41.

121 Descartes, *Passions de l'ame,* part 1, articles 1, 2, and 50, in AT, 11:328–29, 369–70.

122 Descartes to Gibieuf, January 19, 1642, in AT, 3:479. 关于这封信中明显的反转（在此之前，笛卡儿一直将想象力视为物质的），参见：Gaukroger, *Descartes*, 393。另见：Bates, "Cartesian Robotics"。

123 "Sixième objections", in AT, vol. 9, part 1, 219.

124 Descartes, "Réponses aux sixième objections", in AT, vol. 9, part 1, 228. "如果灵魂指的是'生命的原则'，那么，笛卡儿说，动物可以说是有灵魂的：灵魂即血液或心脏的热量。"参见：Ariew et al., *Historical Dictionary*, 21。

125 Descartes to Regius, May 1641, in AT, 3:369–72. 参见：Wilson, "Descartes and the Corporeal Mind"。

126 Descartes to William Cavendish, Marquis of Newcastle, November 23, 1646, in AT, 4:574–75. 关于这封信中笛卡儿将情感赋予动物的阐述，参见：Gaukroger, *Descartes*, 392; Gaukroger, *Descartes' System*, 213。

127 Descartes to More, February 5, 1649, in AT, 5:278. 另见：Canguilhem, *Connaissance*, 111; Rosenfield, *Beast-Machine*, 16。

128 Locke, *Elements of Natural Philosophy,* in Works, 2:329. 洛克发现动物"在某些情况下理性地做出某些行为"，这一点是"显而易见的"，参见：Locke,

Human Understanding, 160。针对那些持相反观点的人，洛克写道："在我看来，他们似乎是在判决，而不是在论证。"参见：Locke to Anthony Collins, March 21, 1703–4 (?), in *Works*, 10:283。另见：Locke, "Mr. Locke's Reply to the Right Reverend the Lord Bishop of Worcester's Answer to His Second Letter", in *Works*, 4:463。

129 关于马勒伯朗士版本的动物机器，参见：Alquié, *Cartésianisme*, 49–55。

130 特吕布莱修士记述了这个故事，参见：*Mémoires*, 115–16。另见：Rosenfield, *Beast-Machine*, 70; Woloch, "Huygens's Attitude", 416。

131 Rosenfield, *Beast-Machine*, 70.

132 Leibniz to Ehrenfried Walter von Tschirnhaus, [October 17, 1684], in Leibniz, *Sämtliche Schriften und Briefe* (hereafter *SSB*), series 2, 1:860–61.

133 Leibniz to Antoine Arnauld, October 9, 1687, in SSB, series 2, 2:248– 61. 关于莱布尼茨对野兽机器假说的观点，另见：*Nouveaux essais* in PS, 5:60（笛卡儿主义者"毫无必要地对野兽的灵魂感到困惑"）; *Système nouveau*, 66（关于动物的笛卡儿主义观点是有可能的，但不太可能）; his letter to Walter von Tschirnhaus, [October 17, 1684], in SSB, series 2, 1:860–61（动物具有灵魂或实质性形式）; "Reflections on the Souls of Beasts"（原始的隐德来希分布在物质中，当它们与有机体结合时就成为灵魂，因此动物有知觉）; *Essais de théodicée*, in PS, 6:3–436, at paragraph 250（动物没有人类那么强烈的快乐和痛苦，因为它们不反思）; 还有 the appendix to the *Essais* in PS, 6:400–36, at paragraph 20。

134 Huygens, *Celestial Worlds*, 59– 60. 另见：Woloch, "Huygens's Attitude", 419。

135 Arnauld, "Quatrième objections", in AT, vol. 9, part 1, 141.

136 Régis, *Cours entier*, 2:504, 506. 在 17 世纪，基督教教义是否允许动物具有不朽的灵魂这一可能性，是一个争论不休的问题。关于这场辩论的讨论，参见：Harrison, "Virtues of Animals"; and Fowler, *Descartes on the Human Soul*, esp. chap. 4。

137 Borelli, *On the Movement of Animals*, 8, as well as chap. 1 in general. 关于博

雷利如何利用非物质的动物灵魂使其机械论生理学得以可能，参见：Des Chene, "Mechanisms of Life"。

138　Borelli, *On the Movement of Animals*, 319–20.

139　Perrault, *Mécanique des animaux*, in his *Essais de physiques*, 3:1. 关于佩罗援引非物质的动物灵魂，参见：Moravia, "Homme Machine", 48– 49; Des Chene, "Mechanisms of Life"。

140　德申认为这种排除与力学（处理力的数学问题）和物理学（解释力的起源）之间古老的、传统的划分相一致。参见：Des Chene, "Abstracting from the Soul"。这里，我还要补充的一点是，到1680年，机械论者促成了对物理学的重新定义，因此这种传统的排除获得了新的含义：将某个东西排除在力学之外（在佩罗的作品中这一点是明确的），通常也就是将它排除在物理学领域之外。

141　Perrault, *Mécanique des animaux*, in *Essais de physiques*, 3:2.

142　Ibid., 3:24.

143　Hobbes, "Troisièmes Objections", in AT, vol. 9, part 1, 134–35.

144　Hobbes, *Leviathan*, part 1, chap. 1, at 4.

145　Ibid., chap. 3, at 9, 11.

146　Ibid., chap. 5, at 20; chap. 6, at 26, 28; chap. 2, at 8; chap. 3, at 11.

147　Ibid., chap. 16, at 80–83.

148　Hobbes, *Leviathan*, part 1, introduction, 1.

149　参见：Skinner, "Hobbes", 24–27。这段话的修订版见于：Skinner, *Visions of Politics*, 3:177–208。斯金纳强调作为一个人的国家的"人造"本质，对于这一点的回应，参见：Runciman, "Debate"。在这方面要感谢欣克·胡克斯特拉（Kinch Hoekstra）的指导。

150　Hobbes, *Leviathan*, part 2, chap. 17, at 87.

151　关于这些先例，参见：Schofield, Plato。关于人造的人的主要先例典范，罗马法的法人观念，在中世纪期间被称为"拟制人"（persona ficta），参见：Buckland, Text-Book, 307; Buckland, *Main Institutions*, 88; Runciman,

Pluralism, 14, 16, 18, 49, 91, 93, 107–8, 243–44。

152　"Belluae sunt mera *Automata* omni cognitione ac sensu carentia". 引自：San-hueza, *Pensée biologique*, 236n66。即使在这里，动物自动性也仅在 30 个问题中排第 21 位。第一个则是"人类的思维可以并且应该怀疑一切，除了它自己的思考和建立在这一点之上的它自己的存在"。参见：Sortais, "Cartésianisme"；Sanhueza, *Pensée biologique*, 196–98n61。另见：Rochemonteix, *Collège*, 4:89–94。

153　"Mettez une machine de chien et une machine de chienne l'une près de l'autre et il en pourra résulter une troisième petite machine, au lieu que deux montres seront l'une auprès de l'autre toute leur vie, sans jamais faire une troisième montre. Or, nous trouvons par notre philosophie, Mme. B. et moi, que toutes les choses qui, étant deux ont la vertu de se faire trois, sont d'une noblesse bien élevée au-dessus de la machine". 参见：Fontenelle, *Lettres galantes de M. Le Chevalier d'Her**** (1683), in his *Œuvres*, 3:20。

154　Catherine Descartes to Madeleine de Scudéry (1689)，引自 Scudéry, *Madeleine de Scudéry*, 313；另见 Van Roosbroeck, "'Unpublished' Poems"。

155　引自：Buffon, *Histoire*, 20:129, note h。

156　Voltaire, "Bêtes", in his *Dictionnaire philosophique* (1764), in *Œuvres complètes de Voltaire* (hereafter *OCV*), 35:411–15, at 412–13.

157　Priestley, *Disquisitions*, 1:283.

第 3 章　是被动的望远镜，还是永不停歇的时钟

1　Galileo, *Sidereus Nuncius*; Van Helden, "Invention"; Van Helden, "Development"; Van Helden et al., *Origins*.

2　Freedberg, *Eye*, 169–170.

3　Swammerdam, *Book*; Hooke, *Micrographia*; Wilson, *Invisible World*.

4　Landes, *Revolution*, 136–37, appendix A; de Weck et al., *Engineering*, 24.

5　Coward, *Second Thoughts*, 105–6.

6　关于古代和中世纪的自然神学，参见：Vanderjagt and Berkel, *Book*。

7　这个传统一直延续到 19 世纪，关于这一点，参见：Gillespie, "Divine Design"。

8　More, *Antidote*, chap. 12, at 142–46.

9　体液是液体，被膜是眼睛的膜。

10　More, *Antidote*, 144–45.

11　Ibid., 145.

12　关于莫尔和玻意耳的关系，特别是莫尔对玻意耳的空气泵实验的解释，两人在这个问题上的争论，参见：Greene, "Henry More"；Shapin and Schaffer, *Leviathan*, 207–24。

13　Boyle, *Disquisition*, 148.

14　这句引语出自 1691 年玻意耳遗嘱的附录，其中玻意耳留下了用以资助设立玻意耳讲座的基金，参见：Jacob, *Newtonians*, 144。

15　Boyle, *Disquisition*, 66, 218, 48.

16　Boyle, *Free Enquiry*, 125, 39. 另见：ibid., 40, 60, 102, 104, 134, 135, 146, and 160; Westfall, *Science and Religion*。

17　Ray, *Wisdom of God*, 248, 254, 257.（雷几乎一字不差地摘抄了莫尔的某些段落。）

18　Scheiner, *Oculus*. 另见：Roman, "Discovery"。赫尔曼·冯·亥姆霍兹证明了眼睛适应不同距离的调焦能力是通过晶状体形状的变化来实现的。

19　Ray, *Wisdom of God*, 252. 莫尔也认为瞳孔扩张和收缩的能力是眼睛的完美性的一个体现，见于：More, *Antidote*, 144–45。

20　Cheyne, *Philosophical Principles*.

21　Derham, *Physico-Theology*. 参见：Davidson, "Identities Ascertained"。

22　Réaumur, *Mémoires*; Pluche, *Spectacle*. 另见：chapter 5。

23　关于暗箱的历史及其与眼睛的类比，参见：Wade and Finger (2001)。

24   Cheyne, *Philosophical Principles*, paragraph 45.

25   Kepler, *Ad Vitellionem*, chap. 5.

26   Ray, *Wisdom of God*, 255–56.

27   Ibid., 260.

28   More, *Antidote*, 146.

29   参见：Brooke, *Science and Religion*, chap. 6。另见：Brooke, "Fortunes of Natural Theology"；Brooke, "Scientific Thought"；Brooke, "Wise Men". In Brooke et al., *Science in Theistic Contexts*。特别参见：Cook, "Divine Artifice"；Osler, "Whose Ends"。另见：Jenkins, "Arguing about Nothing"；Osler, "Mixing Metaphors"；Roger, "Mechanistic Conception of Life"；Olson, "On the Nature of God's Existence"；Schaffer, "Political Theology"。

30   参见：Ospovat, *Development of Darwin's Theory*; Gould, "Darwin and Paley"；Phipps, "Darwin"；Richards, "Instinct and Intelligence"；Richards, *Darwin and the Emergence*, 128–34, 342–45。相反的观点可参见：Bowler, "Darwinism"。

31   Boyle, *Disquisition*, 146–47.

32   Ray, *Wisdom of God*, 249. 强调内容由作者标明。

33   Boyle, *Disquisition*, 52–55 (see also 193), 59–64 (see also 201–2). 雷重复了关于瞬膜的论点，见：Ray, *Wisdom of God*, 262。切恩重复了这里提到的所有论点，参见：Cheyne, *Philosophical Principles*, paragraph 45。相同论点的佩利版本，参见 Paley, *Natural Theology*, chaps. 3 and 9，其中有关于瞬膜的讨论（pp. 35 and 129）。

34   Boyle, *Disquisition*, 66, and see also 218.

35   Ibid., 58.

36   Ibid., 56–59, 201.

37   目前像差领域的研究致力于探讨这一问题，参见：Shapiro, "Newton and Huygens", 273ff; Dijksterhuis, *Lenses and Waves*, 83–92; Wilson, *Reflecting Telescope Optics*, chap. 1。

38   Mariotte, "Nouvelle". 引用的段落来自同一年的英译本："A New Disco-

very", 668– 69. 马里奥特把他的发现报告给了解剖学家让·佩凯，后者回复说："大家都奇怪，在您之前没有人意识到这种视力丧失现象，而在您提出这个问题以后，现在大家都发现了。"关于马里奥特，参见：Mahoney, "Mariotte"。

39　Ray, *Wisdom of God*, 254– 55.

40　Cheyne, *Philosophical Principles*, paragraph 45.

41　Priestley, *Disquisitions*, 1:283. 这里普里斯特利并不是在阐述他对该问题的观点，而是描述了笛卡儿主义者尤其是尼古拉·马勒伯朗士的观点。

42　Harvey, *Anatomical Exercises*, 417; 参见：Aristotle, *Generation of Animals*, 741a32– b24, in *CW*。关于哈维生成理论与亚里士多德的关系，参见：Lennox, "Comparative Study of Animal Development"。

43　"或者就像自动机中的肌肉：**当各个部件在运行中轮流变大或变小时，移动就产生了。**"Harvey, *De motu*, 99, 153.

44　Harvey, *Motion of the Heart*, 31. 拉丁语原文为："una rota aliam movente, omnes simul movere videantur"。

45　同样地，哈维也发现心脏像火枪机制，其中扳机、燧石、铁片、火花、火药、火焰、爆炸、射击的顺序，似乎都是在"一眨眼的瞬间"发生的。参见：ibid., 31–32。

46　Ibid., 30–31.

47　Malpighi, *Dissertatio epistolica de formatione pulli in ovo* (1673), in *Opera omnia*, 1:1. (Each item paginated separately.) 参见：Duchesneau, "Leibniz's Model," 399。关于马尔比基，另见：Adelmann, *Marcello Malpighi*; Bernardi, *Metafisiche dell'embrione*。

48　Malpighi, *Anatome plantarum* (1675–76), in *Opera omnia*, 1:1. 另见：Malpighi, *Opera posthuma*, 19。

49　Harvey, *Exercitationes*, 148. 英译本参见 Harvey, *Anatomical Exercises*, 334ff. Descartes, *La Description du corps humain* (1747), in AT, 11:253。"预成论者"和"渐成论者"之间的争论已经得到了大量研究。一些标志性成果和最

近的讨论，参见：Bowler, "Preformation"；Bowler, "Changing Maning"；Gould, "On Heroes and Fools in Science"；Roe, *Matter, Life, and Generation*；Maienschein, "Competing Epistemologies"；Roger, *Life Sciences* (first published as *Sciences de la vie*), chap. 6。

50 Malebranche, *De la recherche de la vérité* (1674–75), in his *Œuvres*, vol. 3, book 1, chap. 6, section 1, 43–52. 有关钟表匠的段落在第 168 页。

51 *Description du corps humain*, in AT, 11:253–54.

52 Borelli, *On the Movement of Animals*, part 2, ch.14, proposition 186, 398–99.

53 关于预成论在 17 世纪后期的广泛胜利，参见：Roger, *Life Sciences*, 285–87。

54 Harvey, *De motu*, 145, 147.

55 例如，可参见：Fuchs, *Mechanization of the Heart*; Wright, *Circulation*。

56 Harvey, *Lectures*, 22.

57 Harvey, *Anatomical Exercises*, 508–9.

58 Harvey, *De motu*, 127.

59 Ibid., 43.

60 Ibid., 143.

61 哈维所引用的亚里士多德的这段话描述了雄鱼将精液喷在雌鱼产下的卵上，出自：Aristotle, *History of Animals*, 567a29– b6, in *CW*; Harvey, *Anatomical Exercises*, 359。

62 Harvey, *Anatomical Exercises*, 359–60.

63 Aristotle, *Generation of Animals*, book 2, 734b3–b18 and 741a32–b24. 另见：chap. 2. All found in *CW*。

64 Harvey, *Anatomical Exercises*, 345–46, 350, 359–60. 哈维还详细探讨了多种秩序模型：治理良好的国家，石匠、砖瓦匠和木匠的工作，船的运行，一支军队和一个唱诗班。参见：De motu, 147 and 151。

65 Harvey, *Anatomical Exercises*, 579.

66 Ibid., 372, 575–79, 585.

67 Harvey, *Lectures*, 219. 在这个语境下，哈维的意思是大脑产生了动物精神，动物精神是感觉和运动的媒介。

68 Harvey, *Anatomical Exercises*, 575–79, 585.

69 Boyle, *Disquisition*, 157–58. 另见：Hunter and Macalpine, "William Harvey and Robert Boyle"。

70 Harvey, *Anatomical Exercises*, 369.

71 Willis, *Two Discourses*, 3. 威利斯把同样的观点归于笛卡儿之前的西班牙医生、哲学家戈麦斯·佩雷拉和笛卡儿之后的凯内尔姆·迪格比。

72 Ibid., preface [n.p.], 56.

73 Ibid., 34, 24.

74 Ibid., 6.

75 Ibid., 24, 56.

76 Ibid., 34. 威利斯补充道，"更完美的野兽"能够更好地学习和改变他们的行为。

77 关于拉米及他与威利斯的关系，参见：Thomson, *Bodies of Thought*, 86–88。

78 Lamy, *Explication méchanique et physique des fonctions de l'ame sensitive* (1677), in Lamy, *Discours anatomiques*, 167.

79 在写这本书的过程中，我经常向包括哲学家在内的听众介绍这本书的部分内容，并逐渐意识到我所理解的莱布尼茨不同于大多数哲学家所理解的莱布尼茨。此外，我还对这种差异的原因产生了兴趣。我认为这与历史和哲学的不同目的有关，因此，历史学家和哲学家的阅读方式也不同。

根据我的理解，哲学家的目的是对他们感兴趣的问题达成一个哲学上的正确观点。因此，当他们阅读莱布尼茨（或任何其他历史人物）时，他们寻求一致性：一种既具有内在一致性，又与他们自己的直觉和思维方式相一致的观点。因此，哲学家们倾向于寻找方法来消除（解决、纠正、过滤）他们阅读的历史文本中的含糊、矛盾和不一致之处。

与此相反，历史学家希望在其原始语境中理解这些思想：促使它们产生的关切，塑造它们的力量，以及它们所产生的影响。历史学家努力地在原始语境中理解思想，他们抓住了哲学家试图消除的东西：任何看起来不熟悉的、矛盾的或不一致的东西。这些妨碍哲学解读的东西，对历史解读来说是必不可少的：它们是锯齿状的边缘和断层线，揭示了原始语境的轮廓，以及在其中起作用的力量。

如果从现代科学的角度来看，我所理解的莱布尼茨似乎不如大多数哲学家所理解的莱布尼茨那么为人所熟悉，那是因为我感兴趣的是莱布尼茨对科学的理解中那些人们不太熟悉的方面，以及它们所代表的可能性。

80 Leibniz, *Principes de la philosophie [Monadologie]* (1714), in Leibniz, *Principes*, paragraph 64. "有机体事实上是机器。" 另见：Leibniz, *Nouveaux essais* (ca. 1690–1705), in PS, vol. 5, book 3, chap. 6, at 309.

81 Leibniz, "Reflections on the Souls of Beasts".

82 Leibniz, *Système nouveau de la nature et de la communication des substances* (1695), in Leibniz, *Système nouveau*, 66.

83 关于"活力"之争，参见：Iltis, "Leibniz"；Garber, "Leibniz: Physics and Philosophy", 309–14。

84 Leibniz, "A Discourse on Metaphysics" (1686), translated in Leibniz, *Philosophical Essays* (hereafter PE), 51. 法语原文为："Car le mouvement ... n'est pas une chose entièrement réelle.... Mais la force ou cause prochaine de ces changemens est quelque chose de plus réel"。参见：Leibniz, *Discours de métaphysique*, section 18, 57–58。莱布尼茨首先提出了对笛卡儿的运动守恒原理的反驳，见于 "Brevis demonstration erroris memorabilis Cartesii ..." in the Leipzig journal *Acta Eruditorum* (March 1686): 161–63；译文参见 Leibniz, *Philosophical Papers and Letters* (hereafter PPL), 1:455–63。另见：Leibniz, *Specimen Dynamicum* (1695), translated in PE, 130。

85 Leibniz, *Specimen Dynamicum*, in PE, 119, 123.

86 Ibid., 125, 130.

87 Ibid., 126.

88 Leibniz, "Essay de dynamique sur les loix du mouvement, où il est monstré,

qu'il ne se conserve pas la même quantité de mouvement, mais la même force absolue, ou bien la même quantité de l'action motrice", in his *Mathematische Schriften*, 6:215–31.

89 Chatelet, *Institutions de physique*, chap. 21, at 446, 449–50.

90 在 17 世纪后期和 18 世纪期间，"唯物主义"可能具有不同的含义，这取决于一个人是否将内在的力和趋势归于物质本身。最近对这个议题的研究，参见：Thomson, *Bodies of Thought*。关于主动的物质，另见：Yolton, *Thinking Matter*; Roe, *Matter, Life, and Generation*。根据对物质和运动的本质的不同假设，"机械论"也有不同的含义。历史学家常常这样描述：在17 世纪后期和 18 世纪期间，生物学方法发生了一次从（粗笨）机械论到（非机械论的）活力论的转变，在这个转变中，生理学家摒弃了机械论模型，转而赞同生命精神和活力。参见，例如：Brown, "From Mechanism to Vitalism"。但这种叙述忽略了一个同样重要的机械论传统，因为 18 世纪和 19 世纪的历史进程掩盖了这种机械论，所以更加难以听到它的声音：在这个机械论传统中，精神和能动性是机器本身的构成部分。

91 关于活力在 18 世纪和 19 世纪的物理和工程中的作用，参见：Hiebert, *Historical Roots*; Cardwell, "Some Factors"; Costabel, *Signification*; Grattan-Guinness, "Work"; Séris, *Machine et communication*; Darrigol, "God, Waterwheels, and Molecules"。感谢罗伯特·布雷恩（Robert Brain），他敦促我考虑活力的物理学和实际重要性，以及围绕活力形成的莱布尼茨传统。

92 Leibniz, *On Nature Itself* (1698), in PE, 156.

93 Leibniz, "Réponse aux réflexions continues dans la seconde édition du Dictionnaire critique de M. Bayle, article Rorarius, sur le système de l'harmonie préétablie" (1702), in Leibniz, *Système nouveau*, 194, 197–98.

94 莱布尼茨读过斯宾诺莎的《神学政治论》（*Tractatus Theologico-Politicus*, 1670 年）。关于莱布尼茨与斯宾诺莎的关系以及两人的相遇，参见：Leibniz to Jean Gallois, September(?) 1677, in Leibniz, *SSB*, series 2, 1:566–71, at 568; Leibniz to Ernst von Hessen-Rheinfels, August 4/14, 1683, in *SSB*, series 2, 1:844;

Essais de théodicée (1710), in PS, 6:3–436, at 339, paragraph 376; Bouveresse, *Spinoza et Leibniz*; Wilson, *Leibniz's Metaphysics*, 84–86; Woolhouse, *Descartes, Spinoza, Leibniz*; Ariew, "G.W. Leibniz," 27; Brown, "Seventeenth-Century Intellectual Background", 54; Antognazza, *Leibniz*, chap. 3。

95   Leibniz to Gallois, September (?), 1677, in *SSB*, series 2, 1:568.

96   Spinoza, *The Ethics* (1677), in *Life, Correspondence, and Ethics*, part 1, 446–52; part 3, 500; part 1, 561–63. 有一个历史写作传统认为斯宾诺莎开创了现代哲学、科学、唯物主义、自然主义和机械主义。经典例子可参见 Wolfson, Philo；近期的例子可参见 Israel, *Radical Enlightenment*, 159, 243。

97   Spinoza to Henry Oldenburg, November 20, 1665, in *Correspondence*, 212; Spinoza, *Ethics*, in *Life, Correspondence, and Ethics*, part 3, prop. 9, 509; Spinoza to G. H. Schuller, October 1674, in *Correspondence*, 295.

98   关于斯宾诺莎对 "conatus" 这一术语及概念的使用，参见：LeBuffe, "Spi-noza's Psychological Theory"。关于莱布尼茨与 "conatus"，参见：Carlin, "Leibniz on Conatus"。

99   Spinoza, *Ethics*, in Life, Correspondence, and Ethics, part 1, 439.

100   关于斯宾诺莎体系的 "宿命的" 必然性和 "卓越的" 方面，参见：Leibniz to Henry Justel, February 4/14, 1678, cited in *PPL*, 195n6。关于斯宾诺莎的宿命论，另见：Leibniz, *Essais de théodicée* (1710), in *PS*, 6:217–18, 336–37; Leibniz, *Principes de la nature*, in Leibniz, *Principes*, chap. 13, at 48, 58。关于莱布尼茨对斯宾诺莎哲学的更为一般的看法，参见：Leibniz, "On the Ethics of Benedict de Spinoza" (1678), in *PPL*, 196–205; Parkinson, "Philosophy and Logic", 211。

101   参见：Leibniz, " Discourse on Metaphysics", in *PE*, section 13。

102   莱布尼茨对中国自然哲学的兴趣与他对替代的、主动的机械论形式的思索是有关系的，感谢蒂姆·布鲁克（Tim Brook）使我注意到这一点。

103   参见：the introduction by Cook and Rosemont in Leibniz, *Writings on China*, 10–18; Perkins, *Leibniz and China*, chap. 3。

104 关于利玛窦、迁就主义和莱布尼茨，参见：Cook and Rosemont in Leibniz, *Writings on China*, 13–14。

105 参见：Leibniz, "Remarks on Chinese Rites and Religion" (1708), in Leibniz, *Writings on China*, 68; and Leibniz, "Discourse on the Natural Theology of the Chinese" (1716), in ibid., 77–80。

106 Leibniz, "Discourse on the Natural Theology of the Chinese" (1716), in Leibniz, *Writings on China*, 85.

107 Ibid., 80.

108 Leibniz, "Réponse aux réflexions continues dans la seconde édition du Dictionnaire critique de M. Bayle, article Rorarius, sur le système de l'harmonie préétablie", in Leibniz, *Système nouveau*, 197.

109 Leibniz, *Nouveaux essais*, in PS, 5:59. "感知不能用任何可能存在的机器来解释。" Leibniz, "Lettre [à la Reine Sophie Charlotte de Prusse] touchant ce qui est indépendant des Sens et de la Matière" (1702), in PS, 6:507. 关于莱布尼茨如何看待自我与身体机制的关系，相关的间接研究，参见：Mates, *Philosophy of Leibniz*, 206–208; Mercer, *Leibniz's Metaphysics*, esp. chaps. 2 and 4; Wilson, *Leibniz's Metaphysics*, esp. 238–43。在这个问题上，莱布尼茨和笛卡儿观点的比较，参见：Duchesneau, *Modèles du vivant*。

110 Leibniz, *Monadologie*, in Leibniz, *Principes*, paragraph 17.

111 Leibniz, *Système nouveau*, 71.

112 关于莱布尼茨的思想轨迹，特别参见：Duchesneau, *Modèles du vivant*, 315–72。

113 史密斯强调，莱布尼茨并没有打算"用这些构成身体的基本实体作为把身体**解释掉**的手段。相反，它们提供了**一种解释**身体的方法"。参见：Smith, *Divine Machines*, 7。正如笛卡儿用机械装置来解释生命一样，莱布尼茨提议用精神来理解物质。他们都不打算消除他们想要理解的东西。

114 Leibniz, *Monadologie*, in Leibniz, *Principes*, paragraphs 19, 89; Leibniz to Antoine Arnauld, October 9, 1687, in *SSB*, series 2, 2:257.

115 Leibniz, *Monadologie*, in Leibniz, *Principes*, paragraphs 1–15.

116 Leibniz to Arnauld, April 30, 1687, in *SSB*, series 2, 2:182.

117 Voltaire, *Candide*, 3–6.

118 Voltaire, *Cabales*, 9. 与此相关，伏尔泰在《哲学辞典》的"无神论"词条中写道，当传教员向孩子们宣告上帝的时候，牛顿则"把上帝展示给有学问的人"，见：*Dictionnaire philosophique*, 43。另一方面，在他的《形而上学论》中，伏尔泰评论道，"手表意味着钟表匠"的论证只能说明可能有一位智慧且强大的存在者，但不能证明一个全知全能的上帝的存在。*Traité de métaphysique*, chap. 2.

119 Leibniz, *Essais de théodicée* (1710), in PS, 6:229; Leibniz, "Streitschriften zwischen Leibniz und Clarke", in PS, 7:418. "有机体事实上是机器。"Leibniz, *Nouveaux essais*, in PS, vol. 5, book 3, chap. 6, at 309. "因此，生物的每个有机身体都是一种神圣的机器，或一种自然的自动机，它无限地超越一切人造的自动机。"Leibniz, *Monadologie*, in Leibniz, *Principes*, paragraph 64.

120 Leibniz, *Nouveaux essais*, in PS, vol. 5, book 2, chap. 20, at 153. 莱布尼茨在这些段落中回应了约翰·洛克在《人类理解论》中关于快乐和痛苦的讨论，参见：Locke, *Human Understanding*, book 2, chaps. 20–21。莱布尼茨从洛克的"不安"（uneasiness）概念（莱布尼茨将其翻译为"inquietude"或"unruhe"）出发，将其构建为一种物理的但非还原的理论，作为人类行为的基础。这一转变的关键元素是莱布尼茨的"无意识感知"（unconscious perception）思想，这一思想构造了身体和意识反应之间的连续性。

121 Leibniz, *On Body and Force, against the Cartesians* (May 1702), in PE, 253; Leibniz, *Système nouveau*, 72; Leibniz, *Essais de théodicée* (1710), in PS, 6:110.

122 Bayle, "Rorarius", in *Dictionnaire*, 4:82nH.

123 可参见：Leibniz, *Système nouveau*, 72; and "Postscript of a Letter to Basnage de Beauval" (1696), in *PE*, 147。

124 Leibniz, "Streitschriften zwischen Leibniz und Clarke", in *PS*, 7:418.

125 参见：Antognazza, *Leibniz*, chap. 9。莱布尼茨与克拉克通信的第二年，在

《光学》（*Opticks*）的第三版（1717 年）中，牛顿本人通过诉诸引力和发酵等"主动原理"，找到了对宇宙逐渐衰退问题的原生解决方案。参见：Dear, *Intelligibility of Nature*, 33–35。

126 关于休谟给出的反对设计论的实例，参见：Hume, *Human Understanding*, section 11; Hume, *Dialogues concerning Natural Religion*; Gaskin, "Hume on Religion"。尽管目前哲学家们一致认为休谟的论证是毁灭性的，但在当时休谟的论证并没有得到这样的认可；他的论证见证了半个世纪后佩利的书的成功。关于休谟反对设计论的论证的命运，如下："休谟的《对话》（*Dialogues*, 1779 年）在 19 世纪早期的英国缺乏影响力，这一点从佩利的《自然神学》（1802 年）的极高人气就可以清晰地看出来。" Pyle, *Hume's Dialogues*, 136. "威廉·佩利的《基督教的证据》（*Evidences of Christianity*, 1794 年）和《自然神学》事实上在未写出来之前就已经被休谟在《对话》和其他地方驳斥了。但是，佩利——而不是休谟——的著作是整个 19 世纪乃至 20 世纪学生们学习宗教相关的标准读物。即使在 20 世纪 30 年代的逻辑实证主义和战后几十年的哲学分析的影响下，天平向休谟一侧倾斜，但流行的做法仍然是孤立地讨论休谟的某一论点或某一部分的工作。" Gaskin's introduction to Hume, *Principal Writings on Religion*, ix–x.

127 Boyle, *Disquisition*, 55.

128 Leibniz, "Against Barbaric Physics" (1710– 16?), in *PE*, 318–19. 关于莱布尼茨和克拉克之间的争论，另见：Baker, *Condorcet*, 95–109。

129 Leibniz, *Plus ultra* (1679), in *PPL*, 227.

130 Leibniz, "Doutes concernant la Vraie Th éorie Médicale de Stahl" (1709), in Carvallo, *La controverse*, 81.

131 因此，莱布尼茨认为，机械论和目的论对自然的看法都是（部分地）正确的，所以宗派主义者应该能够解决他们的分歧。纯粹机械论的生理学和依靠目的因的生理学之间不应该有任何争吵，"两者都是好的，也都可以是有用的"，它们都汇聚在一个更大的自然真理中：机械就是目的，目的就是机械。参见：Leibniz to Nicolas Remond, January 10, 1714,

in PS, 3:607; *Leibniz, Discours de métaphysique*, 65; Leibniz, "Streitschriften zwischen Leibniz und Clarke", in *PS*, 7:416–18。另见：the introduction by Ariew and Garber in *PE*, ix。

132 关于莱布尼茨的独特机械论形式及其在生命现象中的应用，史密斯创造了"organics"一词，参见：Smith, *Divine Machines*（"organics"出现在第19页）。另见：Garber, "Leibniz and the Foundations of Physics"（这里的论点是，在莱布尼茨看来，物理学必须遵循对生物的研究，生物学是基础科学）; Garber, *Leibniz*, chapters 2–4 (on "Reforming Mechanism"); Duchesneau, *Modèles du vivant*, chap. 10; Duchesneau, "Leibniz's model", 398。迪谢诺（Duchesneau）认为，莱布尼茨的有机体理论源于他对动力学的理解，动力学是一门"关于力量和行动的科学"，是莱布尼茨在 17 世纪的最后十年里发展起来的。

133 Leibniz, "Principles of Nature and Grace, Based on Reason" (1714), in PE, 207. "一台自然机器，其最小的部分仍然是一台机器。" Leibniz, *Système nouveau*, 70–71. 另见：Leibniz, *Nouveaux essais*, in *PS*, vol. 5, book 3, chap. 6, section 39。

134 Leibniz to Lady Damaris Masham, June 30, 1704, in *PS*, 3:356. 史密斯指出，这是莱布尼茨唯一一次使用"有机体"（organism）作为可数名词，用来表示一个有机体。除此之外，在他的用法中，"有机体"是等同于"机器"（mechanism）的抽象名词，用来描述身体的一种状态。参见：Smith, *Divine Machines*, 105, 119。

135 Leibniz, "On Nature Itself, Or, on the Inherent Force and Actions of Created Things, Toward Confirming and Illustrating Their Dynamics" (1698), in PE, 156. 另见：Leibniz, "Against Barbaric Physics: Toward a Philosophy of What There Actually Is and against the Revival of the Qualities of the Scholastics and Chimerical Intelligences" (1710–16?), in PE, 319。

136 Leibniz to Lady Damaris Masham, June 30, 1704, in PS, 3:356.

137 Leibniz, *Monadologie*, in Leibniz, *Principes*, paragraph 64.

138 莱布尼茨为他的主动机械论观点辩护，反对约翰·克里斯托弗·斯特姆（John Christopher Sturm），后者为罗伯特·玻意耳的机械论宇宙学辩护。*De ipsa natura (On nature herself)* (1698). 玻意耳的观点见：Boyle, *Free Inquiry into the Vulgarly Received Notion of Nature* (1682)。参见 Leibniz, *Deipsa natura* (1698)，英译本为 *On Nature Itself, Or on the Inherent Force and Actions of Created Things*, in *PPL*, 498–508。

139 Leibniz, *Nouveaux essais*, in PS vol. 5, book 4, chap. 16, at 455; see also preface, 51. 莱布尼茨的"连续律"继承且改造了一个古老的思想，并将其传给了同时代的人和他的追随者；"连续律"是长期以来的学术研究传统的主题。这一传统的里程碑式著作，一部极具影响力也饱受批评的著作是洛夫乔伊的《存在巨链》（Lovejoy, *Great Chain of Being*）。对这个主题的近期看法，参见：Smith, *Divine Machines*, 241–43; Smith, "Series of Generations"。

140 Leibniz, *Monadologie*, in Leibniz, *Principes*, paragraphs 52–55.

141 参见：Duchesneau, "Leibniz's Model"。

142 关于莱布尼茨与扬·斯瓦默丹的相遇，参见：Brown, "Seventeenth-Century Intellectual Background", 63n41; Leibniz, *Monadologie*, in Leibniz, *Principes*, paragraph 74。关于莱布尼茨与安东尼·范·列文虎克的会面，参见：Leibniz, *New System*, 13n35. On both。另见：Ariew, "G. W. Leibniz" 27。

143 Leibniz, *Monadologie*, in Leibniz, *Principes*, paragraph 74.

144 Ibid., paragraphs 65–70.

145 Leibniz, "Principles of Nature and Grace", in *PE*, 207.

146 Leibniz, *Monadologie*, in Leibniz, *Principes*, paragraph 14.

147 Swammerdam, *Book of Nature*, part 2, 147n.

148 我对施塔尔、燃素理论以及燃素理论如何构成对生命本质的特殊理解进行了讨论，参见：Riskin, *Science in the Age of Sensibility*, chap. 7。

149 Stahl, *Recherches sur la différence qui existe entre le mécanisme et l'organisme* (1706), in his *Œuvres*, 2:259– 348. 参见：esp. section 75。

150 Leibniz, "Doutes", in Carvallo, *La controverse*, 89. 关于莱布尼茨和施塔尔在动物机器本质上的分歧，另见：Smets, "Controversy"; Carvallo, *La controverse*。

151 Leibniz to Arnauld, November 1671, in *SSB*, series 2, vol. 2, part 1, 284; 译自 Duchesneau, "Leibniz's Model", 382。

152 Leibniz, "Doutes", in Carvallo, *La controverse*, 91.

153 Leibniz, "Repliques aux observations de Stahl" (1709?), in Carvallo, *La controverse*, 105.

154 Leibniz, "Doutes", in Carvallo, *La controverse*, 97.

155 Aristotle, *Physics*, book 2, 198b17–b33 and 199b10–b13; Aristotle, *On the Soul*, book 2, 412a27– b9; both in *CW*.

156 Locke, *Human Understanding*, book 2, chap. 27, sections 6, 8.

157 Ibid., sections 5, 6.

158 Leibniz, *Essais de théodicée* (1710) in *PS*, 6:40–42, 228–29.

159 Ibid., 6:42; see also 152, 229, 356. 莱布尼茨关于胚胎学预成论的独特观点，参见：Smith, *Divine Machines*, chap. 5; Roger, "Leibniz"; Bowler, "Preformation and Pre-existence"。罗杰（Roger）和鲍勒（Bowler）最先指出了预成论与预先存在（preexistence）理论的区别，史密斯（Smith, *Divine Machines*, 170）进一步强调了这种区别："对这些作者来说，只有后一种观点意味着所有生物都必须自创世以来就存在，并且生成只是一直存在的东西的展开。相反，对他们来说，预成论意味着胎儿是在受孕前的某个特定时间形成的，但不一定是由上帝创造的，甚至可能是由某种自然手段形成的。莱布尼茨的理论所涉及的不仅仅是某种预先存在的实体或其他东西，还包括具有特定有机形式的实体……说它是预成论而不是预先存在更准确地指出了莱布尼茨理论的这一特点。"

160 Leibniz, *Essais de théodicée* (1710) in *PS*, 6:152, 356; Leibniz to Remond, February 11, 1715, in *PS*, 3:635.

161 Leibniz, *Système nouveau*, 70–71.

162 Ibid., 68.

163 Leibniz, *Monadologie*, in Leibniz, *Principes*, paragraphs 71, 73, 76, 82.

第 4 章 最早的人形机器

1 "Extrait du journal d'Allemagne: Machine surprenante de l'Homme artificiel du sieur Reyselius", in *Journal des sçavans* (1677), 252. 关于天鹅、树、呕吐出猫的女人、猪，分别参见：*Journal des sçavans* (1677), 2, 154, 156, 204。这里提到的同年第十二期描述了一个用来模拟心脏的泵，见：*Journal des sçavans* (1677), 127–29。关于赖泽尔，参见：Bröer, *Salomon Reisel*; Hankins and Silverman, *Instruments and the Imagination*, 192; Doyon and Liaigre, *Vaucanson*, 117–18, 162–63。赖泽尔还第一次系统地描述了由斯图加特的让·约尔丹发明的符腾堡虹吸管：这种虹吸管有两个相等的弯腿，当两腿水平时，水从一边上升，从另一边流下。参见：Reisel, "Concerning the Sipho"; the article "Syphon de Wirtemberg" in Diderot and d'Alembert, *Encyclopçdie*, 15:766。

2 *Journal des sçvans* (1680), 34.

3 Leibniz, "Drôle de pensée, touchant une nouvelle sorte de representations (septembre 1675)", in *SSB*, series 4, 1: 562–68, cited passages on 562 and 564. 另见：Smith, *Divine Machines*, 59。

4 Christian Philipp to Leibniz, March 1, 1679, and Leibniz to Christian Philipp, March 14, 1679, in *SSB*, series 1, 2:436, 445。还有赖泽尔的人造人（2:316, 325）以及会说话的头（2:296, 303）的相关论述。

5 *Journal des sçvans* (1680), 12. 关于魏格尔，参见：Schielicke et al., *Erhard Weigel*。

6 人们可以把这些机器称为当前意义上的"模拟"（simulation，大约起源于20世纪中期），指的是一种实验模型，人们可以从中发现其自然原型的性质。"simulation"在17世纪和18世纪的意思是"欺骗"（artifice），具有负面的含义，意味着造假。然而，使用机器来模仿自然，然后在模型上进行实验并得出关于其原型的结论（当前意义上的模拟），这种做法在18世纪期间作为一种普遍的科学实践出现。18世纪的机器是现代意义上的模拟，关于这一点的论证，参见：Doyon and Liaigre, "Méthodologie"; Canguilhem, "Role of Analogies", 510– 12; Price, *Automata*; and Fryer and Marshall, "Motives of Jacques Vaucanson"。

7　关于大阿尔伯特的人造人的传说，参见：Battisti, *L'antirinascimento*, 226; Higley, "Legend"。

8　值得注意的是，埃尔托斯塔多改编了一个与教宗西尔维斯特有关的故事，参见：Jones, "Historical Materials", 91–92。

9　El Tostado quoted in Naudé, *Apologie*, 382–83. 关于这个人形机器口述大阿尔伯特的著作，参见钱伯斯等人合著的作品（Chambers et al., *Supplement*）中的词条 "Androïdes"。

10　Naudé, *Apologie*, 385–88.

11　Ibid.

12　Ibid., 389–90. 诺代指的是尼罗河西岸的门农雕像，古代作家说它会随着太阳升起发出声音。可参见：Callistratus, *Descriptions*, no. 9: "On the Statue of Memnon"。关于会说话的门农雕像，另见：Stanhope, "Statue of Memnon"。

13　Naudé, *Apologie*, 385–88.

14　Bayle, *Dictionnaire*, 1:131.

15　Ibid., 1:130.

16　参见相关文献（Scott, *Supplement*）中的词条 "Androïdes"。

17　Vaucanson, *Mécanisme du fluteur automate*, 10–20. "可以用另一支长笛完全替换他吹的那支"，见于：Luynes, Mémoires, 2:12–13。同样，德方丹修士也强调，是 "手指在长笛孔上的不同位置改变了音调……总而言之，就像自然对那些善于吹长笛的人所做的那样，技艺在这里完成了自然所做的全部事情。毫无疑问，这就是我们能看到和听到的"，见于：Desfontaines, "Lettre" 339。观众一开始不相信这个长笛手是真的在吹笛子，关于这一点，可参见一些报道，引自：Chapuis and Droz, *Automata*, 274; Buchner, *Mechanical Musical Instruments*, 85–86; and David Lasocki's preface to Vaucanson, *Mécanisme du fluteur automate*, [ii]。

18 Condorcet, "Eloge de Vaucanson" (1782), in *Œuvres*, 2:643–60; Doyon and Liaigre, *Vaucanson*, chaps. 1–2.

19 AS, Registre des procès- verbaux des séances for April 26 and 30, 1739.

20 "Nouvelles à la main au marquis de Langaunay", letter dated May 12, 1738, BNF, Ms Fr. 13700, n°2; Doyon and Liaigre, *Vaucanson*, 30–34, 41.

21 *Mercure de France* (April 1738), 739; Doyon and Liaigre, *Vaucanson*, 51. 关于沃康松开创的潮流，另见：Metzner, *Crescendo*, chap. 5。

22 *Le pour et contre* (1738), 213; Doyon and Liaigre, *Vaucanson*, 53, 61.

23 Desfontaines, "Lettre", 340.《学者期刊》有一篇对沃康松长笛手论文的评论文章，其中也强调了解剖学和物理学研究在人形机器的设计中的作用。参见：*Journal des sçavans* (1739), 441。另见：Doyon and Liaigre, *Vaucanson*, 51。

24 参见：d'Alembert's 1751 article "Androïde", in Diderot and d'Alembert, *Encyclopédie*, 1:448。

25 Doyon and Liaigre, *Vaucanson*, 41.

26 参见：Vaucanson, *Mécanisme du fluteur automate*, 10–20。这个过程是最早的音乐唱片制作流程的先驱，在 20 世纪一二十年代，当时的钢琴家如克劳德·德彪西、谢尔盖·拉赫玛尼诺夫、乔治·格什温、阿图尔·鲁宾斯坦和斯科特·乔普林标记了自动演奏钢琴的纸卷（roll）。参见：Givens, *Reenacting*。

27 Vaucanson, *Mécanisme du fluteur automate*, 10.

28 Ibid., 4, 16–17.

29 这与一些同时代出版的长笛教师推荐规范相冲突。特别是约翰·宽茨否认音高由吹气压力控制。参见：Quantz, *Versuch*。

30 Doyon and Liaigre, *Vaucanson*, 53, 61.

31 Vaucanson, "Letter to the Abbé Desfontaines", in *Mécanisme du fluteur*

automate, 23–24.

32 赫尔曼·冯·亥姆霍兹在《作为乐理的生理学基础的音调感受的研究》（*Lehre von den Tonempfindungen*）中解释了泛音的影响。感谢迈尔斯·杰克逊（Myles Jackson）帮我找出了沃康松声学发现背后的原因。

33 Voltaire, "Discours en vers sur l'homme" (1738), in *OCV,* 17:455–535, at 521. 关于腓特烈二世的邀请，参见：Condorcet, "Eloge de Vaucanson", in *Œuvres,* 2:650–51。

34 包税人是包税制度的成员，他们受到广泛的憎恶，在旧制度下，他们是与国王签订合同，为国王承揽税收的法人团体。

35 参见：Doyon and Liaigre, *Vaucanson,* 43。

36 Marmontel, *Mémoires,* 1:237, 238–39. 这个故事可能是杜撰的。

37 Ibid., 1:247.

38 参见：Buffon, *Correspondance inédite,* 1:254 (46n12)。

39 Doyon and Liaigre, *Vaucanson,* 308, 142– 45.

40 关于肯佩伦的会下象棋的机器"土耳其人"，参见：Carroll, *Chess Automaton;* Schaffer, "Babbage's Dancer" and "Enlightened *Automata*"; Standage, Turk。

41 参见：George Walker, "Anatomy of a Chess Automaton," *Fraser's Magazine* (June 1839), 725; Aleck Abrahams, "Dr. Kempelen's Automaton Chess-player", *Notes and Queries* (January 28, 1922), 72。另见《按语与征询》（*Notes and Queries*）其他期卷中的回复，如 *Notes and Queries:* (February 11, 1922), 113; (February 15, 1922), 155。其中有一篇回复提到了拿破仑遇到机器"土耳其人"的故事。The response on February 15, by Barton R. A. Mills. 另见：Strauss, "*Automata,*" 134; Schaffer, "Enlightened Automata", 162; Evans, *Edgar Allan Poe,* 14。

42 骑士周游要求从棋盘的任一方格开始移动骑士，按照骑士移动的规则（"骑士"即国际象棋的"马"，走日字形，所以这里也可译为马踏棋盘），使它相继走过所有其他方格，同时任何方格都不能走两次。参见：Windisch, *Inanimate Reason,* 23–24; and Anonymous, *Observations on the*

Automaton Chess Player, 24。

43   参见：Windisch, *Inanimate Reason*, 15, 18; Carroll, *Chess Automaton*。

44   对"土耳其人"的早期的、著名的揭穿，参见：Willis, *Attempt to Analyse*; Poe, "Maelzel's Chess-Player."。

45   Bradford, *History and Analysis*, 5. 另见：Windisch, *Inanimate Reason*, 10。

46   Kempelen—Sir R. M. Keith, August 14, 1774, BL Add MS 35507, fol. 275.

47   Horace Walpole, Earl of Oxford to William Wentworth, Earl of Strafford, December 11, 1783, in Walpole, *Letters*, 13:11.

48   Windisch, *Inanimate Reason*, 39, 13, 34, v.

49   西克尼斯曾是萨福克海岸上的兰加德要塞尖刻而暴虐的总督，直到后来陆军部发现他太爱吵架。他的遗嘱体现了他的报复心：他留下指示，要把他的右臂砍下来交给他的儿子，"希望这样的景象可以提醒他对上帝的责任，因为他长期以来放弃了对曾经深爱他的父亲的责任"。关于"毒蛇博士"，参见：Levitt, *Turk*, 202; Gosse, *Dr. Viper*。关于这条砍下来的胳膊，另见：Chambers, *Book of Days*, entry for October 16。

50   Thicknesse, *Speaking Figure*, quoted in Levitt, *Turk*, 202. 西克尼斯拒绝相信积极反应的机器的存在，这是对机械创新的普遍怀疑和对其狂热者的蔑视的一部分。据西克尼斯自己说，他早前曾拒绝他现在认为理所当然的观点，即机器可以以复杂的方式自主移动：

> 40 年前，我发现有 300 个人聚集在一起，以每人一先令的价格观看一辆没有马的马车……在场的许多人对我很生气，因为我说它是由一个人在轮箍或后轮里踩着推动的。但是，在轮子里放一小张鼻烟纸，这很快就使在场的每个人相信，它不仅能移动，还能打喷嚏，**完全像一个基督徒**。那台机器不是轮子中还有一个轮子，而是轮子中有一个人：**会说话的人偶**其实是上面柜子里的一个人伪装的，自动机棋手实质上是**人形外壳中的一个人**，因为无论他的外在形式是由什么组成的，他里面都有一个活生生的灵魂。Thicknesse, *Speaking Figure*, 204.

51 Decremps, *Magie*, 67.

52 Racknitz, *Schachspieler*，译文引自：Levitt, *Turk*, appendix G。

53 参见：Aleck Abrahams, "Dr. Kempelen's Automaton Chess-player", *Notes and Queries* (January 28, 1922), 72。关于巴贝奇遇见机器"土耳其人"，参见：Abrahams's follow-up note in *Notes and Queries* (February 25, 1922), 155–56。

54 Anonymous, *Observations on the Automaton Chess Player*, 30, 32.

55 Babbage, *Passages*, chap. 3; Schaffer, "Babbage's Dancer", 54–55; Jacob, *John Joseph Merlin*.

56 Babbage, *Passages*, 349–53. 另见：Schaffer, "Babbage's Dancer", 60–61。

57 参见：Schaffer, "OK Computer"。

58 Standage, *Turk*, 103–5, 112, 245–46.

59 Willis, *Attempt to Analyse*. 关于威利斯对机器"土耳其人"的研究，另见：Carroll, *Chess Automaton*, 51–55; Schaffer, "Babbage's Dancer", 70–73; Standage, *Turk*, 128–35。

60 特别参见：George Walker, "Anatomy of the Chess Automaton", *Fraser's Magazine* (June 1839), 717–31; Brewster, *Letters on Natural Magic*, 321–33; Poe, "Maelzel's Chess-Player"。

61 Bradford, *History and Analysis*, 9.

62 关于坡遇见机器"土耳其人"，参见：Evans, *Edgar Allan Poe*; Carroll, *Chess Automaton*, 81– 85; Standage, *Turk*, chap. 10。

63 Poe, "Maelzel's Chess-Player", 178–79. 然而，5 年后，坡出版了《莫格街凶杀案》（1841 年），通过一种看似相反的方式利用了国际象棋：他以国际象棋为例说明盲目的计算，这种盲目的计算与"whist"（或侦探）所要求的真正的分析形成了对比。

64 Robert-Houdin, *Memoirs*, 117–26.

65 "第一位棋手是波兰爱国者沃劳斯基，他在一次战役中失去了双腿；由于他公开露面时都戴着假肢，他的外表，再加上这一事实，即肯佩伦公司的巡游人员中并没有侏儒或儿童，这些打消了人们对机器里有人在操纵的疑虑。" *Encyclopaedia Britannica*, 11th ed., s.v. "conjuring". 另见：Carroll, *Chess Automaton*, 62–63, 94; Chapuis and Droz, *Automata*, 365, 368 (fig. 462); Fechner, *Magie de Robert-Houdin* (hereafter *MRH*), 1:175–76; Standage, *Turk*, 92–96。

66　关于纳沙泰尔自动机，参见：Voskuhl, *Androids*。

67　Doyon and Liaigre, *Vaucanson*, 56n13.

68　参见：Altick, *Shows of London*; Schaffer, "Enlightenment *Automata*", 138; Chapuis and Droz, *Automata*, 280–82。

69　关于"写字员"的机制，参见：Perregaux and Perrot, *Jaquet-Droz*, 181–90。

70　Chapuis and Gélis, *Monde*, 2:270–78; Chapuis and Droz, *Automata*, 280–81; Jaquet-Droz, *Œuvres*. 关于雅凯 - 德罗兹家族，参见：Perregaux and Perrot, *Jaquet-Droz*; Chapuis and Droz, *Jaquet-Droz*; Carrera et al., *Androïdes*; and Voskuhl, *Androids*。

71　参见：Perregaux and Perrot, *Jaquet-Droz*, 31–34。

72　Isaac Droz (solicitor of Locle) to Baron de Lentulus (gouverneur de Neuchatel), July 9, 1774, 引自：Perregaux and Perrot, *Jaquet-Droz*, 102。

73　Bachaumont, *Mémoires*, 7:323; Chapuis and Gélis, *Monde*, 2:192; Metzner, *Crescendo*, 171.

74　Perregaux and Perrot, *Jaquet-Droz*, 110–11.

75　Bachaumont, *Mémoires*, 7: 310–11; Perregaux and Perrot, *Jaquet-Droz*, 108; Metzner, *Crescendo*, 171.

76　这里关于格里莫·德拉雷尼埃生平的简短概述依赖于丹尼丝·吉甘特的优雅报道，见于：Gigante, *Gusto*, 1–4。另见：Rival, *Grimod*; MacDonogh, *Palate*。

77　参见：Perregaux and Perrot, *Jaquet-Droz*, 109, 166; and "DROZ, Pierre Jaquet", in Weiss, *Biographie universelle*, 2:414。巴黎法兰西造币厂的管理者让 - 皮埃尔·德罗兹是雅凯 - 德罗兹家族的一位堂亲，也许双方有合作关系。1786 年，让 - 皮埃尔·德罗兹设计了一只人工手，以改善造币厂工人的安全，

因为他们必须在冲压机的平衡臂下滑动待冲压的金属条，经常发生严重的事故。德罗兹的人工手就是为了承担这项危险的任务。关于雅凯－德罗兹的义肢，参见：Perregaux and Perrot, *Jaquet- Droz*, 140; Benhamou, "Cover Design"; Metzner, *Crescendo*, chap. 5, section 1 and note 21。

78 Helvétius, *De l'homme*, 28–29; Diderot, *Réfutation de l'ouvrage d'Helv.tius intitul. De l'homme* (1773–74), in *Œuvres complètes*, 2:283–84.

79 Lespinasse, *Lettres*, 214. 关于雅凯－德罗兹自动机在巴黎出现，参见：Bachaumont, *Mémoires*, 7: 310–11, 323; Campardon, *Spectacles de la foire*, 1:276–77。

80 Vaucanson, *Mécanisme du fluteur automate*, 21–24.

81 Ibid., 22–23；参见 Chapuis and Gélis, *Monde*, 2:149–51; Chapuis and Droz, *Automata*, 233–42。

82 Vaucanson, *Mécanisme du fluteur automate*, 21–24; Godefroy Bereis, letter dated November 2, 1785, 引自 Chapuis and Droz, *Automata*, 234, see also, 233–38 and note 14。

83 Vaucanson, *Mécanisme du fluteur automate*, 21–22. 通过声称他的人造鸭子通过溶解来消化，沃康松参与了当时生理学家之间的一个争论，即消化是化学过程还是机械过程。

84 参见：Doyon and Liaigre, *Vaucanson*, 479。

85 Condorcet, "Eloge de Vaucanson", in *Œuvres*, 2:648.

86 参见：Nicolai, *Chronique*, 1:284。罗贝尔－乌丹声称他在 1845 年修理"鸭子"的机械装置时也有同样的发现。参见：Robert-Houdin, *Memoirs*, 114–17。然而这次揭穿本身也被揭穿了，罗贝尔－乌丹所揭穿的那只"鸭子"可能并不是沃康松的，而只是一个复制品。关于这个问题，参见：Chapuis and Gélis, *Monde*, 2:151–52; Chapuis and Droz, *Automata*, 248, 404n17。关于机械鸭子一般意义上的欺诈及其揭露，参见：Doyon and Liaigre, *Vaucanson*, 125–29; Stafford, *Artful Science*, 193–94。

87 "Diverses machines inventées par M. Maillard: Cygne artificial", in *Machines*

et inventions, 1:133–35.

88 这个机器被描述为"活动解剖结构",参见：*Commission extraordinaire du Conseil*, Plumitif no. 10, AN V7 582，引自 Doyon and Liaigre, *Vaucanson*, 110; see also 18, 34。第二个描述见：Acte de société Colvée-Vaucanson, 26-1-1734, ANF Minutier Central, Notaire CXVIII，亦引自 Doyon and Liaigre, *Vaucanson*, 18。

89 "Registre contenant le *Journal* des Conférences de l'Académie de Lyon"，引自 Doyon and Laigre, *Vaucanson*, 148；译文引自 Beaune, "Classical Age of *Automata*," at 457。另见：Doyon and Liaigre, "Méthodologie", 298。

90 Bachaumont, *Mémoires*, 23:306–8.

91 关于循环系统模型的计划，参见：Condorcet, "Eloge de Vaucanson", in *Œuvres*, 2:655; Doyon and Liaigre, *Vaucanson*, 55–56, 118–19, 133–35, 141, 152–61; Strauss, "*Automata*", 71–72。

92 参见：Borgnis, *Traité complet*, 8:118。

93 Quesnay, *Essai physique*, 219–23.

94 Quesnay, *Observation*s, iv– vi. 另见：Quesnay, *Art de guérir, and Traité des effets*。*Traité Traité des effets* 是 *Observations* 和 *Art de guérir* 的后续版本。参见：Doyon and Liaigre, "Méthodologie", 297。

95 这一描述与勒卡的《出血特征》（*Trait de la saignée*，1739 年）一起出现，作为后者的"实验部分"，为的是"通过经验验证"勒卡的放血理论，参见：Doyon and Liaigre, "Méthodologie", 298– 99。另见：Ballière de Laisement, *Eloge*, 53。

96 Le Cornier de Cideville to Fontenelle, December 15, 1744, in Tougard, *Documents*, 1:52– 54, at 53. 参见：Doyon and Liaigre, "Méthodologie", 300。

97 Registre-Journal des Assemblées et Déliberations de l'Académie des sciences ...établie on 1744: 3 (manuscript non classé de la Bibliothèque publique de Rouen), 引自 Doyon and Liaigre, "Méthodologie", 300。

98 Cervantes, *Don Quixote*, chap. 62. 关于小说中的这一集，参见：Jones, "Historical Materials", 101–2。

99   Del Río, *Disquisitionum*, 26.

100   Kircher, *Phonurgia Nova*, 161，引自 Jones, "Historical Materials"，99。

101   Jones, "Historical Materials"，99.

102   Desfontaines, "Lettre"，341.

103   Dodart, "Sur les causes"；Dodart, "Supplément au Mémoire" (1706) and "Suite"；
      Dodart, "Supplément au Mémoire" (1707). 关于丰特内勒对多达尔回忆录的评
      论，参见：Fontenelle's three articles "Sur la formation de la voix" (1700, 1706,
      and 1707)。另见：Séris, *Langages et machines*, 231–35。

104   Fontenelle, "Sur la formation de la voix" (1707), 20.

105   Court de Gébelin, *Monde primitif*, 2:83–84. 参见：Séris, *Langages et machines*,
      239。

106   La Mettrie, *L'homme machine*. 190.

107   Wilkins, *Mathematicall Magick*, 177–78. 另见：Hankins and Silverman, *Instruments
      and the Imagination*, 181。

108   Darwin, *Temple of Nature*, 119–20. 参见：Hankins and Silverman, *Instruments and
      the Imagination*, 199。

109   *Têtes parlantes inventées et exécutées par M. l'abbé Mical. (Extrait d'un ouvrage
      qui a pour titre: Système de prononciation figurée, applicable à toutes les langues
      et exécuté sur les langues française et anglaise)*, VZ-1853, BNF; Rivarol, "Lettre à
      M. le president de"，20– 24; Rivarol, *Discours*, 79– 82; Bachaumont, *Mémoires*,
      11: 237, 13: 270, 26: 214– 216; Séris, *Langages et machines*, 245; Chapuis and
      Gélis, *Monde*, 2:204–206. 根据里瓦罗尔（Rivarol）的说法，米卡尔还建造了
      "一个完整的音乐会，在那里，和真人一样大小的人偶从早到晚地演奏音
      乐"。"Lettre à M. le president de"，29.

110   AS, Registre des procès-verbaux des séances for September 3, 1783;
      Bachaumont, *Mémoires*, 26: 214–16.

111   Hankins and Silverman, *Instruments and the Imagination*, 188– 89, 198; Séris,
      Langages et machines, 247.

112　Kempelen, *Mécanisme de la parole*, 394–464. 关于在 18 世纪后三分之一的时间里，肯佩伦等人模拟人类语言的尝试，另见：Hankins and Silverman, *Instruments and the Imagination*, chap. 8; Séris, *Langages et machines*, 245–46。

113　Kempelen, *Mécanisme de la parole*, 395–400, 405, 415–59.

114　Ibid., 401.

115　Ibid., 463.

116　Windisch, Inanimate Reason, 47.

117　Strauss, "*Automata*", 123.

118　Windisch, *Inanimate Reason*, 49.

119　关于惠特斯通和贝尔的复制品，参见：Flanagan, "Voices of Men and Machines"; Flanagan, *Speech Analysis*, 166–71; Schroeder, "Brief History"; Hankins and Silverman, *Instruments and the Imagination*, 218–19。

120　例如，赫尔曼·冯·亥姆霍兹制造了一台使用音叉和共振腔产生元音的机器，见于：Helmholtz, *On the Sensations of Tone*, 399。关于亥姆霍兹的语音合成器，参见：Flanagan, *Speech Analysis*, 172–74; Lenoir, "Helmholtz"; Schroeder, "Brief History", 232–33; Hankins and Silverman, *Instruments and the Imagination*, 203–5。关于 19 世纪从语音模拟到语音合成的转变，参见 Hankins and Silverman, *Instruments and the Imagination*, 199, 209，以及一些例外情况（210–13）。

121　Willis, "On the Vowel Sounds". 参见：Hankins and Silverman, *Instruments and the Imagination*, 203–5。

122　Bernard, *Cahier*, 171. 这可能是对贝尔纳的导师弗朗索瓦·马让迪（François Magendie）的主张的回应，后者说"我把肺视为风箱，气管视为排气口，声门视为簧片……我们用光学仪器来对应眼睛，用乐器来对应声音，用运转的蒸馏器来对应胃"。Magendie, *Phénomènes*, 2:20. 关于贝尔纳可能参考了马让迪的主张，参见：Canguilhem, *Études*, 332; Séris, *Langages et machines*, 248。

123　参见：Lindsay, "Talking Head"; Hankins and Silverman, *Instruments and the*

Imagination, 214–16。

124　可参照汉金斯和西尔弗曼的说法，他们发现，在"19世纪的最后几年"，有一种向"更像人的装置"部分的、短暂的回归。Hankins and Silverman, *Instruments and the Imagination*, 216. 关于电子语音合成的早期历史，参见：Flanagan, *Speech Analysis*, 171–72; Flanagan, "Voices of Men and Machines"，1381–83; Klatt, "Review"，741–42; Schroeder, "Brief History"。

125　Levot, *Biographie bretonne*, 1:772–74; Doyon and Liaigre, *Vaucanson*, 128, 213–14; Dubuisson, Payen, and Pilisi, "Textile Industry"，216–17.

126　1702年英国人征服该岛时，德热纳被英国人俘虏，并死于囚禁中。参见：Levot, *Biographie bretonne*, 1:774; Doyon and Liaigre, *Vaucanson*, 128, 213–14。

127　Labat, *Nouveau voyage*, 2:298. 相同故事的另一版本，参见：Catrou et al.,ed., *Journal de Trévoux* (March 1722), 441–42。

128　Doyon and Liaigre, *Vaucanson*, 308, 142–45. 有一种观点认为，"在思考将体力劳动自动化之前，人们必须设想机械地表现人的四肢"，参见：Beaune, *L'automate et ses mobiles*, 257。博纳以沃康松的职业生涯作为核心案例。在"自动机的古典时代"，沃康松的生涯轨迹是从自动机回归工业自动化，从模拟回归替代。

129　Doyon and Liaigre, *Vaucanson*, 206, 225–35; Bohnsack, *Jacquard-Webstuhl*, 27–28; CNAM, *Jacques Vaucanson*, 16.

130　*Mercure de France* (November 1745), 116–20.

131　Vaucanson, *Mémoire sur un nouveau métier*, 468–69.

132　Productive vs. sterile: Quesnay, "Analyse," 305–9. 关于用机器取代人类工人的说法，参见：Quesnay, "Questions"，266, 303; "Maximes"，334; "Sur les travaux"，532, 542, 545。关于重农学派更为一般的观点，参见：Riskin, *Science*, ch. 4; and Riskin, "Spirit of System"。

133　参见"工匠"（Artisan）和"艺术家"（Artiste）词条，出自：Diderot and d'Alembert, *Encyclopédie*, 1:745。另见：Sewell, *Work and Revolution in France*, 23。

134 Vaucanson, *Mémoire sur un nouveau métier*, 471.

135 Doyon and Liaigre, *Vaucanson*, 142–45.

136 Ibid., 456, 462. 查尔斯·吉利斯皮指出，专家咨询、私人资金、政府担保和监督三者结合是大革命后法国经济的特点，沃康松的事迹是这种结合的早期例子。参见：Gillispie, *Science and Polity*, 416。

137 Doyon and Liaigre, *Vaucanson*, 191–203. 参见：Alder, *Engineering*。

138 参见：Daston, "Enlightenment Calculations"。西蒙·谢弗写过类似的话："启蒙科学强行区分了可被自动化的主题和仍需理性思考的主题。这种本能的机械劳动与理性的分析之间的对比伴随着服从和统治的过程。"参见：Schaffer, "Enlightened *Automata*", 164。

139 Pascal, "Calculating Machine", 169.

140 Leibniz, "Calculating Machine", 181.

141 Babbage, *Passages*, 88.

142 Lovelace, *Ada*, 182.

143 Babbage, *Passages*, 30–31.

144 Buxton, *Memoir*, 46, 引自 Schaffer, "Babbage's Intelligence", 204。

145 Smith, *Wealth of Nations*, vol. 1, book 1, chap. 1, paragraph 3.

146 Babbage, *The Economy of Machinery and Manufactures* (1822), in *Works*, 8:136, 137. 参见：Daston, "Enlightenment Calculations"; Campbell-Kelly and Aspray, *Computer*, chap. 1。这些表格是用差分法计算的，相关的定理是，对于一个 n 次多项式，它的第 n 级差分是一个常数。巴贝奇关于人类智能、机器智能以及脑力劳动的观点，另见：Schaffer, "Babbage's Intelligence", "Babbage's Dancer", and "OK Computer"。

147 Diderot and d'Alembert, *Encyclopédie*, 9:794.

148 *Dictionnaire de l'Académie*, 1st ed., 2:1; *Dictionnaire de l'Académie*, 4th ed., 2:65; *Dictionnaire de l'Académie*, 5th ed., 2:48.

149 *Dictionnaire de l'Académie*, 6th ed., 2:140.

第 5 章　机器先生奇遇记

1　关于"人机"，我的用词是"男人"机器（"man"-machine）和"他的"，原因在于启蒙运动的模型确实是男性的。它的作者主要将它应用于男性，只有在次要的情况下才应用于女性。尽管我们将在后文看到，模型作者对女性人机的特性及其含义也感兴趣。

2　Frederick II, "Eulogy", 6.

3　Ibid.

4　Carlyle, *History*, 4:386.

5　Frederick II, "Eulogy", 6.

6　La Mettrie, *L'homme machine*, 152–56.

7　Ibid., 183.

8　Frederick II, "Eulogy", 8.

9　Frederick to Wilhelmina, November 21, 1751, in his *Œuvres*, 27:230.

10　La Mettrie, *L'homme machine*, 180, 183.

11　关于拉美特利、哈勒尔和布尔哈弗，参见：Vartanian, *L'Homme Machine*, 75–89。尽管布尔哈弗采用模棱两可的策略，尽管他公开批评斯宾诺莎，但他仍被认为是一个斯宾诺莎主义者；塞缪尔·约翰逊为布尔哈弗辩护，认为他不应该被指控为斯宾诺莎主义者。参见：Johnson, "Life", 73; Israel, *Radical Enlightenment*, xviii, lx.

12　参见：Israel, *Radical Enlightenment*, 704。

13　关于哈勒尔的生理学，参见：Duchesneau, *Physiologie des lumières*, chaps. 5 and 6; Roe, "*Anatomia animata*"; Steinke, *Irritating Experiments*。关于应激性和应感性之间的区别，参见：Boury, "Irritability and Sensibility"。

14　事实上，正如18世纪和19世纪早期的历史学家所指出的那样，在这一时期，活力论和唯物主义之间的界限往往非常模糊。我在论文《十八世纪的湿件》（Eighteenth-Century Wetware）中采纳了这种模糊性。

15　Haller, *Elementa physiologiae*, v，译文引自 Roe's introduction to Haller, *Natural*

Philosophy, n.p.。

16　Vartanian, "Trembley's Polyp", 271.

17　Carlyle, *History*, 4:387.

18　关于拉美特利对同时代人的影响，参见：Vartanian, "Trembley's Polyp"; Israel, *Radical Enlightenment*, chap. 37。

19　关于腓特烈，卡莱尔写道："可以肯定的是，特别是在他年轻的时候，他可以容忍大量滑稽表演、巧妙的愚弄和剧烈的折腾——如果这些折腾有任何理由的话……到目前为止，他在这方面的主要艺术家，确切地说，唯一的一位，是拉美特利。"见于：Carlyle, *History*, 4:385-86。

20　Thibault, *Mes souvenirs*, 5:405.

21　参见：Voltaire to Madame Denis, in November 14, 1751, in *OCV*, 96:314-15。伏尔泰从普鲁士宫廷写给他的外甥女及情人德尼夫人的信件，实际上是对原始真实信件的文学改写。关于改写及其迟来的发现的完整故事，参见：Mallinson, "What's in a Name?"。

22　伏尔泰对拉美特利所描述的腓特烈的评论的记述，以及伏尔泰最初的反应，见于：Voltaire to Madame Denis, September 2, 1751, in *OCV*, 96:277-78。卡莱尔记录了这个故事，见于：Carlyle, *History*, 396。一代又一代的伏尔泰传记作者都在重述这个橘子皮事件。19世纪的例子，参见：Morley, *Voltaire*, 194-95; Hamley, *Voltaire*, 154-55。

23　Voltaire to Madame Denis, October 29, 1751, in *OCV*, 96:305-6.

24　参见：Vartanian, *L'Homme Machine*, 8-9; Israel, *Radical Enlightenment*, 574, 671, 722; Israel, *Enlightenment Contested*, 803。

25　Hollmann, Untitled letter, 411. 参见：La Mettrie, *L'homme machine*, 101-2nn18-19。

26　La Mettrie, *Epître à Mlle. A.C.P. ou la 'Machine terrassée* (1749), in his *Œuvres philosophiques*, 2: 215-16. 这本书是三本匿名的、自我讽刺的小册子之一，都出版于1749年。另外两本是 *Epître à mon Esprit, ou l'Anonyme persiflé* 和 *Réponse à l'auteur de la Machine terrassée*。参见：La Mettrie, *L'homme machine*, 102n20; Lemée, *La Mettrie*, 206-19。勒梅讲述了他在德占时期的巴黎如

何找到上述最后一本书的唯一幸存副本，他想把这本书重印，但编辑在诺曼底登陆的那个时间点上把印刷版寄给了他，结果没能寄到。

27　Voltaire to Madame Denis, September 2, 1751, in *OCV*, 96:277–78.

28　Voltaire to Madame Denis, November 14, 1751, in *OCV*, 96:314–15. 有关拉美特利之死这个故事的不同版本，另见：Frederick to Wilhelmina, November 21 1751, in Frederick II, *Œuvres*, vol. 27, part 1, letter #232, pp. 229–230, at 230; Nicolai, *Anekdoten*, 6:197–201。关于该故事不同版本的分析，参见：Dressler, "La Mettrie's Death"。

29　Voltaire to Madame Denis, November 14, 1751, in *OCV*, 96:314–15.

30　Voltaire to Richelieu, November 13, 1751, in *OCV*, 96:313–14. "farce" 的两种含义实际上可能是相关的，它们的共同起源是中世纪的滑稽表演，这些表演穿插在宗教演出之间，以娱乐大众。

31　Voltaire to Madame Denis, December 24, 1751, in *OCV*, 96:332–33.

32　Voltaire to Madame Denis, November 14, 1751, in *OCV*, 96:314–15.

33　可参见：Thibault, *Mes souvenirs*, 5:407。蒂博也提到拉美特利拥有不受控制的想象力，并且作为"绝对且公开的唯物主义者"，他"几乎什么都害怕"。参见：5:406。

34　Voltaire to Madame Denis, December 24, 1751, in *OCV*, 96:332–33.

35　Nicolai, *Anekdoten*, 1:20，另一份记述见：Carlyle, *History*, 4:399–400。

36　La Mettrie, *Système*. 然而，在伊壁鸠鲁看来，快乐并非来自肉体，而是来自明智而公正的生活。拉美特利的哲学在唯物主义方面也是伊壁鸠鲁主义的；伊壁鸠鲁是唯物主义者和原子论者，他反对神干预自然的观点。包括拉美特利在内的启蒙运动作家对伊壁鸠鲁以及罗马诗人卢克莱修对伊壁鸠鲁哲学的转述非常感兴趣，卢克莱修在他的《物性论》中展现了伊壁鸠鲁的世界观。关于启蒙运动时期的伊壁鸠鲁主义，参见：Jones, *Epicurean Tradition*, Ch. 7; Leddy and Lifschitz, *Epicurus*。

37　La Mettrie, *L'homme machine*, 154, 182–83, 186, 190，沃康松出现在第 190 页。

38　Ibid., 186, 189–190.

39 关于拉美特利对狄德罗的影响，参见：Crocker, "Diderot"; Vartanian, "Trembley's Polyp"; Vartanian, "L'Homme-Machine since 1748", in La Mettrie's *L'homme machine*, chap. 6, at 115–21。瓦塔尼安认为，狄德罗从自然神论（体现在 1746 年的《哲学思想录》中）向唯物主义（体现在 1754 年的《对自然的解释》中）的彻底转向，在很大程度上要归功于拉美特利的《人是机器》。参见：Vartanian, "Trembley's Polyp", 274。

40 Diderot, *Eléments*, 20–21.

41 La Mettrie, *L'homme machine*, 192.

42 La Mettrie, *L'Homme-Plante* (1748), in his *Œuvres philosophiques*, 1:281–306.

43 La Mettrie, *L'homme machine*, 173–75, 196. 另见：La Mettrie, *Système*, paragraph 76。

44 Diderot, *Eléments*, 32.

45 La Mettrie, *L'homme machine*, 145, 152, 164–65, 175.

46 Ibid., 176, 191–92, 194.

47 Ibid., 189, 192, 194, 196.

48 La Mettrie, *Système*, paragraph 46.

49 Diderot, *Eléments*, 308.

50 La Mettrie, *L'homme machine*, 150. "泥土的灵魂"来自普吕什神父对约翰·洛克的灵魂观的描述，是对普吕什原始说法的改述。参见：Pluche, *Spectacle de la nature*, 5:176–77。

51 Priestley and Price, *Free Discussion*, 75–76. "我们所说的心灵……是物质组织的结果"（Priestley, *Disquisitions*, 1:iv），"一定数量的神经系统对于人类心灵的复杂思想和情感是必要的，而且对于自我概念或与代词"我"相对应的感觉（这就是一些人所说的意识），也是必要的"（1:117）。

52 可参见：Israel, *Enlightenment Contested*, 803–5, 809, 810, 804–5。

53 例如：Voltaire, Rousseau, and Diderot。

54 Diderot, *Rêve*, 312.

55 参见：Hankins, *Jean d'Alembert*, chap. 4; Riskin, *Science in the Age of Sensibility*,

56–58, 123。

56　Diderot, *Entretien*, 271–74.

57　Dulac, "Version déguisée", 147; Vartanian, "La Mettrie and Diderot Revisited", 177fn45; Cohen, "Enlightenment and the Dirty Philosopher", 408.

58　关于达朗贝尔与朱莉·德莱斯皮纳斯的让人津津乐道的关系，参见：Hankins, *Jean d'Alembert*, chap. 6。

59　Bordeu, *Recherches anatomiques*, 1:187，引自 Moravia, "Homme Machine", 56。

60　Diderot, *Rêve*, 288–89, 291–95, 306, 339, 342.

61　Diderot, *Entretien*, 279.

62　Diderot, *Rêve*, 314–18, 330–33.

63　Diderot, *Eléments*, in *Œuvres philosophiques*, 306, 50, 59–60, 265.

64　腓特烈指的是伏尔泰《哲学辞典》（*Dictionnaire philosophique*）中关于灵魂的词条。Frederick II to Voltaire, October/November 1752, in Voltaire, *Correspondence*, 13:225– 26, letter #D5056.

65　Bonnet, *Contemplation*, 1:xl.（注意：这部作品的各个版本之间存在很大的混乱和差异，而且没有统一的标签。本引文及以下所有引文都来自参考文献中所列的 1770 年阿姆斯特丹版，而不是 1769 年阿姆斯特丹版——扉页上写着"第二版"，以及其他版本，如 1782 年汉堡版，只是自称为"新版"。）另见 Bonnet, *Palingénésie philosophique*, 2:78–80，这里，他解释说，灵魂的必要性不是出于道德或神学的原因，而只是出于哲学的原因：没有灵魂，"好的哲学"就不能理解"（人）对于他的'**我**'的清晰而简单的观点"。

66　Buffon, "Discours sur la nature des animaux", 28; see also 23.

67　Buffon, *Histoire naturelle*, 3:364–70.

68　Buffon, "Discours sur la nature des animaux", 41, 86, 15–16, 23–24.

69　Montesquieu, *Lettres persanes* (1721), in his *Œuvres complètes de Montesquieu* [hereafter OCM], 1: entire, on 219–20 [letter #31]. 孟德斯鸠在其他地方把自杀归因于"神经汁液过滤的缺陷"，导致"机器"变得"对自己感到厌

倦"。参见：Montesquieu, *De l'esprit des lois*, 216。

70　Montesquieu, "Discours sur l'usage des glandes rénales" (1718), in *OCM*, 8:157–73, at 165–66.

71　例如，参见：Rousseau, "Economie"，338, 343; Rousseau, *Émile*, 39, 317; Rousseau, *Du contrat social*, 257。

72　Rousseau, *Confessions*, 1:229, 230, 245. 卢梭在通信中也大量谈论"我的机器"，常常说"我那可怜的机器"。马勒泽布男爵是少数几个脾气好到能容忍卢梭的人之一，在写给马勒泽布的信中，卢梭大加抱怨"我那可怜的机器"的"糟糕状况"和"腐朽"。参见：Rousseau to Malesherbes, January 12, 1762, in his *Correspondance*, 10:24–29, letter #1633; and January 26, 1762, in *Correspondance*, 10:52–58, letter #1650。另见：Rousseau to Laliaud, November 28, 1768, in *Correspondance* 36:195–97, letter #6497。

73　Rousseau, *Discours sur l'origine*, 47.

74　Rousseau, *Émile*, 330.

75　Ibid., 39.

76　Rousseau, *Confessions*, 2:80–82.

77　Rousseau, *Émile*, 39.

78　在 18 世纪中叶，布丰、狄德罗和博内都提出了以人工合成人为特色的思想实验。我曾经写过这些思想实验，参见：Riskin, *Science in the Age of Sensibility*, chap. 2。参见：Diderot, *Essai sur le mérite et la vertu* (1745), in *Œuvres complètes*, 1:3–121, at 24–25, 35, 50; Diderot, *Lettre*, 111–12; Buffon, *Histoire naturelle*, 3:364–70; Bonnet, *Essai analytique*。

79　Condillac to Samuel Formey, February 22, 1756, BNF NAF 15551 F.19; Bongie, "Documents"，86– 87. 关于爱尔维修对沃康松的赞赏，参见 Helvétius, *De l'esprit*, 28, 此处，在杰出人物的名单中，爱尔维修首先提到了沃康松。关于孔狄亚克与布丰的优先权争议，另见：Condillac, "Réponse à un reproche" (1754), in *Œuvres philosophiques*, 1:318– 19; Riskin, *Science in the Age of Sensibility*, 48–49。

80 Tourneux, *Correspondance littéraire*, 3:112；参见 Bongie, "Documents"，87n12。布丰实际上并没有把他的生物描绘为雕像，而格林男爵认为他已经表明了这种反思与机械雕像之间的紧密联系。

81 参见：Tourneux, *Correspondance littéraire*, 2:204。埃利－卡特林·弗雷龙提出了同样的指控（孔狄亚克剽窃狄德罗的想法），见于：Fréron, *L'année littéraire*, 7:297–98。参见：Bongie, "Documents"，86。

82 关于剽窃的指控，参见：Condillac, "Réponse à un reproche", in *Œuvres philosophiques*, 1:318–19; *Traité des animaux*, préface and n1, 311–12; La Harpe, *Philosophie*, 1:193–94; Tourneux, *Correspondance littéraire*, 3:112–13; Lebeau, *Condillac*, 28–30; Riskin, *Science in the Age of Sensibility*, 48; Bongie, "Documents"。关于博内的托词，参见：Bonnet, *Essai analytique*, chaps. 3 and 26。

83 Rousseau, *Confessions*, 2:69.

84 Ibid., 2:69–70.

85 Diderot, *Essai sur le mérite et la vertu*, in *Œuvres complètes*, 1:24–25, 35, 50.

86 Diderot, *Lettre*, 62. 在狄德罗后来的作品中，包括上文提到的《达朗贝尔之梦》，他更明确地致力于严格的唯物主义。

87 Condillac, *Traité des sensations*, part 1, chap. 1, section 2; chap. 7, section 1; chap. 8, section 1; chap. 11, sections 1 and 2; chap. 12. 这里和接下来的讨论都来自：Riskin, *Science in the Age of Sensibility*, chap. 2。关于有生命的雕像的思想实验的其他近期研究，参见：Douthwaite, *Wild Girl*, chap. 2。杜思韦特研究了思想实验如何作为一种修辞手段，将实验科学引导到平等主义和不平等主义的社会目的上。

88 Condillac, *Traité des sensations*, part 2, chap. 1.

89 Ibid., chaps. 4 and 5.

90 Ibid., part 4, chap. 8, section 6.

91 Ibid., part 2, chap. 4, section 3. 另见：Condillac, *Traité des animaux*, part 1, chaps. 1 and 2. 关于《论动物》（*Traité des animaux*），另见：Dagognet,

L'animal。

92 La Mettrie, *L'homme machine*, 195.

93 Montesquieu, "Discours sur l'encouragement des sciences" (1725), in *Œuvres complètes*, Caillois ed., 1:53–57, at 53. 孟德斯鸠对阿兹特克和印加战败的分析，类似于蒙田在《论马车》（Des coches）中的分析，见：Montesquieu, *Essais*, book 3, chap. 6。

94 La Mettrie, *L'homme machine*, 157, 159, 163.

95 Ibid., 157–58.

96 Montesquieu, *De l'esprit des lois*, vol. 2, part 3, book 14, chap. 2.

97 Rousseau, *Émile*, 267.

98 La Mettrie, *L'homme machine*, 163, 166, 168, 184, 196.

99 Diderot, *Rêve*, 354.

100 Buffon, *Histoire naturelle*, 2:486.

101 Diderot, *Eléments*, 297.

102 Lavater, *Essays*, 188–89, 206.

103 Rousseau, *Émile*, 477.

104 Smith, *Theory of Moral Sentiments*, part 4, section 2.

105 Montesquieu, *Lettres persanes*, in *Œuvres*, 1: entire, on 419 [letter #103].

106 Buffon, *Histoire naturelle*, 14:30– 2.

107 Ibid., 14:32.

108 La Mettrie, *L'homme machine*, 195, 170.

109 Bonnet, *Essai analytique*, 495; Bonnet, *Contemplation*, 1:lxii–lxiii.

110 参见第 3 章；Riskin, *Science in the Age of Sensibility*, chaps. 2 and 7; Spary, *Utopia's Garden*, chap. 5。

111 Bonnet, *Palingénésie philosophique*, 1:267–76，所引段落出自第 268 页。关于博内的莱布尼茨主义，参见：Duchesneau, "Charles Bonnet's Neo-Leibnizian Theory"。

112 Leibniz, *Nouveaux essais*, in PS, 5:306；另见该文献第 293 页。

113 Bonnet, *Contemplation*, 1:85–87.

114 Leibniz, *Consilium Aegyptiacum* (1671), in *SSB*, series 4, vol. 1:217–412. 由奴隶士兵组成的军队是在附录 "Modus instituendi militam novam invictam" 中提出的。在此处和下文中，我利用了史密斯的说法，见：Justin Smith's "A Series of Generations"。

115 针对莱布尼茨的种族观问题，史密斯还在 "一系列的世代"（A Series of Generations）中总结了有关该问题的写作的复杂历史，他的总结非常有用。

116 Leibniz, "Epistola... ad A. C. Cackenholz" (April 23, 1701), in *Opera Omnia*, vol. 2, part 2, 169–74, at 171. 这里再次感谢史密斯，参见：Smith, "A Series of Generations", 331–32。

117 Sales, *Philosophie*, 326, 364, 151.

118 Maupertuis, *Vénus physique*, 140, 167–168, 158.

119 Ibid., 140, 144, 158. 在第 140 页中，莫佩尔蒂实际上是在提到 "白色黑人"（白化病患者）时使用了 "确定种族" 这一说法，他认为，如果他们在一起繁衍出几代后代，那么他们 "将确定种族"。

120 Helvétius, *De l'esprit*, 207, 198.

121 Helvétius, *De l'homme*, 116–19.

122 Helvétius, *De l'esprit*, 441.

123 Helvétius, *De l'homme*, 570; Diderot, *Réfutation de l'ouvrage d'Helvétius intitulé De l'homme* (1773–4), in *Œuvres complètes*, 2:455–56.

124 Diderot to Louise Henriette Volland, October 4, 1767, in Diderot, *Œuvres complètes*, 19:256–57; Helvétius, *Correspondance générale*, 3: 288.

125 Lamarck, *Système analytique*, 306–7. 另见：Lamarck, "Idée", 86; Lamarck, *Recherches*, 127–28。

126 尽管在 18 世纪中叶以后 "组织" 变为有别于 "设计" 的另一个选项，但在那之前，设计论者偶尔也会使用 "组织" 一词作为 "设计" 的同义词。参见：Ray, Wisdom of God, 48–49; Cudworth, *Intellectual System*, 1:149; Toland, *Letters to Serena*, 235; Grew, *Cosmologia sacra*, chap. 5; La Touche Boesnier,

Préservatif。

127 La Mettrie, *L'homme machine*, 149, 188.

128 Boerhaave, *Chemistry*, 142, 150.

129 也不同于那些好争论的唯物主义者所宣称的人类机器，例如，霍尔巴赫男爵认为人是纯粹被动的、受未知机械原因作用的木偶般的装置。可参见：Holbach, *Système*, 225。

130 La Mettrie, *L'homme machine*, 166–67, 180.

131 Priestley, *Disquisitions*, 1:150, 152；另见 iv and 202（提到了拉美特利）。

132 Ibid., 1:264–65, 269, 206.

133 La Mettrie, *L'homme machine*, 177–78. 关于亚伯拉罕·特朗布莱和他对淡水绿水螅的研究，参见：Vartanian, "Trembley's Polyp"；Dawson, *Nature's Enigma*; Lenhoff and Lenhoff, *Hydra*。

134 La Mettrie, *Système*, paragraphs 18 and 21; La Mettrie, *L'homme machine*, 359–60.

135 La Mettrie, *L'homme machine*, 177.

136 Buffon, "Discours sur la nature des animaux", 94–95.

137 Hume, *Dialogues*, part 7, paragraph 13.

138 Ibid.

139 例如，在关于动植物生殖的论文中，有可能把哺乳动物的胎儿称为一个"小组织"。参见：Parsons, *Philosophical observations*, 9. 狄德罗认为"组织"是活物质和死物质之间的区别，见于：Diderot, *De l'interprétation de la nature* (1754), in *Œuvres philosophiques*, 242. 这一概念在博物学家让－巴蒂斯特·罗比内（Jean-Baptiste Robinet）的伟大著作《论自然》（*De la nature*）中无处不在，特别是在第 395 页、399 页和 402 页。德利勒·德·萨勒断然地否定了拉美特利的人机宣言，但在他的秘密畅销书《自然哲学》（*De la philosophie de la nature*，1769 年）中却随处可见这样的说法，即把动物和人类看作或大或小的"有组织的机器"。参见 Sales, *Philosophie*，这个说法出现得很普遍，例如可参见第 297 页、414 页和

256 页，对拉美特利的否定见第 138 页。关于萨勒这本书的商业情况，参见：Darnton, *Forbidden Bestsellers*, 48, 49,70, 397n。

140　比如在诗歌、道德著作和艺术作品中，参见：Marmontel, *Poétique françoise*, 316; Anonymous, *Wisdom and Reason*; Dubos, *Réflexions critiques*, part 1, section 49; part 2, section 7; part 3, section 10。男女在组织上的差异在小说的早期理论中起了作用。参见：Aubert de la Chesnaye-Debois, *Lettre sur les romans*, 227–29。到 18 世纪 70 年代初，人体是一台"有组织的机器"的观念已经变得非常流行；让－保罗·马拉采纳了这个观念作为自己的看法，他对通俗科学有着永不满足的热爱，而且在为政治目的调动科学的博人眼球的内容方面取得了相当大的成功，见：Marat, *Philosophical Essay*, 33。关于马拉、通俗科学和激进政治，参见：Darnton, *Mesmerism*, chap. 3。说明"组织"概念的受欢迎程度的证据是，它在政治和哲学领域都很流行。在与马拉相对的另一端，有一些人，如作家、哲学家雅克－亨利·贝尔纳丹·德·圣皮埃尔，将新的"组织"概念移植到古老的设计论传统中。特别参见：Saint-Pierre, *Études de la nature*。但是，这样的改造是例外：唯物主义的、反设计的用法则是典型。

141　Buffon, *Histoire naturelle*, 2:37.

142　Ibid., 2:19, 24；"有机分子"和"内模具"出现在第 3 章中。

143　Haller, preface to *Allgemeine Historie*，译文引自 Roe, *Matter, Life, and Generation*, 28–29。

144　Buffon, *Histoire naturelle*, 4:40.

145　Ibid., 2:486.

146　Bonnet, *Palingénésie philosophique*, 1:321–23. 关于"动物机器"，参见：Bonnet, *Contemplation*, vol. 1, part 3, chap. 14, 52–54。

147　Bonnet, *Palingénésie philosophique*, 1:322–23；关于"有机机器"，另见 Bonnet, *Principes philosophiques*, 344, 363, 380–81; Bonnet, *Considérations*, 1:61, 157–58, 162; Bonnet, *Contemplation*, 1: 91, 288。

148　Bonnet, *Considérations*, 1:65–66; Bonnet, *Palingénésie philosophique*, 1:278–79. 引

文出自：Bonnet, *Contemplation*, 1:23。另见：Bonnet, *Palingénésie philosophique*, 1:320。

149　Buffon, *Histoire naturelle*, 2:44–46, 51–53, 486–87.

150　Ibid., 1:12.

151　关于拉美特利和莫佩尔蒂，参见：Vartanian, *L'Homme Machine*, 5, 7–8。关于莫佩尔蒂担任普鲁士皇家科学院院长，参见：Terrall, *Man Who Flattened the Earth*, chap. 8。关于莫佩尔蒂的莱布尼茨主义，参见：Canguilhem, *Connaissance*, appendix 2; Roger, *Sciences de la vie*, 484; Wolfe, "Endowed Molecules"。

152　Maupertuis, "Accord". 法国律师、数学家皮埃尔·德·费马（Pierre de Fermat）曾在更早的时候提出过类似的原理，莱布尼茨在费马的基础上进行研究。关于莫佩尔蒂的最小作用原理，另见：Terrall, *Man Who Flattened the Earth*, 176–78。关于光在密度更大的介质中传播速度更快还是更慢的争议，参见：Sabra, *Theories*, 144–150。

153　Maupertuis, *Essai sur la formation*, 13, 29.

154　Maupertuis, *Vénus physique*, 111–14.

155　Maupertuis, *Essai sur la formation*, 57–58, 67.

156　Bonnet, *Contemplation*, 1:259–60.

157　Bonnet, *Principes philosophiques*, 304, 340. 意大利生理学家拉扎罗·斯帕兰扎尼同样也将"生物的精妙组织"描绘为编织结构，参见：Spallanzani, *Nouvelles recherches*, ii, 6。

158　Diderot, *Rêve*, 325–26.

159　Bonnet, *Considérations*, 1:105–6. 关于永恒的、连续的、普遍的"有组织的物质的循环"，另见：Smellie, *Philosophy*, 72。

160　Bonnet, *Contemplation*, 1:258.

161　Bonnet, *Palingénésie philosophique*, 2:98.

162　Diderot, *Entretien*, 258, 276; Diderot, *Rêve*, 313.

163　关于拉美特利的原进化论（proto-evolutionism）的讨论，参见：Boissier, *La Mettrie*; Vartanian, "Trembley's Polyp"; Richards, *Darwin and the Emergence*,

25, 30, 32; Richards, *Meaning of Evolution*, 64; Richards, "Emergence of Evolutionary Biology"。有一个物种转化理论发表于拉美特利《人是机器》出版一年之后（但是几十年前就已经写好了），参见：Maillet, *Telliamed*。另见：Cohen, Science, *libertinage et clandestinité*。

164 Darwin, *Zoonomia*, 1:183.

165 关于"月光社"，参见：Uglow, *Lunar Men*。

166 Darwin, *Zoonomia*, 1:499. 伊拉斯谟·达尔文关于物种变化的观点，参见：Richards, *Meaning of Evolution*, esp. 64–65; Richards, "Influence of Sensationalist Tradition"; Glass et al., *Forerunners of Darwin*, chaps. 3–5。

167 Darwin, *Botanic Garden*, part 2（"The loves of plants"）.

168 La Mettrie, *L'homme machine*, 158–61; La Mettrie, *Système*, paragraphs 32, 37. 拉美特利在提到"大型猿类"时思考的是什么，以及他从哪里获得这些动物的信息，就这些方面的深入讨论，参见：Vartanian's commentary in *L'Homme Machine*, 213–26nn45–48。

169 Diderot, *Suite* (1784), 385.

170 La Mettrie, *Système*, paragraphs 27 and 28.

171 La Mettrie, *Histoire naturelle*, 151. 拉美特利认为是斯宾诺莎提出了这一意象——人类作为一艘没有领航员的船，但事实上它来自泰米瑟尔·德·圣亚森特（Thémiseul de Saint-Hyacinthe，也叫 Hyacinthe Cordonnier）对斯宾诺莎的否定。参见：Israel, *Radical Enlightenment*, 723。

172 La Mettrie, *L'homme machine*, 163; La Mettrie, *Système*, paragraphs 16 and 13.

173 Maupertuis, *Essai de cosmologie*, 25–26.

174 La Mettrie, *L'homme machine*, 178. 参见：Vartanian, *L'Homme Machine*, 25。

175 Broca, "Sur le transformisme".

176 Lamarck, *Philosophie zoologique*, 111, 445–46.

177 参见：Lamarck, *Système analytique*, 9–10, 12, 33. 关于拉马克主义与佩利传统自然神学的对立，参见：Mayr, "Lamarck Revisited"; Jordanova, "Nature's Powers"; Bowler, *Evolution*, 127; Fyfe, *Science and Salvation*, chap. 2, esp. at 94。

178   最近的研究纠正了拉马克作为第一个种变论者的误解，参见：Corsi, "Before Darwin"。

179   布丰补充说，如果《启示录》没有明确指出所有的动物都平等地参与造物的恩典，人们可能就会相信。参见：Buffon, *Histoire naturelle*, 4:6, 11, 382–83。布丰在书中明确承认的唯一一种物种变化是退化。参见：Buffon, *Histoire naturelle*, 14:311–74; 5:26–27。关于布丰的物种变化观点，相关的二手文献非常多，例如参见：Sloan, "*Buffon*"; Roger, Buffon, chap. 18; and Roger, *Life Sciences*, 460–74。

180   Maupertuis, *Essai sur la formation*, 41. 关于莫佩尔蒂的种变说，参见：Roger, *Sciences de la vie*, 484; Wolfe, "Endowed Molecules"。

181   Hume, *Dialogues*, part 7, paragraphs 3, 7.

182   Diderot, *De l'interprétation de la nature* (1754), in *Œuvres philosophiques*, 241–42.

183   Diderot, *Entretien*, 267–68. 关于狄德罗和种变说，参见：Gregory, *Evolutionism*, chap. 6。

184   Diderot, *Rêve*, 299, 302.

185   Barruel, *Helviennes*, 1:205.

186   Diderot, *Entretien*, 267–68.

187   Ibid., 268.

188   Diderot, *Rêve*, 303.

189   Ibid., 298.

第6章　自组织机器的两难

1   可参见：Cunningham and Jardine, eds., *Romanticism and the Sciences*; Fulford, *Romanticism and Science*; Richards, *Romantic Conception*; Richardson, *British Romanticism*; Tresch, *Romantic Machine*。

2　关于科学和诗歌的密切关系，可参见：Lawrence, "Power and the Glory"；Levere, "Coleridge and the Sciences"；King-Hele, "Romantic Followers"。罗伯特·理查兹描绘了德国浪漫主义运动中诗歌、哲学和生命科学的结合，见于：Richards, *Romantic Conception of Life*。丹尼斯·吉甘特和艾伦·理查森在英国浪漫主义作家中也发现了同样的结合，见：Gigante, *Life*; Richardson, *British Romanticism*。关于机械论科学在浪漫主义文化中的作用，特别是机械论与浪漫主义相对立这一错误观点，参见：Tresch, *Romantic Machine*, esp. chap. 1。特雷施指出，机械论和浪漫主义之间的对立是 20 世纪早期的一种幻想。

3　Kant, *Critique of Judgement*, 24–25, 28. 参见：Kant, *Kritik der Urteilskraft*, in the standard Academy Edition (Akademie-Ausgabe) of Kant's works (hereafter cited as AE), 5:165–485, on pp. 189, 194。

4　Goethe, "Influence of Modern Philosophy", in *Collected Works*, 12:29.

5　Goethe, "History of the Printed Brochure" (1817), in *Botanical Writings*, 171–72.

6　Heine, "Concerning the History of Religion and Philosophy in German", in *Selected Works*, 274–420 at 368–69.

7　蒂莫西·勒努瓦将康德关于生物科学的复杂立场定性为"目的机械论"，他的说法很有影响。参见：Lenoir, *Strategy of Life*, chap. 1。最近，罗伯特·理查兹不同意勒努瓦的说法，理查兹认为康德将生物学排除在科学领域之外。参见：Richards, *Romantic Conception of Life*, 229–37。这里，我是在动物机器传统的背景下阅读康德的《判断力批判》的，在该传统中，目的论的生命理解与机械论的科学模型之间的矛盾不断激化。在这个语境下，我认为康德对生命研究的论述无法归类为科学或非科学，目的论或机械论。相反，它体现了辩证法，从一极摇摆到另一极。

8　Christian Friedrich Puttlich, diary for April 30, 1785, reproduced in Kant, *Rede und Gespräch*, 263.

9　Rousseau, *Discours sur les sciences et les arts*.

10　Kant, *Gedanken*; Coleridge, *Aids to Reflection*, 394–95n.

11 Kant, *Critique of Pure Reason*, 569–78; see also 366–83, 604, 680–81. 康德与莱布尼茨哲学的关系，以及康德与更近的克里斯蒂安·沃尔夫（Christian Wolff）哲学中的莱布尼茨主义原则的关系，均引起了哲学方面的大量关注，以及一些历史方面的关注。最近的综述和分析表明，与传统观点相反，莱布尼茨主义仍然是康德整个职业生涯的关键基础，参见：Jauernig, "Kant's Critique"。另见：Wilson, "Reception"，457–60。

12 例如，参见：Scruton, *Kant*, 97。

13 在这里，我是作为历史学家，而不是作为哲学家来阅读康德的。我的主要目的不是证明康德对浪漫主义运动或 19 世纪生命科学的影响，也不是要通过解释他的著作以消除任何明显的张力或矛盾来达成一个严格的康德主义方案。我对试图将康德的思想从混乱的历史语境中解放出来不感兴趣。相反，我的目的是把他的思想，包括其张力和矛盾，置于时间和空间中，看看它对康德工作于其中的智识世界和我们所继承的智识世界意味着什么。

《判断力批判》一直是大量哲学分析和争论的主题，但历史的考虑相当少（重要的例外是上文注释 7 中提到的蒂莫西·勒努瓦和罗伯特·理查兹的作品）。我研究了这一领域的哲学文献，为我自己的阅读提供了信息，但却是以跨学科的（因此是间接的）方式。哲学家的阅读方式与历史学家的非常不同。哲学家们阅读康德（或任何哲学家）的主要目的是以符合（或反对）康德原则的方式阐明他们自己的哲学路径。因此，他们寻求各种方式来"拯救"和"捍卫"康德所写的关键方面，以解决张力和模棱两可之处，解决明显的矛盾，以达到他们认为能够认可的东西。相反，作为一个历史学家，我阅读康德在特定文本中所写的全部内容，包括——事实上，特别是——张力和模棱两可之处，因为这些反映了他工作于其中的世界的当务之急。康德对目的论和机械论在生命科学中的作用的理解，关于这一点的最近的哲学讨论，参见下面列出的文献。它们都为解决《判断力批判》的核心张力提供了方法，这一核心张力就是指当时机械论科学的要求，即科学解释不能赋予自然现象以内在的目的性，与生命形式的明显目的性之间的冲突。就我（历史学家）的目的而言，这些关于康德的哲学解读有助于确认这一核心张力的存在和重要性，因为我感兴趣的是这一张力本身，以及它所代表的当时科学中的断层线，而不是为它找到一个哲学的解决方案。

参见：Steigerwald, *Kantian Teleology*; Breitenbach, "Teleology in Biology"; Ginsborg, "Kant's Biological Teleology"; Ginsborg, "Kant on Aesthetic and Biological Purposiveness"; Ginsborg, "Lawfulness"; Ginsborg, "Understanding Organisms"; Ginsborg, "Oughts without Intentions"; Guyer, "Organisms"; McLaughlin, *Kant's Critique of Teleology*。

14　Kant, *Critique of Judgement*, 201, 198, 201. In AE at 5:373, 371, 374.

15　Ibid., 202. In AE at 5:374. 第 8 章考察了康德对生物与机械论、目的论、能动性的关系的理解。

16　Ibid., 222. In AE at 5:394.

17　Ibid., 240. In AE at 5:412.

18　Ibid., 265– 70. In AE at 5:436– 42. 关于康德对设计论的反对，另见 *Beweisgrund*, esp. Beträchtungen 5–7 and section 68，这里康德认为设计论是循环论证。

19　Kant, *Universal Natural History*, 115. 另见：Kant, *Critique of Judgement*, 237–43. In AE at 5:410–15。

20　Kant, *Critique of Judgement*, 250. In AE at 5:422.

21　Ibid., 203, 191. In AE at 5:375, 364.

22　Ibid., 204. In AE at 5:376.

23　Ibid., 211. In AE at 5:383.

24　Ibid., 197. In AE at 5:369.

25　Ibid., 247– 48. In AE at 5:419–20.

26　Ibid., 247. In AE at 5:419.

27　Ibid., 256. In AE at 5:428.

28　Ibid., 256n2. In AE at 5:428.

29 例如，参见狄德罗和达朗贝尔《百科全书》的 "Histoire naturelle" 词条，见于：Diderot and d'Alembert, *Encyclopédie*, 8:225–30。关于"自然历史"一词的历史的二手文献，参见：Jardine et al., *Cultures*; Farber, *Finding Order*; Spary, *Utopia's Garden*。

30 Kant, *Critique of Judgement*, 256n2. In AE at 5:428.

31 Voltaire, "Histoire"，223, 224.

32 Ibid., 221–22.

33 有关巴贝奇的说法，参见：Stokes et al., "Report"。引自 Babbage, *Calculating Engines*, 268。另见 Babbage, "Mechanical Arrangements"。引自 Babbage, *Calculating Engines*, 331。

34 Babbage, *Passages*, 93–94.

35 Kant, *Universal Natural History*, 94.

36 Kant, *Critique of Judgement*, 253. In AE at 5:424.

37 参见：Maienschein, "Epigenesis and Preformationism"。作为一种普遍的哲学立场，偶因论意味着自然界的一切事件都是由上帝直接引发的。某些笛卡儿主义者，特别是尼古拉·马勒伯朗士，是偶因论者。参见：Nadler, *Occasionalism*。

38 Kant, *Critique of Judgement*, 253. In AE at 5:424.

39 Blumenbach, *Essay on Generation*, 61. 布卢门巴赫的"努力"的性质和状况及其与当时的活力概念的关系，关于这个问题的分析，参见：Larson, "Vital Forces"。

40 Kant, *Critique of Judgement*, 252. In AE at 5:424. Kant to J. F. Blumenbach, August 5, 1790, in *Correspondence*, 354.

41 Kant, *Critique of Judgement*, 253. In AE at 5:424.

42 Goethe, "Vorarbeiten zu einer Physiologie der Pflanzen" (1797), in *Werke*, section 2, 6:303–4. 部分内容作为节选（"Excerpt"）以英译本出版。

43 Goethe, *Metamorphosis of Plants*, paragraph 113.

44 Goethe, "Commentary"，6.

45　Lamarck, *Hydrogéologie*, 8, 188. 关于"生物学"，另见：Lamarck, *Histoire naturelle*, 49–50; Lamarck, *Recherches*, vi, 186, 202; Lamarck, *Philosophie zoologique*, 1:xviii; Lamarck, "Biologie, ou considérations sur la nature, les facultés, les développements et d'origine des corps vivants" (ca. 1809–15)。这篇手稿是一本从未写过的书的计划，发现于：Muséum national d'histoire naturelle, Bibliothèque centrale. Ms 742, tome 1。拉马克不是唯一创造这个术语的人：有几位作者几乎在同一时间独立地提出了这个术语。参见：Corsi, "Biologie"。

46　Lamarck, *Philosophie zoologique*, 2:95, 127; Lamarck, *Histoire naturelle*, 50, 134; Lamarck, *Hydrogéologie*, 188. 关于拉马克的生命组成自身和使自身复杂化的"无休止的趋势"，一种"连续不断的主动原因"，另见：Lamarck, *Philosophie zoologique*, 1:132; 2:69, 100, 101, 104。关于单子，见：1:285; 2:67, 212。"有生命的点"，见：Lamarck, *Histoire naturelle*, 16。关于拉马克与莱布尼茨的关系及莱布尼茨的术语"单子"的可能起源，参见 Canguilhem, *Connaissance*, 188（关于莫佩尔蒂在将莱布尼茨的单子引入生命理论中的作用）; Smith, "Leibniz's Hylomorphic Monad", 24; Burkhardt, Jr., *Spirit of System*, 233n36。

47　Lamarck, *Recherches*, 50–62.

48　Lamarck, *Philosophie zoologique*, 1:401–3.

49　Ibid., 2:310–11.

50　关于居维叶对拉马克的诋毁的分析，参见：Gould, "Foreword", viii; Rudwick, *Georges Cuvier*, 83。

51　Georges Cuvier, "Eloge", xx.

52　Cuvier, *Règne animal*, 1:7.

53　Lamarck, *Histoire naturelle*, 184.

54　Lamarck, "Espèce", 441.

55　Coleridge, *Aids to Reflection*, 257.

56　Coleridge, *Biographia Literaria*, 264.

57　Ibid., 273.

58　参见：Micheli, *Early Reception of Kant's Thought*, chap. 3; Edwards, *Statesman's Science*, 144。

59　Robinson, *Diary*, 1:305.

60　Coleridge, *Aids to Reflection*, 395, 393.

61　Ibid., 397, 396.

62　Ibid., 389–92.

63　首次报道见：Rossetti, *Mrs. Shelley*, 28。另见：Seymour, *Mary Shelley*, 58。

64　Shelley, "Introduction", 170, 171.

65　Richardson, *British Romanticism*, 17.

66　Cabanis, *Rapports*, 1:128.

67　Ibid., 1:118.

68　Ibid., 1:243.

69　Darwin, *Temple of Nature*, 62–64，会说话的头参见前文。

70　Shelley, "Introduction", 171; Darwin, *Temple of Nature*, note 12. 几十年后，法国生物学家路易·巴斯德（Louis Pasteur）推翻了自然发生理论。巴斯德通过实验表明，如果将无菌牛肉汤保存在密闭容器里，那么其中是不会出现有机体的。参见：Geison, *Private Science*, chap. 5。

71　Davy, "Sons of Genius", in *Collected Works*, 1:26.

72　Davy, "Discourse Introductory to a Course of Lectures on Chemistry" (1802), in *Collected Works*, 2:311–26, paragraph 3.

73　Darwin, *Zoonomia*, vol. 2, section 2, paragraphs 1–2. 另见：Darwin, *Botanic Garden*, part 1, canto I, line 363ff; Darwin, *Temple of Nature*, 74–89; Abernethy, "Extracts"; Humboldt, *Expériences*。

74　Galvani, *Commentary*.

75　Darwin, *Temple of Nature*, canto 3, lines 111–12.

76　Volta, *Electricity*.

77　Hogg, *Life of Percy Bysshe Shelley*, 1:56.

78　Shelley, "Introduction", 171–72.

79　Aldini, *Account.*

80　"Horrible Phenomena! – Galvanism", *The Times* (February 11, 1819), 3. 另见：
　　The Examiner (February 15, 1819), 103; Keddie, *Anecdotes*, 3–4。

81　Ure, "Account", 290. 另见：Golinski, "Literature", and Sleigh, "Life, Death
　　and Galvanism."。

82　Shelley, "Introduction", 172.

83　Saumarez, *New System of Physiology*, 2:8. 关于柯勒律治对此项工作的赞赏，
　　参见：Coleridge, *Biographia Literaria*, chap. 9 and note 31。

84　Davy, "Discourse", in *Collected Works.*

85　Lawrence, *Lectures*, 57.

86　Hoffmann, "Automata", 81, 95. 同样，雅克－亨利·贝尔纳丹·德·圣皮
　　埃尔发现一个会说话的自动机脑袋"很恐怖"，并将其比作"从尸体上发
　　出的清晰的声音"。参见：Saint-Pierre, *Études*, 2:276–79。

87　Goethe, *Annals*, 112.

88　Ibid., 113. 关于拜赖斯购得沃康松的自动机，参见：Chapuis and Droz,
　　Automata, 233–34。

89　Goethe to Herzog Carl August, June 12, 1797, in his *Briefe*, 2:276–77；译文引
　　自 Hankins and Silverman, *Instruments and the Imagination*, 196。

90　Kant, *Critique of Practical Reason*, 128.

91　Bichat, *Recherches physiologiques*, 2.

92　Darwin, *Botanic Garden*, part 1, canto 1, line 368.

93　Lamarck, "Biologie, ou considérations sur la nature, les facultés, les
　　développements et d'origine des corps vivants" (ca. 1809–15), Muséum national
　　d'histoire naturelle, Bibliothèque centrale. Ms 742, tome 1, 10–11.

94　Lamarck, *Mémoires*, 248–49. 另见：Lamarck, *Recherches sur les causes*, 289。

95　Lamarck, *Recherches sur les causes*, 289–90.

96　Saint-Hilaire, *Philosophie anatomique*, 1:208–9.

97　Darwin, *Temple of Nature*, canto 2, lines 41–42.

98　Herder, *Outlines*, 59, 109.

99　Darwin, *Temple of Nature*, canto 4, lines 379–80.

100　Coleridge, "On the Passions", 1442.

101　Abernethy, "Extracts", 51.

102　由于引力在牛顿体系中的核心作用，17世纪以来，有一些评论家认为与笛卡儿主义的宇宙论相比，牛顿物理学在本质上是主动的。关于牛顿主义这一观点的最新表述，参见：Dear, *Intelligibility of Nature*, chap. 1, section 4。正如迪尔指出的那样，牛顿在其最后一部重要著作《光学》中确实援引了"主动原理"。参见：Newton, *Opticks*, 398。

103　Schelling, *Ideen*. 关于谢林及德国自然哲学的起源，参见：S. R. Morgan, "Schelling and the Origins of his Naturphilosophie", in Cunningham and Jardine, eds., *Romanticism and the Sciences*, chap. 2; Richards, *Romantic Conception*, chap. 3。

104　参见 Schelling, *Ideen*, page 241，其中提到了"内在绝对形成性力量"（innern absoluten Bildungsvermögen）及其表现形式。关于自然哲学和浪漫主义科学这个广泛主题的概述，参见：Cunningham and Jardine, "Age of Reflexion", in Cunningham and Jardine, eds., *Romanticism and the Sciences*; Richards, *Romantic Conception*, 6–17; Tresch, *Romantic Machine*, part 1。

105　关于能量守恒的提出，主要的原始文献包括：Mayer, "Bemerkungen"，——这是基于生理学基础的对能量守恒定律的早期表述；Helmholtz, *Erhaltung der Kraft*; Du Bois-Reymond, "Über die Lebenskraft"。参见 Mach, *Conservation of Energy*，对能量守恒定律的发展作了第一手的说明。重要的二手研究包括：Kuhn "Energy Conservation"; Cardwell, *Watt to Clausius*; Smith, *Science of Energy*。关于亥姆霍兹，另见：Bevilacqua, "Helmholtz"。

106　约翰内斯·弥勒首先提出了明确的神经能量学说，见 Müller, *Vergleichenden Physiologie*。生理学中能量观念的出现，关于这个问题的概述，参见：Rothschuh, *History of Physiology*, chap. 6。对于亥姆霍兹的物理学工作与生理学工作在仪器方面的联系的分析，参见：Brain and Wise, "Muscles and Engines"。

107　Müller, *Elements of Physiology*, 27, 31–35, 712, 714, 719.

108　Cabanis, *Rapports*, 2:423–24.

109　Müller, *Elements of Physiology*, 285.

110　Helmholtz, "Interaction of the Natural Forces", 19, 36.

111　关于这种对生命力或 "Lebenskraft" 的分歧，以及更普遍地说，关于弥勒的学生群体之间以及与他们的老师之间的方法上的代际差异。参见：Lenoir, *Instituting Science*, 138–40。

112　参见：Rabinbach, *Human Motor*, 52–61。关于浪漫主义科学对亥姆霍兹的一般影响，以及特定的浪漫主义时代的自然哲学家对他的影响，另见：Richards, *Romantic Conception*, 327–28, 407–8; Tresch, *Romantic Machine*, 85–86。

113　Helmholtz, "Conservation of Force", 124.

114　Helmholtz, "Interaction of the Natural Forces", 37, 38.

115　Coleridge, "Eolian Harp" (1796), line 27.

116　Darwin, *Temple of Nature*, canto 2, lines 19–22.

117　Rabinbach, *Human Motor*, 92. 拉宾巴赫使用 "超验唯物主义" 一词专门与能量守恒理论相关联，能量守恒理论使能量成为所有事物的共同基础，也使能量成为与工作、劳动力和工业相关的社会和技术概念。

118　Herder, *Outlines*, 113.

119　Coleridge, *Aids to Reflection*, 393.

120　Wordsworth, "Lines Composed a Few Miles above Tintern Abbey, on Revisiting the Banks of the Wye during a Tour" (1798), in Wordsworth, *Complete Poetical Works,* lines 101, 102.

121　Herder, *Outlines*, 99.

122　Darwin, "Extracts", 44.

123　Wordsworth, " Recluse" (1800), in Wordsworth, *Complete Poetical Works*, Book Second, line 793.

124　Coleridge, "Eolian Harp" (1796), lines 44–47.

第 7 章　机器间的达尔文

1　Darwin, "Preliminary notice", 27, 92, 95.

2　Darwin, *Zoonomia*, 1:505.

3　这是罗伯特·理查兹的论点，他在浪漫主义哲学和诗歌中追溯达尔文理论的根源，并特别提到了亚历山大·冯·洪堡的著作。参见：Richards, "Darwin's Romantic Biology"; Richards, *Romantic Conception of Life*, chap. 14。在理查兹看来，达尔文的浪漫主义是显而易见的，这是因为达尔文所述的自然充满了美、意义和道德内涵，它更像是一个有机体而不是机器，还因为自然选择概念也绝不是机械论的。

4　Lamarck, *Système des animaux sans vertèbres*, 16.

5　Darwin, *Notebook B*, 18–19, 78, 216–17，其他提到"单子"的地方有 22–23, 29e 以及 *Notebook C*, 206e。

6　Lyell, *Principles of Geology*, vol. 2, chap. 1。

7　Darwin, *Autobiography*, 77, 101；参见 *Darwin Correspondence Project* (hereafter cited as DCP), letter 171, note 3。

8　Lyell, *Principles of Geology*, 2:8.

9　Lyell to Darwin, October 3, 1859, in DCP, letter 2501; October 4, 1859, in DCP, letter 3132.

10　Lyell to Darwin, October 4, 1859, in DCP, letter 3132.

11　Darwin to Lyell, October 11, 1859, in DCP, letter 2503. 赖尔还推断，动物智力和人类智力之间的鸿沟只能由不连续的创造性力量来解释。达尔文反驳道："如果自然选择理论在种系的任何一个阶段需要奇迹般的增益，那我绝对不会支持这种理论。"

12　Lyell, *Geological Evidences*, 3 and chap. 20.

13　Darwin to Lyell, March 12–13, 1863, in DCP, letter 4038.

14　Lyell to Darwin, March 15, 1863, in DCP, letter 4041.

15　Lyell, *Geological Evidences*, chap. 20, at 385, 390, 391–92, 394.

16 关于海克尔的独特的达尔文主义模式，参见：Richards, *Tragic Sense of Life*。关于海克尔对达尔文主义的普及，参见：ibid., 2。

17 海克尔最畅销的书是《创造的历史》(*History of Creation*)，它的副书名为"一般进化论的通俗阐述，特别是达尔文、歌德和拉马克的进化论"(*A Popular Exposition of the Doctrine of Evolution in General, and of that of Darwin, Goethe, and Lamarck in Particular*)。

18 Haeckel, *History of Creation*, 1:93.

19 Ibid., 1:114, 116, 118, 411.

20 Spencer, *Principles* 1:291; Darwin, *Origin of Species* (1869), 72.

21 Spencer, "Development Hypothesis" (1852), in *Essays*, 1:5; Spencer, "Progress: Its Law and Cause" (1857), in *Essays*, 1:46; Spencer, *Principles*, vol. 1, part 3; Darwin, *Origin of Species* (1876), 189, 201, 202, 215, 282, 424. "进化"一词在达尔文的《动物和植物在家养下的变异》中出现过一次，参见 Darwin, *Variation* (1868), 2:60。

22 Darwin, *Origin of Species* (1869), 72.

23 Spencer, "Progress", in *Essays*, 1:4, 17–19.

24 Spencer, *Principles*, 1:492.

25 Ibid., 1:311, 602, 606.

26 Darwin to Lyell, March 25, 1865, in DCP, letter 4794.

27 Darwin to J. D. Hooker, November 3, 1864, in DCP, letter 4650.

28 Darwin to Lyell, February 25, 1860, in DCP, letter 2714.

29 Darwin to J. D. Hooker, June 23, 1863, in DCP, letter 4218.

30 Hawkins, *Social Darwinism*, 82.

31 Darwin to J. D. Hooker, June 30, 1866, in DCP, letter 5135; Darwin to J. D. Hooker, December 10, 1866 in DCP, letter 5300.

32 Darwin to J. D. Hooker, October 2, 1866, in DCP, letter 5217.

33 Darwin to A. R. Wallace, February 19, 1872, in DCP, letter 8211.

34 Darwin to F. M. Balfour, September 4, 1880, in DCP, letter 12706, 另见 Darwin,

More Letters, 2:424。

35 Darwin to R. L. Tait, February 22, 1876, in DCP, letter 10406; Darwin to G. J. Romanes, July 28, 1874, in DCP, letter 9569（原稿见于 Charles Darwin Papers, American Philosophical Society, letter 446）。

36 Darwin to J. D. Hooker, June 23, 1863, in DCP, letter 4218.

37 Darwin, *Origin of Species* (1876), 189, 201, 202, 215, 282, 424.

38 格雷的信本身已经散佚，但这可以从达尔文对它的回应中推断出，参见：Darwin to Gray, November 29, 1857, in DCP, letter 2176。

39 Darwin to Gray, September 5, 1857, in DCP, letter 2136, enclosure.

40 Lyell to Darwin, June 15, 1860, in DCP, letter 2832a; Lyell to Darwin, June 19, 1860. in DCP, letter 2837a. 关于达尔文对"神化"指控的回应，参见：Darwin to Lyell, June 17, 1860, in DCP, letter 2833。

41 Darwin to Gray, November 29, 1857, in DCP, letter 2176.

42 Darwin, *Origin of Species* (1859), 83. 理查兹强调在达尔文的表述中，自然选择具有上帝般的能动性，并将这种能动性与达尔文理论的其他核心特征（尤其是其诗意的表现）一起追溯至德国浪漫主义的根源。参见：Richards, "Darwin's Romantic Biology"。

43 Darwin, *Origin of Species* (1860), 83.

44 Darwin, *Origin of Species* (1861), 87.

45 Darwin, *Origin of Species* (1866), 94.

46 Darwin, *Origin of Species* (1869), 95.

47 参见：Richards, *Romantic Conception of Life*, 536。

48 Darwin, "Essay of 1844", 85–86.

49 赫胥黎是对亨利·费尔菲尔德·奥斯本说出这番话的，奥斯本是美国古生物学家、美国自然博物馆馆长。参见：Osborn, *Impressions*, 79。关于赫胥黎以及他对达尔文主义的捍卫，参见：Desmond, *Huxley*, chaps. 14–17 and part 2。

50 Huxley, "Reception", 551; Huxley to Darwin, November 23, 1859, in DCP,

letter 2544.

51 Darwin to Huxley, November 24, 1859, in DCP, letter 2553.

52 Huxley, *Lectures and Essays*, 24.

53 Huxley, "Genealogy of Animals" (1869), in his *Darwiniana*, 115, 116.

54 Darwin, *Variation* (1875), 2:283–84.

55 Spencer, *Principles*, 1:537, 614, 674.

56 Darwin to J. D. Hooker, November 3, 1864, in DCP, letter 4650; *Variation*, 2nd ed. (1875), vol. 2:284.

57 Darwin, *Variation* (1875), vol. 2, chap. 27.

58 在一些地方，达尔文将用进废退视为变异的来源，参见：*Origin of Species* (1876), 108–14; *Variation* (1875), vol. 2, chap. 14; *Descent of Man* (1874), chap. 2。

59 Darwin, *Descent of Man* (1874), 209. 达尔文也考虑过相反的可能性，即多个雌性竞争雄性，以及雄性在雌性之间选择——或者实际上是相互性选择的过程，但他认为这种情况的可能性不高（225–26）。

60 Darwin, *Origin of Species* (1876), 70, 161–62, 414.

61 Darwin, *Descent of Man* (1874), 617.

62 在达尔文的思想中，性选择理论变得极为重要，以至于超过了有关人类进化的很多研究，关于达尔文本人对于这一点的解释，参见：Darwin, *Descent of Man* (1874), 3。

63 Darwin, *Origin of Species* (1861), note on xiv.

64 Ibid., 135.

65 Darwin to Wallace, August 28, 1872, in DCP, letter 8488 (also Darwin, *Life and Letters*, 3:168).

66 Wallace, "Tendency of Varieties".

67 Wallace, "Limits".

68 Ibid., 363, 366–68.

69 Wallace to Edward Bagnall Poulton, May 28, 1912, in Wallace, *Letters*, 344.

70 Darwin to Wallace, January 26, 1870, in Wallace, *Letters*, 250–51，另见：DCP, letter 8488。"Eheu"（唉）是"Alas"对应的拉丁语叹词。达尔文提到的"最好的文章"指的是华莱士的《人种的起源》（Origin of Human Races），其中，华莱士认为人类的智力、道德和社会能力有利于早期人类群体的生存，因此可以用自然选择来解释。关于达尔文对华莱士改变看法的回应，另见：Darwin to Wallace, April 14, 1869, in DCP, letter 6706。

71 关于巴特勒与达尔文和达尔文主义的纠缠关系，参见：Dyson, *Darwin*, chap. 2。

72 Butler, *Unconscious Memory*, 12; Dyson, *Darwin*, 24.

73 Butler, *Erewhon*, 97, 199, 205, 209–11.

74 Butler to Darwin, May 11, 1872, in Jones, *Samuel Butler*, 1:156–57.

75 Butler, *Evolution*; Butler, *Unconscious Memory*, chap. 1.

76 Butler, "Lamarck and Mr. Darwin", 261.

77 Ibid., 272; Butler, "Mr. Mivart and Mr. Darwin", 282; Butler, *Life and Habit*, 295–97, 300.

78 Butler, *Evolution*, 31, 6, 30. 另见：Butler, Luck, 5。

79 Butler, *Evolution*, 31– 32; Butler, *Luck*, 9.

80 Darwin to Huxley, February 4, 1880, in Jones, *Samuel Butler*, 2:454–55 (also in DCP, letter 12458).

81 Darwin to Krause, May 14, 1879, in DCP, letter 12052. 克劳泽是伊拉斯谟·达尔文的一部传记的作者，1879 年，查尔斯·达尔文为这本传记的英译本写了序言。这进一步激怒了巴特勒，因为他觉得序言里有一段斥责他的话。参见：Dyson, *Darwin*, 23。

82 Darwin, *Notebook E*, 95, 127.

83 Darwin, *Torn Apart Notebook*, 41.

84 Darwin, *Origin of Species* (1859), 152–53, 154.

85 Darwin, "Essay of 1842", 37.

86 可参见：Darwin, "Essay of 1842", 2, 32, 46; Darwin, "Essay of 1844", 60–61,

64, 69, 74, 79, 80, 84, 85, 108, 221, 227, 228, 234, 240。另见：Darwin, *Natural Selection*, 242。

87　Darwin, "Essay of 1844", 60–61; Darwin, *Origin of Species* (1859), 80.

88　Darwin, *Origin of Species* (1876), 10, 11, 19, 52– 53, 62, 64, 72, 80, 91, 107.

89　Darwin, *Origin of Species* (1859), 134.

90　Darwin, *Origin of Species* (1866), 160.

91　Darwin, *Origin of Species* (1869), 168.

92　Darwin, *Origin of Species* (1876), 107.

93　例如，参见：Argyll, *Works*。一些批评者并非设计论的拥护者，他们也指出了自然选择理论中变异性的来源问题，其中包括植物学家艾尔弗雷德·威廉·本内特。本内特认为，不管是什么力量或能动性导致了生物体的变化，"我们有什么正当的理由说这一原则就不再起作用了，而不是成为后续所有其他变化的主要动因？"参见：Bennett, "Natural Selection"。

94　Argyll, *Works*, 130, 70.

95　Ibid., 152, 65.

96　Boyle, *Disquisition*, 17.

97　可参见：Darwin, *Variation* (1868), 1:8; Darwin, *Origin of Species* (1876), 170。相关段落首次出现在 1869 年的第五版里，参见：Darwin, *Origin of Species* (1869), 150–52, 155。

98　Darwin, *Variation* (1868), 2:252–53, 255.

99　Nägeli, *Entstehung*.

100　参见：Darwin, *More Letters*, 2:375n5 (letter 697)。达尔文的儿子弗朗西斯以及弗朗西斯的合编者斯图尔德（Steward）比达尔文本人更为武断，他们在注释中认为内格里的论点"对我们来说，似乎是不言而喻的，因为很明显，如果任何结构的进化可以被认为是通过自然选择而产生的，那么该结构必定有一个功能"。

101　Darwin to Nägeli, June 12, 1866, in DCP, letter 5119.

102　Darwin to Hooker, December 5, 1868, in Darwin, *More Letters*, 2:375–76 (letter

697). 另见：DCP, letter 6512。

103　参见：Darwin to Hooker, December 29, 1868; January 16, 1869; January 22, 1869; all in Darwin, *More Letters*, 2:377–79 (letters 698–00)。另见：in DCP, letters 6515, 6550, 5729, 6554, 6557, 6560, 6568, 6608。

104　Darwin to Farrer (Lord Farrer), August 10, 1869, in Darwin, *More Letters*, 2:380n1 (letter 701)；另见 DCP, letter 6859。

105　Darwin, *Origin of Species* (1869), 151–57.

106　Darwin, *Origin of Species* (1876), 171, 175.

107　Darwin, *Effects*, 451–52.

108　Butler, "Lamarck and Mr. Darwin", 261.

109　Bernard, *Leçons*, 1:112–24. 哈佛大学生理学家沃尔特·坎农后来创造了"内稳态"这一术语来对应贝尔纳的概念。参见本书第 9 章"由外及内"以及 Cannon, *Wisdom of the Body*, 24。关于贝尔纳的内环境概念，参见：Grmek, *Claude Bernard*, chap. 4; Canguilhem, *Études*, 323–27。

110　Bernard, *Introduction*, 75. 另见：ibid., 64, 78, 87, 90, 94, 180; Bernard, *Leçons*, 1:293, 316。

111　Bernard, *Leçons*, 1:46, 49; Bernard, *Cahier*, 124.

112　Bernard, *Leçons*, 1:67.

113　Bernard, *Introduction*, 78, 87, 94.

114　Ibid., 90, 94.

115　Bernard, *Cahier*, 223–24n72, 131. 关于"生命力"以及贝尔纳对它的异议，参见：Bernard, *Introduction*, 60–63, 67, 68, 70, 90, 94, 184–85; Bernard, *Leçons*, 1:48–55。

116　Bernard, *Leçons*, 1:39, 42–43. 关于贝尔纳与活力论的复杂关系，参见：Holmes, "Claude Bernard"; Canguilhem, *Études*, 149–60; Grmek, *Claude Bernard*, chap. 3; Virtanen, *Claude Bernard*, chap. 4。

117　"*Principe de la spécialité des mécanismes vitaux. Ce n'est pas l'action qui est vitale et d'essence particulière, c'est le mécanisme qui est spécifique,* particulier, sans être d'un ordre distinct. La doctrine que je professe pourrait être appelée le vitalisme physique; je crois qu'elle est l'expression la plus complète de la vérité scientifique." 参见：Bernard, *Leçons*, 2:219。

118　Darwin, *Variation* (1868), 2:368–69.

119　Marey, *Machine animale*, 62, 85–88.

120　Marey, *Méthode graphique*, iii. 参见：Braun, *Picturing Time*。

121　Marey, *Machine animale*, 86 and chap. 9.

122　"马雷教授关于组织各个部分的协同适应能力的讨论非常出色。" 参见：Darwin, *Variation*, 2nd ed., 1875, 2:284n7。

123　Huxley, "Hypothesis", 200, 201–202, 237–38.

124　Ibid., 239–42, 244.

125　Darwin, *Origin of Species* (1859), 186.

126　Lyell to Darwin, October 3, 1859, in DCP, letter 2501.

127　Darwin to Gray, February 8– 9, 1860, in DCP, letter 2701.

128　Darwin to Asa Gray, April 3, 1860, in DCP, letter 2743.

129　鼓吹设计论的自然神学家常常拒绝原罪学说以及与原罪相伴随的观念——人类从根本上说是脆弱的和有缺陷的。但是，将完美归于人体结构（如眼睛）的做法也可以通过各种方式与原罪学说兼容。首先，经院哲学传统长期以来一直认为，人类在堕落中保留了自己的智力和身体天赋。然后，尽管 16 世纪和 17 世纪的新教徒对原罪的后果回到了更严厉的奥古斯丁主义观点，但一切仍取决于人们对这些后果的定位。弗朗西斯·培根等经验主义者将这些后果归结为人类的智力，并将感觉视为救赎的手段，以及帮助我们恢复到堕落前的知识和能力状态的手段。参见：Harrison, "Original Sin"。

130　关于佩利所受到的欢迎，参见：Brooke, *Science and Religion*, 192; Davidson, "Identities Ascertained", 328。一个与之形成鲜明对比的观点，参见：Fyfe, "Reception"。

131　Paley, *Natural Theology*, 1.

132 Darwin, *Autobiography*, 59.

133 Paley, *Natural Theology*, 451.

134 Darwin to Gray, May 22, 1860, in DCP, letter 2814. 关于达尔文和道德能动性问题，参见：Levine, *Darwin Loves You*。

135 Darwin to Gray, July 3, 1860, in DCP, letter 2855.

136 Paley, *Natural Theology*, 440–41.

137 Ibid., 439–40.

138 Ibid., 441–42. 两个世纪后，鸟类眼睛的视觉调节机制仍然有一些方面没有得到解释。参见：Glasser, "History of Studies"。

139 Paley, *Natural Theology*, 442. 然而，佩利也认为，在这种情况下，完美性不是必要的，见第436页："为了说明机器是按照什么设计制造的，机器不一定要完美无缺：如果考虑到唯一的问题是机器是否按照某种设计而制造的，那就更加不需要完美无缺了。"另见第447页：

> 当我们仅仅是在探究一位智慧造物主的存在时，不完美、不准确、容易混乱、偶尔的不规则可能在相当程度上是存在的，而不会引起对问题的任何怀疑：就像一块手表可能经常出错，很少会完全准确……当仅仅考虑造物主的存在时，不规则性和不完美性在考虑中几乎没有任何分量。当论证涉及他的属性时，它们才是有分量的，但那时要与我们所知的在其他情况下显示的技能、能力和仁慈的无可挑剔的证据结合起来（注意不要停留在"它们"上面，而是要结合起来）……

140 Gray to Darwin, March 6, 1862, in DCP, letter 3467.

141 Darwin to Lyell, June 17, 1860, in DCP, letter 2833.

142 Huxley, "Reception"，551; Huxley to Darwin, November 23, 1859, in DCP, letter 2544.

143 Huxley, "Genealogy of Animals"，in his *Darwiniana*, 110.

144 Huxley, "Obituary of Darwin" (1888), in his *Darwiniana*, 288. 另见第280页："事实上，自然选择的过程依赖于适应。"

145　Huxley, "Criticisms on the 'Origin of Species'" (1864), in his *Darwiniana*, 86.

146　在柏林科学院于 1880 年 7 月 8 日召开的会议上，杜博伊斯－雷蒙德首次提出了这些说法，之后以《世界七大谜题》(Die sieben Welträthsel) 为题发表。

147　Darwin, *Autobiography*, 87.

148　Boyle, *Disquisition*, 55.

149　Paley, *Natural Theology*, 443.

150　Darwin, *Origin of Species* (1859), 188–89.

151　Helmholtz, "Recent Progress", 135, 137, 144–45. 德语原版为 *Fortschritte*。

152　Helmholtz, "Recent Progress", 140–43, 147.

153　Ibid., 141.

154　Ibid., 146, 197. 关于无意识的归纳推理在感官知觉中的作用，另见 Helmholtz, "Concerning the Perceptions in General" (1866) and "The Origin of the Correct Interpretation of our Sensory Impressions" (1894), in Helmholtz, *Helmholtz on Perception*, parts 5 and 7, 特别参见第 195 页和第 255 页。

155　Darwin, *Origin of Species* (1876), 163. 这段话出自：Helmholtz, "Recent Progress", 173（译文与达尔文的版本有些不同）。

156　Darwin to Hooker, July 13, 1856, in DCP, letter 1924.

157　Darwin, *Origin of Species* (1876), 429.

158　Darwin, *Origin of Species* (1860), 490.

159　Darwin, *Origin of Species* (1876), 429.

第 8 章　机械卵和智能卵

1　参见：Ward, *Neo-Darwinism*; and Romanes, "Darwinism"。

2　关于魏斯曼，参见：Churchill, "Break from Tradition"; Churchill, "Weismann-Spencer Controversy"; Churchill, "Developmental Evolutionist"。关于魏斯曼

最为全面的研究是：Weissman, *First Evolutionary Synthesis*（这部著作的作者的姓氏和魏斯曼很像，但两人没有关系）。

3   "活力论者"（vitalist）一词在 1800 年左右被创造出来，但直到 19 世纪七八十年代才被广泛使用。关于"活力论"这个术语以及相关词汇的历史，参见：Rey, *Naissance*; Wolfe and Terada, "Animal Economy", 538–43n4; Williams, *Medical Vitalism*。

4   Weismann, *Germ-Plasm*, 39.

5   参见奥古斯特·魏斯曼《精选书信》（*Ausgewählte Briefe*）的标题页。感谢夏洛特·魏斯曼（Charlotte Weissman）为我指出了这一点。

6   Wheeler, "On Instincts", 303. 美国的情况也是如此，"新拉马克主义"在 19 世纪的最后几十年里蓬勃发展。参见：Pfeifer, "Genesis"。惠勒称自己为执迷不悟的罪人，即拉马克主义者，这在很大程度上是因为他反对魏斯曼方法中的非历史性。参见：Sleigh, "Ninth Mortal Sin", especially 154–56。

7   接下来对现代科学研究型大学的普鲁士起源的讨论受到了下列著作的密切影响：Howard, *Protestant Theology*; Clark, *Academic Charisma*。另见：Zimmerman, *Anthropology*。林恩·奈哈特对这一时期的德国生物学提出了不同的观点，她将重点放在博物馆、学校、动物园和其他公共机构上，而不是精英大学的科学研究上，见：Nyhart, *Biology Takes Form*。

8   参见：Howard, *Protestant Theology*, 4–5; Ringer, *German Mandarins*, 102–27; Lenoir, *Instituting Science*。关于德国研究型大学模式对美国的影响，另见：Turner, "Humboldt in North America", especially 292–93。

9   Paulsen, *German Universities*, 226. Frederick Gregory, in *Nature Lost*，这本书从神学一侧论述了这一发展，见第 22 页："神学失去了谈论自然的能力，但与此同时，神学也否定了自然科学篡夺神学古老特权的权利，这个特权即对宇宙的本体论状况做出断言。"关于神学院的忍耐，另见：Schwinges, *Humboldt International*, 6。

10   Howard, *Protestant Theology*, 6–7, 14, 29, 34, 292, 297–98. 例如，"新教科学"

这一词组出现在：Vogel, *Semisäcularfeier*, 94。关于"客观中立"（或"无预设"），参见 Mommsen, "Universitätsunterricht und Konfession", 432, 433; Baumgarten, *Voraussetzungslosigkeit*；特别是 Weber, "Science as a Vocation"。

11 Weber, "Science as a Vocation", 43.

12 Weber, *Protestant Ethic*, 24–25, 80, 136, 149, 224n30, 249n145.

13 对自然哲学的整体研究的背离，参见：Howard, *Protestant Theology*, 281–83; Clark, *Academic Charisma*, 449。

14 在现代研究型大学的文化的确立过程中，普鲁士的新教机构占据了主导地位，关于这一点参见：Howard, *Protestant Theology*, 4–7; Clark, *Academic Charisma*, 3, 13, 28, 147, 475; Charle, "Patterns", 47–53; Rüegg, "Theology and the Arts", 398, 405; Paulsen, *German Universities*, 226–27; von Hehl, "Universität und Konfession", 286, 289–90，在第 290 页，黑尔评论道，这种主导地位强加给"德国大学以永久的、独特的新教印记"。关于新教特别是在科学领域的主导地位，参见：Schröder, *Naturwissenschaft und Protestantismus*, 487。关于"天主教大学的边缘化"，参见：Höflechner, "Universität, Religion und Kirchen", 564。

15 论历史的来源：Ranke, Introduction (1874) to *Geschichte der romanischen und germanischen Völker von 1494 bis 1514* (1824), in translation in SWH, 55–59, on 58。细节：Introduction (1874), 58–59; and fragment (1830s), in translation in SWD, 102–4, at 103。事实：Introduction (1874), 58。公正性和客观性：*Englische Geschichte, vornehmlich im sechzehnten und siebzehnten Jahrhundert* (1859–1869), excerpt in translation in *SWH*, 242–43, at 243; and Ranke—Otto von Ranke, May 25, 1873, in translation in *SWH*, 259–60, at 259。

16 统一性和进步：Ranke, Introduction (1874), 58。形式和美：*Französische Geschichte, vornehmlich im sechzehnten und siebzehnten Jahrhundert* (1852–61), translated excerpt in SWH, 258。最近的学术研究强调了兰克作品的这个方面，即他对统一和进步、形式和美等理想的欣然接纳，从而驳斥了早期将兰克视为实证主义者和经验主义者的观点——他将历史叙事牺牲在对事实的枯燥排列中。驳斥的部分原因在于对 "wie es eigentlich gewesen" 中 "eigentlich" 一词含义的重新理解，"wie es eigentlich gewesen" 是兰克针对历史写作的命令，这条命令被广为引用。传统上，这个命令被翻译成英文的 "as it actually was"，即 "按照它事实上的样子"。但是，乔治·伊格斯认为，根据历史语境，"eigentlich" 一词应该更恰当地翻译为 "essentially"，即 "**本质上**"，而且，兰克关于历史研究要探寻**本质**真理（而非**事实**真理）的想法，从根本上说是直觉主义的而非经验主义的；彼得·诺维克颇有影响力地进一步发展了伊格斯的论点。参见：Iggers, "Introduction", in Ranke, *Theory and Practice*, xi– xlv; Iggers, "Image of Ranke"; Novick, *That Noble Dream*, 28–30。然而，兰克方法论的直觉主义的程度与我这里的目的无关；相反，突出的一点是他宣布了一门历史学科，其方法建立在局部和邻近的事实细节之上，而且，他暗示这些事实在其极度的特殊性之中彰显了神圣的秩序。关于新兴的研究型大学中历史学科的建立，另见：Howard, *Protestant Theology*, 116–17, 275–76, 278–79; Iggers, *German Conception of History*, 63–89; and Briggs, "History and the Social Sciences", 464– 69。关于德国历史学的学科史，另见：Reill, *German Enlightenment*; and Kelley, *Fortunes of History*。

17　Ranke, *Introduction* (1874), 58–59; Ranke—Otto von Ranke, May 25, 1873, in translation in *SWH*, 259–160, at 259.

18　Howard, *Protestant Theology*, 117. 关于教会史的世俗化，另见：ibid., 344。

19　"德国神学家经常（虽然并非总是）在达尔文主义争论的背景下考察自然科学和神学之间的关系。" 参见 Gregory, *Nature Lost*, 63。关于拉马克主义的激进政治含义，参见 Desmond, *Politics of Evolution*, especially chapter 7, 在第 4 页，德斯蒙德写道，在 19 世纪 30 年代的英国，"拉马克的观点——动物可以通过自己的努力把自己转变为更高级的生命，并把它取得的改进传给后代，而所有这些都不需要神的帮助——吸引了起义的工人阶级。他的思想在非法的廉价印刷品中得到了宣传，其中拉马克的思想与对民主的要求和对神职人员的攻击混在一起。显然，拉马克主义有一些声名狼藉的关联"。另见第 319 页："拉马克主义及其民主后果必须被证明在科学上是站不住脚的。"

20 Du Bois-Reymond, "Über die Grenzen", 464. 参见：Richards, *Tragic Sense of Life*, 315; Schröder, *Naturwissenschaft und Protestantismus*, 485–86。这些不可知的事情后来发展为 1880 年发表的《世界七大谜题》中提出的七个谜题。加布里埃尔·芬克尔斯坦并不认为杜博伊斯-雷蒙德打算将这些声明作为"对教会的讽刺"，并将杜博伊斯-雷蒙德的演讲描述为对怀疑论的表达，而不是与怀疑论的和解。参见：Finkelstein, *Emil du Bois-Reymond*, 281–82。但无论如何，这一口号都有了自己的生命，作为对科学领域的边界的表达，激发了相互对立的赞成和反对的风暴，参见：Finkelstein, *Emil du Bois-Reymond*, 269–80; Richards, *Tragic Sense of Life*, 315–18。

21 Spränger, *Wandlungen*, 23；译文引自 Howard, *Protestant Theology*, 30。

22 Hofmann, *Question*, 22；引自 Howard, *Protestant Theology*, 277–78。

23 Weber, "Science as a Vocation", 31.

24 Ibid., 39, 47–48.

25 "有史以来第一次，生物学家们的兴趣看上去如此紧密地限定在一个单一的学科之中……以至于他们对其他领域的问题没有什么了解或同感。" Bowler, *Eclipse of Darwinism*, 13. 另见：Howard, *Protestant Theology*, chap. 5。

26 关于人文科学和自然科学之间声望的转移与德国大学的关系，另见：Marchand, *Down from Olympus*, chaps. 2 and 3。

27 Cahan, "Imperial Chancellor".

28 关于希斯，参见：Gould, *Ontogeny and Phylogeny*, 189–93; Maienschein, "Origins", section 2.1; Hopwood, "Giving Body"; Hopwood, "Producing Development"; Richards, *Tragic Sense of Life*, 280–91。

29 His, *Über die Bedeutung*, esp. 30–33；参见 Richards, *Tragic Sense of Life*, 282–83。

30 His, *Über die Bedeutung*, 30–32; His, *Über die Aufgaben*, 17–18; Richards, *Tragic Sense of Life*, 281–91。

31 下文对希斯在柏林的经历和他的学科方法的讨论受到了理查兹的影响，参见：Richards, *Tragic Sense of Life*, 281ff。

32 His, *Über die Aufgaben*, 17–18; Richards, *Tragic Sense of Life*, 283.

33 参见：Nyhart, *Biology Takes Form*, 201–2; Hopwood, "Giving Body", 476。

34 His, *Unsere Körperform*, 93–104, esp. 97–99.

35 Ibid., 1–17; His, *Untersuchungen*, 138, 182. 希斯在其他地方也提到了这些展示，见于：His, *Über die Aufgaben*, 17。另见：Hopwood, "Giving Body", 468–75。

36 另见：Hopwood, "Giving Body", 469, 485。

37 Ziegler to Haeckel, November 30, 1875，译文引自 Hopwood, "Giving Body", 485。关于希斯与齐格勒的合作，另见：His, *Untersuchungen*, 182。

38 Morgan, *Development*, 64.

39 His, *Unsere Körperform*, 19; Richards, *Tragic Sense of Life*, 284–85.

40 His, "Über mechanische Grundvorgänge", 2，译文引自 Hopwood, "Giving Body", 492。

41 His, *Unsere Körperform*, esp. 165–76. 参见：Richards, *Tragic Sense of Life*, 285–291; Hopwood, "Pictures of Evolution"。

42 例如，参见：Haeckel, *Evolution of Man*, vol. 1, chap. 1; Haeckel, *History of Creation*, 1:114, 116, 118。

43 Haeckel, *Ziele und Wege*, 27; Haeckel, *Evolution of Man*, 1:xix；参见 Hopwood, "Giving Body", 474。

44 例如，参见：Haeckel, *Generelle Morphologie*, chap. 29。另见：Richards, *Tragic Sense of Life*, 125–28, 297–98，其中，理查兹讨论了海克尔的一元论。

45 例如，参见 1877 年 9 月海克尔在德国自然科学家和医生协会发表的演讲《论当今的进化论》（Über die heutige Entwickelungslehre）。参见：Richards, *Tragic Sense of Life*, 313–14。

46 Haeckel, *Generelle Morphologie*, 2:365. 参见古尔德对这段话的讨论：Gould, *Ontogeny and Phylogeny*, 78–79。

47 Haeckel, *Evolution of Man*, 1:xix. 古尔德讨论了海克尔和希斯的不同的因果

概念："这两种方法之间最大的冲突发生在因果性的战场上。实验胚胎学家不留情面地宣称，他们的那种原因（直接原因和动力因）已经穷尽了因果性的合法领域。在他们之前的一切都只是描述性的；他们建立了第一个因果性的胚胎科学。"Gould, *Ontogeny and Phylogeny*, 193–94.

48　Haeckel, *Evolution of Man*, 1:83.

49　Ibid., 1:19, 20, 53; Gould, *Ontogeny and Phylogeny*, 78.

50　Haeckel, *Evolution of Man*, 2:881; Gould, *Ontogeny and Phylogeny*, 193.

51　Haeckel, *History of Creation*, vol. 2，关于一元宗教，见第 497—498 页，关于人类由猿类进化而来，见第 405 ff 页，关于历史发展的过程，见第 493 页。更具体地，海克尔认为，发音清晰的语言构成了"人化（humanification）的真正和主要表现"（第 410 页）。由于语言学家确定了语系的独立起源，"人类的不同种族……彼此独立地起源于原始的、没有语言的人类的不同分支，后者则是直接从猿中产生的"（第 411 页）。海克尔将这种观点与真正的"多源发生说"观点（不同的人类种族产生于完全独立的起源）区分开来，因为他相信这些分支会回到一个主干上，因此单起源或"单源发生的观点"是正确的（第 410 页）。然而，他对每个人种的不同分支 [或有时"人类的物种"（species of the human race），例如见第 410—411 页] 的断言，以及他对这些人种分支的不同身体、审美、智力和道德特征的描述（第 408—446 页），引发了对海克尔的大量分析——他在科学种族主义的历史上占据怎样的地位。对此的综述，参见：Richards, *Tragic Sense of Life*, 269–78。理查兹指出，海克尔关于人种等级的观点在 19 世纪的欧洲博物学家中不仅没有什么特别之处，而且基本上是普遍的。因此，博物学和早期进化论中科学种族主义的历史远远超出了海克尔。我们在本书第 5 章中已经看到了大量 18 世纪的例子。

52　Goette, *Entwickelungsgeschichte*，译文引自 Richards, *Tragic Sense of Life*, 293。另见 ibid., 291–93，理查兹在其中讨论了格特。

53　Haeckel, *Ziele und Wege*, 21. 参见理查兹对这一段的讨论和海克尔的"历史自然科学"（historical natural science）概念：Richards, *Tragic Sense of Life*,

285, 299。

54   Haeckel, *Ziele und Wege*, 24；参见 Richards, *Tragic Sense of Life*, 299。

55   Haeckel, *Evolution of Man*, 2:507.

56   关于鲁克斯，参见：Nyhart, *Biology Takes Form*, chap. 9; Maienschein, "Origins"，section 2.4; Richards, *Tragic Sense of Life*, 189–92。

57   Morgan, *Development*, 124; Roux, *Beitrag*, 78; Roux, "Beiträge"，453.

58   这个讨论来自：Hopwood, "Giving Body"，493–94。参见：Roux, "Meine entwicklungsmechanische Methodik"，601–7（橡胶模型）; Roux, *Entwickelungs-smechanik*, 99–100（球形面团）。

59   Roux, "Über die Bedeutung 'geringer' Verschiedenheiten". 另见：Morgan, *Development*, 43–47。

60   Morgan, *Development*, 47.

61   Roux, "Einleitung," 1–2, 4, 5, 10；另见 Hopwood, "Giving Body"，493–94; Churchill, "Chabry"。

62   Roux, "Über den 'Cytotropismus' "; Przibram, *Embryogeny*, 41–43, at 41.

63   Roux, "Über den 'Cytotropismus' "，51.

64   参见：Nyhart, *Biology Takes Form*, 288–92。

65   Haeckel, *Evolution of Man*, 1:57–58, 27；另见 Nyhart, *Biology Takes Form*, 289–90。

66   Roux, "Autobiographie"，146，译文引自 Nyhart, *Biology Takes Form*, 295。海克尔的回应使情况进一步两极分化，另见奈哈特对海克尔的回应的讨论：Nyhart, *Biology Takes Form*, 295–96。

67   Roux, "Einleitung"，9, 28–30. 参见：Nyhart, *Biology Takes Form*, 286–87。

68   Roux, "Beiträge"; Roux, "Entwickelungsmechanik der Organismen"，41–42; Maienschein, "Origins"，section 2.4.

69   Roux, "Beiträge," 433–8, 519; Roux, "Entwickelungsmechanik der Organismen"，41–42; Maienschein, "Origins"，section 2.4.

70   Roux, "Beiträge"，425, 519; Maienschein, "Origins"，section 2.4.

71 德国生物学家瓦尔特·弗莱明在论文中提出了"染色质"一词，见 Flem-ming, "Beiträge"，英译版名为"Contributions"。柏林的解剖学家海因里希·威廉·戈特弗里德·冯·瓦尔代尔－哈尔茨建议使用"染色体"一词，见：Waldeyer-Hartz, "Über Karyokinese"。事实上，提出这两个新词的两篇论文发表在同一个期刊上。后来在 1923 年，该期刊与鲁克斯的《发育力学档案》合并，变为《显微解剖学与发育力学档案》(*Archiv für mikroskopische Anatomie und Entwicklungsmechanik*)；这在学科建制上反映了染色体概念在很大程度上是在发育力学的直接机械论（proximate-mechanist）框架内出现的。

72 Roux, *Bedeutung der Kerntheilungsfiguren*, 4–5, 9–13, 16.

73 关于魏斯曼，参见：Churchill, "Break from Tradition"; Churchill, "Weismann-Spencer Controversy"; Churchill, "Developmental Evolutionist"。

74 关于位于布赖斯高的弗赖堡大学，参见：Schreiber, *Geschichte*。根据冯·黑尔的描述，传统上天主教的慕尼黑大学也出现了类似的新教占主导地位的趋势，他将这一现象作为"新教大学环境的塑造力量"的一个例子，见：Hehl, "Universität und Konfession", 289。

75 对该理论的总结，参见 Weismann, *Germ-Plasm*, 450–68；关于魏斯曼的性质上不同的遗传单位与鲁克斯的联系，见第 26 页。另见：Maienschein, "Origins", section 2.4。

76 这一短语的早期使用（即使不是最早的），见于 Koestler, *Midwife Toad*, 126, 128, 131。这本书讲述了保罗·卡默勒之死，他是一位奥地利的拉马克主义生物学家，曾在产婆蟾（*Midwife Toad*）身上做实验，并声称发现了它们遗传获得性变异的证据。卡默勒被指控造假——其中最具决定性的指控来自纽约美国自然博物馆爬行动物馆馆长 G. K. 诺布尔——并于 1923 年自杀。

77 Weismann, *Germ-Plasm*, xi.

78 Nägeli, *Mechanico-Physiological Theory*, 8–9, 23, 32, 36. 内格里对魏斯曼的指导性影响以及魏斯曼对内格里理论的背离，参见：Weismann, *Essays*

upon Heredity, 1:174, 180–83, 192–93, 204。

79　Weismann, *Essays upon Heredity*, 201, 257–59, 263, 269–71, 298–332；引自第 258 页。

80　"我认为，如果不承认获得性状遗传，那么人类在文明进程中获得的某些能力是无法解释的。" Spencer, Principles, 1:311. 斯宾塞认为，达尔文没有充分承认这一现象。另见：Bain, "Review."。贝恩只在谈到达尔文时使用了"获得性状遗传"，而并没有提到拉马克。在 19 世纪的最后十年，这个短语及其各种变体的使用量急剧上升，从任何 5 年内最多出现几次到每年出现许多次。另见：Gayon, "Hérédité"。

81　Spencer, *Principles*, appendix B, 1: 602–91. 附录中包括了四本小册子，它们在 1893 年春至 1894 年秋首先发表在《当代评论》（*Contemporary Review*）上，斯宾塞在其中批评了魏斯曼对达尔文主义的解释。"魏斯曼的更为教条的选择主义被称为'新达尔文主义'，它使科学界迅速分化为两个相互敌对的阵营。" Bowler, *Eclipse of Darwinism*, 41–42.

82　Morgan, *Critique*, 33. 摩尔根提到了魏斯曼的"精彩文章"，魏斯曼在这些文章中"揭露"了所谓获得性状遗传的"证据的缺陷"。摩尔根还提到了魏斯曼的鼠尾实验："魏斯曼诉诸常识。他做了一些实验来否证拉马克的假说。"

83　Weismann, "Supposed Transmission", 432–33.

84　Ibid., 434, 440–42.

85　事实上，魏斯曼本人也承认老鼠实验并没有否证拉马克主义，参见：Weismann, ibid., 445–46。

86　参见第 6 章。

87　达尔文写道，"在某些情况下，习惯、使用和不使用在构造和结构的变异中起了相当大的作用"，但他认为这些影响要次于自然选择。参见 Darwin, *Origin of Species* (1859), 134–43, at 142–43；这些段落从第一版一直保留到 1876 年的第六版（最后一版）。另见：Darwin, *Variation* (1868), vol. 1, chaps. 4, 7, 8 and vol. 2, chap. 24; Darwin, *Descent of Man*, vol. 1, chap. 4。

88　Lamarck, *Recherches sur l'organisation*, 50–62.

89　Darwin, *Variation* (1875), vol. 2, chap. 27. 关于"选择性的亲和力"，参见 2:85n18, 2:164, 2:374；关于截肢，参见 2:393。

90　Darwin, *Variation* (1868), 2:404.

91　Weismann, "On Heredity", 77.

92　Weismann, "Supposed Transmission", 447.

93　Weismann, "On Heredity", 95–96.

94　例如，参见：Ghiselin, "Imaginary Lamarck"。

95　Weismann, "Supposed Transmission", 447, 435.

96　Weismann, "On Heredity", 69. 类似的绝对的陈述，参见：Weismann, "Botanical Proofs", 387; Weismann, "Supposed Transmission", 423; Weismann, *Germ-Plasm*, 395。

97　Weismann, "Mechanical Conception", 718.

98　Ibid., 638，另见第 642 页和第 637 页：机械论者"没有理由承认引导力量"，因为引导力量"与自然科学的定律是直接对立的"。"形成性努力"或目的论力量"没有任何作为科学解释的价值"。Weismann, "On Heredity", 76.

99　Guenther, *Darwinism*, 369. 1904 年首次出版，书名为 *Darwinismus*。

100　Russell, *Form and Function*, 307.

101　Thompson, *On Growth and Form*, 8, 10, 284, 618–19. 关于汤普森，参见：Gould, "D'Arcy Thompson"; Keller, *Making Sense of Life*, chap. 2。

102　Thompson, *On Growth and Form*, 16, 1025, 1094–95.

103　Ibid., 1023.

104　Lysenko, *Science of Biology Today*, 13–14. 关于李森科和拉马克主义的名声，参见：Joravsky, *Lysenko Affair*, chaps. 7 and 8; DeJong-Lambert, *Cold War Politics*, chaps. 3 and 4。

105　在 20 世纪的前 20 年里，支持拉马克主义的生物学家在某些领域仍有较强的代表性，但"在 1926 年之后，很难找到还在捍卫老派达尔文主义的中间立场的人"，中间立场就是渗透着拉马克主义影响的达尔文主义。参见：Gliboff, "Golden Age", 53。

106　Weismann, "Mechanical Conception", 682；在同一页上，魏斯曼还提到了"由生命的外部环境的直接作用而导致的转化来源"。"转化取决于环境的双重作用，因为后者首先通过直接作用在生物体内诱发小的偏差，然后再通过选择积累所产生的变异"（ibid., 687）。"如果生长有可能发生在绝对恒定的外部影响下，变异就不会发生"（Weismann, *Germ-Plasm*, 463）。

107　Weismann, "On Heredity", 77, 103–104.

108　关于营养，另见：Weismann, *Essays upon Heredity*, 170, 179, 319。魏斯曼接受了某些环境条件具有可遗传的效应的观点，有关这一点的讨论，参见：Jablonka and Lamb, *Evolution*, 19–20。

109　Weismann, "On Heredity", 94.

110　Weismann, *Germinal Selection*, 11.

111　Roux, *Kampf*.

112　Weismann, *Germinal Selection*; Weismann, *Evolution Theory*, vol. 2, chaps. 25 and 26.

113　Weismann, *Germinal Selection*, 11, 15.

114　Weismann, *Evolution Theory*, 2:114ff; Weismann, *Germinal Selection*, 18–19. 魏斯曼确实说过，一旦决定子开始被动地接受额外的营养，它们就会开始主动地寻求更多的营养，并更强烈地吸收这些营养。但是，决定子的这种主动性却源于一种被动的变异。

115　其中就包括彼得·鲍勒和恩斯特·迈尔；参见 Weissman, *First Evolutionary Synthesis*, 342–43。

116　Weismann, *Evolution Theory*, 2:123.

117　Weismann, "Mechanical Conception", 716, 709；另见第 697 页，目的论的必要性。

118　Ibid., 710, 711, 712；另见第 716 页，目的论与唯物主义。

119　Otto, *Naturalism and Religion*, 151, 14–48. 关于奥托和其他新教神学家对进化论的涉足，另见 Schröder, *Naturwissenschaft und Protestantismus*，特别是在第

317 页、319 页和 352 页；第 6 页、12 页和 491 页提到了神学家们十分反感海克尔。有一个魏斯曼式的论点，即对自然的严格机械因果解释支持超自然主义的目的论，关于此论点，见：Otto, "Darwinism and Religion"。

120 关于魏斯曼的支配地位以及魏斯曼对海克尔的取代，参见：Schröder, *Naturwissenschaft und Protestantismus*, 218n145, 254, 279, 317, and 317n571。关于海克尔在更一般意义上的边缘化，参见第 6 页、12 页、491—494 页。在第 449 页，施勒德讨论了这样一个插曲：46 位解剖学家和动物学家签署了一封支持海克尔并反对"开普勒联盟"的公开信，"开普勒联盟"是一个由新教科学家和非专业人士组成的组织，攻击海克尔伪造一些胚胎图像以强调人类胚胎和其他动物胚胎的相似性。尽管包括魏斯曼在内的 46 个签名者通过淡化操纵图像的重要性来为海克尔辩护，但施勒德写道，他们中的大多数人都不是"海克尔主义者"，并且"早已宣布……海克尔的若干假说已经过时"。关于这个插曲，另见：Richards, *Tragic Sense of Life*, 373–83。

121 Stresemann, *Ornithology*, 330–31[这里，施特雷泽曼将他所赞同的观点归于伯纳德·阿尔图姆（Bernard Altum）]。

122 Ibid., 339.

123 参见：Turner, "Humboldt in North America", 292–93。

124 主要的攻击者是保守的路德宗神学家、反犹主义者阿道夫·施特克尔，他后来是德国皇帝威廉二世的牧师。参见：Schröder, *Naturwissenschaft und Protestantismus*, 1–2。施勒德指出，攻击的恶意部分源于这一事实，即杜博伊斯－雷蒙德自其名为"我们是无知的，并将永远保持无知"的演讲以来一直扮演了相对温和的角色，这使得他对达尔文主义的毫不含糊的拥护更加令人震惊。参见：Schröder, *Naturwissenschaft und Protestantismus*, 6。

125 Huxley, *Evolution*, 22, 25, 412. 另见：Bowler, *Eclipse*。

126 Huxley, *Evolution*, 17–18.

127 Crick, "On Protein Synthesis", 152；另见 Crick, "Central Dogma"；Knudsen, "Nesting Lamarckism", 134。关于克里克的中心法则在当代的命运，参见下

文第 10 章。

128　Bowler, *Eclipse of Darwinism*, 41.

129　Stamhuis et al., "Hugo De Vries"; Van der Pas, "Vries, Hugo de"; Stamhuis, "Vries, Hugo De".

130　关于阿姆斯特丹大学, 参见：Knegtmans, *Illustrious School*, chap. 5。

131　De Vries, *Intracellular Pangenesis*；1889 年首次出版, 书名为 *Intracellulare Pangenesis*。(关于"泛生子", 德弗里斯在德文原文中使用的词是"pangene", 尽管译者盖杰（Gager）在英译本中将其拼作"pangen"。)

132　Ibid., 43.

133　Weismann, *Germ-Plasm*, 39.

134　De Vries, *Intracellular Pangenesis*, 48, 49, 62.

135　Ibid., 67–68, 70–71.

136　De Vries, *Mutation Theory*；首次出版时书名为 *Mutationstheorie*。关于"潜伏的特征"或"潜力", 可参见：*Mutation Theory*, 1:491, 2:26–27, 73。

137　Ibid., 1:462–96, 418, 28–39.

138　Ibid., 1:468, 45, 53, 493.

139　Johannsen, "Genotype Conception", 130–33. 参见：Keller, *Century of the Gene*, introduction, esp. 1–2。

140　Johannsen, "Genotype Conception", 132, 139.

141　关于杜里舒, 参见：Churchill, "Machine-Theory to Entelechy"; Maienschein, "Origins", chap. 3.1, section 2.5; Sander, "Shaking a Concept"; Sander, "Hans Driesch"; Sander, "Hans Driesch's 'Philosophy'"; Sander, "Entelechy"。

142　Driesch, "Entwicklungmechanische Studien", 引自 Willier and Oppenheimer, *Foundations*, 46; Driesch, *Science and Philosophy*, 1:61; Sander, "Shaking a Concept", 266; Maienschein, "Origins", chap. 3.1, section 2.5。

143　Driesch, *Problem of Individuality*, 10; Driesch, *Science and Philosophy*, 1:76–84; Maienschein, "Origins", chap. 3.1, section 2.5.

144　Driesch, *Science and Philosophy*, 1:62–64.

145 Driesch, *Problem of Individuality*, 11–12.

146 译文引自：Churchill, "Machine-Theory to Entelechy"，173。

147 Driesch, *Analytische Theorie*, 139; Churchill, "Machine-Theory to Entelechy"，175–76; Driesch, "Maschinentheorie".

148 Driesch, "Lokalisation"."杜里舒放弃了他早期的生命机器理论，并最终完全放弃了科学，但这并不该掩盖他曾经是一个极具独创性的实验者的事实。"Churchill, "Machine-Theory to Entelechy"，177. "1900 年以后，杜里舒逐渐从胚胎学转向哲学和生命活力论观点。"Maienschein, "Origins"，chap. 3.1, section 2.5.

149 Driesch, *Lebenserinnerungen*, 108–11; Churchill, "Machine-Theory to Entelechy"，184.

150 Driesch, "Lokalisation"，39；引自 Churchill, "Machine-Theory to Entele-chy"，179。

151 Driesch, "Lokalisation"，74；引自 Churchill, "Machine-Theory to Entele-chy"，180。

152 Churchill, "Machine-Theory to Entelechy"，182.

153 Driesch, "Lokalisation"，109; Churchill, "Machine-Theory to Entelechy"，184.

154 Aristotle, *On the Soul*, 412a27–b29, in *CW*, vol. 1. 在亚里士多德那里，"entelechy"被译为"实现"（actuality）。

155 Leibniz, *Monadologie*, paragraphs 18, 19, 62, 63, 70.

156 Driesch, "Lokalisation"，96, 103；引自 Churchill, "Machine-Theory to Entele-chy"，183。

157 Driesch, *Problem of Individuality*, 9, 12–13, 17–18; Driesch, *Science and Philosophy*, 1:66–68.

158 Driesch, *Science and Philosophy*, 1:55.

159 Driesch and Morgan, "Zur Analysis"; Driesch, *Science and Philosophy*, 1:66–67; Morgan, *Development*, 131.

160 Morgan, "Whole Embryos"; Driesch, *Science and Philosophy*, 1:66–68.

161　Driesch, *Science and Philosophy*, 1:68.

162　Ibid., 1:140. 杜里舒拒绝将机器作为生命过程的模型，参见：Harrington, *Reenchanted Science*, 48。

163　Driesch, *Problem of Individuality*, 18.

164　Driesch, *Science and Philosophy*, 66.

165　Ibid., 1:284–88, at 288.

166　Driesch, *Biologie*, 22; Driesch, *Science and Philosophy*, 1:300–305, 322, 324. 关于杜里舒将"历史的"科学排在"非历史的"科学之后，另见：Driesch, *Betrachtung*, 57; Nyhart, *Biology Takes Form*, 291。

167　关于雅克·洛布，参见：Osterhout, *Biographical Memoir*; Pauly, *Controlling Life*; Rasmussen and Tilman, *Jacques Loeb*; Fangerau, "Mephistopheles"。

168　关于洛布和马赫，参见：Pauly, *Controlling Life*, 41–45; Holton, *Science and Anti-Science*, 12。

169　Loeb, *Mechanistic Conception of Life*, 36.

170　Lewis, *Arrowsmith*, 29, 136. 关于《阿罗史密斯》、洛布和辛克莱·刘易斯拒领普利策奖，参见：Lingeman, *Sinclair Lewis*, chaps. 14–15, 18。

171　Twain, "Dr. Loeb's Incredible Discovery".

172　Loeb to Edwin Ray Lankester, July 9, 1917, Jacques Loeb Papers [hereafter JLP], Box 8，引自 Fangerau, "Mephistopheles", 238。

173　Haeckel to Loeb, March 29, 1912, JLP Box 6，引自 Fangerau, "Mephistopheles", 238。

174　Roux to Loeb, November 28, 1908, JLP Box 13; Nathan Zuntz to Loeb, December 4, 1908, JLP Box 16; Benjamin Wheeler to Loeb, January 28, 1910, JLP Box 15; 对所有情况的详细说明见 Fangerau, "Mephistopheles", 236–37。

175　Loeb, *Mechanistic Conception of Life*, 101–3.

176　Ibid., 72–73, 26–27.

177　Ibid., 26–27, 38, 41, 44.

178　Ibid., 48, 81.

179　Ibid., 30–31, 62.

180　Ibid., 14–15, 36.

181　Loeb to Morgan, May 3, 1914, JLP Box 9; Loeb to Svante Arrhenius, March 11, 1918, and August 1, 1922, JLP Box 1; Loeb to Albert Einstein, September 4, 1922, JLP Box 4. 关于"传统的胶体化学家反对"将"物理化学应用于任何生物学问题"，参见：Fangerau, "Mephistopheles", 242–43。

182　参见：Morgan, *Critique*, 30, 34–35, 193; Morgan, *Regeneration*, 105, 287–88; Morgan, *Physical Basis*, 241。

183　参见：Morgan, *Development*, 129, 132–34; Morgan, *Regeneration*, 263。

184　例如，参见：Morgan, *Heredity and Sex*, 3, 13–14, 160, 184。

185　Morgan, *Regeneration*, 259, 281, 288.

186　Morgan, *Development*, 136.

187　Morgan, *Critique*, 2.

188　摩尔根认为，这些调节能力是由人类设计师"添加"的，而不是"构成机器本身的材料的性质"。因此，在这个例子中，他对"两个完全不同的事物"进行比较而得出的结论是："有机体的适应能力是生物所特有的。"参见：Morgan, *Evolution and Adaptation*, 26–29。

第 9 章　由外及内

1　Percy Hammond, "The Theaters", *New York Times* (October 10, 1922), 8; Burns Mantle, "Introducing a New Adam and Eve: By a Young Man with Imagination: Introducing the Synthetic Adam and Eve," *Chicago Daily Tribune* (October 15, 1922), E1.

2　Čapek, *R.U.R.*, 2, 9, 13.

3　Ibid., 6.

4　植物学家从 20 世纪初开始使用"克隆"一词，指的是由单一亲本繁殖的基因相同的植物；生物学家从 20 世纪 20 年代末开始使用"克隆"，指的是由单一祖先通过无性繁殖产生的基因相同的细菌和真核细胞。但直到 20 世纪 70 年代（在科幻小说中）和 80 年代（在生物学中），"克隆"一词才表示人工合成的多细胞动物或人类。参见：*OED Online*, Oxford University Press, 2013。

5   James, "Automaton Theory", in *Principles of Psychology*, 1:134–35, 138.

6   Bergson, *Évolution*, chap. 1.

7   "就我自己而言，我承认作为作者，我对人类比对机器人更感兴趣。" Čapek, "The Meaning of R.U.R.", *Saturday Review* 136 (July 21, 1923), 79.

8   Čapek, *R.U.R.*, 13.

9   Margaret O'Leary, "Plays from Bohemia", *New York Times* (September 10, 1922), Book Review and Magazine, 4; "Behind the Back Row: Theater Changes Rumored", *San Francisco Chronicle* (September 29, 1922), 11; John Corbin, "The Play", *New York Times* (October 10, 1922), 24; Hammond, "The Theaters", 8; Mantle, "Introducing", E1; Gilbert Seldes, "Great Drama Has Arrived", *Los Angeles Times* (October 15, 1922), section 3, 29; "R.U.R.: A Dramatic Indictment of Civilization", *Current Opinion* (January 1, 1923), 61.

10   D. H., "If There Really Were Robots!" *Life* (February 8, 1923), 20；卡通形象见 Waldemar Kaempffert, "Science Produces the 'Electrical Man'", *New York Times* (October 23, 1927), 21。

11   铁皮人是直率地，还是讽刺地展示了这个论点，或者是两者的某种结合，一直是美国文化和政治史学家们争论的话题。参见：Ritter, "Silver Slippers", 172–73。与此同时，作为《橱窗：实用窗户装饰月刊》(*The Show Window: A Monthly Journal of Practical Window Trimming*) 的创办编辑，铁皮人的作者弗兰克·鲍姆也结合了他对可移动的机械橱窗展示的嗜好。鲍姆在 1897 年至 1902 年间主编了本本杂志。参见：Culver, "What Manikins Want."。

12   "Clothes in the Limelight", *Manchester Guardian* (May 11, 1923), 6.

13   参见：Peter Kussi's introduction to Čapek, *Toward the Radical Center*, 14; Harkins,

Karel Čapek, chap. 10。

14 "The 'Robot' Office: Mechanical Aids to Business Efficiency", *Manchester Guardian* (February 11, 1926), 12.

15 参见: Maître, "Problème"。

16 "Robot Dream Realized! Employed in Checking Reservoirs", *Times of India* (October 17, 1927), 17. 另见: "The Mechanical Man. Coming of the 'Robot'. America's Latest Wonder. The Slave Machine. Possibilities and Limits. The Voice as Motive Power", *Observer* (October 16, 1927), 17; Kaempffert, "Science Produces the 'Electrical Man,'"; H. I. Phillips, "The Once Over: Have You a Little Robot in Your Home?" *Boston Daily Globe* (October 19, 1927); Herbert F. Powell, "Machines That Think: Electrical 'Men' Answer Phones, Do Household Chores, Operate Machinery and Solve Mathematical Problems", *Popular Science Monthly* 112 (January 1928), 12–13; "Televox Acquires a Voice", *Popular Science Monthly* 113 (October 1928), 70; Schaut, *Robots*。

17 "Wife Cooks by 'Televox'", *Los Angeles Times* (October 14, 1927), 1.

18 David O. Woodbury, "Dramatizing the 'Robot'", *New York Times* (November 6, 1927), E5.

19 R. J. Wensley, "Robot Seen as Boon to World", *Los Angeles Times* (February 26, 1928), 6.

20 "Steel Robot to Open London Exhibition", *New York Times* (September 11, 1928), 15. 图片来自: "A Robot to Open an Exhibition: The New Mechanical Man," *Illustrated London News* (London, England), Saturday, September 15, 1928; pg. 453; Issue 4665。

21 "Eric the Robot Opens Exposition. Mechanical Man Rises, Stretches Out Arm for Silence and Speaks. Small Boys are Awed. Slanting Eyes of Metal Clad Monster Glare Yellowly at Them as He Speaks", *New York Times* (September 16, 1928), 26.

22 关于"飞利狗"，参见：Latil, *Pensée*, 220–21; and "New Scientific 'Robots' to Give Most Everybody a Rest", *San Antonio Light Newspaper* (June 8, 1930), 59。

23 TSF 是法语"无线传输"（transmission sans fil）的首字母缩写。关于"飞利狗"的新闻报道，参见："Robot Dog Brings Grins to Parisians", *Chicago Daily Tribune* (November 24, 1929), G6; "Robot Dog Is Latest Plaything of Paris", *Washington Post* (November 24, 1929), A6。

24 Latil, *Pensée*, 220–21; "New Scientific 'Robots'", 59.

25 "New Scientific 'Robots'".

26 关于罗贝尔－乌丹的生平与事业，参见：Chavigny, *Le roman d'un Artiste*; During, *Modern Enchantments*, chap. 4; Evans, *Master of Modern Magic*; MRH; Manning, *Recollections of Robert-Houdin*; Sharpe, *Salutations to Robert-Houdin*; Steinmeyer, *Hiding the Elephant*, chap. 7。

27 Robert-Houdin, *Secrets*, 8–9, 11.

28 1841 年 8 月 11 日，法国国家工业促进协会授予罗贝尔－乌丹银奖，以表彰他设计出"新的钟表装置"。在 1839 年 5 月 1 日开幕的法国工业产品博览会上，他因一个没有可见动力的时钟"神秘摆钟"和一个自动机"中国魔术师"而获得铜奖。他还因另外两个自动机"绘画作家"和"声乐班"以及一套工具和钟表零件，在法国工业博览会（1844 年 5 月 1 日至 6 月 30 日）上获得银奖。参见：MRH, 1:147。在 1855 年的工业产品博览会上，罗贝尔－乌丹获得了一等奖。参见：Metzner, *Crescendo*, 208。

29 参见：MRH, 2:28–33, 229–32。另见：MRH, 1:353; Metzner, *Crescendo*, 208。

30 参见：MRH, 2:231–32, 371, 375。

31 Robert-Houdin, *Memoirs*, 327; MRH, 2:32–37, 229, 232.

32 参见：MRH, 2:32, 232–33。

33 参见：ibid., 1:143。

34 Robert-Houdin, *Secrets*, 2. 这个短语实际上是一个三重双关：attraper（抓住）、la trappe（陷阱或陷阱门）和 abbaye de la Trappe（特拉普派修道院）。

35 参见：MRH, 2:83–84。

36   Robert-Houdin, *Secrets*, 2–8；另见 *MRH*, 2:83–84。

37   Robert-Houdin, *Secrets*, 8–9, 11.

38   Ibid., 13–16.

39   *MRH*, 2:396.

40   Robert-Houdin, *Secrets*, 12–13.

41   *MRH*, 2:396.

42   Robert-Houdin, *Secrets*, 16–18.

43   罗贝尔－乌丹的主要英译者刘易斯·霍夫曼教授（Professor Lewis Hoffman，
        也叫 Angelo John Lewis），似乎是第一个将罗贝尔－乌丹传统称为"现代魔
        术"的人，参见：Hoffmann's preface in Robert-Houdin, *Secrets*, v; Hoffmann,
        Modern Magic, introduction and 522–30。但是，罗贝尔－乌丹已经以所有其
        他方式这样展现了自己。

44   Walter B. Cannon, "Physiological Regulation of Normal States: Some Tentative
        Postulates concerning Biological Homeostatics", in Pettit, *Charles Richet*, 91.

45   Cannon, "Organization", 399, 424, 400.

46   关于控制论的直接史前史，参见：Mindell, *Between Human and Machine*。

47   关于克雷克的战时活动，参见：Walter, *Living Brain*, 125。

48   关于格雷·沃尔特，参见：Holland, "Grey Walter"; Hayward, "Tortoise and
        the Love-Machine"; Pickering, *Cybernetic Brain*, chap. 3。

49   关于罗斯·阿什比，参见：Asaro, "Mechanisms"; Pickering, *Cybernetic
        Brain*, chap. 4。

50   关于诺伯特·维纳，参见：Heims, *John von Neumann and Norbert Wiener*;
        Conway and Siegelman, *Dark Hero*。关于维纳的战时活动，参见：Galison,
        "Ontology of the Enemy"。

51   参见：von Neumann, "Role of High and Extremely High Complication" (1949),
        in his *Theory of Self-Reproducing Automata*, 64, 73; Burks's introduction to ibid.,
        18, 19, 21。关于冯·诺伊曼和元胞自动机，参见：Aspray, *Origins of Modern
        Computing*, chap. 8。

52   Wiener, *Cybernetics*, 42.

53   Ibid., 11; and Wiener, *Human Beings*, 15, 151–52.

54   Wiener, *Cybernetics*, 40.

55   Ibid.

56   Ibid., 2, 12, 125, 41.

57   Leibniz, *Monadologie*, paragraphs 7, 18, 59.

58   Wiener, *Cybernetics*, 41.

59   Leibniz, "Considerations sur les principes de vie et sur les natures plastiques"
      (1705), in PS, 6:539–46, at 541.

60   Wiener, *Cybernetics*, 43.

61   参见：Mayr, *Feedback Control*。

62   Rosenblueth et al., "Behavior"; Wiener, *Human Beings*, 174.

63   Rosenblueth et al., "Behavior", 23.

64   Ibid., 19. 在所有的反馈中，"一个仪器或机器的一些输出能量作为输入返
      回"。在正反馈中，"重新进入物体的那部分输出与原始输入信号的符号相
      同。正反馈是对输入信号的补充，而不是纠正"。相反，在负反馈中，"来
      自目标的信号被用来限制输出，否则输出就会超出目标"。

65   Ibid., 19–21.

66   Mayr, "Multiple Meanings"；首次发表时的标题为 "Teleological and Teleon-
      omic"。

67   例如 Taylor, *Action and Purpose*；参见 Cordeschi, "Cybernetics", 191。

68   Wiener, *Cybernetics*, 115–16.

69   Rosenblueth et al., "Behavior", 18, 22; Wiener, *Human Beings*, 174.

70   Canguilhem, "Machine et organisme", in his *Connaissance*, 129–64. 1946 年作
      为演讲首次发表，1952 年出版。

71   Skinner, *Science and Human Behavior*, 47.

72   Skinner, *Behavior of Organisms*, 55, 78；另见 Skinner, *Science and Human
      Behavior*, esp. chap. 4。其他例子参见：Watson, "Psychology"；Pavlov,

Conditioned Reflexes, 4, 8, 14。

73　Wiener, *Human Beings*, 48.

74　关于"内稳态器"的间接研究，参见：Dyson, Darwin, 176; Pickering, *Cybernetic Brain*, chap. 4。

75　关于阿什比，参见：Asaro, "Mechanisms"; Pickering, *Cybernetic Brain*, chap. 4。

76　Ashby, *Design*, chap. 8.

77　Ibid., section 2.

78　Ibid., sections 2–3.

79　Ashby, "Design for a Brain"; Ashby, *Design*, chap. 8, section 3.

80　Ashby, *Design*, chap. 8, sections 4–5.

81　Ibid., chap. 7; chap. 8, section 6.

82　参见：Ashby, "Principles of the Self-Organizing Dynamic System"; Ashby, "Principles of the Self-Organizing System"。

83　Ashby, "Principles of the Self-Organizing Dynamic System", 128.

84　Ashby, *Design*, chap. 8, section 9.

85　Walter, *Living Brain*, 123.

86　Ashby, *Design*, chap. 8, section 2–3.

87　"关于（'内稳态器'的）一个非常奇怪和令人印象深刻的事实……是，尽管这台机器是人造的，但除非'杀死'它并'解剖'出'神经系统'，即断开电流并追踪通往继电器的电线，否则实验者在任何时候都无法确切地知道机器的电路是什么样的。"参见：Walter, *Living Brain*, 124。

88　Ashby, *Introduction to Cybernetics*, 84.

89　Wiener, *Human Beings*, 37–38.

90　Ashby, "Mechanical Chess-Player", 44, 50, 52–53.

91　Ashby, "Biography", at the W. Ross Ashby Digital Archive (hereafter cited as ADA).

92　"Science: The Thinking Machine", *Time* (January 24, 1949).

93　Walter, *Living Brain*, 125.

94 Walter, "Imitation of Life"; Walter, *Living Brain*, chaps. 5 and 7. 另见：Holland, "Grey Walter"。

95 Walter, *Living Brain*, 126.

96 Ibid., 127–28.

97 Ibid., 129.

98 Ibid., 130.

99 Walter to Wiener, 引自 Wiener, *Human Beings*, 166。

100 Wiener, *Human Beings*, 174.

101 Walter, *Living Brain*, 130.

102 关于维纳、威斯纳、麻省理工学院的控制论共同体和晚餐俱乐部，参见：Heims, *John Von Neumann and Norbert Wiener*, 177; Conway and Siegelman, *Dark Hero*, 205–6, 193, 327; Rosenblith, *Jerry Wiesner*。

103 Wiener, *Human Beings*, 164–65.

104 Ibid., 165–66.

105 Ibid.

106 Shannon, *Collected Papers*, xiv; Shannon, "Maze Solving Machine"; Shannon, "Potentialities"; Shannon, "Computers and *Automata*"; Shannon, "Game Playing Machines"; "Better Mouse: A Robot Rodent Masters Maze", *Life* (July 28, 1952), 45–46.

107 Shannon, *Collected Papers*, xiv; Shannon, "Computers and *Automata*", 706–8; Shannon, "Game Playing Machines", 791–92; Shannon, "Maze Solving Machine", 684; "Better Mouse: A Robot Rodent Masters Maze", *Life* (July 28, 1952), 45–46.

108 Shannon, "Maze Solving Machine", 684.

109 Ibid., 681.

110 Ibid., 684.

111 Ducrocq, *Logique générale*, 281–83; Beaune, *L'automate et ses mobiles*, 334; "Job, le renard électronique".

112 Ducrocq, *Logique générale*, 282.

113 关于图灵的生平与事业，参见：Turing, *Alan M. Turing*; Hodges, *Turing*; Teuscher, *Alan Turing*; Leavitt, *Man Who Knew Too Much*。

114 Michie, "Mind Machines", 61, 66.

115 Turing, "On Computable Numbers". 关于 ACE（自动计算机），参见：Copeland, *Automatic Computing Engine*。

116 阿什比给达尔文的信，关于其中的信息，参见：Turing to Ashby [November 19?] 1946, ADA (original at the British Library, Manuscripts Division, donated in 2003 and not yet catalogued); Husbands and Holland, "Ratio Club", 135。

117 Turing to Ashby, [November 19?] 1946, ADA.

118 关于这种对比，较早的有影响力的说法来自：Hayles, *How We Became Posthuman*, xi, 62–63。最近的一些例子参见：Johnston, *Allure of Machinic Life*, 61, 286–87; Asaro, "Computers as Models"; Pickering, *Cybernetic Brain*, 328。

119 参见图灵在剑桥休假一年后向查尔斯·达尔文爵士提交的报告：Turing, "Intelligent Machinery: A Report", 416。

120 关于学习对机器智能的重要性，参见 Turing, "Lecture", 393–94; Turing, "Intelligent Machinery: A Report", 421–23; Turing, "Computing Machinery and Intelligence"; Turing, "Intelligent Machinery, A Heretical Theory", 473；以及 1951 年 5 月 15 日的 BBC 广播，Turing, "Can Digital Computers Think?" 485。

121 Darwin to Sir Edward V. Appleton, July 23, 1947, The National Archives, DSIR 10/385 (NA)；参见 digital facsimile at the Turing Archive for the History of Computing, http:// www .alanturing.net/ turing_archive/ archive/ p/ p30/ p30php, accessed March 2015。另见：Turing, "Intelligent Machinery: A Report", 400。

122 Turing, "Computing Machinery and Intelligence", 456.

123 参见：Copeland and Proudfoot, "Anticipation"。

124 Turing, "Intelligent Machinery: A Report", 416–20, 421–23.

125 Ibid., 425, 428. 关于用"惩罚"和"奖励"来训练机器，另见：Turing,

"Computing Machinery and Intelligence", 457; Turing, "Intelligent Machinery, A Heretical Theory", 474。

126 Wiener, *Cybernetics*, 43; Wiener, *Human Beings*, 22–23, 157. 维纳把这种区别归功于亨利·柏格森。

127 Turing, "Lecture", 394.

128 对哥德尔定理及其背景和影响的说明，参见：Goldstein, *Incompleteness*。

129 Turing, "Intelligent Machinery: A Report", 410–11.

130 Ibid. 关于易错性的重要性，另见 Turing, "Lecture", 394; Turing, "Computing Machinery and Intelligence", 448–49; Turing, "Intelligent Machinery, A Heretical Theory", 472。

131 Holland, *Adaptation*.

132 Turing, "Intelligent Machinery: A Report", 429–30, 431.

133 Turing, "Computing Machinery and Intelligence", 456, 459. 关于机器学习中随机元素的重要性，另见：Turing, "Intelligent Machinery, A Heretical Theory", 475。

134 参见 BBC 于 1952 年 1 月 12 日录制并于 1952 年 1 月 14 日和 23 日播出的专题研讨：Turing et al., "Automatic Calculating Machines", 497–99, 502–503, 505。

135 Turing, "Can Digital Computers Think?" 482; Turing, "Computing Machinery and Intelligence", 438.

136 Turing, "Can Digital Computers Think?" 482. 另见 Turing, "Computing Machinery and Intelligence", 451, 454; Lovelace, "Notes by the Translator", 722, note G。

137 Turing, "Computing Machinery and Intelligence", 451.

138 Turing, "Can Digital Computers Think?" 485.

139 Turing et al., "Automatic Calculating Machines", 494.

140 Turing, "Computing Machinery and Intelligence", 446.

141 Turing, "Intelligent Machinery: A Report", 431. 另见：Turing et al., "Automatic Calculating Machines", 500。

142 关于图灵的行为主义，或图灵是不是行为主义者，参见：Block, "Software of the Brain"; Turing, "Computing Machinery and Intelligence", 434–35。

143 马尔文·明斯基做出了类似的论断，见于 Minsky, *The Society of Mind*, 71；另见 Turing et al., "Automatic Calculating Machines", 491–92。

144 Turing et al., "Automatic Calculating Machines", 500.

145 Ashby, "What Is an Intelligent Machine?"；另见：Asaro, "Mechanisms", 174。

146 Turing, "Computing Machinery and Intelligence", 434–35, 446.

147 Ibid., 456–60，所引内容在第 458 页。

148 Turing et al., "Automatic Calculating Machines", 500.

149 Turing, "Computing Machinery and Intelligence", 452.

150 参见：Haugeland, *Artificial Intelligence*, esp. chap. 3; Dennett, "Logical Geography"; Franchi and Bianchini, "Introduction", xv。

151 例如，参见：Franchi and Bianchini, "Introduction", xxiii; Franchi, "Life, Death, and Resurrection", 5, 33, 34, 41; Asaro, "Information and Regulation"; Lakoff and Nuñez, *Where Mathematics*; Lakoff, *Women*; Varela et al., *Embodied Mind*。安德鲁·皮克林写道，早期的控制论者将大脑解释为一种器官，不是表征的器官，而是行动的器官："一种直接具身的器官，与身体的活动表现有着内在的联系。"参见：Pickering, *Cybernetic Brain*, 6。皮克林进一步指出，虽然现代科学将世界描述为有待认知地表征并由此得到认识的事物的集合，但与之相反，控制论是一种活动表现，是一种在世界中行动的方式，而不是表征和认识世界。Pickering, *Cybernetic Brain*, 18–23.

152 Turing, "Intelligent Machinery: A Report", 425; Turing, "Computing Machinery and Intelligence", 457; Turing, "Intelligent Machinery, A Heretical Theory", 474.

第 10 章　历史很重要

1　　哲学家托马斯·内格尔出版了一本为目的论辩护的著作，他认为，"完全机械论的"新达尔文主义进化论无法充分地解释生命现象。参见：Nagel, *Mind and Cosmos*, quotation at 7。内格尔的著作体现了达尔文理论核心之处的这一深刻的历史裂痕的持续重要性。另一本挑战达尔文主义的书，由哲学家杰里·福多尔和认知科学家马西莫·皮亚泰利－帕尔马里尼合著，也体现了这一点。两位作者写道，尽管他们认为达尔文主义可能是一个有致命缺陷的理论，但他们既不相信神圣的原因，也不相信"目的因、生命冲动、生机、外星人的干预"，并提出"不可能有普遍的进化理论"。参见：Fodor and Piattelli-Palmarini, *What Darwin Got Wrong*, quotations at xiii and xx。简而言之，新达尔文主义及其批评者在能动性问题上仍然存在深刻的冲突。另见：Ghiselin, *Metaphysics*; Ruse, *Darwin and Design*; Ruse, *Darwinism and Its Discontents*; Lennox, "Darwinism and Neo-Darwinism"。

2　　Brooks, "Elephants". 布鲁克斯援引了人工智能学界的尖锐批评者，加利福尼亚大学伯克利分校的哲学家休伯特·德雷福斯的说法，德雷福斯认为经典人工智能建立在一个错误之上。大脑不是按照形式规则运行的电子数字计算机。思考是一种与世界的持续的且不可形式化的物理接触。参见：Dreyfus, "Alchemy", 48; *What Computers Still Can't Do*, ch. 7。

3　　Brooks, *Intelligence without Reason*, 1.

4　　Brooks, "Elephants", section 5.3.

5　　Ibid., section 3.

6　　Ibid., section 1; Brooks, *Intelligence without Reason*, 16.

7　　Brooks, "Elephants", sections 1, 3.2.2, 6.2.

8　　Brooks, "Intelligence without Representation", section 3.

9　　Brooks, *Intelligence without Reason*, 16–17.

10　 Brooks, "Elephants", section 4.3.

11   Brooks, *Intelligence without Reason*, 19.

12   Brooks, "Elephants", section 4.3.

13   Ibid., section 4.4; Brooks, "Intelligence without Representation", section 3.

14   Brooks, "Elephants", section 4.6. 关于"托托", 另见: Brooks, *Intelligence without Reason*, 19–20。

15   Brooks, *Cambrian Intelligence*, 37.

16   Brooks, "Elephants", section 5.3; Brooks, *Intelligence without Reason*, 16.

17   Brooks, *Cambrian Intelligence*, x–xi.

18   Brooks, "Intelligence without Representation", section 3.

19   Ibid.

20   Brooks, *Intelligence without Reason*, 14, 22. 另见: Brooks et al., "Alternate Essences of Intelligence"。

21   关于"科格", 参见: Brooks et al., "Cog Project"; and Brooks, "Cog Project"。

22   关于一致性问题, 参见: Brooks et al., "Cog Project" sections 6, 6.1。继行为机器人学之后, 出现了另一种更温和的方法, 称为"概率机器人学", 它并不完全排斥内模 (internal model)。这个方法的一组实践者 (塞巴斯蒂安·特龙、沃尔弗拉姆·布加德和迪特尔·福克斯) 将其描述为一种"**混合控制**"架构: "在概率机器人学中有模型, 但对于控制而言, 它们被认为是不完整的、不充分的。也有传感器测量值, 但对于控制而言, 它们也被认为是不完整的、不充分的。"因为"传感器是有噪声的, 而且通常有许多东西无法被直接测量", 特龙、布加德和福克斯将他们的机器人描述为对世界有"内信念", 这涉及从感官数据中进行推理。参见: Thrun, Burgard, and Fox, *Probabilistic Robotics*, 12, 19, 25, 26。

23   Brooks, "Elephants", section 4.1. 强调内容由作者标明。

24   Minsky, *Society of Mind*, 290. 明斯基的里程碑式论文包括《迈向人工智能的步骤》(Steps toward Artificial Intelligence) 和《物质、思想和模型》(Matter, Mind and Models), 他还是《感知机》(*Perceptrons*) 一书的合著者——与西摩·佩珀特 (Seymour Papert) 合著。这个神经网络模拟器被

称为"随机神经模拟强化计算机"（Stochastic Neural-Analog Reinforcement Computer，简称 SNARC）。

25 Minsky, "Thoughts about Artificial Intelligence", 217.

26 Minsky, *Society of Mind*, 20.

27 Humphrey and Dennett , "Speaking", 39.

28 例如，参见：Dennett , *Content and Consciousness*, chap. 8。

29 Dennett, "Postscript [1985]", 21.

30 Dennett, "Logical Geography", 216.

31 Dennett, "Postscript [1985]", 21.

32 Dennett, "Real Consciousness", 136.

33 Dennett, *Brainchildren*, 58.

34 Pinker, *How the Mind Works*, 79；另见该文献第 111 页。

35 Dennett , "Artificial Intelligence", 123–24. "我们改进了一个心理学理论，用不那么全面的小人取代全面的小人，每个小人的未分析行为都比其前辈的未分析行为少。" Fodor, "Appeal", 629.

36 Kurzweil, *Age of Intelligent Machines*, 15.

37 Minsky, "Thoughts about Artificial Intelligence", 214. "在我看来，'智能'的意思似乎只不过是我们恰好尊重但又不理解的种种表现的综合体。" Minsky, "Steps toward Artificial Intelligence", 27.

38 Minsky, *Society of Mind*, 23, 290, 323.

39 参见：Dennett , "Intentional Systems"；Dennett , *Content and Consciousness*, chap. 2; Dennett, *Intentional Stance*。

40 Dennett, "Intentional Systems", 220, 221, 225. 如果这听起来耳熟，那可能是因为它与康德《判断力批判》中的论证极其相似。参见第 8 章，另见：Ratcliffe, "Kantian Stance"。

41 Dennett, *Content and Consciousness*, 40–41.

42 Dennett, *Darwin's Dangerous Idea*, 74–75.

43 Simon, *Sciences of the Artificial*, 22–25.

44   Simon, *Administrative Behavior*; Simon, "Behavioral Model"; Simon, *Models of Man*; Newell and Simon, *Human Problem Solving*; Simon, *Models of Discovery*; Simon, *Models of Thought*; Simon, *Models of Bounded Rationality*; Simon, *Reason in Human Affairs*.

45   Simon, *Sciences of the Artificial*, 25.

46   Pinker, *How the Mind Works*, 64–65, 77.

47   如此表述的这一节的题词，出自 Mayr, *Toward a New Philosophy*, 63n1，其中，迈尔引用了斯坦福大学生物学家科林·皮滕德里 1970 年 2 月 26 日的一封信。皮滕德里把这句评论归于英国遗传学家、进化生物学家 J. B. S. 霍尔丹。但在更早的时候，这句评论被认为出自德国生理学家恩斯特·威廉·里特尔·冯·布吕克，他是这么说的："目的论是一位女士，没有她生物学家就活不下去。然而他却羞于在公开场合和她在一起。"参见：Krebs, "Excursion", 45。

48   Godfrey-Smith, *Darwinian Populations*, 5.

49   Maynard Smith and Price, "Logic of Animal Conflict"; Maynard Smith, *Evolution*.

50   参见 Dawkins, *Selfish Gene*, 39, 84–87 and 196，"目的式的语言"（language of purpose）作为一种"简略表达"（shorthand）。

51   Haig, "Social Gene", 285.

52   Godfrey-Smith, *Darwinian Populations*, 10; Haig, "Social Gene", 285. 黑格将博弈论应用于基因，戈弗雷－史密斯对这一做法的心理学理由的描述来自他与黑格的私人谈话，而黑格向我证实，该描述准确地反映了他的观点。

53   Haig, "What is a Marmoset?" esp. 289, 292. 有关黑格基因博弈论方法的更多最新发展，参见：Haig, "Gene Meme" and "Strategic Gene"。

54   Maynard Smith, *Evolution*, 10.

55   Dawkins, *Selfish Gene*, 229.

56   Godfrey-Smith, *Darwinian Populations*, 10.

57   Dawkins, *Extended Phenotype*, 164.

58　Dawkins, *Selfish Gene*, 19–20, 47.

59　在分子遗传学的历史中，一直以来的传统就是将能动性归于基因，参见：Keller, *Century of the Gene*, 46–48。

60　在此处引用的段落的脚注中，道金斯驳斥了批评者针对《自私的基因》早期版本中同一段落提出的"极端决定论"的指控。他指出，现代机器人并不比人类更具"决定论"意味，因为它们能够学习，并以各种创造性的方式行事。参见：Dawkins, Selfish Gene, 270。无论现代机器人实际上是如何工作的，这段话清楚地暗示了主动的基因和被动的生物体之间的对比，生物体是基因的不知情的工具。

61　Dawkins, *Selfish Gene*, 4, 18–19, 35, 47, 50.

62　Dennett , *Darwin's Dangerous Idea*, 76.

63　Ibid., 77–79; Dennett , "Baldwin Effect."

64　Baldwin, "New Factor in Evolution", 443–44, 549–50.

65　参见：Depew, "Baldwin"。

66　Dennett, *Darwin's Dangerous Idea*, 77–79. "通过表型试错进行的设计优化与通过遗传的自然选择进行的优化一样，都是机械的、非奇迹的；前者只是发生得更迅速、成本更低，一旦由此发现了设计上的改进，遗传同化可以将它们逐步整合进基因组。" Dennett, "Baldwin Effect", 72.

67　Dawkins, *Selfish Gene*, 19–20.

68　Eldredge, *Reinventing Darwin*, esp. 35ff, 199ff.

69　Gould, "Darwinian Fundamentalism".

70　Ibid. 关于间断平衡，参见：Gould and Eldredge, "Punctuated Equilibria"; Gould and Eldredge, "Tempo and Mode."。

71　哈佛大学研究生研讨班"进化与认知"，由斯蒂芬·杰伊·古尔德和马西莫·皮亚泰利 - 帕尔马里尼讲授，1987 年 4 月 6 日的课堂笔记。

72　Dennett, *Darwin's Dangerous Idea*, 289, 298，另见第 286 页 ["古尔德的跳跃"（Gould's leap）] 和第 287 页："正是这种非选择的'创造性作用'引起了古尔德同事们的怀疑。"

73　Gould, "Darwinian Fundamentalism".

74　Ibid.

75　Gould and Lewontin, "Spandrels of San Marco".

76　Gould, "Pleasures of Pluralism".

77　Chomsky, *Cartesian Linguistics*.

78　Piattelli-Palmarini, "Evolution, Selection, and Cognition", 2–3.

79　Ibid., 3, 19.

80　Gould and Lewontin, "Spandrels of San Marco", 581.

81　Piattelli-Palmarini, "Evolution, Selection, and Cognition", 10, 26; Chomsky, *Language*.

82　Dennett, *Darwin's Dangerous Idea*, 391, 309；总体情况参见 ibid., chap. 13, section 2。对这场争论的回顾观点（支持道金斯和丹尼特一方），参见：Sterelny, *Dawkins vs. Gould*。

83　外行可以理解的描述，参见：Francis, *Epigenetics*, 6–7。更专业的解释，参见：the introduction to Hallgrimsson and Hall, *Epigenetics*, 1–5; McEachern and Lloyd, "Epigenetics", 44; Shapiro, *Evolution*, 31–36。"表观遗传学"一词最初是由英国生物学家康拉德·哈尔·沃丁顿提出的。特别参见：Waddington, *Introduction*; Waddington, *Organisers and Genes*; Waddington, *Strategy*。表观遗传学运动的早期宣言，见：Lewontin, *Triple Helix*。尽管列万廷在此书中没有使用"表观遗传学"这个词，但他为表观遗传学支持者继续引用的方法提供了一个论证。

84　Jablonka and Lamb, *Evolution*。另见：Jablonka and Raz, "Transgenerational Epigenetic Inheritance"。

85　Jablonka and Lamb, *Evolution*, 40; Gorelick et al., "Asexuality", 87. 另一定义："表观遗传学是研究……长期调控基因的附着物是如何被置入和移除的。" Francis, *Epigenetics*, xi.

86　例如，参见：Jablonka and Lamb, "Expanded Evolutionary Synthesis", 458; Gissis and Jablonka, *Transformations*, xi。

87   Jablonka and Lamb, *Evolution*, 126–31, 137–46, 329–32; Francis, *Epigenetics*,
      59–60; Grunau, "Methylation Mapping"。

88   Jablonka and Lamb, *Evolution*, 126–31, 137–46; Francis, *Epigenetics*, 59–60.
      雅布隆卡明确指出，她和兰姆并不确定"怪物柳穿鱼"变体究竟是反复
      诱导的结果，还是遗传的结果。剑桥大学植物园主任约翰·帕克教授已
      经证实，花序反常对称的变体至少会遗传两代。

89   Jablonka and Lamb, *Evolution*, 131–32.

90   Shapiro, *Evolution*, 69; Shapiro, "Bacteria"。

91   Shapiro, *Evolution*, 2, 87–88, 47–49；关于芭芭拉·麦克林托克，另见 Keller,
      Feeling; Markel and Trut, "Behavior", 177–78。

92   Shapiro, "Bacteria", 814.

93   Shapiro, *Evolution*, 66, 25, 43, 82. 关于"基因重布局"（gene rewiring），另
      见：Braun and David, "Role"。

94   Jablonka and Lamb, *Evolution*, 88–89, 94, 249.

95   Weismann, *Germ-Plasm*, 202.

96   J. B. S. 霍尔丹在 1932 年写道："在植物中，魏斯曼的先验论点毫无价值。"
      参见：Haldane, *Causes of Evolution*, 20。

97   Jablonka and Lamb, *Evolution*, 249; Shapiro, *Evolution*, 35.

98   McClintock, "Significance", 800.

99   Shapiro, "Barbara McClintock"。

100   Shapiro, *Evolution*, 143, 7, 55ff, 84, 137–38, 1, 4, 5; Shapiro, "Bacteria", 809.
      关于生物学家将能动性归于他们所研究的实体的方式，以及围绕这些归属
      的知识政治，另见：Myers, *Rendering Life Molecular*, chap. 7。

101   Dawkins, *Extended Phenotype*, 164.

102   Ridley, *Problems of Evolution*, 25.

103   Dawkins, *Extended Phenotype*, 166–67.

104   Steele, *Somatic Selection*, 34–42.

105   Gorczynski and Steele, "Inheritance". 关于斯蒂尔的假设，参见：Jablonka and

Lamb, *Evolution*, 152–53。

106 围绕斯蒂尔的"拉马克主义"论点的争议的概述，参见：Paracandola, "Philosophy in the Laboratory"。斯蒂尔的提议继续被认真对待的例子，参见：Brosius, "RNAs from All Categories"; Zhivotovsky, "Model"; Jablonka and Raz, "Transgenerational Epigenetic Inheritance", 158; Day and Bonduriansky, "Unified Approach", E19; Bonduriansky, "Rethinking"。斯蒂尔的职业生涯之所以起伏不定，很大程度上是由于与他的研究不相关的事情：2001 年，他指控他任教的澳大利亚伍伦贡大学系统性地提高了支付最高学费的国际学生的成绩。关于这件事，参见：Martin, "Dilemmas"。

107 Pigliucci and Müller, *Evolution*, 9. 关于弗朗西斯·克里克将魏斯曼屏障重述为"中心法则"，参见第 8 章。

108 Dawkins, *Extended Phenotype*, 168–73.

109 Ibid., 169.

110 Dennett, *Darwin's Dangerous Idea*, 323, 141–42. 关于这个螨虫和果蝇的例子，丹尼特引用自 Houck et al., "Possible Horizontal Transfer"。

111 Moxon et al., "Adaptive Evolution"; Jablonka and Lamb, *Evolution*, 94–96.

112 Jablonka and Lamb, *Evolution*, 97–98.

113 Dawkins, *Extended Phenotype*, 167, 173.

114 参见 Bowler, *Evolution*, chaps. 3 and 4; Larson, *Evolution*, 13, 23, 66。

115 关于拉马克的严格的自然主义，参见：Keller, "Self-Organization", 359。

116 Smail, *Deep History*, 深度历史建立在进化神经生物学之上，见第 11—12 页；新达尔文主义将"达尔文主义"翻译为"盲目变异和选择性保留"，见第 120 页、123 页；拉马克主义的"心灵优先"谬误，它认为心灵和意向性是人类历史的因果要素，见第 102 页、120 页；"不考虑目标"，见第 142 页。奇怪的是，斯梅尔写道，拉马克本人并没有以任何重要的方式将意向性归于有机体，因为长颈鹿并不打算伸长脖子，而仅仅是为了够到更美味的叶子，而意图的特权化是新拉马克主义历史学家和社会学家后来的创新："拉马克主义，正如我前面提到的，与意向性无关"，见第 118

页。然而，正如我们在第 6 章中所看到的，拉马克恰恰写道，高等动物部分地通过行使意志来改造自己。由于斯梅尔的参考文献中并没有拉马克的著作，他的解释可能表达了他自己对动物行为的直觉理解。

117　Smail, *Deep History*，"性状如何获得和传播就一点也不重要"在第 121 页；达尔文主义的历史变化模型在驱逐了意图的同时，仍然为拉马克留有一席之地，在第 121 页、123 页；"天才和谋划""拉马克式历史学家""放弃……心灵优先的模型"见第 150 页。

118　Dawkins, *Extended Phenotype*, 173.

119　Ibid., 116, 172.

120　Jablonka and Lamb, *Evolution*, chap. 9，引文在第 319 页。

121　Müller and Newman, "Origination"；Newman and Müller, "Genes and Form".

122　Newman, "Fall and Rise," 12.

123　Newman and Müller, "Genes and Form", 39. 另见：Goodwin, *How the Leopard Changed Its Spots*, chap. 3; Solé and Goodwin, *Signs of Life*, 24–25。

124　关于可激感介质，参见：Schimansky-Geier et al., *Analysis and Control*。

125　Newman and Müller, "Genes and Form", 39, 41–42.

126　Ibid., 39, 63.

127　特别是哲学家约翰·斯图尔特·密尔与乔治·亨利·刘易斯。

128　关于"涌现"的历史和定义，包括认知涌现和本体论涌现的区别，参见：Goldstein, "Emergence"；Clayton and Davies, *Re-Emergence*; Kim, "Emergence"；Feltz et al., *Self-Organization*; Bedau and Humphreys, *Emergence*; Corradini and O'Connor, *Emergence*。

129　Von Neumann, "Role of High and Extremely High Complication" (1949), in *Theory of Self- Reproducing Automata*, 65–66. 另见：Burks's introduction to ibid., 20。

130　参见：Solé and Goodwin, *Signs of Life*, 24–5。

131　例如，参见：Müller and Newman, "Origination", 7; Newman and Müller, "Genes and Form", 42; Müller, "Epigenetic Innovation", 316, 323, 325。

132 哲学家和科学家对自组织和涌现之间的关系进行了大量的讨论。关于自组织的历史和定义，以及自组织与涌现的关系，参见：Kauffman, *Origins of Order*, chap. 5; Goldstein, "Emergence"; Solé and Goodwin, *Signs of Life*, 12–18; Keller, "Organisms... Part One" and "Organisms... Part Two"。在后控制论阶段，关于生物学中自组织和涌现思想的一个里程碑式著作是：Maturana and Varela, *Autopoiesis and Cognition*。

133 例如，参见：Kauffman, *Origins of Order*, chap. 5; Goldstein, "Emergence"; Solé and Goodwin, *Signs of Life*, 12–18。

134 参见：Kauffman, *Origins of Order*。

135 Kauffman, "On Emergence", 501, 505, 510, 517.

136 Ibid., 504, 516–17, 518–19.

137 关于牛顿主义者对力的辩护，以及牛顿主义者、莱布尼茨主义者和笛卡儿主义者之间对力、物质和机械论的争论，相关文献非常多。其中，经典和综合的探讨参见：Schofield, *Materialism and Mechanism*; Westfall, *Force*; Hatfield, "Force"; Hall, *Philosophers at War*; Gabbey, "Force and Inertia"; Meli, *Equivalence and Priority*; Vailati, *Leibniz and Clarke*; Gaukroger, *Descartes' System*。我也讨论过这个主题，见：Riskin, *Science in the Age of Sensibility*, chap. 3。

138 参见：Symonds, "What Is Life?"。其中，西蒙兹认为人们误解了薛定谔这本书的重要性，但这篇文章一开头就说它已经成为"生物学民间传说"的一部分，因为它引导了分子生物学的早期发展。另见：Watson, Avoid Boring People, 28, 43, 98, 218; Dronamraju, "Erwin Schrödinger"。薛定谔借鉴了遗传学家尼古拉·季莫费耶夫－列索夫斯基、辐射物理学家卡尔·齐默和物理学家马克斯·德尔布吕克早先发表的一篇具有里程碑意义的论文《论基因突变和基因结构的本性》(On the Nature of Gene Mutation and Gene Structure, 1935 年)。对该论文的历史评价，参见合集：Sloan and Fogel, *Creating a Physical Biology*。

139 Schrödinger, *What Is Life*, 69.

140　Ibid., 70–73, 77，引文出自第 73 页、77 页。

141　Ibid., 80–82.

142　Ibid., 82–83.

143　Ibid., 85.

144　Ibid, 48.

145　Ibid., 50, 56, 65.（薛定谔将对基因和突变的这种理解主要归功于德裔美国物理学家马克斯·德尔布吕克。）伊夫琳·福克斯·凯勒是一位拥有理论物理学学位的研究者，曾在分子生物学和科学史及科学哲学领域工作，也是麦克林托克的传记作者。她最近提出了一个建议（这是薛定谔说法的某种翻版），将生物的活性归因于蛋白质等大分子的结构。她表示，生命可能起源于这些分子中固有的"一种原始活性"，这些分子通过某个过程结合在一起，该过程可能"体现了感知和行动的基本形式之间的联系"（如果我们把结合位点视为一种感觉受体，把由此产生的新复合体的行为视为一种行动）。她认为，"聪明的物质，或者说，聪明的分子"可能类似于拉马克的生命努力向上的力量。参见：Keller, "Self-Organization"，22, 23, 26。另见：Keller, "Self- Organization" in Gissis and Jablonka, eds., *Transformations*。

146　Schrödinger, *What Is Life*, 60, 67–68, 85.

147　参见：Keller, *Century of the Gene*, esp. 21–27, 31, 46。

148　Schrödinger, *What Is Life*, 33–34, 110.

149　Schrödinger, "Mind and Matter"，106.

150　Ibid., 107–108, 111–12.

151　Ibid., 113.

152　Ibid., 109–10.

153　Ibid., 122.

参考文献

档案、手稿和博物馆收藏

American Philosophical Society (APS), Philadelphia, PA, USA

Charles Darwin Papers, 1831–82

Archives de l'Académie des Sciences (AS), Paris, France

Registre des procès-verbaux des séances

Archives départementales du Nord (AdN), Lille, France

Série B: Registres de comptes de la recette générale des finances (1405–1530)

Archives départementales du Pas-de- Calais (AdPC), Dainville, France

Série A: Actes du pouvoir souverain et domain public

Archives nationales de France (ANF), Paris, France

Série F: Versements des ministères
Série G7: Contrôle générale des finances
Série KK: Monuments historiques
Série 0: Maison du Roi

W. Ross Ashby Digital Archive (ADA), http://www.rossashby.info

Bibliothèque centrale du Muséum national d'Histoire naturelle (BMHN), Paris, France

MS 742–56, Manuscrits de J.-B. Pierre-Ant. de Monet de Lamarck

Bibliothèque nationale de France (BNF), Paris, France — Estampes et Photographie, Nouvelles Acquisitions Françaises (NAF), 15551 Autographes du XVIIIe siècle

British Library (BL), London, England — Add MS 15950; Add MS 78610 A-M; Add MS 78298–429: Papers of John Evelyn
Add MS 35507: Hardwicke Papers, political correspondence
Add MS 37182–205: Correspondence and papers of Charles Babbage

Centre national des arts et métiers, (CNAM), Paris, France

Darwin Correspondence Project (DCP), Cambridge University Library, http://www.darwinproject.ac.uk

Deutsches Museum (DM), Munich, Germany

Library of Congress, Manuscript Division, Washington, DC, USA — Jacques Loeb Papers (JLP)

Musée d'art et d'histoire (MAH), Neuchâtel, Switzerland

Musée d'horlogerie, Le Locle, Switzerland

Musée international d'horlogerie, La Chaux-de-Fonds, Switzerland

The National Archives (NA), Kew, England

Turing Archive for the History of Computing (TA), http://www.alanturing.net

Wellcome Centre, London, England

一次文献

Abernethy, John. "Extracts from *Introductory Lectures Exhibiting Some of Mr. Hunter's Opinions Respecting Life and Diseases.*" In *Romanticism and Science, 1773–1833*, edited by Tim Fulford, 5:45–52. London: Routledge, 2002.

Aldini, Giovanni. *An Account of the Late Improvements in Galvanism.* London: Cuthell and Martin, 1803.

———. *Essai théorique et expérimental sur le galvanisme.* Paris: Fournier fils, 1804.

Aleotti, Giovanni Battista. *Gli artificiosi e curiosi moti spirituali di Herrone.* Ferrara, Italy: Vittorio Baldini, 1589.

Anonymous. *Observations on the Automaton Chess Player, Now Exhibited in London, at 4, Spring Gardens.* London, 1819.

———. *Wisdom and Reason; Or, Human Understanding Consider'd, with the Organization:*

Or, with the Form and Nature of the Solids and Fluids of the Body. London: John Hook, 1714.

Aquinas, Thomas. *Commentary on Aristotle's "Metaphysics."* Edited and translated by John P. Rowan. Revised ed. Notre Dame, IN: Dumb Ox Books, 1995.

———. *Opera omnia.* Edited by S. E. Fretté and P. Maré. 34 vols. Paris: Ludovicus Vivès, 1871–80.

———. *Summa contra gentiles.* Translated by A. C. Pegis, J. F. Anderson, V. J. Bourke, and C. J. O'Neil. 4 vols. Notre Dame, IN: University of Notre Dame Press, 1975.

———. *The "Summa Theologica" of St Thomas Aquinas.* Translated by the Fathers of the English Dominican province. 20 vols. New York: Benziger, 1911–25.

Argyll, George Douglas Campbell, Duke of. *The Works of the Duke of Argyll.* 3 vols. New York: John B. Alden, 1884.

Aristotle. *The Complete Works of Aristotle: The Revised Oxford Translation.* Edited by Jonathan Barnes. 2 vols. Princeton, NJ: Princeton University Press, 1984. (*CW*)

Ashby, William Ross. "Can a Mechanical Chess-Player Outplay Its Designer?" *British Journal for the Philosophy of Science* 3, no. 9 (1952): 44–57.

———. "Design for a Brain." *Electronic Engineering* 20 (December 1948): 379–83.

———. *Design for a Brain: The Origin of Adaptive Behaviour.* 1952. 2nd ed. London: Chapman and Hall, 1960.

———. *An Introduction to Cybernetics.* New York: Wiley, 1957.

———. "Principles of the Self-Organizing Dynamic System." *Journal of General Psychology* 37 (1947): 125–28.

———. "Principles of the Self-Organizing System." In *Principles of Self-Organization: Transactions of the University of Illinois Symposium,* edited by H. Von Foerster and G. W. Zopf, Jr., 255–78. Oxford, UK: Pergamon, 1962.

———. "What Is an Intelligent Machine?" Biological Computer Laboratory, Technical Report no. 7.1. Urbana: University of Illinois, 1961.

Asimov, Isaac. *I, Robot.* 1950. New York: Bantam, 2005.

Aubert de la Chesnaye-Debois, François-Alexandre. *Lettre sur les romans.* Paris: Gissey, 1743.

Augustine. "Of True Religion (*De Vera Religione*)." In *Augustine's Earlier Writings,* edited and translated by John H. S. Burleigh, 218–83. London: SCM-Canterbury Press, 1953.

Babbage, Charles. *Charles Babbage: Passages from the Life of a Philosopher.* 1864. Edited by Martin Campbell-Kelly. New Brunswick, NJ: Rutgers University Press, 1994.

———. *The Works of Charles Babbage.* Edited by Martin Campbell-Kelly. 11 vols. London: W. Pickering, 1989.

Babbage, Henry Prevost, ed. *Babbage's Calculating Engines: A Collection of Papers.* Los Angeles: Tomash, 1982.

———. "On the Mechanical Arrangements of the Analytical Engine of the Late Charles Babbage, F.R.S." In *Report of the Fifty-Eighth Meeting of the British Association for the Advancement of Science,* 616–17. London: John Murray, 1889.

Bachaumont, Louis Petit de. *Mémoires secrets pour server à l'histoire de la république des lettres en France depuis MDCCLXII jusqu'à nos jours.* 36 vols. London: John Adamson, 1777–89.

Baillet, Adrien. *La vie de M. Des-Cartes*. 2 vols. Paris: D. Horthemels, 1691.

Bain, Alexander. "Review of 'Darwin on Expression': Being a Postscript to *The Senses and the Intellect*." In *The Senses and the Intellect*, 697–714. 3rd ed. New York: Appleton, 1874.

Baldwin, James Mark. "A New Factor in Evolution." *American Naturalist* 30 (1986): 441–51, 536–53.

Ballière de Laisement, Denis. *Eloge de Monsieur Le Cat, ecuyer, docteur en médecine, chirurgien en chef de l'Hôtel-Dieu de Rouen*. Rouen, France: Laurent Dumesnil, 1769.

Barruel, Augustin. *Les Helviennes, ou lettres provinciales philosophiques*. 7th ed. 4 vols. Paris: Pailleux, 1830.

Baumgarten, Otto. *Die Voraussetzungslosigkeit der protestantischen Theologie*. Kiel, Germany: Lipsius and Tischer, 1903.

Bayle, Pierre. *Dictionnaire historique et critique*. 4 vols. 1695. Amsterdam: P. Brunel, 1740.

Bégon, Michel. *Lettres de Michel Bégon*. Edited by Louis Delavaud and Charles Dangibeaud. 3 vols. Paris: Saintes, 1925–35.

Bennett, A.W. "On the Theory of Natural Selection looked at from a Mathematical Point of View." In *Report of the Fortieth Meeting of the British Association for the Advancement of Science*, 130–31. London: John Murray, 1871.

Bentham, Jeremy. *Introduction to the Principles of Morals and Legislation*. 1789. Oxford, UK: Clarendon, 1907.

Bergson, Henri. *L'évolution créatrice*. 1907. Paris: Presses universitaires de France, 1959.

———. *Le rire: Essai sur la signification du comique*. 1900. Paris: Félix Alcan, 1912.

Berkowitz, Jacob. *The Stardust Revolution: The New Story of Our Origin in the Stars*. Amherst, NY: Prometheus Books, 2012.

Bernard, Claude. *Cahier de notes, 1850–1860*. Edited by Mirko Dražen Grmek. Paris: Gallimard, 1965.

———. *Introduction à l'étude de la médecine expérimentale*. 1865. Paris: Flammarion, 1966.

———. *Leçons sur les phénomènes de la vie, communs aux animaux et aux végétaux*. 2 vols. Paris: Baillière, 1878–79.

Bibiena, Ferdinando Galli. *L'architettura civile*. 1711. Reprinted with an introduction by Diane M. Kelder. New York: B. Blom, 1971.

Bichat, Xavier. *Recherches physiologiques sur la vie et la mort*. 4th ed. Edited by François Magendie. Paris: Bechet jeune, 1822.

Block, Ned. "The Mind as the Software of the Brain." In *Thinking: An Invitation to Cognitive Science*, edited by Edward E. Smith and Daniel N. Osherson, 3:377–425. Cambridge, MA: MIT Press, 1995.

Blumenbach, Johann Friedrich. *An Essay on Generation*. Translated by A. Crichton. London: T. Cadell, Faulder, Murray, and Creech, 1792.

Boerhaave, Hermann. *A New Method of Chemistry*. London: Printed for J. Osborn and T. Longman, 1727.

Bonduriansky, R. "Rethinking Heredity, Again." *Trends in Ecology and Evolution* 27, no. 6 (2012): 330–36.

Bonnet, Charles. *Considérations sur les corps organisés*. 1762. Amsterdam: M. M. Rey, 1768.

———. *La contemplation de la nature*. 2nd ed. 2 vols. Amsterdam: Marc-Michel Rey, 1770.

———. *Essai analytique sur les facultés de l'ame*. Copenhagen: Frères Philibert, 1760.

————. *Essai de psychologie, ou, Considérations sur les opérations de l'âme, sur l'habitude et sur l'éducation: auxquelles on a ajouté des principes philosophiques sur la cause première et sur son effet*. 2 vols. London, 1755.

————. *Œuvres d'histoire naturelle et de philosophie*. Neuchâtel, Switzerland: Fauche, 1779–83.

————. *La palingénésie philosophique*. 2 vols. Geneva: Philibert et Chirol, 1769.

Bordeu, Théophile de. *Recherches anatomiques sur la position des glandes, et sur leur action*. New ed. Paris: Chez Brosson, 1800.

Borelli, Giovanni Alfonso. *On the Movement of Animals*. 1680–81. Translated by Paul Maquet. Berlin: Springer-Verlag, 1989.

Borgnis, J.-A. *Traité complet de mécanique appliquée aux arts*. 8 vols. Paris: Bachelier, 1818–20.

Bossuet, Jacques Bénigne. *Œuvres complètes*. Paris: L. Vivès, 1864.

Boullier, David-Renaud. *Essai philosophiques sur l'âme des bêtes: où l'on trouve diverses réflexions sur la nature de la liberté, sur celle de nos sensations, sur l'union de l'ame et du corps, sur l'immortalité de l'ame*. Amsterdam: Chez Francois Changuion, 1727.

Boyer, Jean Baptiste de. *Lettres chinoises, ou correspondance philosophique, historique et critique, entre un chinois voyageur et ses correspondants à la Chine, en Muscovie, en Perse et au Japon*. The Hague: Pierre Gosse, 1751.

Boyle, Robert. *A Disquisition about the Final Causes of Natural Things*. London: J. Taylor, 1688.

————. *A Free Enquiry into the Vulgarly Received Notion of Nature*. Edited by Edward B. Davis and Michael Hunter. Cambridge: Cambridge University Press, 1996.

Bradford, Gamaliel. *The History and Analysis of the Supposed Automaton Chess Player of M. de Kempelen, Now Exhibiting in This Country by Mr. Maelzel*. Boston: Hilliard, Gray, 1826.

Braun, Erez, and Lior David. "The Role of Cellular Plasticity in the Evolution of Regulatory Novelty." In *Transformations of Lamarckism: From Subtle Fluids to Molecular Biology*, edited by Snait Gissis and Eva Jablonka, 181–92. Cambridge, MA: MIT Press, 2011.

Brewer, J. S., ed. *Letters and Papers, Foreign and Domestic, of the Reign of Henry VIII*. 22 vols. London: Longman, 1862–1932.

Brewster, David. *Letters on Natural Magic, Addressed to Sir Walter Scott, Bart*. New ed. London: William Tegg, 1868.

Britain, Thomas of. *Le roman de Tristan*. Edited by Joseph Bédier. 2 vols. Paris: Firmin-Didot, 1902–5.

Broca, Paul. "Sur le transformisme." *Bulletins de la Société d'anthropologie de Paris* 5 (1870): 168–242.

Brooks, Rodney. *Cambrian Intelligence: The Early History of the New AI*. Cambridge, MA: MIT Press, 1999.

————. "The Cog Project." *Journal of the Robotics Society of Japan* 15 (1997): 968–70.

————. "Elephants Don't Play Chess." *Robotics and Autonomous Systems* 6 (1990): 3–15.

————. *Intelligence without Reason*. MIT AI Lab Memo 1293. April 1991.

————. "Intelligence without Representation." *Artificial Intelligence Journal* (1991): 139–59.

Brooks, Rodney, Cynthia Breazeal, Matthew Marjanović, Brian Scassellati, and Matthew

Williamson. "The Cog Project: Building a Humanoid Robot." In *Computation for Metaphors, Analogy, and Agent*, edited by C. Nehaniv, 52–87. New York: Springer, 1999.

Brooks, Rodney, Cynthia Breazeal (Ferrell), Robert Irie, Charles C. Kemp, Matthew Marjanović, Brian Scassellati, and Matthew M. Williamson. "Alternate Essences of Intelligence." *Proceedings of the Fifteenth National Conference on Artificial Intelligence* (AAAI-98), Madison, WI. Palo Alto, CA: AAAI Press, 1998.

Brosius, J. "RNAs from All Categories Generate Retrosequences That May Be Exapted as Novel Genes or Regulatory Elements." *Gene* 238, no. 1 (1999): 115–34.

Buffon, Georges Louis Leclerc, comte de. *Correspondance inédite de Buffon, à laquelle ont été réunies les lettres publiées jusqu'à ce jour*. Edited by Henri Nadault de Buffon. 2 vols. Paris: L. Hachette, 1860.

———. "Discours sur la nature des animaux." In *Histoire naturelle, générale et particulière, avec la déscription du Cabinet du Roy*, 4:3–112. Paris: Imprimerie Royale, 1753.

———. *Histoire naturelle, générale et particulière, avec la déscription du Cabinet du Roy*. 44 vols. Paris: Imprimerie Royale, 1749–1804.

Buonarroti the Younger, Michelangelo. *Descrizione delle felicissime nozze della Cristianissima Maesta' di Madama Maria Medici Regina di Francia e di Navarra*. Florence, 1600.

Butler, Samuel. *Erewhon*. 1872. Edited by Peter Mudford. London: Penguin, 1985.

———. *Evolution, Old and New, or The Theories of Buffon, Dr. Erasmus Darwin, and Lamarck, as Compared with That of Mr. Charles Darwin*. 2nd ed. London: D. Bogue, 1882.

———. "Lamarck and Mr. Darwin." In *Life and Habit*, 252–72. London: Trübner, 1878.

———. *Life and Habit*. London: Trübner, 1878.

———. *Luck, Or Cunning as the Main Means of Organic Modification? An Attempt to Throw Additional Light upon the Late Mr. Charles Darwin's Theory of Natural Selection*. London: Trübner, 1887.

———. "Mr. Mivart and Mr. Darwin." In *Life and Habit*, 273–93. London: Trübner, 1878.

———. *Unconscious Memory* (1880). Vol. 6 of *The Shrewsbury Edition of the Works of Samuel Butler*, edited by Henry Festing Jones and A. T. Bartholomew. London: Jonathan Cape, 1924.

Cabanis, Pierre Jean Georges. *Rapports du physique et du moral de l'homme*. 1808. 3rd ed. 2 vols. Paris: Caille et Ravier, 1815.

Callistratus. *Descriptions*. In *Elder Philostratus, Younger Philostratus, Callistratus*, translated by Arthur Fairbanks. Loeb Classical Library. Cambridge, MA: Harvard University Press, 1931.

Campardon, Émile. *Les spectacles de la foire*. 2 vols. 1877. Geneva: Slatkine Reprints, 1970.

Campbell, Neil A., Brad Williamson, and Robin Heyden. *Biology: Exploring Life*. London: Pearson Prentice Hall, 2006. Online. Accessed October 2013. http://apps.cmsfq.edu.ec/biologyexploringlife/text/.

Camus, Charles-Etienne-Louis de. *Traité des forces mouvantes pour la pratique des arts et des métiers*. Paris: C. Jombert, 1722.

Cannon, Walter. "Organization for Physiological Homeostasis." *Physiological Reviews* 9 (1929): 399–431.

———. *The Wisdom of the Body*. Revised ed. New York: W. W. Norton, 1939.

Čapek, Karel. *R.U.R.* 1921. Translated by David Wyllie. Rockville, MD: Wildside Press, 2010.

————. *Toward the Radical Center: A Karel Čapek Reader*. Edited by Peter Kussi. North Haven, CT: Catbird Press, 1990.

Carlyle, Thomas. *History of Friedrich II of Prussia, Called Frederick the Great*. 6 vols. London: Chapman and Hall, 1859–65.

Castellan, Antoine Laurent. *Letters on Italy*. London: Printed for R. Phillips, 1820.

Catrou, François et al., eds. *Journal de Trévoux, ou Mémoires pour l'histoire des sciences et des beaux arts*. Trévoux: Chez Jean Boudot, 1701–67.

Cervantes Saavedra, Miguel de. *The Ingenious Gentleman Don Quixote of La Mancha*. 1605–15. Translated by Samuel Putnam. New York: Viking, 1958.

Chambers, Ephraim, et al., *A Supplement to Mr. Chambers's Cyclopaedia, or, Universal Dictionary of Arts and Sciences*. 2 vols. London: W. Innys and J. Richardson, 1753.

Chambers, Robert, ed. *The Book of Days: A Miscellany of Popular Antiquities in Connection with the Calendar*. 2 vols. London: W. & R. Chambers, 1869.

Châtelet, Gabrielle-Émilie le Tonnier de Breteuil, marquise du. *Institutions de physique*. Paris: Prault fils, 1740.

Cheyne, George. *Philosophical Principles of Natural Religion*. London: Printed for George Strahan, 1705.

Chomsky, Noam. *Cartesian Linguistics: A Chapter in the History of Rationalist Thought*. 3rd ed. Cambridge: Cambridge University Press, 2009.

————. *Language and the Problems of Knowledge: The Managua Lectures*. Cambridge, MA: MIT Press, 1988.

Coleridge, Samuel Taylor. *Aids to Reflection in the Formation of a Manly Character on the Several Grounds of Prudence, Morality and Religion*. 2nd ed. London: Hurst, Chance, 1831.

————. *Biographia Literaria, Or, Biographical Sketches of My Literary Life and Opinions*. 1817. New York: William Gowans, 1852.

————. "The Eolian Harp." In *Selected Poetry*, edited by H. J. Jackson, 27–29. Oxford: Oxford University Press, 2009.

————. "On the Passions." In *Shorter Works and Fragments*, edited by H. J. Jackson and J. R. de J. Jackson, 2:1419–53. London: Routledge, 1995.

Commandino, Frederigo. *Aristarchi de Magnitudinus, et Distantiis Sollis, et Lunae, Liber*. Pesaro: apud Camillum Francischinum, 1572.

Condillac, Etienne Bonnot de. *Œuvres philosophiques*. Edited by Georges Le Roy. 3 vols. Paris: Presses universitaires de France, 1947–51.

————. *Traité des animaux*. 1755. In *Traité des sensations, Traité des animaux*. Paris: Fayard, 1984.

————. *Traité des sensations*. 1754. In *Traité des sensations, Traité des animaux*. Paris: Fayard, 1984.

Condorcet, Jean-Antoine-Nicolas de Caritat, marquis de. *Œuvres de Condorcet*. Edited by Arthur O'Connor and François Arago. 12 vols. Paris: Firmin Didot frères, 1847–49.

Constans, Léopold, ed. *Le roman de Troie*. 6 vols. Paris: Fermin-Didot, 1906.

Cooper, Anna Julia, and Eduard Koschwitz, eds. *Le pèlerinage de Charlemagne*. Paris: A. Lahure, 1925.

Corley, Corin, ed. and trans. *Lancelot of the Lake*. Oxford World Classics. Oxford: Oxford University Press, 2000.

Court de Gébelin, Antoine. *Le monde primitif, analysé et comparé avec le monde moderne.* 9 vols. Paris: Chez l'auteur, 1773–82.

Coward, William. *Second Thoughts concerning Human Soul.* 2nd ed. London: A. Baldwin, 1704.

Crick, F. H. C. "The Central Dogma." *Nature* 227 (August 8, 1970): 562–63.

———. "On Protein Synthesis." *The Symposia of the Society for Experimental Biology* 12 (1958): 138–63.

Cudworth, Ralph. *The True Intellectual System of the Universe.* 2nd ed. 2 vols. London: J. Walhoe, 1743.

Cuvier, Georges. "Eloge de M. de Lamarck, lu a l'Académie des sciences, le 26 novembre 1832." *Mémoires de l'Académie Royale des Sciences de l'Institut de France* 8 (1935): i–xxxi.

———. *Le règne animal distribué d'après son organisation: Pour servir de base à l'histoire naturelle des animaux et d'introduction à l'anatomie comparée.* 3rd ed. 3 vols. Brussels: L. Hauman, 1836.

Daniel, Gabriel. *Voyage du monde de Descartes.* Paris: Vve de S. Bénard, 1690.

Darwin, Charles. *Autobiography.* Edited by Nora Barlow. London: Collins, 1958.

———. *Charles Darwin's Natural Selection: Being the Second Part of His Big Species Book Written From 1856 to 1858.* Edited by R. C. Stauffer. London: Cambridge University Press, 1975.

———. *The Descent of Man and Selection in Relation to Sex.* 2 vols. London: J. Murray, 1871.

———. *The Descent of Man, and Selection in Relation to Sex.* 2nd ed. London: J. Murray, 1874.

———. *The Effects of Cross and Self Fertilisation in the Vegetable Kingdom.* London: John Murray, 1876.

———. "Essay of 1842." In *The Foundations of the Origins of Species: Two Essays Written in 1842 and 1844,* edited by Francis Darwin, 1–56. Cambridge: Cambridge University Press, 1909.

———. "Essay of 1844." In *The Foundations of the Origins of Species: Two Essays Written in 1842 and 1844,* edited by Francis Darwin, 57–255. Cambridge: Cambridge University Press, 1909.

———. *The Life and Letters of Charles Darwin.* Edited by Francis Darwin. 2nd ed. 3 vols. New York: D. Appleton, 1887.

———. *More Letters of Charles Darwin.* Edited by Francis Darwin and A. C. Seward. 2 vols. London: J. Murray, 1903.

———. *Notebook B: Transmutation (1837–38).* CUL-DAR121. In *The Complete Work of Charles Darwin Online,* edited by John van Wyhe. Accessed February 2013. http:// darwin-online.org.uk.

———. *Notebook C: Transmutation (1838).* CUL-DAR122. In *The Complete Work of Charles Darwin Online,* edited by John van Wyhe. Accessed February 2013. http:// darwin-online.org.uk.

———. *Notebook E: Transmutation (1838–39).* CUL-DAR124. In *The Complete Work of Charles Darwin Online,* edited by John van Wyhe. Accessed February 2013. http:// darwin-online.org.uk.

———. *On the Origin of Species by Means of Natural Selection, or the Preservation of Favoured Races in the Struggle for Life.* London: John Murray, 1859.

————. *On the Origin of Species by Means of Natural Selection, or the Preservation of Favoured Races in the Struggle for Life.* 2nd ed. London: John Murray, 1860.

————. *On the Origin of Species by Means of Natural Selection, or the Preservation of Favoured Races in the Struggle for Life.* 3rd ed. London: John Murray, 1861.

————. *On the Origin of Species by Means of Natural Selection, or the Preservation of Favoured Races in the Struggle for Life.* 4th ed. London: John Murray, 1866.

————. *On the Origin of Species by Means of Natural Selection, or the Preservation of Favoured Races in the Struggle for Life.* 5th ed. London: John Murray, 1869.

————. *On the Origin of Species by Means of Natural Selection, or the Preservation of Favoured Races in the Struggle for Life.* 6th ed. London: John Murray, 1876.

————. "Preliminary Notice." In Ernst Krause, *Erasmus Darwin,* translated by W. S. Dallas, 1–129. London: John Murray, 1879.

————. *Torn Apart Notebook (1839–41).* CUL-DAR127. In *The Complete Work of Charles Darwin Online,* edited by John van Wyhe. Accessed February 2013. http://darwin -online.org.uk.

————. *The Variation of Animals and Plants under Domestication.* 2 vols. London: John Murray, 1868.

————. *The Variation of Animals and Plants under Domestication.* 2nd ed. 2 vols. London: John Murray, 1875.

Darwin, Erasmus. *The Botanic Garden: A Poem in Two Parts.* Lichfield, Staffordshire, England: J. Johnson, for J. Johnson, London, 1789.

————. "Extracts from *Zoonomia, or the Laws of Organic Life.*" In *Romanticism and Science, 1773–1833,* edited by Tim Fulford, 5:24–44. London: Routledge, 2002.

————. *The Temple of Nature; or, The Origin of Society.* London: For J. Johnson by T. Bensley, 1803.

————. *Zoonomia, or the Laws of Organic Life.* 2 vols. London: J. Johnson, 1794–96.

Davy, Humphry. *The Collected Works of Sir Humphry Davy.* Edited by John Davy with an introduction by David Knight. New ed. 9 vols. Bristol: Thoemmes Press, 2001.

Dawkins, Richard. *The Extended Phenotype: The Long Reach of the Gene.* Oxford: Oxford University Press, 1989.

————. *The Selfish Gene.* 1976. 30th anniversary ed. Oxford: Oxford University Press, 2006.

Day, Troy, and Russell Bonduriansky. "A Unified Approach to the Evolutionary Consequences of Genetic and Nongenetic Inheritance." *American Naturalist* 178, no. 2 (2011): E18–36.

De Caus, Salomon. *Hortus Palatinus.* Frankfurt, 1620.

————. *Nouvelle invention de lever l'eau plus hault que sa source avec qualeques machines mouvantes par le moyen de l'eau, et uns discours de la conduit d'icelle.* London, 1644.

————. *Les raisons des forces mouvantes avec diverses machines tant utiles que plaisantes.* 3 vols. Frankfurt: J. Norton, 1615.

Decremps, Henri. *La magie blanche devoilée.* 1784. Paris: Desoer, 1789.

Dee, John. *Autobiographical Tracts of John Dee.* Edited by James Crossley. Whitefish, MT: Kessinger Publishing, 2005.

————. *The Mathematical Praeface to the Elements of Geometrie of Euclid of Megara.* 1570. Edited by Allen Debus. New York: Science History Publications, 1975.

Della Porta, Giambattista. *Pneumaticorum libri tres: Quibus accesserunt curvilineorum elementorum libri duo.* Naples: J. J. Carlinus, 1601.

De la Rivière, Pierre-Paul Mercier. *L'ordre natural et essentiel des sociétés politiques.* London: Jean Nourse, 1767.

Dellile, Jacques. *Épitre à M. Laurent ... à l'occasion d'un bras artificiel qu'il a fait pour un soldat invalide.* 2nd ed. London, 1761.

Del Río, Martin. *Disquisitionum magicarum libri sex.* 1599–1600. Venice, 1640.

Dennett, Daniel C. "Artificial Intelligence as Philosophy and as Psychology." In *Brainstorms: Philosophical Essays on Mind and Psychology,* 109–26. Cambridge, MA: MIT Press, 1978.

———. "The Baldwin Effect: A Crane, Not a Skyhook." In *Evolution and Learning: The Baldwin Effect Reconsidered,* edited by Bruce H. Weber and David J. Depew, 69–106. Cambridge, MA: MIT Press, 2003.

———. *Brainchildren: Essays on Designing Minds.* Cambridge, MA: MIT Press, 1998.

———. *Content and Consciousness.* London: Routledge, 1969.

———. *Darwin's Dangerous Idea: Evolution and the Meanings of Life.* New York: Simon and Schuster, 1995.

———. *The Intentional Stance.* Cambridge, MA: MIT Press, 1987.

———. "Intentional Systems." In *Mind Design: Philosophy, Psychology, Artificial Intelligence,* edited by John Haugeland, 220–42. Cambridge, MA: MIT Press, 1981.

———. "The Logical Geography of Computational Approaches: A View from the East Pole." In *Brainchildren: Essays on Designing Minds,* 215–34. Cambridge, MA: MIT Press, 1998.

———. "Postscript [1985]." In *Brainchildren: Essays on Designing Minds,* 21–25. Cambridge, MA: MIT Press, 1998.

———. "Real Consciousness." In *Brainchildren: Essays on Designing Minds,* 131–40. Cambridge, MA: MIT Press, 1998.

Derham, William. *Physico-Theology; or, a Demonstration of the Being and Attributes of God.* London, 1713.

Descartes, René. *Le monde, l'homme.* Edited by Annie Bitbol-Hespériès and Jean-Pierre Verdet. Paris: Éditions de Seuil, 1996.

———. *Œuvres de Descartes.* Edited by Charles Adam and Paul Tannery. 11 vols. Paris: J. Vrin, 1974–89. (AT)

———. *The Philosophical Writings of Descartes.* Edited by John Cottingham, Robert Stoothoff, and Dugald Murdoch. 3 vols. Cambridge: Cambridge University Press, 1984–91.

Desfontaines, Pierre. "Lettre CLXXX sur le Flûteur automate et l'Aristipe moderne." *Observations sur les écrits modern* 12 (March 30, 1738): 337–42.

Deslisles de Sales, Jean-Baptiste-Claude. *De la philosophie de la nature.* 1769. Amsterdam: Arkstée et Merkus, 1770–74.

Desmarquets, Jean-Antoine-Samson. *Mémoires chronologiques pour server à l'histoire du Dieppe et à celle de la navigation françoise.* 2 vols. Paris: Desauges, 1785.

De Vries, Hugo. *Intracellulare Pangenesis.* Jena, Germany: G. Fischer, 1889.

———. *Intracellular Pangenesis: Including a Paper on Fertilization and Hybridization.* 1889. Translated by C. Stuart Gager. Chicago: Open Court, 1910.

———. *Die Mutationstheorie. Versuche und Beobachtungen über die Entstehung von Arten im Pflanzenreich*. 2 vols. Leipzig: Veit, 1901–3.

———. *The Mutation Theory: Experiments and Observations on the Origin of Species in the Vegetable Kingdom*. Translated by J. B. Farmer and A. D. Darbishire. 2 vols. Chicago: Open Court, 1909–10.

De Weck, Olivier L., and Daniel Roos, Christopher L. Magee. *Engineering Systems: Meeting Human Needs in a Complex Technological World*. Cambridge, MA: The MIT Press, 2011.

Dictionnaire de l'Académie française. 1st ed. Paris, 1694.

Dictionnaire de l'Académie française. 4th ed. Paris, 1762.

Dictionnaire de l'Académie française. 5th ed. Paris, 1798.

Dictionnaire de l'Académie française. 6th ed. Paris, 1832–35.

Diderot, Denis. *Eléments de physiologie*. 1784. Critical ed., with an introduction by Jean Mayer. Paris: Librairie M. Didier, 1964.

———. *Entretien entre Diderot et d'Alembert*. 1784. In *Œuvres philosophiques*, 257–84.

———. *Lettre sur les sourds et muets*. 1751. Edited by P. H. Meyer. Geneva: Droz, 1965.

———. *Œuvres complètes de Diderot*. Edited by Jean Assézat and Maurice Tourneux. 20 vols. Paris: Garnier frères, 1875–77.

———. *Œuvres philosophiques*. Edited by Paul Vernière. Paris: Garnier frères, 1961.

———. *Le rêve de d'Alembert*. 1784. In *Œuvres philosophiques*, 285–371.

———. *Suite de l'entretien*. In *Œuvres philosophiques*, 372–85.

Diderot, Denis, and Jean d'Alembert, eds. *L'Encyclopédie, ou, Dictionnaire raisonné des sciences, des arts, et des métiers, par une societé des gens de lettres*. Paris, 1751–72.

Digby, Kenelm. *Two Treatises. In the One of Which, the Nature of Bodies; in the Other, the Nature of Mans Soule; Is Looked Into: In Way of Discovery, of the Immortality of Reasonable Soules*. Paris: Gilles Blaizot, 1644.

Dodart, Denys. "Suite de la première partie du Supplément." In *Année 1706: Mémoires* of *Histoire de l'Académie royale des sciences*, 388–410. Amsterdam: Pierre de Coup, 1706.

———. "Supplément au Mémoire sur la voix et sur les tons." In *Année 1706: Mémoires* of *Histoire de l'Académie royale des sciences*, 136–48. Amsterdam: Pierre de Coup, 1706.

———. "Supplément au Mémoire sur la voix et sur les tons." In *Année 1707: Mémoires* of *Histoire de l'Académie royale des science*, 66–81. Amsterdam: Pierre de Coup, 1707.

———. "Sur les causes de la voix de l'homme et de ses différens tons." In *Année 1700: Mémoires* of *Histoire de l'Académie royale des sciences*, 244–93. Amsterdam: Gerard Kuyper, 1700.

Doppelmayr, Johann Gabriel. *Historische Nachricht von den nürnbergischen mathematicis und künstlern*. Nuremberg, Germany: P. C. Monath, 1730.

Dreyfus, Hubert L. "Alchemy and Artificial Intelligence." RAND paper P-3244. Santa Monica, CA: The RAND Corporation, 1965.

———. *What Computers (Still) Can't Do*. 1972. Cambridge, MA: MIT Press, 1992.

Driesch, Hans. *Analytische Theorie der organischen Entwicklung*. Leipzig: Wilhelm Engelmann, 1894.

———. *Die Biologie als selbständige Grundwissenschaft und das System der Biologie: Ein Beitrag zur Logik der Naturwissenschaften*. 1893. Leipzig: W. Engelmann, 1911.

———. "Entwicklungmechanische Studien. I. Der Werth der beiden ersten Furchungszellen in der Echinodermentwicklung. Experimentelle Erzeugen von Theil und Doppelbildung." *Zeitschrift für wissenschaftliche Zoologie* 53 (1891): 160–78.

———. *Lebenserinnerungen: Aufzeichnungen eines Forschers und Denkers in entscheidender Zeit.* Basel: Ernst Reinbardt, 1951.

———. "Die Lokalisation morphogenetischer Vorgänge: Ein Beweis vitalistischen Geschehens." *Archiv für Entwicklungsmechanik* 8 (1899): 35–111.

———. "Die Maschinentheorie des Lebens: Ein Wort zur Aufklärung." *Biologisches Centralblatt* 16, no. 9 (1986): 353–68.

———. *Die mathematisch-mechanische Betrachtung morphologischer Probleme der Biologie. Ein kritische Studie.* Jena, Germany: G. Fischer, 1891.

———. *The Problem of Individuality: A Course of Four Lectures Delivered Before the University of London.* London: Macmillan, 1914.

———. *The Science and Philosophy of the Organism: The Gifford Lectures Delivered before the University of Aberdeen in the Year 1907–1908.* 2 vols. London: Adam and Charles Black, 1908.

Driesch, Hans, and T.H. Morgan. "Zur Analysis der ersten Entwickelungsstadien des Ctenophoreneies." *Archiv für Entwicklungsmechanik* 2, no. 2 (1895): 204–24.

Du Bois-Reymond, Emil Heinrich. "Die sieben Welträthsel." In *Reden,* edited by Estelle du Bois-Reymond, 1:381–411. Leipzig: Veit, 1912.

———. "Über die Grenzen des Naturerkennens." (1872). In *Reden,* edited by Estelle du Bois-Reymond, 1: 441–73. Leipzig: Veit, 1912.

———. "Über die Lebenskraft." In *Reden,* edited by Estelle Du Bois-Reymond, 1:1–26. Leipzig: Veit, 1912.

Dubos, Jean-Baptiste. *Réflexions critiques sur la poésie et sur la peinture.* Paris: P.-J. Mariette, 1733.

Du Camp, Maxime. *Paris, ses organes, ses fonctions et sa vie dans la seconde moitié du XIXe siècle.* Paris: Hachette, 1873.

Du Chesne, André. *Les antiquités et recherches des villes, chasteaux, et places plus remarquables de toute la France.* Paris: Pierre Rocolet, 1637.

Ducrocq, Albert. *Logique générale des systèmes et des effets: Introduction à une physique des effets fondements de l'intellectique.* Paris: Dunod, 1960.

Eldredge, Niles. *Reinventing Darwin: The Great Debate at the High Table of Evolutionary Theory.* New York: John Wiley, 1995.

Evelyn, John. *Diary and Correspondence of John Evelyn, F.R.S..* Edited by William Bray and John Forster. 4 vols. London: George Bell and Sons, 1884–84.

———. *Elysium Britannicum, or The Royal Gardens.* 1660. Edited by John E. Ingram. Philadelphia: University of Pennsylvania Press, 2001.

Fernel, Jean. *Jean Fernel's On the Hidden Causes of Things: Forms, Souls, and Occult Diseases in Renaissance Medicine.* Translated by John M. Forrester with an introduction and annotations by John Henry and John M. Forrester. Leiden: Brill, 2005.

———. *The Physiologia of Jean Fernel (1567).* Translated and annotated by John M. Forrester with an introduction by John Henry and John M. Forrester. Philadelphia: American Philosophical Society, 2003.

Finocchiaro, Maurice, ed. *The Galileo Affair: A Documentary History*. Berkeley: University of California Press, 1989.

Figuier, Louis. *Les merveilles de la science, ou Description populaire des inventions modernes*. Paris: Jouvet, 1867.

Flemming, Walther. "Beiträge zur Kenntnis der Zelle und ihrer Lebenserscheinungen Theil II." *Archiv für Mikroskopische Anatomie* 18 (1880): 151–259.

———. "Contributions to the Knowledge of the Cell and Its Vital Processes: Part II." *Journal of Cell Biology* 25, no. 1 (1965): 1–69.

Fodor, Jerry. "The Appeal to Tacit Knowledge in Psychological Explanation." *Journal of Philosophy* 65 (1968): 625–40.

Fodor, Jerry, and Massimo Piattelli-Palmarini. *What Darwin Got Wrong*. New York: Farrar, Straus and Giroux, 2010.

Le fontane di Roma nelle piazze e lvoghi pvblici della città: Con li loro prospetti, come sono al presente. Part 2, *Le fontane delle ville di Frascati nel Tusculano*. Rome: G. G. de Rossi, 1691.

Fontenay, Louis-Abel. "Notice sur le P. Truchet." In *Dictionnaire des artistes*. Paris, 1772.

Fontenelle, Bernard de. *Œuvres diverses de M. de Fontenelle*. 3 vols. Amsterdam: Pierre Mortier, 1701.

———. *Suite des éloges des académiciens de l'Académie Royale des sciences*. Paris: Osmont, 1733.

———. "Sur la formation de la voix." In *Année 1700* of *Histoire de l'Académie royale des sciences*, 17–24. Amsterdam: Gerard Kuyper, 1700.

———. "Sur la formation de la voix." In *Année 1706* of *Histoire de l'Académie royale des sciences*, 136–48. Amsterdam: Pierre de Coup, 1706.

———. "Sur la formation de la voix." In *Année 1707* of *Histoire de l'Académie royale des sciences*, 18–20. Amsterdam: Pierre de Coup, 1707.

Franklin, Benjamin. "Dissertation on Liberty and Necessity." 1725. In *The Papers of Benjamin Franklin*, edited by Barbara B. Oberg et al., 1:57–71. New Haven, CT: Yale University Press, 1959–.

Frederick II. "Eulogy on Julien Offray de la Mettrie." 1751. In *Man a Machine*, edited and translated by Gertrude Carman Bussey, 1–10. Chicago: Open Court, 1912.

———. *Œuvres de Frédéric le Grand*. Edited by J. D. E. Preuss. 31 vols. Berlin: Imprimerie royale, 1846–57.

Fréron, Elie-Catherine. *L'année littéraire ou, Suite des lettres sur quelques écrits de ce temps*. Amsterdam: Michel Lambert, 1754.

Freud, Sigmund. *Jokes and Their Relation to the Unconscious*. 1905. Translated by James Strachey. New York: W. W. Norton, 1963.

Galen. *On the Natural Faculties*. Translated by Arthur John Brock. Cambridge, MA: Harvard University Press, 1916.

———. *On the Usefulness of the Parts of the Body*. Translated by Margaret Tallmadge May. Ithaca, NY: Cornell University Press, 1968.

Galileo Galilei. *Sidereus Nuncius, or, The Sidereal Messenger*. 1610. Translated by Albert Van Helden. Chicago: University of Chicago Press, 1989.

Galvani, Luigi. *Commentary on the Effects of Electricity on Muscular Motion*. 1791. Translated by Margaret Glover Foley with an introduction by I. Bernard Cohen. Norwalk, CT: Burndy Library, 1953.

Gassendi, Pierre. *Opera omnia*. 6 vols. Lyon: 1658–75.

Gennrich, Friedrich, ed. *Les romans de la Dame à la Lycorne et du beau Chevalier au Lyon*. Dresden: Gedruckt für die Gesellschaft für romanische Literatur, 1908.

Giorgi da Urbino, Alessandro. *Spirituali di Herone Alessandrino*. 1592. Urbino, 1595.

Gissis, Snait B. and Eva Jablonka, eds. *Transformations of Lamarckism: From Subtle Fluids to Molecular Biology*. Cambridge, MA: MIT Press, 2011.

Godfrey-Smith, Peter. *Darwinian Populations and Natural Selection*. Oxford: Oxford University Press, 2009.

Goethe, Johann Wolfgang von. *Annals, or Day and Year Papers*. Translated by Charles Nisbet with an introduction by Edward Dowden. Revised ed. New York: Colonial Press, 1901.

———. "A Commentary on the Aphoristic Essay 'Nature.'" In *Scientific Studies*, edited and translated by Douglas Miller, 6–7. Princeton, NJ: Princeton University Press, 1995.

———. "Excerpt from Studies for a Physiology of Plants." In *Scientific Studies*, edited and translated by Douglas Miller, 73–75. Princeton, NJ: Princeton University Press, 1995.

———. *Goethe's Botanical Writings*. Translated by Bertha Mueller. Woodbridge, CT: Ox Bow Press, 1989.

———. *Goethes Briefe*. Edited by Karl Robert Mandelkow and Bodo Morawe. 4 vols. Hamburg: Wegner, 1968–76.

———. *Goethe's Collected Works*. Edited and translated by Douglas Miller et al. 12 vols. Princeton, NJ: Princeton University Press, 1994–.

———. *The Metamorphosis of Plants*. Edited by Gordon L. Miller and translated by Douglas Miller. Cambridge, MA: MIT Press, 2009.

———. *Werke*. Edited by Grand Duchess Sophie of Saxony, Gustav von Loeper, and Paul Raabe. 152 vols. Weimar: H. Böhlau, 1887–.

Goette, Alexander. *Die Entwickelungsgeschichte der Unke (Bombinator igneus) als Grundlage einer vergleichenden Morphologie der Wirbelthiere*. Leipzig: Voss, 1875.

Goodwin, Brian. *How the Leopard Changed Its Spots: The Evolution of Complexity*. Princeton, NJ: Princeton University Press, 2001.

Gorelick, Root, Manfred Laublicher, and Rachel Massicotte. "Asexuality and Epigenetic Variation." In *Epigenetics: Linking Genotype and Phenotype in Development and Evolution*, edited by Benedikt Hallgrimsson and Brian K. Hall, 87–102. Berkeley: University of California Press, 2011.

Gorczynski, Reginald M., and Edward J. Steele. "Inheritance of Acquired Immunological Tolerance to Foreign Histocompatibility Antigens in Mice." *Proceedings of the National Academy of Sciences* 77 (1980): 2871–75.

Gould, Stephen Jay. "Darwinian Fundamentalism." *New York Review of Books* (June 12, 1997): 34–37.

———. "The Pleasures of Pluralism." *New York Review of Books* (June 26, 1997): 47–52.

———. *The Structure of Evolutionary Theory*. Cambridge, MA: Harvard University Press, 2002.

Gould, Stephen Jay, and Niles Eldredge. "Punctuated Equilibria: An Alternative to Phyletic Gradualism." In *Models in Paleobiology*, edited by T. J. M. Schopf, 82–115. San Francisco: Freeman Cooper, 1972.

———. "Punctuated Equilibria: The Tempo and Mode of Evolution Reconsidered." *Paleobiology* 3, no. 2 (1977): 115–51.

Gould, Stephen Jay, and Richard C. Lewontin. "The Spandrels of San Marco and the Panglossian Paradigm: A Critique of the Adaptationist Programme." *Proceedings of the Royal Society of London, Series B* 205, no. 1161 (1979): 581–98.

Grave, Jacques Salverda de, ed. *Eneas, roman du XIIe siècle*. Halle, Germany: Max Niemayer, 1891.

Gréban, Arnoul, and Simon Gréban. *Mystère des actes des apôtres, representé à Bourges en avril 1536, publié depuis le manuscript original*. Edited by Auguste-Théodore, Baron de Girardot. Paris: Didron, 1854.

Grew, Nehemiah. *Cosmologia sacra: Or a discourse of the universe as it is the creature and Kingdom of God*. London, 1701.

Grunau, Christoph. "Methylation Mapping in Humans." In *Epigenetics: Linking Genotype and Phenotype in Development and Evolution*, edited by Benedikt Hallgrimsson and Brian K. Hall, 70–86. Berkeley: University of California Press, 2011.

Guenther, Konrad. *Darwinism and the Problems of Life: A Study of Familiar Animal Life*. 1904. Translated by Joseph McCabe. London: Owen, 1906.

———. *Der Darwinismus und die Probleme des Lebens, zugleich eine Einführung in das einheimische Tierleben*. Freiburg im Breisgau, Germany: F. E. Fehsenfeld, 1904.

Guessard, François and Charles de Grandmaison, eds. *Huon de Bordeaux. Chanson de geste*. Paris: F. Vieweg, 1860.

Haeckel, Ernst. *The Evolution of Man*. 1874. Translated by Joseph McCabe. 2 vols. London: Watts, 1905.

———. *Generelle Morphologie der Organismen*. Berlin: Georg Reimer, 1866.

———. *The History of Creation, or The Development of the Earth and Its Inhabitants by the Actions of Natural Causes: A Popular Exposition of the Doctrine of Evolution in General, and of that of Darwin, Goethe, and Lamarck in Particular*. 1868. Translated by E. Ray Lankester. 6th ed. 2 vols. New York: Appleton, 1914.

———. "Über die heutige Entwickelungslehre im Verhältnisse zur Gesamtwissenschaft." In *Amtlicher Bericht der 50. Versammlung Deutscher Naturforscher und Ärzte*, 14–22. Munich: F. Straub, 1877.

———. *Ziele und Wege der heutigen Entwickelungsgeschichte*. Jena, Germany: Hermann Dufft, 1875.

Haig, David. "The Gene Meme." In *Richard Dawkins: How a Scientist Changed the Way We Think*, edited by A. Grafen and M. Ridley, 50–61. Oxford: Oxford University Press, 2006.

———. "The Social Gene." In *Behavioural Ecology: An Evolutionary Approach*, 4th ed., edited by John R. Krebs and Nicholas B. Davies, 284–304. Oxford, UK: Blackwell, 1997.

———. "The Strategic Gene." *Biology and Philosophy* 27, no. 4 (2012): 461–79.

———. "What Is a Marmoset?" *American Journal of Primatology* 49 (1999): 285–96.

Haldane, J. B. S. *The Causes of Evolution*. 1932. New ed. Princeton, NJ: Princeton University Press, 1990.

Haller, Albrecht von. *Elementa physiologiae corporis humani*. 8 vols. Lausanne: Apud Julium Henricum, 1757–78.

———. *The Natural Philosophy of Albrecht von Haller*. Edited by Shirley A. Roe. New York: Arno Press, 1981.

———. "Preface" in Georges Louis Leclerc, comte de Buffon, *Allgemeine Historie der Natur: Nach allen ihren besondern Theilen abgehandelt, nebst einer Beschreibung der Naturalienkammer Sr. Majestät des Königes von Frankreich*. 8 vols. Hamburg: Grund and Holle, 1750–74.

Hallgrimsson, Benedikt, and Brian K. Hall, eds. *Epigenetics: Linking Genotype and Phenotype in Development and Evolution*. Berkeley: University of California Press, 2011.

Harvey, William. *An Anatomical Disquisition on the Motion of the Heart*. In *The Works of William Harvey, M.D.*, translated by Robert Willis, 9–86. London: Sydenham Society, 1847.

———. *Anatomical Exercises on the Generation of Animals, to Which Are Added Essays on Parturition; on the Membranes, and Fluids of the Uterus; and on Conception*. In *The Works of William Harvey, M.D.*, translated by Robert Willis, 143–586. London: Sydenham Society, 1847.

———. *De motu locali animalium, 1627*. Edited and translated by Gweneth Whitteridge. Cambridge, UK: For the Royal College of Physicians at the University Press, 1959.

———. *Exercitationes de generatione animalium*. London, 1651.

———. *Lectures on the Whole of Anatomy: An Annotated Translation of Prelectiones anatomiae universalis*. Edited and translated by C. D. O'Malley, F. N. L. Poynter and K. F. Russell. Berkeley: University of California Press, 1961.

———. *A Second Disquisition to John Riolan, Jun., in Which Many Objections to the Circulation of the Blood are Refuted*. In *The Works of William Harvey, M.D.*, translated by Robert Willis, 107–41. London: Sydenham, Society, 1847.

———. *The Works of William Harvey, M.D.* Translated by Robert Willis. London: Sydenham Society, 1847.

Haugeland, John. *Artificial Intelligence: The Very Idea*. Cambridge, MA: MIT Press, 1985.

Hayles, N. Katherine. *How We Became Posthuman: Virtual Bodies in Cybernetics, Literature, and Informatics*. Chicago: University of Chicago Press, 1999.

Heine, Heinrich. *Selected Works*. Edited and translated by Helen M. Mustard and Max Knight. New York: Random House, 1973.

Helvétius, Claude-Adrien. *Correspondance générale d'Helvétius*. Edited by Alan Dainard et al. 5 vols. Toronto: University of Toronto Press, 1981–2004.

———. *De l'esprit*. Paris: Durand, 1758.

———. *De l'homme, de ses facultés intellectuelles et de son education*. London: Société typographique, 1773.

Helmholtz, Hermann von. *Helmholtz on Perception, Its Physiology, and Development*. Edited by Richard Warren and Roslyn P. Warren. New York: John Wiley, 1968.

———. *Die Lehre von den Tonempfindungen als physiologische Grundlage für die Theorie der Musik*. Braunschweig, Germany: Friedrich Vieweg und Sohn, 1863.

———. *Die neueren Fortschritte in der Theorie des Sehens*. Berlin, 1868.

———. "On the Conservation of Force (1862–63)." Translated by Edmund Atkinson. In

Science and Culture: Popular and Philosophical Essays, edited with an introduction by David Cahan, 96–126. Chicago: University of Chicago Press, 1995.

———. "On the Interaction of the Natural Forces (1854)." Translated by Edmund Atkinson. In *Science and Culture: Popular and Philosophical Essays*, edited with an introduction by David Cahan, 18–45. Chicago: University of Chicago Press, 1995.

———. *On the Sensations of Tone as a Physiological Basis for the Theory of Music*. Translated by Alexander J. Ellis. New York: Dover, 1954.

———. "The Recent Progress of the Theory of Vision (1868)." Translated by Edmund Atkinson. In *Science and Culture: Popular and Philosophical Essays*, edited with an introduction by David Cahan, 127–203. Chicago: University of Chicago Press, 1995.

———. *Über die Erhaltung der Kraft. Eine physikalische Abhandlung*. Berlin: Reimer, 1847.

Herbert of Cherbury, Lord Edward. *Life and Reign of King Henry the Eighth, Together with Which Is Briefly Represented a General History of the Times*. London: Mary Clark, 1683.

Herder, Johann Gottfried. *Outlines of a Philosophy of the History of Man*. 1784. Translated by T. Churchill. New York: Bergman, 1966.

Hérouard, Jean. *Journal de Jean Hérouard*. Edited by Madeleine Foisil. 2 vols. Paris: Fayard, 1989.

Hippocrates. *Hippocratic Writings*. Edited by G. E. R. Lloyd. London: Penguin, 1978.

His, Wilhelm. *Über die Aufgaben und Zielpunkte der wissenschaftlichen Anatomie*. Leipzig: F. C. W. Vogel, 1872.

———. *Über die Bedeutung der Entwickelungsgeschichte für die Auffassung der organischen Natur*. Leipzig: F. C. W. Vogel, 1870.

———. *Über mechanische Grundvorgänge thierischer Formenbildung*. Archiv für Anatomie und Physiologie. Anatomische Abtheilung. Leizig: Veit and Comp., 1894.

———. *Unsere Körperform und das physiologische Problem ihrer Entstehung. Briefe an einen befreundeten Naturforscher*. 1874. Leibniz: F. C. W. Vogel, 1875.

———. *Untersuchungen über die erste Anlage des Wirbelthierleibes: Die erste Entwickelung des Hühnchens im Ei*. Leipzig: F. C. W. Vogel, 1868.

Hobbes, Thomas. *Leviathan, Or, The Matter, Forme and Power of a Common-Wealth, Ecclesiaticall and Civill*. London: Andrew Crooke, 1651.

Hoffmann, E.T.A. "Automata." In *The Best Tales of Hoffmann*, edited by E. F. Bleiler, 71–103. New York: Dover, 1967.

Hoffmann, Professor [Angelo John Lewis]. *Modern Magic: A Practical Treatise on the Art of Conjuring*. 2nd ed. London: Routledge, 1877.

Hofmann, August Wilhelm von. *The Question of a Division of the Philosophical Faculty: Inaugural Address on Assuming the Rectorship of the University of Berlin*. 2nd ed. Boston: Ginn, Heath, 1883.

Holbach, Paul Henri Thiry, baron d'. *Système de la nature, ou des loix du monde physique et du monde moral*. London, 1771.

Holland, John. *Adaptation in Natural and Artificial Systems: An Introductory Analysis with Applications to Biology, Control, and Artificial Intelligence*. 1975. Cambridge, MA: MIT Press, 1992.

Hollmann, Samuel Christian. Untitled letter. *Göttingische Zeitungen von gelehrten Sachen* (May 1748): 409–12.

Hone, William. *The Every-Day Book and Table Book.* London: William Tegg, 1825–27.

Honnecourt, Villard de. *The Sketchbook of Villard de Honnecourt.* Edited by Theodore Bowie. Bloomington: Indiana University Press, 1959.

Hooke, Robert. *Micrographia, Or Some Physiological Descriptions of Minute Bodies Made by Magnifying Glasses with Observations and Inquiries Thereupon.* London: Royal Society, 1665.

Houck, Marilyn A., Jonathan B. Clark, Kenneth R. Peterson, and Margaret G. Kidwell. "Possible Horizontal Transfer of Drosophilia Genes by the Mite *Proctolaelaps Regalis.*" *Science* 253 (1991): 1125–29.

Houdard, Georges Louis. *Les Châteaux Royaux de Saint-Germain-en-Laye, 1124–1789.* 2 vols. Saint-Germain-en-Laye, France: M. Mirvault, 1909–11.

Humboldt, Alexander von. *Expériences sur le galvanisme, et en général sur l'irritation des fibres musculaires et nerveuses.* Paris: Didot jeune, 1799.

Hume, David. *Dialogues concerning Natural Religion: And Other Writings.* Cambridge: Cambridge University Press, 2007.

———. *An Enquiry concerning Human Understanding.* 1748. *The Clarendon Edition of the Works of David Hume,* edited by Tom L. Beauchamp. Oxford: Oxford University Press, 2000.

———. *Principal Writings on Religion.* With an introduction by J. C. A. Gaskin. Oxford: Oxford University Press, 1993.

———. *A Treatise of Human Nature.* 1762. Edited by L. A. Selby-Bigge. Oxford, UK: Clarendon, 1978.

Humphrey, Nicholas, and Daniel C. Dennett. "Speaking for Our Selves." In *Brainchildren: Essays on Designing Minds,* by Daniel C. Dennett, 31–56. Cambridge, MA: MIT Press, 1998.

Huxley, Julian. *Evolution: The Modern Synthesis.* 1942. New ed. Cambridge, MA: MIT Press, 2010.

Huxley, Thomas Henry. *Darwiniana: Essays.* New York: Appleton, 1896.

———. *Lectures and Essays.* New York: Macmillan, 1902.

———. *Method and Results.* Vol. 1 of *Collected Essays.* London: Macmillan, 1894.

———. "On the Hypothesis That Animals Are Automata." 1874. In *Collected Essays,* 1:199–250. London: Macmillan, 1894.

———. "On the Physical Basis of Life." In *The Fortnightly Review,* n.s., 5, no. 26 (February 1, 1869): 129–45.

———. "On the Reception of The Origin of Species." 1887. In *The Life and Letters of Charles Darwin,* edited by Francis Darwin, 1:533–58. New York: D. Appleton, 1896.

Huygens, Christiaan. *The Celestial Worlds Discover'd: Or, Conjectures concerning the Inhabitants, Plants and Productions of the Worlds in the Planets.* London, 1698.

———. *Œuvres complètes.* 22 vols. The Hague: M. Nikhoff, 1888.

Jablonka, Eva, and Marion J. Lamb. *Evolution in Four Dimensions: Genetic, Epigenetic, Behavioral, and Symbolic Variation in the History of Life.* Cambridge, MA: MIT Press, 2005.

———. "The Expanded Evolutionary Synthesis—A Response to Godfrey-Smith, Haig, and West-Eberhard." *Biology and Philosophy* 22 (2007): 453–72.

Jablonka, Eva and Gal Raz. "Transgenerational Epigenetic Inheritance: Prevalence, Mechanisms, and Implications for the Study of Heredity and Evolution." *Quarterly Review of Biology* 84, no. 2 (2009): 131–76.

James, William. *The Principles of Psychology*. 2 vols. New York: Henry Holt. 1890.

Jaquet-Droz, Pierre. *Les œuvres des Jaquet-Droz. Montres, pendules et automates*. La Chaux-de-Fonds, Switzerland: Courvoisier, 1971.

Jazari, Ismail ibn al-Razzaz. *The Book of Knowledge of Ingenious Mechanical Devices*. Translated by Donald R. Hill. Dordrecht, the Netherlands: Reidel, 1974.

Johannsen, Wilhelm. "The Genotype Conception of Heredity." *American Naturalist* 45, no. 531 (March 1911): 129–59.

Johnson, Samuel. "The Life of Dr. Hermann Boerhaave, con't." *Gentleman's Magazine* 9, no. 2 (February 1739): 72–73.

Jones, Henry Festing. *Samuel Butler, Author of Erewhon (1835–1902): A Memoir*. 2 vols. London: Macmillan, 1919.

Kant, Immanuel. *Correspondence*. Edited and translated by Arnulf Zweig. *The Cambridge Edition of the Works of Immanuel Kant*. Cambridge: Cambridge University Press, 1999.

———. *Critique of Judgement*. 1790. Translated by James Creed Meredith and edited by Nicholas Walker. Oxford: Oxford University Press, 2007.

———. *Critique of Practical Reason*. 1788. Translated by Werner S. Pluhar with an introduction by Stephen Engstrom. Indianapolis, IN: Hackett, 2002.

———. *Critique of Pure Reason*. 1781. Edited and translated by Paul Guyer. Cambridge: Cambridge University Press, 1999.

———. *Der einzig mögliche Beweisgrund zu einer demonstration des Daseyns Gottes*. Königsberg: Johann Jakob Kanter, 1763.

———. *Gedanken von der wahren Schätzung der lebendigen Kräfte*. Königsberg, 1746.

———. *Gesammelte Schriften* (Akademie-Ausgabe). Edited by the Königlish Preußischen (later Deutschen, and currently Berlin-Brandenburgischen) Akademie der Wissenschaften. 29 volumes. Berlin: Georg Reimer, later Walter de Gruyter, 1902–. (AE)

———. *Immanuel Kant in Rede und Gespräch*. Edited by Rudolf Malter. Hamburg: Felix Meiner Verlag, 1990.

———. *Kritik der Urteilskraft*. 1790. In *Gesammelte Schriften (Akademie-Ausgabe)*, edited by Wilhelm Windelband, 5:167–485. Berlin: De Gruyter, 1922.

———. *Universal Natural History and Theory of the Heavens*. 1755. Translated by Ian Johnston. Arlington, VA: Richer Resources, 2009.

Keddie, William, ed. *Anecdotes, Literary and Scientific: Illustrative of the Characters, Habits, and Conversation of Men of Letters and Science*. New York: Routledge, 1873.

Keller, Evelyn Fox, and L. Segel. "Initiation of Slime Mold Aggregation Viewed as an Instability." *Journal of Theoretical Biology* 26 (1970): 399–415.

Kempelen, Wolfgang von. *Le mécanisme de la parole, suivi de la description d'une machine parlante*. Vienna: J. V. Degen, 1791.

Kennedy, Elspeth, trans. *Lancelot du Lac: The Non-Cyclic Old French Prose Romance*. Oxford, UK: Clarendon Press, 1980.

Kepler, Johannes. *Ad vitellionem paralipomena, quibus astronomiae pars optica traditur*. Frankfurt, Germany, 1604.

Kircher, Athanasius. *Musurgia Universalis*. 2 vols. Rome: Francisi Corbelletti, 1650.

———. *Oedipus Aegyptiacus, hoc est, Vniuersalis hieroglyphicae veterum doctrinae temporum iniuria abolitae instauratio.* 3 vols. Rome: Ex typographia Vitalis Mascardi, 1652–54.

Knudsen, Thorbjørn. "Nesting Lamarckism within Darwinian Explanations: Necessity in Economics and Possibility in Biology?" In *Darwinism and Evolutionary Economics,* edited by John Laurent and John Nightingale, 121–59. Cheltenham, UK: Elgar, 2001.

Krebs, H.A. "Excursion into the Borderland of Biochemistry and Philosophy." *Bulletin of the Johns Hopkins Hospital* 95 (1954): 45–51.

Kurzweil, Ray. *The Age of Intelligent Machines.* Cambridge, MA: MIT Press, 1990.

Kussi, Peter, ed. *Toward the Radical Center: A Karel Čapek Reader.* Highland Park, NJ: Catbird Press, 1990.

Labat, Jean-Baptiste. *Nouveau voyage aux isles de l'Amérique.* 6 vols. The Hague: P. Husson, 1724.

Laborde, Léon. *Les ducs de Bourgogne, études sur les lettres, les arts, et l'industrie pendant le XVe siècle et plus particulièrement dans les Pays-Bas et le duché de Bourgogne.* Second part, 3 vols. Paris: Plon frères, 1849–52.

La Harpe, Jean-François de. *Philosophie du dix-huitième siècle.* 2 vols. Paris: Déterville, 1818.

Lakoff, George. *Women, Fire and Dangerous Things: What Categories Reveal About the Mind.* Chicago: University of Chicago Press, 1990.

Lakoff, George, and Rafael E. Nuñez. *Where Mathematics Comes From: How the Embodied Mind Brings Mathematics into Being.* New York: Basic Books, 2000.

Lamarck, Jean-Baptiste. "Espèce." In *Nouveaux dictionnaire d'histoire naturelle,* 10:441–51. Paris: Déterville, 1817.

———. *Histoire naturelle des animaux sans vertèbres.* Paris: Déterville, 1801.

———. *Hydrogéologie, ou Recherches sur l'influence qu'ont les eaux sur la surface du globe terrestre.* Paris: Chez l'auteur, 1802.

———. "Idée." In *Nouveaux dictionnaire d'histoire naturelle,* 16:78–94. Paris: Déterville, 1817.

———. *Mémoires de physique et de l'histoire naturelle.* Paris: Chez l'auteur, 1797.

———. *Philosophie zoologique, ou, Exposition des considérations relative à l'histoire naturelle des animaux.* 2 vols. Paris: Dentu, 1809.

———. *Recherches sur les causes des principaux faits physiques.* 2 vols. Paris: Maradan, 1794.

———. *Recherches sur l'organisation des corps vivans.* Paris: Chez l'auteur et Maillard, 1802.

———. *Système analytique des connaissances positives de l'homme, restreintes à celles qui proviennent directement ou indirectement de l'observation.* Paris: Chez l'auteur et Belin, 1820.

———. *Système des animaux sans vertèbres.* Paris: Déterville, 1801.

Lambarde, William. *Dictionarium Angliæ topographicum & historicum: An Alphabetical Description of the Chief Places in England and Wales; with an Account of the Most Memorable Events Which Have Distinguish'd Them.* London: F. Gyles, 1730.

———. *A Perambulation of Kent.* Edited by Richard Church. Bath, UK: Adams and Dart, 1970.

La Mettrie, Julien Offray de. *Histoire naturelle de l'âme.* The Hague: J. Neulme, 1745.

———. *L'homme machine.* 1747. In *L'Homme Machine: A Study in the Origins of an Idea,* edited by Aram Vartanian, 139–97. Princeton, NJ: Princeton University Press, 1960.

———. *Œuvres philosophiques.* 2 vols. Paris: Fayard, 1984–87.

———. *Système d'Epicure.* 1750. In *Œuvres philosophiques,* 1:351–86.

Lamy, Guillaume. *Discours anatomiques: Explication méchanique et physique des fonctions de l'âme sensitive.* 1677. Edited by Anna Minerbi Belgrado. Paris: Voltaire Foundation, 1996.

La Touche Boesnier, Pierre de. *Préservatif contre l'irreligion, ou démonstrations des véritex fondamentales de la religion chrétienne.* The Hague, 1707.

Lavater, Johann Caspar. *Lavater's Essays on Physiognomy.* 1775–78. London, 1797.

Lawrence, William. *Lectures on Physiology, Zoology, and the Natural History of Man.* 3rd ed. London: J. Smith, 1823.

Leeuwenhoek, Antonie van. *Alle de brieven van Antoni van Leeuwenhoek.* Amsterdam: N.v. Swets and Zeitlinger, 1939.

Leibniz, Gottfried Wilhelm. *Discours de métaphysique.* Edited by H. Lestienne. Paris: Félix Alcan, 1907.

———. "Leibniz on His Calculating Machine." Translated by Mark Kormes. In *A Source Book in Mathematics,* edited by David Eugene Smith, 173–81. New York: Dover, 1959.

———. *Leibniz's "New System" and Associated Contemporary Texts.* Edited and translated by R. S. Woolhouse and Richard Francks. Oxford: Oxford University Press, 1997.

———. *Mathematische Schriften.* Edited by Carl Immanuel Gerhardt. 7 vols. Berlin: A. Asher, 1849–63.

———. *Monadologie.* 1714. In *Principes de la nature et de la grâce, Monadologie et autres textes, 1703–1716,* edited by Christiane Frémont, 241–68. Paris: Flammarion, 1996.

———. *Opera Omnia, nunc primum collecta, in classes distributa, praefationibus & indicibus exornata.* Edited by Louis Dutens. 6 vols. Geneva: De Tournes, 1768.

———. *Philosophical Essays.* Edited by Roger Ariew and Daniel Garber. Indianapolis, IN: Hackett, 1989. (*PE*)

———. *Philosophical Papers and Letters.* Edited by Leroy E. Loemker. 2nd ed. Reidel: Dordrecht, the Netherlands, 1969. (*PPL*)

———. *Die philosophischen Schriften.* Edited by Carl Immanuel Gerhardt. 7 vols. Berlin: Weidmannsche Buchhandlung, 1875–90. (*PS*)

———. *Principes de la nature et de la grâce, Monadologie et autres textes, 1703–1716.* Edited by Christiane Frémont. Paris: Flammarion, 1996.

———. "Reflections on the Souls of Beasts." 1710? Translated by Donald Rutherford. In *G. W. Leibniz: Texts and Translations.* Last modified November 1, 2001. http:// philosophyfaculty.ucsd.edu/faculty/rutherford/Leibniz/beasts.htm.

———. *Sämtliche Schriften und Briefe.* Berlin: Akademie-Verlag, 1950–. (*SSB*)

———. *Système nouveau de la nature et de la communication des substances et autres textes, 1690–1703.* Edited by Christiane Frémont. Paris: Flammarion, 1994.

———. *Writings on China.* Edited and translated by Daniel J. Cook and Henry Rosemont, Jr. Chicago: Open Court, 1994.

Lespinasse, Julie de. *Lettres.* Edited by Jacques Dupont. Paris: La Table Ronde, 1997.

Levot, Prosper Jean. *Biographie bretonne.* 2 vols. Vannes, France: Cauderan, 1852–57.

Lewis, Sinclair. *Arrowsmith.* 1925. New York: Penguin, 1998.

Lewontin, Richard. *The Triple Helix: Gene, Organism and Environment.* Cambridge, MA: Harvard University Press, 2002.

Locke, John. *An Essay concerning Human Understanding.* 1690. Edited by Peter H. Nidditch. Oxford, UK: Clarendon, 1975.

————. *Locke's Travels in France 1675–1679, as Related in his Journals, Correspondence and Other Papers*. Edited with an introduction by John Lough. Cambridge: Cambridge University Press, 1953.

————. *Two Treatises of Government*. Edited with an introduction by Peter Laslett. Cambridge: Cambridge University Press, 1988.

————. *The Works of John Locke*. 12th ed. 10 vols. London: Thomas Tegg, 1823.

Loeb, Jacques. *The Mechanistic Conception of Life: Biological Essays*. Chicago: University of Chicago Press, 1912.

————. "Mechanistic Science and Metaphysical Romance." *Yale Review* 4, no. 4 (July 1915): 766–85.

Lomazzo, Giovanni Paolo. *Idea del tempio della pittura*. 1590. Hildesheim, Germany: Olms, 1965.

————. *Scritti sulle arti*. Edited by Roberto Ciardi. 2 vols. Florence: Marchi and Bertolli, 1973.

Löseth, Eilert, ed. *Le roman en prose de Tristan*. Paris: Émile Bouillon, 1891.

Lovelace, Ada. *Ada, the Enchantress of Numbers*. Edited by Betty A. Toole. Mill Valley, CA: Strawberry Press, 1992.

————. "Notes by the Translator." Accompanying "Sketch of the Analytical Engine Invented by Charles Babbage by L. F. Menabrea of Turin, Officer of the Military Engineers." In *Scientific Memoirs, Selected from the Transactions of Foreign Academies of Science and Learned Societies and from Foreign Journals*, edited by Richard Taylor, 3:666–731. London: R. & J. E. Taylor, 1842.

Luynes, Charles Philippe d'Albert, duc de. *Mémoires du duc de Luynes sur la cour de Louis XV (1735–1758)*. 17 vols. Paris: Firmin Didot frères, 1860–.

Lyell, Charles. *The Geological Evidences of the Antiquity of Man, with Remarks on Theories of the Origin of Species by Variation*. 3rd ed. London: John Murray, 1863.

————. *Principles of Geology, Being an Attempt to Explain the Former Changes of the Earth's Surface, by References to Causes Now in Operation*. 2nd ed. 3 vols. London: John Murray, 1832–33.

Lysenko, Trofim Denisovich. *The Science of Biology Today*. New York: International Publishers, 1948.

Mach, Ernst. *History and Root of the Principle of the Conservation of Energy*. 1871. Translated by Philip E. B. Jourdain. Chicago: Open Court, 1911.

Machines et inventions approuvées par l'Académie Royale des Sciences depuis son établissement jusqu'à present; avec leur Description. 7 vols. Paris: G. Martin, 1735–77.

Magendie, François. *Phénomènes physiques de la vie: Leçons professées au collège de France*. 4 vols. Paris: J.-B. Baillière, 1842.

Maillet, Benoît de. *Telliamed, ou entretiens d'un philosophe indien avec un missionnaire françois, sur la diminution de la Mer, la formation de la Terre, l'origine de l'Homme etc. mis en ordre sur les Mémoires de feu M. de Maillet par J. A. G* [J. Antoine Guers]. 2 vols. Amsterdam: L'Honoré et fils, 1748.

Maître, Henri-Bernard. "Le problème du robot scientifique." *Revue d'histoire des sciences et de leurs applications* 3, no. 4 (1950): 370–75.

Malebranche, Nicolas. *Œuvres de Malebranche*. New ed. Edited by Jules Simon. 4 vols. Paris: Charpentier, 1871–.

Malpighi, Marcello. *Opera omnia.* 2 vols. London: R. Littlebury, R. Scott, Tho. Sawbridge, and G. Wells, 1686.

———. *Opera posthuma.* Amsterdam: Georgium Gallet, 1700.

Marat, Jean-Paul. *A Philosophical Essay on Man.* London, 1773.

Marey, Etienne-Jules. *La machine animale: Locomotion terrestre et aérienne.* Paris: G. Baillière, 1873.

———. *La méthode graphique dans les sciences expérimentales et particulièrement en physiologie et en médecine.* Paris: G. Masson, 1878.

Mariotte, Edme. "A New Discovery Touching Vision." *Philosophical Transactions of the Royal Society* 3 (1668): 668–71.

———. *Nouvelle découverte touchant le veüe.* Paris: Frédéric Léonard, 1668.

Marmontel, Jean François. *Mémoires de Marmontel.* 1804. Edited by Maurice Tourneux. 3 vols. Paris: Librairie des bibliophiles, 1891.

———. *Poétique françoise.* 2 vols. Paris: Lesclapart, 1763.

Maturana, Humberto, and Francisco Varela. *Autopoiesis and Cognition: The Realization of the Living.* Dordrecht, the Netherlands: Reidel, 1980.

Maupertuis, Pierre-Louis Moreau de. "Accord de différentes lois de la nature qui avoient jusqu'ici paru incompatibles." In *Histoire de l'Académie royale des sciences de Paris* 1744. 417–26. Paris: Imprimerie royale, 1748.

———. *Essai de cosmologie.* Leiden: sn, 1751.

———. *Essai sur la formation des corps organisés.* Berlin, 1754.

———. *Vénus physique.* n.p. (France): n.p., 1745.

Mayer, Julius Robert. "Bemerkungen über die Kräfte der unbelebten Natur." *Justus Liebigs Annalen der Chemie* 42, no. 2 (1842): 233–40.

Maynard Smith, John. *Evolution and the Theory of Games.* Cambridge: Cambridge University Press, 1982.

Maynard Smith, John, and G. R. Price. "The Logic of Animal Conflict." *Nature* 246 (November 2, 1973): 15–18.

Mayr, Ernst. "Lamarck Revisited." In *Evolution and the Diversity of Life,* 222–50. Cambridge, MA: Harvard University Press, 1976.

———. "The Multiple Meanings of Teleology." In *Toward a New Philosophy of Biology: Observations of an Evolutionist,* 38–66. Cambridge, MA: Harvard University Press, 1988.

———. "Teleological and Teleonomic." *Boston Studies in the Philosophy of Science* 14 (1974): 91–117.

———. *Toward a New Philosophy of Biology: Observations of an Evolutionist.* Cambridge, MA: Harvard University Press, 1988.

Mayr, Otto. *The Origins of Feedback Control.* Cambridge, MA: MIT Press, 1970.

McClintock, Barbara. "The Significance of Responses of the Genome to Challenge." *Science* 226 (November 16, 1984): 792–801.

McEachern, Lori A., and Vett Lloyd. "The Epigenetics of Genomic Imprinting: Core Epigenetic Processes are Conserved in Mammals, Insects, and Plants." In *Epigenetics: Linking Genotype and Phenotype in Development and Evolution,* edited by Benedikt Hallgrimsson and Brian K. Hall, 43–69. Berkeley: University of California Press, 2011.

Michelant, Heinrich, ed. "Li Romans d'Alixandre." Vol. 13 of *Bibliothek des literarischen Vereins in Stuttgart*. Stuttgart: Anton, Hiersemann, 1846.

Minsky, Marvin. "Matter, Mind, and Models." *Proceedings of the IFIP Congress* 1 (1965): 45–49.

———. *The Society of Mind*. New York: Simon and Schuster, 1985.

———. "Steps toward Artificial Intelligence." *Proceedings of the IRE* 49, no. 1 (1961): 8–30.

———. "Thoughts about Artificial Intelligence." In *Age of Intelligent Machines*, edited by Ray Kurzweil, 214–19. Cambridge, MA: MIT Press, 1990.

Minsky, Marvin and Seymour Papert. *Perceptrons: An Introduction to Computational Geometry*. Cambridge: MIT Press, 1969.

Mommsen, Theodor. "Universitätsunterricht und Konfession." In *Reden und Aufsätze: Mit zwei Bildnissen*, 432–36. Berlin: Weidmann, 1905.

Montaigne, Michel de. *Les Essais: Édition Villey-Saulnier*. 1580. Paris: Presses universitaires de France, 2004. Online at http://www.lib.uchicago.edu/efts/ARTFL/projects/montaigne/.

———. *Journal de voyage*. Edited by Louis Lautrey. Paris: Hachette, 1909.

Montesquieu, Charles de Secondat, baron de. *De l'esprit des lois*. 1758. Edited by Laurent Versini. 2 vols. Paris: Gallimard, 1995.

———. *Œuvres complètes*. Edited by Roger Caillois. 2 vols. Paris: Gallimard, 1949–51.

———. *Œuvres complètes de Montesquieu*. Edited by J. Ehrard, C. Volpilhac-Auger et al. 22 vols. Oxford, UK: Voltaire Foundation, 1998–. (*OCM*)

Montpensier, Anne-Marie-Louise d'Orléans, duchesse de. *Mémoires de Mlle. de Montpensier*. Edited by Bernard Quilliet. Paris: Mercure de France, 2005.

More, Henry. *An Antidote against Atheism*. 2nd ed. London: J. Flesher, 1655.

Morgan, Thomas Hunt. *A Critique of the Theory of Evolution*. Princeton, NJ: Princeton University Press, 1916.

———. *The Development of the Frog's Egg: And Introduction to Experimental Embryology*. New York: Macmillan, 1897.

———. *Evolution and Adaptation*. New York: Macmillan, 1903.

———. *Heredity and Sex*. 2nd ed. New York: Columbia University Press, 1914.

———. *The Physical Basis of Heredity*. Philadelphia: Lippincott, 1919.

———. *Regeneration*. New York: Macmillan, 1901.

———. "Whole Embryos and Half Embryos from One of the First Two Blastomeres of the Frog's Egg." *Anatomischer Anzeiger* 10 (1894–95): 623–38.

Morley, John, Viscount. *Recollections*. 2 vols. London: Macmillan, 1917.

Moxon, E. R., P. B. Rainey, M. A. Nowak, and R. A. Lenski. "Adaptive Evolution of Highly Mutable Loci in Pathogenic Bacteria." *Current Biology* 4 (1994): 24–33.

Müller, Gerd B. "Epigenetic Innovation." In *Evolution: The Extended Synthesis*, edited by Massimo Pigliucci and Gerd B. Müller, 307–32. Cambridge, MA: MIT Press, 2010.

Müller, Gerd B., and Stuart A. Newman, eds. *The Origination of Organismal Form: Beyond the Gene in Developmental and Evolutionary Biology*. Cambridge, MA: MIT Press, 2003.

———, "Origination of Organismal Form: The Forgotten Cause in Evolutionary Theory." In *The Origination of Organismal Form: Beyond the Gene in Developmental and Evolution-*

ary Biology, edited by Gerd B. Müller and Stuart A. Newman, 3–10. Cambridge, MA: MIT Press, 2003.

Müller, Johannes. *Elements of Physiology*. Translated by William Baly and edited by John Bell. Philadelphia: Lea and Blanchard, 1843.

———. *Zur vergleichenden Physiologie des Gesichtssinnes des Menschen und der Thiere, nebst einem Versuch über die Bewegung der Augen und über den menschlichen Blick*. Leipzig: C. Cnobloch, 1826.

Nägeli, Carl. *Entstehung und Begriff der Naturhistorischen Art*. Munich: Königlich-Bayerische Akademie, 1865.

———. *A Mechanico-Physiological Theory of Organic Evolution*. 1884. Chicago: Open Court, 1914.

Naudé, Gabriel. *Apologie pour tous les grands hommes, qui ont esté accusez de magie*. 1625. Paris: Eschart, 1669.

Newell, Allen and Herbert A. Simon. *Human Problem Solving*. Englewood Cliffs, NJ: Prentice-Hall, 1972.

Newman, Stuart A. "The Fall and Rise of Systems Biology: Recovering from a Half-Century Gene Binge." *GeneWatch* 16, no. 4 (2003): 8–12.

Newman, Stuart A., and Gerd B. Müller. "Genes and Form: Inherency in the Evolution of Developmental Mechanics." In *Genes in Development: Re-reading the Molecular Paradigm*, edited by E. M. Newmann-Held and C. Rehmann-Sutter, 38–73. Durham, NC: Duke University Press, 2006.

Newton, Isaac. *Opticks, or A Treatise of the Reflections, Refractions, Inflections & Colours of Light*. 1706. New ed., based on the 4th ed. of 1730. New York: Dover, 1952.

Nicolai, Friedrich. *Anekdoten von König Friedrich II. von Preussen, und von einigen Personen, die um ihn waren*. 6 vols. Berlin, 1788–92.

———. *Chronique à travers l'Allemagne et la Suisse*. 2 vols. Berlin, 1783.

Oresme, Nicole. *Le livre du ciel du monde*. Edited by Albert D. Menut and Alexander J. Denomy and translated by Albert D. Menut. Madison: University of Wisconsin Press, 1968.

Osborn, Henry Fairfield. *Impressions of Great Naturalists: Reminiscences of Darwin, Huxley, Balfour, Cope, and Others*. New York: C. Scribner's Sons, 1924.

Otto, Rudolf. "Darwinism and Religion." In *Religious Essays: A Supplement to the Idea of the Holy*, translated by Brian Lunn, 121–39. Oxford: Oxford University Press, 1931.

———. *Naturalism and Religion*. Translated by J. Arthur Thomson and Margaret R. Thomson. Edited with an introduction by the Rev. W. D. Morrison, LLD. London: Williams and Norgate, 1907.

Paley, William. *Natural Theology: Or, Evidences of the Existence and Attributes of the Deity, Collected from the Appearances of Nature*. 12th ed. London: J. Faulder, 1809.

Paré, Ambroise. *The Collected Works of Ambroise Paré*. Translated by Thomas Johnson. 1634. Pound Ridge, NY: Milford House, 1968.

Parsons, James. *Philosophical Observations on the Analogy between the Propagation of Animals and That of Vegetables*. London: C. Davis, 1752.

Pascal, Blaise. "Pascal on His Calculating Machine." Translated by L. Leland Locke. In

A *Source Book in Mathematics,* edited by David Eugene Smith, 165–72. New York: Dover, 1959.

Paulsen, Friedrich. *The German Universities: Their Character and Historical Development.* Translated by Edward Delavan Perry. New York: Macmillan, 1895.

Pavlov, Ivan Petrovich. *Conditioned Reflexes: An Investigation of the Physiological Activity of the Cerebral Cortex.* Edited and translated by G. V. Anrep. London: Oxford University Press, 1927.

Perrault, Claude. *Essais de physiques: ou Recueil de plusieurs traités touchant les choses naturelles.* 3 vols. Paris: Jean Baptiste Coignard, 1680.

Perrault, Claude and Pierre Perrault. *Œuvres diverses de physique et de mechanique.* 2 vols. Leiden: Chez P. van der Aa, 1721.

Pettit, Auguste, ed. *À Charles Richet de ses amis, ses collègues, ses élèves. 22 Mai 1926.* Paris: Éditions médicales, 1926.

Piattelli-Palmarini, Massimo. "Evolution, Selection, and Cognition: From 'Learning' to Parameter Setting in Biology and in the Study of Language." *Cognition* 31 (1989): 1–44.

Pigliucci, Massimo, and Gerd B. Müller, eds. *Evolution: The Extended Synthesis.* Cambridge, MA: MIT Press, 2010.

Pinker, Steven. *How the Mind Works.* New York: Norton, 1997.

Plato. *Dialogues.* Translated by Benjamin Jowett. 4th ed. Oxford, UK: Clarendon Press, 1953.

Pluche, Noël Antoine, abbé. *Le spectacle de la nature, ou, Entretiens sur les particularités de l'histoire naturelle.* 8 vols. Paris: Frères Estienne, 1732–50.

Poe, Edgar Allan. "Maelzel's Chess-Player." In *The Works of Edgar Allan Poe,* edited by Edmund Clarence Stedman and George Edward Woodberry, 9:173–212. New York: 1914.

Priestley, Joseph. *Disquisitions Relating to Matter and Spirit. To Which Is Added the History of the Philosophical Doctrine concerning the Origin of the Soul . . .* 2nd ed. 2 vols. Birmingham, UK: Pearson and Rollason for J. Johnson, 1782.

Priestley, Joseph and Richard Price. *A Free Discussion of the Doctrines of Materialism, and Philosophical Necessity, in a Correspondence between Dr. Price and Dr. Priestley.* London: J. Johnson and T. Cadell, 1778.

Przibram, Hans. *Embryogeny: An Account of the Laws Governing the Development of the Animal Egg as Ascertained Through Experiment.* Cambridge: Cambridge University Press, 1908.

Quantz, Johann Joachim. *Versuch einer Anweisung die Flöte traversiere zu spielen.* Berlin: J. F. Voss, 1752.

Quesnay, François. "Analyse du tableau économique" (1758). In *Œuvres,* 305–29.

———. *L'art de guérir par la saignée.* Paris: G. Cavelier, 1736.

———. *Essai physique sur l'œconomie animale.* Paris, 1736.

———. "Maximes générales du gouvernement économique d'un royaume agricole" (1758). In *Œuvres,* 330–36.

———. *Observations sur les effets de la saignée.* Paris, 1730.

———. *Œuvres économiques et philosophiques.* Frankfurt: Joseph Baer and Paris, France: Jules Peelman, 1888.

———. "Questions intéressantes sur la population, l'agriculture et le commerce" (1758). In *Œuvres*, 250–304.

———. "Sur les travaux des artisans, second dialogue" (1766). In *Œuvres*, 526–54.

———. *Traité des effets et de l'usage de la saignée*. Paris: D'Houry père, 1750.

Ramelli, Agostino. *The Various and Ingenious Machines of Agostino Ramelli (1588)*. Edited by Eugene S. Ferguson and translated by Martha Teach Gnudi. Baltimore: Johns Hopkins University Press, 1976.

Ramus, Peter. *Scholarum mathematicarum libri unus et triginta*. 1569. Frankfurt, 1627.

Ranke, Leopold von. *The Secret of World History: Selected Writings on the Art and Science of History*. Edited and translated by Roger Wines. New York: Fordham University Press, 1981. (*SWH*)

———. *The Theory and Practice of History*. Edited with an introduction by Georg G. Iggers. Oxford: Routledge, 2011.

Ray, John. *The Wisdom of God Manifested in the Works of the Creation*. 1692. 7th ed. London, 1717.

Réaumur, Antoine René Ferchault de. *Mémoires pour server à l'histoire des insectes*. Vols. 1–6. Paris: Imprimerie royale, 1734–42. Vol. 7. Paris: Paul Lechevalier, 1928.

Régis, Pierre Sylvain. *Cours entier de philosophie, ou système général selon les principes de M. Descartes*. 3 vols. Amsterdam: Huguetan, 1691.

Reisel, Salomon. "Concerning the Sipho Wirtembergicus Stutgardiae." *Philosophical Transactions of the Royal Society of London* 15 (1685): 1272–73.

Ricci, Matteo. *China in the Sixteenth Century: The Journals of Matthew Ricci, 1583–1610*. 1615. Edited by Nicolas Trigault and translated by Louis J. Gallagher. New York: Random House, 1953.

Ridley, Mark. *The Problems of Evolution*. Oxford: Oxford University Press, 1985.

Rivarol, Antoine. *Discours sur l'universalité de la langue française*. In *Œuvres choisies de Rivarol*, 1:1–82. Paris: Librairie des Bibliophiles, 1880.

———. *Lettre à M. le Président de *** sur le globe airostatique, sur les têtes parlantes et sur l'état présent de l'opinion publique à Paris: Pour servir de suite à la Lettre sur le poème des Jardins*. London; Paris: Cailleau, 1783.

Robert-Houdin, Jean-Eugène. *Memoirs of Robert-Houdin, King of the Conjurers*. 1858. Translated by Lascelles Wraxall. New York: Dover, 1964.

———. *The Secrets of Conjuring and Magic, Or, How to Become a Wizard*. 1868. Edited and translated by Prof. Hoffmann. 5th ed. London: Routledge, 1877.

Robinet, Jean-Baptiste. *De la nature*. Amsterdam: E. van Harrevelt, 1761.

Robinson, Henry Crabb. *Diary, Reminiscences, and Correspondence of Henry Crabb Robinson*. Edited by Thomas Sadler. 2nd ed. 3 vols. London: Macmillan, 1869.

Romanes, George John. "The Darwinism of Darwin, and of the Post-Darwinian Schools." *Monist* 6, no. 1 (1895): 1–27.

Rosenblueth, Arturo, Norbert Wiener, and Julian Bigelow. "Behavior, Purpose, and Teleology." *Philosophy of Science* 10, no. 1 (1943): 18–34.

Rothschild, James de, ed. *Le mistère du viel testament*. 6 vols. Paris: Firmin Didot, 1878–91.

Rousseau, Jean-Jacques. *Les confessions*. 1770. 12 vols. Paris: Launette, 1889.

————. *Correspondance complète de Jean-Jacques Rousseau.* Edited by R. A. Leigh et al. 52 vols. Geneva: Institut et Musée Voltaire, 1965–98.

————. *Discours qui a remporté le prix a l'Academie de Dijon en l'année 1750: Sur cette question proposée par la meme académie, si le rétablissement des sciences & des arts a contribute à épurer les mœurs. (Discours sur les sciences et les arts).* Geneva: Barillot et fils, 1750.

————. *Discours sur l'origine et les fondements de l'inégalité parmi les hommes.* 1755. Paris: Librairie de la Bibliothèque Nationale, 1899.

————. *Du contrat social.* 1762. Introduced by Bertrand de Jouvenel. Geneva: C. Bourquin, 1947.

————. "Economie ou Œconomie." In *L'Encyclopédie, ou, Dictionnaire raisonné des sciences, des arts, et des métiers, par une societé des gens de lettres,* edited by Denis Diderot and Jean d'Alembert, 5:337–49. Paris, 1755.

————. *Émile, ou De l'education.* 1762. Paris: Firmin Didot, 1854.

Roux, Wilhelm. "Autobiographie." In *Die Medizin in der Gegenwart in Selbstdarstellungen,* edited by L. R. R. Grote, 1:141–206. Leipzig: Felix Meiner, 1923.

————. *Beitrag zur Entwickelungsmechanik des Embryo.* Vienna: Hof- und Staatsdruckerei, 1892.

————. "Beiträge zur Entwickelungsmechanik des Embryo: Über die künstliche Hervorbringung halber Embryonen durch Zerstörung einer der beiden ersten Furchungskugeln, sowie über die Nachentwickelung (Postgeneration) der fehlenden Körperhälfte." In *Gesammelte Abhandlungen über Entwickelungsmechanik der Organismen,* 2:419–520. Leipzig: William Engelmann, 1895.

————. "Einleitung zum Archiv für Entwickelungsmechanik." *Archiv für Entwicklungsmechanik* 1 (1894): 1–42.

————. "Die Entwickelungsmechanik der Organismen: Eine anatomische Wissenschaft der Zukunft." In *Gesammelte Abhandlungen über Entwickelungsmechanik der Organismen,* 2:24–54. Leipzig: William Engelmann, 1895.

————. *Die Entwickelungsmechanik: Ein neuer Zweig der biologischen Wissenschaft.* Leipzig: William Engelmann, 1905.

————. *Der Kampf der Teile im Organismus: Ein Beitrag zur vervollständigung der mechanischen Zweckmässigkeitslehre.* Leipzig: Engelmann, 1881.

————. "Meine entwicklungsmechanische Methodik." In *Handbuch der biologischen Arbeitsmethoden,* edited by Emil Aberhalden, vol. 5, part 3A:539–616. Berlin: Urban and Schwarzenberg, 1923.

————. "Über den 'Cytotropismus' der Furchungszellen des Grasfrosches (Rana fusca)." *Archiv für Entwicklungsmechanik* 1 (1894): 43–68.

————. *Über die Bedeutung der Kerntheilungsfiguren: Eine hypothetische Erörterung.* Leipzig: Engelmann, 1883.

————. "Über die Bedeutung 'geringer' Verschiedenheiten der relative Größe der Furchungszellen für den Charakter des Furchungsschemas: Nebst Erörterung über die nächsten Ursachen der Anordnung und Gestalt der ersten Furchungszellen." *Archiv für Entwicklungsmechanik der Organismen* 4, no. 1 (1896): 5–40.

Russell, E. S. *Form and Function: A Contribution to the History of Animal Morphology.* London: John Murray, 1916.

Sabbattini, Nicola. *Manual for Constructing Theatrical Scenes and Machines*. Edited by Barnard Hewitt. Coral Gables, FL: University of Miami Press, 1958.

Saint-Hilaire, Étienne Géoffroy. *Philosophie anatomique*. 2 vols. Paris: J.-B. Baillière, 1818.

Saint-Pierre, Jacques-Henri-Bernardin de. *Études de la nature*. 4 vols. Paris: Didot, 1784–88.

Saumarez, Richard. *A New System of Physiology*. 2nd ed. 2 vols. London: J. Davis, 1799.

Scheiner, Christoph. *Oculus*. Innsbruck, 1619.

Schelling, Friedrich Wilhelm Joseph von. *Ideen zu einer Philosophie der Natur: Als Einleitung in das Studium dieser Wissenschaft*. Landshut, Germany: Philipp Krüll, 1805.

Schimansky-Geier, Lutz, Bernold Fiedler, J. Kurths, and Eckehard Schöll, eds. *Analysis and Control of Complex Non-Linear Processes in Physics, Chemistry and Biology*. London: World Scientific Publishing Company, 2007.

Schreiber, Heinrich. *Geschichte der Stadt und Universität Freiburg im Breisgau: Geschichte der Albert-Ludwigs-Universität zu Freiburg im Breisgau*. 1859. Charleston, SC: Nabu, 2011.

Schrödinger, Erwin. "Mind and Matter." 1956. In *What Is Life?* 91–164. Cambridge: Cambridge University Press, 1967.

———. *What Is Life?* 1944. Cambridge: Cambridge University Press, 1967.

Scudéry, Madeleine de. *Madeleine de Scudéry, sa vie et sa correspondance*. Edited by Edme Jacques Benoît Rathéry and Boutron. Paris: L. Techener, 1873.

Scudéry, Marie-Françoise de Martinvast de. *Lettres de mesdames de Scudéry, de Salvan de Saliez et de mademoiselle Descartes*. Paris: Léopold Collin, 1806.

Shannon, Claude E. *Claude Elwood Shannon: Collected Papers*. Edited by N. J. A. Sloane and Aaron D. Wyner. New York: IEEE Press, 1993.

———. "Computers and Automata." 1953. In *Claude Elwood Shannon: Collected Papers*, edited by N. J. A. Sloane and Aaron D. Wyner, 703–10. New York: IEEE Press, 1993.

———. "Game Playing Machines." 1955. In *Claude Elwood Shannon: Collected Papers*, edited by N. J. A. Sloane and Aaron D. Wyner, 786–92. New York: IEEE Press, 1993.

———. "The Potentialities of Computers." 1953. In *Claude Elwood Shannon: Collected Papers*, edited by N. J. A. Sloane and Aaron D. Wyner, 691–94. New York: IEEE Press, 1993.

———. "Presentation of a Maze Solving Machine." 1952. In *Claude Elwood Shannon: Collected Papers*, edited by N. J. A. Sloane and Aaron D. Wyner, 681–87. New York: IEEE Press, 1993.

Shapiro, James A. "Bacteria Are Small but Not Stupid: Cognition, Natural Genetic Engineering and Socio-Bacteriology." *Studies in the History and Philosophy of Biological and Biomedical Sciences* 38 (2007): 807–19.

———. "Barbara McClintock, X-Rays and Self-Aware, Self-Healing Cells." *Huffington Post*, March 8, 2012. Accessed October 2013. http://www.huffingtonpost.com/james-a -shapiro/barbara-mcclintock-x-rays_b_1322879.html.

———. *Evolution: A View from the 21st Century*. Upper Saddle River, NJ: FT Press Science, 2011.

Shelley, Mary. *Frankenstein, or the Modern Prometheus* (1818). In *Frankenstein: The 1818 Text, Contexts, Nineteenth-Century Responses, Modern Criticism*, edited by J. Paul Hunter, 169–73. New York: W. W. Norton, 1996.

———. "Introduction to *Frankenstein*, Third Edition (1831)." In *Frankenstein: The 1818 Text, Contexts, Nineteenth-Century Responses, Modern Criticism*, by Mary Shelley, edited by J. Paul Hunter, 169–73. New York: W. W. Norton, 1996.

Simon, Herbert A. *Administrative Behavior: A Study of Decision-Making Processes in Administrative Organization*. New York: Free Press, 1947.

———. "A Behavioral Model of Rational Choice." *Quarterly Journal of Economics* 69 (1955): 99–188.

———. *Models of Bounded Rationality*. 3 vols. Cambridge, MA: MIT Press, 1982–97.

———. *Models of Discovery: And Other Topics in the Methods of Science*. Dordrecht: Reidel, 1977.

———. *Models of Man: Social and Rational; Mathematical Essays on Rational Human Behavior in a Social Setting*. New York: Wiley, 1957.

———. *Models of Thought*. 2 vols. New Haven, CT: Yale University Press, 1979–89.

———. *Reason in Human Affairs*. Stanford, CA: Stanford University Press, 1983.

———. *The Sciences of the Artificial*. Cambridge, MA: MIT Press, 1969.

Skinner, B. F. *The Behavior of Organisms: An Experimental Analysis*. New York: Appleton-Century-Crofts, 1938.

———. *Science and Human Behavior*. 1953. Cambridge, MA: B. F. Skinner Foundation, 2005.

Smail, Daniel Lord. *On Deep History and the Brain*. Berkeley: University of California Press, 2008.

Smellie, William. *The Philosophy of Natural History*. 2 vols. Dublin, 1790.

Smith, Adam. *An Inquiry into the Nature and Causes of the Wealth of Nations*. 1776. Edited by Edwin Cannan. 2 vols. London: Methuen, 1904.

———. *The Theory of Moral Sentiments*. London: A. Millar, 1759.

Solé, Ricard V., and Brian Goodwin. *Signs of Life: How Complexity Pervades Biology*. New York: Basic Books, 2000.

Sommer, H. Oskar, ed. *Lestoire del Saint Graal*. Vol. 1 of *The Vulgate Version of the Arthurian Romances*. Washington, DC: Carnegie Institution, 1909.

Spallanzani, Lazzaro. *Nouvelles recherches sur les découvertes microscopiques, et la génération des corps organisés*. 2 vols. London, 1769.

Spencer, Herbert. *Essays: Scientific, Political, and Speculative*. 3 vols. New York: D. Appleton, 1891.

———. *The Principles of Biology*. 1864. Revised and expanded ed. 2 vols. New York: D. Appleton, 1898–1900.

Spinoza, Benedict. *Benedict de Spinoza: His Life, Correspondence, and Ethics*. Edited and translated by Robert Willis. London: Trübner, 1870.

———. *The Correspondence of Spinoza*. Edited and translated by Abraham Wolf. Reprint. Whitefish, MT: Kessinger, 2003.

Spränger, Eduard. *Wandlungen im Wesen der Universität seit 100 Jahren*. Leipzig: E. Wiegandt, 1913.

Stahl, Georg Ernst. *Œuvres médico-philosophiques et pratiques*. Edited and translated by T. Blondin. 5 vols. Paris: Baillière: 1859–64.

Steele, Edward J. *Somatic Selection and Adaptive Evolution: On the Inheritance of Acquired Characters*. 2nd ed. Chicago: University of Chicago Press, 1981.

Stokes, G. G., W. H. Miller, C. Wheatstone, and R. Willis. "Report of a Committee Appointed by the Council to Examine the Calculating Engine of M. Scheutz." *Proceedings of the Royal Society* 7 (1855): 499–509.

Stow, John, and Edmund Howes. *Annales, or, a Generall Chronicle of England: Begun by John Stow; Continued and Augmented with Matters Forraigne and Domestique, Ancient and Moderne, unto the End of This Present Yeere, 1631.* London: Printed by John Beale, Bernard Alsop, Thomas Fawcett, and Augustine Matthewes, impensis Richardi Meighen, 1632.

Strada, Famiano. *De bello belgico: The History of the Low-Countrey Warres.* Translated by Sr. Rob Stapylton. London: H. Moseley, 1650.

Stresemann, Erwin. *Ornithology from Aristotle to the Present.* 1951. Edited by G. William Cottrell, with a foreword and epilogue by Ernst Mayr. Translated by Hans J. Epstein and Cathleen Epstein. Cambridge, MA: Harvard University Press, 1975.

Swammerdam, Jan. *The Book of Nature: Or, the History of Insects.* 1676–79. Translated by Thomas Flloyd. London: C. G. Seyffert, 1758.

Swift, Jonathan. *The Writings of Jonathan Swift: Authoritative Texts, Backgrounds, Criticism.* Edited by Robert A Greenberg and William Bowman Piper. New York: W. W. Norton, 1973.

Taylor, Richard. *Action and Purpose.* Englewood Cliffs, NJ: Prentice-Hall, 1966.

Thibault, Dieudonné. *Mes souvenirs de vingt ans de séjour à Berlin: ou Frédéric le Grand, sa famille, sa cour, son gouvernement, son académie, ses écoles, et ses amis littérateurs et philosophes.* 2nd ed. Paris: F. Buisson, 1805.

Thicknesse, Philip. *The Speaking Figure and the Automaton Chess-Player.* London: J. Stockdale, 1784.

Thompson, D'Arcy Wentworth. *On Growth and Form.* 1917. New ed. Cambridge: Cambridge University Press, 1945.

Thrun, Sebastian, Wolfram Burgard, and Dieter Fox. *Probabilistic Robotics.* Cambridge, MA: MIT Press, 2005.

Toland, John. *Letters to Serena.* London: Bernard Lintot, 1704.

Tors, Lambert li, and Alexandre de Bernay. *Li romans d'Alixandre.* Edited by Heinrich Michelant. Vol. 13 of *Bibliothek des literarischen Vereins in Stuttgart.* Stuttgart: Anton Hiersemann, 1846.

Tougard, Albert, ed. *Documents concernant l'histoire littéraire du XVIIIe siècle.* 2 vols. Rouen, France: A. Lestringant, 1912.

Tourneux, Maurice, ed. *Correspondance littéraire, philosophique et critique par Grimm, Diderot, Raynal, Meister, etc.* 16 vols. Paris: Garnier frères, 1877–82.

Troyes, Chrétien de. *Perceval le Gallois ou le conte du Graal.* Edited by Charles Potvin. 6 vols. Mons, Belgium: Société des bibliophiles belges, 1866–71.

Trublet, abbé. *Mémoires pour servir à l'histoire de la vie et des ouvrages de M. de Fontenelle.* Amsterdam: Marc Michel Rey, 1759.

Turing, Alan. "Can Digital Computers Think?" 1951. In *The Essential Turing: Seminal Writings in Computing, Logic, Philosophy, Artificial Intelligence, and Artificial Life, plus the Secrets of Enigma,* edited by B. Jack Copeland, 476–86. Oxford: Oxford University Press, 2004.

————. "The Chemical Basis of Morphogenesis." *Philosophical Transactions of the Royal Society of London. Series B, Biological Sciences* 237, no. 641 (August 14, 1952): 37–72.

————. "Computing Machinery and Intelligence." *Mind* 59, no. 236 (1950): 433–60.

————. *The Essential Turing: Seminal Writings in Computing, Logic, Philosophy, Artificial Intelligence, and Artificial Life, plus the Secrets of Enigma.* Edited by B. Jack Copeland. Oxford: Oxford University Press, 2004.

————. "Intelligent Machinery, A Heretical Theory." 1951. In *The Essential Turing: Seminal Writings in Computing, Logic, Philosophy, Artificial Intelligence, and Artificial Life, plus the Secrets of Enigma,* edited by B. Jack Copeland, 465–75. Oxford: Oxford University Press, 2004.

————. "Intelligent Machinery: A Report by A.M. Turing." 1948. In *The Essential Turing: Seminal Writings in Computing, Logic, Philosophy, Artificial Intelligence, and Artificial Life, plus the Secrets of Enigma,* edited by B. Jack Copeland, 395–432. Oxford: Oxford University Press, 2004.

————. "Lecture on the Automatic Computing Engine." 1947. In *The Essential Turing: Seminal Writings in Computing, Logic, Philosophy, Artificial Intelligence, and Artificial Life, plus the Secrets of Enigma,* edited by B. Jack Copeland, 362–94. Oxford: Oxford University Press, 2004.

————. "On Computable Numbers, with an Application to the Entscheidungsproblem." *Proceedings of the London Mathematical Society,* series 2, vol. 42, no. 1 (1937): 230–65.

Turing, Alan, Richard Braithwaite, Geoffrey Jefferson, and Max Newman. "Can Automatic Calculating Machines Be Said to Think?" 1952. In *The Essential Turing: Seminal Writings in Computing, Logic, Philosophy, Artificial Intelligence, and Artificial Life, plus the Secrets of Enigma,* edited by B. Jack Copeland, 487–506. Oxford: Oxford University Press, 2004.

Turriano, Juanelo. *The Twenty-One Books of Devices and of Machines.* Edited by José A. García-Diego. Madrid: Colegio de ingenieros de Caminos, Canales y Puertos, 1983–84.

Twain, Mark. "Dr. Loeb's Incredible Discovery." 1910. In *Europe and Elsewhere,* 304–9. New York: Harper, 1923.

Ure, Andrew. "An Account of Some Experiments Made on the Body of a Criminal Immediately after Execution, with Physiological and Practical Observations." *Journal of Science and the Arts* 6 (1819): 283–94.

Valla, Giorgio. *Georgii Vallae Placentini viri clari de expetendis, et fugiendis rebus opus.* Venice: In aedibvs Aldi Romani, 1501.

Van Emden, Wolfgang, ed. *Jeu d'Adam.* Edinburgh: Société Rencesvals British Branch, 1996.

Varela, Francisco J., Evan Thompson, and Eleanor Rosch. *The Embodied Mind: Cognitive Science and Human Experience.* Cambridge, MA: MIT Press, 1991.

Vasari, Giorgio. *Lives of the Most Eminent Painters, Sculptors and Architects.* Translated by Gaston de Vere. 10 vols. London: Macmillan and the Medici Society, 1912–15.

Vaucanson, Jacques. *Le mécanisme du fluteur automate.* Translated by J. T. Desaguliers. 1738. Buren, the Netherlands: F. Knuf, 1979.

————. *Mémoire sur un nouveau métier à tisser la soye.* 1749. AN F/12/642, reproduced in

André Doyon and Lucien Liaigre, *Jacques Vaucanson, mécanicien de génie*, 463–71. Paris: Presses universitaires de France, 1967.

Vitruvius: Ten Books on Architecture, The Corsini Incunabulum with the annotations and drawings of Giovanni Battista da Sangallo. Edited with an introduction by Ingrid D. Rowland. Rome: Edizioni dell'Elefante, 2003.

Vogel, Albrecht. *Die Semisäcularfeier der K.K. Evangelisch-theologischen Facultät in Wien am 25. April 1871. Im Auftrage des Professorencollegiums*. Vienna: W. Braumüller, 1872.

Volta, Alessandro. *On the Electricity Excited by the Mere Contact of Conducting Substances of Different Kinds*. 1800. Milan: U Hoepli, 1999.

Voltaire, François Marie Arouet de. *Les Cabales, un œuvre pacifique*. London: s.l., 1772.

———. *Candide, ou L'optimisme*. 1759. Paris: Hachette, 1913.

———. *Correspondence and Related Documents*. 51 vols. Edited by Theodore Besterman. Vols. 85–135 of *Œuvres complètes de Voltaire*, edited by Theodore Besterman et al. Geneva: Voltaire Foundation, 1968–77.

———. *Dictionnaire philosophique*. 1764. Edited by Julien Benda and Raymond Naves. Paris: Garnier, 1954.

———. "Histoire." In *L'Encyclopédie, ou Dictionnaire raisonné des sciences, des arts, et des métiers, par une societé des gens de lettres*, edited by Denis Diderot and Jean d'Alembert, 8:220–25. Paris, 1765.

———. *Lettres philosophiques*. 1734. Paris: Hachette, 1917.

———. *Œuvres complètes de Voltaire*. Edited by Theodore Besterman et al. 143 vols. Geneva, Banbury, Oxford, UK: Voltaire Foundation, 1968–. (*OCV*)

———. *Œuvres de Voltaire*. Edited by Adrien-Jean-Quentin Beuchot. Paris: Firmin Didot, 1831.

———. *Traité de métaphysique*. 1734. In *OCV*, 14:357–503.

Von Neumann, John. *Theory of Self-Reproducing Automata*. Edited by Arthur W. Burks. Urbana: University of Illinois Press, 1966.

Waddington, C.H. *An Introduction to Modern Genetics*. London: Allen and Unwin, 1939.

———. *Organisers and Genes*. Cambridge: Cambridge University Press, 1940.

———. *The Strategy of the Genes: A Discussion of Some Aspects of Theoretical Biology*. London: Allen and Unwin, 1957.

Waldeyer-Hartz, Heinrich Wilhelm Gottfried von. "Über Karyokinese und ihre Beziehungen zu den Befruchtungsvorgängen." *Archiv für Mikroskopische Anatomie* 32 (1888): 1–122.

Wallace, Alfred Russel. *Alfred Russel Wallace, Letters and Reminiscences*. Edited by James Marchant. New York: Harper, 1916.

———. "The Limits to Natural Selection as Applied to Man." In *Contributions to the Theory of Natural Selection*, 332–71. London: Macmillan, 1870.

———. "On the Origin of Human Races and the Antiquity of Man Deduced from the Theory of 'Natural Selection.'" *Anthropological Review* 2 (1864): clviii–clxxxv.

———. "On the Tendency of Varieties to Depart Indefinitely from the Original Type." *Journal of the Proceedings of the Linnean Society: Zoology* 3, no. 9 (August 20, 1858): 53–62.

Walpole, Horace. *The Letters of Horace Walpole, Fourth Earl of Oxford*. Edited by Paget Toynbee. 16 vols. Oxford, UK: Clarendon Press, 1903–05.

Walter, William Grey. "An Imitation of Life." *Scientific American* 182, no. 5 (1950): 42–45.

———. *The Living Brain.* New York: Norton, 1953.

Ward, Lester Frank. *Neo-Darwinism and Neo-Lamarckism: Annual Address of the President of the Biological Society of Washington.* Washington, DC: Gidney and Roberts, 1891.

Waterworth, James, ed. *The Canons and Decrees of the Sacred and Oecumenical Council of Trent.* London: Dolman, 1848.

Watson, James D. *Avoid Boring People: Lessons from a Life in Science.* New York: Knopf, 2007.

Watson, John B. "Psychology as the Behaviorist Views It." *Psychological Review* 20 (1913): 158–77.

Wayne, Randy O. *Plant Cell Biology: From Astronomy to Zoology.* San Diego, CA: Elsevier, 2009.

Weber, Bruce H., and David J. Depew, eds. *Evolution and Learning: The Baldwin Effect Reconsidered.* Cambridge, MA: MIT Press, 2003.

Weber, Max. *The Protestant Ethic and the Spirit of Capitalism.* Translated by Talcott Parsons. New York: Scribner, 1930.

———. "The Psychology of World Religions." In *From Max Weber: Essays in Sociology,* edited and translated by H. H. Gerth and C. Wright Mills, chap 12. New York: Oxford University Press, 1946.

———. "Science as a Vocation." 1917. In *Max Weber's Complete Writings on Academic and Political Vocations,* edited and with an introduction by John Dreijmanis, translated by Gordon C. Wells, 25–52. New York: Algora, 2008.

———. *The Sociology of Religion.* Translated by Ephraim Fischoff. Boston: Beacon Press, 1963.

Weismann, August. *August Weismann: Ausgewählte Briefe und Dokumente, Selected Letters and Documents.* Edited by Frederick B. Churchill and Helmut Risler. 2 vols. Freiburg im Breisgau, Germany: Universitätsbibliothek, 1999.

———. *Essays upon Heredity and Kindred Biological Problems.* Edited and translated by Edward B. Poulton, Selmar Schönland, and Arthur E. Shipley. 2 vols. Oxford, UK: Clarendon Press, 1889–92.

———. *The Evolution Theory.* Translated by J. Arthur Thomson and Margaret R. Thomson. 2 vols. London: Edward Arnold, 1904.

———. *The Germ-Plasm: A Theory of Heredity.* Translated by W. Newton Parker and Harriet Rönnfeldt. New York: Scribner's, 1893.

———. *On Germinal Selection as a Source of Definite Variation.* Translated by Thomas J. McCormack. Chicago: Open Court, 1896.

———. "On Heredity." 1886. In *Essays upon Heredity and Kindred Biological Problems,* edited and translated by Edward B. Poulton, Selmar Schönland, and Arthur E. Shipley, 1:69–106. Oxford, UK: Clarendon Press, 1889–92.

———. "On the Mechanical Conception of Nature." In *Studies in the Theory of Descent,* edited and translated by Raphael Meldola, 2:634–718. London: Sampson, Low, Marston, Searle, and Rivington, 1882.

———. "On the Supposed Botanical Proofs of the Transmission of Acquired Characters." 1888. In *Essays upon Heredity and Kindred Biological Problems,* edited and translated by

Edward B. Poulton, Selmar Schönland, and Arthur E. Shipley, 1:385–417. Oxford, UK: Clarendon Press, 1889.

———. *Studies in the Theory of Descent*. Edited and translated by Raphael Meldola, with a prefatory notice by Charles Darwin. 2 vols. London: Sampson, Low, Marston, Searle, and Rivington, 1882.

———. "The Supposed Transmission of Mutations." 1888. In *Essays upon Heredity and Kindred Biological Problems*, edited and translated by Edward B. Poulton, Selmar Schönland, and Arthur E. Shipley, 1:419–48. Oxford, UK: Clarendon Press, 1889–92.

Wharton, Edith. *Italian Villas and Their Gardens*. 1904. Reprint. New York: Da Capo Press, 1976.

Wheeler, William Morton. "On Instincts." *Journal of Abnormal Psychology* 15 (1920–21): 295–318.

Wiener, Norbert. *Cybernetics: or, Control and Communication in the Animal and the Machine*. 1948. 2nd ed. Cambridge, MA: MIT Press, 1961.

———. *The Human Use of Human Beings: Cybernetics and Society*. Boston: Houghton Mifflin, 1950.

Wilkins, John. *Mathematicall Magick, or, The Wonders That May Be Performed by Mathematicall Geometry*. London: Sa. Gellibrand, 1648.

Willier, Benjamin H., and Jane M. Oppenheimer, eds. *Foundations of Experimental Embryology*. 2nd ed. New York: Hafner Press, 1974.

Willis, Robert. *An Attempt to Analyse the Automaton Chess Player of Mr. de Kempelen with an Easy Method of Imitating the Movements of That Celebrated Engine*. London: J. Booth, 1821.

———. "On the Vowel Sounds, and on Reed Organ-Pipes." *Transactions of the Cambridge Philosophical Society* 3 (1830): 231–68.

Willis, Thomas. *Cerebri Anatome: Cui accessit nervorum desciprtio et usus*. Londini [London]: Typis Ja. Flesher: Impensis Jo. Martyn and Ja. Allestry, 1664.

———. *Two Discourses concerning the Soul of Brutes: Which Is That of the Vital and Sensitive of Man*. London: Thomas Dring, 1683.

Wimpheling, Jacob, ed. *Petri Schotti Argentinensis Patricii: Juris utriusque doctoris consultissimi; Oratoris et Poetae elegantissimi: graecaeque linguae probe aeruditi: Lucubraciunculae ornatissimae*. Strasbourg: Martin Schott, 1498.

Windisch, Karl Gottlieb. *Inanimate Reason; or, A Circumstantial Account of that Astonishing Piece of Mechanism, De Kempelen's Chess-Player*. London: S. Bladon, 1784.

———. *Lettres sur le joueur d'échecs de M. de Kempelen*. Basel: Chez l'éditeur, 1783.

Woodcroft, Bennet, trans. and ed. *The Pneumatics of Hero of Alexandria, from the Original Greek*. London: Taylor, Walton and Maberly, 1851.

Wordsworth, William. *The Complete Poetical Works of William Wordsworth*. Edited by John Morley. London: Macmillan, 1888.

Wriothesley, Charles. *A Chronicle of England during the Reign of the Tudors, 1485–1559*. Edited by William Hamilton. 2 vols. London: Camden Society, 1875.

Zahn, Johann. *Oculus artificialis teledioptricus sive telescopium*. Herbipoli [Würzburg]: Sumptibus, Querini, Heyl..., 1685–86.

Zhivotovsky, L. A. "A Model of the Early Evolution of Soma-to-Germline Feedback." *Journal of Theoretical Biology* 216, no. 1 (2002): 51–57.

Secondary Sources

Adelmann, Howard B. *Marcello Malpighi and the Evolution of Embryology*. 5 vols. Ithaca, NY: Cornell University Press, 1966.

Alder, Ken. *Engineering the Revolution: Arms and Enlightenment in France, 1763-1815*. Princeton: Princeton University Press, 1999.

Al-Hassan, A.Y., Maqbul Ahmed, and A.Z. Iskandar, eds. *Science and Technology in Islam: The Different Aspects of Islamic Culture*. Vol. 4. Paris: UNESCO, 2001.

Alquié, Ferdinand. *Le cartésianisme de Malebranche*. Paris: J. Vrin, 1974.

Alsace, Conseil Régional de. *Orgues Silbermann d'Alsace*. Strasbourg, France: A.R.D.A.M. 1992.

Altick, Richard Daniel. *The Shows of London*. Cambridge, MA: Belknap Press, 1978.

Antognazza, Maria Rosa. *Leibniz: An Intellectual Biography*. Cambridge: Cambridge University Press, 2009.

Ariès, Philippe. *L'enfant et la vie familiale sous l'Ancien Régime*. Paris: Plon, 1960.

Ariew, Roger. *Descartes and the Last Scholastics*. Ithaca, NY: Cornell University Press, 1999.

———. "G. W. Leibniz, Life and Works." In *The Cambridge Companion to Leibniz*, edited by Nicholas Jolley, 18–42. Cambridge: Cambridge University Press, 1995.

Ariew, Roger, et al. *Historical Dictionary of Descartes and Cartesian Philosophy*. Lanham, MD: Scarecrow Press, 2003.

Ariew, Roger, John Cottingham, and Tom Sorell, eds. and trans. *Descartes' Meditations: Background Source Materials*. Cambridge: Cambridge University Press, 1998.

Ariew, Roger, and Marjorie Grene, eds. *Descartes and his Contemporaries: Meditations, Objections, and Replies*. Chicago: University of Chicago Press, 1995.

Armogathe, Jean-Robert. "Cartesian Physics and the Eucharist in the Documents of the Holy Office and the Roman Index (1671–1676)." In *Receptions of Descartes: Cartesianism and Anti-Cartesianism in Early Modern Europe*, edited by Tad M. Schmaltz, 149–70. London: Routledge, 2005.

———. "Caterus' Objections to God." In *Descartes and his Contemporaries: Meditations, Objections, and Replies*, edited by Roger Ariew and Marjorie Grene, 34–43. Chicago: University of Chicago Press, 1995.

Asaro, Peter M. "Computers as Models of the Mind: On Simulations, Brains, and the Design of Computers." In *The Search for a Theory of Cognition: Early Mechanisms and New Ideas*, edited by Stefano Franchi and Francesco Bianchini, 89–113. Amsterdam: Rodopi, 2011.

———. "From Mechanisms of Adaptation to Intelligence Amplifiers: The Philosophy of W. Ross Ashby." In *The Mechanical Mind in History*, edited by Phil Husbands, Owen Holland, and Michael Wheeler, 149–84. Cambridge, MA: MIT Press, 2008.

———. "Information and Regulation in Robots, Perception, and Consciousness: Ashby's Embodied Minds." *International Journal of General Systems* 38, no. 2 (2009): 111–28.

Ashby, Jill. "Biography: W. Ross Ashby (1903–1972)." *The W. Ross Ashby Digital Archive*. Accessed October 2013. http://www.rossashby.info/biography.html.

Aspray, William. *John von Neumann and the Origins of Modern Computing*. Cambridge, MA: MIT Press, 1990.

Auguste, Alphonse. "Gabriel de Ciron et Madame de Mondonville." *Revue historique de Toulouse* 2 (1915–19): 20–69.

Baker, Gordon, and Katherine J. Morris. *Descartes' Dualism*. London: Routledge, 1996.

Baker, Keith. *Condorcet: From Natural Philosophy to Social Mathematics*. Chicago: University of Chicago Press, 1975.

Bates, David. "Cartesian Robotics." In *Representations* 124, no 1 (Fall 2013): 43–68.

Battisti, Eugenio. *L'antirinascimento*. Milan: Feltrinelli, 1962.

Battisti, Eugenio and Guiseppa Saccaro Battisti. *Le macchine cifrate di Giovanni Fontana*. Milan: Arcadia, 1984.

Beaune, Jean-Claude. *L'automate et ses mobiles*. Paris: Flammarion, 1980.

———. "The Classical Age of Automata: An Impressionistic Survey from the Sixteenth to the Nineteenth Century." In *Fragments for a History of the Human Body*, edited by Michael Feher, Romana Nadaff, and Nadia Tazi, 3:430–80. New York: Zone Books, 1989.

Bedau, Mark A., and Paul Humphreys, eds. *Emergence: Contemporary Readings in Philosophy and Science*. Cambridge, MA: MIT Press, 2008.

Bedini, Silvio A. "The Role of Automata in the History of Technology." *Technology and Culture* 5, no. 1 (1964): 24–42.

Bedini, Silvio, and Francis R. Maddison, *Mechanical Universe: The Astrarium of Giovanni De' Dondi*. Philadelphia: American Philosophical Society, 1966.

Benhamou, Reed. "The Cover Design: The Artificial Limb in Preindustrial France." *Technology and Culture* 35, no. 4 (1994): 835–45.

———. "From *Curiosité* to *Utilité*: The Automaton in Eighteenth-Century France." *Studies in Eighteenth Century Culture* 17 (1987): 91–105.

Bennett, Jane. *Vibrant Matter: A Political Ecology of Things*. Durham, NC: Duke University Press, 2010.

Benocci, Carla. *Villa Aldobrandini a Roma*. Rome: Àrgos, 1992.

Bernardi, Walter. *Le metafisiche dell'embrione: Scienze della vita e filosofia da Malpighi a Spallanzani (1672–1793)*. Florence: L. S. Olschki, 1986.

Berryman, Sylvia. "The Imitation of Life in Ancient Greek Philosophy." In *Genesis Redux: Essays in the History and Philosophy of Artificial Life*, edited by Jessica Riskin, 35–45. Chicago: University of Chicago Press, 2007.

Besançon, Alain. *The Forbidden Image: An Intellectual History of Iconoclasm*. Chicago: University of Chicago Press, 2001.

Bevilacqua, Fabio. "Helmholtz's Über *die Erhaltung der Kraft*: The Emergence of a Theoretical Physicist." In *Hermann von Helmholtz and the Foundations of Nineteenth-Century Science*, edited by David Cahan, 291–333. Berkeley: University of California Press, 1993.

Bitbol-Hespériès, Annie. "Cartesian Physiology." In *Descartes' Natural Philosophy*, edited by Stephen Gaukroger, John Schuster, and John Sutton, 349–82. London: Routledge, 2000.

———. *Le principe de vie chez Descartes*. Paris: J. Vrin, 1990.

Blackwell, Richard J. *Galileo, Bellarmine, and the Bible: Including a Translation of Foscarini's Letter on the Motion of the Earth*. South Bend, IN: University of Notre Dame Press, 1991.

Bohnsack, Almut. *Der Jacquard-Webstuhl*. Munich: Deutsches Museum, 1993.

Boissier, Raymond. *La Mettrie, médicin, pamphlétaire et philosophe (1709–1751)*. Paris: Société d'édition "Les Belles Lettres," 1931.

Bongie, Laurence L. "Documents: A New Condillac Letter and the Genesis of the Traité des Sensations." *Journal of the History of Philosophy* 16 (1978): 83–94.

Bourdette, Jean Julien. *Le monastère de Saint-Sabi de Labéda (ou Saint-Savin de Lavedan) et la vie de Saint-Sabi, ermite*. Saint-Savin, au Presbytère et Toulouse: l'Auteur, 1911.

Boury, Dominique. "Irritability and Sensibility: Key Concepts in Assessing the Medical Doctrines of Haller and Bordeu." *Science in Context* 21, no. 4 (2008): 521–35.

Bouveresse, Renée. *Spinoza et Leibniz: L'idée d'animisme universel*. Paris: J. Vrin, 1992.

Bowler, Peter J. "The Changing Meaning of 'Evolution.'" *Journal of the History of Ideas* 36 (1975): 95–114.

———. "Darwinism and the Argument from Design: Suggestions for a Reevaluation." *Journal of the History of Biology* 10, no. 1 (1977): 29–43.

———. *The Eclipse of Darwinism: Anti-Darwinian Evolution Theories in the Decades Around 1900*. Baltimore: Johns Hopkins University Press, 1983.

———. *Evolution: The History of an Idea*. 3rd ed. Berkeley: University of California Press, 2003.

———. "Preformation and Pre-existence in the Seventeenth Century: A Brief Analysis." *Journal of the History of Biology* 4, no. 2 (1971): 221–44.

Brain, Robert M., and M. Norton Wise. "Muscles and Engines: Indicator Diagrams and Helmholt's Graphical Methods." In *The Science Studies Reader*, edited by Mario Biagioli, 51–66. New York: Routledge, 1999.

Braun, Marta. *Picturing Time: The Work of Etienne-Jules Marey (1830–1904)*. Chicago: University of Chicago Press, 1992.

Breitenbach, Angela. "Teleology in Biology: A Kantian Approach." *Kant Yearbook* 1 (2009): 31–56.

Bremmer, Jan M., and Herman Roodenburg, eds. *A Cultural History of Humour: From Antiquity to the Present Day*. Cambridge, UK: Polity Press, 1997.

Briggs, Asa. "History and the Social Sciences." In *A History of the University in Europe*, edited by Walter Rüegg, 3:459–89. Cambridge: Cambridge University Press, 2004.

Bröer, Ralf. *Salomon Reisel (1625–1701): Barocke Naturforschung eines Leibarztes im Banne der mechanistischen Philosophie*. Leipzig: Barth, 1996.

Brooke, John Hedley. *Science and Religion: Some Historical Perspectives* Cambridge: Cambridge University Press, 1991.

———. "Science and the Fortunes of Natural Theology: Some Historical Perspectives." *Zygon: Journal of Religion and Science* 24, no.1 (1989): 3–22.

———. "Scientific Thought and Its Meaning for Religion: The Impact of French Science on British Natural Theology, 1827–1859." *Revue de synthèse* 4, no. 1 (1989): 33–59.

———. "'Wise Men Nowadays Think Otherwise': John Ray, Natural Theology and the Meanings of Anthropocentrism." *Notes and Records of the Royal Society of London* 54, no. 2 (2000): 199–213.

Brooke, John Hedley, and Ian Maclean, eds. *Heterodoxy in Early Modern Science and Religion*. Oxford: Oxford University Press, 2006.

Brooke, John Hedley, Margaret J. Osler, and Jitse M. van der Meer, eds. "Science in Theistic Contexts: Cognitive Dimensions." Published as *Osiris* 16 (2001).

Brown, Stuart. "The Seventeenth-Century Intellectual Background." In *The Cambridge Companion to Leibniz*, edited by Nicholas Jolley, 43–66. Cambridge: Cambridge University Press, 1995.

Brown, Theodore M. "From Mechanism to Vitalism in Eighteenth-Century English Physiology." *Journal of the History of Biology* 7, no. 2 (1974): 179–216.

———. "Physiology and the Mechanical Philosophy in Mid-Seventeenth-Century-England." *Bulletin of the History of Medicine* 51 (1977): 25–54.

Bruce, J. Douglas. "Human Automata in Classical Tradition and Medieval Romance." *Modern Philology* 10 (April 1913): 511–26.

Buccheri, Alessandra. *The Spectacle of the Clouds, 1439–1650: Italian Art and Theatre.* London: Ashgate, 2014.

Buchner, Alexander. *Mechanical Musical Instruments.* Translated by Iris Urwin. London: Batchworth Press, 1959.

Buckland, William Warwick. *The Main Institutions of Roman Private Law.* 1931. Reprint edition. Cambridge: Cambridge University Press, 2011.

———. *A Text-Book of Roman Law: From Augustus to Justinian.* 3rd ed. Cambridge: Cambridge University Press, 2007.

Burckhardt, Jacob. *The Civilization of the Renaissance in Italy.* 1860. London: Penguin, 1990.

Burke, Jill. "Meaning and Crisis in the Early Sixteenth Century: Interpreting Leonardo's Lion." *Oxford Art Journal* 29, no. 1 (2006): 77–91.

Burke, Peter. "Frontiers of the Comic in Early Modern Italy." In *Varieties of Cultural History*, 77–93. Ithaca, NY: Cornell University Press, 1997.

Burkhardt, Jr., Richard W. *The Spirit of System: Lamarck and Evolutionary Biology.* New ed. Cambridge, MA: Harvard University Press, 1995.

Burwick, Frederick, ed. *Approaches to Organic Form: Permutations in Science and Culture.* Dordrecht, the Netherlands: Reidel, 1987.

Bynum, Caroline Walker. *Christian Materiality: An Essay on Religion in Late Medieval Europe.* New York: Zone Books, 2011.

———. *The Resurrection of the Body in Western Christianity, 200–1336.* New York: Columbia University Press, 1995.

Cahan, David. "The 'Imperial Chancellor of the Sciences': Helmholtz between Science and Politics." *Social Research* 73, no. 4 (2006): 1093–1128.

Campbell-Kelly, Martin and William Aspray. *Computer: A History of the Information Machine.* New York: Basic Books, 1996.

Canguilhem, Georges. *La connaissance de la vie.* 2nd ed. Paris: J. Vrin, 1965.

———. *Études d'histoire et de philosophie des sciences.* Paris: J. Vrin, 1968.

———. "The Role of Analogies and Models in Biological Discovery." In *Scientific Change: Historical Studies in the Intellectual, Social, and Technical Conditions for Scientific Discovery and Technical Invention, from Antiquity to the Present*, edited by A. Crombie, translated by J. A. Z. Gardin and G. Kitchin, 510–12. New York: Heineman, 1963.

Cardwell, D.S.L. *From Watt to Clausius: The Rise of Thermodynamics in the Early Industrial Age.* London: Heinemann Educational, 1971.

——. "Some Factors in the Early Development of the Concepts of Power, Work and Energy." *British Journal for the History of Science* 3, no. 3 (1967): 209–24.

Carlin, Lawrence. "Leibniz on Conatus, Causation, and Freedom." *Pacific Philosophical Quarterly* 85, no. 4 (2004): 365–79.

Carrera, Roland, Dominique Loiseau, and Olivier Roux. *Androïdes. Les automates des Jaquet-Droz*. Lausanne: Scriptar, 1979.

Carroll, Charles Michael. *The Great Chess Automaton*. New York: Dover Publications, 1975.

Carvallo, Sarah, ed. *La controverse entre Stahl et Leibniz sur la vie, l'organisme et le mixte*. Paris: J. Vrin, 2004.

Ceccarelli, Leah. *Shaping Science with Rhetoric: The Cases of Dobzhansky, Schrödinger and Wilson*. Chicago: University of Chicago Press, 2001.

Chapuis, Alfred. "The Amazing Automata at Hellbrunn." *Horological Journal* 96, no. 6 (June 1954): 388–89.

Chapuis, Alfred, and Edmond Droz. *Automata: A Historical and Technological Study*. Translated by Alec Reid. Geneva: Editions du Griffon, 1958.

——. *The Jaquet-Droz Mechanical Puppets*. Neuchâtel, Switzerland: Historical Museum, 1956.

Chapuis, Alfred, and Edouard Gélis. *Le monde des automates*. 2 vols. Paris: Blondel La Rougery, 1928.

Charle, Christophe. "Patterns." In *A History of the University in Europe*, edited by Walter Rüegg, 3:33–75. Cambridge: Cambridge University Press, 2004.

Chavigny, Jean. *Le Roman d'un artiste: Robert-Houdin, Rénovateur de la magie blanche*. Orléans, France: Imprimerie industrielle, 1969.

Churchill, Frederick B. "August Weismann: A Developmental Evolutionist." In *August Weismann: Ausgewählte Briefe und Dokumente, Selected Letters and Documents*, edited by Frederick B. Churchill and Helmut Risler, 2:749–98. Freiburg im Breisgau, Germany: Universitätsbibliothek, 1999.

——. "August Weismann and a Break from Tradition." *Journal of the History of Biology* 1, no. 1 (1968): 91–112.

——. "Chabry, Roux, and the Experimental Method in Nineteenth-Century Embryology." In *Foundations of Scientific Method: The Nineteenth Century*, edited by Ronald N. Giere and Richard S. Westfall, 161–205. Bloomington: Indiana University Press, 1973.

——. "From Machine-Theory to Entelechy: Two Studies in Developmental Teleology." *Journal of the History of Biology* 2, no. 1 (1969): 165–85.

——. "The Weismann-Spencer Controversy over the Inheritance of Acquired Characters." In *Human Implications of Scientific Advancements: Proceedings of the XV International Congress for the History of Science*, edited by Eric G. Forbes, 451–68. Edinburgh: Edinburgh University Press, 1977.

Cipolla, Carlo M. *Clocks and Culture, 1300–1700*. 1967. Reprinted with an introduction by Anthony Grafton. New York: W. W. Norton, 2003.

Clark, William. *Academic Charisma and the Origins of the Research University*. Chicago: University of Chicago Press, 2006.

Clarke, Desmond. *Descartes: A Biography*. Cambridge: Cambridge University Press, 2006.

Clayton, Philip and Paul Davies, eds. *The Re-Emergence of Emergence: The Emergentist Hypothesis from Science to Religion*. Oxford: Oxford University Press, 2006.

Close, A. J. "Commonplace Theories of Art and Nature in Classical Antiquity and the Renaissance." *Journal of the History of Ideas* 10 (1969): 467–86.

Cohen, Claudine. *Science, libertinage et clandestiné à l'aube des lumières: Le transformisme de Telliamed*. Paris: Presses universitaires de France, 2011.

Cohen, Emily-Jane. "Enlightenment and the Dirty Philosopher." *Configurations* 5, no. 3 (1997): 369–424.

Cohen, Gustave. *Histoire de la mise en scène dans les théatre religieux francais du moyen âge*. Paris: Champion, 1926.

Cohen, Sarah R. "Chardin's Fur: Painting, Materialism, and the Question of the Animal Soul." *Eighteenth-Century Studies* 38, no.1 (2004): 39–61.

Conway, Flo, and Jim Siegelman. *Dark Hero of the Information Age: In Search of Norbert Wiener, the Father of Cybernetics*. New York: Basic Books, 2005.

Cook, Margaret G. "Divine Artifice and Natural Mechanism: Robert Boyle's Mechanical Philosophy of Nature." In "Science in Theistic Contexts: Cognitive Dimensions," edited by John Hedley Brooke, Margaret J. Osler, and Jitse M. van der Meer, published as *Osiris* 16 (2001): 133–50.

Copeland, B. Jack, ed. *Alan Turing's Automatic Computing Engine: The Master Codebreaker's Struggle to Build the Modern Computer*. Oxford: Oxford University Press, 2005.

Copeland, B. Jack, and Diane Proudfoot, "On Alan Turing's Anticipation of Connectionism." *Synthèse: International Journal for Epistemology, Methodology and Philosophy of Science* 108 (1996): 361–77.

Cordeschi, Roberto. "Cybernetics." In *The Blackwell Guide to the Philosophy of Computing and Information*, edited by Luciano Floridi, 186–96. Oxford, UK: Blackwell, 2004.

Corradini, Antonella and Timothy O'Connor, eds. *Emergence in Science and Philosophy*. New York: Routledge, 2010.

Corsi, Pietro. "Before Darwin: Transformist Concepts in European Natural History." *Journal of the History of Biology* 38, no. 1 (2005): 67–83.

———. "Biologie." In *Lamarck, philosophe de la nature*, edited by Pietro Corsi, Jean Gayon, Gabriel Gohau, and Stéphane Tirard, 37–64. Paris: Presses universitaires de France, 2006.

Costabel, Pierre. *La signification d'un débat sur trente ans (1728–1758): La question des forces vives*. Paris: Centre national de la recherche scientifique, 1983.

Cowie, Murray A., and Marian L. Cowie. "Geiler von Kayserberg and Abuses in Fifteenth Century Strassburg." *Studies in Philology* 58 (1961): 483–95.

Coudert, Allison P. "Henry More, the Kabbalah, and the Quakers." In *Philosophy, Science, and Religion in England, 1640–1700*, edited by Richard Kroll, Richard Ashcraft, and Perez Zagorin, 31–67. Cambridge: Cambridge University Press, 1992.

Crocker, Lester. "Diderot and Eighteenth-Century French Transformism." In *Forerunners of Darwin, 1745–1859*, edited by Bentley Glass, Owsei Temkin, and William L. Strauss, Jr., 114–43. Baltimore: Johns Hopkins University Press, 1959.

Crombie, A.C., ed. *Scientific Change: Historical Studies in the Intellectual, Social and Technical*

Conditions for Scientific Discovery and Technical Invention from Antiquity to the Present. New York: Basic Books, 1963.

Culver, Stuart. "What Manikins Want: The Wonderful Wizard of Oz and the Art of Decorating Dry Goods Windows." *Representations*, no. 21 (1988): 97–116.

Cunningham, Andrew and Nicholas Jardine, eds. *Romanticism and the Sciences*. Cambridge: Cambridge University Press, 1990.

Dagognet, François. *L'animal selon Condillac: Une introduction au "Traité des animaux" de Condillac*. Paris: Vrin, 2004.

Damasio, Antonio. *Descartes's Error: Emotion, Reason and the Human Brain*. New York: HarperCollins, 1994.

d'Ancona, Alessandro. *Origini del teatro in Italia*. 2 vols. Florence: Successori le Monnier, 1877.

Darnton, Robert. *The Forbidden Bestsellers of Prerevolutionary France*. New York: W. W. Norton, 1996.

——. *The Great Cat Massacre and Other Episodes in French Cultural History*. New York: Vintage, 1985.

——. *Mesmerism and the End of the Enlightenment in France*. Cambridge, MA: Harvard University Press, 1968.

Darrigol, Olivier. "God, Waterwheels, and Molecules: Saint-Venant's Anticipation of Energy Conservation." *Historical Studies in the Physical and Biological Sciences* 31, no. 2 (2001): 285–353.

Daston, Lorraine. *Classical Probability in the Enlightenment*. Princeton: Princeton University Press, 1988.

——. "Enlightenment Calculations." *Critical Inquiry* 21, no. 1 (1994): 182–202.

Daston, Lorraine and Katharine Park. *Wonders and the Order of Nature, 1150-1750*. Cambridge: Zone Books, 2001.

Davidson, Luke. "'Identities Ascertained': British Ophthalmology in the First Half of the Nineteenth Century." *Social History of Medicine* 9, no. 3 (1996): 313–33.

Dawson, Virginia P. *Nature's Enigma: The Problem of the Polyp in the Letters of Bonnet, Trembley, and Réaumur*. Philadelphia: American Philosophical Society, 1987.

Dear, Peter. *The Intelligibility of Nature: How Science Makes Sense of the World*. Chicago: University of Chicago Press, 2006.

——. "A Mechanical Microcosm: Bodily Passions, Good Manners, and Cartesian Mechanism." In *Science Incarnate: Historical Embodiments of Natural Knowledge*, edited by Christopher Lawrence and Steven Shapin, 51–82. Chicago: University of Chicago Press, 1998.

DeJong-Lambert, William. *The Cold War Politics of Genetic Research: An Introduction to the Lysenko Affair*. Dordrecht, the Netherlands: Springer, 2012.

Depew, David J. "Baldwin and His Many Effects." In *Evolution and Learning: The Baldwin Effect Reconsidered*, edited by Bruce H. Weber and David J. Depew, 3–31. Cambridge, MA: MIT Press, 2003.

De Robeck, Nesta. *The Christmas Crib*. Milwaukee: Bruce Publishing Co., 1996.

Des Chene, Dennis. "Abstracting from the Soul: The Mechanics of Locomotion." In *Genesis Redux: Essays in the History and Philosophy of Artificial Life*, edited by Jessica Riskin, 85–95. Chicago: University of Chicago Press, 2007.

————. "Animal as Concept: Bayle's 'Rorarius.'" In *The Problem of Animal Generation in Early Modern Philosophy*, edited by Justin E. H. Smith, 216–31. Cambridge: Cambridge University Press, 2006.

————. "Descartes and the Natural Philosophy of the Coimbra Commentaries." In *Descartes' Natural Philosophy*, edited by Stephen Gaukroger, John Schuster, and John Sutton, 29–45. London: Routledge, 2000.

————. *Life's Form: Late Aristotelian Conceptions of the Soul*. Ithaca, NY: Cornell University Press, 2000.

————. "Mechanisms of Life in the Seventeenth Century: Borelli, Perrault, Régis." *Studies in the History and Philosophy of Science Part C: Studies in History and Philosophy of Biological and Biomedical Sciences* 36, no. 2 (2005): 245–60.

————. *Physiologia: Natural Philosophy in Late Aristotelian and Cartesian Thought*. Ithaca, NY: Cornell University Press, 1996.

————. *Spirits and Clocks: Machine and Organism in Descartes*. Ithaca, NY: Cornell University Press, 2001.

Desmond, Adrian. *Huxley: From Devil's Disciple to Evolution's High Priest*. Reading, UK: Addison-Wesley, 1997.

————. *The Politics of Evolution: Morphology, Medicine and Reform in Radical London*. Chicago: University of Chicago Press, 1989.

Dijksterhuis, Fokko Jan. *Lenses and Waves: Christiaan Huygens and the Mathematical Science of Optics in the Seventeenth Century*. Dordrecht, the Netherlands: Kluwer, 2004.

Dobbs, Betty Jo. "Studies in the Natural Philosophy of Sir Kenelm Digby." Pts. 1–3. *Ambix* 18 (1971): 1–25; *Ambix* 20 (1973): 143–63; *Ambix* 21 (1974): 1–28.

Dolezal, Mary-Lyon, and Maria Mavroudi. "Theodore Hyrtakenos' *Description of the Garden of St Anna* and the Ekphrasis of Gardens." In *Byzantine Garden Culture*, edited by Anthony Littlewood, Henry Maguire, and Joachim Wolschke-Bulmahn, 105–58. Washington, D.C.: Dumbarton Oaks, 2002.

Douthwaite, Julia. *The Wild Girl, Natural Man, and the Monster: Dangerous Experiments in the Age of Enlightenment*. Chicago: University of Chicago Press, 2002.

Doyon, André, and Lucien Liaigre. *Jacques Vaucanson, mécanicien de génie*. Paris: Presses Universitaires de France, 1967.

Doyon, André and Lucien Liaigre. "Méthodologie comparée du biomécanisme et de la mécanique comparée." *Dialectica* 10 (1956): 292–335.

Dressler, Stephan. "La Mettrie's Death, or: The Nonsense of an Anecdote." *Neophilologus* 75, no. 2 (1991): 194–99.

Dronamraju, Krishna R. "Erwin Schrödinger and the Origins of Molecular Biology." *Genetics* 153, no. 3 (1999): 1071–76.

Drover, C. B. "Thomas Dallam's Organ Clock." *Antiquarian Horology* 1, no. 10 (1956): 150–52.

Dubuisson, Marguerite, Jacques Payen and Jean Pilisi, "The Textile Industry." In *A History of Technology and Invention*, edited by Maurice Daumas and translated by Eileen B. Hennessy, vol. 2, chap. 11. New York: Crown Publishers, 1964.

Duchesneau, François. "Charles Bonnet's Neo-Leibnizian Theory of Organic Bodies." In *The Problem of Animal Generation in Early Modern Philosophy*, edited by Justin E. H. Smith, chap. 13. Cambridge: Cambridge University Press, 2006.

———. "Leibniz's Model for Organizing Organic Phenomena." *Perspectives on Science* 11, no. 4 (2003): 378–409.

———. *Les modèles du vivant de Descartes à Leibniz.* Paris: J. Vrin, 1998.

———. *La physiologie des lumières: Empirisme, modèles et théories.* The Hague: M. Nijhoff, 1982.

Dulac, Georges. "Une version déguisée du Rêve du d'Alembert: le manuscript de Moscou (1774)." In *Recherches nouvelles sur quelques écrivains des Lumières II,* edited by Jacques Proust, 131–17. Montpellier, France: Université Paul Valéry, Centre d'étude du XVIIIe siècle, 1979.

Duret, Edmond. "L'horloge historique de Nyort en Poitou, fabriquée en 1750 par Jean Bouhin." *Revue Poitevine et Saintongeaise* 6 (1889): 432–34.

During, Simon. *Modern Enchantments: The Cultural Power of Secular Magic.* Cambridge, MA: Harvard University Press, 2004.

Dyrness, William A. *Reformed Theology and Visual Culture: The Protestant Imagination from Calvin to Edwards.* Cambridge: Cambridge University Press, 2004.

Dyson, George B. *Darwin among the Machines: The Evolution of Global Intelligence.* Reading, UK: Addison-Wesley, 1997.

Edwards, Pamela. *The Statesman's Science: History, Nature, and Law in the Political Thought of Samuel Taylor Coleridge.* New York: Columbia University Press, 2004.

Eire, Carlos M. N. *War against the Idols: The Reformation of Worship from Erasmus to Calvin.* Cambridge: Cambridge University Press, 1989.

Elias, Norbert. *The Civilizing Process: Sociogenetic and Psychogenetic Investigations.* 1939. Translated by Edmund Jephcott. London: Blackwell, 1994.

Erizzo, Nicolò. *Relazione storico-critica della Torre dell' Orologio di S. Marco in Venezia.* Venice: Tip. del commercio, 1860.

Evans, Henry Ridgely. *Edgar Allan Poe and Baron von Kempelen's Chess-Playing Automaton.* Kenton, OH: International Brotherhood of Magicians, 1939.

———. *A Master of Modern Magic: The Life and Adventures of Robert-Houdin.* New York: Macoy Publishing Company, 1932.

Fangerau, Heiner. "From Mephistopheles to Isaiah: Jacques Loeb, Technical Biology, and War." *Social Studies of Science* 39 (2009): 229–56.

Farber, Paul Lawrence. *Finding Order in Nature: The Naturalist Tradition from Linnaeus to E. O. Wilson.* Baltimore: Johns Hopkins University Press, 2000.

Faulkner, Quentin. *Wiser than Despair: The Evolution of Ideas in the Relation of Music and the Christian Church.* Westport, CT: Greenwood Press, 1996.

Fearing, Franklin. *Reflex Action: A Study in the History of Physiological Psychology.* Baltimore: The Williams and Wilkins Co., 1930.

Fechner, Christian. *La magie de Robert-Houdin: Une vie d'artiste.* 4 vols. Boulogne, France: Éditions FCF, 2002. (*MRH*)

Feltz, Bernard, Marc Crommelinck, and Philippe Goujon, eds. *Self-Organization and Emergence in Life Sciences.* Dordrecht, the Netherlands: Springer, 2006.

Fiedler, Wilfried. *Analogiemodelle bei Aristotles: Untersuchungen zu den Vergleichen zwischen den einzelen Wissenschaften un Künstern.* Amsterdam: B. R. Grüner, 1978.

Findlen, Paula. "Introduction: The Last Man Who Knew Everything . . . or Did He? Athanasius Kircher, S. J. (1602–1680) and His World." In *Athanasius Kircher: The Last Man Who Knew Everything*, 1–48. New York: Routledge, 2004.

———. "Scientific Spectacle in Baroque Rome: Athanasius Kircher and the Roman College Museum." *Roma moderna e contemporanea* 3, no. 3 (1995): 625–65.

Finkelstein, Gabriel. *Emil du Bois-Reymond: Neuroscience, Self and Society in Nineteenth-Century Germany*. Cambridge, MA: MIT Press, 2013.

Fisher, Saul. "Gassendi's Atomist Account of Generation and Heredity in Plants and Animals." *Perspectives on Sciences* 11, no. 4 (2003): 484–512.

Flanagan, James L. *Speech Analysis, Synthesis, and Perception*. Berlin: Springer, 1965.

———. "Voices of Men and Machines." *Journal of the Acoustical Society of America* 51 (1972): 1375–87.

Floridi, Luciano, ed. *The Blackwell Guide to the Philosophy of Computing and Information*. Oxford, UK: Blackwell, 2004.

Fowler, C. F. *Descartes on the Human Soul: Philosophy and the Demands of Christian Doctrine*. Dordrecht, the Netherlands: Kluwer Academic Publishers, 1999.

Franchi, Stefano. "Life, Death, and Resurrection of the Homeostat." In *The Search for a Theory of Cognition: Early Mechanisms and New Ideas*, edited by Stefano Franchi and Francesco Bianchini, 3–52. Amsterdam: Rodopi, 2011.

Franchi, Stefano, and Francesco Bianchini. "Introduction: On the Historical Dynamics of Cognitive Science: A View from the Periphery." In *The Search for a Theory of Cognition: Early Mechanisms and New Ideas*, edited by Stefano Franchi and Francesco Bianchini, xiii–xxviii. Amsterdam: Rodopi, 2011.

Francis, Richard C. *Epigenetics: The Ultimate Mystery of Inheritance*. New York: W. W. Norton, 2011.

Freedberg, David. *The Eye of the Lynx: Galileo, His Friends, and the Beginnings of Modern Natural History*. Chicago: University of Chicago Press, 2002.

———. *The Power of Images: Studies in the History and Theory of Response*. Chicago: University of Chicago Press, 1989.

Fryer, David M., and John C. Marshall. "The Motives of Jacques Vaucanson." *Technology and Culture* 20 (1979): 257–69.

Fuchs, Thomas. *The Mechanization of the Heart: Harvey and Descartes*. Translated by Marjorie Grene. Rochester, NY: University of Rochester Press, 2001.

Fulford, Tim, ed. *Romanticism and Science, 1773–1833*. London: Routledge, 2002.

Fyfe, Aileen. "The Reception of William Paley's Natural Theology in the University of Cambridge." *British Journal for the History of Science* 30 (1997): 321–35.

———. *Science and Salvation: Evangelical Popular Science Publishing in Victorian Britain*. Chicago: University of Chicago Press, 2004.

Gabbey, Alan. "Force and Inertia in the Seventeenth Century: Descartes and Newton." In *Descartes: Philosophy, Mathematics, and Physics*, edited by Stephen Gaukroger, 230–320. Sussex, UK: Harvester Press, 1980.

Galison, Peter. "The Ontology of the Enemy: Norbert Wiener and the Cybernetic Vision." *Critical Inquiry* 21 (1994): 228–66.

Galluzzi, Paolo. *Gli ingegneri del Rinascimento da Brunelleschi a Leonardo da Vinci*. Bologna: Instituto e Museo di storia della scienza, 1996.

———. "Leonardo da Vinci: From the 'Elementi Macchinali' to the Man-Machine." *History and Technology* 4 (1987): 235–65.

Gamba, Enrico, and Vico Montebelli, eds. *Macchine da teatro e teatri di macchine: Branca, Sabbatini, Torelli scenotecnici e meccanici del Seicento: Catalogo della mostra.* Urbino, Italy: Quattroventi, 1995.

Garber, Daniel. "Descartes and the Scientific Revolution: Some Kuhnian Reflections." *Perspectives on Science* 9, no. 4 (2001): 405–22.

———. *Descartes Embodied: Reading Cartesian Philosophy through Cartesian Science.* Cambridge: Cambridge University Press, 2000.

———. *Descartes' Metaphysical Physics.* Chicago: University of Chicago Press, 1992.

———. "J.-B. Morin and the Second Objections." In *Descartes and his Contemporaries: Meditations, Objections, and Replies,* edited by Roger Ariew and Marjorie Grene, 63–82. Chicago: University of Chicago Press, 1995.

———. "Leibniz and the Foundations of Physics: The Middle Years." In *The Natural Philosophy of Leibniz,* edited by K. Okruhlik and J. R. Brown, 27–130. Dordrecht, the Netherlands: Reidel, 1985.

———. *Leibniz: Body, Substance and Monad.* Oxford: Oxford University Press, 2009.

———. "Leibniz: Physics and Philosophy." In *The Cambridge Companion to Leibniz,* edited by Nicholas Jolley, 270–352. Cambridge: Cambridge University Press, 1995.

———. "Soul and Mind: Life and Thought in the Seventeenth Century." In *The Cambridge History of Seventeenth-Century Philosophy,* edited by Daniel Garber and Michael Ayers, 1:757–95. Cambridge: Cambridge University Press, 1998.

Garber, Daniel, and Béatrice Longuenesse, eds. *Kant and the Early Moderns.* Princeton, NJ: Princeton University Press, 2008.

García-Diego, José A. *Juanelo Turriano, Charles V's Clockmaker: The Man and His Legend.* Madrid: Editorial Castalia, 1986.

———. *Los relojes y autómatas de Juanelo Turriano.* Madrid: Tempvs Fvgit, Monografias Españolas de Relojería, 1982.

Gargano, Pietro. *Il presepio: Otto secoli di storia, arte, tradizione.* Milan: Fenice 2000, 1995.

Garside, Charles. *Zwingli and the Arts.* New Haven, CT: Yale University Press, 1966.

Gaskin, J. C. A. "Hume on Religion." In *The Cambridge Companion to Hume,* edited by David Fate Norton, 480–514. 2nd ed. Cambridge: Cambridge University Press, 2009.

Gass, Joseph. *Les Orgues de la Cathédrale de Strasbourg à travers les siècles: Etude historique, ornée de gravures et de planches hors texte, à l'occasion de la bénédiction des Grandes Orgues Silbermann-Roethinger, le 7 juillet 1935.* Reprint. [n.p.]: Librissimo-Phénix Éditions, 2002.

Gasté, Armand. *Les drames liturgiques de la Cathédrale de Rouen.* Evreux, France: Imprimerie de l'Eure, 1893.

Gaukroger, Stephen. *Descartes: An Intellectual Biography.* Oxford: Oxford University Press, 1995.

———. *Descartes' System of Natural Philosophy.* Cambridge: Cambridge University Press, 2002.

———. *Descartes: The World and other Writings.* Cambridge: Cambridge University Press, 1998.

———. "The Resources of a Mechanist Physiology and the Problem of Goal-Directed Processes." In *Descartes' Natural Philosophy*, edited by Stephen Gaukroger, John Schuster, and John Sutton, 383–400. London: Routledge, 2000.

Gaukroger, Stephen, John Schuster, and John Sutton, eds. *Descartes' Natural Philosophy*. London: Routledge, 2000.

Gayon, Jean. "Hérédité des caractères acquis." In *Lamarck, philosophe de la nature*, edited by Pietro Corsi, Jean Gayon, Gabriel Gohau, and Stéphane Tirard, 105–64. Paris: Presses universitaires de France, 2006.

Geison, Gerald. *The Private Science of Louis Pasteur*. Princeton, NJ: Princeton University Press, 1995.

Ghiselin, Michael T. "The Imaginary Lamarck: A Look at 'Bogus History' in Schoolbooks." *The Textbook Letter* (September–October 1994). Accessed October 2013. http://www .textbookleague.org/54marck.htm.

———. *Metaphysics and the Origin of Species*. Albany: SUNY Press, 1997.

———. *The Triumph of the Darwinian Method*. Berkeley: University of California Press, 1969.

Gigante, Denise, ed. *Gusto: Essential Writings in Nineteenth-Century Gastronomy*. New York: Routledge, 2005.

———. *Life: Organic Form and Romanticism*. New Haven, CT: Yale University Press, 2009.

Giglioni, Guido. "Automata Compared: Boyle, Leibniz and the Debate on the Notion of Life and Mind." *British Journal for the History of Philosophy* 3 (1995): 249–78.

Gillespie, Neal C. "Divine Design and the Industrial Revolution: William Paley's Abortive Reform of Natural Theology." *Isis* 81, no. 2 (1990): 214–29.

Gillispie, Charles Coulston. *Science and Polity in France at the End of the Old Regime*. Princeton, NJ: Princeton University Press, 1980.

Gilson, Etienne. *Études sur le rôle de la pensée médiévale dans la formation du système cartésien*. Paris: J. Vrin, 1930.

———. *Index scolastico-cartésien*. 1912. 2nd ed. Paris: J. Vrin, 1979.

Ginsborg, Hannah. "Kant on Aesthetic and Biological Purposiveness." In *Reclaiming the History of Ethics: Essays for John Rawls*, edited by Andrews Reath, Barbara Herman, and Christine M. Korsgaard, 329–60. Cambridge: Cambridge University Press, 1997.

———. "Kant on Understanding Organisms as Natural Purposes." In *Kant and the Sciences*, edited by Eric Watkins, 231–58. Oxford: Oxford University Press, 2001.

———. "Kant's Biological Teleology and its Philosophical Significance." In *A Companion to Kant*, edited by Graham Bird, 455–69. Malden, MA: Blackwell, 2006.

———. "Lawfulness without a Law: Kant on the Free Play of Imagination and Understanding." *Philosophical Topics* 25, no. 1 (1997): 37–81.

———. "Oughts without Intentions: A Kantian Perspective on Biological Teleology." In *Kant's Theory of Biology*, edited by Ina Goy and Eric Watkins. Berlin: De Gruyter, forthcoming.

Givens, Larry. *Re-enacting the Artist: A Story of the Ampico Reproducing Piano*. Vestal, NY: Vestal Press, 1970.

Glass, Bentley, Owsei Temkin, and William L. Straus, Jr., eds. *Forerunners of Darwin, 1745–1859*. Baltimore: Johns Hopkins University Press, 1968.

Glasser, Adrian. "A History of Studies of Visual Accommodation in Birds." *Quarterly Review of Biology* 71, no. 4 (1996): 475–509.

Gliboff, Sander. "The Golden Age of Lamarckism, 1866–1926." In *Transformations of Lamarckism: From Subtle Fluids to Molecular Biology*, edited by Snait Gissis and Eva Jablonka, 45–56. Cambridge, MA: MIT Press, 2011.

Goldstein, Jan. *The Post-Revolutionary Self: Politics and Psyche in France, 1750–1850*. Cambridge, MA: Harvard University Press, 2005.

Goldstein, Jeffrey. "Emergence as a Construct: History and Issues." *Emergence: Complexity and Organization* 1, no. 1 (1999): 49–72.

Goldstein, Rebecca. *Incompleteness: The Proof and Paradox of Kurt Gödel*. New York: W. W. Norton, 2005.

Golinski, Jan. "The Literature of the New Sciences." In *The Cambridge History of English Romantic Literature*, edited by James Chandler, 527–52. Cambridge: Cambridge University Press, 2008.

Gorman, Michael John. "Between the Demonic and the Miraculous: Athanasius Kircher and the Baroque Culture of Machines." In *The Great Art of Knowing: The Baroque Encyclopedia of Athanasius Kircher*, edited by Daniel Stolzenberg, 59–70. Stanford, CA: Stanford University Libraries, 2001.

Gosse, Philip. *Dr. Viper, The Querulous Life of Philip Thicknesse*. London: Cassell, 1952.

Gouhier, Henri. *Cartésianisme et Augustinisme au XVIIe siècle*. Paris: J. Vrin, 1978.

Gouk, Penelope. "Making Music, Making Knowledge: The Harmonious Universe of Athanasius Kircher." In *The Great Art of Knowing: The Baroque Encyclopedia of Athanasius Kircher*, edited by Daniel Stolzenberg, 71–84. Stanford, CA: Stanford University Libraries, 2001.

Gould, Stephen Jay. "D'Arcy Thompson and the Science of Form." *New Literary History* 2, no. 2 (1971): 229–58.

———. "Darwin and Paley Meet the Invisible Hand." *Natural History* 99, no. 11 (1990): 8–16.

———. "Foreword." In *Georges Cuvier: An Annotated Bibliography of His Published Works*, edited by Jean Chandler Smith, vii–xi. Washington, DC: Smithsonian, 1993.

———. "On Heroes and Fools in Science." *Natural History* 83 (1974): 30–32.

———. *Ontogeny and Phylogeny*. Cambridge, MA: Harvard University Press, 1977.

Grafton, Anthony. "The Devil as Automaton." In *Genesis Redux: Essays in the History and Philosophy of Artificial Life*, edited by Jessica Riskin, 46–62. Chicago: University of Chicago Press, 2007.

———. "From New Technologies to Fine Arts: Alberti among the Engineers." In *Leon Battista Alberti: Master Builder of the Italian Renaissance*, 71–109. Cambridge, MA: Harvard University Press, 2002.

———. *What Was History? The Art of History in Early Modern Europe*. Cambridge: Cambridge University Press, 2007.

Grattan-Guinness, Ivor. "Work for the Workers: Advances in Engineering, Mechanics, and Instruction in France, 1800–1830." *Annals of Science* 41 (1984): 1–33.

Gregory, Frederick. *Nature Lost? Natural Science and the German Theological Traditions of the Nineteenth Century*. Cambridge, MA: Harvard University Press, 1992.

Gregory, Mary Efrosini. *Evolutionism in Eighteenth-Century French Thought*. New York: Peter Lang, 2008.

Greene, Robert. "Henry More and Robert Boyle on the Spirit of Nature." *Journal of the History of Ideas* 23, no. 4 (1962): 451–74.

Grene, Marjorie. *Descartes among the Scholastics*. Milwaukee: Marquette University Press, 1991.

———. "The Heart and the Blood: Descartes, Plemp, and Harvey." In *Essays on the Philosophy and Science of René Descartes*, edited by Stephen Voss, 324–36. Oxford: Oxford University Press, 1993.

Grmek, Mirko D. *Les legs de Claude Bernard*. Paris: Fayard, 1997.

Guyer, Hannah. "Organisms and the Unity of Science." In *Kant and the Sciences*, edited by Eric Watkins, 259–81. Oxford: Oxford University Press, 2001.

Häberlein, Mark. *The Fuggers of Augsburg: Pursuing Wealth and Honor in Renaissance Germany*. Charlottesville: University of Virginia Press, 2012.

Hahn, Thomas, and Alan Lupack, eds. *Retelling Tales: Essays in Honor of Russell Pick*. Cambridge, UK: Boydell and Brewer, 1997.

Hall, A. Rupert. *Philosophers at War: The Quarrel between Newton and Leibniz*. Cambridge: Cambridge University Press, 1980.

Hamel, Marie Pierre. "Notice historique abrégée pour l'histoire de l'orgue." In *Nouveau manuel complet du facteur d'orgues*, xxiv–cxxv. Paris: L. Mulo, 1903.

Hamley, Edward Bruce. *Voltaire*. Edinburgh: William Blackwood and Sons, 1877.

Hanafi, Zakiya. *The Monster in the Machine: Magic, Medicine, and the Marvelous in the Time of the Scientific Revolution*. Durham, NC: Duke University Press, 2000.

Hankins, Thomas L. *Jean d'Alembert: Science and the Enlightenment*. New York: Taylor and Francis, 1990.

Hankins, Thomas L., and Robert J. Silverman. *Instruments and the Imagination*. Princeton, NJ: Princeton University Press, 1995.

Harkins, William Edward. *Karel Čapek*. New York: Columbia University Press, 1962.

Harkness, Deborah E. *John Dee's Conversations with Angels: Cabala, Alchemy, and the End of Nature*. Cambridge: Cambridge University Press, 1999.

Harrington, Anne. *Reenchanted Science: Holism in German Culture from Wilhelm II to Hitler*. Princeton, NJ: Princeton University Press, 1996.

Harrison, Peter. "Original Sin and the Problem of Knowledge in Early Modern Europe." *Journal of the History of Ideas* 62, no. 2 (2002): 239–59.

———. "The Virtues of Animals in Seventeenth-Century Thought." *Journal of the History of Ideas* 59, no. 3 (1998): 463–84.

Haspels, Jan Jaap. *Automatic Musical Instruments: Their Mechanics and their Music, 1580–1820*. Koedijk, Netherlands: Nirota, Muiziekdruk C.V. 1987.

Hatfield, Gary. "Force (God) in Descartes' Physics." *Studies in History and Philosophy of Science* 10 (1979): 113–40.

Hawkins, Miles. *Social Darwinism in European and American Thought, 1860–1945: Nature as Model and Nature as Threat*. Cambridge: Cambridge University Press, 1997.

Hayward, Rhodri. "The Tortoise and the Love-Machine: Grey Walter and the Politics of Electro-Encephalography." *Science in Context* 14, no. 4 (2001): 615–42.

Hehl, Ulrich von. "Universität und Konfession im 19./20. Jahrhundert." In *Universität, Religion und Kirchen*, edited by Rainer Christoph Schwinges, 2:277–301. Basel: Schwabe AG, Verlag, 2011.

Heilbron, J.L. *Galileo*. Oxford: Oxford University Press, 2010.

———. *Electricity in the Seventeenth and Eighteenth Centuries*. Berkeley: University of California Press, 1979.

———. *The Sun in the Church: Cathedrals as Solar Observatories*. Cambridge, MA: Harvard University Press, 1999.

Heims, Steve J. *John von Neumann and Norbert Wiener: From Mathematics to the Technologies of Life and Death*. Cambridge, MA: MIT Press, 1980.

Hiebert, Erwin. *Historical Roots of the Principle of Conservation of Energy*. Madison: State Historical Society of Wisconsin for the Department of History at the University of Wisconsin, 1962.

Higley, Sarah. "The Legend of the Learned Man's Android." In *Retelling Tales: Essays in Honor of Russell Pick*, edited by Thomas Hahn and Alan Lupack, 127–60. Cambridge, UK: Boydell and Brewer, 1997.

Hillerbrand, Hans J., ed. *The Protestant Reformation*. 1968. Revised ed. New York: Harper Perennial, 2009.

Hodges, Andrew. *Alan Turing: The Enigma*. 1983. Princeton, NJ: Princeton University Press, 2012.

Höflechner, Walter. "Universität, Religion und Kirchen: Zusammenfassung." In *Universität, Religion und Kirche*, edited by Rainer Christoph Schwinges, 557–64. Basel: Schwabe Verlag, 2011.

Hogg, Thomas Jefferson. *The Life of Percy Bysshe Shelley*. 1832. 2 vols. London: J. M. Dent, 1933.

Holland, Owen. "Grey Walter: The Pioneer of Real Artificial Life." In *Proceedings of the 5th International Workshop on Artificial Life*, edited by Christopher Langton, 34–44. Cambridge, MA: MIT Press, 1997.

Holmes, Frederic L. "Claude Bernard and the Vitalism of his Time." In *Vitalisms from Haller to Cell Theory*, edited by Guido Cimino and François Duchesneau, 281–95. Florence: Olschki, 1997.

Holton, Gerald James. *Science and Anti-Science*. Cambridge, MA: Harvard University Press, 1993.

Hopwood, Nick. "'Giving Body' to Embryos: Modeling, Mechanism, and the Microtome in Late Nineteenth-Century Anatomy." *Isis* 90, no. 3 (1999): 462–96.

———. "Pictures of Evolution and Charges of Fraud: Ernst Haeckel's Embryological Illustrations." *Isis* 97 (2006): 260–301.

———. "Producing Development: The Anatomy of Human Embryos and the Norms of Wilhelm His." *Bulletin of the History of Medicine* 74, no. 1 (2000): 29–79.

Howard, Thomas A. *Protestant Theology and the Making of the Modern German University*. Oxford: Oxford University Press, 2006.

Hülsen, Christian with Henri Schickhardt. "Ein deutscher Architekt in Florenz (1600)." *Mitteilungen des Kunsthistorischen Institutes in Florenz* 2, no. 5/6 (1917): 152–93.

Hunter, Graeme K. *Vital Forces: The Discovery of the Molecular Basis of Life*. London: Academic Press, 2000.

Hunter, Michael, and David Wootton. *Atheism from the Reformation to the Enlightenment*. Oxford, UK: Clarendon Press, 1992.

Hunter, Richard A., and Ida Macalpine. "William Harvey and Robert Boyle." *Notes and Records of the Royal Society of London* 13, no. 2 (1958): 115–27.

Husbands, Philip, and Owen Holland. "The Ratio Club: A Hub of British Cybernetics." In *The Mechanical Mind in History*, edited by Philip Husbands, Owen Holland, and Michael Wheeler, 91–148. Cambridge, MA: MIT Press, 2008.

Hutton, Sarah. "Edward Stillingfleet, Henry More, and the Decline of *Moses Atticus*: A Note on Seventeenth-Century Anglican Apologetics." In *Philosophy, Science, and Religion in England, 1640–1700*, edited by Richard Kroll, Richard Ashcraft, and Perez Zagorin, 68–84. Cambridge: Cambridge University Press, 1992.

Iggers, Georg G. *The German Conception of History: The National Tradition of Historical Thought from Herder to the Present*. Rev. ed. Middletown, CT: Wesleyan University Press, 1983.

———. "The Image of Ranke in American and German Historical Thought." *History and Theory* 2, no. 1 (1962): 17–40.

Iltis, Carolyn. "Leibniz and the Vis Viva Controversy." *Isis* 62, no. 1 (1971): 21–35.

Israel, Jonathan I. *Enlightenment Contested: Philosophy, Modernity, and the Emancipation of Man, 1670–1752*. New York: Oxford University Press, 2006.

———. *Radical Enlightenment: Philosophy and the Making of Modernity*. Oxford: Oxford University Press, 2001.

Jacob, John, ed. *John Joseph Merlin: The Ingenious Mechanick*. London: Greater London Council, 1985.

Jacob, Margaret. *The Newtonians and the English Revolution, 1689–1720*. Ithaca, NY: Cornell University Press, 1976.

Jacques Vaucanson. Exhibition catalog, Musée national des techniques. Paris: Conservatoire nationale des arts et métiers, 1983.

Janacek, Bruce. "Catholic Natural Philosophy: Alchemy and the Revivication of Sir Kenelm Digby." In *Rethinking the Scientific Revolution*, edited by Margaret J. Osler, 89–118. Cambridge: Cambridge University Press, 2000.

Jardine, Nicholas, J. A. Secord, and E. C. Spary, eds. *Cultures of Natural History*. Cambridge: Cambridge University Press, 1996.

Jauernig, Anja. "Kant's Critique of the Leibnizian Philosophy: Contra the Leibnizians, but Pro Leibniz." In *Kant and the Early Moderns*, edited by Daniel Garber and Béatrice Longuenesse, 41–63. Princeton, NJ: Princeton University Press, 2008.

Jaynes, Julian. "The Problem of Animate Motion in the Seventeenth Century." *Journal of the History of Ideas* 31 (1970): 219–34.

Jenkins, Jane E. "Arguing about Nothing: Henry More and Robert Boyle on the Theological Implications of the Void." In *Rethinking the Scientific Revolution*, edited by Margaret J. Osler, 153–80. Cambridge: Cambridge University Press, 2000.

"Job, le renard électronique." *Musée des arts et métiers*. Published April 6, 2006. Accessed

October 2013. http://www.arts-et-metiers.net/musee.php?P=49&id=23&lang=fra& flash=f&arc=1.

Johnson, Mark. *The Body in the Mind: The Bodily Basis of Meaning, Imagination and Reason.* Chicago: University of Chicago Press, 1987.

Johnson, Steven. "Emergence." *New York Times*, September 9, 2001. Accessed February 2014. http://www.nytimes.com/2001/09/09/books/chapters/09–1stjohns.html.

Johnston, John. *The Allure of Machinic Life: Cybernetics, Artificial Life, and the New AI.* Cambridge, MA: MIT Press, 2008.

Jolley, Nicholas. *The Cambridge Companion to Leibniz.* Cambridge: Cambridge University Press, 1995.

———. *Locke: His Philosophical Thought.* Oxford: Oxford University Press, 1999.

Jones, Howard. *The Epicurean Tradition.* New York: Routledge, 1992.

Jones, Joseph R. "Historical Materials for the Study of the Cabeza Encantada Episode in Don Quijote II.62." *Hispanic Review* 41, no. 1 (1979): 87–103.

Jones, Michael. "Theatrical History in the Croxton Play of the Sacrament." *ELH* 66, no. 2 (1999): 223–60.

Joravsky, David. *The Lysenko Affair.* Cambridge, MA: Harvard University Press, 1970.

Jordanova, Ludmilla. "Nature's Powers: A Reading of Lamarck's Distinction between Creation and Production." In *History, Humanity, and Evolution: Essays for John C. Greene*, edited by James R. Moore, 71–98. Cambridge: Cambridge University Press, 1989.

Kauffman, Stuart A. "On Emergence, Agency and Organization." *Biology and Philosophy* 21 (2006): 501–21.

———. *The Origins of Order: Self-Organization and Selection in Evolution.* New York: Oxford University Press, 1993.

Keller, Eve. "Embryonic Individuals: The Rhetoric of Seventeenth-Century Embryology and the Construction of Early-Modern Identity." *Eighteenth-Century Studies* 33, no. 3 (2000): 321–48.

Keller, Evelyn Fox. *The Century of the Gene.* Cambridge, MA: Harvard University Press, 2002.

———. *A Feeling for the Organism: The Life and Work of Barbara McClintock.* San Francisco: W. H. Freeman, 1983.

———. *Making Sense of Life: Explaining Biological Development with Models, Metaphors, and Machines.* Cambridge, MA: Harvard University Press, 2002.

———. "Organisms, Machines, and Thunderstorms: A History of Self-Organization, Part One." *Historical Studies in the Natural Sciences* 38, no. 1 (2008): 45–75.

———. "Organisms, Machines, and Thunderstorms: A History of Self-Organization, Part Two." *Historical Studies in the Natural Sciences* 39, no. 1 (2009): 1–31.

———. "Self-Organization, Self-Assembly, and the Inherent Activity of Matter." In *Transformations of Lamarckism: From Subtle Fluids to Molecular Biology*, edited by Snait Gissis and Eva Jablonka, 357–64. Cambridge, MA: MIT Press, 2011.

———. "Self-Organization, Self-Assembly, and the Inherent Activity of Matter." The Hans Rausing Lecture 2009, Uppsala University. Salvia Småskrifter, no. 12. Stockholm: Författaren, 2009.

Kelley, Donald R. *Fortunes of History: Historical Inquiry from Herder to Huizinga.* New Haven, CT: Yale University Press, 2003.

Kim, Jaegwon. "Emergence: Core Ideas and Issues." *Synthèse* 151, no. 3 (2006): 347–54.

King, Elizabeth. "Clockwork Prayer: A Sixteenth-Century Mechanical Monk." *Blackbird: An Online Journal of Literature and the Arts* 1, no. 1 (2002).

———. "Perpetual Devotion: A Sixteenth-Century Machine that Prays." In *Genesis Redux: Essays in the History and Philosophy of Artificial Life,* edited by Jessica Riskin, 263–92. Chicago: University of Chicago Press, 2007.

King-Hele, Desmond. "Romantic Followers: Wordsworth, Coleridge, Keats and Shelley." In *The Essential Writings of Erasmus Darwin,* edited by Desmond King-Hele, 163–75. London: MacGibbon and Kee, 1968.

Klatt, Dennis H. "Review of Text-to-Speech Conversion for English." *Journal of the Acoustical Society of America* 82, no. 3 (1987): 737–93.

Knegtmans, Peter Jan. *From Illustrious School to University of Amsterdam.* Translated by Paul Andrews. Amsterdam: Amsterdam University Press, 2007.

Koerner, Joseph Leo. *The Reformation of the Image.* Chicago: University of Chicago Press, 2004.

Koestler, Arthur. *The Case of the Midwife Toad.* New York: Random House, 1972.

Koyré, Alexandre. *From the Closed World to the Infinite Universe.* Baltimore: Johns Hopkins University Press, 1957.

Kroll, Peter, Richard Ashcraft, and Peter Zagorin, eds. *Philosophy, Science, and Religion in England, 1640–1700.* Cambridge: Cambridge University Press, 1992.

Kuhn, Thomas S. "Energy Conservation as an Example of Simultaneous Discovery." In *Critical Problems in the History of Science,* edited by Marshall Clagett, 321–56. Madison: University of Wisconsin Press, 1959.

———. *The Structure of Scientific Revolutions.* Chicago: University of Chicago Press, 1962.

Laborde, Léon Emmanuel Simon. *Notice des emaux, bijoux et autres objets divers, exposés dans les galeries du Musée du Louvre.* 2 vols. Paris: Vinchon, 1853.

Lamalle, Edmond. "La propagande de P. Nicolas Trigault en faveur des missions de Chine (1616)." *Archivum Historicum Societatis Jesu* 9, no. 1 (1940): 49–120.

Lamb, Marion. "Attitudes to Soft Inheritance in Britain, 1930s–1970s." In *Transformations of Lamarckism: From Subtle Fluids to Molecular Biology,* edited by Snait Gissis and Eva Jablonka, 109–20. Cambridge, MA: MIT Press, 2011.

Landes, David. *A Revolution in Time: Clocks and the Making of the Modern World.* Rev. ed. Cambridge, MA: Harvard University Press, 2000.

Langford, Jerome J. *Galileo, Science, and the Church.* South Bend, IN: St Augustine's Press, 1998.

Larson, Edward. *Evolution: The Remarkable History of a Scientific Theory.* New York: Modern Library, 2004.

Larson, James L. "Vital Forces: Regulative Principles or Constitutive Agents? A Strategy in German Physiology, 1786–1802." *Isis* 70, no. 2 (1979): 235–49.

Latil, Pierre de. *La pensée artificielle. Introduction à la cybernétique.* Paris: Gallimard, 1953.

Latour, Bruno. *We Have Never Been Modern.* Translated by Catherine Porter. Cambridge, MA: Harvard University Press, 1993.

Latour, Bruno, and Peter Weibel, eds. *Iconoclash: Beyond the Image Wars in Science, Religion, and Art*. Cambridge, MA: MIT Press, 2002.

La Tourrasse, Léonel de. *Le Château-neuf de Saint-Germain-en-Laye, ses terrasses et ses grottes*. Paris: Édition de la Gazette des beaux-arts, 1924.

Lawrence, Christopher. "The Power and the Glory: Humphry Davy and Romanticism." In *Romanticism and the Sciences*, edited by Andrew Cunningham and Nicholas Jardine, 213–27. Cambridge: Cambridge University Press, 1990.

Lawrence, Christopher, and Stephen Shapin, eds. *Science Incarnate: Historical Embodiments of Natural Knowledge*. Chicago: University of Chicago Press, 1998.

Leavitt, David. *The Man Who Knew Too Much: Alan Turing and the Invention of the Computer*. New York: W. W. Norton, 2006.

Lebeau, Auguste. *Condillac, économiste*. Paris: Guillaumin, 1903.

LeBuffe, Michael. "Spinoza's Psychological Theory." *Stanford Encyclopedia of Philosophy*. Stanford University, 1997–. Article published August 9, 2010. Accessed July 2012. http://plato.stanford.edu/entries/spinoza-psychological/.

Leddy, Neven, and Avi S. Lifschitz. *Epicurus in the Enlightenment*. Oxford, UK: Voltaire Foundation, 2009.

Le Goff, Jacques. *The Medieval Imagination*. Translated by Arthur Goldhammer. Chicago: University of Chicago Press, 1988.

Lemée, Pierre. *Julien Offray de la Mettrie, St Malo 1709–Berlin, 1751. Médicin, philosophe, polémiste. Sa vie, son œuvre*. Mortain, France: Mortainais, 1954.

Lenhoff, Sylvia G., and Howard M. Lenhoff. *Hydra and the Birth of Experimental Biology, 1744: Abraham Trembley's Mémories Concerning the Polyps*. Pacific Grove, CA: Boxwood Press, 1986.

Lennox, James G. *Aristotle's Philosophy of Biology: Studies in the Origins of Life Science*. Cambridge: Cambridge University Press, 2001.

———. "The Comparative Study of Animal Development: William Harvey's Aristotelianism." In *The Problem of Animal Generation in Early Modern Philosophy*, edited by Justin E. H. Smith, 21–46. Cambridge: Cambridge University Press, 2006.

———. "Darwinism and Neo-Darwinism." In *A Companion to the Philosophy of Biology*, edited by Sahotra Sarkar and Anya Plutynski, 77–98. Malden, MA: Blackwell, 2008.

Lennox, James G., and Mary Louise Gill, eds. *Self-Motion from Aristotle to Newton*. Princeton, NJ: Princeton University Press, 1994.

Lenoir, Timothy. "Helmholtz and the Materialities of Communication." *Osiris* 9 (1994): 185–207.

———. *Instituting Science: The Cultural Production of Scientific Disciplines*. Stanford, CA: Stanford University Press, 1997.

———. *The Strategy of Life: Teleology and Mechanics in Nineteenth Century German Biology*. Studies in the History of Modern Science 13. Dordrecht, the Netherlands: Reidel, 1982.

Levere, Trevor H. "Coleridge and the Sciences." In *Romanticism and the Sciences*, edited by Andrew Cunningham and Nicholas Jardine, 295–306. Cambridge: Cambridge University Press, 1990.

Levine, George. *Darwin Loves You: Natural Selection and the Re-enchantment of the World.* Princeton, NJ: Princeton University Press, 2008.

Levitt, Gerald M. *The Turk, Chess Automaton.* Jefferson, NC: McFarland, 2000.

Lindberg, David C., and Ronald L. Numbers, eds. *God and Nature: Historical Essays on the Encounter between Christianity and Science.* Berkeley: University of California Press, 1986.

Lindsay, David. "Talking Head." *Invention and Technology* (Summer 1997): 57–63.

Lingeman, Richard R. *Sinclair Lewis: Rebel from Main Street.* New York: Random House, 2002.

Lovejoy, Arthur. *The Great Chain of Being: A Study of the History of an Idea.* Cambridge, MA: Harvard University Press, 1936.

MacCulloch, Diarmaid. *Reformation: Europe's House Divided, 1490–1700.* London: Allen Lane, 2003.

MacDonogh, Giles. *A Palate in Revolution: Grimod de La Reynière and the Almanach des gourmands.* London: Robin Clark, 1987.

Mahoney, Michael S. "Mariotte, Edme." In *Dictionary of Scientific Biography,* edited by Charles Coulston Gillispie, 9:114–22. New York: Scribner, 1970–.

Maienschein, Jane. "Competing Epistemologies and Developmental Biology." In *Biology and Epistemology,* edited by Richard Creath and Jane Maienschein, 122–37. Cambridge: Cambridge University Press, 2000.

———. "Epigenesis and Preformationism." In *Stanford Encyclopedia of Philosophy.* Stanford University, 1997–. Article published October 11, 2005, and accessed October 2013. http://plato.stanford.edu/archives/spr2012/entries/epigenesis/.

———. "The Origins of Entwicklungsmechanik." In *A Conceptual History of Modern Embryology,* edited by Scott F. Gilbert, 43–61. Baltimore: Johns Hopkins University Press, 1994.

Maindron, Ernest. *Marionnettes et guignols: Les poupées agissantes et parlantes à travers les ages.* Paris: Félix Juven, 1897.

Maisano, Scott. "Infinite Gesture: Automata and the Emotions in Descartes and Shakespeare." In *Genesis Redux: Essays in the History and Philosophy of Artificial Life,* edited by Jessica Riskin, 63–84. Chicago: University of Chicago Press, 2007.

Mallinson, Jonathan. "What's in a Name? Reflections on Voltaire's Pamela." *Eighteenth-Century Fiction* 18, no. 2 (2005): 157–68.

Manning, William. *Recollections of Robert-Houdin, Clockmaker, Electrician, Conjuror.* London: Chiswick Press, 1891.

Marchand, Suzanne L. *Down from Olympus: Archaeology and Philhellenism in Germany, 1750–1970.* Princeton, NJ: Princeton University Press, 1996.

Marie, Alfred. *Jardins français crées à la Renaissance.* Paris: V. Fréal, 1955.

Marion, Jean-Luc. *Descartes's Grey Ontology: Cartesian Science and Aristotelian Thought in the Regulae.* Translated by Sarah E. Donohue. South Bend, IN: Saint Augustine's Press, 2004.

———. *Sur la théologie blanche de Descartes: Analogie, création des vérités éternelles, fondement.* 1981. Rev. ed. Paris: Presses universitaires de France, 1991.

Markel, Arkady L., and Lyudmila N. Trut. "Behavior, Stress, and Evolution in Light of the Novosibirsk Selection Experiments." In *Transformations of Lamarckism: From Subtle Fluids to Molecular Biology*, edited by Snait Gissis and Eva Jablonka, 171–80. Cambridge, MA: MIT Press, 2011.

Martin, Brian. "Dilemmas of Defending Dissent: The Dismissal of Ted Steele from the University of Wollongong." *Australian Universities' Review* 45, no. 2 (2002): 7–17.

Mates, Benson. *The Philosophy of Leibniz: Metaphysics and Language.* New York: Oxford University Press, 1986.

McGrath, Alister E. *The Intellectual Origins of the European Reformation.* 2nd ed. Malden, MA: Blackwell, 2004.

McLaughlin, Peter. *Kant's Critique of Teleology in Biological Explanation: Antinomy and Teleology.* Lewiston, NY: E. Mellen Press, 1990.

Meli, Domenico Bertoloni. *Equivalence and Priority: Newton versus Leibniz.* Oxford: Oxford University Press, 1993.

Menn, Stephen. *Descartes and Augustine.* Cambridge: Cambridge University Press, 1998.

———. "The Greatest Stumbling Block: Descartes' Denial of Real Qualities." In *Descartes and his Contemporaries: Meditations, Objections, and Replies,* edited by Roger Ariew and Marjorie Grene, 182–207. Chicago: University of Chicago Press, 1995.

Mercer, Christia. *Leibniz's Metaphysics: Its Origins and Development.* Cambridge: Cambridge University Press, 2001.

Méril, Edelestand du. *Origines latines du théâtre moderne.* Paris: Franck, 1849.

Merton, Robert K. *Science, Technology & Society in Seventeenth-Century England.* 1938. New York: H. Fertig, 1970.

Metzner, Paul. *Crescendo of the Virtuoso: Spectacle, Skill, and Self-Promotion in Paris during the Age of Revolution.* Berkeley: University of California Press, 1998.

Michalski, Sergiusz. *The Reformation and the Visual Arts: The Protestant Image Question in Western and Eastern Europe.* New York: Routledge, 1993.

Micheli, Giuseppe. *The Early Reception of Kant's Thought in England: 1785–1805.* 1931. London: Routledge, 1999.

Michie, Donald. "Alan Turing's Mind Machines." In *The Mechanical Mind in History,* edited by Philip Husbands, Owen Holland, and Michael Wheeler, 61–74. Cambridge, MA: MIT Press, 2008.

Mindell, David A. *Between Human and Machine: Feedback, Control and Computing Before Cybernetics.* Baltimore: Johns Hopkins University Press, 2004.

Monnier, Philippe. *Le Quattrocento: Essai sur l'histoire littéraire du XVe siècle italien.* 2 vols. Paris: Perrin, 1908.

Montañes Fonteñla, Luis. "Los relojes del Emperador: Los relojes de la exposición 'Carlos V y su ambiente.'" *Cuadernos de Relojería* 18 (1959): 3–22.

Moravia, Sergio. "From Homme Machine to Homme Sensible: Changing Eighteenth Century Models of Man's Image." *Journal of the History of Ideas* 39 (1978): 45–60.

Moreau, Denis. *Deux cartésiens: La polémique entre Antoine Arnauld et Nicolas Malebranche.* Paris: J. Vrin, 1999.

Morel, Philippe. *Les grottes maniéristes en Italie au XVIe siècle: Théâtre et alchimie de la nature.* Paris: Macula, 1998.

Morley, John. *Voltaire*. London: Macmillan, 1886.

Morris, Katherine. "Bêtes-machines." In *Descartes' Natural Philosophy*, edited by Stephen Gaukroger, John Schuster, and John Sutton, 401–19. London: Routledge, 2000.

Mousset, Albert. *Les Francine: Créateurs des eaux de Versailles, intendants des eaux et fontaines de France de 1623–1784*. Paris: E. Champion, 1930.

Muir, Edward. *Ritual in Early Modern Europe*. Cambridge: Cambridge University Press, 1997.

Mukerji, Chandra. *Territorial Ambitions and the Gardens of Versailles*. Cambridge: Cambridge University Press, 1997.

Murray, Glenn. "Génesis del Real Ingenio de la Moneda de Segovia." Pts 1–4. *Revista Nvmisma*, no. 228 (1991): 59–80; *Revista Nvmisma*, no. 232 (1993): 177–222; *Revista Nvmisma*, no. 234 (1994): 111–53; *Revista Nvmisma*, no. 235 (1994): 85–119.

Myers, Natasha. *Rendering Life Molecular: Models, Modelers and Excitable Matter*. Durham, NC: Duke University Press, 2015.

Nadler, Steven M. *Arnauld and the Cartesian Philosophy of Ideas*. Princeton, NJ: Princeton University Press, 1989.

———. *Malebranche and Ideas*. New York: Oxford University Press, 1992.

———. *Occasionalism: Causation among the Cartesians*. Oxford: Oxford University Press, 2011.

Nagel, Thomas. *Mind and Cosmos: Why the Materialist Neo-Darwinian Conception of Nature is Almost Certainly False*. Oxford: Oxford University Press, 2012.

Newman, Stuart A., and Ramray Bhat. "Lamarck's Dangerous Idea." In *Transformations of Lamarckism: From Subtle Fluids to Molecular Biology*, edited by Snait Gissis and Eva Jablonka, 157–69. Cambridge, MA: MIT Press, 2011.

Newman, William R. *Promethean Ambitions: Alchemy and the Quest to Perfect Nature*. Chicago: University of Chicago Press, 2004.

Novick, Peter. *That Noble Dream: The "Objectivity Question" and the American Historical Profession*. Cambridge: Cambridge University Press, 1988.

Nyhart, Lynn. *Biology Takes Form: Animal Morphology and the German Universities, 1800–1900*. Chicago: University of Chicago Press, 1995.

———. *Modern Nature: The Rise of the Biological Perspective in Germany*. Chicago: University of Chicago Press, 2009.

Olson, Richard. "On the Nature of God's Existence, Wisdom and Power: The Interplay Between Organic and Mechanistic Imagery in Anglican Natural Theology, 1640–1740." In *Approaches to Organic Form: Permutations in Science and Culture*, edited by Frederick Burwick, 1–48. Dordrecht, the Netherlands: Reidel, 1987.

Osler, Margaret J. *Divine Will and the Mechanical Philosophy: Gassendi and Descartes on Contingency and Necessity in the Created World*. Cambridge: Cambridge University Press, 1994.

———. "Mixing Metaphors: Science and Religion or Natural Philosophy and Theology in Early Modern Europe." *History of Science* 36 (1998): 91–113.

———, ed. *Rethinking the Scientific Revolution*. Cambridge: Cambridge University Press, 2000.

———. "Whose Ends? Teleology in Early Modern Natural Philosophy." In "Science in Theistic Contexts: Cognitive Dimensions," edited by John Hedley Brooke, Margaret J. Osler, and Jitse M. van der Meer, published as *Osiris* 16 (2001): 151–68.

Ospovat, Dov. *The Development of Darwin's Theory: Natural History, Natural Theology, and Natural Selection, 1838–1859.* Cambridge: Cambridge University Press, 1981.

Osterhout, W. J. V. *Biographical Memoir of Jacques Loeb, 1859–1924.* Washington, DC: National Academy of Sciences, 1930.

Page, William, ed. *The Victoria History of the County of Kent.* 3 vols. London: Constable, 1908.

Pagel, Walter. "Medieval and Renaissance Contributions to Knowledge of the Brain and Its Functions." In *The History and Philosophy of Knowledge of the Brain and Its Functions: An Anglo-American Symposium, London, July 15–17, 1957,* edited by F. N. L. Poynter, 95–114. Oxford, UK: Blackwell Scientific, 1958.

Pagels, Elaine H. *The Gnostic Gospels.* New York: Random House, 1979.

Paracandola, M. "Philosophy in the Laboratory: The Debate over Evidence for E. J. Steele's Lamarckian Hypothesis." *Studies in the History and Philosophy of Science* 26 (1995): 469–92.

Parkinson, G. H. R. "Philosophy and Logic." In *The Cambridge Companion to Leibniz,* edited by Nicholas Jolley, 199–223. Cambridge: Cambridge University Press, 1995.

Pauly, Philip J. *Controlling Life: Jacques Loeb and the Engineering Ideal in Biology.* New York: Oxford University Press, 1987.

Pedretti, Carlo. *Leonardo architetto.* Milan: Electa, 1978.

———. *Leonardo: A Study in Chronology and Style.* Berkeley: University of California Press, 1973.

———. "Leonardo at Lyon." *Raccolta Vinciana* XIX (1962): 267–72.

Penzer, N. M. "A Fourteenth-Century Table Fountain." *Antique Collector* (June 1957): 112–17.

Perkins, Franklin. *Leibniz and China: A Commerce of Light.* Cambridge: Cambridge University Press, 2004.

Perregaux, Charles, and François-Louis Perrot. *Les Jaquet-Droz et Leschot.* Neuchâtel, Switzerland: Attinger Frères, 1916.

Pfeifer, Edward J. "The Genesis of American Neo-Lamarckism." *Isis* 56, no. 2 (1965): 156–67.

Pfister, Louis. *Notices biographiques et bibliographiques sur les jésuites de l'ancienne mission de Chine, 1552–1773.* 2 vols. Shanghai: Imprimerie de la Mission catholique, 1932–34.

Phipps, William E. "Darwin and Cambridge Natural Theology." *Bios* 54, no. 4 (1983): 218–27.

Pickering, Andrew. *The Cybernetic Brain: Sketches of Another Future.* Chicago: University of Chicago Press, 2010.

Prager, Frank D., and Gustina Scaglia. *Brunelleschi: Studies of His Technology and Inventions.* Cambridge, MA: MIT Press, 1970.

Price, Derek J. de Solla. "Automata and the Origins of Mechanism and Mechanistic Philosophy." *Technology and Culture* 5, no. 1 (1964): 9–23.

Poynter, F. N. L. *The History and Philosophy of Knowledge of the Brain and Its Functions: An Anglo-American Symposium, London, July 15–17, 1957.* Oxford, UK: Blackwell Scientific, 1958.

Pyle, Andrew. *Hume's Dialogues Concerning Natural Religion: Reader's Guide.* London: Continuum, 2006.

Rabinbach, Anson. *The Human Motor: Energy, Fatigue, and the Origins of Modernity.* Berkeley: University of California Press, 1992.

Raimondo, Guarino. "Torelli a Venezia: l'ingegnere teatrale tra scena e apparato." *Teatro e storia* 7, no. 12 (1992): 35–72.

Rasmussen, Charles, and Rick Tilman. *Jacques Loeb: His Science and Social Activism and their Philosophical Foundations.* Philadelphia: American Philosophical Society, 1998.

Ratcliffe, Matthew. "A Kantian Stance on the Intentional Stance." *Biology and Philosophy* 16, no. 1 (2001): 29–52.

Reill, Peter. *The German Enlightenment and the Rise of Historicism.* Berkeley: University of California Press, 1975.

———. *Vitalizing Nature in the Enlightenment.* Berkeley: University of California Press, 2005.

Rey, Roseleyne. *Naissance et développement du vitalisme en France de la deuxième moitié du 18e siècle à la fin du Premier Empire.* Oxford, UK: Voltaire Foundation, 2000.

Richard, Jules-Marie. *Une petite-nièce de saint Louis. Mahaut, comtesse d'Artois et de Bourgogne (1302–1329): Etude sur la vie privée, les Arts et l'Industrie, en Artois et à Paris au commencement du XIVe siècle.* Paris: Champion, 1887.

Richards, Robert J. *Darwin and the Emergence of Evolutionary Theories of Mind and Behavior.* Chicago: University of Chicago Press, 1987.

———. "Darwin's Romantic Biology: The Foundation of his Evolutionary Ethics." In *Biology and the Foundation of Ethics,* edited by Jane Maienschein and Michael Ruse, 113–53. Cambridge: Cambridge University Press, 1999.

———. "The Emergence of Evolutionary Biology of Behaviour in the Early Nineteenth Century." *British Journal for the History of Science* 15, no. 3 (1982): 241–80.

———. "Influence of Sensationalist Tradition on Early Theories of the Evolution of Behavior." *Journal of the History of Ideas* 40 (1979): 85–105.

———. "Instinct and Intelligence in British Natural Philosophy: Some Contributions to Darwin's Theory of the Evolution of Behavior." *Journal of the History of Biology* 14, no. 2 (1981): 193–230.

———. *The Meaning of Evolution: The Morphological Construction and Ideological Reconstruction of Darwin's Theory.* Chicago: University of Chicago Press, 1992.

———. *The Romantic Conception of Life: Science and Philosophy in the Age of Goethe.* Chicago: University of Chicago Press, 2002.

———. *The Tragic Sense of Life: Ernst Haeckel and the Struggle over Evolutionary Thought.* Chicago: University of Chicago Press, 2008.

Richardson, Alan. *British Romanticism and the Science of the Mind.* Cambridge: Cambridge University Press, 2001.

Ringer, Fritz. *The Decline of the German Mandarins: The German Academic Community, 1890–1933.* Cambridge, MA: Harvard University Press, 1969.

Riskin, Jessica. "The Defecating Duck; or, The Ambiguous Origins of Artificial Life." *Critical Inquiry* 29, no. 4 (Summer 2003): 599–633.

———. "Eighteenth-Century Wetware." *Representations* 83 (2003): 97–125.

———, ed. *Genesis Redux: Essays in the History and Philosophy of Artificial Life.* Chicago: University of Chicago Press, 2007.

———. *Science in the Age of Sensibility: The Sentimental Empiricists of the French Enlighten-ment.* Chicago: University of Chicago Press, 2002.

———. "The 'Spirit of System' and the Fortunes of Physiocracy." In *Oeconomies in the Age of Newton,* edited by Neil De Marchi and Margaret Schabas. Durham, NC: Duke University Press, 2003: 42–73.

Ritter, Gretchen. "Silver Slippers and a Golden Cap: L. Frank Baum's *The Wonderful Wizard of Oz* and Historical Memory in American Politics." *Journal of American Studies* 31, no. 2 (1997): 171–203.

Rival, Ned. *Grimod de La Reynière. Le gourmand gentilhomme.* Paris: Le Pré aux clercs, 1983.

Rochemonteix, Camille de. *Un collège de jésuites aux XVIIe & XVIIIe siècles: Le Collège Henri IV de la Flèche.* 4 vols. Le Mans, France: Leguicheux, 1889.

Roe, Shirley A. "*Anatomia animata:* The Newtonian Physiology of Albrecht von Haller." In *Transformation and Tradition in the Sciences: Essays in Honor of I. Bernard Cohen,* edited by Everett Mendelsohn, 273–300. Cambridge: Cambridge University Press, 1981.

———. *Matter, Life, and Generation: Eighteenth-Century Embryology and the Haller-Wolff Debate.* Cambridge: Cambridge University Press, 1981.

Roger, Jacques. *Buffon: A Life in Natural History.* Edited by L. Pearce Williams. Translated by Sarah Lucille Bonnefoi. Ithaca, NY: Cornell University Press, 1997.

———. "Leibniz et les sciences de la vie." *Studia Leibnitiana* supplementa 2, no. 2 (Wiesbaden, Germany: Steiner, 1969).

———. *The Life Sciences in Eighteenth-Century French Thought.* Edited by Keith R. Benson. Translated by Robert Ellrich. Stanford, CA: Stanford University Press, 1997.

———. "The Mechanistic Conception of Life." In *God and Nature: Historical Essays on the Encounter Between Christianity and Science,* edited by David C. Lindberg and Ronald L. Numbers, 277–95. Berkeley: University of California Press, 1986.

———. *Les sciences de la vie dans la pensée française au dix-huitième siècle.* Paris: Albin Michel, 1993.

Roman, F. "The Discovery of Accommodation." *British Journal of Ophthalmology* 79, no. 4 (1995): 375.

Rosenblith, Walter A., ed. *Jerry Wiesner: Scientist, Statesman, Humanist: Memories and Memoirs.* Cambridge, MA: MIT Press, 2003.

Rosenfield, Leonora. *From Beast-Machine to Man-Machine: Animal Soul in French Letters from Descartes to La Mettrie.* New York: Octagon Books, 1940.

Rosheim, Mark Elling. *Leonardo's Lost Robots.* Berlin: Springer, 2006.

Rossetti, Lucy Madox Brown. *Mrs. Shelley.* London: W. H. Allen, 1890.

Rossi, Paolo. *Philosophy, Technology, and the Arts in the Early Modern Era.* Edited by Benjamin Nelson and translated by Salvator Attanasio. New York: Harper and Row, 1970.

Rothschuh, Karl E.. *History of Physiology.* 1953. Edited and translated by Guenter B. Risse. Huntington, NY: Krieger, 1973.

Rudwick, M.J.S. *Georges Cuvier, Fossil Bones, and Geological Catastrophes: New Translations and Interpretations of the Primary Texts.* Chicago: University of Chicago Press, 1997.

Rüegg, Walter. "Theology and the Arts." In *A History of the University in Europe,* edited by Walter Rüegg, 3:393–457. Cambridge: Cambridge University Press, 2004.

Runciman, David. "Debate: What Kind of Person is Hobbes's State? A Reply to Skinner." *Journal of Political Philosophy* 8, no. 2 (2000): 268–78.

——. *Pluralism and the Personality of the State*. Cambridge: Cambridge University Press, 1997.

Ruse, Michael. *Darwin and Design: Does Evolution Have a Purpose?* Cambridge, MA: Harvard University Press, 2003.

——. *The Darwinian Paradigm: Essays on Its History, Philosophy and Religious Implications*. London: Routledge, 1989.

——. *Darwinism and Its Discontents*. Cambridge: Cambridge University Press, 2006.

Sabra, A. I. *Theories of Light from Descartes to Newton*. Cambridge: Cambridge University Press, 1981.

Salies, Alexandre de. "Lettre sur une tête automatique autrefois attachée à l'orgue des Augustins de Montoire." *Bulletin de la Société archéologique, scientifique et littéraire du Vendômois* 6, no. 2 (1867): 97–118.

Sander, Klaus. "Entelechy and the Ontogenetic Machine: Work and Views of Hans Driesch from 1895–1910." *Roux's Archives of Developmental Biology* 202, no. 2 (1993): 67–69.

——. "Hans Driesch 'philosophy really *ab ovo*,' or why to Be a Vitalist." *Roux's Archives of Developmental Biology* 202, no. 1 (December 1992): 1–3.

——. "Hans Driesch the Critical Mechanist: *Analytische Theorie der organischen Entwicklung*." *Roux's Archives of Developmental Biology* 201, no. 6 (1992): 331–33.

——. "Shaking a Concept: Hans Driesch and the Varied Fates of Sea Urchin Blastomeres." *Roux's Archives of Developmental Biology* 201, no. 5 (1992): 265–67.

Sanhueza, Gabriel. *La pensée biologique de Descartes dans ses rapports avec la philosophie scolastique: Le cas Gomez-Péreira*. Paris: L'Harmattan, 1997.

Santillana, Giorgio de. *The Crime of Galileo*. Chicago: University of Chicago Press, 1955.

Schaber, Wilfried. *Hellbrunn. Schloss, Park, und Wasserspiele*. Salzburg: Schlossverwaltung Hellbrunn, 2004.

Schaffer, Simon. "Babbage's Dancer and the Impresarios of Mechanism." In *Cultural Babbage: Technology, Time, and Invention*, edited by Francis Spufford and Jennifer S. Uglow, 53–80. London: Faber, 1996.

——. "Babbage's Intelligence: Calculating Engines and the Factory System." *Critical Inquiry* 21, no. 1 (1994): 203–27.

——. "Enlightened Automata." In *The Sciences in Enlightened Europe*, edited by William Clark, Jan Golinski, and Simon Schaffer, 126–64. Chicago: University of Chicago Press, 1999.

——. "OK Computer." 1999. Accessed February 2013. http://www.hrc.wmin.ac.uk/theory-okcomputer.html.

——. "The Political Theology of Seventeenth-Century Natural Science." *Ideas and Production: A Journal in the History of Ideas* 1 (1983): 2–14.

Schaut, Scott. *Robots of Westinghouse, 1924–Today*. Mansfield, OH: Mansfield Memorial Museum, 2007.

Schielicke, Reinhard E., Klaus-Dieter Herbst, and Stefan Kratchowil, eds. *Erhard Weigel, 1625 bis 1699: Barocker Erzvater der deutschen Frühaufklärung; Beiträge des Kolloqui-*

ums anlässlich seines 300. Todestages am 20. März 1999 in Jena. Thun, Switzerland: H. Deutsch, 1999.

Schmaltz, Tad M., ed. *Receptions of Descartes: Cartesianism and Anti-Cartesianism in Early Modern Europe*. London: Routledge, 2005.

———. "What Has Cartesianism to Do with Jansenism?" *Journal of the History of Ideas* 60, no. 1 (1999): 37–56.

Schofield, Malcolm. *Plato: Political Philosophy*. Oxford: Oxford University Press, 2006.

Schofield, Robert E. *Materialism and Mechanism: British Natural Philosophy in the Age of Reason*. Princeton, NJ: Princeton University Press, 1970.

Schroeder, M.R. "A Brief History of Synthetic Speech." *Speech Communication* 13 (1993): 231–37.

Schröder, Tilman Matthias. *Naturwissenschaft und Protestantismus im Deutschen Kaiserreich. die Versammlungen der Gesellschaft Deutscher Naturforscher und Ärzte und ihre Bedeutung für die evangelische Theologie*. Stuttgart: Steiner, 2008.

Schwinges, Rainer Christoph, ed. *Humboldt International: Der Export des deutschen Universitätsmodells im 19. und 20. Jahrhundert*. Basel: Schwabe, 2001.

———, ed. *Universität, Religion und Kirche*. Basel: Schwabe, 2011.

Scruton, Roger. *Kant: A Very Short Introduction*. Rev. ed. Oxford: Oxford University Press, 2001.

Séris, Jean-Pierre. *Langages et machines à l'âge classique*. Paris: Hachette, 1995.

———. *Machine et communication: Du théâtre des machines à la mécanique industrielle*. Paris: J. Vrin, 1987.

Sewell, Jr., William H. *Work and Revolution in France: The Language of Labor from the Old Regime to 1848*. Cambridge: Cambridge University Press, 1980.

Seymour, Miranda. *Mary Shelley*. London: John Murray, 2000.

Shapin, Steven. *A Social History of Truth: Civility and Science in Seventeenth-Century England*. Chicago: University of Chicago Press, 1994.

Shapin, Steven, and Simon Schaffer. *Leviathan and the Air-Pump: Hobbes, Boyle, and the Experimental Life*. Princeton, NJ: Princeton University Press, 1985.

Shapiro, Alan. "Newton and Huygens' Explanation of the 22° Halo." *Centaurus* 24, no. 1 (1980): 273–87.

Sharpe, Sam H. *Salutations to Robert-Houdin: His Life, Magic and Automata*. Calgary: Micky Hades International, 1983.

Shea, William R., and Mariano Artigas. *Galileo in Rome: The Rise and Fall of a Troublesome Genius*. Oxford: Oxford University Press, 2004.

Sherwood, Merriam. "Magic and Mechanics in Medieval Fiction." *Studies in Philology* 44, no. 4 (1947): 567–92.

Simmons, A. John. *The Lockean Theory of Rights*. Princeton, NJ: Princeton University Press, 1992.

Skinner, Quentin. "Hobbes and the Purely Artificial Person of the State." *Journal of Political Philosophy* 7, no. 1 (1999): 1–29.

———. *Visions of Politics*. 3 vols. New York: Cambridge University Press, 2002.

Sleigh, Charlotte. "Life, Death and Galvanism." *Studies in History and Philosophy of Science Part C* 29, no. 2 (1998): 219–48.

———. " 'The Ninth Mortal Sin': The Lamarckism of W. M. Wheeler." In *Darwinian Heresies*, edited by Abigail Lustig, Robert Richards and Michael Ruse, 151–72. Cambridge: Cambridge University Press, 2004.

Sloan, Phillip R. "Buffon, German Biology, and the Historical Interpretation of Biological Species." *British Journal for the History of Science* 12, no. 2 (1979): 109–53.

———. "Descartes, the Sceptics and the Rejection of Vitalism in Seventeenth-Century Physiology." *Studies in the History and Philosophy of Science* 8 (1977): 1–28.

Sloan, Phillip R., and Brandon Fogel, eds. *Creating a Physical Biology: The Three-Man Paper and Early Molecular Biology*. Chicago: University of Chicago Press, 2011.

Smets, Alexis. "The Controversy between Leibniz and Stahl on the Theory of Chemistry." In *Neighbours and Territories: The Evolving Identity of Chemistry, Proceedings of the 6th International Conference on the History of Chemistry*, edited by José Ramón Bertomeu-Sánchez, Duncan Thorburn Burns, and Brigitte Van Tiggelen, 291–306. Louvain-la-Neuve, Belgium: Mémosciences, 2008.

Smith, Crosbie. *The Science of Energy: A Cultural History of Energy Physics in Victorian Britain*. Chicago: University of Chicago Press, 1998.

Smith, Edward E., and Daniel N. Osherson, eds. *Thinking*. Vol. 3 of *An Invitation to Cognitive Science*. Cambridge, MA: MIT Press, 1995.

Smith, Justin E. H. *Divine Machines: Leibniz and the Sciences of Life*. Princeton, NJ: Princeton University Press, 2011.

———. "Leibniz's Hylomorphic Monad." *History of Philosophy Quarterly* 19, no. 1 (2002): 21–42.

———, ed. *The Problem of Animal Generation in Early Modern Philosophy*. Cambridge: Cambridge University Press, 2006.

———. " 'A Series of Generations': Leibniz on Race." *Annals of Science* 70, no. 3 (2013): 319–35.

Soergel, Philip M. *Miracles and the Protestant Imagination*. Oxford: Oxford University Press, 2012.

Sortais, Gaston. "Le cartésianisme chez les Jésuites français au XVIIe et XVIIIe siècles." *Archives de philosophie* 6, no. 3 (1929): 37–40.

Spary, Emma. *Utopia's Garden: French Natural History from Old Regime to Revolution*. Chicago: University of Chicago Press, 2000.

Spence, Jonathan D. *The Memory Palace of Matteo Ricci*. New York: Penguin, 1985.

Stafford, Barbara Maria. *Artful Science: Enlightenment, Entertainment, and the Eclipse of Visual Education*. Cambridge, MA: MIT Press, 1994.

Stamhuis, Ida H. "Vries, Hugo de." In *Complete Dictionary of Scientific Biography*, edited by Frederic L. Holmes, 25:189–92. New York: Scribner, 1970–.

Stamhuis, Ida H., Onno G. Meijer, and Erik J. A. Zevenhuizen. "Hugo De Vries on Heredity, 1889–1903: Statistics, Mendelian Laws, Pangenes, Mutations." *Isis* 90, no. 2 (1999): 238–67.

Standage, Tom. *The Turk: The Life and Times of the Famous Eighteenth-Century Chess-Playing Machine*. New York: Walker, 2002.

Stanhope, Paul Henry. "The Statue of Memnon." *London Quarterly Review* (April 1875): 278–84.

Statham, F. Reginald. "The Real Robert Elsmere." *National Review* 28, no. 164 (October 1896): 252–61.

Steigerwald, Joan, ed. *Kantian Teleology and the Biological Sciences*. Special issue of *Studies in the History and Philosophy of Science Part C: Studies in History and Philosophy of Biological and Biomedical Sciences* 37, no. 4 (2006).

Steinke, Hubert. *Irritating Experiments: Haller's Concept and the European Controversy on Irritability and Sensibility, 1750–90*. Amsterdam: Rodopi, 2005.

Steinmeyer, Jim. *Hiding the Elephant: How Magicians Invented the Impossible and Learned to Disappear*. New York: Carroll and Graf, 2003

Sterelny, Kim. *Dawkins vs. Gould: Survival of the Fittest*. New ed. Thriplow, UK: Icon, 2007.

Sterling-Maxwell, William. *The Cloister Life of the Emperor Charles V*. 4th ed. London: J. C. Nimmo, 1891.

Strauss, Linda. "Automata: A Study in the Interface of Science, Technology, and Popular Culture." PhD diss., University of California, San Diego, 1987.

Symonds, Neville. "What is Life? Schrödinger's Influence on Biology." *Quarterly Review of Biology* 61, no. 2 (1986): 221–26.

Tabbaa, Yasser. "The Medieval Islamic Garden: Typology and Hydraulics." In *Garden History: Issues, Approaches, Methods*. Dumbarton Oaks Colloquium on the History of Landscape Architecture, edited by John Dixon Hunt, 13:303–29. Washington, D.C.: Dumbarton Oaks Research Library and Collection, 1992.

Taylor, Charles. *Sources of the Self: The Making of the Modern Identity*. Cambridge, MA: Harvard University Press, 1989.

Terrall, Mary. *The Man Who Flattened the Earth: Maupertuis and the Sciences in the Enlightenment*. Chicago: University of Chicago Press, 2002.

Teuscher, Christof, ed. *Alan Turing: Life and Legacy of a Great Thinker*. Berlin: Springer, 2004.

Thomas, Keith. *Religion and the Decline of Magic*. 1971. New ed. New York: Penguin, 2012.

Thomson, Ann. *Bodies of Thought: Science, Religion, and the Soul in the Early Enlightenment*. Oxford: Oxford University Press, 2008.

Toulmin, Stephen. *Cosmopolis: The Hidden Agenda of Modernity*. Chicago: University of Chicago Press, 1992.

Tresch, John. *The Romantic Machine: Utopian Science and Technology after Napoleon*. Chicago: University of Chicago Press, 2012.

Tripps, Johannes. *Handelnde Bildwerk in der Gotik: Forschungen zu den Bedeutungsschichten und der Funktion des Kirchengebaudes und seiner Ausstattung in der Hoch- und Spätgotik*. Berlin: Gebr. Mann, 1998.

Truitt, Elly. "'Trei poëte, sages dotors, qui mout sorent di nigromance': Knowledge and Automata in Twelfth-Century French Literature." *Configurations* 12, no. 2 (2004): 167–93.

Tronzo, William. *Petrarch's Two Gardens: Landscape and the Image of Movement*. New York: Italica Press, 2013.

Turing, Sara. *Alan M. Turing*. 1959. Centenary ed. Cambridge: Cambridge University Press, 2012.

Turner, Roy Steven. "Humboldt in North America." In *Humbold Interntional: Der Export des deutschen Universitätsmodells im 19. und 20. Jahrhundert,* edited by Christoph Schwinges, 289–312. Basel: Schwabe, 2001.

Uglow, Jennifer S. *The Lunar Men: The Friends Who Made the Future, 1730–1810.* London: Faber, 2002.

Vailati, Ezio. *Leibniz and Clarke: A Study of Their Correspondence.* New York: Oxford University Press, 1997.

Vanderjagt, Arno Johan, and Klaas van Berkel, eds. *The Book of Nature in Antiquity and the Middle Ages.* Louvain, Belgium: Peeters, 2005.

Van der Pas, Peter W. "Vries, Hugo de." In *Complete Dictionary of Scientific Biography,* edited by Charles Coulston Gillispie, 14:95–105. New York: Scribner, 1970–.

Van Helden, Albert. "The Development of Compound Eye Pieces, 1640–1670." *Journal for the History of Astronomy* 8, no. 1 (February 1977): 26–37.

———. *The Invention of the Telescope. Transactions of the American Philosophical Society* 67, part 4 (1977).

Van Helden, Albert, Sven Dupré, and Rob van Gent, eds. *The Origins of the Telescope.* Amsterdam: Royal Netherlands Academy of Arts and Sciences, 2010.

Van Nouhuys, Tabitta. "Copernicanism, Jansenism, and Remonstrantism in the Seventeenth-Century Netherlands." In *Heterodoxy in Early Modern Science and Religion,* edited by John Brooke and Ian Maclean, 145–68. Oxford: Oxford University Press, 2005.

Van Roosbroeck, Gustave L. "The 'Unpublished' Poems of Mlle. de Scudéry and Mlle. Descartes." *Modern Language Notes* 40, no. 3 (1925): 155–58.

Vartanian, Aram, ed. *L'Homme Machine: A Study in the Origins of an Idea.* Princeton, NJ: Princeton University Press, 1960.

———. "La Mettrie and Diderot Revisited: An Intertextual Encounter." *Diderot Studies* 21 (1983): 155–97.

———. "Trembley's Polyp, La Mettrie and Eighteenth-Century French Materialism." *Journal of the History of Ideas* 11, no. 3 (1950): 259–86.

Verbeek, Theo. "The First Objections." In *Descartes and his Contemporaries: Meditations, Objections, and Replies,* edited by Roger Ariew and Marjorie Grene, 21–33. Chicago: University of Chicago Press, 1995.

Vermij, Rienk. *The Calvinist Copernicans: The Reception of the New Astronomy in the Dutch Republic, 1575–1750.* Amsterdam: Edita, 2003.

Vidal, Auguste-Michel. *Notre-Dame du Montement à Rabastens: Projet pour la construction d'un appareil destiné à figurer l'Assomption.* Paris: Imprimerie nationale, 1910.

Vidal, Fernando. "Brains, Bodies, Selves and Science: Anthropologies of Identity and the Resurrection of the Body." *Critical Inquiry* 28 (2002): 930–74.

Virtanen, Reino. *Claude Bernard and His Place in the History of Ideas.* Lincoln: University of Nebraska Press, 1960.

Vitet, Ludovic, *Histoire de Dieppe.* Paris: Ch. Gosselin, 1844.

Voskuhl, Adelheid. *Androids in the Enlightenment: Mechanics, Artisans, and Cultures of the Self.* Chicago: University of Chicago Press, 2013.

Voss, Stephen, ed. *Essays on the Philosophy and Science of René Descartes.* New York: Oxford University Press, 1993.

Wade, Nicholas J., and Stanley Finger. "The Eye as an Optical Instrument: From Camera Obscura to Helmholtz's Perspective." *Perception* 30, no. 10 (2001): 1157–77.

Wahrman, Dror. *The Making of the Modern Self: Identity and Culture in Eighteenth-Century England.* New Haven, CT: Yale University Press, 2004.

Walsham, Alexandra. "The Reformation and the 'Disenchantment of the World' Reassessed." *Historical Journal* 51, no. 2 (2008): 497–528.

Weiss, Charles, ed. *Biographie universelle, ou dictionnaire historique.* 6 vols. Paris: Furne, 1853.

Wellman, Kathleen. *La Mettrie: Medicine, Philosophy and Enlightenment.* Durham, NC: Duke University Press, 1992.

Westfall, Richard S. *Essays on the Trial of Galileo.* South Bend, IN: University of Notre Dame Press, 1990.

———. *Force in Newton's Physics: The Science of Dynamics in the Seventeenth Century.* New York: Elsevier, 1971.

———. *Science and Religion in Seventeenth-Century England.* Ann Arbor: University of Michigan Press, 1973.

Williams, Elizabeth A. *A Cultural History of Medical Vitalism in Enlightenment Montpellier.* Burlington, VT: Ashgate, 2003.

Wilson, Catherine. "Descartes and the Corporeal Mind: Some Implications of the Regius Affair." In *Descartes' Natural Philosophy,* edited by Stephen Gaukroger, John Schuster, and John Sutton, 659–79. London: Routledge, 2000.

———. *The Invisible World: Early Modern Philosophy and the Invention of the Microscope.* Princeton, NJ: Princeton University Press, 1995.

———. *Leibniz's Metaphysics: A Historical and Comparative Study.* Princeton, NJ: Princeton University Press, 1989.

———. "The Reception of Leibniz in the Eighteenth Century." In *The Cambridge Companion to Leibniz,* edited by Nicholas Jolley, chap. 13. Cambridge: Cambridge University Press, 1995.

Wilson, Raymond N. *Reflecting Telescope Optics I: Basic Design Theory and its Historical Development.* 2nd ed. Berlin: Springer, 2007.

Wins, Alphonse. *L'horloge à travers les âges.* Mons, Belgium: Léon Dequesne, 1924.

Wolfe, Charles T. "Endowed Molecules and Emergent Organization: The Maupertuis-Diderot Debate." *Early Science and Medicine* 15 (2010): 38–65.

Wolfe, Charles T., and Motoichi Terada. "The Animal Economy as Object and Program in Montpellier Vitalism." *Science in Context* 21 (2008): 537–79.

Wolfson, H.A. *Philo: Foundations of Religious Philosophy in Judaism, Christianity, and Islam.* Cambridge, MA: Harvard University Press, 1947.

Woloch, Nathaniel. "Christiaan Huygens's Attitude toward Animals." *Journal of the History of Ideas* 61, no. 3 (2000): 415–32.

Woolhouse, R. S. *Descartes, Spinoza, Leibniz: The Concept of Substance in Seventeenth-Century Metaphysics.* London: Routledge, 1993.

Woolley, Benjamin. *The Queen's Conjurer: The Science and Magic of Dr. John Dee, Advisor to Queen Elizabeth I.* New York: Henry Holt, 2001.

Weissman, Charlotte. "The First Evolutionary Synthesis: August Weismann and the Origins of Neo-Darwinism." PhD diss., Tel Aviv University, 2011.

———. "Germinal Selection: A Weismannian Solution to Lamarckian Problematics." In *Transformations of Lamarckism: From Subtle Fluids to Molecular Biology*, edited by Snait Gissis and Eva Jablonka, 57–66. Cambridge, MA: MIT Press, 2011.

Wright, Thomas. *Circulation: William Harvey's Revolutionary Idea*. London: Chatto and Windus, 2012.

———. *William Harvey: A Life in Circulation*. Oxford: Oxford University Press, 2013.

Yates, Frances A. *The Rosicrucian Enlightenment*. London: Routledge and Kegan Paul, 1972.

Yolton, John W. *Thinking Matter: Materialism in Eighteenth-Century Britain*. Minneapolis: University of Minnesota Press, 1983.

Zamberlan, Renato, and Franco Zamberlan. "The St Mark's Clock, Venice." *Horological Journal* 143, no. 1 (January 2001): 11–14.

Zimmerman, Andrew. *Anthropology and Antihumanism in Imperial Germany*. Chicago: University of Chicago Press, 2001.